Mikrobiologische Methoden

Eckhard Bast

Mikrobiologische Methoden

Eine Einführung in grundlegende Arbeitstechniken

3., überarbeitete und erweiterte Auflage

 Springer Spektrum

Dr. Eckhard Bast
vormals Institut für Mikrobiologie und Biotechnologie
der Rheinischen Friedrich-Wilhelms-Universität Bonn
ebast@uni-bonn.de

ISBN 978-3-8274-1813-5   ISBN 978-3-8274-2261-3 (eBook)
DOI 10.1007/978-3-8274-2261-3

Die Deutsche Nationalbibliothek verzeichnet diese Publikation in der Deutschen Nationalbibliografie;
detaillierte bibliografische Daten sind im Internet über http://dnb.d-nb.de abrufbar.

Springer Spektrum
1. und 2. Aufl.: © Spektrum Akademischer Verlag Heidelberg 1999, 2001
3. Aufl.: © Springer-Verlag Berlin Heidelberg 2014

Planung und Lektorat: Dr. Ulrich G. Moltmann, Kaja Rosenbaum, Barbara Lühker
Zeichnungen: Anke Bast
Satz: klartext, Heidelberg

Foto vordere Umschlaginnenseite:
Rhodospirillum rubrum, Ausstrich auf Pepton-Succinat-Agar, nach 7-tägiger anaerober Bebrütung im Licht bei
30 °C (vgl. S. 169, 173ff.); kultiviert und fotografiert von Anna-Maria Wild, Rheinbach; Fotos zur Verfügung
gestellt von Prof. Dr. Jobst-Heinrich Klemme, Bonn.
Foto hintere Umschlaginnenseite:
Mischpopulation aus lebenden bzw. mit Isopropylalkohol getöteten Zellen von *Micrococcus luteus* und
Bacillus cereus, gefärbt mit dem LIVE/DEAD *Bac*Light Bacterial Viability Kit und betrachtet unter dem
Epifluoreszenzmikroskop mit einem Fluorescein-Langpassfilterset: Lebende Zellen fluoreszieren hellgrün, tote
Zellen orangerot (s. S. 353). Aus: Haugland, R.P. (2005), The Handbook. A Guide to Fluorescent Probes and
Labeling Technologies, 10th edn. Molecular Probes – invitrogen.

Gedruckt auf säurefreiem und chlorfrei gebleichtem Papier

Springer Spektrum ist eine Marke von Springer DE. Springer DE ist Teil der Fachverlagsgruppe Springer
Science+Business Media.

www.springer-spektrum.de

Vorwort zur 3. Auflage

Die 1. Auflage der „Mikrobiologischen Methoden" fand ein so großes Interesse, dass bereits nach zwei Jahren eine Neuauflage erforderlich wurde. Auch diese ist inzwischen seit längerer Zeit vergriffen. Jetzt liegt die 3. Auflage des Buches vor. Der Text wurde überarbeitet und an zahlreichen Stellen ergänzt. Unter anderem wurden die Biostoffverordnung, Schnelltests zur Gramfärbung und die Epifluoreszenzmikroskopie mit einer Reihe von Färbeverfahren neu aufgenommen.

Herrn Dr. U. G. Moltmann danke ich erneut für sein Interesse an dem Buch, meiner Frau für ihre große Hilfe bei der Korrektur des Manuskripts.

Bonn, im Januar 2014   Eckhard Bast

Vorwort zur 1. Auflage

Die Beschäftigung mit den Mikroorganismen und die Anwendung mikrobiologischer Methoden hat in den vergangenen Jahrzehnten zunehmend an Bedeutung gewonnen. Mikrobiologische Arbeitstechniken werden heute in zahlreichen Disziplinen der Biologie und ihrer Nachbargebiete eingesetzt, sowohl in der Grundlagenforschung als auch in vielen angewandten Bereichen, z.B. in der Bio- und Gentechnologie, der Landwirtschaft, der pharmazeutischen und Lebensmittelindustrie, der Umwelttechnik und der Medizin.

Das vorliegende Buch gibt eine leichtverständliche und praxisnahe Einführung in grundlegende Arbeitstechniken der Mikrobiologie. Die behandelten Methoden sind überwiegend in Form detaillierter und präziser „Kochrezepte" dargestellt, die unmittelbar als Anleitungen für ein erfolgreiches experimentelles Arbeiten verwendet werden können. Darüber hinaus werden die theoretischen Grundlagen der beschriebenen Methoden erläutert sowie die benötigten Geräte und Materialien erklärt; es wird auf mögliche Störungen und Schwierigkeiten beim Versuchsablauf und auf Wege zu ihrer Überwindung hingewiesen, die Auswertung der Versuche beschrieben und sowohl die Leistungsfähigkeit als auch Schwächen und Grenzen der einzelnen Methoden aufgezeigt. Auf diese Weise lassen sich die Ergebnisse richtig interpretieren und kritisch bewerten. Theoretische Grundkenntnisse in Mikrobiologie und Chemie werden vorausgesetzt; die gleichzeitige Benutzung eines Lehrbuchs der allgemeinen Mikrobiologie wird empfohlen (siehe Literaturverzeichnis, S. 423f.).

Das Buch geht außerdem auf die zahlreichen Sicherheitsaspekte beim Umgang mit Mikroorganismen ein und gibt Hilfen zur Einrichtung eines mikrobiologischen Labors. Die Hersteller- und Lieferfirmen von für den Mikrobiologen wichtigen Geräten und Materialien findet man im ausführlichen Bezugsquellenverzeichnis, weiterführende Literatur in einem umfangreichen Literaturverzeichnis.

Dank: Herrn Dr. J. Severin, Bonn, danke ich für die Beratung in mathematischen Fragen, die kritische Durchsicht des Statistikteils und seine wertvollen Hinweise. Danken möchte ich auch Herrn Dr. D. Claus, Göttingen, für die Überlassung der Arbeitsanleitung zur Konservierung von Mikroorganismen durch Vakuumtrocknung ohne vorheriges Einfrieren (S. 194ff.); den Herren Prof. Dr. J. Krämer, Bonn, und Prof. Dr. W. Dott, Aachen, für die Durchsicht des Gliederungsentwurfs zu diesem Buch; Frau A.-M. Wild, Rheinbach, und Herrn Prof. Dr. J.-H. Klemme, Bonn, für die Überlassung der Titelfotos; ferner den Firmen Leica Microsystems Wetzlar GmbH, Sartorius AG (Göttingen) und Carl Zeiss Jena GmbH für die Überlassung von Fotos.

Meiner Frau danke ich für den Entwurf und die sorgfältige Ausführung der Zeichnungen, für zahlreiche Anregungen und für ihre große Hilfe bei der Korrektur des Manuskripts.

Mein Dank gilt auch dem Gustav Fischer Verlag (jetzt Spektrum Akademischer Verlag) und seinen Lektoren: Herrn Dr. U.G. Moltmann für sein nicht nachlassendes Interesse und die verständnisvolle Zusammenarbeit sowie Frau Dr. J. Hofmann für die Durchsicht des Manuskripts.

Bonn, im Juli 1999   Eckhard Bast

Inhaltsübersicht

Inhaltsverzeichnis

1 Einleitung

Die Mikrobiologie ist die Wissenschaft von den **Mikroorganismen**, einer großen und sehr heterogenen Gruppe mikroskopisch kleiner, vorwiegend einzelliger Lebewesen, von denen die einen (Mikroalgen, Pilze, Protozoen) – genauso wie die vielzelligen Pflanzen und Tiere – aufgrund ihres Zellaufbaus zu den **Eukaryoten** (Eukarya) gehören, während die anderen (Eubakterien [Bacteria] und Archaebakterien [Archaea]) die Gruppe der **Prokaryoten** bilden. Die Mikrobiologie im engeren Sinne beschäftigt sich vor allem mit den Prokaryoten, daneben noch mit den Pilzen und den Viren. (Die **Viren** sind keine selbständigen Lebewesen, sondern nichtzelluläre Teilchen, die keinen eigenen Stoffwechsel besitzen und sich nicht selbst reproduzieren können, sondern zu ihrer Vermehrung auf lebende Zellen angewiesen sind.)

Die Mehrzahl der Mikroorganismen, insbesondere der (Eu-)Bakterien, unterscheidet sich von den vielzelligen Pflanzen und Tieren nicht nur durch ihre geringe Größe und geringe morphologische Differenzierung, sondern auch durch eine außerordentliche stoffwechselphysiologische Vielseitigkeit, Anpassungsfähigkeit und Leistungsfähigkeit, einen hohen Stoffumsatz, eine hohe Synthese- und Vermehrungsrate sowie durch ihre Allgegenwart und weltweite Verbreitung. Diese Eigenschaften, die sich aus den geringen Abmessungen der Organismen herleiten, machen die Mikroorganismen zu bevorzugten Objekten der biologischen Forschung und zu nützlichen Helfern in Haushalt, Landwirtschaft und Industrie; sie begründen ihre ökologische Bedeutung und ihre zentrale Rolle in den Stoffkreisläufen der Natur, allerdings auch die Schädlichkeit einiger ihrer Vertreter, z.B. als Krankheitserreger oder als Verursacher von Verderb bei Lebensmitteln.

Die besonderen Eigenschaften der Mikroorganismen erfordern den Einsatz besonderer **Methoden**, die überhaupt erst die Handhabung und Untersuchung dieser Organismen im Labor und ihre Verwendung in der industriellen Produktion ermöglichen. Die Entwicklung dieser Methoden führte in der zweiten Hälfte des 19. Jahrhunderts zur Entstehung der Mikrobiologie als einer selbständigen Wissenschaft. Mehr noch als durch ihre Objekte ist die Mikrobiologie deshalb durch ihre Arbeitsmethoden charakterisiert.

Wegen der geringen Größe und des meist geringen Kontrasts der Mikroorganismen benötigt man zu ihrer morphologischen Untersuchung immer ein **Mikroskop** und oft auch besondere Mikroskopieverfahren oder Färbetechniken. Physiologische, biochemische oder genetische Untersuchungen lassen sich in der Regel nicht an Einzelzellen durchführen, sondern nur an Populationen, die aus vielen Millionen von Individuen bestehen. Solche Populationen gewinnt man durch die **Beimpfung von Nährböden** und die **Kultivierung** der Organismen unter geeigneten Wachstumsbedingungen. Für die meisten Untersuchungen und Anwendungen benötigt man **Reinkulturen**, d.h. Populationen, die sich aus gleichartigen Individuen zusammensetzen und frei sind von Fremdorganismen (Kontaminanten). Eine Reinkultur erhält man, oft auf dem Wege über eine **Anreicherungskultur**, durch die **Isolierung** des gewünschten Organismus. Da Mikroorganismen allgegenwärtig sind, muss man die Reinkulturen und die zu ihrer Anzucht verwendeten Geräte und Nährböden durch wirksame **Sterilisationsverfahren** und durch ein **steriles (aseptisches) Arbeiten** vor unerwünschten Keimen schützen. Um die Kulturen über kürzere oder längere Zeit aufbewahren zu können, braucht man geeignete **Konservierungsmethoden**. Oft ist es erforderlich, die Größe einer Population quantitativ zu erfassen. Dies geschieht durch die **Bestimmung der Zellzahl** oder der **Zellmasse**.

Der Zweck des vorliegenden Buches ist es, in diese **grundlegenden Arbeitsmethoden** der Mikrobiologie einzuführen. Obwohl viele der beschriebenen Methoden gleichermaßen für alle Mikroorganismen gelten, liegt der Schwerpunkt der Darstellung bei den **(Eu-)Bakterien**, entsprechend der Bedeutung dieser Organismen für Grundlagenforschung, Umwelt, Industrie und Medizin. Viele der in erster Linie bakteriologischen Methoden lassen sich jedoch auch auf die **Hefen** anwenden, manche auch auf **myzelbildende Pilze**; deshalb wird an zahlreichen Stellen auf diese Organismengruppen hingewiesen. Algen und Protozoen sind nur gelegentlich erwähnt; virologische Methoden werden nicht behandelt.

2 Erste Hilfe bei Laborinfektionen

Grundsätzlich gilt: Erste Hilfe durch Laien, auch durch ausgebildete Ersthelfer, ist kein Ersatz für ärztliche Hilfe, sondern nur ein Notbehelf, bis der Arzt eingreift!

Bei Laborinfektionen durch pathogene oder möglicherweise pathogene Mikroorganismen ist deshalb so bald wie möglich ärztliche Hilfe in Anspruch zu nehmen. Die Adressen und Telefonnummern der nächstgelegenen Ärzte müssen im Labor angeschlagen sein. Die Art des aufgenommenen Materials sollte man, soweit bekannt, dem Arzt mitteilen. Außerdem ist bei einer Laborinfektion ebenso wie bei jedem anderen Unfall sofort der Laborleiter zu verständigen.

Folgende **Erste-Hilfe-Maßnahmen** sind zu ergreifen:

- **Mund**

  Infektiöses (oder möglicherweise infektiöses) Material ist in den Mund gelangt, aber noch **nicht geschluckt** worden:

  - Nicht schlucken! Sofort ausspucken!
  - Anschließend den Mund wiederholt gründlich mit viel Wasser ausspülen, und mit Wasser gurgeln. Jedes Schlucken vermeiden; auch den Speichel ausspucken!
  - Sofort Arzt aufsuchen.

  Infektiöses Material ist **geschluckt** worden:

  - Kurz und kräftig den Mund spülen und gurgeln wie oben beschrieben.
  - Sofort Arzt aufsuchen.

- **Nase**

  Infektiöses Material ist in die Nase gelangt:

  - Sofort mehrmals kräftig in Zellstoff (Papiertaschentuch) ausschnauben; dabei die Luft nur durch den Mund einholen und bei geschlossenem Mund kräftig durch die Nase ausstoßen. Auch weiterhin durch den Mund einatmen, und durch die Nase ausatmen!
  - Da der Rachenraum ebenfalls gefährdet ist, anschließend die für den Mund (nicht geschlucktes Material) angegebenen Maßnahmen durchführen.
  - Sofort Hals-Nasen-Ohren-Arzt aufsuchen.

- **Auge**

  Infektiöses Material ist ins Auge gelangt:

  - Nicht reiben!
  - Betroffenes Auge unter Schutz des nicht infizierten Auges (abdecken!) von der Nasenwurzel her nach außen ausgiebig unter fließendem Wasser mit weichem Strahl spülen. Dabei das Augenlid weit spreizen, und das Auge nach allen Seiten bewegen lassen. (Besser: Mit einer am Wassernetz fest installierten Augendusche beide Augen spülen.)
  - Da das infektiöse Material durch den Tränenkanal in Nase und Mund gelangen kann, anschließend die für den Mund (nicht geschlucktes Material) angegebenen Maßnahmen durchführen.
  - Sofort Augenarzt aufsuchen.

- **Haut**

  Infektiöses Material ist in eine Hautwunde gelangt, oder die Haut ist durch kontaminierte Instrumente oder Geräte verletzt worden:

  – Wunde ausbluten lassen. Schlecht blutende Stichverletzungen mit einer Vakuumpumpe aussaugen.

  – Wunde mit einem keimfreien Verband abdecken.

  – Sofort Arzt aufsuchen.

Das **für die Erste-Hilfe-Leistung erforderliche Material** ist im Labor in einem geeigneten Schrank an einer allen Mitarbeitern bekannten, jederzeit leicht zugänglichen Stelle trocken, kühl und staubfrei in ausreichender Menge bereitzuhalten. Der Schrank muss mit einem weißen Kreuz auf quadratischem oder rechteckigem grünem Feld mit weißer Umrandung gekennzeichnet sein. Das Material ist regelmäßig auf einwandfreien Zustand und Vollständigkeit (Inhaltsangabe im Schrank!) zu überprüfen und rechtzeitig zu ergänzen bzw. zu erneuern.

3 Sterilisation und Keimreduzierung

Mikroorganismen, besonders Bakterien, sind allgegenwärtig (ubiquitär); es gibt nahezu keinen Standort, den sie nicht besiedeln. Deshalb müssen Nährböden, Kulturgefäße und sonstige Geräte, die zur Kultivierung eines bestimmten Mikroorganismus verwendet werden sollen, in der Regel **steril** sein, d.h. sie müssen zunächst von allen lebenden Mikroorganismen befreit und anschließend vor erneuter **Kontamination** (= Einschleppung unerwünschter Mikroorganismen) geschützt werden. Das erste wird erreicht durch Sterilisation, das zweite durch konsequente Anwendung der sterilen Arbeitstechnik (s. S. 37ff.).

> Steril oder keimfrei bedeutet: frei von vermehrungsfähigen Mikroorganismen einschließlich deren Ruhestadien oder Dauerformen (z.B. Sporen). Unter Sterilisation versteht man folglich die Beseitigung oder Abtötung aller Mikroorganismen (sowie die Inaktivierung von Viren), wobei die abgetöteten Keime im sterilisierten Gut verbleiben können.
>
> (Als Keime bezeichnet man ganz allgemein nicht näher definierte, vermehrungsfähige Mikroorganismen.)

Sterilität ist in der Regel die unbedingte Voraussetzung für mikrobiologisches Arbeiten. Sie ist im Prinzip ein absoluter Begriff; es gibt keine „teilweise" oder „ausreichende Sterilität", sondern nur die Wahl zwischen „steril" und „unsteril". In der Praxis wird Sterilität in dieser absoluten Bedeutung jedoch selten erreicht. Bei allen Sterilisationsverfahren muss man mit einer, wenn auch geringfügigen, **Kontaminationswahrscheinlichkeit** (Überlebenswahrscheinlichkeit) rechnen, die beim zuverlässigsten Verfahren, dem Autoklavieren, in der Größenordnung von 10^{-6} liegt, d.h. von 10^6 Keimen in einer Probe überlebt im Durchschnitt einer. Eine derart geringe Kontaminationsrate ist allerdings für die Praxis im Allgemeinen ohne Bedeutung.

Es gibt kein universelles Sterilisationsverfahren. Die Auswahl des Verfahrens hängt ab von den Eigenschaften des zu sterilisierenden Gutes, vor allem von seiner Beständigkeit gegenüber dem wirksamen Agens (s. Tab. 1), aber auch von Art und Umfang der Kontamination. Die einzelnen Verfahren sind durchaus nicht gleich wirksam. Wenn immer möglich, sollte man mit Hitze im rekontaminationssicheren Endbehälter sterilisieren, wobei das Autoklavieren die größte Sicherheit bietet.

Tab. 1: Einsatz der einzelnen Sterilisationsverfahren im Labor

I. Autoklavieren

a) im einwandigen Autoklav
- infektiöses Material (Vernichtungssterilisation)
- wässrige Lösungen mit nicht hitzeempfindlichen Substanzen (auch Aminosäuren außer Glutamin und Glutaminsäure)
- Nährböden (möglichst in kleinen Portionen [121 °C, 15 min]; bei synthetischen Nährböden Zucker getrennt autoklavieren [115 °C, 30 min], besser sterilfiltrieren)
- Geräte aus Metall, Glas, Polypropylen, Polymethylpenten (TPX), Polytetrafluorethylen (PTFE, Teflon)
- Membranfilter, komplette Filtrationseinheiten
- Siliconstopfen

Nur eine begrenzte Anzahl von Sterilisationen vertragen:
- Geräte aus Polycarbonat[1] (max. 20 min bei 121 °C), Polysulfon[1]
- Gummistopfen

Tab. 1: Fortsetzung

---

b) im doppelwandigen Autoklav mit Vakuumpumpe
wie a), zusätzlich:
– leere Gefäße
– Absaugvorrichtungen
– Watte, Mull, Verbandstoffe
– Textilien
– Papier
– Schläuche, Handschuhe u.ä. aus Gummi (vertragen nur eine begrenzte Anzahl von Sterilisationen) und aus Silicongummi

---

II. Trockene Heißluft

– Geräte aus Metall, Glas, Porzellan, Polytetrafluorethylen (PTFE, Teflon), Polymethylpenten[1)] (TPX; nur 160 °C !), Polysulfon[1)] (nur 160 °C !), Silicongummi
– leere Metall-, Glas- und Porzellangefäße (jedoch ohne Watte-, Zellstoff- und Gummistopfen oder Gummidichtungen)
– Glaspipetten
– Paraffin

III. Sterilfiltration

– Lösungen mit hitzeempfindlichen Substanzen (z.B. Vitaminen, Proteinen, Glutamin, Glutaminsäure, Harnstoff, eventuell Zuckern)
– Gase

[1)] Der Kunststoff verliert durch wiederholtes Sterilisieren an mechanischer Festigkeit und soll dann keinen hohen mechanischen Belastungen (z.B. Zentrifugation, Vakuum) mehr ausgesetzt werden.

3.1 Abtötung durch Hitze

Die Abtötung von Mikroorganismen durch Hitze beruht in erster Linie auf der Denaturierung der Zellproteine und – bei trockener Hitze – auf der Oxidation intrazellulärer Bestandteile. Mikroorganismen werden durch feuchte Hitze schon bei niedrigeren Temperaturen abgetötet als durch trockene Hitze. Sie sind jedoch auch gegenüber ein und demselben Abtötungsverfahren unterschiedlich anfällig. Der Grad der **Empfindlichkeit** und das **Ausmaß der Abtötung** sind abhängig von

• der Art der Mikroorganismen

• ihrem Alter und Funktionszustand (vegetative Zellen oder Sporen)

• den Milieubedingungen (z.B. dem pH-Wert)

• der Ausgangskeimzahl.

Die Abtötung einer Mikrobenpopulation geschieht nicht schlagartig, sondern folgt einer Wahrscheinlichkeitsfunktion. Die Zahl der überlebenden Zellen nimmt in der Regel **exponentiell** mit der Zeit ab, d.h. in gleichen Zeitspannen stirbt immer der gleiche Prozentsatz der jeweiligen Ausgangskeimzahl ab. Daraus folgt: Je höher die Ausgangskeimzahl (der Grad der Kontamination), desto länger (oder höher) muss erhitzt werden. Entsprechendes gilt auch für die anderen Verfahren der Sterilisation und Keimreduzierung.

Zur Charakterisierung des **Wirkungsgrades** der Hitzesterilisation und anderer Sterilisationsverfahren gegenüber einem bestimmten Mikroorganismus verwendet man häufig den *D*-Wert.

Tab. 2: Die Abtötung von Mikroorganismen durch feuchte Hitze (nach Wallhäußer, 1987, 1995, verändert)[1]

Temperatur (°C)	Einwirkungs- zeit	abgetötete Mikroorganismen	D-Wert (von Leitkeimen)
61,5[2]	30 min	*Mycobacterium tuberculosis, Brucella, Listeria,* pathogene Streptokokken	$D_{61,5\,°C} = 2 - 3$ min
72[2]	15 s	*Mycobacterium tuberculosis,* Rickettsien	$D_{72\,°C} = 1 - 2$ s
80	30 min	die meisten vegetativen Bakterien,	
100	5 min	Hefen und Schimmelpilze	
100	15 – 30 min	Sporen von	
105	5 min	*Bacillus anthracis*	
115 – 134	15 min	Sporen von *Clostridium perfringens* und *C. sporogenes*	$D_{115\,°C} = 2,8 - 3,6$ min $D_{121\,°C} = 0,8 - 1,4$ min
121	15 min	Sporen von *Geobacillus stearothermophilus*[3] sowie nahezu aller anderen Endosporenbildner	$D_{121\,°C} = 1,5 - 3,3$ min
134	3 min	Sporen von *Geobacillus stearothermophilus*[3]	$D_{134\,°C} = 10 - 15$ s

[1] Wallhäußer, K. H. (1987), BTF Biotech-Forum **4**, 90 – 97; Wallhäußer, K. H. (1995), Praxis der Sterilisation – Desinfektion – Konservierung, 5. Auflage. Georg Thieme Verlag, Stuttgart, New York

[2] = Niederpasteurisierung

[3] früher: *Bacillus stearothermophilus*

Der D-Wert (= dezimale Reduktionszeit) ist die Zeit, die erforderlich ist, um unter genau festgelegten Bedingungen, z.B. bei einer bestimmten Temperatur, die Ausgangskeimzahl um eine Zehnerpotenz, d.h. um 90 %, herabzusetzen.

Die verwendete Temperatur wird als tiefgestellter Index hinter dem D angegeben, z.B. $D_{100\,°C}$ = dezimale Reduktionszeit bei 100 °C.

Vegetative Zellen von Mikroorganismen werden meist schon bei relativ niedrigen Temperaturen rasch abgetötet; sehr hitzeresistent sind dagegen die **Endosporen** der endosporenbildenden Bakterien, z.B. der Gattungen *Bacillus* und *Clostridium* (s. Tab. 2; Tab. 5, S. 15). Da man es in der Sterilisationspraxis gewöhnlich mit Mischpopulationen unbekannter Zusammensetzung zu tun hat, muss das verwendete Verfahren auf die Abtötung der resistentesten Formen in der Population ausgerichtet sein, und das sind normalerweise die bakteriellen Endosporen.

3.1.1 Feuchte Hitze

3.1.1.1 Autoklavieren (Dampfsterilisation)

Das einzige **zuverlässige Sterilisationsverfahren** mit feuchter Hitze und zugleich die sicherste Sterilisationsmethode überhaupt ist das Autoklavieren, d.h. die Sterilisation mit gespanntem (= unter Druck stehendem), gesättigtem Wasserdampf. Bei diesem Verfahren erhitzt man Wasser in einem geschlossenen Druckbehälter, dem Autoklav oder Dampfsterilisator, und erreicht bei Dampfdruckwerten oberhalb des Atmosphärendrucks die zur Abtötung der Endosporen notwendigen Dampftemperaturen von über 100 °C (s. Tab. 2; Tab. 3, S. 10).

Der Autoklav

Hauptbestandteil des Autoklavs ist ein mit einem Deckel dicht verschließbarer Druckkessel, die Sterilisierkammer. Der untere Teil des Kessels ist mit Wasser gefüllt, das durch eine elektrische Heizung zum Verdampfen gebracht werden kann.

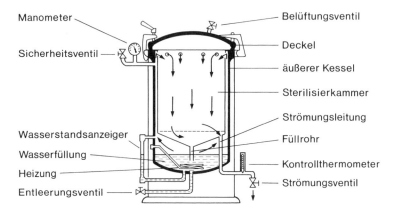

Abb. 1: Doppelwandiger Vertikalautoklav, schematischer Längsschnitt

Man unterscheidet

- nach der Lage der Sterilisierkammer bzw. der Beschickungsrichtung vertikale und horizontale Autoklaven
- nach dem Bau der Sterilisierkammer ein- und doppelwandige Autoklaven.

Im mikrobiologischen Labor verwendet man in erster Linie **Vertikalautoklaven** (Standgeräte) mit einem Nutzrauminhalt (= Fassungsvermögen der Sterilisierkammer) von ca. 60–200 l (Abb. 1). Eine Deckelverriegelung mittels mehrerer, einzeln zu bedienender Randverschlüsse ist weniger reparaturanfällig als ein zentraler Deckelverschluss. Zur notwendigen Ausstattung gehört die selbsttätige Regelung des Betriebsdruckes oder der Temperatur sowie eine Zeitschaltuhr für mindestens 60 (besser 120) min. Autoklaven zur Sterilisation von Flüssigkeiten müssen gemäß den Technischen Regeln für Druckbehälter (TRB 402 und 404) eine vollautomatische Programmsteuerung und -überwachung sowie eine automatische Deckelverriegelung (Thermosperre) besitzen (s. S. 10, 12).

Besonders preiswert, und einfach zu handhaben, sind **Topfautoklaven** mit einem Nutzrauminhalt von ca. 10 – 40 l. In ihnen lassen sich einzelne Geräte schnell und wirtschaftlich sterilisieren. Man muss jedoch gerade bei diesen meist sehr einfach gebauten Dampfsterilisatoren auf ausreichende Betriebssicherheit (z.B. bei der Deckelverriegelung oder beim Sicherheitsventil) achten.

Horizontalautoklaven dienen als Tischgeräte (Nutzrauminhalt ca. 15 – 50 l) ebenfalls zur Sterilisation kleinerer Mengen oder Teile in Labor und Arztpraxis, oder sie finden als Schrank- und Großraumautoklaven mit einem Fassungsvermögen bis zu mehreren 1000 l in Klinik und Industrie Verwendung.

Vertikal- und Horizontalautoklaven gibt es in einwandiger Ausführung mit nur einer einfachen Kammer oder als doppelwandige Geräte, bei denen die Sterilisierkammer noch von einem zweiten Kessel umgeben ist (Abb. 1). Beide Kammern lassen sich häufig völlig voneinander trennen. Die unterschiedlichen Einsatzbereiche der beiden Autoklaventypen zeigt Tab. 1, I (S. 5f.).

Im **einwandigen Autoklav** kühlt das sterilisierte Gut rasch ab, ist aber in der Regel bei der Entnahme nicht trocken. (Wenn man das Gut genügend heiß entnimmt, trocknet es unter Umständen spontan aufgrund seiner Eigenwärme.) **Doppelwandige Autoklaven** sind universeller verwendbar als einwandige Geräte. Sie haben eine günstigere Dampfführung und können mit einer Vakuumpumpe ausgerüstet werden, die vor der Sterilisation die Luft weitgehend aus dem Sterilisiergut entfernt (Vorvakuum). Dies ist notwendig, wenn das Sterilisiergut viele Hohlräume enthält, aus denen sich die Luft nur schwer verdrängen lässt (vgl. Tab. 1). Noch effektiver ist ein mehrfach wiederholtes Evakuieren mit nachfolgendem Dampfeinlass (fraktioniertes Vakuumverfahren). Außerdem kann das sterilisierte Material trocken entnommen werden, da die Vakuumpumpe nach dem Autoklavieren den Wasserdampf aus dem Nutzraum abzieht (Nachvakuum).

Wegen der von heißem, gespanntem Wasserdampf ausgehenden Gefahren müssen alle Autoklaven vor Inbetriebnahme und auch später in regelmäßigen Abständen durch einen Sachverständigen des Technischen Überwachungsvereins bzw. durch einen Sachkundigen auf ihre Betriebssicherheit überprüft werden. Die Qualifikation des Prüfers sowie die Art und Häufigkeit der Prüfungen sind in der **Druckbehälterverordnung** festgelegt und abhängig vom Druckinhaltsprodukt (= zulässiger Betriebsüberdruck in bar × Rauminhalt des Druckraums in Litern) des Autoklavs.

Verlauf der Dampfsterilisation

Der zeitliche Ablauf des gesamten Sterilisationsprozesses (= Betriebszeit) gliedert sich in mehrere Abschnitte:

1. Die **Anheizzeit** umfasst die Zeitspanne vom Einschalten der Heizung bis zum Erreichen einer Temperatur von 100 °C am Dampfaustritt. Im doppelwandigen Vertikalautoklav (Abb. 1), wie er im Labor hauptsächlich verwendet wird, steigt der am Grunde des äußeren Kessels erzeugte Dampf im Mantelraum auf, dringt in die Innenkammer ein und strömt dort von oben nach unten durch das Sterilisiergut. Dabei verdrängt er die spezifisch schwerere Luft über die am Boden des Innenraums abgehende Strömungsleitung und das geöffnete Strömungsventil (Entlüftungsventil) aus der Sterilisierkammer (Gravitationsverfahren).

   Wichtig ist, dass die Luft möglichst vollständig aus dem Autoklav und dem Sterilisiergut entfernt und durch gesättigten Wasserdampf ersetzt wird. Bleiben mehr als etwa 10 % Luft zurück, so wird die erforderliche Sterilisiertemperatur nicht erreicht, denn Dampf-Luft-Gemische besitzen bei gleichem Druck eine niedrigere Temperatur als reiner Wasserdampf. Entscheidend für den Sterilisationserfolg ist jedoch die Temperatur, nicht der Druck! Deshalb muss nicht nur der Dampfdruck am Manometer des Autoklavs, sondern stets auch die **Dampftemperatur** überwacht werden. Dies geschieht mit einem Thermometer, das vor dem Strömungsventil angebracht ist. Eine Dampftemperatur von 100 °C zeigt an, dass die Luft aus dem Innenraum entfernt ist; darauf wird das Strömungsventil gedrosselt. Wenn allerdings das Sterilisiergut porös oder zu dicht gepackt ist, können Luftinseln zurückbleiben, die den Sterilisationserfolg beeinträchtigen. Hier hilft der Einsatz eines Vakuumverfahrens.

2. In der **Steigezeit** erfolgt der Druckanstieg im Autoklav. An ihrem Ende müssen in der Sterilisierkammer die geforderte Betriebstemperatur (= Sterilisiertemperatur; im Normalfall 121 °C) und der entsprechende Druck laut Tab. 3 erreicht sein.

3. Da die Sterilisiertemperatur im zu behandelnden Gut erst einige Zeit später erreicht wird als in der Kammer (thermisches Nachhinken), ist eine **Ausgleichszeit** erforderlich, während der alle Stellen des Sterilisiergutes die gewünschte Temperatur annehmen. Bei neueren Autoklaven misst man die Sterilisiertemperatur mit Hilfe eines flexiblen Temperaturfühlers (Thermoelements) direkt im Gut, z.B. in einer flüssigkeitsgefüllten Referenzflasche. Für

die Sterilisation von Flüssigkeiten ist dies gemäß den Technischen Regeln für Druckbehälter zwingend vorgeschrieben (vgl. S. 12).

4. Erst nach Ablauf der Ausgleichszeit beginnt die **Abtötungszeit**. Häufig lässt sich jedoch nicht zwischen Ausgleichs- und Abtötungszeit unterscheiden; deshalb fasst man beide Abschnitte auch als **Sterilisierzeit** zusammen. Die Sterilisierzeit beträgt im Normalfall (Standardverfahren, auch als „Overkill"-Verfahren bezeichnet) bei einer Temperatur von **121 °C** einschließlich eines Sicherheitszuschlags **20 min**.

Tab. 3: Temperatur und Dampfdruck von gesättigtem Wasserdampf

Temperatur in °C	Dampfdruck[1] in				
	kPa[2]	bar	atm[3]	at[4] = kp/cm²	mmHg[5] (Torr)
100,0	101	1,01	1,00	1,03	760
105,3	122	1,22	1,20	1,24	912
109,7	142	1,42	1,40	1,45	1064
115,2	170	1,70	1,68	1,74	1277
120,6	203	2,03	2,00	2,07	1520
133,9	304	3,04	3,00	3,10	2280

Seit der Umstellung auf SI-Einheiten[6] 1978 sind nur noch die Druckeinheiten **Pascal** und **Bar** gesetzlich zulässig.
Da man jedoch die veralteten Einheiten auf älteren Manometern und in der älteren Literatur noch antrifft, sind sie in der Tabelle mit aufgeführt.
100 kPa (kN/m²) = 1 bar = 0,987 atm = 1,020 at (kp/cm²) = 750 mmHg (Torr) = 14,5 psi (lbf/in²)
[1] = absoluter Druck (Gesamtdruck)! Häufig wird auf Manometern, in Bedienungsanleitungen und in der Literatur nur der Überdruck über Atmosphärendruck (= absoluter Druck minus Atmosphärendruck) angegeben.
[2] Kilopascal (Pascal = SI-Einheit des Druckes)
[3] physikalische Atmosphäre (veraltete Einheit)
[4] technische Atmosphäre (veraltete Einheit)
[5] Millimeter Quecksilbersäule (veraltete Einheit)
[6] SI = Système International d'Unités (Internationales Einheitensystem)

Wenn das Sterilisiergut genügend hitzestabil ist (Glas- und Metallgeräte, reines Wasser, Lösungen anorganischer Substanzen), kann man auch bei 134 °C 5 min lang autoklavieren; für Nährböden in kleinen Portionen werden 121 °C und 15 min, für Lösungen mit empfindlichen Substanzen, z.B. Zuckern, 115 °C und 30 min empfohlen. Beim Autoklavieren großer Flüssigkeitsvolumina kann sich die Sterilisierzeit wegen der längeren Ausgleichszeit erheblich verlängern (s. Tab. 4, S. 13). Dies gilt in noch stärkerem Maße für Nährböden, die Agar enthalten.

5. In der anschließenden **Abkühlzeit** geht der Überdruck im Autoklav auf Atmosphärendruck zurück. Der Druckausgleich darf insbesondere bei der Sterilisation von Flüssigkeiten nicht zu rasch erfolgen. Wird das Entlüftungsventil vorzeitig geöffnet, so kann der Innendruck im sterilisierten Gut der plötzlichen Abnahme des Außendrucks nicht schnell genug folgen, und es kommt zu einem „Überkochen" der Flüssigkeiten; dabei können z.B. Wattestopfen durchnässt oder herausgeschleudert werden. Verschlossene Kunststoffbehälter und dünnwandige Glasgefäße können platzen, größere oder dickwandige Glasgefäße und -apparaturen durch die im Glas auftretenden Spannungen Sprünge bekommen. Deshalb muss der Autoklav eine automatische Deckelverriegelung besitzen, die den Deckel erst freigibt, wenn die Temperatur im flüssigen Sterilgut auf unter 80 °C gefallen ist und der Behälterdruck weniger als 1,1 bar beträgt.

Vor allem größere Autoklaven besitzen zum Teil eine **Druckausgleichvorrichtung** (Stützdruck- oder Gegendruckprogramm), um durch Einblasen steriler Luft ein Platzen von Gefäßen zu verhindern, sowie eine **Rückkühlautomatik**, die ein schnelleres Abkühlen großer Flüssigkeitsmengen ermöglicht. Dicht verschlossene Gefäße mit wässrigen Lösungen dürfen nur in Autoklaven mit einem Stützdruckprogramm für den gesamten Sterilisationsprozess sterilisiert werden, da in den Gefäßen während des Autoklavierens ein Innendruck entsteht, der erheblich über dem Druck im Sterilisierraum liegt.

Durchführung der Sterilisation im Laborautoklav

Vorbereitung des Sterilisierguts[1)]

Die Zusammensetzung des Sterilisierguts soll möglichst einheitlich sein!

– **Geräte**, besonders solche aus Kunststoff, nach Möglichkeit gründlich reinigen und anschließend mit demineralisiertem Wasser spülen.

– Geräte, Textilien und Gummiwaren in dampfdurchlässiges Material (z.B. Pergamentpapier, Kraftpapier, Polymethylpenten-[TPX-]Folie) oder in Aluminiumfolie (dann nur lose verpacken!) einpacken. Verpackungsmaterial wegen möglicher Beschädigung nicht wiederverwenden. Textilien und Gummiwaren locker packen, nicht zusammenpressen. Bei Gummi- und Silikonteilen (z.B. Handschuhen, Schläuchen) Falten und Knicke vermeiden; ins Handschuhinnere gegen ein Verkleben Zellstoff einschieben, Schlauchenden mit Watte und Pergamentpapier verschließen.

– **Gefäße** mit **Flüssigkeiten** (z.B. Nährlösungen) höchstens halb voll füllen.

– Dampfundurchlässige **Verschlüsse** nur lose aufsetzen; Schraubverschlüsse mit einer Viertel- bis halben Drehung leicht öffnen. Keine dicht verschlossenen Glas- oder Kunststoffgefäße autoklavieren, es sei denn, der Autoklav verfügt über ein Stützdruckprogramm für die gesamte Sterilisation!

– Watte- und Zellstoffverschlüsse mit einem Stück Pergamentpapier oder Aluminiumfolie abdecken. Pergamentpapier mit zwei Gummiringen befestigen (sicherheitshalber, falls einer beim Autoklavieren reißt), Aluminiumfolie nur lose aufsetzen.

– Gefäße und verpackte Gegenstände mit autoklavenfestem Filzstift (z.B. Edding 3000, schwarz) **beschriften**. Eventuell auf der Verpackung markieren, wo ein Gerät nach der Sterilisation angefasst werden darf.

– Sterilisiergut in Einsatzbehälter stellen oder legen, am besten in stapelbare Drahtkörbe (Gitterkörbe) aus Edelstahl; Wäsche, Verbandstoffe, Gummihandschuhe u.ä. in Siebtrommeln mit Deckel. Sterilisiergut möglichst in **senkrechter** Schichtung anordnen und nicht zu dicht packen. Schläuche flach hinlegen. Leere Gefäße so lagern, dass die Luft herausfließen kann.

– Für die **Vernichtungssterilisation** seitlich und am Boden geschlossene Blecheinsatztrommeln oder Eimer aus Aluminium oder Edelstahl verwenden (s. S. 45).

– Nur Gefäße etwa gleichen Volumens zusammen autoklavieren.

Für das Autoklavieren ohne Vakuum in einem Vertikalautoklav ohne Vollautomatik gilt – je nach Gerät mit gewissen Abänderungen – der nachstehende Arbeitsablauf. Zusätzlich muss die Bedienungsanleitung des betreffenden Autoklavs sorgfältig studiert und beachtet werden!

Autoklavieren

(Zum Aufbau des Autoklavs s. Abb. 1)

– Am Wasserstandsanzeiger Wasserfüllung (Speisewasser) kontrollieren, und gegebenenfalls Wasser nachfüllen. Nur demineralisiertes Wasser verwenden.

[1)] Sterilisiergut = zu sterilisierende Materialien; Sterilgut = sterilisierte (sterile) Materialien

In regelmäßigen Abständen (z.B. alle 4 Wochen) bzw. immer dann, wenn im Autoklav Lösungen übergekocht oder ausgelaufen sind, Speisewasser über das Entleerungsventil ablassen, Kessel reinigen und neu mit Wasser füllen.

- Am Temperaturregler (z.B. Kontaktthermometer) oder Druckregler gewünschte Sterilisiertemperatur bzw. -druck einstellen oder überprüfen.
- Strömungsventil (Entlüftungsventil) ganz öffnen.
- Körbe mit Sterilisiergut in den Autoklav einsetzen (empfindliches Gut, z.B. Nährböden, erst dann, wenn das Wasser siedet).
- Beim Autoklavieren von **Flüssigkeiten** einen Temperaturfühler in eine Referenzflasche stecken, die mit demineralisiertem Wasser oder (besser!) mit der zu sterilisierenden Flüssigkeit gefüllt ist (vgl. S. 9f.). Die Referenzflasche muss mindestens so groß und so weit gefüllt sein wie die Gefäße des Sterilisierguts. Die Spitze des Temperaturfühlers soll sich im unteren Drittel der Referenzflasche befinden. Man stellt die Flasche in die Mitte des oberen Einsatzkorbes.
- Autoklavdeckel schließen. Verschlüsse über Kreuz fest, aber – besonders bei kaltem Autoklav – nicht zu fest anziehen. Belüftungsventil schließen.
- Heizung einschalten, Zeitschaltuhr voll aufziehen.
- Wenn dem Strömungsventil Dampf entströmt (über einen Schlauch ins Freie leiten oder in einem Abdampfkondensator kondensieren lassen!) und das Kontrollthermometer 100 °C anzeigt, Strömungsventil noch etwa 5 min geöffnet lassen, dann drosseln, aber nicht völlig schließen. Das Strömungsventil bleibt während der gesamten Betriebszeit ein wenig geöffnet, muss jedoch bei ansteigendem Druck nach und nach weiter gedrosselt werden.
- Wenn die Sterilisiertemperatur und der ihr entsprechende Druck (s. Tab. 3, S. 10) erreicht sind (im Normalfall 121 °C und 2,0 bar), Zeitschaltuhr auf die gewünschte Sterilisierzeit (in der Regel 20 min) zurückdrehen.

Vorgehen nach Ablauf der Sterilisierzeit bei festem Sterilgut:

- Bei nicht bruchempfindlichem Sterilgut das Strömungsventil vorsichtig nach und nach öffnen und den Dampf ablassen (Vorsicht, **Verbrühungsgefahr!**).
  Beim Autoklavieren größerer Glasgefäße und -geräte sowie von Kunststoffbehältern den Autoklav abkühlen lassen, bis das Manometer keinen Überdruck mehr anzeigt. Erst dann Strömungsventil langsam ganz öffnen.
- Wenn aus dem Strömungsventil kein Dampf mehr ausströmt, Belüftungsventil öffnen, Deckelverschlüsse lösen und Autoklav öffnen. Wegen der Verbrühungsgefahr Deckel zunächst nur einen Spalt weit anheben (eventuell ein Stück Holz o.ä. zwischen Deckel und Kesselrand legen!), den Dampf entweichen lassen und erst dann ganz öffnen. Hitzeschutzhandschuhe mit langer Stulpe und Schutzbrille tragen!
- Sterilgut sofort aus dem Autoklav herausnehmen und an einem staubfreien, keimarmen Ort durch seine Eigenwärme trocknen lassen.
- Sterilgut trocken und bei gleichbleibender Temperatur in einem staubdichten Schrank aufbewahren und möglichst bald verwenden.

Vorgehen nach Ablauf der Sterilisierzeit bei Flüssigkeiten:

- Den Autoklav erst dann öffnen, wenn die Flüssigkeit auf **unter 80 °C** abgekühlt ist, anderenfalls besteht die Gefahr eines **Siedeverzugs!** Bei vollautomatischem Programmablauf ist für die Sterilisation von Flüssigkeiten eine thermische Sicherheitseinrichtung (Thermosperre) vorgeschrieben, die den Verschluss des Autoklavs blockiert, solange die Temperatur im Sterilgut über 80 °C liegt.
- Nährböden und andere Lösungen mit hitzeempfindlichen Bestandteilen anschließend sofort entnehmen und rasch abkühlen, z.B. unter kaltem, fließendem Wasser (s. S. 88).
- Nur lose aufgesetzte Verschlüsse nach dem Abkühlen andrücken oder fest zuschrauben.

Tab. 4: Sterilisierzeiten im Autoklav bei 121 °C für verschiedene Flüssigkeitsvolumina in Glasgefäßen[1)] (Richtwerte)

Einzelvolumen	Sterilisierzeit
bis 50 ml	15 min
50 – 200 ml	20 min
200 – 1000 ml	25 min
1 – 2 l	35 min
10 l	60 – 90 min
20 l	120 – 180 min

Bei größeren Volumina (ab ca. 500 ml) agarhaltiger Nährböden (mit
1 – 2 % Agar) muss man diese Zeiten um 20 – 30 % verlängern.

[1)] Für Kunststoffgefäße gelten längere Sterilisierzeiten, da Kunststoffe die Wärme
weniger gut leiten als Glas.

Beim **Autoklavieren eines großen Flüssigkeitsvolumens** in **einem** Gefäß dauert es sehr lange, bis die Sterilisiertemperatur auch im Zentrum des Gefäßes erreicht ist. Wird die Temperatur nicht mit Hilfe eines Thermoelements direkt im Sterilisiergut gemessen, muss die Sterilisierzeit entsprechend der längeren Ausgleichszeit verlängert werden (s. Tab. 4). Oft ist es jedoch zweckmäßiger und schonender, nur das leere Gefäß zu autoklavieren; anschließend sterilisiert man die Flüssigkeit durch Filtration (s. S. 26ff.) und füllt sie dabei direkt in den autoklavierten Behälter.

Kontrolle der Dampfsterilisation

Zur Kontrolle einer einwandfreien Sterilisation im Autoklav kann man chemische Indikatoren und Bioindikatoren verwenden.

Bei den **chemischen Indikatoren** (Thermoindikatoren) handelt es sich um Teststreifen oder -etiketten, die man auf das zu sterilisierende Gut aufklebt oder ihm möglichst weit innen, in der Mitte des Guts oder der Sterilisierkammer, beipackt. Auf das Indikatorpapier sind Farbfelder aufgedruckt, die in Abhängigkeit von der Temperatur und ihrer Einwirkungsdauer sowie der Dampfsättigung einen Farbumschlag zeigen. Sie haben den Vorteil, dass man sie ohne weiteren Arbeitsaufwand unmittelbar nach dem Autoklavieren auswerten kann, und eignen sich daher zur regelmäßigen Sterilisationskontrolle.

Um eine Verwechslung zwischen sterilisiertem und unbehandeltem Gut zu vermeiden, kann man **Behandlungsindikatoren** auf das Sterilisiergut aufkleben. Es handelt sich um bedruckte Papierstreifen, Klebebänder oder Etiketten, deren Farbe beim Autoklavieren umschlägt, oder es erscheint der Aufdruck „sterilisiert". Diese Indikatoren zeigen jedoch nicht an, wie lange eine bestimmte Temperatur eingehalten worden ist.

Zuverlässiger als durch chemische Indikatoren lässt sich der Sterilisationserfolg mit **Bioindikatoren** beurteilen. Ihre Anwendung ist jedoch mit einem gewissen Arbeits- und Zeitaufwand verbunden; deshalb dienen sie in erster Linie zur Überwachung kritischer Sterilisationen und zur Funktionsprüfung von Autoklaven in größeren Zeitabständen. Als Bioindikatoren verwendet man bakterielle Endosporen bekannter Hitzeresistenz, vorzugsweise die besonders hitzeresistenten Sporen des thermophilen, apathogenen *Geobacillus* (früher: *Bacillus*) *stearothermophilus*, Stamm ATCC 7953 (= DSM 5934). Es stehen kommerzielle, standardisierte Sporenpräparate zur Verfügung, entweder in Form von **Sporenstreifen**, d.h. Filtrierpapierstreifen, die mit Endosporen beschickt und in einer dampfdurchlässigen Hülle verpackt sind, oder als **Testampullen**, die eine Sporensuspension enthalten.

Die Präparate werden an den kältesten Stellen, d.h. im unteren und mittleren Bereich des Autoklavs, zwischen das Sterilisiergut gelegt, und zwar bis zu 250 l Nutzrauminhalt mindestens zwei, darüber mindestens sechs Ampullen oder Streifen. Ampullen sollte man wegen der Bruchgefahr in ein Becherglas stellen. Die Sporenpräparate sind so eingestellt, dass die Sporen bei einer Dampftemperatur von 121 °C nach 15 min sämtlich abgetötet sind. Bei niedrigerer Temperatur oder kürzerer Einwirkungszeit überlebt dagegen ein Teil der Endosporen. Nach dem Autoklavieren entnimmt man die Sporenstreifen steril aus der Hülle und bringt sie in eine spezielle Nährlösung mit pH-Indikator. Sicherer und bequemer zu handhaben sind die Testampullen, da sie neben der Sporensuspension bereits die Nährlösung und einen Indikatorfarbstoff enthalten. Man bebrütet die Sporenstreifen oder die ungeöffneten Ampullen bei 55 – 60 °C für 24 – 48 Stunden, bei negativem Ergebnis bis zu sieben Tagen. Bleibt die Nährlösung klar und ihre Farbe unverändert, so hat man korrekt sterilisiert. Eine Trübung des Nährmediums und ein Farbumschlag infolge Säurebildung zeigen ein Wachstum der Bakterien und damit eine ungenügende Sterilisation an. Zur Kontrolle wird ein nicht autoklavierter Bioindikator mitbebrütet.

3.1.1.2 Tyndallisieren

Unter Tyndallisieren (J. Tyndall, 1882), auch als **fraktionierte Sterilisation** bezeichnet, versteht man ein dreimaliges Erhitzen von Flüssigkeiten und Nährböden im Wasserbad oder Dampftopf bei 80 – 100 °C für 30 min an drei aufeinanderfolgenden Tagen. In der Zwischenzeit wird das Gut bei Raumtemperatur aufbewahrt. In dieser Zeit sollen die hitzeresistenten Endosporen, die das vorhergehende Erhitzen überlebt haben, zu vegetativen Zellen auskeimen, die dann beim nächsten Erhitzen abgetötet werden. Das setzt jedoch voraus, dass die behandelte Flüssigkeit ein Auskeimen der Sporen erlaubt. Da dies aber durchaus nicht immer der Fall ist, ist der **Sterilisationserfolg sehr zweifelhaft**. Außerdem ist das Verfahren umständlich und zeitraubend. Am ehesten ist es geeignet für nährstoffreiche, keimarme (vorfiltrierte) Lösungen, die ein Autoklavieren nicht vertragen.

3.1.1.3 Kochen, strömender Dampf

Die einmalige Anwendung feuchter Hitze von 100 °C bewirkt nur eine **Teilentkeimung** und zählt gewöhnlich zu den **Desinfektionsverfahren** (s. S. 19 ff.). Durch 5 min langes Auskochen (z.B. von Geräten), am besten in 0,5%iger Sodalösung, oder durch ≥ 30 min langes Erhitzen in drucklosem, strömendem Wasserdampf in einem offenen Dampftopf werden alle vegetativen Keime abgetötet (vgl. Tab. 2, S. 7), vorausgesetzt, dass sie nicht durch Schmutzhüllen (z.B. aus Fett oder Eiweiß) geschützt sind. Die bakteriellen Endosporen sind jedoch gegen feuchte Hitze bei 100 °C weitgehend unempfindlich. Sie vertragen zum Teil stundenlanges Kochen und können nur durch Autoklavieren abgetötet werden.

3.1.2 Trockene Hitze

3.1.2.1 Heißluftsterilisation

Die keimtötende Wirkung trockener Hitze ist wesentlich geringer als die von feuchter Hitze; daher sind höhere Temperaturen und längere Einwirkungszeiten erforderlich (s. Tab. 5; vgl. Tab. 2, S. 7). Aus diesem Grunde sind die Anwendungsmöglichkeiten der Heißluftsterilisation relativ begrenzt (s. Tab. 1, II, S. 6). Ihr Vorteil ist, dass Metallgeräte nicht korrodieren und keine nachträgliche Trocknung des Sterilguts erforderlich ist.

Der Heißluftsterilisator

Man sterilisiert in einem elektrisch beheizten Heißluftsterilisierschrank (Heißluftsterilisator) mit 6- bis 24-Stunden-Zeitschaltuhr und Übertemperatursicherung (auch mit Programmautomatik erhältlich), ersatzweise in einem Trockenschrank. Trockene Luft ist ein schlechter Wärmeleiter; außerdem bleiben in zu sterilisierenden Gefäßen häufig Kaltluftpolster zurück,

Tab. 5: Die Abtötung von Bakterien durch trockene Heißluft (nach Wallhäußer und Schmidt, 1967[1]; Wallhäußer, 1995[2]; verändert)

Organismus	Abtötungszeit in min bei			
	120 °C	140 °C	160 °C	180 °C
Vegetative Zellen von:				
Shigella dysenteriae	10	5		
Corynebacterium diphtheriae	20	10	5	
Salmonella typhi	20	10	5	
Escherichia coli	30	10–15	8	
Staphylococcus aureus	30	15	8	
Endosporen von:				
Clostridium perfringens	50	5		
Clostridium tetani		30	12	1
Clostridium botulinum	120	15–60	20	5–10
Bacillus anthracis	120	60	15–30	10
Erdsporen			30–90	15
	D-Werte in min (') bzw. s (") bei			
	120 °C	140 °C	160 °C	180 °C
Endosporen von:				
Geobacillus stearothermophilus[3]	15'		21"	3"
Bacillus subtilis	30'	3–5'	1'	13"
Clostridium sporogenes			2'	15"

[1] Wallhäußer, K. H., Schmidt, H. (1967), Sterilisation – Desinfektion – Konservierung – Chemotherapie. Georg Thieme Verlag, Stuttgart
[2] Wallhäußer, K. H. (1995), Praxis der Sterilisation – Desinfektion – Konservierung, 5. Auflage. Georg Thieme Verlag, Stuttgart, New York
[3] früher: Bacillus stearothermophilus

die die Wärmeübertragung erheblich verzögern können. Deshalb kann man nur bei kleineren Heißluftsterilisatoren auf eine künstliche Luftumwälzung verzichten; bei größeren Geräten ist ein **Umluftbetrieb** unbedingt erforderlich. Aber auch dann hinkt die Temperatur im zu sterilisierenden Gefäß oft ganz beträchtlich (unter Umständen mehrere Stunden!) hinter derjenigen des Sterilisierraums nach. Für die Abtötung ist jedoch die Temperatur des Materials entscheidend, an oder in dem die Mikroorganismen sich befinden, und nicht die Lufttemperatur des Sterilisierraums! Deshalb reicht es nicht aus, zur Sterilisationskontrolle die Schrankinnentemperatur zu messen, sondern man sollte auch hier zumindest gelegentlich Sterilisationsindikatoren einsetzen (s. S. 17), z.B. bei Inbetriebnahme eines Sterilisators oder bei Wechsel der Art und Zusammensetzung des Sterilisierguts.

Vorbereitung und Durchführung der Heißluftsterilisation

Das Sterilisiergut muss sauber und trocken sein, denn eine Schmutzhülle erhöht die Hitzeresistenz von Endosporen, der Schmutz brennt während der Sterilisation auf der Geräteoberfläche ein, und bei feuchtem Gut führt die Verdunstungskälte zu einer lokalen Temperaturerniedrigung. Geräteteile, die aus Materialien mit unterschiedlichen Ausdehnungskoeffizienten bestehen (z.B. Glas/Metall), dürfen nur lose miteinander verbunden werden, da es sonst zu Sprüngen oder Verformungen kommen kann.

Zur Verpackung, zum Verschluss oder zur Kennzeichnung des Guts sollte man keine Materialien verwenden, die beim Erhitzen braun werden oder verkohlen (z.B. gewöhnliches Papier, Zellstoff, normale Watte), denn dabei entstehen unerwünschte Röstprodukte, die sich auf der Oberfläche der Sterilisator-Innenwände und des Sterilisierguts niederschlagen und die für manche Mikroorganismen toxisch sind oder z.B. bei Pipetten eine gleichmäßige Benetzung verhindern. Gut geeignet als Verpackungsmaterial ist **Aluminiumfolie**, die man wegen möglicher Beschädigung nur einmal verwenden soll. Das Beschickungsgut darf im Sterilisator nicht zu dicht angeordnet werden, damit eine gute Luftzirkulation gewährleistet ist.

Der zeitliche Ablauf der Heißluftsterilisation gliedert sich in ähnliche Abschnitte wie die Dampfsterilisation mit Anheiz-, Ausgleichs-, Abtötungs- und Abkühlzeit (s. S. 9f.). Die Sterilisierzeit beginnt mit Erreichen der gewünschten Temperatur am Innenraumthermometer. Die Wahl der Temperatur richtet sich nach der Hitzeempfindlichkeit des Sterilisierguts. Folgende Sterilisiertemperaturen und -zeiten sind in Gebrauch:

Temperatur:	Sterilisierzeit:
160 °C	180 min
170 °C	120 min
180 °C	30 min

Heißluftsterilisation

– Sauberes und trockenes Sterilisiergut in Metallbehälter legen oder in Aluminiumfolie einpacken.
– Verpackte Gegenstände mit Filzstift beschriften; eventuell (z.B. bei Vollpipetten) auf der Verpackung markieren, wo die Geräte nach der Sterilisation angefasst werden dürfen.
– Flaschen, Erlenmeyerkolben u.ä. mit Metallkappen (ohne Gummidichtungen!) oder Aluminiumfolie locker verschließen.
– Schliffe und Schraubverbindungen nur lose aufsetzen; zum Schutz gegen Springen und Verziehen einen Streifen Aluminiumfolie einlegen.

- Mess- und Pasteurpipetten nach Volumen und Art (z.B. gestopft/ungestopft) sortiert vorsichtig mit der Spitze nach unten in Pipettenbüchsen einlegen (s. S. 113). Büchsen schließen; auf Stirn- und Bodenseite Pipettenvolumen und -art notieren.
- Sterilisiergut mit ausreichendem Abstand in den Sterilisator einlegen.
- Eventuell am Sterilisator vorhandene Lüftungsöffnungen schließen.
- Sterilisiertemperatur (s.o.) einstellen, Gerät einschalten, Zeitschaltuhr voll aufziehen.
- Wenn das Kontrollthermometer die gewählte Temperatur anzeigt, Zeitschaltuhr auf die entsprechende Sterilisierzeit (s.o.) zurückdrehen.
- In regelmäßigen Abständen Innenraumtemperatur überprüfen und gegebenenfalls nachstellen.
- Nach Ablauf der Sterilisierzeit Sterilisator bei **geschlossener Tür** auf Raumtemperatur abkühlen lassen (Geräte ohne Umluftbetrieb über Nacht; bei Umluftgeräten wird das Gut mit steriler, über keimabscheidende Filter angesaugter Kaltluft rasch abgekühlt.).

Kontrolle der Heißluftsterilisation

Wie für die Autoklavenkontrolle (S. 13f.) stehen auch zur Überprüfung der Heißluftsterilisation **chemische Indikatoren** (Thermoindikatoren) zur Verfügung, z.B. Browne-Teströhrchen, die von Rot nach Grün umschlagen, wenn korrekt sterilisiert worden ist. Zur Unterscheidung zwischen sterilisiertem und unbehandeltem Gut verwendet man **Indikatorbänder** oder -**etiketten**.

Als **Bioindikatoren** dienen für Temperaturen bis 180 °C Teststreifen mit Sporen von *Bacillus atrophaeus*, Stamm ATCC 9372 (= DSM 675) (frühere Synonyme: *Bacillus globigii*, *B. subtilis* [var. *niger*]). Nach der Sterilisation bebrütet man die Sporenstreifen in einer speziellen Nährlösung bei 37 °C für 48 Stunden, bei negativem Ergebnis bis zu sieben Tagen. Eine Trübung des Nährmediums bzw. ein Farbumschlag des pH-Indikators sind Zeichen einer ungenügenden Sterilisation. Zur Kontrolle wird ein nicht sterilisierter Teststreifen mitbebrütet.

3.1.2.2 Ausglühen und Abflammen

Zum Ausglühen und Abflammen benutzt man einen **Bunsenbrenner** (Abb. 2) oder einen Teclu-Brenner. Ist kein Gasanschluss vorhanden, so kann man einen Kartuschenbrenner (Campingbrenner) verwenden, den man auf eine Propan- oder Butangaskartusche aufsetzt. Zum gefahrlosen Ausglühen von Impfösen und -nadeln eignen sich auch gut Elektrobrenner (Fa. Horo). Spiritusbrenner sind dagegen nur ein Notbehelf.

Der Gasbrenner wird mit einem knickfesten, DVGW-geprüften Sicherheitsgasschlauch (nicht mit einem einfachen Gummischlauch!) an die Gasleitung angeschlossen. Zweckmäßig ist ein Bunsenbrenner mit Sparflamme und einem Wipphahn (Doppelhebelhahn), den man mit einem leichten Finger- oder Handballendruck umstellen kann (s. Abb. 2). Der weiteren Bedienungsvereinfachung und Erhöhung der Sicherheit dienen Brenner mit Handsensor und/oder Fußschalter, elektrischer Zündung, magnetischem Gasventil, Zeitschaltung, Windschutz oder Spritzschutzglocke.

Vor Benutzung stellt man die Luftzufuhr am Bunsenbrenner so ein (im einfachsten Fall mit der drehbaren Luftregulierhülse), dass eine nichtleuchtende, prasselnde Flamme mit einem hellblauen Innenkegel und einem blasseren, dunkelblauvioletten Außenkegel entsteht (Abb. 2). Der Innenkegel ist im Innern verhältnismäßig kalt (ca. 300 °C), während im Außenkegel Temperaturen bis zu 1500 °C erreicht werden. Der innere Teil des Außenkegels (nahe dem Rand des Innenkegels) wirkt stark reduzierend, sein äußerer Rand und seine Spitze dagegen stark oxidierend.

Ausglühen

Durch Ausglühen im äußeren Teil des Außenkegels der Bunsenbrennerflamme werden **Impf-ösen** und -**nadeln** schnell und **zuverlässig sterilisiert** (s. S. 107ff.). Die dabei erreichten Temperaturen von über 1000 °C (Gelbglut) töten die Mikroorganismen in Sekundenbruchteilen ab. Auch andere Instrumente aus Metall, z.B. Präpariernadeln, Pinzetten, Scheren oder Skalpelle, kann man im Notfall durch Ausglühen sterilisieren, jedoch leidet dabei das Material sehr stark, besonders die Schneidschärfe von Klingen. Vor der Benutzung müssen die Instrumente abgekühlt werden, damit sie keine Zellen schädigen oder thermolabilen Substanzen zerstören.

Abflammen

Es ist weitverbreitete Praxis, Metall-, Glas- und Porzellangeräte abzuflammen, um sie oberflächlich zu sterilisieren. **Pinzetten**, **Spatel**, **Scheren** oder **Skalpelle** werden kurze Zeit in die Flamme gehalten, ohne sie zum Glühen zu bringen; **Filtrationsgeräte** werden vor der Filtration mit der Bunsenflamme bestrichen. Der Erfolg dieser Methode ist jedoch zweifelhaft, da Temperatur und Einwirkungszeit oft nicht ausreichen, um alle anhaftenden Keime abzutöten. Dies gilt besonders für rauhe Oberflächen, in deren Spalten und Poren die Mikroorganismen vor der Flamme geschützt sind. Auch das Eintauchen in **96%iges Ethanol** und anschließende Abbrennen des anhaftenden Alkohols bewirken keine sichere Sterilisation. Beide Verfahren stellen daher nur einen **Notbehelf** dar. Bei ihrer Anwendung ist zu beachten, dass die Geräte vor der Benutzung genügend abgekühlt sein müssen. Besser ist es aber in jedem Falle, die benötigten Geräte im Autoklav oder Heißluftsterilisator zu sterilisieren.

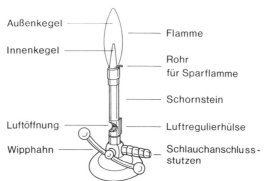

Abb. 2:
Bunsenbrenner mit Wipphahn

Auch das Abflammen sterilisierter **Pipetten** und der **Öffnungen von Kulturgefäßen** beim Überimpfen ist in der Regel überflüssig und allenfalls gerechtfertigt, um störende Wattefäden abzubrennen. Es reduziert nicht nennenswert die Kontaminationsgefahr, sondern kann sie durch die dabei auftretende Luftbewegung sogar erhöhen. Aus demselben Grunde bringt es keinen Vorteil, Kulturgefäße oder Pipettenbüchsen über der Flamme zu öffnen.

Watte- und **Zellstoffstopfen** sollte man auf keinen Fall abflammen, da dabei Verbrennungsprodukte entstehen, die ins Nährmedium gelangen und das Wachstum der Mikroorganismen hemmen können; außerdem geraten zu locker gefertigte Wattestopfen beim Abflammen leicht in Brand.

3.2 Chemische Sterilisation und Desinfektion

3.2.1 Sterilisation durch Gase

Die chemische Sterilisation, bei der definitionsgemäß auch die bakteriellen Endosporen abgetötet werden müssen (s. S. 5), wird vor allem zur schonenden Behandlung hitzeempfindlicher Produkte eingesetzt, und zwar in erster Linie zur Entkeimung von Oberflächen. Man verwendet dazu keimabtötende Gase, heute fast ausschließlich den zyklischen Ether **Ethylenoxid**.

Da Ethylenoxid jedoch hochgiftig ist und mit Luft explosionsfähige Gemische bildet, verwendet man das Gas nicht im Labor, sondern lediglich im technischen Maßstab und in Krankenhäusern zur Sterilisation medizinischer Geräte und von Einwegartikeln aus Kunststoff, z.B. Einmalspritzen, Plastikpetrischalen und Membranfiltern. Das Verfahren kann jedoch z.B. in Membranfiltern Rückstände hinterlassen, die auf Mikroorganismen toxisch wirken.

3.2.2 Desinfektion und Keimreduzierung durch chemische Mittel

Zahlreiche antimikrobiell wirkende Stoffe werden, meist in flüssiger Zubereitung, zur Keimreduzierung an Oberflächen oder als Dämpfe oder Aerosole zur Keimzahlverminderung in der Raumluft eingesetzt. Ziel dieses Einsatzes ist, vor allem im medizinischen Bereich, die Desinfektion. Deshalb bezeichnet man solche Mittel als Desinfektionsmittel.

> Desinfektion ist die selektive Abtötung bzw. irreversible Inaktivierung aller krankheitserregenden Keime an und in kontaminierten Objekten.

Im Labor und in der industriellen Produktion geht es jedoch nicht nur um die Ausschaltung der Krankheitserreger, sondern darüber hinaus um eine möglichst weitgehende Eliminierung aller Keime, auch der Saprophyten. Hierbei ist zu berücksichtigen, dass sich mit Desinfektionsmitteln immer nur eine **Keimreduzierung**, niemals eine Sterilisation erreichen lässt. In der Regel wird eine Keimzahlverminderung um fünf Zehnerpotenzen, d.h. um 99,999 %, angestrebt. Deshalb ist, wo immer möglich, die Hitzesterilisation der Desinfektion vorzuziehen!

Für den täglichen Gebrauch ist es empfehlenswert, sich für die verschiedenen Bereiche auf jeweils ein oder wenige Desinfektionsmittel zu beschränken. **Handelsübliche Desinfektionsmittel** sind oft vorteilhafter als selbstangesetzte Lösungen, da sie Stabilisatoren enthalten und deshalb haltbarer sind. Die Auswahl eines geeigneten Mittels kann nach den in regelmäßigen Abständen aktualisierten Listen der geprüften und als wirksam befundenen Desinfektionsmittel bzw. Desinfektionsverfahren erfolgen, die – unabhängig voneinander – vom Verbund für Angewandte Hygiene (VAH), der Deutschen Veterinärmedizinischen Gesellschaft (DVG; für den Lebensmittelbereich) und vom Robert-Koch-Institut (für behördlich angeordnete Desinfektionsmaßnahmen) herausgegeben werden (siehe Literaturverzeichnis, S. 426). Diese Listen enthalten auch Angaben zur Gebrauchsverdünnung und Einwirkungszeit sowie die Adressen der Hersteller bzw. Lieferfirmen. Die **Gebrauchsverdünnungen** müssen mit reinem Wasser (ohne Zusatz von Reinigungsmitteln o.ä.) möglichst täglich frisch angesetzt werden.

Die empfohlenen Konzentrationen und Einwirkungszeiten sind unbedingt einzuhalten, da die Wirkung konzentrationsabhängig ist und die Abtötung oder Inaktivierung der Mikroorganismen nicht schlagartig, sondern exponentiell erfolgt.

Die Wirksamkeit vieler Desinfektionsmittel wird negativ beeinflusst durch

- die Anwesenheit von Schmutz- und Begleitstoffen

    Durch Schmutzhüllen geschützte Mikroorganismen werden vom Desinfektionsmittel nicht erreicht. Organische Stoffe, vor allem Proteine, inaktivieren zahlreiche Desinfektionsmittel, in besonders starkem Maße chlor-, brom- oder iodabspaltende Mittel. Anorganische Verbindungen, z.B. Calciumsalze (hartes Wasser!), beeinträchtigen die Wirksamkeit von Mitteln auf Tensidbasis.

- eine starke Verschiebung des pH-Werts,

    z.B. bei Kombination eines Reinigungs- und eines Desinfektionsmittels mit gegensätzlichen pH-Werten

- niedrige Temperaturen.

    Man sollte deshalb die Mittel zumindest bei Raumtemperatur anwenden.

Beim Arbeiten mit Flächen- oder Gerätedesinfektionsmitteln sind Handschuhe zu tragen, um Hautreizungen zu vermeiden.

3.2.2.1   Händedesinfektion

Die Hände geben bei Kontakt mit der Umwelt bis zu mehrere tausend Keime/cm^2 ab. Durch Waschen mit **Seife** werden bereits 60–80 %, bei Verwendung antimikrobieller Seifen 80–90 % der auf der Hautoberfläche haftenden Keime abgeschwemmt. Man sollte sich deshalb vor Beginn und nach Abschluss aseptischer Arbeiten jedesmal gründlich die Hände waschen und sie möglichst auch desinfizieren. Bei einem Hautkontakt mit infektiösem Material (ab Schutzstufe 2; s. S. 40f., 44f.) ist eine Desinfektion der betroffenen Hautfläche zwingend vorgeschrieben.

Zur Händedesinfektion verwendet man ein **Desinfektionsmittel auf alkoholischer Basis** oder **70–80%iges** (v/v) **Ethanol** (vergällt, jedoch keinen Brennspiritus!). Statt Ethanol kann man auch 60–70%iges 2-Propanol (Isopropylalkohol) oder 50–60%iges 1-Propanol (n-Propylalkohol) benutzen, die noch wirksamer, weniger flüchtig und hautfreundlicher sind. (Wegen der nach dem Waschen auf der Haut verbleibenden Restfeuchtigkeit und des durch sie bedingten Verdünnungseffekts kann man die Alkohole bis zu 10 % höher konzentriert einsetzen als bei trockenen Objekten [vgl. S. 21]). Voraussetzung für die desinfizierende Wirkung der Alkohole ist ein gewisser Wassergehalt. 96%iger oder absoluter Alkohol wirkt lediglich wachstumshemmend und damit konservierend.

Alkohole sind die am schnellsten keimtötend wirkenden Verbindungen. Vegetative Zellen (nicht jedoch die Sporen!) werden in 30–60 s abgetötet. Man benötigt jedoch erheblich höhere Wirkstoffkonzentrationen als bei anderen Mitteln, und die Wirkung hält nicht lange an (bei der Händedesinfektion etwa 1–2 Stunden). Durch Zusatz von Depotwirkstoffen, z.B. Amphotensiden oder quartären Ammoniumverbindungen („Quats"), kann man die Wirkungsdauer verlängern.

Bei der Benutzung alkoholischer Desinfektionsmittel ist zu beachten, dass die verwendeten Alkohole leicht entzündlich und im Gemisch mit Luft (z.B. bei Ethanol ab 3,5 Vol.-%) explosionsfähig sind.

Händedesinfektion

Material: – Waschbecken, Ausführung ohne Handbedienung

  – milde Seife oder Syndetseife (= tensidhaltige „Seife"), flüssig, im Dosierspender (kein Seifenstück!)
  – alkoholisches Händedesinfektionsmittel im Dosierspender
  – Papierhandtücher im Spender
  – Nagelbürste mit Kunststoffborsten

Vor Arbeitsbeginn:

– An den Händen und Unterarmen getragene Schmuckstücke, Uhren und Eheringe ablegen.
– Hände mit Seife und Nagelbürste gründlich reinigen (mindestens 15–20 s lang), reichlich mit Wasser nachspülen und mit Papierhandtüchern abtrocknen.
– 3-mal ca. 3 ml Desinfektionsmittel jeweils etwa 1 min lang bis über die Handgelenke in die Hände einreiben und einmassieren. Die Hände müssen während des gesamten Desinfektionsvorgangs feucht gehalten werden. Entscheidend für den Desinfektionserfolg ist die Anwendungszeit, nicht die Menge des Desinfektionsmittels! Anschließend das Mittel bis zur völligen Trocknung in die Hände einreiben.

Bei Arbeitsende bzw. nach einer Kontamination:

– Zuerst desinfizieren: 1-mal ca. 3 ml Desinfektionsmittel mindestens 30 s lang in die Hände einreiben; bei starker Kontamination wie oben.
– Anschließend Hände reinigen (s.o.).

Auch nach dem Tragen von Schutzhandschuhen ist eine Händedesinfektion erforderlich, da man immer mit Mikroläsionen an den Handschuhen rechnen muss. Um einer zu starken Entfettung der Haut entgegenzuwirken, sollten die Seife und das Desinfektionsmittel rückfettende Zusätze enthalten. Außerdem sollte man nach Arbeitsende eine Hautpflegesalbe auf die Hände auftragen.

3.2.2.2 Flächen- und Raumdesinfektion

Der **Fußboden** soll im mikrobiologischen Labor, zumindest im Sterilbereich, möglichst täglich feucht gereinigt werden, am besten unter Verwendung eines Desinfektionsmittels mit Reinigerzusatz (geeignetes Handelspräparat verwenden; nicht selbst mischen, da das Reinigungsmittel das Desinfektionsmittel unter Umständen inaktiviert!). Zweckmäßig ist die „Zwei-Eimer-Methode", bei der die frische Desinfektionsmittellösung dem einen Eimer entnommen und die gebrauchte Lösung in den zweiten Eimer aufgenommen wird. Der desinfizierende Wirkstoff sollte gelegentlich gewechselt werden, damit sich keine resistenten Keime anreichern.

Arbeitsflächen wischt man vor und nach jedem Arbeiten mit Hilfe eines Wattebausches, Zellstofftuchs o. dgl. gründlich mit vergälltem **70%igem** (v/v) **Ethanol** (in einer Spritzflasche aus Polyethylen) ab. Dasselbe gilt, wenn Mikroorganismensuspension verschüttet worden ist. Statt Ethanol kann man auch 60%iges 2-Propanol (Isopropylalkohol) oder 50%iges 1-Propanol (n-Propylalkohol) verwenden. Die Alkohole haben den Vorteil, sehr schnell zu wirken und keine Rückstände zu hinterlassen. Allerdings muss man die Brand- und Explosionsgefahr berücksichtigen (s. S. 20). Ein ungezieltes Versprühen von Alkohol oder alkoholhaltigen Desinfektionsmitteln ist deshalb nicht zulässig!

Viele handelsübliche Desinfektionsmittel mit breitem Wirkungsspektrum, besonders solche zur Flächendesinfektion, enthalten Aldehyde, in erster Linie **Formaldehyd**. Formaldehyd allein ist in 35 – 40%iger wässriger Lösung als Formalin, Formol u.a. im Handel; die Anwendungskonzentration beträgt 1 – 3,5 %. Formaldehyd ist giftig; Lösung und Dämpfe wirken stark ätzend auf Haut und Schleimhäute, besonders der Augen und Atemwege. Er kann zu allergischen Hautreaktionen führen und kann Krebs erzeugen. Die Dämpfe sind brennbar, Gemische mit Luft explosionsfähig. Deshalb ist beim Umgang mit Formaldehyd besondere Vorsicht geboten: Man arbeite möglichst im Abzug, trage Schutzbrille und Schutzhandschuhe und halte Zündquellen fern! Die **maximale Arbeitsplatzkonzentration (MAK)** darf 0,5 ml/ m^3 Luft [2] (= 0,6 mg/m^3 Luft) nicht überschreiten. Wenn möglich, sollte man auf andere Desinfektionsmittel (z.B. Perverbindungen) ausweichen.

Bei der **Raumdesinfektion** gibt es allerdings bisher für Formaldehyd keinen Ersatz, weil er gasförmig, sehr gut wasserlöslich und eines der wenigen Mittel ist, die bei längerer Einwirkungszeit (bis zu 16 Stunden, z.B. über Nacht) auch bakterielle Endosporen abtöten. Die Raumdesinfektion führt man im mikrobiologischen Labor jedoch eher selten durch, in erster Linie in **Sicherheitswerkbänken**, die mit Krankheitserregern kontaminiert sind, besonders vor Wartungsarbeiten, in anderen Räumen nur ausnahmsweise, hauptsächlich nach starker Kontamination mit unspezifischen Keimen, z.B. nach Baumaßnahmen.

In dem gut abgedichteten Raum verdampft oder vernebelt man mit Hilfe eines automatisch arbeitenden Gerätes eine wässrige Formaldehydlösung. Die Desinfektion darf nur mit Erlaubnis der zuständigen Behörde, im Allgemeinen des Gewerbeaufsichtsamtes, und nur von einer sachkundigen Person mit Befähigungsschein nach TRGS [3] 522 vorgenommen werden.

3.2.2.3 Gerätedesinfektion

Geräte – besonders Glaswaren, aber auch Einwegartikel –, die mit (möglicherweise) pathogenen Mikroorganismen kontaminiert sind, legt man sofort nach Gebrauch für mindestens 1 Stunde ganz in ein **Desinfektionsbad** (in einer gut abdeckbaren Wanne) ein. Dabei ist besonders auf eine restlose Entfernung der Luft aus Hohlräumen zu achten. Man greife nie mit den bloßen Händen in das Bad; zweckmäßig ist ein Einsatzbehälter, in dem man die Geräte nach Ablauf der Einwirkungszeit herausnehmen und spülen kann. Hitzestabile Geräte sollte man anschließend autoklavieren. Geräte, die nicht autoklaviert werden können, müssen mindestens 6 Stunden, besser 12 Stunden (über Nacht), im Desinfektionsbad verbleiben. Erst nach der Sterilisation bzw. Desinfektion werden die wiederverwendbaren Geräte gründlich gereinigt.

Die meisten Kunststoffe sind empfindlich gegen oxidierend wirkende Desinfektionsmittel (z.B. Peroxyessigsäure, Natriumhypochlorit; s.u.); deshalb darf man wiederverwendbare Kunststoffgeräte nur kurz (höchstens 4 Stunden) und nur bei Raumtemperatur in solche Desinfektionslösungen einlegen.

Besonders wirksame Gerätedesinfektionsmittel, die bei längerer Einwirkung (6–12 Stunden) auch Endosporen abtöten, sind alkalische **Glutaraldehyd**-(Glutardialdehyd-)Lösung (Einsatzkonzentration ~ 2 % [w/v]) und **Peroxyessigsäure** (Peressigsäure) in saurer Lösung (Einsatzkonzentration 0,1– 0,2 % [w/v]).

---

[2] = 0,5 ppm („parts per million", Volumenteile des Wirkstoffs auf 10^6 Volumenteile Luft)
[3] = Technische Regel für Gefahrstoffe (http://www.baua.de/cln_137/de/Themen-von-A-Z/Gefahr stoffe/TRGS/TRGS.html)

Eine wässrige Lösung von Glutaraldehyd reagiert sauer; sie ist über einen längeren Zeitraum stabil, hat jedoch nur eine geringe antimikrobielle Wirkung. Man stellt daher eine 2%ige (w/v) wässrige Glutaraldehydlösung unmittelbar vor Gebrauch mit 0,3 % (w/v) Natriumhydrogencarbonat auf einen pH-Wert von 7,5–8,5 ein. Diese alkalische Lösung hat eine hohe antimikrobielle Wirksamkeit, ist jedoch infolge fortschreitender Polymerisation des Aldehyds nicht länger als 1 - 2 Wochen haltbar.

Peroxyessigsäure ist ein starkes Oxidationsmittel, sehr instabil und in hochkonzentrierter Lösung (> 60 %) explosionsfähig. Peroxyessigsäure ist nicht für Metallgeräte geeignet, da sie korrodierend wirkt. Beide Mittel reizen Haut, Augen und Atemwege; Glutaraldehyd wirkt möglicherweise krebserzeugend (Sicherheitsratschläge siehe bei Formaldehyd, S. 22!). Als weitere Wirkstoffe zur Gerätedesinfektion verwendet man, häufig in Kombinationen, chlorabspaltende Verbindungen (z.B. Natriumhypochlorit[4)]), Phenolderivate, Guanidine, quartäre Ammoniumverbindungen und Amphotenside (Anwendungskonzentration 1–3 % [w/v]). Chlorabspaltende Mittel werden durch organische Substanzen, vor allem durch Eiweiß, rasch inaktiviert; die übrigen Stoffe haben keine oder nur eine geringe Wirkung gegen Endosporen. Chlor- und phenolhaltige Desinfektionsmittel sollte man aus Gründen des Gesundheitsschutzes möglichst vermeiden.

Die **Gebrauchslösung** setzt man am besten täglich frisch an. Der Desinfektionsmittelbehälter wird zuvor ganz entleert, gereinigt und hitzesterilisiert. Bei geringer Belastung kann man die Lösung auch mehrere Tage lang verwenden; sie muss gewechselt werden, sobald sie sichtbar verschmutzt ist, spätestens jedoch nach einer Woche. Die Wirksamkeit der meisten Mittel nimmt mit steigender Temperatur zu (um das Zwei- bis Dreifache pro 10 °C Temperaturanstieg).

Auch durch kurzes Einhängen (z.B. für 5 min) der zu desinfizierenden Geräte in ein **Ultraschallbad** lässt sich der Desinfektionseffekt erhöhen und gleichzeitig eine intensive und schonende Reinigung durchführen (vgl. S. 103).

Es sind Reinigungsautomaten (Laborspülmaschinen) im Handel, mit denen sich eine **thermische Gerätedesinfektion** bei 93–95 °C Wassertemperatur durchführen lässt (vgl. S. 104); sie sind aufgeführt in der Desinfektionsmittelliste des Robert-Koch-Instituts (siehe Literaturverzeichnis, S. 426). Bei hitzebeständigen Geräten ist die thermische Desinfektion der chemischen immer vorzuziehen. Hitzeempfindliche Geräte kann man in manchen Reinigungsautomaten bei niedrigerer Temperatur (z.B. 60 oder 65 °C) unter Zusatz eines chemischen Mittels desinfizieren (**chemothermische Desinfektion**).

3.3 Bestrahlung

Eine **Sterilisation** durch Bestrahlung ist nur mit energiereichen ionisierenden Strahlen möglich, da nur sie tief genug in das zu sterilisierende Material eindringen. Wegen der hohen Kosten der Bestrahlungsanlagen werden solche Verfahren nur von wenigen Firmen als Auftragsarbeit durchgeführt. Man verwendet in erster Linie **Gammastrahlen** und sterilisiert mit ihnen medizinische Artikel, wie Einwegspritzen, Katheter und Verbandmaterial, ferner Membranfilter und für die pharmazeutische Industrie Verpackungsmaterialien.

In der normalen mikrobiologischen Praxis spielt nur die ultraviolette (UV-)Strahlung eine Rolle.

[4)] sehr wirksam auch gegen Endosporen, jedoch nur bei neutralem pH-Wert; bei diesem aber auch besonders instabil!

3.3.1 UV-Strahlung

UV-Strahlen besitzen nur eine sehr geringe Eindringtiefe und sind deshalb in der Regel lediglich geeignet zur **Verminderung der Keimzahl** in der **Raumluft** und an **Oberflächen**. Eine wirksame Keimreduzierung in der Raumluft ist am ehesten in sehr kleinen Räumen (Reinen Werkbänken, Impfkästen und -kabinen) zu erreichen, jedoch nur dann, wenn die Luft im möglichst dicht verschlossenen Raum ohne Frischluftzufuhr ständig bewegt wird. Eine gewisse Luftzirkulation ist aufgrund der Thermik in jedem Raum vorhanden; sie kann durch einen Ventilator verstärkt werden.

Die UV-Strahlen lassen sich nach Wellenlängen und Eigenschaften in mehrere Bereiche unterteilen. Keimtötend wirkt vor allem der Wellenbereich von 200–280 nm (UV-C) mit einem Wirkungsoptimum bei etwa 260 nm. Dieser Bereich wird vorzugsweise von den Nucleinsäuren absorbiert. Unter dem Einfluss von UV-Strahlen kommt es an der DNA zu strukturellen Veränderungen, insbesondere zum kovalenten Ringschluss (Cycloaddition) zwischen zwei benachbarten Pyrimidinbasen unter Bildung von Pyrimidin-Dimeren, die zu Fehlern bei der Transkription und DNA-Replikation und schließlich zum Zelltod führen.

Der Grad der Keimreduzierung ist abhängig von der **Bestrahlungsdosis** = Bestrahlungsstärke × Einwirkungszeit. Die Bestrahlungsstärke oder Strahlungsintensität ist die pro Flächeneinheit (in cm^2) auftreffende Strahlungsleistung des Strahlers (in Mikrowatt [µW]). Die Bestrahlungsstärke nimmt mit dem Quadrat der Entfernung zwischen Strahler und bestrahltem Material ab. Optimal ist ein Abstand von 10–30 cm. Bei 2,50 m beträgt die Bestrahlungsstärke nur noch etwa 1 % des Wertes bei 30 cm.

Als **Strahlenquellen** verwendet man Quecksilberdampf-Niederdruckstrahler (in der Regel Heißkathodenstrahler), die eine starke Spektrallinie von 253,7 nm aussenden. Es stehen Geräte für eine Ganzraumbestrahlung, für gerichtete Bestrahlung (Zonenbestrahlungsgeräte) und Strahlenschranken zur Verfügung.

Man sollte darauf achten, dass der verwendete Strahler „ozonfrei" ist, d.h. dass die Röhre aus einem Spezialglas besteht, welches die hochgiftiges Ozon erzeugende Strahlung unter 200 nm nicht durchlässt.

UV-Strahler sollen nur in **unbenutzten Räumen** (z.B. über Nacht) eingesetzt werden. Vor Arbeitsbeginn ist der Strahler unbedingt auszuschalten (auch Deckenstrahler mit indirekter Strahlung), da sowohl die direkte als auch die reflektierte Strahlung zu Augen- (Bindehautentzündung) und Hautschäden (Erythemen) führen kann. Allerdings bietet Fensterglas einen wirksamen Schutz, da es – ähnlich wie Laborgeräteglas, jedoch im Gegensatz zu manchen Kunststoffen, z.B. Polymethylmethacrylat (Plexiglas) – UV-Strahlung unter 310 nm fast völlig absorbiert.

Zur Erhaltung einer möglichst hohen Strahlungsleistung müssen die Röhren immer sauber und staubfrei sein. Man reinige deshalb den Strahler regelmäßig mit einem mit demineralisiertem Wasser oder Alkohol befeuchteten, appreturfreien Tuch. Man berühre die Röhre nicht mit der bloßen Hand, denn die dabei zurückbleibenden Flecken brennen beim Betrieb des Strahlers in das Quarzglas ein. Nach einem versehentlichen Hautkontakt wischt man die Röhre mit einem mit Alkohol getränkten Tuch ab.

Da die Leistung von UV-Strahlern im Laufe der Zeit abnimmt (Lebensdauer ca. 8000–9000 Betriebsstunden), sollten die Strahler regelmäßig durch den Kundendienst bzw. mit einem UV-Messgerät kontrolliert werden. Liegt die Strahlungsleistung unter 60 % des Ausgangswertes, so sollte man die Röhre austauschen. Das Leuchten des Strahlers ist keine Garantie für eine ausreichende Wirksamkeit!

3.4 Sterilfiltration

Unter Steril- oder Entkeimungsfiltration, einem Teilbereich der Mikrofiltration, versteht man die Abtrennung der in Flüssigkeiten oder Gasen vorhandenen Mikroorganismen mit Hilfe geeigneter Filtermaterialien. Viren lassen sich mit solchen Filtern in der Regel nicht abtrennen; aber auch sehr dünne Bakterienzellen werden nicht immer mit absoluter Sicherheit zurückgehalten, da es im Allgemeinen keine Filter mit völlig gleich großen Poren gibt, sondern meist einige „große" Poren vorhanden sind, durch die einzelne Keime hindurchschlüpfen können („Keimdurchbruch"). Man rechnet mit einer Keimabscheiderate von ca. 10^7 Keimen pro cm^2 Filterfläche, d.h. bei einer Keimbelastung von 10^7 Keimen/cm^2 darf kein Keim das Filter passieren. Eine zusätzliche Kontaminationsgefahr besteht bei der Abfüllung des Sterilfiltrats in den (vorher sterilisierten) Endbehälter. Die Sterilfiltration ist jedoch oft die einzige Möglichkeit zur Entkeimung von **Lösungen mit thermolabilen Substanzen** sowie von **Gasen**.

Nach ihrer **Wirkungsweise** unterscheidet man Oberflächenfilter und Tiefenfilter.

Oberflächenfilter (Siebfilter) sind meist **Membranfilter**, d.h. dünne Membranen aus Cellulose, Celluloseestern oder verschiedenen Kunststoffen. Sie haben eine ziemlich regelmäßige, schwammartige Struktur und enthalten zahlreiche Poren von relativ gleichförmigem, definiertem Durchmesser. Membranfilter wirken wie ein Sieb und halten Partikel vorwiegend an der Filteroberfläche zurück. Aufgrund ihres großen Porenvolumens (70–85 Vol.-% des Filters sind Hohlraum!) und der geringen Schichtdicke haben sie eine hohe Durchflussleistung, absorbieren wenig Flüssigkeit und verursachen nur sehr geringe Adsorptionsverluste an gelösten Substanzen. Dagegen kommt es bei ihnen schnell zu einer Verstopfung, d.h. Blockierung des Filters, durch die sich an der Oberfläche ansammelnden Partikel, besonders wenn die Poren nur wenig kleiner sind als die abzuscheidenden Partikel.

Tiefenfilter besitzen erheblich dickere Schichten als Oberflächenfilter (s. Tab. 6, S. 27) und bestehen aus feinen Fasern (Cellulose-, Glas- oder Kunstfasern), die ganz regellos miteinander verbunden sind und ein unregelmäßiges, engmaschiges Raumnetz bilden, oder aus körnigem, meist gesintertem (durch Erhitzen zusammengebackenem) oder zusammengepresstem Material (Glassinter, Keramik, Kieselgur). Cellulose und Kieselgur werden auch kombiniert eingesetzt. Tiefenfilter enthalten ein ausgedehntes, labyrinthartiges Hohlraumsystem mit langen, verästelten Fließkanälen und einer sehr großen inneren Oberfläche (bis zum Zehntausendfachen der äußeren Filterfläche!). Die Partikel werden vorwiegend in der Tiefe des Filters zurückgehalten, und zwar nicht nur rein mechanisch, sondern auch durch Adsorption an die große innere Oberfläche sowie durch elektrostatische Kräfte (positives „Zeta-Potential"). Dadurch werden auch solche Partikel festgehalten, die wesentlich kleiner sind als der Porendurchmesser. Aus diesem Grunde und wegen ihres sehr uneinheitlichen Porendurchmessers werden Tiefenfilter nicht – wie Membranfilter – nach Porengrößen klassifiziert, sondern man gibt das experimentell ermittelte Rückhaltevermögen (= Trennleistung) an.

Tiefenfilter zeichnen sich durch eine hohe Keim- und Schmutzbelastbarkeit aus; sie verstopfen nicht so schnell und haben dadurch eine längere Einsatzzeit („Standzeit"). Sie eignen sich deshalb besonders auch als **Vorfilter** (s. S. 26ff.). Ihre Nachteile sind:

- Sie haben eine viel geringere Durchflussleistung als Oberflächenfilter (etwa 40-mal geringer als bei einem Membranfilter mit demselben nominalen Rückhaltevermögen!).

- Sie saugen relativ viel Flüssigkeit auf und halten sie zurück.

- Zu Beginn der Filtration treten bei gelösten Substanzen, besonders bei höhermolekularen Verbindungen (mit einem Molekulargewicht > ca. 1000), Verluste durch Adsorption auf.

Kombinationsfilter (Verbundfilter; z.B. viele Kerzenfilter, s. S. 26) vereinigen die Vorteile beider Filtertypen. Bei ihnen fungiert das Tiefenfilter als Vorfilter, das Siebfilter als die eigentliche Entkeimungsschicht.

Nach der **Form** der Filter unterscheidet man Scheibenfilter und Kerzenfilter. Im Labor werden vorwiegend **Scheibenfilter** (Flachfilter) verwendet, die bei den Membranfiltern in Durchmessern zwischen 13 und 293 mm zur Verfügung stehen. **Kerzenfilter** (Patronenfilter) haben eine zylindrische Form und sind wie eine Ziehharmonika gefaltet (plissiert); dadurch besitzen sie eine größere Filtrationsfläche. Sie werden zur Filtration mittlerer bis großer Flüssigkeits- und Gasmengen eingesetzt und sind – vor allem als vorsterilisierte, gebrauchsfertige Einwegeinheiten (Filterkapseln) – bequemer, wirtschaftlicher und sicherer als große Scheibenfilter.

3.4.1 Sterilfiltration von Flüssigkeiten

Die Auswahl des Filtermaterials, des Filterdurchmessers und des Filtrationsgeräts richtet sich nach Menge (s. Tab. 7, S. 29), Art und Viskosität der zu filtrierenden Flüssigkeit sowie nach Art und Konzentration der abzutrennenden Partikel.

3.4.1.1   Filtermaterialien

Im Labor benutzt man die Entkeimungsfiltration in erster Linie zur Sterilisation wässriger Lösungen, die hitzempfindliche Substanzen enthalten und deshalb nicht autoklaviert werden können. Man verwendet hierfür meist Scheibenfilter, und zwar vorwiegend hydrophile **Membranfilter** mit einer Nennporenweite (= mittlerer Porendurchmesser) von **0,2 µm**, für größere Flüssigkeitsvolumina daneben auch Tiefenfilter. Eine Auswahl geeigneter Filtertypen und ihre wichtigsten Eigenschaften zeigt Tab. 6, I.

Zur Sterilfiltration wässriger Lösungen werden am häufigsten Membranfilter aus Cellulosemischester oder Cellulosenitrat verwendet. Filter aus Celluloseacetat sind von Vorteil, wenn man – insbesondere bei proteinhaltigen Lösungen – die Adsorptionsverluste an gelösten Substanzen möglichst gering halten will, wenn man alkoholische oder ölige Lösungen filtrieren will oder eine hohe Temperaturbeständigkeit (bis 180 °C) benötigt.

Für spezielle Zwecke stehen Filtermaterialien zur Sterilfiltration organischer Lösungsmittel sowie konzentrierter Säuren und Laugen zur Verfügung. Auskunft über die **chemische Beständigkeit** des Filtermaterials gegen die zu filtrierende Flüssigkeit geben die Beständigkeitstabellen in den Katalogen der Filterhersteller. Zur Lagerung von Membranfiltern vgl. S. 369.

Ein wichtiges Merkmal des Filtermaterials ist seine flächenspezifische **Durchflussleistung** (Durchflussrate), die angibt, welche Flüssigkeitsmenge pro Zeit- und Flächeneinheit bei einem bestimmten Differenzdruck Δp (= Druckdifferenz zwischen Eingang und Ausgang des Filtrationsgeräts) die Filterschicht passiert (s. Tab. 6). Die Durchflussleistung hängt ab von Porendurchmesser und Porendichte des Filtermaterials, vom Filtrationsdruck und von der (temperaturabhängigen) Viskosität der filtrierten Flüssigkeit. Der Anfangswert der Durchflussleistung verringert sich während der Filtration infolge zunehmender Verstopfung der Poren ständig. Aus diesem Grunde sollte man bei der Filtration mittlerer und großer Flüssigkeitsmengen dem Membranfilter immer ein gröberporiges **Vorfilter** (meist ein Tiefen-, vor allem Glasfaserfilter, s. Tab. 6, II) vorschalten, das bereits einen Großteil der Partikel entfernt. Dadurch wird das Membranfilter entlastet, einer frühzeitigen Verstopfung vorgebeugt und seine Einsatzzeit verlängert. Außerdem wird bei hoher Ausgangskeimzahl das Durchtrittsrisiko erheblich vermindert.

Tab. 6: Filtermaterialien (Scheibenfilter) für die Sterilisation wässriger Lösungen (Auswahl)

Hersteller	Filtertyp	Material	mittlere Dicke (µm)	Sterilisierbarkeit Autoklav 121 °C	134 °C	Trockenhitze	Durchflussleistung für Wasser[1] (ml · min⁻¹ · cm⁻²)	Bubble Point (Blasendruck)[2] (bar Überdruck)	durch Wasser extrahierbare Anteile (% vom Filtergewicht)

I. Hauptfilter

a) Membranfilter (Nennporenweite 0,2 µm)

Hersteller	Filtertyp	Material	Dicke	121 °C	134 °C	Trockenhitze	Durchfluss	Bubble Point	extrahierbar
Costar	Membra-Fil	Cel.-Misch-ester[3]	125	ja	nein	nein	20	3,5	< 1,5
Gelman	Supor 200	Polyether-sulfon	150	ja	ja	nein	31	3,2	≤ 1,0
Millipore	MF GSWP	Cel.-Misch-ester	150	ja	nein	nein	18	3,5	2,0
	Durapore GVWP	PVDF[4]	125	ja	ja	nein	7	3,1	< 0,5
Pall	Ultipor NRG	Polyamid (Nylon) 66	k.D.	ja	ja	nein	13	k.D.	2–5 µg/m²
	Posidyne NAZ	Polyamid (Nylon) 66	k.D.	ja	ja	nein	13	2,7	2–3 µg/m²
Reichelt	Thomapor CA	Cel.-Acetat	135	ja	ja	180 °C	28	3,7	1,5
	Thomapor NC	Cel.-Nitrat	115	ja	nein	nein	22	3,7	1,5
Sartorius	11 107	Cel.-Acetat	120	ja	ja	180 °C	18–26	3,5–4,7	< 1,0
	11 307	Cel.-Nitrat	130	ja	nein	nein	18–26	4,2–5,2	< 1,0
Schleicher & Schuell	OE 66	Cel.-Acetat	115	ja	ja	180 °C	20	3,7	< 2,0
	ME 24	Cel.-Misch-ester	135	ja	nein	nein	20	3,7	< 0,3
Whatman	WCA	Cel.-Acetat	125	ja	ja	180 °C	16	3,2	k.D.
	WCN	Cel.-Nitrat	133	ja	nein	nein	18	4,2	2,0

b) Tiefenfilter (Trennleistung 0,1–1,5 µm)

Hersteller	Filtertyp	Material	Dicke	121 °C	134 °C	Trockenhitze	Durchfluss	Bubble Point	extrahierbar
Seitz	EKS	Cellulose/ Kieselgur	3700	ja	ja	160 °C	3	–	< 0,5
	EK 1	Cellulose/ Kieselgur	3700	ja	ja	160 °C	4	–	< 0,5
	Bio 10	Cellulose/ modifizierte Cellulose	3700	ja	ja	160 °C	4	–	< 0,3

II. Vorfilter (Trennleistung 0,8–2,0 µm)

Hersteller	Filtertyp	Material	Dicke	121 °C	134 °C	Trockenhitze	Durchfluss	Bubble Point	extrahierbar
Costar	D 49	Glasfaser	350	ja	ja	180 °C	550	–	k.D.
Gelman	A/E	Glasfaser	450	ja	ja	180 °C	710	–	keine[5]
Millipore	AP15	Glasfaser	k.D.	ja	ja	nein	k.D.	–	k.D.[6]
	AW03	Cellulose	k.D.	ja	nein	nein	k.D.	–	k.D.

▶

Tab. 6: Fortsetzung

Hersteller	Filtertyp	Material	mittlere Dicke (µm)	Sterilisierbarkeit			Durchflussleistung für Wasser[1] (ml·min⁻¹·cm⁻²)	Bubble Point (Blasendruck)[2] (bar Überdruck)	durch Wasser extrahierbare Anteile (% vom Filtergewicht)
				Autoklav		Trockenhitze			
				121 °C	134 °C				
Pall	Ultipor GF Plus U2 – 20 Z	Glasfaser/ Polyester	k.D.	ja	ja	nein	169	–	37 – 62 µg/cm²
Reichelt	Thomapor GF	Glasfaser	350	ja	ja	180 °C	550	–	keine[5]
Sartorius	13 400	Glasfaser	380	ja	ja	180 °C	320	–	≤ 1,4[6]
	15 403	Cellulose	360	ja	ja	180 °C	230	–	k.D.
Schleicher & Schuell	GF 92	Glasfaser	350	ja	ja	180 °C	470	–	k.D.
	CF 94	Cellulose	350	ja	nein	nein	150	–	k.D.
Whatman	GF/B	Glasfaser	680	ja	ja	180 °C	k.D.	–	k.D.

k.D. = keine Daten verfügbar

[1] bei 20 °C einer Druckdifferenz von 1 bar (Millipore, Whatman: 0,7 bar; Schleicher & Schuell: 0,9 bar)

[2] siehe S. 33. Durchschnittswerte; maßgebend ist der vom Hersteller für die betreffende Filtercharge angegebene Blasendruck. Bei Tiefen- oder Vorfiltern ist der Bubble-Point-Test nicht durchführbar.

[3] Mischester aus Celluloseacetat und Cellulosenitrat

[4] Polyvinylidendifluorid

[5] ohne Bindemittel

[6] Glasfasern mit Acrylharz gebunden

Das Vorfilter wird etwa 2–4 Stufen gröber gewählt als das Hauptfilter. Sein Durchmesser muss kleiner sein als der des Hauptfilters und darf höchstens der lichten Weite des Dichtungsrings (O-Rings) im verwendeten Filtrationsgerät entsprechen, so dass das Vorfilter vom Dichtungsring nicht mehr erfasst wird; anderenfalls besteht die Gefahr, dass Partikel bzw. Zellen durch die Vorfilterschicht unter der Dichtung hindurchwandern.

Um bei der Sterilfiltration eine größere Sicherheit zu erreichen und Keimdurchbrüche auszuschließen, kann man zwei 0,2-µm-Membranfilter aufeinanderlegen oder handelsübliche **Doppelschichtmembranen** verwenden; allerdings verringert sich dabei die Durchflussleistung. Eine annähernd gleiche Sicherheit, jedoch höhere Durchflussgeschwindigkeit und Filtrationskapazität bei verringerter Neigung zur Verstopfung erzielt man mit **heterogenen** Doppel- oder Mehrschichtfiltern bzw. dadurch, dass man zwei bis maximal drei Membranfilter mit von oben nach unten abnehmender Porenweite aufeinanderlegt (Stufenfiltration). Das empfiehlt sich besonders bei schwierigen Filtrationen, z.B. von Serum. Zweckmäßigerweise kombiniert man eine 0,65- oder 0,45-µm-Membran mit einer 0,2-µm-Membran. Heterogene Doppel- und Mehrfachschichten kommen häufig auch in Filterkerzen zum Einsatz. Dasselbe Prinzip liegt den **hochasymmetrischen** („hochanisotropen") Filtern zugrunde, deren Porenweite von oben nach unten kontinuierlich abnimmt.

Die meisten Filter geben geringe Mengen von Fremdstoffen an das Filtrat ab, Membranfilter z.B. Netzmittel- oder Weichmacherzusätze, Tiefenfilter, vor allem Glasfaserfilter, anorganische Ionen (z.B. Na^+, K^+, Ca^{2+}, Mg^{2+}, Zn^{2+}, Fe^{2+}, Al^{3+}) sowie gelegentlich Fasern oder Partikel. Die Hersteller geben in der Regel den prozentualen Anteil vom Filtergewicht an löslichen Fremdstoffen für ihre Filter an (s. Tab. 6). Nach dem Autoklavieren des Filters ist dieser Anteil häufig erhöht. Durch Vorspülen des Filters mit Wasser oder Verwerfen eines Vorlaufs kann man diese Verunreinigungen zum Teil entfernen.

3.4.1.2 Filtrationsgeräte

Ähnlich wie bei den Filtern ist auch bei der Auswahl des Filtrationsgeräts darauf zu achten, dass sich die zu filtrierende Flüssigkeit mit dem **Gerätematerial**, aber auch mit dem Material der Dichtungen, der zu- und abführenden Leitungen oder des Druck- und Auffangbehälters verträgt (s. S. 90ff.). Viele Kunststoffgeräte sind unbeständig gegen organische Lösungsmittel sowie starke Säuren und Laugen. Glasgeräte sind sehr beständig gegen die meisten Chemikalien außer Laugen und Flusssäure, geben jedoch an wässrige (vor allem saure) Lösungen geringe Mengen vorwiegend ein- und zweiwertiger Ionen ab. Ähnliches gilt für Edelstahl; aus ihm gehen Spuren von Schwermetallionen in Lösung, die Enzyme hemmen und Spurenelementuntersuchungen stören können. Deshalb empfiehlt sich in kritischen Fällen die Verwendung eines Filtrationsgeräts aus **Polytetrafluorethylen** (PTFE, Teflon) oder mit PTFE-beschichteten (teflonisierten) Innenflächen, denn PTFE ist resistent gegen nahezu alle Chemikalien und gibt keine Spurenelemente ab (vgl. S. 91).

Filtrationsgerät und Filterdurchmesser dürfen nicht zu groß gewählt werden, um die Verluste an Flüssigkeit und gelösten Substanzen möglichst gering zu halten. Tab. 7 dient zur groben Orientierung über die für verschiedene **Flüssigkeitsmengen** geeigneten Filterdurchmesser und Filtrationssysteme. Schwierig zu filtrierende, z.B. viskose oder kolloidale Lösungen erfordern größere Filterflächen. Viskose Flüssigkeiten (z.B. höher konzentrierte Zuckerlösungen) sollten wenn möglich bei erhöhter Temperatur filtriert werden.

Für Membranfilter und für Tiefenfilter benötigt man in der Regel unterschiedliche Filtrationsgeräte.

Die einfachsten Systeme für die Membranfiltration von Flüssigkeitsmengen bis etwa 100 ml bilden auf (Injektions-)Spritzen aufgesetzte **Filtrationsvorsätze**. Es gibt sie entweder als vorsterilisierte, sofort gebrauchsfertige Einwegeinheiten aus Kunststoff oder wiederverwendbar aus Polycarbonat, PTFE oder Edelstahl. Die zu filtrierende Lösung wird in die Spritze aufgezogen, die sterile Filtrationseinheit – meist mit Luer-Lock-Anschluss – davorgesetzt und die

Tab. 7: Für verschiedene Flüssigkeitsmengen geeignete Scheibenfilterdurchmesser und Filtrationssysteme

Zu filtrierendes Volumen	Filterdurchmesser (mm)	geeignetes Filtrationssystem
wenige ml	13	Filtrationsvorsatz für Spritzen
bis ~ 100 ml	25	
100 – 500 ml	47/50	Druckfiltrationsgerät mit Aufgussraum
500 ml – 5 l	90 – 110	
5 – 20 l	142	Druckfiltrationsgerät für den Leitungseinbau
>20 l	293 (besser: Filterkerze oder -kapsel)	

Lösung durch Herunterdrücken des Spritzenkolbens filtriert. Wegen der Verletzungsgefahr sollte man keine spitze Kanüle verwenden. Zur kontinuierlichen Filtration größerer Volumina kann man zwischen Spritze und Filtrationsvorsatz ein Dreiwegeventil mit Schlauch setzen. Zur exakten Dosierung und Verteilung kleiner, steriler Flüssigkeitsmengen (z.B. in Röhrchen oder Petrischalen) benutzt man Dosier- oder Repetierspritzen.

Vakuumfiltrationsgeräte sind wegen der erhöhten Kontaminationsgefahr beim Durchsaugen der Flüssigkeit für die Sterilfiltration weniger geeignet. Am ehesten kommen noch vorsterilisierte Einwegeinheiten für Volumina bis etwa 500 ml in Betracht, jedoch nicht bei Flüssigkeiten, die zum Schäumen neigen oder leichtflüchtige Substanzen enthalten. Ein Vakuumfiltrationsgerät benötigt man jedoch für die Bestimmung der Zellzahl oder Zellmasse mit Hilfe der Membranfiltertechnik (siehe Kapitel 9).

Wegen der größeren Sicherheit und höheren Durchflussraten bevorzugt man bei der Gewinnung steriler Filtrate die **Druckfiltration** mit Hilfe von Membran- oder Tiefenfiltern. Für kleine bis mittlere Volumina (bis 2 l) eignen sich, vor allem bei schwer filtrierbaren Flüssigkeiten (z.B. Serum), Druckfiltrationsgeräte **mit Aufgussraum**, in den man die zu sterilisierende Probe einfüllt. Anschließend verbindet man das Gerät direkt mit einer Druckquelle, z.B. Stickstoffflasche. Für die Sterilfiltration mittlerer bis großer Flüssigkeitsmengen verwendet man Druckfiltrationsgeräte **für den Leitungseinbau** (ohne Aufgussraum), meist aus Edelstahl, die man in ein Leitungssystem einsetzt. In der Regel füllt man die zu filtrierende Flüssigkeit in einen Edelstahldruckbehälter und presst sie von dort mit Hilfe einer Druckpumpe oder (besser!) eines inerten Druckgases (meist Stickstoff) durch das Filtrationsgerät (s. Abb. 3, S. 32). Preiswerter als die Druckbehälter der Filterhersteller sind „Getränkebehälter". Der Druck soll nicht höher sein, als nötig ist, um die gewünschte Durchflussrate aufrechtzuerhalten. Ein zu hoher Druck kann das Filter schädigen und zu vorzeitiger Verstopfung führen. Bei großen Flüssigkeitsmengen ist es oft zweckmäßiger, statt eines großen Scheibenfilters eine Membranfilterkerze zu verwenden (s. S. 26). Es gibt sie entweder als komplette, vorsterilisierte, gebrauchsfertige Filtrationseinheit (Filterkapsel) oder zum Einbau in ein Kerzengehäuse.

3.4.1.3   Sterilisation von Filter und Filtrationsgerät

Für die Sterilfiltration kleinerer Flüssigkeitsmengen eignen sich am besten steril gelieferte, sofort gebrauchsfertige Einwegfiltrationsvorsätze oder -geräte mit eingelegtem Membranfilter. Filter mit 47 oder 50 mm Durchmesser sind in verschiedenen Porengrößen auch gesondert vorsterilisiert oder in autoklavierbarer Verpackung erhältlich. Man legt die sterilen Filter unter aseptischen Bedingungen in das getrennt sterilisierte Filtrationsgerät ein. Sicherer ist es jedoch, das Filter im eingebauten Zustand im Filtrationsgerät zu sterilisieren. Fast alle Filter lassen sich autoklavieren (viele allerdings nur einmal), einige auch mit trockener Hitze sterilisieren (s. Tab. 6, S. 27). Bei der Sterilisation halte man sich unbedingt an die Angaben der Hersteller von Filter und Filtrationsgerät.

Das meistverwendete Verfahren ist die **Dampfsterilisation** bei 121 °C für 30 min. Bei Edelstahlgeräten sollte die Filterunterstützung (Siebplatte) PTFE-beschichtet sein, damit das Membranfilter während des Autoklavierens nicht anklebt. Wenn die sterilfiltrierte (Nähr-) Lösung in eine Reihe einzelner Flaschen oder Kolben abgefüllt werden soll, verbindet man vor der Sterilisation den Filterausgang über einen Siliconschlauch mit dem oberen Stutzen (oder mit einem kurzen Glasrohr im doppelt durchbohrten Stopfen) einer Stutzenflasche als Auffanggefäß. In die (zweite) Bohrung des Stopfens steckt man zur Be- und Entlüftung einen Watte- oder (besser!) Membranfiltervorsatz (s. S. 33ff. und Abb. 4). Man kann das Filtrationsgerät auch direkt lose auf die Stutzenflasche aufsetzen, wobei man den Übergang zwischen Gerät und Flasche locker mit Watte abdichtet. Den Auslaufstutzen der Flasche verbindet man über einen Siliconschlauch mit einer Abfüllglocke (s. Abb. 3, S. 32). Man autoklaviert die ganze Apparatur in zusammengesetztem Zustand.

Sterilisation eines Druckfiltrationsgeräts mit eingelegtem Membranfilter

– Membranfilter mitsamt dem darüber liegenden farbigen Schutzblättchen mit einer Pinzette (mit abgeflachten, vorn abgerundeten, ungeriffelten Spitzen; ersatzweise mit einer Deckglas- oder Briefmarkenpinzette), niemals mit den bloßen Fingern, am äußersten Rand fassen. (Fingerabdrücke verunreinigen das Filter und beeinträchtigen seine Benetzbarkeit.)
Jegliches Knicken vermeiden. Filter mit einem Durchmesser ≥ 90 mm immer an zwei Seiten fassen.

– Membranfilter mit der Oberseite (des Filters in der Packung) nach oben auf die Filterunterstützung legen. Schutzblättchen abnehmen und verwerfen. Entsprechend kleineres Vorfilter (siehe Gerätebeschreibung des Herstellers) unmittelbar auf das Membranfilter auflegen.

– Trockene Filter nur in trockenes Filtrationsgerät einlegen; ist das Gerät noch feucht, die Filter vorher mit demineralisiertem Wasser benetzen. Membranfilter aus Celluloseacetat oder Cellulosemischester müssen in jedem Fall feucht eingelegt werden!

– Deckel auflegen, Verschlussschrauben bzw. Knebelmuttern über Kreuz fest anziehen.

– Bubble-Point-Test durchführen (s. S. 33).

– Verschlussschrauben wieder lockern. (Sie dürfen während des Autoklavierens nicht festgezogen sein, damit das Filter bei einem eventuellen Schrumpfen nicht reißt!)

– Ein- und Ausgang des Filtrationsgeräts bzw. der angeschlossenen Schläuche mit Watte und Pergamentpapier o.ä. oder (locker!) mit Aluminiumfolie verschließen. Gegebenenfalls Abfüllglocke in Pergamentpapier oder Aluminiumfolie einpacken.

– Komplette Filtrations- und eventuell Abfülleinheit bei 121 °C und 2,0 bar 30 min lang autoklavieren (kein Vor- oder Nachvakuum; das Filter darf nicht austrocknen!).

– Filtrationsgerät im geschlossenen Autoklav langsam (z.B. über Nacht) abkühlen lassen. Strömungsventil des Autoklavs nicht vorzeitig öffnen, um eine Beschädigung des Membranfilters zu vermeiden.

– Verschlussschrauben des Deckels kreuzweise fest anziehen.

3.4.1.4 Durchführung der Sterilfiltration

Sterilfiltration einer (Nähr-)Lösung
(s. Abb. 3)

Material: – zu sterilisierende Lösung

– Stickstoffflasche mit Druckminderer (Reduzierventil)

– Druckbehälter

– 2 Druckschläuche aus Kunststoff, mit Gewindeanschlussstücken oder Schnellverschlusskupplungen, unsteril

– komplette Filtrationseinheit, steril, verbunden mit steriler Stutzenflasche (mit Filtrationsvorsatz und PTFE-Membranfilter zur Be- und Entlüftung [s. S. 34f.]), am Auslaufstutzen Siliconschlauch mit Quetschhahn und steriler Abfüllglocke

- Stativ mit Stativklemme
- leere, sterile Flaschen oder Kolben mit Verschlüssen
- möglichst: Reine Werkbank

- Zu sterilisierende Lösung in den Druckbehälter füllen.
- Druckbehälter fest verschließen und durch Druckschläuche mit der Stickstoffflasche und dem Filtrationsgerät verbinden.
- Stutzenflasche erhöht aufstellen, möglichst in einer Reinen Werkbank, und dort auch Abfüllglocke mit Stativklemme am Stativ befestigen.
- Druckdifferenz (Überdruck) auf ca. 0,5 bar (= 50 kPa) einstellen.
- Filtrationsgerät über das Entlüftungsventil auf der Eingangsseite entlüften.
- Lösung in die Stutzenflasche filtrieren. Bei nachlassender Durchflussleistung Überdruck etwas erhöhen (auf 1 bis maximal 2 bar).
- Filtrat mit Hilfe der Abfüllglocke portionsweise in sterile Flaschen oder Kolben abfüllen.
- Sofort nach der Abfüllung Bubble-Point-Test durchführen (s. 33).
- Nach der Filtration Filtrationsgerät zur Reinigung völlig zerlegen (auch Dichtungen herausnehmen), alle Teile in heißem Wasser mit schonendem Reinigungsmittel (kein Scheuermittel!) und Bürste säubern, anschließend mit heißem Wasser und mehrmals mit demineralisiertem Wasser spülen.
- Geräteteile an der Luft oder im Druckluftstrom trocknen; keine Trockentücher verwenden.

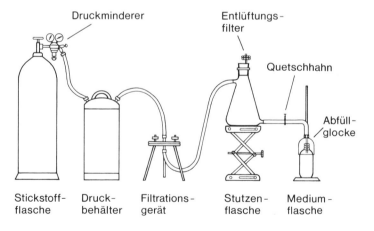

Abb. 3: Anordnung zur Sterilfiltration einer (Nähr-)Lösung mit einem Druckfiltrationsgerät für den Leitungseinbau

3.4.1.5 Integritätsprüfung

Membranfilter sollte man vor der Sterilisation und nach Abschluss der Filtration auf ihre Unversehrtheit (Integrität) prüfen, um ein Leck rechtzeitig zu erkennen. Von mehreren Testverfahren ist der **Bubble-Point-Test** der einfachste und auch im Labor leicht durchführbar.

Der „bubble point" (Blasendruck) ist der Differenzdruck, der erforderlich ist, um Luft oder ein anderes Gas durch die Poren eines mit Wasser befeuchteten Membranfilters zu drücken. Dieser Druck ist abhängig von der Oberflächenspannung der Benetzungsflüssigkeit sowie von Material und Struktur des Filters; er ist dem Porendurchmesser umgekehrt proportional.

Bubble-Point-Test

(Unter unsterilen Bedingungen durchführen!)

– Durch das ins Filtrationsgerät eingelegte Membranfilter so viel Wasser filtrieren, dass das Filter ganz durchfeuchtet ist.

– An den Ausgang des Filtrationsgeräts einen Schlauch anschließen, dessen freies Ende in ein Gefäß mit Wasser eintaucht.

– Den Eingang des Filtrationsgeräts direkt mit einer Druckquelle (z.B. Stickstoffflasche) verbinden.

– Den Druck langsam erhöhen. Bei intaktem Filtrationssystem darf erst dann ein stetiger Blasenstrom aus dem ins Wasser eintauchenden Schlauchende aufsteigen, wenn der vom Hersteller für den betreffenden Filtertyp angegebene Bubble Point erreicht ist (s. Tab. 6, S. 27). (Nach der Filtration kann der gemessene Blasendruck wegen teilweiser Verstopfung des Filters höher liegen als der angegebene Wert.)
Steigt schon bei einem deutlich niedrigeren Druck eine Blasenkette auf, so ist die Filtermembran defekt, und eine bereits durchgeführte Filtration muss mit einem neuen Filter wiederholt werden.

Einige Filterhersteller bieten Geräte an, die den Bubble-Point-Test und andere Integritätstests (Druckhalte-, Forward-Flow-Test) automatisch durchführen und die gemessenen Daten ausdrucken.

3.4.2 Sterilfiltration von Gasen

3.4.2.1 Tiefenfilter

Eine Entkeimung von Luft und anderen Gasen ist im Labor z.B. bei der Belüftung oder Begasung von Kulturen und Kleinfermentern erforderlich, ferner bei der sterilen Be- und Entlüftung von Absaug- und Abfüllvorrichtungen oder der Belüftung von Autoklaven. Für diese Zwecke, bei denen es in der Regel um relativ geringe Durchsatzmengen geht, verwendet man häufig noch einfache Tiefenfilter in Form von **Watte-** oder **Glaswollefiltern**. Man stopft die Watte oder Glaswolle (Glasfaserwatte; mit einem Faserdurchmesser bis etwa 6 µm) fest und gleichmäßig in eine Glasolive oder in ein Glasröhrchen (z.B. Trockenrohr), das an der unsterilen Seite mit einem durchbohrten Stopfen mit kurzem Glasrohr verschlossen ist (Abb. 4 A). Die Watte soll hydrophob, d.h. möglichst wenig saugfähig sein (keine Verbandwatte!). Vorsicht beim Umgang mit Glaswolle: Lederhandschuhe und Schutzbrille tragen! Faserstaub nicht einatmen; gegebenenfalls Atemschutzmaske mit Partikelfilter tragen!

Durchmesser und Länge des Filterröhrchens oder der Olive richten sich nach der vorgesehenen Belüftungsrate und -dauer. Im Allgemeinen verwendet man Röhrchen mit 1,5–3 cm Durchmesser und 10–15 cm Länge. Die Filter lassen sich mehrmals verwenden. Sie können im Autoklav sterilisiert werden (Vakuumverfahren; die Filterfüllung darf nicht feucht werden!), Glaswollefilter auch mit Heißluft.

Die **Nachteile** dieser Filter sind:
- Aufgrund der zufälligen und regellosen Anordnung der Fasern sind der Durchmesser der Fließkanäle in der Filtermatrix und die Untergrenze für die Größe der vom Filter zurückgehaltenen Partikel unbekannt.
  Zunächst im Filter festgehaltene Partikel können wieder freigesetzt werden und in den sterilen Gasstrom gelangen.
  Aus diesen Gründen ist die Gefahr von Keimdurchbrüchen (s. S. 25) relativ groß.
- Die Filter geben unter Umständen Fasern an den Gasstrom ab.
- Die Leistung der Filter wird durch Feuchtigkeit stark herabgesetzt.

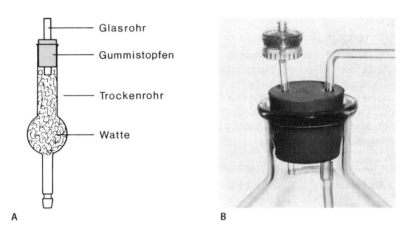

Abb. 4: Sterilfiltration von Gasen. **A** Filterröhrchen aus Glas mit Wattefüllung. **B** Wiederverwendbarer Filtrationsvorsatz aus Polycarbonat mit PTFE-Membranfilter zur Be- und Entlüftung eines sterilen Auffanggefäßes (Sartorius)

3.4.2.2 Membranfilter

Rationeller und sicherer als mit Watte- oder Glaswollefiltern lassen sich Gase mit Membranfiltern entkeimen. Man verwendet hierfür hydrophobe (wasserabweisende) Filter, meist Membranen aus **Polytetrafluorethylen** (PTFE, Teflon), die durch kontrolliertes Dehnen porös gemacht worden sind („Gore-Tex"). Zur besseren Handhabung und mechanischen Stabilität sind sie häufig auf ein Stützgewebe aus Polyethylen oder Polypropylen aufgebracht. Im Gegensatz zu hydrophilen Filtern können bei den PTFE-Filtern die Poren bei einem Betriebsdruck unterhalb des Bubble Point nicht durch Benetzung mit Feuchtigkeit verstopfen.

Der **Wirkungsgrad** der Membranfilter wird bei der Filtration von Gasen durch elektrostatische Aufladung der Membranoberfläche beträchtlich erhöht. Dadurch werden auch noch Partikel zurückgehalten, die viel kleiner sind als der angegebene Porendurchmesser. Trotzdem verwendet man auch hier zur Entkeimung meist eine Porenweite von **0,2 µm**, weil sich auf der Filteroberfläche während des Betriebs Wasser niederschlägt, in dem die abgetrennten Keime ein gröberporiges Filter bei längerer Einsatzzeit durchwachsen können.

Die im Labor vorwiegend benutzten **Scheibenfilter** aus PTFE haben bei einer Druckdifferenz von 1 bar (= 100 kPa) eine Durchflussrate von meist $3 - 4\,l\,\text{Luft} \cdot \text{min}^{-1} \cdot \text{cm}^{-2}$. Sie lassen sich mit Dampf, zum Teil auch mit Heißluft von 180 °C sterilisieren. Für kurzzeitigen Einsatz eignen sich auch hydrophobierte Filter aus Cellulosenitrat, die nur einmal autoklavierbar sind.

Für **kurze Einsatzzeiten** bzw. die Filtration geringer Luft- oder Gasmengen benutzt man am besten vorsterilisierte, gebrauchsfertige Einwegfiltrationseinheiten. Es gibt für diesen Zweck jedoch auch wiederverwendbare Filtrationsvorsätze aus Polycarbonat mit 13 oder 25 mm Filterdurchmesser (Abb. 4 B). Für die **Langzeitbelüftung** oder -begasung von Kulturgefäßen oder Laborfermentern verwendet man Druckfiltrationsgeräte für den Leitungseinbau (s. S. 30), in der Regel mit Filterdurchmessern zwischen 25 und 50 mm. Auch hier ist es oft zweckmäßig, das Entkeimungsfilter durch ein Vorfilter zu schützen (vgl. S. 26ff.). In gebrauchsfertige Filtrationseinheiten ist zum Teil bereits ein Vorfilter eingebaut. Das während des Betriebs abgeschiedene Kondenswasser sollte man gelegentlich durch das Entlüftungsventil auf der Eingangsseite des Filtrationsgerätes ablassen. Als Alternative zu den Scheibenfiltern bieten sich kleine **Filterkerzen** mit einer plissierten PTFE-Membran an.

4 Steriles Arbeiten – Sicherheit im Labor

Ziel der **sterilen oder aseptischen**[1] **Arbeitstechnik** ist es,

- sterile Nährböden, Lösungen und Geräte sowie Reinkulturen von Mikroorganismen vor dem Eindringen unerwünschter Keime (= Verunreinigung, Kontamination) zu schützen;
- die Umwelt, d.h. in erster Linie das Labor und die in ihm tätigen Personen, vor einer Kontamination bzw. Infektion durch die Versuchskulturen zu schützen.

Unerwünschte Keime werden vor allem durch die Luft, den Menschen und durch unsterile Geräte eingeschleppt.

Die **Raumluft** enthält normalerweise 500–2000 Keime/m^3, die vorwiegend an Staubpartikeln haften. Deshalb muss das Eindringen, Aufwirbeln und die Ablagerung von Staub im Sterilbereich soweit wie möglich verhindert werden.

Der **menschliche Körper** beherbergt zahlreiche mikrobielle Lebensgemeinschaften mit einer großen Zahl vermehrungsfähiger Organismen. Besonders von der Mikroflora der Haut und der Haare sowie des Mund- und Nasen-Rachen-Raums ("Tröpfcheninfektion") können beträchtliche Keimmengen an die Umgebung abgegeben werden. Durch persönliche Hygienemaßnahmen lässt sich die Zahl der abgegebenen Keime reduzieren (s. S. 20f., 42ff.).

Kontaminationen durch **unsterile Geräte** (oder Nährböden) gehen häufig auf eine unzureichende Sterilisation oder auf eine Verwechslung zwischen sterilisiertem und unbehandeltem Gut zurück. Derartige Fehler lassen sich durch die Wahl eines zuverlässigen Sterilisationsverfahrens (s. S. 5f.) und den Einsatz von Sterilisationsindikatoren (s. S. 13f., 17) weitgehend vermeiden.

4.1 Gefährlichkeit von Mikroorganismen – die Biostoffverordnung

Der weitaus größte Teil der Mikroorganismen ist harmlos. In der Praxis ist es jedoch oft nicht möglich, das Probenmaterial einer bestimmten Risikogruppe (s. S. 38ff.) zuzuordnen, z.B. wenn es sich um Material unbekannter Zusammensetzung oder um nicht identifizierte Isolate handelt. Außerdem ist der Übergang von apathogenen zu pathogenen Mikroorganismen teilweise fließend.

Bei der im Labormaßstab durchgeführten Anreicherung, Isolierung oder Keimzahlbestimmung von Mikroorganismen aus natürlichen Substraten, z.B. aus Boden, Wasser oder Luft, kann man in der Regel davon ausgehen, dass die Sicherheitsmaßnahmen der Schutzstufe 1 (s. S. 40ff.) ausreichen. Unbedenklich sind insbesondere chemolithotroph (s. S. 59f.) oder phototroph (s. S. 124) gewachsene Organismen, ferner solche von extremen Standorten, z. B. psychro- und thermophile (s. S. 121), acido- und alkaliphile (s. S. 74) sowie halophile Bakterien (s. S. 61f.). (Auch die in diesem Buch als Vergleichsorganismen für Färbungen u.ä. genannten Bakterien gehören, wenn nicht ausdrücklich anders vermerkt, zur Risikogruppe 1.)

---

[1] Asepsis ist die Gesamtheit aller Maßnahmen zur Verhütung einer mikrobiellen Kontamination.

Dagegen ist **Vorsicht** geboten bei chemoorganotrophen Mikroorganismen, die aus Abwässern oder anderen Abfall- und Ausscheidungsprodukten von Mensch und Tier sowie aus klinischem Material stammen. Grundsätzlich gilt: Isolate, die weiterbearbeitet werden sollen, müssen so weit identifiziert werden, dass man ihr Gefährdungspotential abschätzen und sie der entsprechenden Risikogruppe zuordnen kann.

Eine zusätzliche Gefährdung – auch durch normalerweise harmlose Mikroorganismen – besteht beim Umgang mit hohen Zellkonzentrationen, wie sie z.B. in ausgewachsenen Kulturen vorliegen, oder mit größeren Kulturvolumina (> 100 ml) sowie bei Arbeiten, bei denen Verletzungsgefahr besteht oder bei denen **Aerosole** auftreten. Das Einatmen von Aerosolen ist die häufigste Ursache für Laborinfektionen, denn Aerosole können durch Spritzen oder Schäumen bei fast allen mikrobiologischen Tätigkeiten entstehen, z.B. beim Überimpfen, Ausglühen von Impfösen und -nadeln, Pipettieren, Umfüllen, Suspendieren, Rühren, Schütteln, Belüften, Öffnen von Kulturgefäßen, Zentrifugieren, Gefriertrocknen und Aufschließen von Zellen. Für das Arbeiten mit **human-** und **tierpathogenen Erregern** ist im Normalfall eine Erlaubnis der zuständigen Behörde erforderlich (s. Tab. 8). Grundlage hierfür sind die Bestimmungen des Infektionsschutzgesetzes bzw. des Tierseuchengesetzes und der Verordnung über das Arbeiten mit Tierseuchenerregern.

Der **Sicherheit** und dem **Gesundheitsschutz** von Beschäftigten – einschließlich der Schüler, Studenten und der sonst an Schulen und Hochschulen Tätigen – beim Umgang mit „biologischen Arbeitsstoffen" dient die **Biostoffverordnung** zusammen mit den Technischen Regeln für Biologische Arbeitsstoffe (TRBA), die die Vorschriften der Verordnung präzisieren und konkretisieren. Unter **biologischen Arbeitsstoffen** versteht die Verordnung Mikroorganismen einschließlich gentechnisch veränderter Mikroorganismen, Viren, Zellkulturen und humanpathogene Endoparasiten, die beim Menschen Infektionen, sensibilisierende oder toxische Wirkungen hervorrufen können. Die Biostoffverordnung verpflichtet den Arbeitgeber bzw. den Labor- oder Kursleiter, für alle Tätigkeiten, bei denen eine Exposition gegenüber biologischen Arbeitsstoffen stattfinden kann, vor Aufnahme der Tätigkeit und danach, wenigstens aber einmal jährlich, eine **Gefährdungsbeurteilung** durchzuführen. Dabei ist zu unterscheiden zwischen gezielten und nicht gezielten Tätigkeiten. Eine **gezielte** Tätigkeit liegt vor, wenn

- der bearbeitete biologische Arbeitsstoff mindestens der Spezies nach bekannt ist,
- die Tätigkeit unmittelbar auf den biologischen Arbeitsstoff ausgerichtet ist und
- die Exposition der Beschäftigten hinreichend bekannt oder abschätzbar ist.

Gezielte Tätigkeiten kommen vor allem in der Forschung und wissenschaftlichen Ausbildung, aber auch in der pharmazeutischen und biotechnischen Industrie vor.

Nicht gezielte Tätigkeiten liegen vor, wenn mindestens eine der oben genannten Voraussetzungen nicht erfüllt ist. Bei diesen Tätigkeiten kommt es zu einer Exposition gegenüber biologischen Arbeitsstoffen, ohne dass die Tätigkeit auf die biologischen Arbeitsstoffe selbst ausgerichtet ist. Der Kontakt mit dem biologischen Arbeitsstoff ist eher zufällig, ungewollt und für das Ziel der Tätigkeit bedeutungslos. Typische Bereiche für nicht gezielte Tätigkeiten sind die Gesundheitsfürsorge, die Landwirtschaft sowie die Abfall- und Abwasserwirtschaft.

Bei den gezielten Tätigkeiten ist die Einstufung der bearbeiteten biologischen Arbeitsstoffe in **Risikogruppen** ein wesentlicher Bestandteil der Gefährdungsbeurteilung. Biologische Arbeitsstoffe teilt man entsprechend dem von ihnen ausgehenden Infektionsrisiko in vier Risikogruppen ein. Die Einstufung ausgewählter Bakterien und Pilze zeigt Tab. 8.

Tab. 8: Einstufung von Bakterien und Pilzen in Risikogruppen[1] (Auswahl)

Risikogruppe	Bakterien	Pilze (asexuelles/sexuelles Stadium)
Risikogruppe 1: Biologische Arbeitsstoffe, bei denen es unwahrscheinlich ist, dass sie beim Menschen eine Krankheit verursachen.	*Acetobacter* spp. *Azotobacter* spp. *Bacillus megaterium* *Bacillus mycoides* *Bacillus subtilis* *Clostridium butyricum* *Clostridium pasteurianum* *Desulfovibrio* spp. *Escherichia coli*, Stamm B und K12 *Lactobacillus acidophilus* *Lactobacillus casei* *Lactobacillus plantarum* *Lactococcus lactis* *Leuconostoc* spp. *Micrococcus luteus* *Mycobacterium phlei* *Nitrobacter winogradskyi* *Nitrosomonas europaea* *Pseudomonas fluorescens* *Streptococcus salivarius* subsp. *thermophilus* *Streptomyces* spp. (außer *S. somaliensis* = Gruppe 2) *Thiobacillus* spp.	*Aspergillus niger* *Aureobasidium pullulans* *Candida utilis* *Chaetomium globosum* *Cunninghamella blakesleana* *Geotrichum candidum* *Hansenula polymorpha* *Lipomyces starkeyi* *Monascus purpureus* *Mucor mucedo* *Neurospora crassa* *Penicillium chrysogenum* *Phycomyces blakesleanus* *Pichia guilliermondii* *Rhizopus oryzae* *Saccharomyces cerevisiae*
Risikogruppe 2: Biologische Arbeitsstoffe, die eine Krankheit beim Menschen hervorrufen können und eine Gefahr für Beschäftigte darstellen können. Eine Verbreitung des Stoffes in der Bevölkerung ist unwahrscheinlich; eine wirksame Vorbeugung oder Behandlung ist normalerweise möglich.	*Actinomyces israelii* *Bacillus cereus* *Clostridium botulinum** *Clostridium perfringens* *Clostridium tetani* *Corynebacterium diphtheriae** *Enterobacter aerogenes* *Enterococcus faecalis* *Escherichia coli* (entero*- und uropathogene Stämme außer EHEC[2]-Stämmen = Gruppe 3) *Klebsiella pneumoniae* *Leptospira interrogans** *Neisseria gonorrhoeae* *Neisseria meningitidis** *Proteus vulgaris* *Pseudomonas aeruginosa* *Serratia marcescens* *Shigella dysenteriae** (außer Serovar[3] 1 = Gruppe 3) *Staphylococcus aureus* *Streptococcus pyogenes* *Streptococcus salivarius* *Treponema pallidum** *Vibrio cholerae**	*Aspergillus flavus* *Aspergillus fumigatus* *Candida albicans* *Cryptococcus neoformans/Filobasidiella neoformans* *Microsporum* spp. *Nannizzia* spp. *Sporothrix schenckii/Ophiostoma stenoceras* *Trichophyton* spp./*Arthroderma* spp.

▶

Tab. 8: Fortsetzung

Risikogruppe	Bakterien	Pilze (asexuelles/sexuelles Stadium)
Risikogruppe 3: Biologische Arbeitsstoffe, die eine schwere Krankheit beim Menschen hervorrufen können und eine ernste Gefahr für Beschäftigte darstellen können. Die Gefahr einer Verbreitung in der Bevölkerung kann bestehen, doch ist normalerweise eine wirksame Vorbeugung oder Behandlung möglich.	*Bacillus anthracis** *Brucella melitensis** *Chlamydophila psittaci** *Coxiella burnetii** *Francisella tularensis* subsp. *tularensis** *Mycobacterium leprae** *Mycobacterium tuberculosis** *Rickettsia prowazekii** *Salmonella typhi** *Yersinia pestis**	*Blastomyces dermatitidis/Ajellomyces dermatitidis* *Coccidioides immitis* *Histoplasma capsulatum* *Ajellomyces capsulatus* *Paracoccidioides brasiliensis*
Risikogruppe 4: Biologische Arbeitsstoffe, die eine schwere Krankheit beim Menschen hervorrufen und eine ernste Gefahr für Beschäftigte darstellen. Die Gefahr einer Verbreitung in der Bevölkerung ist unter Umständen groß; normalerweise ist eine wirksame Vorbeugung oder Behandlung nicht möglich.	(nur bestimmte Viren)	

Für den Umgang mit Mikroorganismen der Risikogruppen 2 – 4 bedarf es nach § 44 des Infektions-schutzgesetzes einer Erlaubnis der zuständigen Behörde (z.B. oberste Landesgesundheitsbehörde, Regierungspräsident). Keine Erlaubnis benötigen Ärzte für orientierende diagnostische Untersuchun-gen bei der Behandlung der eigenen Patienten, soweit es sich nicht um den spezifischen Nachweis meldepflichtiger Krankheitserreger (nach § 7 IfSG; in Tab. 8 mit einem Stern [*] versehen) handelt. Eine Erlaubnis ist ferner nicht erforderlich für Sterilitätsprüfungen, Bestimmung der Kolonienzahl und son-stige Arbeiten zur mikrobiologischen Qualitätssicherung.

[1] nach den Technischen Regeln für Biologische Arbeitsstoffe (TRBA) **460**: Einstufung von Pilzen in Risikogruppen, Bundesarbeitsblatt Heft 10/2002, und **466**: Einstufung von Bakterien (Bacteria) und Archaebakterien (Archaea) in Risikogruppen, Bundesarbeitsblatt Heft 7/2006
http://www.baua.de/de/Themen-von-A-Z/Biologische-Arbeitsstoffe/TRBA/TRBA.html

[2] EHEC = enterohämorrhagische *Escherichia coli* (-Stämme)

[3] Serovar (Serotyp) = Gruppe von Stämmen (Varietät) innerhalb einer Bakterienart, die sich aufgrund von Unter-schieden in der Antigenstruktur durch serologische Methoden von anderen Vertretern derselben Art abgrenzen lassen.

Jeder Risikogruppe entspricht eine **Schutzstufe** (nach DIN 12 128: Sicherheitsstufe), die alle technischen, organisatorischen und persönlichen Sicherheits- oder Schutzmaßnahmen um-fasst, die für das Arbeiten mit biologischen Arbeitsstoffen der betreffenden Risikogruppe vorgeschrieben oder empfohlen sind. Für Tätigkeiten mit biologischen Arbeitsstoffen der Risikogruppe 1 ohne sensibilisierende oder toxische Wirkung sind lediglich die vom Ausschuss für biologische Arbeitsstoffe festgelegten allgemeinen Hygieneregeln zu beachten (= Schutzstufe 1). Diese Regeln sind in den auf S. 42f. aufgeführten Grundregeln des sterilen Arbeitens enthalten. Für Tätigkeiten mit biologischen Arbeitsstoffen der Risikogruppe 2 sind zusätzlich die Sicherheitsmaßnahmen der Schutzstufe 2 zu ergreifen. Diese Maßnahmen sind in den Anhängen II und III der Biostoffverordnung für Laboratorien festgelegt und sind in den Regeln auf S. 44f. enthalten. Für den Umgang mit biologischen Arbeitsstoffen der Risikogruppen 3 und 4 sind die weitergehenden Sicherheitsmaßnahmen der Schutzstufen 3 und 4 verbindlich (siehe Anhänge II und III der Biostoffverordnung).

Reichen die bei der Gefährdungsbeurteilung vorliegenden Informationen aus, um auch nicht gezielte Tätigkeiten einer Schutzstufe zuzuordnen, so wählt man die geeigneten Sicherheitsmaßnahmen aus der betreffenden Schutzstufe aus. Kann man die Tätigkeit keiner Schutzstufe zuordnen, so sind nach dem Stand der Technik Art, Ausmaß und Dauer der Exposition der Beschäftigten gegenüber den biologischen Arbeitsstoffen zu ermitteln und die erforderlichen Sicherheitsmaßnahmen festzulegen.

Der Arbeitgeber bzw. Labor-/Kursleiter muss vor der Aufnahme von Tätigkeiten mit biologischen Arbeitsstoffen auf der Grundlage der Gefährdungsbeurteilung eine **Betriebsanweisung** erstellen. Anhand dieser Betriebsanweisung muss er die Beschäftigten über die auftretenden Gefahren und die erforderlichen Schutzmaßnahmen und Verhaltensregeln mündlich unterweisen.

Für gentechnische Arbeiten ist das Gentechnikgesetz mit seinen Durchführungsverordnungen maßgebend. Außerdem gelten auch für mikrobiologische Laboratorien die allgemeinen und speziellen Unfallverhütungsvorschriften und Laboratoriumsrichtlinien der gewerblichen Berufsgenossenschaften und der Unfallversicherungsträger der öffentlichen Hand (des Bundes, der Länder und Gemeinden) sowie gegebenenfalls die einschlägigen Gesetze und Verordnungen über gesundheitsschädliche, feuer- und explosionsgefährliche und radioaktive Stoffe.

4.2 Räumliche Voraussetzungen

Der Sterilbereich für Arbeiten mit Mikroorganismen der Risikogruppen 1 und 2 (Schutzstufen 1 und 2 der Biostoffverordnung, s. S. 38ff.) soll von den anderen Arbeitsbereichen klar abgetrennt und deutlich gekennzeichnet sein. Seine Türen sollen mit einem Sichtfenster versehen und selbstschließend sein. Günstig ist der Zugang über einen kleinen Vorraum mit Handwaschbecken (vgl. S. 21) und Haftfußmatten, die den Staub binden.

Fußboden und **Arbeitsflächen** im Sterilbereich sollen fugenlos und leicht zu reinigen sein. Gut geeignet sind Kunststoffböden aus verschweißten Bahnen und Tischplatten aus Edelstahl oder mit glatter Kunststoffbeschichtung. Beim Einsatz von UV-Strahlern ist darauf zu achten, dass die Kunststoffbeläge UV-beständig sind. Ein ausgekehlter Übergang vom Fußbodenbelag zur Wand (Hohlkehle) vermeidet Kanten und Ecken, die schlecht zu reinigen und zu desinfizieren sind. Auch die Wände und die Decke sollen glatt und abwaschbar sein. Poröse Wände und perforierte Abhängedecken sind Staubfänger und bieten günstige Bedingungen für die Ansiedlung von Mikroorganismen. Auf Bodenabflüsse und Belüftungs- oder Klimaanlage sollte man nach Möglichkeit verzichten, da sie ständige Kontaminationsquellen darstellen.

Der Sterilraum soll möglichst sparsam **eingerichtet** sein und von allen nicht unbedingt benötigten Möbelstücken und Geräten freigehalten werden. Vorräte lagert man in Stahlschränken oder besser in einem gesonderten Raum. Zur Grundausstattung des Sterilraums gehört heute gewöhnlich eine Reine Werkbank; ab Schutzstufe 2 ist eine Sicherheitswerkbank vorgeschrieben (s. S. 44, 45 ff.).

Die Personenzahl im Sterilbereich ist auf ein Minimum zu reduzieren. Betriebsfremde oder nicht eingewiesene Personen sollten das Labor während steriler Arbeiten nicht betreten, außerhalb dieser Zeiten nur mit Erlaubnis des Laborleiters.

4.3 Grundregeln des sterilen Arbeitens

Zum Schutz der Kulturen und der Umwelt sowie zur eigenen Sicherheit müssen bei allen sterilen Arbeiten die folgenden „Grundregeln guter mikrobiologischer Technik" strikt beachtet werden. Diese Regeln schließen die Sicherheitsmaßnahmen der Schutzstufe 1 der Biostoffverordnung mit ein.

- **Labor, Arbeitsplatz**

  – Fenster und Türen des Arbeitsraums müssen während der Arbeiten geschlossen, Klima- oder Belüftungsanlagen und Ventilatoren abgeschaltet sein. Alle unnötigen Luftturbulenzen, z.B. durch hastige Bewegungen, sind zu vermeiden.

  – Der Arbeitsraum muss absolut sauber sein. Seine Flächen (Fußboden, Ablage- und Arbeitsflächen) müssen regelmäßig, möglichst täglich, feucht gereinigt werden; die Arbeitsfläche ist außerdem vor und nach jedem Arbeiten zu desinfizieren (s. S. 21 f.). Auch Brutschränke, Kühl- und Tiefkühlschränke müssen in regelmäßigen Abständen (z.B. monatlich) gereinigt und nach Kontaminationen desinfiziert werden.

  – Der Keimgehalt von Raumluft und Oberflächen kann auch durch vorherige UV-Bestrahlung verringert werden (s. S. 24). Vor Arbeitsbeginn sind die UV-Strahler unbedingt auszuschalten!

  – Ungeziefer muss, wenn nötig, regelmäßig bekämpft werden.

  – Labor und Arbeitsplatz müssen aufgeräumt sein. Am Arbeitsplatz muss genügend Bewegungsfreiheit gewährleistet sein. Es dürfen dort nur die tatsächlich benötigten Geräte und Materialien stehen; sie müssen so aufgestellt sein, dass sie gut erreichbar sind, aber beim Arbeiten nicht stören und dass Verwechslungen (z.B. von sterilen mit unsterilen Geräten) vermieden werden.

  – Am Sterilarbeitsplatz sollte weder mikroskopiert noch protokolliert werden.

- **Person**

  – Bei allen Arbeiten ist ein sauberer, 1/1-langer (das Knie bedeckender), möglichst hochgeschlossener Laborkittel mit langen Ärmeln („OP-, Visitenmantel") aus schwer entflammbarem, autoklavierbarem Gewebe (Baumwolle) zu tragen. Der Kittel ist stets geschlossen zu halten. Er sollte häufig bei ≥95 °C gewaschen werden; im Falle einer Kontamination mit Krankheitserregern ist er vorher zu autoklavieren.

- Abgelegte Kleidungsstücke (z.B. Mäntel, Jacken, Schirme) dürfen nicht in den Arbeitsraum mitgenommen werden.

- Lange Haare müssen zurückgebunden oder mit einer Haube zusammengehalten werden.

- Die Fingernägel sollen kurz geschnitten sein.

- Vor und nach jedem Arbeiten mit lebendem Material, nach einer Kontamination und vor dem Verlassen des Labors müssen die Hände gründlich gewaschen und möglichst auch desinfiziert werden (s. S. 21). Während der Arbeit vermeide man es, mit den Händen Gesicht und Haare zu berühren.

- Während des Arbeitens sind Sprechen, Husten oder Niesen zu vermeiden. Bei einer Erkältung sollte man eine Gesichtsmaske tragen.

- Im Arbeitsraum darf nicht gegessen, getrunken oder geraucht werden. Es dürfen keine Nahrungsmittel in ihm aufbewahrt werden.

- **Umgang mit Geräten und Mikroorganismen**

  - Man sollte zügig, aber nicht hastig arbeiten und unnötige Pausen oder Unterbrechungen vermeiden.

  - Das Pipettieren mit dem Mund ist untersagt; es sind stets Pipettierhilfen zu verwenden (s. S. 113ff.). Dies gilt auch für wattegestopfte Pipetten, da auch sie keinen Schutz gegen eine Infektion bieten.

  - Injektionsspritzen mit spitzen Kanülen sollten wegen der Verletzungsgefahr möglichst nicht benutzt werden.

  - Die Bildung von Aerosolen ist möglichst zu vermeiden (s. S. 38).

  - Sterile Teile und Geräte (z.B. Stopfen, Pipetten, Impfgeräte) dürfen nur am äußersten Ende angefasst werden. Es ist darauf zu achten, dass sie nicht mit unsterilen Gegenständen (Kleidung, Arbeitsfläche) in Berührung kommen. Solange die Geräte weiterverwendet werden sollen, dürfen sie nicht abgelegt werden.

  - Kulturgefäße fasst man beim Öffnen möglichst weit unten, den Verschluss möglichst weit oben. Die Gefäße dürfen nur so lange wie unbedingt nötig geöffnet werden; sie sind dabei schräg zu halten. Kulturgefäße darf man niemals offenlassen.

  - Besondere Vorsicht ist bei versporten Schimmelpilzkulturen erforderlich, um ein Einatmen der Sporen und eine Kontamination der Raumluft zu verhindern.

  - Kulturen und kontaminiertes Material oder Geräte dürfen nicht mit den bloßen Händen berührt werden.

  - Nicht mehr benötigte Kulturen müssen umgehend beseitigt werden.

Abb. 5:
Warnzeichen „Biogefährdung" zur Warnung vor
infektiösen Agenzien (schwarzes Symbol auf
gelbem Grund; nach DIN 58 956 Teil 10)

Für den Umgang mit unbekannten, möglicherweise pathogenen Mikroorganismen sowie mit Mikroorganismen der Risikogruppe 2 (s. Tab. 8, S. 39) kommen folgende Sicherheitsmaßnahmen der **Schutzstufe 2** hinzu[2]:

– Der Arbeitsraum sowie die Sicherheitswerkbank, Kühlschränke, Behälter, Kulturen und Geräte, von denen eine Infektionsgefahr ausgeht, sind mit dem Warnzeichen „Biogefährdung" (Abb. 5) auffällig zu kennzeichnen.

– Alle Flächen des Arbeitsraums müssen täglich desinfiziert werden.

– Die Schutzkleidung darf nicht außerhalb des Sterilbereichs getragen werden.

– An Händen und Unterarmen dürfen keine Schmuckstücke, Uhren und Eheringe getragen werden.

– Beim Arbeiten sind kräftige, dunkelgefärbte[3] Schutzhandschuhe aus Latex zu tragen.

– Arbeiten, bei denen erregerhaltige Aerosole auftreten können (und das gilt für fast alle Arbeiten mit Mikroorganismen, s. S. 38), müssen in einer Sicherheitswerkbank der Klasse 2 (s. S. 46f.) durchgeführt werden. Dasselbe gilt, wenn mit hohen Erregerkonzentrationen gearbeitet wird oder mit Erregern, die über die Atemwege infizieren.

– Zum Ausglühen der Impföse oder -nadel verwende man einen Brenner mit Spritzschutzglocke, oder man arbeite mit vorsterilisierten Einmalimpfgeräten aus Kunststoff.

– Man verwende ganz allgemein vorzugsweise Einwegartikel.

– Kontaminierte Geräte und Gefäße sowie mikroskopische Präparate werden sofort nach Gebrauch in ein Desinfektionsbad eingelegt und anschließend – wenn es das Material zulässt – autoklaviert (s. S. 22f.). Erst danach werden sie gereinigt oder entsorgt. Entsprechendes gilt für kontaminierte Kleidung.

– Bei einem Hautkontakt mit lebendem Material ist die betroffene Hautfläche sofort zu desinfizieren; dazu müssen an den Waschbecken Dosierspender mit einem Händedesinfektionsmittel zur Verfügung stehen (s. S. 21).

– Wird Mikroorganismensuspension verschüttet oder durch Glasbruch freigesetzt, so muss der kontaminierte Bereich sofort gesperrt und desinfiziert werden.

– Kulturen und infektiöses Material in Glasgefäßen oder Petrischalen sollen in bruchfesten, flüssigkeitsdichten Behältern bebrütet, transportiert und aufbewahrt werden.

– Kulturen und infektiöses Material sind unter Verschluss aufzubewahren.

---

[2] Für das Arbeiten mit Erregern der Risikogruppen 3 und 4 (Schutzstufen 3 und 4) gelten zusätzliche, verschärfte Sicherheitsmaßnahmen!

[3] zum besseren Erkennen von Miniperforationen

– Nicht mehr benötigte Kulturen und erregerhaltiger Abfall müssen gefahrlos gesammelt und durch Autoklavieren (121 °C, 30 min) unschädlich gemacht werden.

Abfälle, kontaminierte Einwegartikel und Kulturen in Einweggefäßen autoklaviert man in besonderen, nur locker zugeknoteten Vernichtungsbeuteln aus hochschmelzendem Kunststoff in einer am Boden und seitlich geschlossenen Blecheinsatztrommel oder einem Eimer aus Aluminium oder Edelstahl. Anschließend kann man die Beutel samt Inhalt der Hausmüllbeseitigung zuführen.

– Der Gesundheitszustand der Beschäftigten sollte durch arbeitsmedizinische Vorsorgeuntersuchungen überwacht werden (Erstuntersuchung bei Arbeitsaufnahme und jährliche Nachuntersuchung).

– Wird mit humanpathogenen Erregern gearbeitet, gegen die ein wirksamer Impfstoff zur Verfügung steht, sollten alle Beschäftigten, soweit sie nicht bereits immun sind, geimpft und die Immunität regelmäßig überprüft werden.

– Personen mit Hautläsionen oder offenen Wunden, Jugendliche sowie werdende oder stillende Mütter dürfen nicht mit Krankheitserregern oder infektiösen Materialien arbeiten.

Der beste Schutz gegen die von Mikroorganismen ausgehenden Gefahren ist eine gründliche mikrobiologische Ausbildung und das gewissenhafte Befolgen der vorstehenden Regeln. Tritt trotz aller Vorsicht eine Laborinfektion auf, so sind die notwendigen Erste-Hilfe-Maßnahmen zu ergreifen (s. S. 3f.). Außerdem ist sofort der Laborleiter zu verständigen.

4.4 Die Reine Werkbank

4.4.1 Prinzip, Gerätetypen

Eine Reine Werkbank gehört heute gewöhnlich zur Grundausstattung des Sterilbereichs. Sie soll möglichst weit entfernt von Bereichen mit starker Luftbewegung, z.B. von Türen und Hauptverkehrswegen, aufgestellt werden. In der Reinen Werkbank führt man alle aseptischen Arbeitsschritte durch, denn nur sie schützt – bei sachgemäßer Benutzung – die Objekte zuverlässig vor Luftkontaminationen bzw. den Experimentator vor infektiösen Aerosolen. UV-bestrahlte Impfkästen, Impfkabinen oder Abzüge sind nur ein Notbehelf.

Die Reine Werkbank ist eine zwangsbelüftete Kabine, deren Zu- bzw. Abluft durch Hochleistungsschwebstofffilter nach DIN 1822-1 gefiltert wird. Man verwendet **HEPA-Filter** (engl. „high efficiency particulate air filter") der Filterklasse H14 oder **ULPA-Filter** (engl. „ultra low penetration air filter") der Klasse U15. Diese Tiefenfilter halten Partikel bei einer Teilchengröße von $\geq 0{,}3\,\mu m$ mit einem Abscheidegrad von mindestens 99,995 % (H14) bzw. 99,9995 % (U15) zurück, d.h. von 100 000 bzw. 1 Million Partikeln passieren höchstens fünf das Filter. Dem Hochleistungsschwebstofffilter ist zur Verlängerung seiner Standzeit häufig ein gröberporiges Vorfilter (Staubschutzfilter) vorgeschaltet.

Nach **Art** und **Ausmaß des gebotenen Schutzes** unterscheidet man drei Arten von Reinen Werkbänken:

• solche, die nur den Experimentator und seine Umgebung schützen (Sicherheitswerkbänke der Sicherheitsklasse 1);

- solche, die nur die Arbeitsobjekte und -prozesse schützen;
- solche, die Experimentator und Objekte schützen (Sicherheitswerkbänke der Klassen 2 und 3).

Eine mikrobiologische Sicherheitswerkbank in ihrer einfachsten Ausführung (**Sicherheitsklasse 1**) verfügt über ein Abzugssystem mit teilweise offener Frontseite, durch die ständig ein einwärts gerichteter, turbulenter Luftstrom (mit einer Geschwindigkeit von mindestens 0,7 m/s) aus der Umgebung eingesaugt wird. Die Luft strömt durch den Innenraum der Werkbank und wird über ein Hochleistungsschwebstofffilter wieder nach außen geführt. Auf diese Weise wird das Austreten von Aerosolen aus dem Arbeitsbereich verhindert. Dagegen sind die bearbeiteten Objekte (z.B. Kulturen) nicht gegen Kontaminationen aus der Luft geschützt.

Bei allen anderen Typen von Reinen Werkbänken wird die von außen angesaugte Luft zunächst durch Hochleistungsschwebstofffilter gereinigt und entkeimt, bevor sie in den Arbeitsbereich gelangt. Das Hochleistungsschwebstofffilter (oder ein zusätzlicher „Laminisator") wirkt dabei als ein „Gleichrichter" und erzeugt eine turbulenzarme, nicht ganz korrekt auch als „laminar" bezeichnete Strömung, bestehend aus vielen dünnen, parallelen, dicht nebeneinanderliegenden Luftstromfäden oder -schichten, die den Innenraum der Werkbank wie in einem Windkanal mit gleichförmiger Geschwindigkeit durchströmen, ohne sich nennenswert zu vermischen, und dabei die vorhandene Luft verdrängen. Man nennt eine solche turbulenzarme Verdrängungsströmung mit dem im Englischen gebräuchlichen Ausdruck auch „Laminar-Flow-(LF-)"Luftströmung und die entsprechenden Geräte **Laminar-Flow-Systeme**.

Da der Luftstrom im Innenraum der LF-Werkbank „geschichtet" und weitgehend frei von Wirbeln ist, findet in ihm kein Quertransport statt. In die Luft abgegebene Verunreinigungen werden nicht gestreut und verteilt, sondern in vorgegebener Richtung auf dem kürzesten Wege fortgespült. Allerdings ist die im Arbeitsbereich vorhandene Luft nicht absolut partikel- und keimfrei. In der ISO-Reinheitsklasse 5 der DIN 14 644-1, der die mikrobiologischen LF-Werkbänke mindestens entsprechen müssen, dürfen im Reinen Raum pro m^3 Luft maximal z. B. 10200 Partikel mit einem Durchmesser von 0,3 μm, 3520 Partikel mit einem Durchmesser von 0,5 μm und 832 Partikel mit einem Durchmesser von 1 μm vorhanden sein.

Bei den LF-Werkbänken unterscheidet man Geräte mit horizontaler und solche mit vertikaler Luftströmung. **Horizontal-** oder **Querstromgeräte** sind preisgünstig und platzsparend und erlauben ein bequemes Arbeiten, da die Frontseite in der Regel völlig offen ist. Sie schützen jedoch, wie auch ein Teil der Vertikalstromgeräte, nur die in ihnen bearbeiteten Objekte, nicht den Experimentator, vor aerogenen Kontaminationen, da die Abluft ungefiltert in den Raum und dem Experimentator ins Gesicht geblasen wird. Sie sind deshalb für das Arbeiten mit pathogenen Mikroorganismen oder gefährlichen Substanzen ungeeignet.

Dagegen schützen LF-Werkbänke der **Sicherheitsklasse 2** (Abb. 6) sowohl die Arbeitsobjekte oder -prozesse vor Verunreinigungen aus der Außenluft und vor Querkontaminationen innerhalb des Arbeitsbereichs als auch den Experimentator und seine Umgebung vor infektiösen Aerosolen, die im Innern der Werkbank entstehen. Bei diesen **Vertikalstromgeräten** (Fallstromgeräten) ist die Frontseite mit einer Sichtscheibe versehen, die eine Arbeitsöffnung von 20 bis 30 cm Höhe freilässt. Die durch Hochleistungsschwebstofffilter gereinigte, keimfreie Luft durchströmt den Arbeitsbereich von oben nach unten, wird durch Öffnungen in der Arbeitsfläche nach unten abgesaugt und in einem Kreislauf erneut von oben durch die in der Decke installierten Hochleistungsschwebstofffilter in den Innenraum gedrückt. Zusätzlich wird durch Schlitze an der Vorderkante des Arbeitstisches ein ungefilterter Luftstrom (ca. 30 % der Gesamtluft innerhalb der Werkbank) von außen angesaugt, der über der Arbeitsöffnung einen Luftvorhang bildet. Ein der angesaugten Außenluft entsprechender Luftanteil wird gereinigt als Abluft ins Labor zurück- oder einem Abluftsystem zugeführt. Wegen des hohen Anteils an umgewälzter Luft (ca. 70 %) sind diese Geräte für den Umgang mit toxischen, explosiven, entflammbaren oder radioaktiven Stoffen nicht geeignet. Hierfür sind Werkbänke erforderlich, die mit 70 – 100 % Abluft arbeiten.

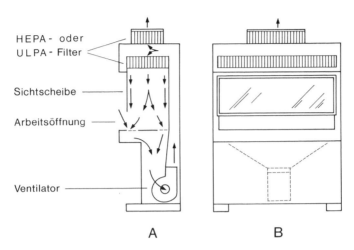

Abb. 6: Reine Werkbank mit vertikaler Laminar-Flow-Luftströmung (Sicherheitswerkbank der Sicherheitsklasse 2), schematisch. **A** Seitlicher Längsschnitt. **B** Vorderansicht

Die Benutzung einer Sicherheitswerkbank, vorzugsweise der Klasse 2, ist dringend zu empfehlen – unter bestimmten Voraussetzungen sogar vorgeschrieben (s. S. 44) – für Arbeiten mit Mikroorganismen der Risikogruppe 2; sie ist unbedingte Pflicht beim Umgang mit Erregern der Risikogruppe 3.

Für Arbeiten mit bestimmten hochpathogenen Agenzien, wie z.B. hoch menschenpathogenen, onkogenen Viren oder in vitro neukombinierten Nucleinsäuren aus Säugetiertumoren, sind völlig geschlossene, gasdichte Sicherheitswerkbänke der **Sicherheitsklasse 3** mit Handschuhöffnungen („glove box") vorgeschrieben.

4.4.2 Ausstattung

Sicherheitswerkbänke der Klasse 2 müssen der DIN 12 469 entsprechen. Sie sollen typgeprüft sein und das GS-Zeichen („Geprüfte Sicherheit") tragen. Tischplatte, Seitenwände und Rückwand des Arbeitsbereichs müssen aus glattem, leicht zu reinigendem, korrosions- und desinfektionsmittelbeständigem Material, am besten Edelstahl, bestehen. Unter der perforierten Arbeitsplatte muss eine gut zugängliche Auffangwanne für verschüttete Flüssigkeiten angebracht sein, die mindestens einmal wöchentlich gereinigt werden soll.

Es ist auf gute, blendfreie Beleuchtung zu achten. Auf UV-Strahler kann man wegen ihrer geringen Wirksamkeit im Allgemeinen verzichten, zumal sie als Strömungshindernisse Turbulenzen verursachen und dadurch die Laminar-Flow-Strömung beeinträchtigen. Wichtig ist jedoch wenigstens eine (Feuchtraum-)Steckdose sowie eventuell ein Gas- und ein Vakuumanschluss im Arbeitsraum. Die verschiebbare Frontscheibe muss aus Mehrscheibensicherheitsglas (Verbundglas) oder UV-beständigem und -absorbierendem Kunstglas bestehen und einen dichten Verschluss des Arbeitsraums (z.B. zu Desinfektionszwecken) erlauben. Die Werkbank muss Überwachungseinrichtungen besitzen, die im Falle einer schwerwiegenden Störung des LF-Luftstroms oder des Abluftvolumenstroms oder bei falscher Stellung der Frontscheibe einen optischen und akustischen Alarm auslösen.

4.4.3 Überprüfung

Vor Inbetriebnahme eines neuen Gerätes, nach jedem Ortswechsel, nach dem Auswechseln der Hochleistungsschwebstofffilter und sonst nach etwa 1000 Betriebsstunden, wenigstens aber einmal jährlich, sollen an einer Sicherheitswerkbank der Klasse 2 durch den **Kundendienst** folgende Prüfungen vorgenommen werden, die in einem Gerätebuch zu dokumentieren sind:

- ein **Lecktest** mit einem flüssigen Prüfaerosol, das aus Tröpfchen im Größenbereich von 0,2–3,0 μm besteht, z.B. mit einem Nebel aus Dioctylphthalat-(DOP-), oder Diethylhexyl-sebacat-(DEHS-)tröpfchen oder aus Paraffinöltröpfchen. Der Test umfasst eine Dichtsitz-prüfung sowie eine Prüfung der Filterflächen von Umluft- und Abluftfilter mit Hilfe eines Partikelzählgeräts.

  Diese Prüfungen sollen sicherstellen, dass Filter und Dichtungen keine Beschädigung aufweisen. Wegen der geringen Wahrscheinlichkeit, an einem etwaigen Leck Keimpassagen festzustellen, sind mikrobiologische Luftkeimzahlbestimmungen, vor allem mit Sedimentationsplatten, für LF-Werkbänke ungeeignet.

- die Messung der **Lufteintrittsgeschwindigkeit** und eine Rauchprüfung der Strömungsrichtung in der **Arbeitsöffnung** sowie die Messung der Geschwindigkeit und Gleichmäßigkeit der **LF-Luftströmung** (Verdrängungsströmung) im Arbeitsraum

  Die mittlere Lufteintrittsgeschwindigkeit in der Arbeitsöffnung muss > 0,4 m/s betragen; an keiner Stelle der Arbeitsöffnung soll die Strömungsgeschwindigkeit 0,2 m/s unterschreiten. Die Geschwindigkeit des vertikalen LF-Luftstroms innerhalb der Bank muss an allen Stellen 0,4 m/s ± 20 % betragen.

- die Messung des **Abluftvolumenstroms**
- eine Funktionsprüfung der **Überwachungseinrichtungen**.

Werden bei den Prüfungen Filterschäden oder starke Ungleichmäßigkeiten im vertikalen Luftstrom festgestellt oder sinkt die Geschwindigkeit der LF-Strömung infolge zunehmender Filterbeladung unter etwa 0,3 m/s ab, so müssen die Hochleistungsschwebstofffilter (durchschnittlich alle 3– 4 Jahre) oder gegebenenfalls die Vorfilter (halbjährlich bis jährlich) **ausgewechselt** werden. Wegen der Kontaminationsgefahr darf nur der Kundendienst unter entsprechenden Sicherheitsvorkehrungen die Hochleistungsschwebstofffilter austauschen.

Ist an der Sicherheitswerkbank mit Mikroorganismen der Risikogruppen 2 oder 3 gearbeitet worden, so muss man die Werkbank vor Prüf- und Wartungsarbeiten wirksam **desinfizieren**. Handelt es sich um Organismen der Risikogruppe 2 und sind nur Prüfungen vorgesehen, so genügt eine Flächendesinfektion (bei laufender Lüftung) des Arbeitsraums und der Auffangwanne (s. S. 21f.).Vor einem Austausch der Hochleistungsschwebstofffilter und vor anderen Wartungsarbeiten mit Öffnung des Arbeitsraums sowie nach Arbeiten mit Organismen der Risikogruppe 3 ist eine vollständige Desinfektion aller Teile der Werkbank erforderlich, die mit den Erregern möglicherweise in Berührung gekommen sind. Dies lässt sich nur durch eine Raumdesinfektion mit Formaldehyd erreichen (s. S. 22).

4.4.4 Regeln für das Arbeiten an der Reinen Werkbank

(siehe auch S. 42ff.)

- Fenster und Türen des Labors sind geschlossen zu halten, eine eventuell vorhandene Raumbelüftung oder Klimaanlage abzustellen.
- Im Arbeitsraum installierte UV-Strahler sind vor Arbeitsbeginn auszuschalten.
- Der Ventilator der Werkbank wird mindestens 15 min vor Arbeitsbeginn eingeschaltet; er darf während Arbeitspausen nicht abgeschaltet werden.
- Während dieser Anlaufzeit desinfiziert und reinigt man alle Flächen des Arbeitsbereichs gründlich mit einem fusselfreien Tuch, das mit einem Flächendesinfektionsmittel, z.B. 70%igem Ethanol, getränkt ist (s. S. 21). Der Alkohol darf nicht ungezielt versprüht werden; es dürfen keine offenen Flammen zugegen sein.
- Gelegentlich sollte man auch das Schutzgitter mit einem Staubsauger vorsichtig absaugen.
- Man bringt alle benötigten Geräte vor Arbeitsbeginn in den Arbeitsraum; zuvor wischt man sie ebenfalls sorgfältig mit Alkohol ab.
- Auf der Arbeitsfläche der Werkbank dürfen nur die unbedingt erforderlichen Geräte aufgestellt werden, da sich an solchen Hindernissen Wirbel bilden, die eine Streuung von Aerosolen bewirken können.
- Die Luftabsaugschlitze am vorderen und hinteren Rand der Arbeitsfläche dürfen nicht zugestellt werden.
- Nicht mehr benötigte Geräte sowie Abfälle stellt man sofort auf eine Ablage (z.B. Laborwagen) außerhalb des Arbeitsbereichs.
- In der Werkbank sollte man möglichst keinen Brenner benutzen, auf keinen Fall aber einen einfachen Bunsenbrenner, da die durch die Flamme erzeugte Aufwärtsströmung den LF-Luftstrom stark beeinträchtigt. (Ähnliches gilt für alle anderen Wärmequellen und für Geräte mit starker Eigenbewegung, wie „Whirlimixer", Rührer oder Zentrifugen.) Man arbeite nach Möglichkeit mit vorsterilisierten Einmalimpfgeräten aus Kunststoff. Falls erforderlich, verwende man einen elektrisch zündenden Sicherheitsbrenner mit Fußschalter und Magnetventil und – bei Horizontalstromwerkbänken – mit Windschutz. Die Arbeitsflamme darf nur dann brennen, wenn sie wirklich benötigt wird.
- Bleistift und Papier gehören nicht in den Reinen Arbeitsbereich.
- An der Werkbank dürfen sich nicht mehr Personen aufhalten als unbedingt erforderlich.
- An der Werkbank sollte man einen langärmligen Schutzkittel mit dicht schließenden Bündchen sowie Handschuhe tragen, die möglichst wenig Fasern abgeben.
- An Sicherheitswerkbänken darf man nur dann arbeiten, wenn sich die Frontscheibe in Arbeitsstellung befindet; sie darf auf keinen Fall weiter geöffnet werden.
- Der Kopf ist aus dem Reinen Raum herauszuhalten. Beim Sprechen, Husten oder Niesen sollte man sich unbedingt von der Werkbank wegdrehen.
- Man passiere nicht öfter als unbedingt nötig den Luftvorhang über der Arbeitsöffnung.

– Man lege die Unterarme nicht auf die Arbeitsplatte auf; die vorderen Lüftungsschlitze dürfen nicht verdeckt werden.

– Die Hände sollen sich möglichst immer in Luftstromrichtung hinter den kritischen Objekten oder Prozessen (stromabwärts) befinden. Man sollte im Reinen Bereich auch nie von oben, sondern immer von der Seite oder von unten greifen.

– Man bewege sich an der Werkbank ruhig und überlegt. Man vermeide schnelle und hastige Bewegungen im Arbeitsbereich sowie starke Raumluftbewegungen vor der Arbeitsöffnung, z.B. durch vorbeigehende Personen oder durch das Öffnen und Schließen von Türen.

– An der Werkbank darf nicht gearbeitet werden, wenn optische oder akustische Signale eine Störung anzeigen.

– Nach Arbeitsende und Entfernung sämtlicher Geräte aus dem Arbeitsraum wird der Arbeitsbereich erneut desinfiziert und gereinigt (s.o.). Der Ventilator soll noch etwa 5 min weiterlaufen.

5 Kultivierung von Mikroorganismen

5.1 Nährböden

Zur Kultivierung von Mikroorganismen, d.h. zu ihrer Anzucht unter Laboratoriumsbedingungen, braucht man geeignete Nährböden (Synonyme: Nährmedien, Kulturmedien), die alle für das Wachstum der betreffenden Organismen notwendigen Stoffe in ausreichender Konzentration enthalten müssen. Diese **Nährstoffe** sind in der Regel wasserlösliche, niedermolekulare Verbindungen. Angaben über die Nährstoffansprüche der verschiedenen Mikroorganismen sowie über ihre sonstigen Wachstumsbedingungen (z.B. pH- und Temperaturoptimum) findet man für Bakterien vor allem in Bergey's Manual of Systematic Bacteriology (Holt, Ed., 1984 – 1989; Garrity, Ed., 2001 – 2011), für Hefen z.B. bei Barnett et al. (2000)[1].

5.1.1 Einteilung der Nährböden

Da die Nährstoffansprüche der einzelnen Mikroorganismen teilweise sehr unterschiedlich sind, gibt es keinen Universalnährboden, der allen Organismen gleichermaßen das Wachstum ermöglicht. Im Laufe der Zeit ist eine ungeheure Zahl von Nährböden beschrieben worden, die sich nach **Art** und **Verwendungszweck** in mehrere Gruppen unterteilen lassen:

- Nach der Konsistenz unterscheidet man **flüssige** und **feste** (gelartige) **Nährböden**. Zur Herstellung fester Medien setzt man der Nährlösung ein Verfestigungsmittel, meist Agar, zu (s. S. 69 ff.). Flüssige Medien dienen vor allem zur Anreicherung von Mikroorganismen, bei Reinkulturen zur Prüfung physiologischer Eigenschaften und zur Gewinnung größerer Zellmengen, feste Nährböden zur Gewinnung, Überprüfung und Aufbewahrung von Reinkulturen sowie zur Keimzahlbestimmung.

- Nach der Zusammensetzung unterteilt man in **synthetische** und **komplexe Nährböden**. Ein synthetischer Nährboden enthält ausschließlich chemisch exakt definierte Bestandteile in bekannter Konzentration (Beispiele s. S. 53, Tab. 9, Medium 1; ferner Kap. 6). In einem Komplexnährboden sind ein oder mehrere organische Bestandteile enthalten, deren chemische Zusammensetzung nicht genau bekannt ist, meist komplexe, schlecht definierte Naturprodukte wie Hefeextrakt, Fleischextrakt oder Pepton (s. S. 66ff.; Beispiele s. S. 53, Tab. 9, Medien 2; Tab. 10; Kap. 6). Für stoffwechselphysiologische Untersuchungen benötigt man in der Regel synthetische Nährböden. Ihre Herstellung ist oft sehr aufwendig, besonders bei anspruchsvollen Mikroorganismen, da unter Umständen sehr viele verschiedene Bestandteile (z.B. Spurenelemente, Wachstumsfaktoren) abgewogen werden müssen. Ein synthetischer Nährboden im strengen Sinne darf keinen Agar enthalten, da dieser zu den komplexen Naturstoffen gehört (vgl. S. 69f.).

Enthält ein synthetisches Nährmedium nur die für das Wachstum des betreffenden Organismus unbedingt notwendigen Stoffe (das „Existenzminimum"), so spricht man von einem **Minimalmedium**. Die Entwicklung eines Minimalmediums setzt voraus, dass die Nährstoffansprüche des Organismus

---

[1] siehe Literaturverzeichnis, S. 427ff.

genau bekannt sind. Ein **Vollmedium** enthält dagegen noch weitere Verbindungen, die nicht unbedingt lebensnotwendig sind, das Wachstum jedoch fördern. Ein komplexer Nährboden ist immer ein Vollmedium.

Zur Bereitung eines komplexen Nährbodens braucht man meist sehr viel weniger Bestandteile als für ein synthetisches Medium, denn die verwendeten Naturprodukte enthalten in der Regel bereits alle von den verschiedensten Mikroorganismen benötigten anorganischen und organischen Nährstoffe. Komplexnährböden sind daher zur Kultivierung einer Vielzahl vor allem chemoorganotropher Mikroorganismen geeignet. Man bevorzugt sie, wenn es darum geht, viele verschiedene Organismen gleichzeitig zum Wachstum zu bringen, sehr anspruchsvolle Mikroorganismen zu kultivieren oder hohe Wachstumsraten zu erreichen. Komplexnährböden sind unentbehrlich für die Kultivierung von Organismen, deren Nährstoffansprüche noch nicht hinreichend bekannt sind. Bestimmte Komplexnährböden für Routinezwecke, sogenannte Standardnährböden, sind auch als komplett zusammengesetzte Trocken- oder Fertignährböden kommerziell erhältlich (s. S. 85f.).

- Nach dem Verwendungszweck unterscheidet man **Universalnährböden**, d.h. komplexe Nährböden, die einer Vielzahl von Mikroorganismen das Wachstum ermöglichen (s.o.), und **Selektivnährböden** (auch als Elektivnährböden bezeichnet), die das Wachstum eines bestimmten Mikroorganismus oder einer bestimmten Organismengruppe begünstigen und das Wachstum anderer, unerwünschter Organismen unterdrücken. In flüssiger Form verwendet man selektive Nährböden zur Anreicherung, in fester Form zur Direktisolierung von Mikroorganismen (s. S. 145ff.).

Differentialnährböden (Indikatornährböden) enthalten Zusätze, z.B. Farbstoffe, die bestimmte, diagnostisch wichtige Stoffwechselleistungen von Mikroorganismen sichtbar machen, indem sie mit Stoffwechselprodukten reagieren, die in diesen Medien nur von bestimmten Organismen gebildet werden. Dabei kommt es zu einer Veränderung (z.B. Verfärbung) des Mediums oder der Kolonien. Auf diese Weise ist eine Unterscheidung (Differenzierung) verschiedener Mikroorganismentypen möglich (Beispiele s. S. 54, Tab. 11). Meist wirkt ein Differentialnährboden gleichzeitig selektiv dadurch, dass er Verbindungen enthält, die nur bestimmten Organismengruppen das Wachstum ermöglichen (und zugleich ihre Unterscheidung erlauben), während die Entwicklung anderer Gruppen gehemmt wird. Solche Verbindungen können z.B. Substrate sein, die nur von einigen Mikroorganismen verwertet werden, ferner Farbstoffe oder Antibiotika (s. S. 158, Tab. 24). Triphenylmethanfarbstoffe wie Kristallviolett, Brillantgrün oder Fuchsin beispielsweise hemmen in geeigneter Konzentration das Wachstum grampositiver Bakterien, nicht aber das der gramnegativen Enterobacteriaceae (s. Tab. 11, Medium 2). Manche der verwendeten Farbstoffe, z.B. Brillantgrün und Fuchsin, sind lichtempfindlich; daher müssen Nährböden mit solchen Stoffen bei gedämpftem Licht angesetzt und verarbeitet werden. Von den Antibiotika bzw. Chemotherapeutika sind als Nährbodenzusätze besonders die hitzestabilen Wirkstoffe geeignet, die man zusammen mit dem Medium autoklavieren kann, z.B. Chloramphenicol, Cycloheximid und Sulfonamide.

Differentialnährböden sind vor allem für die medizinische Diagnostik, aber auch für die Untersuchung von Wasser, Lebensmitteln und pharmazeutischen Produkten von großer Bedeutung, denn sie ermöglichen es, bestimmte Mikroorganismen, z.B. Krankheitserreger, in einer Mischpopulation zu entdecken und unter Umständen zu identifizieren. Auch diese Nährmedien sind zum großen Teil als Trocken- oder Fertignährböden im Handel erhältlich.

Tab. 9: Einfache Nährböden für Bakterien (alle Mengenangaben bezogen auf 1 l Wasser)

1. Synthetische Nährlösung
Glucose-Mineralsalz-Nährlösung[1]

K_2HPO_4	0,5	g
NH_4Cl	1,0	g
$MgSO_4 \cdot 7\,H_2O$	0,2	g
$FeSO_4 \cdot 7\,H_2O$	0,01	g
$CaCl_2 \cdot 2\,H_2O$	0,01	g
Glucose	10,0	g
Spurenelementlösung (s. Tab. 13, S. 63)	1,0	ml
pH 7,0		

2. Komplexnährböden
a) Nährbouillon[2]

Pepton aus Fleisch	5,0	g
Fleischextrakt	3,0	g
pH 7,0		

b) Hefeextrakt-Pepton-Glucose-(HPG-)Nährlösung

Hefeextrakt	5,0	g
Pepton aus Fleisch	5,0	g
Glucose	1,0	g
pH 7,0		

Zur Herstellung eines festen Nährbodens setzt man der Nährlösung 15–20 g Agar/l zu.

Die angegebenen pH–Werte sind die Endwerte nach der Sterilisation (vgl. S. 74, 87).

[1] für chemoorganotrophe Bakterien, die keine Wachstumsfaktoren benötigen. Die Bestandteile in der angegebenen Reihenfolge zusetzen (s. S. 87)!

[2] zur Züchtung nicht sehr anspruchsvoller Mikroorganismen

Tab. 10: Komplexnährböden für Pilze (alle Mengenangaben bezogen auf 1 l Wasser)

1a) Malzextraktagar[1]

Malzextrakt	30,0	g
Pepton aus Sojamehl, papainisch	3,0	g
Agar	15,0	g
pH 5,6		

1b) Malzextraktbouillon[1]

Malzextrakt	17,0	g
pH 4,8		

2a) Würzeagar[2]

Malzextrakt	15,0	g
Mischpepton	0,78	g
K_2HPO_4	1,0	g
NH_4Cl	1,0	g
Maltose	12,75	g
Dextrin	2,75	g
Glycerin	2,35	g
Agar	20,0	g
pH 4,8		
(pH-Wert erst nach dem Autoklavieren einstellen [s. S. 70f.]!)		

2b) Würzebouillon[2]
wie 2a, jedoch ohne Agar

Die angegebenen pH-Werte sind die Endwerte nach der Sterilisation. Der niedrige pH-Wert der Nährböden begünstigt das Wachstum vieler Hefen und Schimmelpilze und hemmt in gewissem Umfang das Wachstum von Bakterien.

[1] besonders für Hefen und Schimmelpilze

[2] besonders für Hefen

Tab. 11: Differentialnährböden für Bakterien (alle Mengenangaben bezogen auf 1 l Wasser)

1. **Chinablau-Lactose-Agar** (nichtselektiv)		
Pepton aus Casein, tryptisch (Trypton)	5,0	g
Fleischextrakt	3,0	g
Lactose	10,0	g
NaCl	5,0	g
Chinablau	0,375	g
Agar	15,0	g
pH 7,0		
Bebrütung 24–48 Stunden bei 30 oder 35 °C		

Chinablau-Lactose-Agar dient zur Unterscheidung lactosevergärender (lactosepositiver) und nichtlactosevergärender (lactosenegativer) Mikroorganismen, insbesondere bei der Keimzahlbestimmung in Milch. Er enthält als einziges Kohlenhydrat Lactose, deren Abbau zu Säure vom pH–Indikator Chinablau durch einen Farbumschlag von farblos nach blau angezeigt wird. Lactosepositive Bakterien bilden blaue Kolonien, z.B. Streptokokken sehr kleine, *Escherichia coli* und coliforme Bakterien große, dunkelblau gefärbte Kolonien mit blauem Hof; *Staphylococcus* bildet grünlichblaue Kolonien. Die Kolonien der lactosenegativen Organismen sind farblos bis gelb.

2. **Endo-Agar**[1] **(Typ C)** (selektiv)		
Pepton aus Fleisch, peptisch	10,0	g
K$_2$HPO$_4$	3,5	g
Na$_2$SO$_3$, wasserfrei	2,5	g
Lactose	10,0	g
Fuchsin	0,4	g
Agar	15,0	g
pH 7,4		
Bebrütung 24 Stunden bei 35 °C		

Endo-Agar (Typ C) dient zum Nachweis und zur Isolierung fäkaler coliformer Bakterien und von *Escherichia coli* bei der Untersuchung von Wasser, Milch, Milchprodukten u.a. Natriumsulfit und Fuchsin unterdrücken das Wachstum der meisten grampositiven Bakterien, nicht jedoch das der Enterobacteriaceae. *Escherichia coli* und Coliforme bilden aus Lactose neben Säure intermediär Acetaldehyd. Der Aldehyd reagiert mit Sulfit zu einer Additionsverbindung und setzt dadurch aus der bei der Nährbodenbereitung entstandenen, farblosen fuchsinschwefligen Säure den Farbstoff Fuchsin frei, der die betreffenden Kolonien und ihre Umgebung rot anfärbt. Bei *Escherichia coli* ist die Reaktion so stark, dass das Fuchsin auskristallisiert und den Kolonien einen grünschimmernden, beständigen Metallglanz verleiht. Lactosenegative Keime (z. B. *Salmonella* und *Shigella*) bilden farblose, klare Kolonien auf dem schwachrötlichen Nährboden.

Fuchsin gilt als potentiell krebserzeugend; deshalb darf man Farbstoff und Nährboden nicht mit der Haut in Berührung bringen und keine Pulverpartikel einatmen. Der gebrauchsfertige Nährboden muss vor Licht geschützt werden. Er ist jedoch auch im Dunkeln nur wenige Tage haltbar, da der Luftsauerstoff das Sulfit allmählich oxidiert und der Nährboden rot und damit unbrauchbar wird.

Die angegebenen pH-Werte sind die Endwerte nach der Sterilisation.

[1] nach S. Endo, japanischer Bakteriologe

Die Auswahl eines geeigneten Nährbodens richtet sich immer nach den Nährstoffansprüchen des zu kultivierenden Organismus und nach dem Zweck der Kultivierung. Eine große Zahl von Nährbodenrezepten findet man u.a. bei Balows et al. (1992), Dworkin et al. (2006) (Bakterien), Atlas (2005, 2006, 2010), Atlas und Snyder (2006) (Bakterien und Pilze), Booth (1971) (Pilze) (s. S. 427f.), in den Handbüchern der Hersteller von Trockennährböden und in den Katalogen der Kulturensammlungen (s. S. 211ff.).

5.1.2 Die Nährbodenbestandteile

5.1.2.1 Wasser

Wasser macht etwa 75–85 % der Gesamtmasse der Zelle aus. Es ist daher, mengenmäßig gesehen, der wichtigste „Nährstoff" und zugleich das Lösungsmittel für die übrigen Nährstoffe, die von den meisten Mikroorganismen nur in gelöster Form aufgenommen werden können.

Nach dem Gehalt an Partikeln und gelösten Stoffen unterscheidet man mehrere **Reinheitsgrade** des Laborwassers (Tab. 12). Ein Maß für die chemische Reinheit des Wassers, genauer gesagt, für seinen Gehalt an freien Ionen, ist die **elektrische Leitfähigkeit**, ausgedrückt durch den elektrischen Leitwert (Einheit: Siemens [S]) pro Längeneinheit (meist in µS/cm). Der Leitwert ist der reziproke Wert des elektrischen Widerstands ($1\ S = 1\ \Omega^{-1}$). Es empfiehlt sich, die Reinheit des Wassers vor der Verwendung mit einem Leitfähigkeits- oder Widerstandsmessgerät zu überprüfen. Zweckmäßig ist es, wenn ein solches Gerät in die Wasseraufbereitungsanlage bereits eingebaut ist. Allerdings erfasst man bei dieser Überprüfung nicht die im

Tab. 12: Reinheitsgrade von Laborwasser

	Wasserqualität						
	Leitungs-wasser[1]	Umkehr-osmose	Einfach destil-liert	Doppelt destilliert	Ionen-aus-tausch	Elektro-entioni-sierung	Reinst-wasser
Entspricht etwa ASTM-Typ[2]	–	III/IV	III/IV	II	I/II	I/II	I
Elektrische Leitfähigkeit max. (µS/cm, 20 °C)	2500	25–5	10–1,5	1–0,5	0,2–0,1	< 0,1	≤ 0,056
Spezifischer Widerstand mind. (MΩ · cm, 25 °C)	0,0005	0,04–0,2	0,1–0,7	1–2	5–10	5–15	≥ 18,0
pH-Bereich (25 °C)	6,5–9,5	6	5–7,5	5–7,5	6–7	6–7	–[3]
Silicat (mg/l)	≤ 40	0,1	1–0,5	0,7–0,1	< 0,5	< 0,01	< 0,01
Natrium (mg/l)	≤ 200	6,5	5–2	1–0,5	0,3	< 0,1	≤ 0,01
Ammonium (mg/l)	≤ 0,5	0,4	0,01	0,01	0,1	< 0,03	< 0,01
Calcium (mg/l)	≤ 400	1,6	3–1	0,3–0,1	0,05	< 0,04	< 0,005
Kohlendioxid (mg/l)	k.D.	17	3–1	3–1	k.D.	< 0,2	< 1
Schwermetalle (mg/l)	< ~10[4]	< 0,04	1–0,5	0,8–0,1	0,1	< 0,01	< 0,01
Bakterien (Kolonien/ml)	≤ 100	< 10	< 10	< 10	≥ 10^{2} [5]	< 10	< 1

k.D. = keine Daten verfügbar

[1] Grenzwerte laut Trinkwasserverordnung vom 21.5.2001
[2] Laborwasserklassifizierung nach Reinheitsgraden durch die American Society for Testing and Materials (ASTM)
[3] Die Messung des pH-Werts in Reinstwasser ist aufgrund des hohen elektrischen Widerstandes sehr ungenau. Hochreines Wasser ist annähernd neutral, jedoch führt bereits ein kurzer Kontakt des Wassers mit der Messelektrode oder mit der Luft zu einer Verunreinigung des Wassers und zu einer Veränderung des pH-Werts (vgl. S. 58).
[4] Summe der Grenz- bzw. Richtwerte für die in der Trinkwasserverordnung einzeln aufgeführten Schwermetalle
[5] ohne nachgeschaltetes bakteriendichtes Membranfilter

Wasser gelösten Gase und organischen Substanzen. Zu beachten ist ferner, dass die Leitfähigkeit temperaturabhängig ist.

Zum Ansetzen von Nährböden (sowie von Dispersions- oder Verdünnungslösungen für Mikroorganismen) verwende man niemals Leitungswasser, da es eine wechselnde und meist nicht bekannte Zusammensetzung aufweist und wachstumshemmende Stoffe enthalten kann, z.B. Spuren von Schwermetallen, Pestiziden, Tensiden und organischen Chlorverbindungen. Nährmedien stellt man deshalb ebenso wie Puffer, Reagenzienlösungen u.ä. immer mit destilliertem oder entsalztem **Rein**- bzw. **Reinstwasser** her. Zur Bereitung von Komplexnährböden genügt im Allgemeinen einfach destilliertes oder Umkehrosmosewasser. Für synthetische Nährböden sollte man chemisch reineres, z. B. doppelt destilliertes oder (besser!) demineralisiertes (demin.) = vollsalztes (VE-)Wasser, zur Kultivierung lithoautotropher Mikroorganismen wenn möglich Reinstwasser verwenden.

Wasseraufbereitung durch Destillation

Destilliertes Wasser (aqua dest.[-illata]) gewinnt man in Destillationsgeräten aus Edelstahl, Borosilicatglas oder Quarzglas. Aus Edelstahl lösen sich während der Destillation Spuren von Schwermetallionen (vor allem Eisen, Chrom und Nickel), die das Wachstum empfindlicher Mikroorganismen sowie Enzyme hemmen und Spurenelementuntersuchungen stören können. Geräte aus Borosilicatglas geben Natrium-, Silicat-, Borat- und andere Ionen an das Wasser ab (vgl. S. 90). Glasdestilliergeräte sollten daher möglichst aus Quarzglas bestehen, das gegenüber Wasser außerordentlich resistent ist.

Für allgemeine Laboranwendungen, z.B. zum Spülen von Glasgefäßen, reicht in der Regel einfach destilliertes Wasser (aqua monodest.). Es sollte eine Leitfähigkeit von $\leq 2,5$ µS/cm (bei 25 °C) haben. Benötigt man reineres Wasser, so kann man doppelt destilliertes Wasser (aqua bidest.) mit einer Leitfähigkeit $\leq 1,0$ µS/cm verwenden.

Frisch destilliertes Wasser hat einen sehr niedrigen Keimgehalt. Organische Substanzen werden jedoch nur unzureichend abgetrennt, leicht flüchtige Verbindungen unter Umständen im Destillat sogar konzentriert.

Die Größe des Destilliergeräts richtet sich nach der benötigten Wassermenge. Das Gerät muss eine Wassermangelsicherung besitzen. Zweckmäßig sind Destillierautomaten, bei denen alle Betriebsabläufe vollautomatisch gesteuert werden. Destilliergeräte müssen regelmäßig gereinigt und entkalkt werden, da anderenfalls die Wasserqualität drastisch abnimmt. Durch Vorschalten eines Wasserenthärters kann man die Qualität vor allem des bidestillierten Wassers verbessern und die Verkalkung des Geräts verhindern. Die Kosten für Energie, Kühlwasser und Wartung sind bei der Wasserdestillation beträchtlich.

Wasseraufbereitung durch Entsalzung

Wirtschaftlicher und umweltverträglicher als die Destillation bei annähernd gleicher oder höherer Wasserqualität arbeiten die Verfahren der Wasserentsalzung (-entionisierung) durch Ionenaustausch, Elektroentionisierung oder Umkehrosmose, die z.T. auch kombiniert eingesetzt werden. Reinwasser mit einer Leitfähigkeit bis hinab zu etwa 0,1 µS/cm liefert die **Wasservollentsalzung** durch **Ionenaustausch**, bei der die im Wasser gelösten anorganischen Ionen im Austausch gegen Wasserstoff- und Hydroxidionen durch organische Kunstharze („Ionenaustauscher") gebunden werden. Aufgrund ihrer höheren Leistungsfähigkeit verwendet man meist sogenannte Mischbettanlagen, in denen Kationen- und Anionenaustauscherharze in Form winziger Perlen innig miteinander vermengt sind. Gelöste Gase und organische Substanzen werden allerdings nur teilweise zurückgehalten; sie können durch ein Aktivkohlefilter entfernt werden. Mit einem nachgeschalteten Membranfilter lassen sich Partikel und Bakterien abtrennen. Allen Wasservollentsalzern sollte unbedingt ein Vorfilter (Tiefenfilter) zum Schutz vor groben Partikeln (z.B. Rost, Sand, Kalk) vorgeschaltet werden, da diese die Leistung des Entsalzers erheblich beeinträchtigen.

Ionenaustauscher arbeiten bei kontinuierlichem Betrieb am effektivsten. Bei längeren Betriebspausen besteht die Gefahr der Reionisierung und erhöhten Verkeimung (s.u.), und nach Wiederinbetriebnahme steigt die Leitfähigkeit des Wassers vorübergehend an. In einem solchen Fall verwirft man einen Vorlauf, der dem Volumen des Mischbettes entspricht. Erschöpfte Austauscherpatronen schickt man zur chemischen Regeneration an die nächste Servicestation.

Das wiederholte Regenerieren kann allerdings zur allmählichen Zerstörung der Polymerstruktur der Harze führen; dabei entstehen kleine Partikel und organische Abbauprodukte, die das demineralisierte Wasser verunreinigen.

Ionenaustauscher verkeimen sehr leicht, besonders während der Betriebspausen. Ihre große Oberfläche wird von anspruchslosen Bakterien, wie *Pseudomonas aeruginosa*, besiedelt, denen gelöste Harzbestandteile und adsorbierte organische Substanzen als Nahrungsquelle dienen. Als Folge dieses Wachstums belasten bakterielle Stoffwechsel- und Zerfallsprodukte das Wasser. Durch die (regelmäßige) Regeneration wird der Keimgehalt des Ionenaustauschers deutlich reduziert.

Die **Elektroentionisierung** kombiniert das Verfahren des Ionenaustauschs mit dem der Elektrodialyse.

Ein Elektroentionisierungsmodul enthält zwischen zwei Elektroden zahlreiche Reaktionskammern, gebildet aus ionenselektiven, abwechselnd anionen- und kationenpermeablen Membranen, zwischen die hochreine Mischbettaustauscherharze eingebettet sind. Unter dem Einfluss einer elektrischen Gleichspannung wandern die im oberen Teil der Reaktionskammern vom Austauscherharz zurückgehaltenen Ionen des Speisewassers über die Harzoberfläche und durch die ionenselektiven Membranen in Konzentratkanäle, durch die sie aus dem System gespült werden. Gleichzeitig findet im unteren Teil der Reaktionskammern, in dem nur noch sehr geringe Ionenkonzentrationen vorliegen, aufgrund der im elektrischen Feld verstärkten Dissoziation des Wassers eine kontinuierliche Regeneration des Ionenaustauschers durch Wasserstoff- und Hydroxidionen statt.

Dem Entionisierungsmodul ist eine Umkehrosmoseeinheit (s.u.) vorgeschaltet. Die Anlage liefert Wasser mit einem sehr geringen Gehalt an anorganischen Ionen, gelösten organischen Verunreinigungen, Kolloiden und Partikeln. Der Wartungsaufwand ist gering, weil keine chemische Regeneration erforderlich ist.

Bei der **Umkehrosmose** (Reversen Osmose) wird das Rohwasser mit Hilfe eines Druckes, der höher ist als der osmotische Druck, durch eine semipermeable Membran gepresst. Dabei werden die gelösten Stoffe auf der Eingangsseite der Membran zurückgehalten. Die Umkehrosmose entfernt 95–99 % der anorganischen Ionen (mehrwertige Ionen vollständiger als einwertige), > 99 % der gelösten organischen Verbindungen mit einem Molekulargewicht > 200, und > 99 % aller Partikel und Bakterien. Gelöste Gase, wie Sauerstoff und CO_2, werden nicht zurückgehalten. Die Umkehrosmose liefert Reinwasser gleichbleibender Qualität für allgemeine Laborzwecke, z.B. zum Spülen von Glasgeräten oder zum Ansetzen von Komplexnährböden, und eignet sich auch gut zur Vorschaltung vor einen Ionenaustauscher – dessen Standzeit sie beträchtlich erhöht – oder vor ein Elektroentionisierungsmodul.

Hochreines Wasser (Reinstwasser) für kritische Anwendungen, wie z.B. Spurenelement-untersuchungen, Enzymologie und Gentechnik, gewinnt man durch eine Kombination mehrerer der genannten und zusätzlicher Verfahren, die vor allem der Entfernung organischer Verunreinigungen dienen, wie UV-Photooxidation und Adsorption an Aktivkohle sowie an ein Adsorber-(„Scavenger"-)Harz. Komplette Reinstwasseranlagen sind im Handel erhältlich.

Diese Anlagen produzieren Wasser mit einer Leitfähigkeit bis hinab zum tiefsten erreichbaren Wert von 0,055 µS/cm (bei 25 °C), das entspricht einem spezifischen elektrischen Widerstand von 18,2 Megaohm × cm. Dieser Wert resultiert aus der Eigenleitfähigkeit des Wassers, bedingt durch seine (äußerst geringe) elektrolytische Dissoziation in Wasserstoff- und Hydroxidionen. Allerdings verändern Spuren von im Wasser gelösten Salzen (≤ 5 µg/l) diesen Wert nicht; sie lassen sich deshalb über die Messung der Leitfähigkeit nicht mehr erfassen.

Auffangen und Lagerung des reinen Wassers

Bei der Rein- und Reinstwassergewinnnung darf man das Deionat bzw. Destillat nicht frei tropfend auffangen, denn dabei löst sich sofort Kohlendioxid aus der Luft im Wasser und bewirkt einen Anstieg der Leitfähigkeit sowie ein Absinken des pH-Werts (vgl. S. 84f.). Man führt deshalb das ablaufende Wasser durch einen (PTFE-)Schlauch bis zum Boden des Auffanggefäßes. Ein Vorlauf wird zum Spülen des Gefäßes verwendet und verworfen. Die Öffnung des Auffanggefäßes deckt man möglichst vollständig ab, z.B. mit einem umgedrehten Kunststofftrichter oder mit Aluminiumfolie.

Rein- und besonders Reinstwasser sollten immer frisch hergestellt und möglichst bald verwendet werden, Reinstwasser auf jeden Fall noch am selben Tage. Das Wasser ist gut verschlossen aufzubewahren. Chemisch reines Wasser ist ein starkes Lösungsmittel und nimmt begierig Fremdstoffe auf. Bei der Lagerung gelangen Verunreinigungen aus der Laborluft (z.B. CO_2, NH_3, HCl; besonders bei Kunststoffbehältern) und aus dem Behältermaterial (aus Glas z.B. Alkalimetalloxide und Spuren von Schwermetallionen, aus Kunststoff organische Verbindungen) ins Wasser. Außerdem besteht, besonders in Kunststoffbehältern, die Gefahr der mikrobiellen Besiedlung des Wassers. Auch das gebrauchsfertig in Flaschen abgefüllte Rein- und Reinstwasser, das man von verschiedenen Firmen beziehen kann, sollte man, besonders nach dem Anbrechen, schnell aufbrauchen.

5.1.2.2 Kohlenstoff- und Energiequellen

Die meisten Mikroorganismen sind **chemoorganoheterotroph**, d.h. sie benötigen organische Stoffe als Kohlenstoff- und Energiequelle (und als Elektronendonator). Viele von ihnen können mit einer einzigen organischen Verbindung im Nährboden wachsen. Manche Bakterien sind außerordentlich vielseitig und vermögen zahlreiche (einige Pseudomonaden über hundert) Kohlenstoffverbindungen als einzige C- und Energiequelle zu nutzen; andere sind auf die Verwertung weniger organischer Verbindungen spezialisiert (z.B. methylotrophe Bakterien).

In Komplexnährböden stellen die in Pepton und biologischen Extrakten enthaltenen Bestandteile, in erster Linie Aminosäuren, für viele Mikroorganismen eine ausreichende Kohlenstoff-, Energie- (und Stickstoff-)quelle dar. Manche Organismen wachsen jedoch besser bei Zusatz von Kohlenhydraten, gewöhnlich 0,1– 0,2 % (w/v) Glucose.

Definierte Kohlenstoff- und Energiequellen werden dem Nährboden in der Regel in wachstumsbegrenzender Menge zugegeben, um eine zu starke Senkung des pH-Werts oder eine Anhäufung toxischer Stoffwechselprodukte im Medium zu vermeiden. Als Substrate verwendet man vor allem Zucker, besonders Hexosen, aber auch Alkohole und organische Säuren. **Glucose** wird von sehr vielen chemoorganotrophen Mikroorganismen gut verwertet und ist deshalb die häufigste Kohlenstoff- und Energiequelle in Nährmedien.

Vor allem bei synthetischen Nährböden und bei Nährböden (auch komplexen) mit hohem Zuckergehalt darf man die Zucker nicht zusammen mit dem übrigen Medium autoklavieren, insbesondere nicht in Gegenwart von Phosphaten, da es sonst – besonders bei pH-Werten > 7 – zu einem teilweisen Zuckerabbau unter Braunfärbung kommt (Karamelisierung, Maillard-Reaktion zwischen Zuckern und Aminosäuren, Komplexbildung mit Phosphaten). Dabei können wachstumshemmende Produkte entstehen. Zucker sollte man daher in 20–25%iger Lösung getrennt autoklavieren (115 °C, 30 min) oder noch besser sterilfiltrieren und dem autoklavierten und abgekühlten Basalmedium in entsprechender Menge aseptisch zugeben. Beim Autoklavieren konzentrierter Zuckerlösungen kann sich der pH-Wert zum Sauren hin verschieben und muss daher anschließend überprüft und gegebenenfalls korrigiert werden. Bei komplexen Standardnährböden mit geringem Zuckergehalt und einem pH-Wert unter 8,0 ist eine getrennte Sterilisation der Zucker im Allgemeinen nicht notwendig. Man vermeide jedoch möglichst das Autoklavieren doppelt oder dreifach konzentrierter Medien.

Eine Reihe heterotropher Bakterien ist an sehr niedrige Konzentrationen organischer Verbindungen angepasst und wächst – zumindest bei der ersten Isolierung – nicht auf den üblichen, nährstoffreichen („fetten“) Nährböden (mit > 2 g organischem Kohlenstoff pro Liter), sondern nur auf starken Verdünnungen solcher Medien mit < 0,3 g gelöstem organischem Kohlenstoff pro Liter. Diese als (obligat) **oligotroph** oder oligocarbophil bezeichneten Bakterien sind in der Lage, mit 0,5–15 mg Kohlenstoff pro Liter zu wachsen. Sie wachsen jedoch häufig sehr langsam und bilden auf Agarplatten z.B. erst nach 25–30 Tagen mit bloßem Auge erkennbare Kolonien. Die Bakterien sind oft sehr klein (Ultramikrobakterien, Zellvolumen < 0,1 μm^3), oder sie sind gestielt, tragen Anhängsel (= prosthekate Bakterien) oder vermehren sich durch Knospung. Oligotrophe Ultramikrobakterien sind die zahlenmäßig vorherrschenden Organismen im Plankton des Meeres und nährstoffarmer Binnengewässer.

Lithoautotrophe Mikroorganismen benötigen keine organische Kohlenstoff- und Energiequelle. Ihre Energie gewinnen sie entweder aus dem Licht (photolithotrophe Organismen, vgl. S. 124) oder aus der Oxidation anorganischer Verbindungen (chemolithotrophe Organismen: mehrere Gruppen hochspezialisierter Boden- und Wasserbakterien, s. S. 153ff., 156f.). Als einzige oder Hauptkohlenstoffquelle nutzen sie **Kohlendioxid**. Da Kohlendioxid nur zu 0,03 Vol.-% in der Luft enthalten ist und leicht zum wachstumsbegrenzenden Faktor werden kann, begast man größere Flüssigkeitskulturen aerober lithoautotropher Organismen mit

CO_2-angereicherter Luft (1 – 5 Vol.-% CO_2). Dabei ist auf eine ausreichende Pufferung der Nährlösung, z.B. mit Natriumcarbonat oder einem zweiten Puffersystem, zu achten, um ein zu starkes Absinken des pH-Werts zu vermeiden (vgl. S. 85). Die anoxygenen phototrophen Bakterien (Purpurbakterien und Grüne Schwefelbakterien) kultiviert man in einem Anaerobentopf unter erhöhtem CO_2-Partialdruck (s. S. 140f.) oder in randvollen, gasdicht verschlossenen Flaschen (s. S. 138) unter Zusatz von 0,1 – 0,2 % (w/v) Natriumhydrogencarbonat[2].

Die Zugabe löslicher Carbonate ist bei aerob bebrüteten Kulturen nicht möglich, da das rasche Entweichen von CO_2 aus dem Medium zu einer starken Alkalisierung des Nährbodens und zur Carbonatausfällung führen würde.

Auch die meisten (wenn nicht sogar alle) heterotrophen Mikroorganismen benötigen für einige biosynthetische Reaktionen geringe Mengen Kohlendioxid. Die völlige Entfernung von CO_2, z.B. durch Reaktion mit Laugen, hemmt das Wachstum fast aller Mikroorganismen. Viele, vor allem human- und tierpathogene Mikroorganismen werden durch einen erhöhten CO_2-Partialdruck im Wachstum gefördert. Einige Bakterien, die als Kommensalen oder Parasiten auf Schleimhäuten, im Darm, Blut oder in Geweben von Warmblütern leben (z.B. *Neisseria* und *Brucella*), wachsen nur bei deutlich erhöhter CO_2-Konzentration (**carboxyphile** oder kapnophile Organismen). Man bebrütet sie deshalb in einem gasdicht verschlossenen Gefäß (Anaerobentopf) zusammen mit einem im Handel erhältlichen Kohlendioxidentwickler, einem Beutel mit einem Pulvergemisch aus Natriumhydrogencarbonat und Citronen- oder Weinsäure, das nach Befeuchten mit einer bestimmten Menge Wasser im Gefäß eine CO_2-Konzentration von 5–10 Vol.-% erzeugt (vgl. S. 132, 140f.). Während der Bebrütung kann der pH-Wert des Nährbodens etwas absinken.

5.1.2.3 Stickstoff- und Schwefelquellen

Für die meisten Mikroorganismen stellen **Ammoniumsalze**, z.B. 0,1 % (w/v) NH_4Cl, die bevorzugt verwertete Stickstoffquelle dar. Wenn der pH-Wert des Nährbodens über 7 liegt, muss man in nicht gasdicht verschlossenen Kulturgefäßen mit Ammoniumverlusten durch Entweichen von gasförmigem Ammoniak rechnen, besonders beim Autoklavieren oder in belüfteten Kulturen. Die Verwertung anorganischer Ammoniumsalze führt häufig zu einer Ansäuerung des Nährmediums, da für jedes aufgenommene Ammoniumion ein Proton ausgeschieden wird. Die Ansäuerung lässt sich weitgehend dadurch verhindern, dass man die Ammoniumsalze organischer, metabolisierbarer Säuren verwendet, z.B. Ammoniumacetat oder Diammoniumtartrat. Anderenfalls sollte man in regelmäßigen Abständen den pH-Wert der Kultur überprüfen und wenn nötig korrigieren.

Viele – aber durchaus nicht alle – Mikroorganismen, vor allem Pilze und Cyanobakterien, können assimilatorisch **Nitrat** reduzieren und als N-Quelle nutzen. Eine Reihe von Bakterien und Cyanobakterien ist in der Lage, **molekularen Stickstoff** (N_2) zu fixieren und in einem Medium ohne gebundenen Stickstoff zu wachsen. Die Mehrzahl der freilebenden N_2-fixierenden Bakterien (mit Ausnahme der Azotobacteraceae) fixiert N_2 nur unter anaeroben oder mikroaeroben Bedingungen, da der Prozess äußerst sauerstoffempfindlich ist. Größere Flüssigkeitskulturen, die unter Bedingungen der N_2-Fixierung wachsen, müssen mit Stickstoff begast werden, um die Zellen ausreichend mit dem in Wasser schlecht löslichen N_2 zu ver-

---

[2] Eine 5%ige $NaHCO_3$-Lösung wird auf dem Magnetrührer bis zur Sättigung mit CO_2 begast (ca. 30 min), mit CO_2-Druck sterilfiltriert und davon dem sterilen Medium 20 – 40 ml/l zugegeben.

sorgen. Auch wenn Organismen Nitrat oder Stickstoff reduzieren können, wachsen sie besser und schneller mit Ammonium als N-Quelle.

Viele Mikroorganismen können ihren Stickstoffbedarf auch aus **organischen N-Quellen** decken, z.B. aus Aminosäuren oder Peptiden, zum Teil auch aus Aminen, Amiden oder Harnstoff oder aus Purinen, Pyrimidinen und anderen heterocyclischen Verbindungen. Einige Organismen vermögen keinen anorganischen Stickstoff zu verwerten und sind streng auf Aminosäuren oder Peptide angewiesen. Die organischen Substrate dienen oft gleichzeitig auch als Kohlenstoff- und Energiequelle. In Komplexnährböden verwendet man als Lieferanten organisch gebundenen Stickstoffs vor allem Peptone oder Caseinhydrolysat (s. S. 66ff.).

Als Schwefelquelle dient den meisten Mikroorganismen **Sulfat**. Einige wenige Mikroorganismen, z.B. viele Schwefelpurpur- und alle Grünen Schwefelbakterien, sind jedoch nicht zur assimilatorischen Sulfatreduktion befähigt und benötigen **reduzierte Schwefelverbindungen** wie Schwefelwasserstoff oder die schwefelhaltigen Aminosäuren Cystein (bzw. Cystin[3]) oder Methionin.

5.1.2.4 Mineralstoffe

Ammonium, Nitrat und Sulfat wurden bereits im vorhergehenden Abschnitt behandelt. Ihren Phosphorbedarf können vermutlich alle Mikroorganismen aus anorganischem **Phosphat** decken. Die dem Nährboden zugesetzten Phosphatsalze dienen gleichzeitig auch als Puffer (s. S. 82f.). Anorganische Phosphate führen im Medium leicht zu Ausfällungen, besonders bei hoher Calcium- und Magnesiumkonzentration (s. S. 62). In solchen Fällen verwendet man besser organische Phosphate, z.B. Natriumglycerinphosphat, das von vielen Mikroorganismen als Phosphatquelle verwertet wird. Dabei ist allerdings zu beachten, dass Glycerin unter Umständen als Kohlenstoff- und Energiequelle genutzt werden kann. Glycerinphosphat wird beim Autoklavieren hydrolysiert; man muss es deshalb sterilfiltrieren.

Alle Organismen benötigen zum Wachstum noch eine Reihe weiterer Mineralstoffe, in erster Linie **Metallionen**. Kalium und Magnesium werden in größeren, Eisen und in einigen Fällen Calcium in geringeren Mengen benötigt und müssen synthetischen Nährböden in Form anorganischer Salze zugesetzt werden (vgl. S. 53, Tab. 9, Medium 1). Dagegen enthalten Komplexnährböden gewöhnlich alle Mineralstoffe bereits in ausreichenden Konzentrationen.

Natrium ist für das Wachstum der meisten Mikroorganismen nicht erforderlich, jedoch wird die Entwicklung mancher Bakterien durch geringe Natriumchloridkonzentrationen gefördert. Man setzt deshalb vielen Standardmedien routinemäßig eine kleine Menge NaCl (0,25–1 % [w/v] = 0,04 – ca. 0,2 mol/l) zu. Viele marine Mikroorganismen zeigen dagegen optimales Wachstum nur bei einer Natriumchloridkonzentration von 1–5 % (ca. 0,2–0,9 mol/l); sie sind schwach **halophil**. Mäßig halophile Bakterien haben ihr Wachstumsoptimum bei etwa 5–15 % (0,9–2,6 mol/l), extrem halophile Bakterien (Halobakterien [Archaea], anoxygene phototrophe Eubakterien der Gattung *Halorhodospira* [früher in der Gattung *Ectothiorhodospira*]) und das heterotrophe Bakterium *Salinibacter ruber* bei 15–30 % (2,6–5,1 mol/l) Natriumchlorid[4]. Die Vertreter dieser drei Gruppen wachsen nicht unterhalb einer bestimmten Salzkonzentration. Sie kommen in Salzseen, Salinen, Salzlake und mit Salz konservierten Nahrungsmitteln vor.

---

[3] Cystein wird in neutraler und alkalischer Lösung an der Luft leicht zu Cystin oxidiert, das jedoch Cystein in der Regel ersetzen kann (zur Löslichkeit von Cystin s. S. 66).

[4] Sättigung bei ca. 36 % (6,1 mol/l) Natriumchlorid

Viele, aber nicht alle halophilen und halotoleranten Bakterien sind bei Wachstum auf hohen Na^+-Konzentrationen strikt abhängig von **Chlorid** oder werden durch Chlorid deutlich im Wachstum gefördert.

Eine Reihe von Elementen (vorwiegend Metallionen) wird nur in kleinsten Mengen (10^{-6} bis 10^{-8} mol/l) benötigt und daher als **Spuren-** oder **Mikroelemente** bezeichnet. Der Bedarf an Spurenelementen ist nicht bei allen Mikroorganismen gleich und manchmal auch abhängig vom physiologischen Zustand der Zellen. Nahezu alle Organismen benötigen Mangan, Cobalt, Kupfer, Molybdän und Zink, manche Mikroorganismen außerdem noch Nickel, Bor, Vanadium, Chlor, Selen, Silicium oder Wolfram (vgl. Tab. 13). Die meisten dieser Elemente wirken in höheren Konzentrationen toxisch.

Spurenelemente müssen den Nährböden häufig nicht eigens zugegeben werden, weil sie vielfach als Verunreinigungen des Wassers und der übrigen Nährbodenbestandteile in ausreichender Menge zur Verfügung stehen. Das gilt besonders für Komplexnährböden, aber selbst bei Verwendung analysenreiner Chemikalien. Auch aus Agar, Glas- und Kunststoffgefäßen und mit dem Staub der Luft gelangen Spurenelemente in das Nährmedium. Synthetischen Nährböden setzt man dennoch oft ein Spurenelementgemisch zu, dessen Zusammensetzung je nach dem zu kultivierenden Organismus variieren kann. Zweckmäßigerweise stellt man eine hochkonzentrierte Stammlösung der Spurenelemente her und gibt dem Nährboden eine kleine Menge dieser Lösung zu. Ein Zusatz von Säure oder eines Chelatbildners (s.u.) verhindert Ausfällungen. Die in Tab. 13 angegebene Lösung befriedigt die Ansprüche zahlreicher Mikroorganismen.

Wegen der universellen Verbreitung der Spurenelemente und des extrem geringen Bedarfs der Organismen an diesen Ionen ist es schwierig, das Bedürfnis eines Mikroorganismus für bestimmte Spurenelemente experimentell nachzuweisen. Voraussetzung ist die Verwendung von Reinstwasser und hochreinen Chemikalien (keine komplexen Nährbodenbestandteile oder Agar!) sowie eine peinlich gründliche Reinigung aller Geräte. Die auch dann noch im Medium vorhandenen Spuren von Verunreinigungen lassen sich durch die Zugabe von Chelatbildnern ausschalten.

Manchmal ist es wichtig, beim Ansetzen eines synthetischen Nährbodens die anorganischen Salze in einer bestimmten Reihenfolge nacheinander aufzulösen, um **Ausfällungen** zu vermeiden. Bestimmte Metallionen, vor allem Ca^{2+}, Mg^{2+} und $Fe^{2+/3+}$ fallen beim Autoklavieren des Mediums leicht aus, besonders bei höherem pH-Wert oder hohem Phosphatgehalt. Solche Ausfällungen beeinträchtigen zwar in der Regel nicht das mikrobielle Wachstum, erschweren aber dessen Beurteilung und Messung. Sie lassen sich vermeiden, indem man von den Metallsalzen unter Zusatz von Säure konzentrierte Stammlösungen herstellt (vgl. Tab. 13), diese getrennt sterilisiert und sie dem autoklavierten (und abgekühlten) Medium erst nachträglich in entsprechender Menge zugibt.

Als Alternative bietet sich der Zusatz kleinster Mengen von **Chelatbildnern** (Chelatoren) zur Stammlösung oder zum Nährmedium an, d.h. von Verbindungen, die mit zwei- und dreiwertigen Metallionen mehr oder weniger stabile, wasserlösliche Chelatkomplexe bilden und dadurch eine Ausfällung verhindern. Natürliche Chelatbildner sind z.B. organische Hydroxysäuren wie Äpfelsäure, Bernsteinsäure und Citronensäure (weshalb man dem Medium Eisen oft als Eisencitrat zugibt), ferner Aminosäuren, besonders Histidin, und damit auch die aminosäurehaltigen Bestandteile von Komplexnährböden wie Pepton und Caseinhydrolysat. Diese Stoffe werden oft auch als Substrate verbraucht und geben dabei die Metallionen allmählich frei.

Tab. 13: Spurenelementlösung (einschließlich Eisen) für synthetische Nährböden („SL 8", nach Pfennig und Trüper, 1981)[1]

1. Mit EDTA[2]

	Menge in 1 l Stammlösung	Endkonzentration im Nährboden (µmol/l)
EDTA	5,2 g	14,0
$FeSO_4 \cdot 7 H_2O$	2,0 g	7,2
(oder: $FeCl_2 \cdot 4 H_2O$)	(1,5 g)	(7,5)
$ZnSO_4 \cdot 7 H_2O$	150 mg	0,5
(oder: $ZnCl_2$)	(70 mg)	(0,5)
$MnCl_2 \cdot 4 H_2O$	100 mg	0,5
H_3BO_3	62 mg	1,0
$CoCl_2 \cdot 6 H_2O$	190 mg	0,8
$CuCl_2 \cdot 2 H_2O$	17 mg	0,1
$NiCl_2 \cdot 6 H_2O$	24 mg	0,1
$Na_2MoO_4 \cdot 2 H_2O$	36 mg	0,15

Man löst die Substanzen getrennt in Wasser, gibt sie in der angegebenen Reihenfolge zur EDTA-Lösung und füllt die Lösung mit Wasser auf 1 l auf. Der pH–Wert der EDTA-Lösung wird vor Zugabe der Salze mit etwa 2-molarer Salzsäure auf ca. pH 3 eingestellt und vor dem Auffüllen des Gemisches noch einmal überprüft. Die autoklavierte oder sterilfiltrierte Stammlösung bewahrt man in kleinen Portionen in möglichst vollgefüllten, mit Schraubdeckeln dicht verschlossenen Flaschen bei + 4 °C auf. Sie ist mehrere Monate lang haltbar. Zu 1 l Nährlösung gibt man 1 ml der Spurenelementstammlösung hinzu.

2. Ohne Chelatbildner

Die obige Stammlösung enthält statt EDTA 6,5 ml 25%ige Salzsäure. Als erstes wird das Eisensalz in der Salzsäure gelöst, dann werden die Lösungen der anderen Bestandteile zugefügt und die Lösung mit Wasser auf 1 l aufgefüllt.

[1] Pfennig, N., Trüper, H.G. (1981), in: Starr, M.P., Stolp, H., Trüper, H.G., Balows, A., Schlegel, H.G. (Eds.), The Prokaryotes, Vol. 1, pp. 279 – 289. Springer-Verlag, Berlin, Heidelberg, New York

[2] Ethylendiamintetraacetat, Dinatriumsalz-Dihydrat

Synthetischen Nährlösungen setzt man häufig künstliche, metabolisch inerte Komplexbildner zu, vor allem Ethylendiamintetraacetat (EDTA)[5] oder Nitrilotriacetat (NTA). Im Gegensatz zu NTA wird EDTA von den allermeisten Mikroorganismen nicht abgebaut; unter Lichteinwirkung zersetzt es sich jedoch allmählich, was bei längerer Bebrütung phototropher Organismen zu beachten ist. In höheren Konzentrationen wirken diese Chelatbildner toxisch auf die Zellen; aber auch bei sehr niedrigen Chelatorkonzentrationen werden Metallionen mit hoher Stabilitätskonstante des Metall-Chelator-Komplexes (z.B. Fe^{3+}, Cu^{2+}, Ni^{2+}) unter Umständen so fest gebunden, dass sie für die Mikroorganismen nicht mehr verfügbar sind. In Zweifelsfällen sollte man daher eine Spurenelementlösung ohne Chelatbildner verwenden (s. Tab. 13, Lösung 2).

[5] Endkonzentration im Medium: 5 – 100 mg des Dinatriumsalz-Dihydrats pro Liter Nährlösung = 13 – 270 µmol/l. Da die Lösung sauer reagiert, gegebenenfalls pH-Wert korrigieren!

5.1.2.5 Wachstumsfaktoren

Viele Mikroorganismen sind **prototroph**, d.h. sie brauchen zum Wachstum außer anorganischen Salzen lediglich eine Kohlenstoff- und Energiequelle, z.B. Glucose. Andere Organismen (auch Defektmutanten) benötigen dagegen zusätzlich einen oder mehrere Wachstumsfaktoren (Ergänzungsstoffe, Suppline), d.h. bestimmte organische Verbindungen, die als lebensnotwendige (= essentielle) Zellbestandteile oder deren Vorläufer dienen, von der Zelle aber nicht selbst aus einfachen Kohlenstoffverbindungen synthetisiert werden können und deshalb dem Nährboden zugesetzt werden müssen. Solche Organismen nennt man **auxotroph**. Die Bedürfnisse der auxotrophen Mikroorganismen für Wachstumsfaktoren sind sehr unterschiedlich und können zum Teil auch durch äußere Bedingungen beeinflusst werden, z.B. durch die Zusammensetzung des Nährbodens, das Vorhandensein oder Fehlen von Sauerstoff oder die Bebrütungstemperatur.

Man unterscheidet hauptsächlich drei Gruppen von Wachstumsfaktoren:

- Vitamine (als Bestandteile von Coenzymen und prosthetischen Gruppen von Enzymen)
- Aminosäuren (zum Aufbau der Proteine)
- Purine und Pyrimidine (zur Nucleinsäuresynthese).

Angaben über den Bedarf der verschiedenen Bakterien und Hefen an Wachstumsfaktoren, besonders an Vitaminen, findet man außer in den auf S. 51 genannten Werken vor allem bei Koser (1968) (s. S. 429).

Ein Bedürfnis für **Vitamine** ist unter Mikroorganismen weit verbreitet. Aufgrund ihrer katalytischen Funktion werden die Vitamine nur in kleinsten Mengen benötigt (Tab. 14). Mikroorganismen benötigen vorwiegend Vitamine der B-Gruppe einschließlich Biotin, vereinzelt auch Vitamin K. Viele aquatische Bakterien und Algen sind auf Vitamin B_{12} (Cyanocobalamin) angewiesen. Neben diesen auch für Mensch und Tier lebenswichtigen, „klassischen" Vitaminen benötigen einige Mikroorganismen noch andere, vitaminähnliche Verbindungen als Wachstumsfaktoren, z.B. *myo*-Inosit, α-Liponsäure, Fettsäuren, Mevalonsäure, Cholesterin, Di- und Polyamine, Cholin und andere.

Da sich einige Vitamine beim Autoklavieren zersetzen (s. Tab. 14), empfiehlt es sich, Stammlösungen von Vitamingemischen sterilzufiltrieren. Eine Reihe von Vitaminen ist lichtempfindlich (s. Tab. 14); man sollte deshalb die Stammlösung bei gedämpftem Licht ansetzen und benutzen und sie im Dunkeln aufbewahren. Sterile Vitaminlösungen sind im Kühlschrank mehrere Wochen bis Monate haltbar. Tab. 15 zeigt ein Beispiel für eine Vitaminstammlösung, die die Vitaminbedürfnisse vieler Boden- und Wasserbakterien befriedigt.

Tab. 14: Von Mikroorganismen häufiger benötigte Vitamine: Stabilität, Löslichkeit und ungefährer Bedarf

Vitamin	Stabilität	Löslichkeit in Wasser (g bzw. mg pro 100 ml bei 25 °C)	wässrige Lösung autoklavierbar (pH 7,0; 121 °C, 15 min)	Haltbarkeit der Stammlösung	ungefährer Bedarf (µg/l Nährlösung)
4-Aminobenzoesäure	stabil	schwer löslich (0,5 g); löslich in heißem Wasser	ja	k.D.	< 1 – 10
D(+)-Biotin	oxidationsempfindlich	schwer löslich (20 mg); löslich in heißem Wasser und verdünnten Laugen	ja	k.D.	≤ 1
Cyanocobalamin (Vitamin B_{12})	hygroskopisch; lichtempfindlich	mäßig löslich (1,25 g)	ja	bei pH 4 – 6 mehrere Monate	0,03
Folsäure (Pteroylglutaminsäure)	lichtempfindlich	sehr schwer löslich (1,6 mg, bei 100 °C 50 mg); besser löslich in verdünnten Laugen	ja	in alkalischer Lösung mehrere Monate	≤ 1
α-Liponsäure (Thioctansäure)	oxidationsempfindlich	unlöslich (leicht löslich in Ethanol)	ja	k.D.	≤ 0,3
Nicotinsäure (Niacin)	stabil	mäßig löslich (1,8 g); leicht löslich in heißem Wasser	ja	sehr stabil	≤ 40
Nicotinsäureamid (Nicotinamid)	lichtempfindlich	sehr leicht löslich (100 g)	ja	haltbar in neutraler Lösung	≤ 40
D(+)-Pantothensäure (Calciumsalz)	hygroskopisch	leicht löslich (35 g)	nein	haltbar bei pH 5,5 – 7,0	≤ 20
Pyridoxal; Pyridoxamin (Vitamin B_6) (Hydrochloride)	sehr lichtempfindlich	leicht löslich (50 g)	nein	haltbar in saurer Lösung	0,4 – 0,7
Riboflavin (Vitamin B_2)	sehr lichtempfindlich	schwer löslich (10 mg, bei 100 °C 230 mg)	nein	haltbar in saurer Lösung (0,02 M Essigsäure)	25 – 100
Thiamin (Vitamin B_1) (Hydrochlorid)	stabil	sehr leicht löslich (100 g)	nein	bei pH 3,5 mehrere Monate	0,5 – 5
Vitamin K_3 (Menadion)	lichtempfindlich	fast unlöslich (mäßig löslich in 96%ig. Ethanol [1,6 g]; löslich in Fettlösemitteln); wasserlöslich ist das Menadion-Natriumhydrogensulfit-Addukt.	ja	k.D.	100 – 2500

k.D. = keine Daten verfügbar

Tab. 15: Vitaminlösung für Boden- und Wasserbakterien (nach Fuchs, 2007)[1] (Mengenangaben bezogen auf 100 ml Wasser)

4-Aminobenzoesäure	1,0 mg
D(+)-Biotin	0,2 mg
Cyanocobalamin	2,0 mg
Nicotinsäure	2,0 mg
Calcium-D(+)-pantothenat	0,5 mg
Pyridoxamindihydrochlorid-Monohydrat	5,0 mg
Thiaminchloridhydrochlorid	1,0 mg

Von der sterilfiltrierten Stammlösung gibt man 2 – 3 ml zu 1 l Nährlösung hinzu.

[1] Fuchs, G. (Hrsg.) (2007), Allgemeine Mikrobiologie, begr. v. H. G. Schlegel, 8. Aufl. Georg Thieme Verlag, Stuttgart

Viele Mikroorganismen benötigen zum Wachstum bestimmte α-**Aminosäuren**, andere **Purine** und **Pyrimidine**. Da diese Wachstumsfaktoren strukturelle Bestandteile der Zelle sind, werden sie gewöhnlich in größeren Mengen benötigt als die Vitamine (Aminosäuren meist im Bereich von 10–50 mg/l, Purine und Pyrimidine im Bereich von 0,5–250 mg/l Nährlösung.) Wenn eine einzelne Aminosäure dem Nährboden in zu hoher Konzentration zugesetzt wird, kann es unter Umständen zu einem verstärkten Bedürfnis für eine andere Aminosäure kommen, nämlich dann, wenn beide Aminosäuren um ein einziges Transportsystem konkurrieren (Aminosäurenungleichgewicht). Man vermeidet diesen Effekt, indem man alle Aminosäuren in gleich niedriger Konzentration zugibt oder statt der Aminosäure ein entsprechendes kurzes Peptid verwendet, das über ein eigenes Transportsystem aufgenommen und in der Zelle hydrolysiert wird. Die Purine und Pyrimidine können als freie Basen, teilweise auch als Nucleoside, aufgenommen und verwertet werden.

Außer Cystin und Tyrosin[6] sind alle α-Aminosäuren in den für Nährböden und Stammlösungen verwendeten Konzentrationen in warmem Wasser ausreichend löslich. Besser noch als die freien Aminosäuren lösen sich im Allgemeinen deren Natriumsalze und Hydrochloride. Alle α-Aminosäuren – mit Ausnahme von Glutamin und Glutaminsäure – sowie die Peptide können autoklaviert werden.

Der experimentelle Nachweis der Bedürftigkeit eines Mikroorganismus für Wachstumsfaktoren, besonders für Vitamine, erfordert – ähnlich wie bei den Spurenelementen – peinlichste Sauberkeit und die Verwendung hochreiner, supplinfreier Nährstoffe. Agar sollte hierfür nicht verwendet werden, da er Spuren von Wachstumsfaktoren enthalten kann (s. S. 69f.).

Aus Gründen der Zeit- und Kostenersparnis kultiviert man auxotrophe (aber auch prototrophe), heterotrophe Mikroorganismen routinemäßig meist auf Komplexnährböden (s. S. 51f.), in denen ein oder wenige **komplexe Naturprodukte** die Bedürfnisse auch sehr anspruchsvoller Organismen für Wachstumsfaktoren befriedigen. Die Verwendung von Komplexnährböden ist unumgänglich, wenn die Supplinansprüche eines Mikroorganismus noch nicht hinreichend bekannt sind. Die komplexen Substrate liefern den Mikroorganismen nicht nur Wachstumsfaktoren, sondern vielfach auch alle übrigen Nährstoffe, vor allem die Stickstoffquelle. Sie sind reich an anorganischen Ionen einschließlich der Spurenelemente.

Als komplexe Nährbodenbestandteile verwendet man tierische, pflanzliche oder mikrobielle Extrakte sowie Eiweißhydrolysate und Peptone. Die **Extrakte** sind unter Erhitzung gewonnene, wässrige Auszüge, die anschließend zu einem Pulver eingedampft werden. **Hydrolysate** und **Peptone** gewinnt man durch partielle Hydrolyse nativer Proteine, bei der leicht wasserlösliche, nicht mehr koagulierbare Bruchstücke (Gemische aus kurzkettigen Peptiden und freien Aminosäuren) entstehen. Erfolgt die Proteinspaltung auf anorganischem Wege

[6] In 1 l Wasser von 25 °C lösen sich 0,11 g L-Cystin bzw. 0,45 g L-Tyrosin. Man löst diese Aminosäuren unter Erwärmen zusammen mit einer kleinen Menge Salzsäure.

Tab. 16: Komplexe Nährbodenbestandteile (Prozentangaben in Gewichtsprozent)

Bezeichnung	Gewinnung	Gesamt-stickstoff (ca. %)	Besonderheiten in der Zusammen-setzung	Verwendung	durch-schnittl. Konzen-tration im Nähr-boden (g/l)
Fleischextrakt	aus magerem, enzymatisch vor-verdautem Fleisch durch wässrige Extraktion	12	enthält Aminosäuren, Peptide, 0,5 – 1,0 % Kreatin bzw. Kreatinin, Purine, organische Säuren (vor allem Lactat), Mineralstoffe und B-Vitamine (außer Thiamin); frei von vergärbaren Kohlen-hydraten	zusammen mit Pepton zur Kultivierung anspruchsvoller Mikro-organismen	3 – 5
Hefeextrakt	aus autolysierter Bierhefe durch wässrige Extrak-tion	10	enthält Aminosäuren und Peptide; hoher Gehalt an B-Vita-minen, jedoch kein Vitamin B$_{12}$	Lieferant von B-Vitaminen (und N-Quelle) (statt [oder zusätzlich zu] Fleischextrakt)	3 – 5
Malzextrakt	aus Gerstenmalz durch wässrige Extraktion	1	hoher Gehalt an Kohlenhydraten (90 – 92 %), vor allem an Maltose (52 %); 5 – 6 % Proteine; Prolin macht 50 % des gesamten Aminosäuregehalts aus; hoher Kalium-gehalt (12 – 15 % der anorganischen Bestandteile)	zur Kultivierung von Hefen und Schimmelpilzen	5 – 50
Pepton aus Fleisch, peptisch	aus Fleisch durch Aufschluss mit dem proteoly-tischen Magen-enzym Pepsin	13 – 16	0,5-1,0 % Kreatin bzw. Kreatinin; hoher Schwefelgehalt; reich an verwertbaren C-Verbindungen wie Lactat	universell verwendbares Standard-pepton; zum Nachweis der H$_2$S-Bildung	5 – 10
Pepton aus Casein, tryptisch (Trypton)	aus Casein (Milch-eiweiß) durch Auf-schluss mit dem proteolytischen Darmenzym Trypsin	13	hoher Gehalt an freien Aminosäu-ren, besonders an Tryptophan (1 – 2 %); frei von vergärbaren Kohlenhydraten	zur Kultivierung anspruchsvoller Mikroorga-nismen; zum Nachweis der Indolbildung; für Vergärungstests	10

▶

Tab. 16: Fortsetzung

Bezeichnung	Gewinnung	Gesamt-stickstoff (ca. %)	Besonderheiten in der Zusammen-setzung	Verwendung	durch-schnittl. Konzen-tration im Nähr-boden (g/l)
Pepton aus Casein, pankreatisch, frei von Sulfon-amid-antagonisten	aus Casein durch Aufschluss mit Pankreatin (= proteolytisches Enzymgemisch aus Pankreassaft)	12	hoher Gehalt an freien Aminosäuren, besonders an Trypto-phan (1–2 %); weitgehend frei von 4-Aminobenzosäure; frei von vergärbaren Kohlenhydraten	zur Empfindlich-keitsprüfung von Infektionskei-men gegenüber Sulfonamiden	3
Pepton aus Gelatine, pankreatisch	aus Gelatine durch Aufschluss mit Pankreatin	15 – 16	reich an Glycin, Prolin und Hydroxyprolin; weitgehend frei von Cystin und Tryp-tophan; frei von vergärbaren Kohlen-hydraten; geringer Nährwert	zur Herstellung nährstoffarmer Medien	k.D.
Pepton aus Sojamehl, papainisch	aus entfettetem Sojabohnenmehl durch Aufschluss mit der pflanz-lichen Protease Papain	9 – 10	hoher Gehalt an Kohlenhydraten und Vitaminen	zur Kultivierung anspruchs-voller Mikro-organismen (z. B. *Neisseria*, *Clostridium*), von Hefen und Schimmelpilzen; nicht geeignet für Vergärungs-tests!	k.D.
Caseinhydro-lysat, säure-hydrolysiert	aus Casein durch Aufschluss mit Salzsäure	8 – 10	hoher Gehalt an freien Aminosäuren, jedoch geringer Cystingehalt und frei von Tryptophan; Vitamine zum Teil erhalten; 14 – 30 % NaCl	zur Massen-züchtung von Mikroorganis-men; als Quelle von Aminosäu-ren	5
Caseinhydro-lysat, säure-hydrolysiert, vitaminfrei	aus Casein durch Aufschluss mit Salzsäure	7	weitgehend frei von Vitaminen; 38 % NaCl	zur mikrobiologi-schen Vitamin-bestimmung; zum Nachweis der Vitaminbe-dürftigkeit von Mikro-organismen	1,5 – 15

k.D. = keine Daten verfügbar

mit Hilfe von Mineralsäuren (gewöhnlich Salzsäure), so spricht man von „Hydrolysaten", erfolgt sie enzymatisch, von „Peptonen". In den Hydrolysaten werden durch die Säurebehandlung das Tryptophan völlig, Cystin, Serin und Threonin teilweise zerstört; Asparagin und Glutamin werden in ihre Säuren überführt. Auch die Vitamine werden gewöhnlich weitgehend zerstört. Da nach der Hydrolyse mit NaOH oder Na_2CO_3 neutralisiert werden muss und das dabei entstehende NaCl nicht restlos wieder entfernt wird, haben die Hydrolysate einen relativ hohen Kochsalzgehalt (bis zu 40 % [w/w]). Bei den auf enzymatischem Wege gewonnenen Peptonen bleiben alle Aminosäuren und Vitamine erhalten. Peptone besitzen allerdings nur etwa ein Zehntel des Vitamingehalts von Hefeextrakt. Für besondere Zwecke setzt man den Nährböden auch noch andere komplexe Naturprodukte zu, wie Bodenextrakt, Frucht- oder Gemüsesäfte (z.B. Tomatensaft) sowie Blut oder Serum.

Die komplexen Gemische besitzen eine gewisse Pufferwirkung, jedoch kann der mikrobielle Abbau ihrer Bestandteile den pH-Wert des Nährmediums mehr oder weniger stark verändern. Sie schützen die Zellen vor osmotischem Stress und enthalten außerdem natürliche Chelatbildner, die mit Metallionen stabile Komplexe bilden und sowohl die Verfügbarkeit als auch die Toxizität der Ionen verringern können (vgl. S. 62).

Tab. 16 gibt eine Übersicht über einige gebräuchliche komplexe Nährbodenbestandteile, die in getrockneter und pulverisierter Form kommerziell erhältlich sind. Außer den aufgeführten Peptonen sind noch verschiedene Peptongemische im Handel, z.B. „Proteose-Pepton" oder „Tryptose". Weitere Angaben zu den einzelnen Produkten findet man in den Handbüchern der Hersteller. Obwohl die Zusammensetzung der Extrakte, Hydrolysate und Peptone nicht genau definiert ist und vom Ausgangsmaterial sowie vom Herstellungsgang abhängt, erreicht man bei den kommerziellen Produkten durch die gleichzeitige Verarbeitung großer Mengen an Rohmaterial und durch Mischung mehrerer kontrollierter Chargen eine weitgehend konstante Zusammensetzung. In den üblichen Konzentrationen (s. Tab. 16) ergeben die Substanzen in der Regel eine klare, blassgelbe bis gelbbraune Lösung. (Zur Handhabung und Lagerung komplexer Nährbodenbestandteile s. S. 86).

5.1.2.6 Verfestigungsmittel

Agar

Als Verfestigungsmittel für mikrobiologische Nährböden verwendet man meist Agar (eigentlich: Agar-Agar [malaiisch]). Agar ist ein gelbildendes, komplex zusammengesetztes Naturprodukt, das aus marinen Rotalgen (vor allem *Gelidium*-Arten) durch Extraktion mit heißem Wasser gewonnen wird und nach Reinigung und Trocknung als feines Pulver oder als Granulat in den Handel kommt.

Chemisch ist Agar ein Gemisch aus wenigstens zwei Polysacchariden, der gelierenden Agarose (ca. 70 %) und dem nichtgelierenden Agaropektin (ca. 30 %). Grundbausteine sind in erster Linie D-Galactose und 3,6-Anhydro-L-galactose, die in der Agarose alternierend zu unverzweigten Ketten in Doppelhelixform verknüpft sind und relativ wenige ionisierte Gruppen enthalten. Agaropektin enthält neben den genannten Zuckern die entsprechenden Uronsäuren und hat einen hohen Gehalt an negativ geladenen Gruppen, vor allem an Sulfat.

Agar wird von den allermeisten Mikroorganismen (außer von einigen marinen Bakterien) nicht angegriffen. Rohagar ist jedoch keineswegs mikrobiologisch und chemisch inert, sondern enthält eine Reihe von Mineralstoffen, vor allem Calcium und Magnesium, aber auch andere Metallionen, die hauptsächlich an Sulfatgruppen gebunden sind. Ferner sind wasserlösliche organische Verbindungen, darunter wachstumshemmende Substanzen, z.B. Fettsäuren und Phenole, sowie Spuren von Wachstumsfaktoren vorhanden. Die Metallionen können beim Erhitzen des Nährbodens mit Phosphaten reagieren und Ausfällungen verursachen.

Man benutze daher nur solche Agarsorten, die für die mikrobiologische Verwendung vorgesehen und entsprechend gereinigt sind, d.h. keine Hemmstoffe und nur sehr geringe Metallionenkonzentrationen enthalten. Bei Spurenelementuntersuchungen sind allerdings auch diese Mengen zu berücksichtigen (s. S. 62).

Auch kommerzieller, gereinigter Agar für mikrobiologische Zwecke enthält noch kleine Mengen an wasserlöslichem organischem Kohlenstoff, z.B. Zucker und Aminosäuren, sowie ca. 0,1 % (w/w) gebundenen Stickstoff. Letzteres entspricht bei einer Agarkonzentration von 1,5 % etwa 15 mg N/l Nährboden. Diese geringe Konzentration beeinträchtigt jedoch nicht die Selektivität von Nährböden ohne gebundenen Stickstoff zur (Direkt-)Isolierung N_2-fixierender Bakterien. **Hochgereinigten Agar** verwendet man zur Herstellung besonders klarer und von Verunreinigungen weitgehend freier Gele, wie man sie z.B. zur Bestimmung von Nährstoffansprüchen, zur Kultivierung besonders empfindlicher Mikroorganismen, aber auch zur Durchführung von Elektrophoresen und Immundiffusionstests benötigt. Gereinigter Agar verändert den pH-Wert des Mediums nicht nennenswert.

Sein **Schmelz-** und **Erstarrungsverhalten** in wässrigem Milieu machen den Agar zum idealen Geliermittel für die Mikrobiologie. Eine 1,5%ige wässrige Agarsuspension schmilzt bei 80–90 °C und erstarrt beim Abkühlen bei 38–32 °C zu einem klaren, stabilen Gel, d.h. zu einem weitmaschigen räumlichen Netzwerk aus fadenförmigen, locker miteinander verbundenen Makromolekülen, dessen Zwischenräume mit Wasser ausgefüllt sind und durch das gelöste Stoffe wie in einem wässrigen Medium leicht hindurchdiffundieren können. Bis hinab zu einer Temperatur von ca. 45 °C hält der flüssige Agar einen Verflüssigungsgrad, der eine homogene Einmischung von Lösungen und von Suspensionen wärmeresistenter Mikroorganismen erlaubt. Das erstarrte Gel bleibt bei Temperaturen bis 65 °C und höher stabil. Es kann bei pH-Werten > 6,0 mehrere Male verflüssigt und wieder verfestigt werden, ohne sein Erstarrungsvermögen zu verlieren; allerdings nimmt die Gelstabilität (Gelstärke) bei jedem Verflüssigen zunächst wenig, dann immer stärker ab.

Um **feste Nährböden** für den Oberflächenausstrich (Agarplatten; s. S. 94ff.) zu erhalten, setzt man der Nährlösung 15–20 g Agar/l zu. Für das Gussplattenverfahren (s. S. 359f.) und die Membranfiltertechnik (s. S. 366ff.) genügen 10 g/l. **Halbfeste Nährböden** enthalten je nach gewünschter Konsistenz 1–4 g Agar/l („Weichagar"). Halbfester Agar gestattet den Mikroorganismen eine ungehinderte Ausbreitung im Medium, verhindert jedoch Konvektionsströmungen. Man verwendet ihn z.B. zur Prüfung der Beweglichkeit und Chemotaxis von Bakterien sowie zur Schaffung eines Sauerstoffgradienten im Nährmedium, der die Prüfung der O_2-Abhängigkeit von Mikroorganismen und die Kultivierung mikroaerophiler Bakterien (s. S. 132) ermöglicht. Für die Anaerobierkultur im Hochschichtröhrchen verwendet man oft **leicht viskose Flüssignährböden**, die 0,5–1 g Agar/l enthalten (s. S. 137f.).

Agar ist ein sehr **schlechter Wärmeleiter** und kann beim Autoklavieren des Mediums die Ausgleichszeit erheblich verlängern (s. Tab. 4, S. 13). Daher darf man nur kleine Nährbodenmengen nach Zugabe des Agarpulvers sofort in den Autoklav stellen. Bei größeren Einzelvolumina an Agarnährboden (etwa ab 500 ml) muss man den Agar vor der Sterilisation durch Erhitzen völlig lösen und durch Schütteln gleichmäßig verteilen (s. S. 88), um zu vermeiden, dass sich der ungelöste Agar beim Autoklavieren am Boden des Gefäßes ansammelt und die Wärmeübertragung behindert.

Wird Agar zu hoch oder zu lange erhitzt, so kann es zu Ausfällungen oder zur Abnahme der Gelstabilität kommen. Agarnährböden mit einem pH-Wert unter 6,0 (z.B. zur Kultivierung von Pilzen) muss man besonders schonend erhitzen und autoklavieren und sollte man möglichst nicht wieder verflüssigen, da der Agar beim Erhitzen im sauren Milieu hydrolysiert wird und sein Erstarrungsvermögen abnimmt. Bei pH-Werten ≤ 5,0 empfiehlt sich für den Oberflächenausstrich eine Agarkonzentration von 20 g/l. Außerdem darf man in solchen Fällen den gewünschten pH-Wert erst einstellen, nachdem das Medium autoklaviert worden ist. Dazu gibt man dem sterilisierten Nährboden nach Abkühlung auf etwa 50 °C eine entsprechende Menge steriler Säure (z.B. 10%ige Milchsäure- oder Weinsäurelösung) zu. Zuvor ermittelt man die zum Erreichen des gewünschten pH-Werts benötigte Säuremenge an einer getrennt sterilisierten Nährbodenportion. Anschließend darf der Nährboden nicht wieder erhitzt und verflüssigt werden. Will man Agarplatten bei 60 – 70 °C bebrüten, so erhöht man die Agarkonzentration auf 25 – 30 g/l. Allerdings nimmt bei **hohen Bebrütungstemperaturen** die Gelstärke beträchtlich ab, und der Agarnährboden kann halbflüssig werden; außerdem wird der Nährboden oft trübe und zeigt eine starke Entquellung (**Synärese**), bei der große Mengen an „Schwitzwasser" aus dem Gel auf die Agaroberfläche austreten. Das Gel schrumpft und trocknet schließlich aus. Man verwendet deshalb in solchen Fällen als Verfestigungsmittel besser Gellan.

Gellan

Eine Alternative zum Agar als Verfestigungsmittel für mikrobiologische Nährböden bietet Gellan. Man benötigt von ihm – bei vergleichbarem Preis pro Kilogramm – nur etwa die Hälfte der Menge, die zum Erreichen derselben Gelstärke beim Agar erforderlich ist. Bei der Kultivierung thermophiler Mikroorganismen (s. S. 121) sowie der Langzeitkultivierung ist Gellan dem Agar überlegen.

Gellan ist ein anionisches (saures) Heteropolysaccharid, das von mehreren Bakterienstämmen der Gattung *Sphingomonas* synthetisiert und ausgeschieden wird. Seine linearen Kettenmoleküle bestehen aus sich wiederholenden Tetrasaccharideinheiten mit je zwei Glucoseresten, einem Glucuronsäure- und einem Rhamnoserest. Im nativen Gellan sind die Glucosemoleküle mit Säure-(Acyl-)resten (O-Acetyl- und L-Glycerylresten) verknüpft. Es bildet eine hochviskose wässrige Lösung, aber kein Gel. Durch chemische Abspaltung der Acylreste mit Hilfe einer milden Alkalibehandlung (Deacylierung) erhält man das gelierende Gellan, das in hochgereinigter Form unter Namen wie Gelrite, Gelzan, Gel-Gro und Phytagel im Handel ist. Die Unterschiede zwischen verschiedenen Chargen sind geringer als beim Agar.

Eine 1%ige wässrige Suspension des deacylierten Gellans mit Zusatz ein- oder zweiwertiger Kationen (s.u.) schmilzt bei 90–100 °C, zeigt beim Wiederabkühlen nur eine geringe Viskosität und erstarrt beim Erreichen der **Gelierungstemperatur** von etwa 35 bis > 50 °C (je nach Art und Konzentration des zugesetzten Kations) fast schlagartig zu einem besonders klaren, stabilen Gel.

Die Gelierungstemperatur steigt mit steigender Kationenkonzentration. Sie kann sich um 10–15 °C erhöhen, wenn man die gellanhaltige Lösung länger als 30–40 min im heißen Wasserbad stehenlässt.

Gellan verträgt sich gut mit allen gängigen Nährbodenbestandteilen und verhält sich indifferent gegenüber den meisten Zusätzen zu Selektiv- und Differentialnährböden; es beeinträchtigt nicht die Ergebnisse biochemischer oder enzymatischer Nachweisreaktionen auf solchen Nährböden. Lediglich die **Kationen** gelöster Salze treten mit Gellan in Wechselwirkung: Ihre Anwesenheit ist Voraussetzung für die Gelbildung; sie beeinflussen die Gelstärke und die Gelierungstemperatur. Mit zweiwertigen Kationen erreicht man eine höhere Gelstabilität als mit einwertigen. Wenn der Nährboden Mineralsalze bereits in ausreichender Menge enthält, ist häufig kein zusätzliches Salz erforderlich; im anderen Fall setzt man bei normalen Inkubationsbedingungen vorzugsweise **Magnesiumsalze** zu.

Man gibt zu 1 l der fertigen Nährlösung 1 g $MgSO_4 \cdot 7\ H_2O$ oder $MgCl_2 \cdot 6\ H_2O$ und anschließend unter kräftigem Rühren der Lösung 6–10 g Gellan, erhitzt im Wasserbad unter Rühren 1 min lang zum Sieden, um das Gellan zu schmelzen, und autoklaviert. (Gellan kann wiederholt autoklaviert werden; die Abnahme der Gelstabilität beim Autoklavieren ist ähnlich oder geringer als beim Agar; vgl. S. 70f.). Die geringe Viskosität der Gellanlösung bei hohen Temperaturen erleichtert das Pipettieren, Pumpen und Gießen. Da die Lösung bei Erreichen der Gelierungstemperatur viel schneller erstarrt als eine Agarlösung, benötigt man weniger Zeit zur Herstellung von Platten. Vor dem Gießen der Platten kühlt man die Nährlösung im Wasserbad auf 60 °C ab. Man erhält einen festen Nährboden, dessen Gelstärke der eines Gels mit 15–20 g Agar/l entspricht. Ausführliche Anleitungen zur Herstellung gängiger Nährböden mit Gellan sind bei den Gellanhersteller- oder -vertreiberfirmen erhältlich.

Auf Gellanplatten beobachtet man durchweg ein gleich gutes oder besseres Bakterienwachstum und bei Keimzahlbestimmungen häufig höhere Kolonienzahlen (und kleinere Kolonien) als auf Agarplatten. Das Polysaccharid kann nur von wenigen Bakterien abgebaut werden. Gellanplatten trocknen erheblich langsamer aus als Agarplatten (vgl. S. 124f.) und eignen sich deshalb zur **Bebrütung über längere Zeiträume** (z.B. über mehrere Wochen).

Besonders geeignet ist Gellan zur Kultivierung und Zählung **thermophiler Mikroorganismen**. Setzt man dem Nährboden statt eines Magnesiumsalzes ein Calciumsalz zu, z.B. 0,1 % (w/v) $CaCl_2 \cdot 2 H_2O$, so erhält man ein Gel, das auch bei hohen Temperaturen und längerer Bebrütung (z.B. bei 80 °C für mindestens 10 Tage) stabil und klar bleibt und keine Synärese zeigt (vgl. S. 71). Dieses Gel schmilzt nicht einmal mehr bei erneutem Autoklavieren!

Gelatine

Gelatine ist ein Gemisch von Proteinen, das durch Aufschluss mit Kalkmilch oder Säure unter teilweiser Hydrolyse aus tierischen Kollagenen (= langfaserigen Gerüsteiweißen [Skleroproteinen] des Stütz- und Bindegewebes) gewonnen wird, vor allem aus Knochen und Häuten. Gelatine enthält als Aminosäuren hauptsächlich Glycin (über 30 %), Prolin, Alanin und Hydroxyprolin; andere Aminosäuren kommen nur in geringer Menge vor. Man verwende nur Gelatine, die für mikrobiologische Zwecke vorgesehen ist, da andere Sorten häufig Konservierungsmittel, vor allem Sulfit, enthalten.

Als Verfestigungsmittel wird Gelatine der Nährlösung in einer Konzentration von 120 – 150 g/l langsam und unter häufigem Umschütteln zugesetzt und im Wasserbad bei ca. 50 °C völlig gelöst. Die Gelatinelösung reagiert schwach sauer. Sie muss schonend autoklaviert (121 °C, 15 min) und anschließend in kaltem Wasser oder im Kühlschrank rasch abgekühlt werden, denn Gelatine verliert bei zu langem, zu hohem oder wiederholtem Erhitzen ihre Erstarrungsfähigkeit. Der pH-Wert des Nährbodens soll während der Sterilisation im Bereich um pH 7 liegen, da Gelatine von heißen Säuren und Laugen leicht hydrolysiert wird.

Die Gelatinelösung erstarrt beim Abkühlen bei etwa 20–23 °C zu einem klaren Gel, das jedoch schon bei 25–28 °C wieder schmilzt. Gelatinenährböden darf man deshalb nur bei Temperaturen bis etwa 22 °C bebrüten. Da das Temperaturoptimum für das Wachstum vieler Mikroorganismen höher liegt, verwendet man Gelatine nur selten zur Nährbodenverfestigung, sondern in erster Linie zum Nachweis und zur Bestimmung proteolytischer (= gelatineverflüssigender) Mikroorganismen.

Kieselgel

Für besondere Zwecke benötigt man gelegentlich feste Nährböden, die völlig frei sind von organischen Bestandteilen, z.B. zur Untersuchung der Vitaminbedürftigkeit von Mikroorganismen oder der Verwertung organischer Verbindungen als einziger Kohlenstoffquelle sowie zur Kultivierung autotropher (z.B. nitrifizierender) oder agarabbauender Bakterien. In solchen Fällen verwendet man als Verfestigungsmittel Kieselsäure, die aus einer Alkalisilicatlösung („Wasserglas") durch Ansäuern freigesetzt wird und zu einer Gallerte (= Kieselgel[7]) erstarrt. Diese Gallerte lässt sich nicht wieder verflüssigen.

Herstellung von Kieselgelplatten
(nach Funk und Krulwich, 1964)[8]

Material: – 100 ml Nährlösung, doppelt konzentriert

– 100 ml 7%ige (w/v) Kalilauge[9]

– 50 ml 20%ige wässrige Lösung von Orthophosphorsäure[9] (85%ig, zur Analyse)

– 10 g pulverisiertes Kieselgel oder Kieselsäure (Korngröße ca. 0,1 mm = 150 mesh ASTM, möglichst analysenrein)

– Bromthymolblau-Stammlösung (s. Tab. 18, S. 81)

– 5 leere 250-ml-Erlenmeyerkolben mit Wattestopfen

– 10 – 20 sterile Petrischalen

– Autoklav

– Kaliumsilicatlösung herstellen: 10 g pulverisiertes Kieselgel oder Kieselsäure in 100 ml 7%iger Kalilauge unter Erhitzen lösen.

– Kaliumsilicatlösung in 20-ml-Portionen auf fünf 250-ml-Erlenmeyerkolben verteilen und gleichzeitig mit der doppelt konzentrierten Nährlösung und der Orthophosphorsäurelösung autoklavieren (121 °C, 20 min).

– Zu je 20 ml Kaliumsilicatlösung die gleiche Menge doppelt konzentrierter Nährlösung aseptisch zugeben und sofort anschließend so viel Phosphorsäurelösung hinzufügen (etwa 4 ml; genaue Menge durch einen Vorversuch ermitteln![10]), dass ein pH-Wert von etwa 7,0 erreicht wird.

– Die Lösungen durch Umschütteln mischen und sofort in dünner Schicht in je 2 – 4 sterile Petrischalen ausgießen (vgl. S. 95). Das Gel beginnt nach 1 min zu erstarren und ist nach 15 min fest.

– Das Synäresewasser von der Plattenoberfläche aseptisch abgießen oder in einem Brutschrank verdunsten lassen (vgl. S. 96).

– Alle Geräte, die mit der Kaliumsilicatlösung in Berührung gekommen sind, sofort mit Wasser reinigen, da das „Wasserglas" später nur schwer zu entfernen ist.

Man erhält mit diesem Verfahren ein wasserklares, gut gepuffertes Gel, das fest genug ist für einen sanften (!) Oberflächenausstrich mit der Impföse oder dem Drigalskispatel (s. S. 106f.; S. 107, Abb. 8; S. 118). Die Platten sollten in fest verschlossenen Plastikbeuteln aufbewahrt und bebrütet werden, um ein Austrocknen und Reißen des Gels zu verhindern.

---

[7] Meist versteht man unter „Kieselgel" oder „Silicagel" allerdings das getrocknete Kiesel-Xerogel, das eine große innere Oberfläche und dadurch ein hohes Adsorptionsvermögen besitzt.

[8] Funk, H.B., Krulwich, T.A. (1964), J. Bacteriol. **88**, 1200 – 1201

[9] Reizt die Augen (Phosphorsäure) und verursacht Verätzungen. Direkten Kontakt mit Augen, Haut und Kleidung vermeiden; Schutzbrille und Schutzhandschuhe tragen!

[10] z.B. mit Bromthymolblau als Indikator (s. Tab. 18, S. 81): grasgrüne Färbung = ca. pH 7

5.1.3 pH-Wert

Jeder Mikroorganismus hat einen bestimmtem pH-Bereich, in dem Wachstum möglich ist, gewöhnlich mit einem ausgeprägten pH-Optimum. Die meisten Bakterien, darunter auch alle Cyanobakterien, bevorzugen ein etwa neutrales bis schwach alkalisches Milieu, d.h. einen Bereich zwischen pH 6 und 8,5; oberhalb von pH 8,5 – 9 und unterhalb von pH 5 – 4 stellen sie ihr Wachstum ein. Hefen und Schimmelpilze sowie einige Bakterien (z.B. *Lactobacillus*, Essigsäurebakterien) haben ihr pH-Optimum im schwach sauren Bereich (pH 5 – 6,5); sie sind sehr säuretolerant und können noch bei einem pH-Wert unter 4 wachsen. Nur wenige Mikroorganismen sind **acidophil** (Wachstum zwischen pH 1 und 5,5; z.B. *Acidithiobacillus* [früher in der Gattung *Thiobacillus*], die Archaebakteriengattungen *Sulfolobus* und *Picrophilus*) oder **alkaliphil** (Wachstum zwischen pH 8,5 und 11,5; z.B. harnstoffabbauende Bakterien wie *Sporosarcina* [früher: *Bacillus*] *pasteurii*). Angaben zum pH-Optimum für das Wachstum von Bakterien findet man in den auf S. 51 genannten Werken.

5.1.3.1 Messung und Einstellung des pH-Werts

Abgesehen von kommerziellen Trockennährböden (s. S. 85f.) hat ein Nährmedium nur in seltenen Fällen nach dem Auflösen seiner Bestandteile den gewünschten pH-Wert. Daher muss man in allen selbst hergestellten Nährlösungen den pH-Wert kontrollieren und auf den gewünschten Wert einstellen, gewöhnlich auf das pH-Optimum für das Wachstum des zu kultivierenden Organismus.

Vor der Messung und Einstellung des pH-Werts müssen alle Bestandteile des Nährbodens völlig gelöst sein. Dies gilt jedoch nicht für den **Agar**: Er braucht, wenn ein fester Nährboden gewünscht wird, erst nach der pH-Werteinstellung zugesetzt zu werden, da ein für mikrobiologische Zwecke aufgereinigter Agar den pH-Wert des Mediums nicht nennenswert verändert.

Durch **Erhitzen** wird dagegen der pH-Wert des Nährbodens je nach Zusammensetzung mehr oder weniger stark verschoben; er sinkt z.B. beim Autoklavieren gewöhnlich um etwa 0,2–0,4 Einheiten ab. Wenn man einen neuen Nährboden selbst zusammensetzt, sollte man deshalb den pH-Wert vor der Hitzesterilisation entsprechend höher einstellen und ihn anhand einer mitsterilisierten, genau abgemessenen Probenmenge (z.B. 50 ml) nach dem Autoklavieren noch einmal überprüfen. Flüssigmedien lässt man dazu auf Raumtemperatur abkühlen, agarhaltige Nährböden kontrolliert man in geschmolzenem Zustand im Wasserbad bei 45–50 °C (Temperaturkompensation beim Eichen der pH-Elektrode beachten!). Falls erforderlich, korrigiert man den pH-Wert der Nährbodenprobe mit einer definierten Menge an Salzsäure oder Natronlauge und gibt anschließend der gesamten Nährlösung das entsprechende Volumen an steriler HCl- oder NaOH-Lösung aseptisch zu. Bei nachfolgenden Ansätzen desselben Nährbodens ändert man dann den pH-Wert schon vor dem Erhitzen entsprechend ab, bis man den Wert ermittelt hat, der nach dem Autoklavieren die gewünschte Reaktion ergibt.

Das pH-Meter

Im Allgemeinen bestimmt man den pH-Wert potentiometrisch mit einem pH-Meter, vor allem dann, wenn es auf Genauigkeit ankommt. Das pH-Meter ist ein Messsystem zur elektrochemischen Potentialmessung, das sich zusammensetzt aus

- einer Messelektrode („Glaselektrode")
- einer Bezugselektrode (Referenzelektrode)
- einem elektronischen Messumformer mit Anzeigeinstrument und eventuell mit Ausgängen für Registriergeräte, z.B. einen Drucker oder Schreiber.

Glaselektrode und Bezugselektrode tauchen beide in dieselbe Probenlösung ein. Dabei bildet sich an der Glaselektrode ein elektrochemisches Potential aus, das abhängig ist von der Wasserstoffionenkonzentration (genauer: Wasserstoffionenaktivität, s. S. 133, 437), also dem pH-Wert, der Lösung. An der Bezugselektrode stellt sich dagegen ein konstantes, von der zu messenden Probenlösung unabhängiges Potential ein, gegen das Abweichungen gemessen werden können. Glaselektrode und Bezugselektrode bilden zusammen eine elektrolytische Zelle, deren Potentialdifferenz (= Spannung) bei konstanter Temperatur eine lineare Funktion des pH-Werts der Probenlösung ist.

Die **Glaselektrode** trägt am unteren Ende eine sehr dünnwandige, meist kugelige oder halbkugelige **Glasmembran**. Taucht man die Elektrode in eine wässrige Lösung, so bildet sich an der Außenseite des Membranglases eine sehr dünne Quellschicht (auch als Gelschicht bezeichnet). Eine Quellschicht entsteht auch an der Innenseite der Glasmembran, die mit dem Innenpuffer der Glaselektrode, einem definierten Puffer mit konstantem pH-Wert (meist pH 7,0) in Kontakt steht. Je nach der Wasserstoffionenkonzentration der Probenlösung diffundieren H^+-Ionen (Protonen) aus der äußeren Quellschicht heraus (bei alkalischer Lösung) oder in die Quellschicht hinein (bei saurer Lösung). Dabei kommt es zu einem Austausch zwischen den Alkaliionen des Glases und den Protonen der Probenlösung, und es bildet sich an der Quellschichtaußenseite ein pH-abhängiges elektrochemisches Potential aus. Die Quellschicht an der Innenseite der Glasmembran besitzt, bedingt durch den Innenpuffer, einen konstanten pH-Wert, deshalb ist dort auch das Potential konstant. Aus der Differenz der Potentiale innen und außen ergibt sich eine Spannung, die über einen Platindraht abgeleitet wird.

Die **Bezugselektrode** besteht aus einem Bezugselement, meist einem mit Silberchlorid ummantelten Silberdraht, der in den Bezugselektrolyt, eine 3- bis 4-molare Kaliumchloridlösung, eintaucht. Die KCl-Lösung stellt die leitende Verbindung zwischen der Bezugselektrode und der Probenlösung her („Salzbrücke"). Ein **Diaphragma**, eine feinporige Scheidewand zwischen dem Elektrolytraum der Bezugselektrode und der Probenlösung, ermöglicht einen direkten Kontakt der beiden Flüssigkeiten, verhindert aber ihre schnelle Durchmischung. Das Diaphragma besteht meist aus poröser Keramik oder aus Platinschwamm. Es befindet sich am Boden der Bezugselektrode (oder an der Seite nahe dem unteren Ende der Einstabmesskette, s.u.).

Man befüllt die Bezugselektrode so, dass der Spiegel des Elektrolyts beim Messen ca. 2–3 cm höher liegt als der Spiegel der zu messenden Probenlösung. Dadurch hält man in der Elektrode einen leichten Überdruck gegenüber der Probenlösung aufrecht, und es fließt ständig eine kleine Menge (bei Standarddiaphragmen maximal 1 ml pro Tag) Kaliumchloridlösung durch das Diaphragma in die Probenlösung. Dies stellt nicht nur den elektrischen Kontakt her (s.o.), sondern verhindert zugleich ein Eindringen von Probenlösung in die Bezugselektrode und damit eine Veränderung des Potentials der Bezugselektrode durch Fremdionen. Die geringfügige Verunreinigung der Probenlösung durch Spuren von K^+- und Cl^--Ionen ist für die Praxis ohne Bedeutung.

Meist sind Glas- und Bezugselektrode zusammen in einem einzigen Schaft untergebracht, wobei die Bezugselektrode die Glaselektrode konzentrisch umschließt (= kombinierte Elektrode, **Einstabmesskette**). Die bei der Messung auftretenden Potentialdifferenzen sind außerordentlich klein; daher wird das Elektrodensignal im Verstärker des pH-Meters um ein

Vielfaches verstärkt, bevor es von einem Millivoltmeter angezeigt wird. Häufig ist in die Einstabmesskette noch ein Temperaturfühler eingebaut, der die Temperatur der Probenlösung an das Messgerät überträgt und eine automatische Korrektur der Elektrodensteilheit (Temperaturkompensation, s. S. 77) bewirkt.

Für Standardmessungen in klaren, wässrigen Lösungen, z.B. in Puffer oder Salzlösungen, verwendet man häufig ein **Keramikdiaphragma**. Es ist jedoch anfällig für Verschmutzung und Verstopfung, z. B. durch fein verteilten Niederschlag aufgrund einer chemischen Reaktion am Diaphragma zwischen Substanzen der Probenlösung und dem Bezugselektrolyt. Solche Niederschläge verlängern die Ansprechzeit der Messkette, führen zu Messfehlern und verkürzen die Lebensdauer der Bezugselektrode. Wenn man oft Proben, auch proteinhaltige, zu messen hat, die Niederschläge bilden, verwendet man besser eine Elektrode mit **Schliffdiaphragma**, einem fest eingepressten, ringförmigen Glasschliff. Die Ausfällung von Proteinen am Diaphragma lässt sich auch durch einen Bezugselektrolyt mit hohem Glyceringehalt (z.B. Friscolyt-B [Fa. Mettler-Toledo, Prozessanalytik]) verhindern. Ein Schliffdiaphragma ist außerdem geeignet für Messungen in ionenarmen Lösungen mit Salzkonzentrationen im mmol/l-Bereich oder darunter, für stark verschmutzte Probenlösungen, für Suspensionen oder Emulsionen. Für Suspensionen, Emulsionen, eiweißhaltige und stark verschmutzte Lösungen eignet sich auch eine Elektrode ohne Diaphragma und mit einem festen Polymerelektrolyt als Bezugssystem. Bei ihr steht die Probenlösung über ein Loch (anstelle des Keramikdiaphragmas) in direktem Kontakt mit dem Elektrolyt; dadurch ist die Gefahr einer Verstopfung stark verringert. Für Messungen in sulfidhaltigen Lösungen verwendet man Elektroden mit eingebauter „Silberionenfalle".

Für die meisten Laborzwecke lassen sich auch Elektroden einsetzen, bei denen der Bezugselektrolyt gelartig verfestigt ist. **Gelelektroden** sind wartungsarm, weil man keine Elektrolytlösung nachfüllen muss (s.u.). Sie haben jedoch eine kürzere Lebensdauer als Elektroden mit Flüssigelektrolyt. Allerdings altern auch Elektroden mit flüssigem Elektrolyt, selbst wenn sie nicht zu Messungen benutzt werden; unter normalen Laborbedingungen beträgt ihre Lebensdauer bis zu 3 Jahren.

Folgende **Regeln** sind beim Umgang mit kombinierten **pH-Elektroden** (mit flüssigem Bezugselektrolyt) zu beachten:

- Elektrode vorsichtig handhaben und vor Schlag und Stoß schützen, besonders die dünnwandige Glasmembran am unteren Ende der Elektrode. Elektrode nicht zum Rühren missbrauchen! Empfehlenswert ist ein schwenkbarer, an einem Stativ befestigter Elektrodenhalter.

- Im Außenmantel (= Elektrolytraum der Bezugselektrode) fehlende Elektrolytlösung durch die Nachfüllöffnung bis zum unteren Rand der Öffnung nachfüllen (3- bis 4-molare Kaliumchloridlösung, siehe Gebrauchsanleitung oder Aufdruck auf der Elektrode!).

- Befindet sich im Innenraum der Glasmembran eine Luftblase, diese durch Schleuderbewegungen (ähnlich wie bei einem Fieberthermometer) entfernen.

- Elektrode zur Aufbewahrung bis über das Diaphragma in die gleiche Elektrolytlösung eintauchen, mit der ihr Außenmantel gefüllt ist (Bezugselektrolyt, s. S. 75), zweckmäßigerweise in einem in einen Halter eingespannten Reagenzglas o.dgl.

- Wird die Elektrode nicht benutzt, die Elektrolytnachfüllöffnung mit einer Gummikappe verschließen.

- Wenn man die Elektrode längere Zeit nicht benutzt, kann man sie trocken lagern, da sie dann nicht altert (gilt nicht für Gelelektroden!): Bezugselektrolyt entfernen, Elektrolytraum mit demineralisiertem Wasser ausspülen und trocknen lassen.

- Eine trocken aufbewahrte oder ausgetrocknete Elektrode vor Benutzung mindestens 24 Stunden im Bezugselektrolyt „wässern".

- Elektroden, die mit 3-molarer Kaliumchloridlösung gefüllt sind, nicht unterhalb von 15 °C verwenden, da sonst festes Kaliumchlorid auskristallisiert. Im Bereich von +15 bis –5 °C mit 2-molarer Kaliumchloridlösung als Elektrolyt messen.

- Kristalle im Elektrolytraum durch Erwärmen der Elektrode im Wasserbad auflösen; anschließend Elektrolytlösung erneuern.

- Elektrode möglichst nicht bei höheren Temperaturen verwenden (hohe Temperaturen verkürzen ihre Lebensdauer!), vor allem nicht in stark alkalischen Lösungen und in Lösungen mit einem hohen Gehalt an Alkali- (besonders Natrium-) oder Phosphationen.

- Elektrode nicht mit starken Oxidationsmitteln (z.B. Cl_2, CrO_4^{2-}) oder mit Sulfiden in Berührung bringen. Ein durch Silbersulfid geschwärztes Diaphragma durch Einstellen der Elektrode in eine Lösung von 7,5 % (w/v) Thioharnstoff[11] in 0,1-molarer Salzsäure[12] (für mehrere Stunden, bis zur Entfärbung des Diaphragmas) reinigen.

- Verschmutzungen an Glasmembran und Diaphragma nie mechanisch – durch Abreiben mit einem Tuch –, sondern nur durch Abspülen der Elektrode entfernen. (Das Abreiben der Elektrode führt zu elektrostatischen Aufladungen, die die Ansprechzeit verlängern.)

  Säure- oder laugenlösliche Verschmutzungen durch Spülen mit 0,1-molarer HCl- bzw. NaOH-Lösung während einiger Minuten beseitigen. Fett und andere organische Verschmutzungen durch kurzes Spülen mit Aceton oder 96%igem Ethanol entfernen.

  Wenn häufiger in eiweißhaltigen Lösungen gemessen wird, Elektrode regelmäßig, z.B. einmal wöchentlich, für mehrere Stunden in eine Lösung von 5 % (w/v) Pepsin in 0,1-molarer Salzsäure[12] eintauchen.

  Nach allen Behandlungen Elektrode mit demineralisiertem Wasser abspülen, mindestens 15 min lang im Bezugselektrolyt aufbewahren und vor der Messung neu eichen.

Da die elektrolytische Dissoziation temperaturabhängig ist, bewirkt jede **Temperaturänderung** der zu messenden Lösung auch eine Änderung des pH-Wertes der Lösung. Der Betrag dieser pH-Änderung hängt ab von der Größe des für die betreffende Lösung charakteristischen Temperaturkoeffizienten (vgl. S. 82 und Tab. 19). Die pH-Werte von sauren und anorganischen Lösungen sind weniger temperaturabhängig als diejenigen von basischen und organischen Lösungen. Die pH-Änderung kann bei der pH-Messung nicht kompensiert werden; deshalb sollte man bei der genauen Bestimmung von pH-Werten immer auch die Messtemperatur erfassen und angeben. Die Temperaturkompensation durch den Messumformer des pH-Meters korrigiert ausschließlich die temperaturabhängige Veränderung der **Elektrodensteilheit**. Unter der Steilheit einer Messelektrode bzw. pH-Messkette versteht man die Spannungsänderung (in mV) pro pH-Einheit. Die Elektrodensteilheit nimmt mit ansteigender Temperatur zu; sie beträgt bei 0 °C 54,2 mV, bei 25 °C 59,2 mV und bei 50 °C 64,1 mV.

Die **Eichung** soll bei neuen Elektroden einige Tage lang täglich, danach mindestens einmal wöchentlich sowie bei jeder Änderung der Messtemperatur wiederholt werden. Will man ganz genaue Messwerte erhalten, so sollte man vor jeder Messung neu eichen. Der pH-Wert des ersten Eichpuffers muss möglichst nahe am Elektrodennullpunkt (gewöhnlich pH 7,0) liegen, der pH-Wert des zweiten Eichpuffers sich um 2 bis 3 Einheiten von dem des ersten Puffers unterscheiden. Der pH-Wert der zu messenden Lösung soll in der Nähe eines der Puffer-pH-Werte liegen, am besten zwischen den Werten der beiden Eichpuffer. Bei geringen Anforderungen an die Messgenauigkeit oder bei Messungen nahe dem Elektrodennullpunkt genügt die Einpunkteichung mit der Pufferlösung pH 7,00 bzw. 6,88.

---

[11] Thioharnstoff ist gesundheitsschädlich und steht in dem begründeten Verdacht, krebserzeugend zu sein.

[12] Thioharnstoff-HCl-Lösung und Pepsin-HCl-Lösung sind bei den Elektrodenherstellern erhältlich.

Bestimmung und Einstellung des pH-Werts einer Lösung
(Bedienungsanleitung des pH-Meters beachten!)

Material: – pH-Meter mit Einstabmesskette
– Magnetrührer
– Spritzflasche mit demineralisiertem Wasser
– 1 großes Becherglas (zum Auffangen des Spülwassers)
– 2 kleine Bechergläser (für die Pufferlösungen)
– 2 Pipetten (für HCl- und NaOH-Lösung)
– Eichpuffer pH 7,00 oder 6,88 (bei 20 °C) (s. S. 79)
– Eichpuffer pH 4,00 (bei 20 °C);
für Messungen im stärker alkalischen Bereich stattdessen: Eichpuffer pH 9,00
oder 9,23 (bei 20 °C) (s. S. 79)
– 1-molare oder 0,1-molare HCl- und NaOH-Lösung
– Probenlösung (z.B. Nährlösung) mit einem Magnetrührstäbchen

– Puffer- und Probenlösungen sowie die Elektrode auf die gleiche Temperatur (z.B. 20 °C) bringen.
– pH-Meter einschalten; eventuell Anheizzeit abwarten.
– Temperatureinstellung am pH-Meter auf die Temperatur der Lösungen einstellen (entfällt bei pH-Metern mit automatischer Temperaturkompensation).
– Steilheitsregler auf 56 – 58 mV/pH einstellen.
– Gewünschten pH-Bereich einschalten.
– Verschluss von der Nachfüllöffnung der Elektrode abnehmen.
– Elektrode mit demineralisiertem Wasser (Spritzflasche!) gründlich abspülen; nicht mit einem Tuch trockenreiben (s. S. 77), sondern den letzten Tropfen wegschlagen oder an der Becherglaswand ablaufen lassen.
– Puffer- bzw. Probenlösung beim Eichen und Messen auf einem Magnetrührer rühren[13]; ersatzweise vor jeder Messung gut umschütteln.

Eichen des pH-Meters (Zweipunkteichung für genaue Messungen):
– Elektrode bis über das Diaphragma in die Pufferlösung pH 7,00 bzw. 6,88 eintauchen, jedoch 2–3 cm unter dem Niveau des Bezugselektrolyts bleiben (damit keine Probenlösung in den Elektrolytraum der Bezugselektrode eindringt, s. S. 75), und nicht so tief eintauchen, dass die Elektrode vom Rührstab erfasst werden kann.
– Warten, bis die Anzeige stabil ist.
– Mit Regler „Nullpunktanpassung" die Anzeige auf den Wert der Pufferlösung einstellen.
– Elektrode abspülen und in die Pufferlösung pH 4,00 eintauchen. (Bei Messungen im stärker alkalischen Bereich als zweiten Eichpuffer eine Pufferlösung pH 9,00 oder 9,23 [bei 20 °C] verwenden.)
– Mit Regler „Steilheitsanpassung" bzw. „mV/pH" die Anzeige auf den pH-Wert des zweiten Eichpuffers einstellen.
– Elektrode abspülen.
– Für sehr genaue Messungen Eichung bei pH 7,00 wiederholen.
– Benutzte Pufferlösungen nicht in die Vorratsflaschen zurückgießen, sondern verwerfen.

---

[13] nicht zu kräftig! In ionenarmen Lösungen oder bei verschmutztem Diaphrama kann die Rührgeschwindigkeit die pH-Messung beeinflussen.

Messen und Einstellen des pH-Werts:

- Elektrode abspülen und in die Probenlösung eintauchen.
- Warten, bis die Anzeige stabil ist.
- Am pH-Meter den pH-Wert ablesen.
- Falls erforderlich, zur Probenlösung unter ständigem Rühren oder gutem Umschütteln tropfenweise 1-molare oder 0,1-molare HCl- bzw. NaOH-Lösung zugeben, bis der gewünschte pH-Wert erreicht ist.

Zur Eichung kann man **Referenzpufferlösungen** (Tab. 17) verwenden, die man mit demineralisiertem, CO_2-freiem (frisch ausgekochtem) Wasser oder (besser!) mit frischem Reinstwasser ansetzt (vgl. S. 84). Bequemer ist die Verwendung käuflicher Pufferkonzentrate, die mit CO_2-freiem Wasser verdünnt werden müssen, oder gebrauchsfertiger Pufferlösungen, eventuell mit Farbkodierung zur Vermeidung von Verwechslungen. (Zur Aufbewahrung der Pufferlösungen s. S. 84.)

Alkalische Puffer- (und Proben-)Lösungen sind nicht stabil, weil sie aus der Luft Kohlendioxid aufnehmen und dadurch ihr pH-Wert absinkt (vgl. S. 84). Man sollte daher mit möglichst frischem Puffer und möglichst schnell arbeiten, die Flasche mit Puffer niemals offen stehenlassen, oder am besten im sauren und neutralen Bereich eichen. Glaselektroden älterer Bauart zeigen bei Messungen oberhalb von etwa pH 12 in Gegenwart hoher Natrium- oder Lithiumionenkonzentrationen keine Linearität mehr: Es wird ein zu niedriger pH-Wert angezeigt („**Alkalifehler**"). Dieser Fehler wird größer mit steigendem pH-Wert, steigender Temperatur und steigender Alkaliionenkonzentration. Der (weniger starke) „**Säurefehler**" täuscht bei pH-Werten < 2 einen höheren pH-Wert vor. Moderne Glaselektroden haben aufgrund der Verwendung anderer Glasarten für die Glasmembran einen linearen Messbereich von pH 0–14. Auch hohe Salzkonzentrationen (z.B. in Nährlösungen für halophile Mikroorganismen) können den Messwert um bis zu 0,5 pH-Einheiten verfälschen. In diesem Fall muss man die Lösung vor der Messung verdünnen (z.B. 1:20 [v/v]).

Bei den modernen, mikroprozessorgesteuerten pH-Metern ist die Eichung zum großen Teil automatisiert; dadurch sind Fehler weitgehend ausgeschlossen.

Tab. 17: Einige Referenzpufferlösungen[1] zur Eichung des pH-Meters

pH-Wert bei		Puffersubstanz			
20 °C	25 °C	Name	Formel	Konzentration (mol/l)	Einwaage (g/l)
4,00	4,01	Kaliumhydrogenphthalat[2]	$KHC_8H_4O_4$	0,05	10,212
6,88	6,87	Kaliumdihydrogenphosphat[2]	KH_2PO_4	0,025	3,402
		+ Dinatriumhydrogenphosphat[2]	Na_2HPO_4	0,025	3,549
9,23	9,18	Borax (Dinatriumtetraborat-Decahydrat)	$Na_2B_4O_7 \cdot 10\,H_2O$	0,01	3,814

[1] nach DIN 19266
[2] Kristallwasserfrei! Vor der Verwendung 2 Stunden bei 110–130 °C trocknen, im Exsikkator über Orangegel abkühlen (s. S. 190).

Indikatorfarbstoffe

Wenn es auf keine hohe Genauigkeit ankommt, z.B. beim Ansetzen komplexer Routine-nährböden, kann man den pH-Wert auch kolorimetrisch mit Hilfe organischer Indikator-farbstoffe (pH-Indikatoren) bestimmen. Diese Farbstoffe sind sehr schwache Säuren (oder Basen), bei denen die undissoziierte Form eine andere Farbe besitzt als das vollständig dissoziierte Salz. Bei Änderung der Wasserstoffionenkonzentration in der mit dem Indikator versetzten wässrigen Lösung beobachtet man in einem bestimmten Umschlagsbereich von 1,5 bis 2 pH-Einheiten ($\approx$ pK-Wert $\pm$ 1; vgl. S. 82) einen Umschlag der Indikatorfarbe (s. Tab. 18).

Für die pH-Messung verwendet man gewöhnlich **Spezialindikatorpapiere** oder **-stäbchen**, die mit komplexen Farbindikatorgemischen imprägniert bzw. beschichtet sind. Man erhält sie für verschiedene Messbereiche und kann mit ihnen den pH-Wert bis auf maximal 0,2 Einheiten genau bestimmen. Die Teststreifen oder -stäbchen werden einige Sekunden lang in die zu prüfende Lösung getaucht und anschließend mit einer Farbskala verglichen. Hochviskose oder gefärbte Flüssigkeiten sowie dichte Suspensionen tropft man auf Indikatorpapier auf und benutzt zum Vergleichen die feuchte Rückseite des Papiers; Indikatorstäbchen kann man nach dem Eintauchen in die Probe kurz mit demineralisiertem Wasser abspülen, ohne dass sich ihre Farbe verändert.

Indikatorpapiere sind für die pH-Messung in Komplexnährböden ohne Zusatz von Salzen weniger geeignet, da solche Medien oft nicht genügend gepuffert sind. Dagegen eignen sich die („nichtblutenden") Indikatorstäbchen auch zur pH-Bestimmung in nicht oder nur schwach gepufferten Lösungen (selbst in Leitungswasser und demineralisertem Wasser) sowie in eiweißhaltigen Lösungen. Bei fehlender oder schwacher Pufferung stellt sich das Indikatorgleichgewicht nur langsam ein; man muss deshalb das Stäbchen so lange in die Lösung eintauchen, bis sich seine Farbe nicht mehr verändert (1–10 min!). Hohe Konzentrationen von Neutralsalzen ($\geq$ 2 mol/l), ein höherer Alkoholgehalt und eine hohe, von 20 °C stark abweichende Temperatur der Lösung verursachen Messfehler, weil sie den Umschlagsbereich des Indikators verschieben. Es empfiehlt sich, die mit Indikatorpapieren oder -stäbchen gemessenen Werte von Zeit zu Zeit mit einem pH-Meter zu überprüfen.

Eine Reihe von pH-Indikatorfarbstoffen verwendet man als **Zusatz zu Differentialnähr-böden**, um pH-Änderungen während des Wachstums von Mikroorganismen und damit bestimmte Stoffwechselleistungen, z.B. den Abbau von Zuckern, nachzuweisen (vgl. S. 52). Man achte darauf, dass der gewählte Indikator seinen Farbumschlag im interessierenden pH-Bereich hat. Eine Liste gebräuchlicher pH-Indikatoren und ihre Umschlagsbereiche zeigt Tab. 18.

Der pH-Wert der Indikatorstammlösung wird, wenn nötig, mit 0,1-molarer Natronlauge oder Salzsäure auf einen mittleren Farbton eingestellt. Man verwendet die Farbstoffe gewöhnlich in sehr geringen, nichttoxischen Endkonzentrationen von etwa 0,001–0,005 % (w/v) (= ca. 5–30 Tropfen der Stammlösungen der Tab. 18 auf 10 ml Nährlösung).

Intrazelluläre Fluoreszenz-pH-Indikatorfarbstoffe siehe Seite *298, 300, 306*.

Tab. 18: pH-Indikatorfarbstoffe

Indikator	Umschlags-bereich (pH bei ~20 °C)	Farbe		Herstellung der Stammlösung	
		sauer	alkalisch	Ansatz-vorschrift	0,1 M NaOH: x (ml)
Thymolblau	1,2 – 2,8	rot	gelb	(1)	0,86
Bromphenolblau	3,0 – 4,6	gelb	blauviolett	(1)	0,60
Bromkresolgrün	3,8 – 5,4	gelb	blau	(1)	0,57
Methylrot	4,4 – 6,2	rot	gelb	(2)	–
Bromkresolpurpur	5,2 – 6,8	gelb	purpur	(1)	0,74
Bromthymolblau	6,0 – 7,6	gelb	blau	(1)	0,64
Phenolrot	6,4 – 8,2	gelb	rot	(1)	1,13
Neutralrot	6,8 – 8,0	blaurot	orangegelb	(2)	–
Kresolrot	7,2 – 8,8	gelb	purpur	(1)	1,05
Thymolblau	8,0 – 9,6	gelb	blau	(1)	0,86
Phenolphthalein	8,2 – 9,8	farblos	rotviolett	(2)	–
Thymolphthalein	9,3 – 10,5	farblos	blau	(2)	–

Ansatzvorschriften:
(1) 0,04 g Farbstoff in x ml 0,1-molarer (10 · x ml 0,01-molarer) Natronlauge lösen, mit Wasser auf 100 ml auffüllen.
(2) 0,04 g Farbstoff in 60 ml 96%igem (w/w) Ethanol lösen, mit Wasser auf 100 ml auffüllen.

5.1.3.2 Puffer

Um auf einem Nährboden ein gutes Wachstum zu erzielen, genügt es nicht, einen optimalen Anfangs-pH-Wert einzustellen, sondern man muss auch dafür sorgen, dass sich der pH-Wert während des Wachstums durch die Stoffwechselaktivitäten der Mikroorganismen nicht zu stark verändert. Man erreicht dies unter Umständen bereits dadurch, dass man die Substanz, deren Abbau eine pH-Änderung verursacht, in möglichst niedriger Konzentration zusetzt. Wenn das nicht ausreicht oder nicht möglich ist, muss der Nährboden gepuffert werden.

> Puffer sind wässrige Lösungen von Substanzen oder Substanzgemischen, die Wasserstoff- bzw. Hydroxidionen abfangen oder nachliefern können und dadurch den pH-Wert der Lösung in gewissen Grenzen konstant halten, d.h. unempfindlich machen gegen den Zusatz oder die Produktion von Säuren bzw. Basen.

In komplexen Nährmedien sorgen bereits die zahlreichen sauren und basischen Gruppen organischer Moleküle, z.B. von Peptiden und Aminosäuren, für eine gewisse, wenn auch meist schwache Pufferung. Verwendet man jedoch synthetische Nährböden oder produzieren bzw. verbrauchen die Mikroorganismen während ihres Wachstums größere Mengen an Säuren oder Basen, so muss man dem Medium Puffersubstanzen oder -gemische zusetzen. Meist verwendet man Gemische schwacher Säuren mit ihren Alkalisalzen[14]. Die Pufferwirkung eines solchen Systems ist am größten, wenn die schwache Säure zur Hälfte dissoziiert ist, d.h. wenn

---

[14] Das Folgende gilt entsprechend jedoch auch für Gemische aus schwachen Basen und ihren Salzen mit Mineralsäuren.

eine äquimolare Mischung der undissoziierten Säure HA und des vollständig dissoziierten Anions A⁻ vorliegt. In diesem Falle ist nach der Henderson-Hasselbalch-Gleichung

$$pH \;=\; pK_a \;+\; \lg \frac{c_{A^-}}{c_{HA}}$$

c = Stoffmengenkonzentration in mol/l

der pH-Wert der Lösung gleich dem **pK-Wert** der Säure (pK_a oder Säureexponent = negativer dekadischer Logarithmus der Säuredissoziationskonstante K_a). Bei diesem pH-Wert puffert die Lösung optimal; eine ausreichende Pufferkapazität besitzt sie jedoch nur für einen Bereich von ± 1 pH-Einheit um den pK-Wert, d.h. bei einem Verhältnis von Anion zu Säure von 0,1 bis 10. Geht man über diesen Bereich hinaus, so sinkt die Pufferkapazität auf unter ein Drittel des optimalen Wertes. Mehrbasige Puffersysteme, also solche mit Säuren, die mehr als ein dissoziierbares H⁺-Ion enthalten, haben auch mehrere pK-Werte und puffern deshalb über einen größeren pH-Bereich. Die Pufferkapazität ist ferner umso größer, je größer die Menge der zugesetzten Pufferkomponenten ist, jedoch sollte man wegen möglicher toxischer Nebeneffekte des Puffers seine Konzentration möglichst gering halten.

Tab. 19 enthält die vier in Nährmedien am häufigsten verwendeten Puffersysteme. Sie decken nahezu den gesamten pH-Bereich ab, in dem mikrobielles Wachstum möglich ist. Diese Puffer sind ebenfalls geeignet zum Waschen und Suspendieren geernteter Zellen, zur Herstellung zellfreier Extrakte und für Enzymtests.

Bei der Auswahl eines Puffers ist Folgendes zu beachten:
- Der pK-Wert des Puffers (s. Tab. 19) soll möglichst nahe am gewünschten pH-Wert liegen.
- Manche Puffer wirken hemmend auf das Wachstum von Mikroorganismen oder auf bestimmte Enzyme.
- Manche Pufferbestandteile (z.B. Citrat, Acetat) werden von Mikroorganismen als Substrate verwertet.
- Manche Pufferbestandteile (z.B. Phosphat) binden zwei- und dreiwertige Metallionen und bilden mit ihnen schwerlösliche Komplexe. Dadurch verringert sich auch die Pufferkapazität.

pK-Wert und tatsächlicher pH-Wert der Pufferlösungen sind **temperaturabhängig** (s. S. 77), allerdings in sehr unterschiedlichem Maße (s. Tab. 19). Einen besonders hohen Temperaturkoeffizienten besitzt Tris-Puffer: Ein bei 25 °C auf pH 7,8 eingestellter Tris-Puffer hat bei 5 °C einen pH-Wert von 8,4 und bei 37 °C einen pH-Wert von 7,5! Der pH-Wert eines Puffers soll deshalb bei der Temperatur eingestellt werden, bei der der Puffer später verwendet wird.

Die ionisierte Komponente des Puffergemischs wirkt im Allgemeinen weniger toxisch als die undissoziierte Konponente, da sie viel schwerer in die Zelle eindringt. Man verwendet deshalb anionische Puffer vorzugsweise bei pH-Werten oberhalb, kationische Puffer (z.B. Tris) bei pH-Werten unterhalb ihres pK-Werts.

Zur Pufferung von Nährböden benutzt man in erster Linie **anorganische Phosphate**. Sie dienen gleichzeitig als Phosphatquelle für die Mikroorganismen, führen jedoch mit bestimmten Metallionen (besonders Ca^{2+}, Mg^{2+} und Fe^{3+}) leicht zu Ausfällungen (s. S. 61f.). Außerdem wird eine Reihe von Enzymen durch Phosphationen gehemmt. In höheren Konzentrationen (mehr als etwa 0,03-molar = 4–5 g Kalium- oder Natriumphosphat pro Liter Nährmedium) wirken die Phosphate wachstumshemmend.

Tab. 19: Gebräuchliche Puffergemische für mikrobiologische Zwecke

Puffersystem:	Citrat-Phosphat-Puffer[1]	Acetat-Puffer[2]	Phosphat-Puffer[3]	Tris-HCl-Puffer[4]
Geeignete pK-Werte[5] (bei 25 °C):	3,13 4,76 6,40	4,76	7,20	8,08
Nutzbarer pH-Bereich:	2,6 – 7,6	3,8 – 5,6	5,8 – 7,8	7,2 – 9,0
Temperaturkoeffizient ΔpH/$\Delta\vartheta$ (pH-Einheiten pro °C)[6] ca.:	– 0,003	~ 0	– 0,003	– 0,028

| pH (~ 23 °C) | Menge x (ml) der Stammlösungen im Gemisch in der Ansatzvorschrift | | | |
	(1)	(2)	(3)	(4)
2,6	89,1	–	–	–
2,8	84,2	–	–	–
3,0	79,5	–	–	–
3,2	75,3	–	–	–
3,4	71,5	–	–	–
3,6	67,8	–	–	–
3,8	64,5	88,0	–	–
4,0	61,5	82,0	–	–
4,2	58,6	73,6	–	–
4,4	55,9	61,0	–	–
4,6	53,3	51,0	–	–
4,8	50,7	40,0	–	–
5,0	48,5	29,6	–	–
5,2	46,4	21,0	–	–
5,4	44,3	17,6	–	–
5,6	42,0	9,6	–	–
5,8	39,6	–	92,1	–
6,0	36,9	–	87,9	–
6,2	33,9	–	81,6	–
6,4	30,8	–	73,6	–
6,6	27,3	–	62,8	–
6,8	22,8	–	50,8	–
7,0	17,8	–	38,8	–
7,2	13,1	–	27,4	44,2
7,4	9,2	–	18,2	41,4
7,6	6,4	–	11,5	38,4
7,8	–	–	6,4	32,5
8,0	–	–	–	26,8
8,2	–	–	–	21,9
8,4	–	–	–	16,5
8,6	–	–	–	12,2
8,8	–	–	–	8,1
9,0	–	–	–	5,0

Ansatzvorschriften:

(1) x ml 0,1 M Citronensäure-Monohydrat (21,01 g/l) + (100–x) ml 0,2 M Na$_2$HPO$_4$ · 2 H$_2$O (35,60 g/l)

(2) x ml 0,1 M Essigsäure (6,01 g/l) + (100–x) ml 0,1 M Natriumacetat, wasserfrei (8,20 g/l) (oder 13,61 g Natriumacetat-Trihydrat/l)

(3) x ml 0,1 M KH$_2$PO$_4$ (13,61 g/l) + (100–x) ml 0,1 M Na$_2$HPO$_4$ · 2 H$_2$O (17,80 g/l)

(4) 50 ml 0,1 M Tris(hydroxymethyl)-aminomethan (12,11 g/l) + x ml 0,1 M Salzsäure, mit Wasser auf 100 ml auffüllen.

[1] nach McIlvaine (1921), [2] nach Walpole (1914), [3] nach Sörensen (1909), [4] nach Gomori (1948, 1955)

[5] „wahre", thermodynamische pK-Werte, berechnet aus den Aktivitäten (= effektiven, nach außen wirksamen Konzentrationen) der Pufferkomponenten; sie weichen von den scheinbaren pK-Werten, die sich aus den tatsächlichen Stoffmengenkonzentrationen der Komponenten ergeben, je nach Ionenstärke der Lösung mehr oder weniger stark ab (vgl. S. 133, Fußnote [32]).

[6] Um diesen Betrag steigt bzw. sinkt der pH-Wert, wenn die Temperatur um 1 °C steigt.

Ansetzen von Pufferlösungen
(vgl. S. 78f.)

Material: – Präzisionswaage
      – pH-Meter
      – Magnetrührer
      – 3 genügend große Erlenmeyerkolben oder Bechergläser (1 mit Magnetrührstab)
      – 1 Messzylinder
      – 2 Pipetten
      – demineralisiertes Wasser (bei pH-Werten > 5: frisch hergestellt oder frisch ausgekocht [5–10 min] und CO_2- frei!)
      – Puffersubstanzen (s. Tab. 19)
      – NaOH- bzw. HCl-Lösung (für Methode 2)

Methode 1:
– Puffersubstanzen gemäß der Ansatzvorschrift in Tab. 19 abwiegen und in Wasser lösen.
– Lösungen der beiden Pufferkomponenten im gewünschten Verhältnis mischen (s. Tab. 19).
– Das Gemisch auf dem Magnetrührer mit einer der beiden Einzellösungen am pH-Meter bei der Gebrauchstemperatur auf den exakten pH-Wert einstellen.

Methode 2:
– Eine Lösung der schwachen Säure oder Base in doppelter Konzentration herstellen.
– Lösung auf dem Magnetrührer am pH-Meter mit NaOH- bzw. HCl-Lösung bis zum gewünschten pH-Wert titrieren.
– Lösung mit Wasser auf das vorgesehene Endvolumen verdünnen.
– Für eine sehr genaue pH-Einstellung den pH-Wert vor Zugabe der letzten ml Wasser nochmals korrigieren.

Die Pufferlösungen sollen in fest verschlossenen, gasdichten Flaschen im Kühlschrank aufbewahrt und beim Auftreten von Trübungen, spätestens jedoch nach einem Monat, erneuert werden. Alkalische Puffer (z.B. Tris) sind besonders wenig stabil: Sie absorbieren während der Lagerung Kohlendioxid aus der Luft; dadurch kann ihr pH-Wert absinken (s. S. 85). Außerdem lösen sie, wie auch phosphathaltige Puffer, allmählich Ionen aus den Glasgefäßen, was zu Ausfällungen führen kann.

Bei der Kultivierung lithoautotropher Mikroorganismen spielt das „offene" Puffersystem **Kohlendioxid-Bicarbonat** (mit CO_2 als flüchtiger Säurekomponente) eine besondere Rolle. Diese Organismen zieht man meist in Flüssigkultur in einer mit CO_2 angereicherten Atmosphäre oder unter Zusatz von Natriumhydrogencarbonat (Bicarbonat) (s. S. 59f.), das über die Kohlensäure mit dem gelösten bzw. in der Gasphase befindlichen Kohlendioxid im Gleichgewicht steht:

$$CO_2 + H_2O \rightleftharpoons H_2CO_3 \rightleftharpoons H^+ + HCO_3^-$$

Da über 99 % des in Wasser gelösten Kohlendioxids als unverändertes CO_2 und nur etwa 0,1 % als H_2CO_3 vorliegen, lautet die Beziehung zwischen CO_2-Konzentration der Nährlösung (die abhängig ist vom CO_2-Partialdruck der Gasphase), Bicarbonatkonzentration und pH-Wert nach der Henderson-Hasselbalch-Gleichung (vgl. S. 82):

$$pH = pK_1 + \lg \frac{c_{HCO_3^-}}{c_{CO_2}}$$

Der erste pK-Wert pK_1 der Kohlensäure beträgt 6,35 (bei 25 °C); der nutzbare pH-Bereich des Puffers liegt etwa bei pH 5,4 – 8,0.

Aus den obigen Gleichungen folgt: Eine Erhöhung der CO_2-Konzentration über und in der Nährlösung erniedrigt den pH-Wert der Nährlösung; umgekehrt bewirkt eine Verringerung der CO_2-Konzentration (z.B. durch Entweichen von CO_2 in die Luft oder durch Verbrauch von CO_2 bei der mikrobiellen CO_2-Assimilation) eine Erhöhung des pH-Werts. Deshalb muss das Medium in solchen Fällen mit einem weiteren Puffersystem (oder im ersten Fall mit Na_2CO_3) gut gepuffert werden, um zu starke pH-Verschiebungen zu vermeiden (vgl. S. 59f.).

Wenn während des Wachstums große Mengen Säure produziert werden, reichen lösliche Puffer zur Kontrolle des pH-Werts nicht aus. Man setzt dann dem Nährboden häufig ein unlösliches Carbonat, meist feingepulvertes **Calciumcarbonat** (Kalk; z.B. 20 g/l), als „Alkalireserve" zu (vgl. S. 151). Erhöht sich die H^+-Ionenkonzentration im Medium, so geht das unlösliche Carbonat in lösliches Hydrogencarbonat und weiter in Kohlendioxid über (s.o.), das aus der Nährlösung entweicht. Auf diese Weise werden Säuren unter Bildung ihrer Calciumsalze neutralisiert. Ein Zusatz von $CaCO_3$ (3 – 20 g/l) zu Agarnährböden ermöglicht es außerdem, säureproduzierende von nichtsäureproduzierenden Mikroorganismen zu unterscheiden. Da die ausgeschiedene Säure den Kalk auflöst, sind die Kolonien säurebildender Organismen auf dem sonst milchig-trüben „Kalkagar" von klaren Höfen umgeben.

Kalkhaltige Agarnährböden autoklaviert man zusammen mit einem Magnetrührstab und kühlt sie anschließend im Wasserbad auf ca. 50 °C ab. Unmittelbar vor und wiederholt während des Gießens wird die Nährlösung auf einem Magnetrührer kräftig gerührt und dann sofort in dünner Schicht in Petrischalen ausgegossen (vgl. S. 95). Die Schalen sollten vorher im Kühlschrank gekühlt worden sein und beim Gießen möglichst auf einer kalten Unterlage stehen, damit der Agar erstarrt, bevor sich das Calciumcarbonat absetzen kann.

In bestimmten Fällen, z.B. bei der Kontrolle von Fermentationen, muss der pH-Wert der Kultur kontinuierlich gemessen und durch automatische Zugabe von Säure oder Lauge auf dem gewünschten Wert gehalten werden.

5.1.4 Kommerzielle Komplexnährböden

Eine Reihe von Herstellern bietet gängige Komplexnährböden als Trocken-, einen Teil davon auch als Fertignährböden an.

Trockennährböden sind industriell vorgefertigte, trockene Mischungen der Bestandteile eines Nährbodens, die erst kurz vor der Verwendung mit einer entsprechenden Menge Wasser versetzt und sterilisiert werden. Der relativ hohe Preis solcher Nährböden wird aufgewogen durch ihre schnelle und bequeme Handhabung, die sehr viel geringeren Fehlermöglichkeiten bei der Zubereitung und ihre weitgehend konstante, standardisierte Zusammensetzung. Letzteres gilt allerdings strenggenommen nur für die Produkte ein und desselben Herstellers. Zwischen den Fabrikaten verschiedener Hersteller kann es selbst bei gleicher Nährbodenbezeichnung durchaus Unterschiede in der Zusammensetzung, den Rohmaterialien und im Fertigungsprozess geben. Wenn sich daher ein Mikroorganismus auf einem kommerziellen Nährboden anders verhält als erwartet (z.B. schlecht wächst), ist es unter Umständen ratsam, das entsprechende Produkt eines anderen Herstellers auszuprobieren. Im Übrigen fallen die Vorteile von Trockennährböden vor allem dann ins Gewicht, wenn man kleinere Nährbodenmengen benötigt.

Trockennährböden sind als Pulver, Granulate oder Tabletten im Handel. Granulate weisen gegenüber der Pulverform eine geringere Staubentwicklung beim Abwiegen, eine bessere Rieselfähigkeit und Löslichkeit sowie eine längere Lagerfähigkeit auf. Genau abgemessene Portionen in Tablettenform sind für den Ansatz kleinster Nährbodenmengen (z.B. 5 oder 10 ml) gedacht. Die Handbücher der Hersteller informieren ausführlich über die lieferbaren Trockennährböden, ihre Einsatzgebiete, Zusammensetzung, Zubereitung, Anwendung und Wirkungsweise.

Im Prinzip werden Nährmedien aus Trockennährböden nach denselben Regeln zubereitet wie herkömmliche, selbsthergestellte Nährböden (s. S. 87f.), jedoch sollte man die auf dem Packungsetikett und im Handbuch angegebenen, besonderen Zubereitungsvorschriften unbedingt einhalten. Bei Verwendung von neutralem Wasser weisen Trockennährböden nach dem Ansetzen bei der für sie vorgesehenen Bebrütungstemperatur den auf dem Etikett angegebenen pH-Wert auf. Dennoch ist es empfehlenswert, vor allem bei älteren Packungen, den pH-Wert zu überprüfen und gegebenenfalls zu korrigieren.

Trockennährböden sind – ebenso wie komplexe Nährbodenbestandteile in Pulverform (s. S. 66ff.) – hygroskopisch und lichtempfindlich. Deshalb sollte man im Umgang mit ihnen folgende Regeln beachten:

– Trockennährböden und komplexe Nährbodenbestandteile müssen trocken und lichtgeschützt bei etwa 10 – 20 °C in den gut verschlossenen Originalbehältern aufbewahrt werden.

– Die Behälter sollen vor dem Öffnen auf Raumtemperatur gebracht und nur in einem trockenen Raum geöffnet werden.

– Das Nährbodenpulver darf beim Abwiegen oder Umfüllen auf keinen Fall eingeatmet werden.

– Die Behälter sind nach Materialentnahme sofort wieder fest zu verschließen, um eine Feuchtigkeitsaufnahme und nachfolgende Verklumpung des Nährbodens zu vermeiden.

– Trockennährböden oder Nährbodenbestandteile mit nicht zerfallbarer Verklumpung oder Verbackung der Pulvermasse sind oft auch chemisch verändert und sollten deshalb nicht mehr verwendet werden.

Bei sachgemäßer Lagerung sind Trockennährböden und komplexe Nährbodenbestandteile in originalverschlossenen Packungen im Allgemeinen mindestens 5 Jahre ab Herstellung haltbar (Verfallsdatum auf dem Etikett beachten!). Zur besseren Kontrolle sollte man auf jeder Packung das Datum des Einkaufs und des ersten Öffnens notieren. Eine neue Packung sollte man erst dann anbrechen, wenn die vorhergehende aufgebraucht oder unbrauchbar geworden ist.

Eine Reihe häufig verwendeter Routinemedien, besonders für den medizinischen Bereich, wird auch in Form von **Fertignährböden** angeboten. Hierbei handelt es sich um sterile, sofort gebrauchsfertige Nährmedien, meist Agarplatten in Einwegpetrischalen in Packungen zu 20 oder 100 Stück, oder Röhrchen mit Nährlösungen. Die Verwendung von Fertignährböden ist dann sinnvoll, wenn keine Einrichtungen zur Bereitung und Sterilisation von Nährmedien vorhanden sind oder wenn von einem Nährboden nur wenige Platten oder Röhrchen benötigt werden. Zur Lagerung von Fertignährböden s. S. 88f.

5.1.5 Herstellung von Nährböden

Alle Nährböden werden durch Hitze mehr oder weniger stark verändert. Sie dürfen deshalb beim Lösen und Autoklavieren nicht höher und länger erhitzt werden als unbedingt nötig!

Herstellung von Nährböden

– Das Ansatzgefäß (am besten Erlenmeyerkolben) so groß wählen, dass der Nährboden gründlich umgeschüttelt werden kann (2- bis 3-mal so groß wie das Volumen des Ansatzes). Möglichst nicht mehr als 1 – 2 l pro Gefäß ansetzen.

– Ansatzgefäß gründlich reinigen und mit demineralisiertem Wasser gut nachspülen (s. S. 101ff.).

– Zur Nährbodenbereitung frisch demineralisiertes Wasser verwenden (s. S. 55ff.). Etwa die Hälfte der erforderlichen Wassermenge in einem Messzylinder abmessen und in das Ansatzgefäß geben.

– Zur Herstellung synthetischer Nährböden nach Möglichkeit analysenreine (p.a.[15]) Chemikalien verwenden. Für Zusätze zu Komplexnährböden genügt Reinst-(purissimum) oder Rein-(purum) Qualität.

– Nährbodenbestandteile mit einer Laborwaage auf einem Stück Pergamentpapier[16], Aluminiumfolie o.ä. einzeln abwiegen, nacheinander in das Ansatzgefäß geben und durch ausgiebiges Umschütteln (oder Rühren auf einem Magnetrührer) lösen. Jede Substanz muss völlig gelöst sein, bevor die nächste zugegeben wird. Die meisten Nährbodenbestandteile lösen sich in kaltem Wasser oder unter leichtem Erwärmen im Wasserbad. Unlösliche Substanzen werden homogen suspendiert.

– Spatel oder Löffel vor jeder Entnahme einer neuen Substanz gut abspülen und abtrocknen. Chemikaliengefäße nach Entnahme sofort wieder verschließen.

– Substanzen im Normalfall in derselben Reihenfolge zusetzen, in der sie im Nährbodenrezept aufgeführt sind. (Den Agar gibt man gewöhnlich erst nach dem Einstellen des pH-Wertes zu [s.u.].) Zugesetzte Bestandteile in der Liste abhaken, besonders bei umfangreicheren Rezepten.

– Sehr kleine Substanzmengen in Form höher konzentrierter Stammlösungen zusetzen.

– Restliche Wassermenge zum Ansatz geben; dabei die an der Innenwand des Gefäßes haftenden Substanzreste nach unten spülen. (Wenn es auf ganz exakte Nährstoffkonzentrationen ankommt, nur etwa 90 % des benötigten Wassers zugeben, und Nährlösung erst nach der pH-Einstellung auf das gewünschte Endvolumen auffüllen.)

– pH-Wert der Nährlösung und gegebenenfalls der getrennt angesetzten Lösungen messen und, wenn nötig, korrigieren (s. S. 78f.).

Wenn der Nährboden autoklaviert werden soll:

– Zucker (s. S. 59) sowie Calcium-, Magnesium- und Eisensalze (s. S. 61f.) möglichst getrennt lösen und sterilisieren (am besten sterilfiltrieren), besonders bei hohem Phosphatgehalt des Mediums. Sonstige hitzeempfindliche Substanzen, z.B. bestimmte Vitamine (s. Tab. 14, S. 65), in Form konzentrierter Stammlösungen getrennt ansetzen und sterilfiltrieren. Lösungen dem autoklavierten und abgekühlten Hauptansatz aseptisch zugeben.

– Den pH-Wert der Nährlösung um etwa 0,3 Einheiten höher einstellen, als für das fertige Medium gewünscht, bei bakteriologischen Nährböden im Allgemeinen auf pH 7,2 – 7,4. In neuen, selbst angesetzten Nährböden sollte man den pH-Wert nach dem Autoklavieren noch einmal überprüfen (s. S. 74).

---

[15] = pro analysi (zur Analyse)
[16] genauso groß wie der Wägeteller; durch Rollen im Gegensinne plan machen!

Wenn ein fester Nährboden gewünscht wird:

- Der Nährlösung 10 – 20 g Agar/l zusetzen (s. S. 70). Kleine Nährbodenmengen, die nicht weiter verteilt werden sollen, kann man anschließend direkt autoklavieren.
- Größere Einzelvolumina an Agarnährboden (etwa ab 500 ml) zunächst 15 min bei Raumtemperatur quellen lassen, anschließend im siedenden Wasserbad oder strömenden Dampf unter häufigem Umschütteln (Handschutz!) so lange erhitzen, bis sich der Agar völlig gelöst hat. (Die Lösung muss dann im Normalfall klar sein; beim Umschütteln dürfen keine Agarkörnchen mehr an der Innenwand des Gefäßes haften.)
- Agar durch Umschütteln gleichmäßig verteilen.
  (Zur Behandlung von Agarnährböden mit einem pH-Wert < 6 s. S. 70f.)

- Nährboden nach Möglichkeit in kleinere Portionen abfüllen, z.B. in die (beschrifteten) Kulturgefäße (ausgenommen Petrischalen), Gefäße verschließen und bei 121 °C 15 min lang autoklavieren (s. S. 11f.). Um die Anheiz- und Abkühlzeit kurz zu halten, verwende man einen möglichst kleinen Autoklav.
- Nach der Sterilisation und Abkühlung auf unter 80 °C Nährboden umgehend aus dem Autoklav herausnehmen und, ohne ihn zu schütteln, rasch abkühlen, Nährlösungen unter kaltem, fließendem Wasser auf Raumtemperatur, Agarnährböden im Wasserbad auf etwa 50 °C. Agarnährboden je nach Menge 10 min (Röhrchen) bis 30 min (1 l Nährboden), auf keinen Fall aber länger als 60 min, im Wasserbad stehenlassen!
- Gegebenenfalls getrennt sterilisierte Lösungen dem abgekühlten Nährboden aseptisch zusetzen. Die Zusätze vorher auf Raumtemperatur, bei Agarnährböden auf etwa 40 °C bringen. Volumen der zugesetzten Lösungen von der für den Ansatz des Basalmediums verwendeten Wassermenge abziehen.
- Agarnährboden gegebenenfalls in Petrischalen abfüllen (s. S. 95f.), oder zur Herstellung von Schrägagarröhrchen in Kulturröhrchen schräg legen (s. S. 97f.).

Zur raschen Verteilung von Nährlösungen und flüssigen Agarnährböden – auch unter sterilen Bedingungen – in genau festgelegten, gleich großen Portionen bis zu etwa je 15 ml, z.B. auf mehrere Reihen von Kulturröhrchen, benutzt man autoklavierbare **Dosier-**(Repetier-)**Spritzen** oder **Handdispenser**.

Die Bereitung und Sterilisation sehr großer Nährbodenmengen, insbesondere von Agarmedien, und ihre Verteilung auf Petrischalen oder Röhrchen lässt sich durch den Einsatz von **Nährbodenautomaten** erheblich vereinfachen. Wegen kürzerer Sterilisationszeiten ist dieses Verfahren oft schonender als die herkömmliche Zubereitung.

5.1.6 Lagerung gebrauchsfertiger Nährböden

Fertig zubereitete Nährböden sind nur begrenzt haltbar und sollten nach Möglichkeit bald verwendet werden. Falls erforderlich, müssen sie in sterilem Zustand[17] und lichtgeschützt (vor allem farbstoffhaltige Nährböden) gelagert werden, in der Regel bei 2–8 °C, bestimmte, z.B. thioglycolathaltige Medien bei Raumtemperatur. Agarnährböden dürfen nicht gefrieren, da sonst ihre Gelstruktur zerstört wird. Zum Schutz gegen Wasserverlust und Austrocknung müssen die Nährbodengefäße bei längerer Lagerung luftdicht verschlossen oder verpackt sein. Am besten geeignet sind fest verschlossene Schraubverschlussflaschen oder -röhrchen aus Glas, ungeeignet Gefäße mit Wattestopfen oder losen Kappen. Agarplatten verpackt man in Plastikbeuteln (s. S. 96). Bei sachgemäßer Lagerung kann man viele Nährböden bei Raum-

---

[17] Unsterile Nährböden darf man, abgesehen von Selektivmedien, höchstens einen Tag lang im Kühlschrank aufbewahren!

temperatur mehrere Wochen, im Kühlschrank mehrere Monate aufbewahren. Von Nähr-böden, die verderbliche Zusätze enthalten, sollte man nur das Basalmedium lagern und die Zusätze erst kurz vor der Verwendung steril einmischen. Nährböden, die nach längerer Lage-rung Kontaminationen, Trübungen oder Farbänderungen aufweisen sowie Agarmedien mit deutlichen Zeichen der Austrocknung (Schrumpfung der Agarschicht, runzelige Oberfläche) dürfen nicht mehr verwendet werden.

Einige Stunden vor Gebrauch bringt man den Nährboden auf Raumtemperatur oder noch besser im Brutschrank auf die gewünschte Bebrütungstemperatur. Bei der Kultivierung emp-findlicher Mikroorganismen ist es unter Umständen ratsam, länger gelagerte Nährlösungen oder Hochschichtagarröhrchen – sofern sie nicht besonders hitzeempfindliche Substan-zen enthalten – kurz vor der Verwendung einige Minuten im kochenden Wasserbad oder strömenden Dampf zu erhitzen, um gelöste Gase auszutreiben, und sie dann, ohne sie zu schütteln, in kaltem Wasser rasch abzukühlen. Ferner sollte man nach längerer Lagerung den pH-Wert des Nährbodens überprüfen.

Zur Lagerung von Nährböden für Anaerobier s. S. 134.

5.2 Kulturgefäße

Aerobe Mikroorganismen kultiviert man in Gefäßen, die eine möglichst große Nährboden-oberfläche schaffen und dadurch den Gasaustausch erleichtern, in kleinem Maßstab vorzugs-weise in Petrischalen (bei festen Nährböden) und Erlenmeyerkolben (bei Nährlösungen) (s. Abb. 7). Zur Kultivierung anaerober Mikroorganismen eignen sich dagegen Gefäße, die durch eine kleine Phasengrenzfläche und einen gasdichten Verschluss den Zutritt von Luft-sauerstoff zur Kultur weitgehend verhindern, z.B. hoch vollgefüllte Schraubverschlussfla-schen oder -röhrchen. Kolben, Flaschen und Röhrchen für Flüssigkulturen sind in der Regel aus Glas, Petrischalen meist aus Kunststoff.

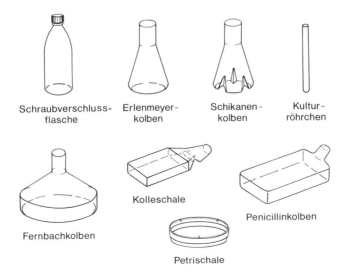

Schraubverschluss-flasche   Erlenmeyer-kolben   Schikanen-kolben   Kultur-röhrchen

Kolleschale

Fernbachkolben

Penicillinkolben

Petrischale

Abb. 7: Kulturgefäße (nicht maßstabgerecht)

5.2.1 Die Werkstoffe

5.2.1.1 Glas

Das Glas der Wahl für mikrobiologische (und chemische) Zwecke ist **Borosilicatglas**, insbesondere vom Typ 3.3 (nach der internationalen Norm DIN ISO 3585). Dieses Glas enthält einen besonders hohen Anteil ($> 80 \%$) an Kieselsäure (SiO_2) sowie $12–13 \%$ Bortrioxid (B_2O_3) als eigentliche Glasbildner, ferner 4% Natriumoxid (Na_2O) plus Kaliumoxid (K_2O) und 2% Aluminiumoxid (Al_2O_3); es ist frei von Erdalkalioxiden. Das Glas ist unter Bezeichnungen wie „Duran" und „Pyrex" im Handel.

Borosilicatglas besitzt eine **hohe chemische Beständigkeit** gegenüber Wasser, Salzlösungen, Säuren aller Stärken sowie gegen Chlor, Brom, Iod und organische Substanzen. Allerdings lösen Wasser und Säuren geringe Mengen vorwiegend ein- und zweiwertiger Ionen (z.B. Natrium-, Silicat- und Borationen) aus dem Glas heraus, die man bei kritischen Untersuchungen berücksichtigen muss. Bei diesem Vorgang bildet sich an der Oberfläche eine sehr dünne Kieselgelschicht, die das darunterliegende Glas zunehmend vor weiterem Angriff schützt. Lediglich Flusssäure, fluoridhaltige Lösungen, konzentrierte Phosphorsäure und starke Laugen greifen, besonders bei hohen Temperaturen, die Glasoberfläche merklich an und tragen sie in ihrer Gesamtheit ab. Zu beachten ist, dass die negativ geladene Glasoberfläche in geringem Maße Kationen aus der Nährlösung bindet. Auch Mikroorganismen können durch Adhäsion an der Glaswand haften und dort eine dünne Zellschicht ausbilden. Dies kann bei Zellzahlbestimmungen zu Zellverlusten führen oder die Wachstumsverhältnisse in einer kontinuierlichen Kultur verändern.

Borosilicatglas ist sehr **hitzebeständig**. Dünnwandige Glasgefäße vertragen kurzzeitig Temperaturen bis zu 500 °C, große und dickwandige bis zu 200 °C. Die Gefäße lassen sich deshalb ohne Weiteres mit feuchter Hitze oder trockener Heißluft sterilisieren. Aufgrund seiner sehr geringen Wärmeausdehnung ist dieses Glas auch außerordentlich unempfindlich gegen starke Temperaturunterschiede und raschen Temperaturwechsel.

Borosilicatgläser mit einem etwas geringeren Gehalt an SiO_2 (ca. 75 %) und B_2O_3 (7 – 12 %) sowie mit mehr Alkali- und einigen Prozent Erdalkalioxiden (Calcium- und Bariumoxid), z.B. „SBW-Glas 6.5", sind chemisch noch resistenter (insbesondere laugenbeständiger) als Borosilicatglas 3.3, allerdings aufgrund des höheren Wärmeausdehnungskoeffizienten etwas weniger beständig gegen Temperaturwechsel.

Borosilicatglas zeigt, sofern es nicht eingefärbt ist, keine nennenswerte Lichtabsorption im Bereich zwischen etwa 320 und 2200 nm. Ultraviolettes Licht unterhalb von 300 nm und infrarotes Licht oberhalb von etwa 3500 nm werden dagegen fast völlig absorbiert.

Natron-Kalk-Gläser („Normal"-, „AR"-Glas) enthalten 69–75 % Siliciumdioxid, 12–16 % Natriumoxid, 5–15 % Calciumoxid und einige Prozente an anderen Substanzen. Sie sind chemisch weniger beständig als Borosilicatgläser und geben an wässrige Lösungen, z.B. Nährböden, merkliche Mengen vor allem an Alkaliionen ab, wodurch sich bei längerer Lagerung der pH-Wert des Nährbodens erhöhen kann. Auch ihre Hitzeresistenz und Temperaturwechselbeständigkeit sind deutlich geringer, wobei ein rasches, gleichmäßiges Erhitzen weniger gefährlich ist als ein plötzliches Abkühlen. Vor allem dickwandige Gefäße neigen in der Hitze zum Springen und sind nur bedingt autoklavierbar.

Für besondere Zwecke verwendet man **Quarzglas** (Kieselglas), das aus reinem Siliciumdioxid besteht. Es besitzt eine außerordentlich hohe chemische Resistenz, eine extrem hohe Temperaturbelastbarkeit und Unempfindlichkeit gegen Temperaturwechsel sowie eine UV-Durchlässigkeit bis etwa 160–180 nm (bei 1 mm Glasdicke).

5.2.1.2 Kunststoffe

Im mikrobiologischen Labor verwendet man in zunehmendem Maße Kunststoffgefäße und -geräte. Für Routinearbeiten benutzt man vorwiegend Einwegartikel, die eine Arbeitserleichterung und erhöhte Sicherheit vor Kontaminationen und Laborinfektionen bedeuten, denn sie sind großenteils unzerbrechlich, sind auch sterilisiert erhältlich und brauchen nicht gereinigt zu werden. Nachteilig ist die begrenzte Resistenz der meisten Kunststoffe gegen Chemikalien und Hitze sowie bei Einwegartikeln die Umweltbelastung durch die Kunststoffabfälle.

Kunststoffe sind biologisch weitgehend inert und sehr **beständig** gegenüber wässrigen, neutralen Lösungen anorganischer Substanzen sowie gegenüber nahezu allen Bestandteilen von Nährböden und Stoffwechselprodukten von Mikroorganismen. Sie sind bei Raumtemperatur überwiegend auch resistent gegen schwache oder verdünnte Säuren, werden teilweise jedoch angegriffen von starken, konzentrierten Säuren (besonders oxidierenden), von starken Laugen einschließlich vieler Laborreinigungsmittel und von zahlreichen organischen Stoffen bzw. Lösungsmitteln (s. Tab. 20, S. 93). Eine Ausnahme bilden die **Fluorkunststoffe** (z.B. Polytetrafluorethylen [PTFE, Teflon]), die gegen nahezu alle im Labor vorkommenden Chemikalien resistent sind.

Die Angaben in Tab. 20 zur Chemikalienbeständigkeit der Kunststoffe dienen nur zur groben Orientierung. Die tatsächliche Widerstandsfähigkeit eines Kunststoffs ist von vielen Faktoren abhängig; sie nimmt z.B. ab mit steigender Konzentration der verwendeten Chemikalie, mit zunehmender Einwirkungsdauer und Temperatur sowie mit zunehmender mechanischer Belastung, z.B. beim Zentrifugieren. In Zweifelsfällen führe man einen eigenen Test unter den gewählten Bedingungen durch.

Kunststoffe (besonders Polystyrol) geben an wässrige Lösungen im Allgemeinen weniger Verunreinigungen ab als Glas oder Metalle und sind deshalb für Spurenelementuntersuchungen besser geeignet; außerdem neigen sie weniger zur Adsorption von Ionen oder Zellen. Völlig indifferent sind jedoch nur die Fluorkunststoffe, die auch eine äußerst geringe Adhäsion aufweisen und dadurch eine antihaftende, nicht adsorbierende, extrem hydrophobe Oberfläche besitzen. Auch die Oberflächen der meisten anderen Kunststoffe sind mit Wasser nicht benetzbar.

Kunststoffe sind in unterschiedlichem Maße **durchlässig für Gase** und **Dämpfe**. Daher sind Kunststoffgefäße meist ungeeignet zur längeren Aufbewahrung von Nährböden, Lösungen und Mikroorganismen oder zur Kultivierung von Mikroorganismen unter einer kontrollierten Gasatmosphäre, z.B. unter anaeroben Bedingungen. Andererseits lassen sich Kunststoffe mit hoher Wasserdampfdurchlässigkeit (z.B. Polymethylpenten) zur Verpackung von Sterilisiergut beim Autoklavieren verwenden (s. S. 11).

Die einzelnen Kunststoffe haben eine sehr unterschiedliche **Hitzeresistenz**. Die für Laborgeräte vorwiegend verwendeten **Thermoplaste** erweichen beim Erwärmen reversibel und werden schließlich zähflüssig. Daher lässt sich nur ein Teil von ihnen durch Hitze sterilisieren (s. Tab. 20). Ähnlich wie Glas sind Kunststoffe schlechte Wärmeleiter. Einige von ihnen neigen bei extremen Temperaturschwankungen zum Springen. Da die meisten Kunststoffe brennbar sind, ist jeder Kontakt mit einer offenen Flamme unbedingt zu vermeiden.

Kunststoffe sind meist anfällig gegen Alterung; eine längere oder wiederholte Einwirkung von Wärme oder Licht verschlechtert ihre physikalischen Eigenschaften. Besonders gegen UV-Strahlung sind viele Kunststoffe nicht beständig.

Tab. 20: Eigenschaften einiger im Labor verwendeter Kunststoffe[1]

Kunststoff	Abkür-zung nach DIN	Trans-parenz	mechanische Festigkeit	Dauerbeständig-keit gegen		Sterilisierbar-keit[2]	
				Kälte bis ca. (°C)[4]	Hitze bis ca. (°C)[5]	Auto-klav (121 °C, 20 min)	Heiß-luft (160 °C, 180 min)
Polyethylen niedriger Dichte (Hochdruckpoly-ethylen)	LDPE (PE-LD)	durch-scheinend	elastisch, unzerbrechlich	−50/−80	80	nein	nein
Polyethylen hoher Dichte (Niederdruck-polyethylen)	HDPE (PE-HD)	durch-scheinend	härter und steifer als LDPE, unzerbrechlich	−50/−80	110	nein	nein
Polypropylen	PP	durch-scheinend	hart, starr, schlag- und kratzfest, unzerbrechlich	0	135	ja	nein
Polymethyl-penten (TPX)	PMP	glasklar	starr, unzerbrechlich	−180	175	ja	ja[8]
Polystyrol (Standardpoly-styrol)	PS	glasklar	hart, starr, zerbrechlich	−10/−70	70	nein	nein
Polyvinylchlorid (PVC hart, ohne Weichmacher)	PVC	durchsichtig	starr, unzerbrechlich	−30	60	nein	nein
Polycarbonat	PC	glasklar	sehr fest, starr	−190	135	ja[8]	nein
Polytetrafluor-ethylen	PTFE	undurch-sichtig	flexibel, unzerbrechlich	−200	260	ja	ja
Silicongummi	SI	durch-scheinend	weich, sehr biegsam	−50	180	ja	ja

[1] Weitere Daten findet man in den Katalogen der Hersteller von Kunststoffgeräten.
[2] Vor der Sterilisation Kunststoffgeräte gründlich reinigen und gut mit demineralisiertem Wasser spülen!
[3] bei Raumtemperatur
[4] Unterhalb dieser Temperatur versprödet der Kunststoff zunehmend; er wird brüchig und verliert seine mechanische Festigkeit. Sind zwei Werte angegeben, so bedeutet der erste die niedrigste Gebrauchstemperatur bei mechanischer Beanspruchung, der zweite die Minimaltemperatur ohne mechanische Beanspruchung.
[5] kurzzeitig auch höher!
[6] sowie starke Oxidationsmittel
[7] auch viele der üblichen (alkalischen) Laborreinigungsmittel!
[8] Die Hitzeeinwirkung vermindert die mechanische Festigkeit; deshalb darf man den Kunststoff nach mehrmaliger Hitze-sterilisation keinen hohen mechanischen Belastungen (z. B. Zentrifugation, Vakuum) mehr aussetzen.
[9] nicht beständig gegen Methanol
[10] nur bedingt beständig gegen Methanol

Tab. 20: Fortsetzung

aliphatische Alkohole	40%iger Formaldehyd	Aceton	Diethylether	aliphatische Kohlenwasserstoffe	aromatische Kohlenwasserstoffe	halogenierte Kohlenwasserstoffe	Phenol, wässrig	nicht-oxidierend	oxidierend[6]	starke Laugen[7]	Kunststoff
+	+	+	–	–	–	–	–	+	O	+	LDPE
+	+	+	O	O	O	–	+	+	O	+	HDPE
+	+	+	O	O	–	–	O	+	O	+	PP
+	+	O	O	O	–	–	+	+	O	+	PMP
O	O	–	–	–	–	–	–	O	–	+	PS
+	+	–	–	+	–	–	–	+	O	+	PVC
+[9]	+	–	–	O	–	–	–	–	–	–	PC
+	+	+	+	+	+	+	+	+	+	+	PTFE
+[10]	O	+	–	–	–	–	O	O	–	–	SI

Table spanning header: Chemische Beständigkeit[3] gegen — starke, konz. Säuren (nicht-oxidierend / oxidierend[6])

Chemische Beständigkeit:

+ = **beständig**
(kein oder geringer Angriff; keine nennenswerte Beeinträchtigung der Gebrauchseigenschaften bei Dauereinsatz in Kontakt mit der betreffenden Verbindung über mehrere Monate bis Jahre)

O = **bedingt beständig**
(schwacher bis mäßiger Angriff, meist Verschlechterung der mechanischen Eigenschaften; Dauereinsatz [mehr als einige Tage] in Kontakt mit der betreffenden Verbindung nicht empfehlenswert)

– = **nicht beständig**
(starker Angriff; rasche Schädigung bis vollständige Zerstörung)

5.2.2 Petrischalen, Vielfachschalen

Die Kultivierung von Mikroorganismen auf und in festen Nährböden geschieht im Labor in der Regel in **Petrischalen**, runden, flachen Doppelschalen mit übergreifendem, lose aufliegendem Deckel (s. Abb. 7, S. 89). In dem „stillen Raum" zwischen Deckelrand und Rand der Unterschale wird die von unten nach oben in das Gefäß hinein gerichtete Luftströmung verlangsamt, und die mitgeführten Partikel und Keime setzen sich ab. Am gebräuchlichsten sind Schalen mit etwa 90 mm Bodendurchmesser und einer Höhe von ca. 16 mm (Standardpetrischalen). Für die Keimzahlbestimmung mit Hilfe der Membranfiltertechnik (s. S. 366 ff.) bevorzugt man Petrischalen mit etwa 60 mm Durchmesser. Zweckmäßig sind Deckel mit drei Belüftungsnocken, die einen besseren Gasaustausch ermöglichen als ein unmittelbar aufliegender Deckel und die die Gefahr verringern, dass sich zwischen Deckel und Rand der Unterschale ein Kondenswasserfilm ausbildet.

Petrischalen aus **Glas** sind nur noch wenig in Gebrauch. Man sterilisiert sie mit Heißluft, gestapelt in einem Leichtmetallständer und verpackt in Blechbüchsen, ersatzweise eingewickelt in Aluminiumfolie.

Heute benutzt man meist Einwegpetrischalen aus **Polystyrol**. Sie sind glasklar und gut stapelbar, lassen sich jedoch nicht mit Hitze sterilisieren. Da sie unter keimarmen Bedingungen hergestellt und vorhandene Mikroorganismen durch die hohen Temperaturen bei der Produktion normalerweise abgetötet werden, sind die Schalen auch ohne zusätzliche Sterilisation für viele mikrobiologische Zwecke geeignet. Für kritische Nährböden oder Untersuchungen und für längere Bebrütungszeiten sollte man die teureren strahlensterilisierten Petrischalen verwenden. Zu beachten ist, dass Polystyrol von den meisten Lösungsmitteln angegriffen wird (s. Tab. 20).

Für spezielle Zwecke gibt es Petrischalen-Sondermodelle, z.B. Schalen mit Gitternetz für Keimzahlbestimmungen. Ein- oder mehrfach unterteilte Schalen gestatten z.B. eine Kultivierung von Bakterien auf verschiedenen Nährböden in einer einzigen Petrischale.

Der Mehrfachkultivierung in kleinem Maßstab, z.B. bei physiologischen und biochemischen Untersuchungen, dienen auch die **Multischalen** (Makroplatten); darunter versteht man Kunststoffplatten mit mehreren (4–24) Vertiefungen zur Aufnahme von Nährmedium und mit einem gemeinsamen Deckel.

Eine weitere Miniaturisierung führte zu den **Mikrotitrationsplatten** (Mikrotestplatten), die ursprünglich für serologische Untersuchungen entwickelt wurden. Es handelt sich um rechteckige Platten aus Kunststoff (oder Quarzglas) mit meist 96 (8 × 12) Vertiefungen („wells"), in die je nach Ausführung (Modell) jeweils 200–400 µl („deep wells": 1–2 ml) steriles Nährmedium, Reagenzien o.ä. eingefüllt werden können. Ein Deckel verhindert (Kreuz-)Kontaminationen und die Verdunstung von Substanzen. Mit Mikrotitrationsplatten lässt sich eine große Zahl von Tests auf engstem Raum und mit kleinsten Probenmengen durchführen, z.B. Antibiotika-Testreihen oder biochemische Untersuchungen zur Charakterisierung und Differenzierung von Bakterien. Das Verfahren lässt sich weitgehend automatisieren und benötigt erheblich weniger Platz, Material und Zeit als die herkömmlichen Methoden.

5.2.2.1 Herstellung von Agarplatten

Als Agarplatte bezeichnet man eine dünne Scheibe aus agarhaltigem, verfestigtem Nährboden in einer Petrischale. Agarplatten besitzen den Vorzug einer großen, überall gut zugänglichen Oberfläche; allerdings sind sie deshalb auch anfälliger gegen Kontaminationen und trocknen schnell aus.

Gießen von Agarplatten
(bei größeren Nährbodenmengen am besten zu zweit!)

Material: – autoklavierter, flüssiger Agarnährboden (mit 15–20 g Agar/l) in einem Erlenmeyerkolben (s. S. 87f.)

- leere, sterile Petrischalen
- Wasserbad bei ~ 50 °C
- Hitzeschutzhandschuh
- Filzstift
- Zeitungspapier
- eventuell: Bunsenbrenner

- Den nach dem Autoklavieren noch flüssigen oder völlig wieder verflüssigten Nährboden im Wasserbad auf etwa 50 °C[18] abkühlen lassen. (Bei 1 l Nährboden dauert das ca. 30 min.) Wird der Nährboden zu heiß ausgegossen, schlagen sich an Deckel und Rand der Petrischalen größere Mengen Kondenswasser nieder.
- Gewünschte Anzahl an sterilen Petrischalen mit einem Filzstift beschriften (in der Regel auf der Unterseite, möglichst am Rand): Kurzbezeichnung für den betreffenden Nährboden, eventuell Chargennummer oder Datum des Gießens notieren.
- Petrischalen in einem keimarmen Raum (am besten in einer Reinen Werkbank) am vorderen Rand der ebenen, waagerechten Arbeitsfläche in einer Reihe nebeneinander aufstellen.
- Nährboden durch Umschwenken gut mischen. Nicht schütteln, damit keine Luftblasen entstehen!
- Erlenmeyerkolben von unten fassen (Hitzeschutzhandschuh!), schräg halten, und Verschluss vorsichtig drehend entfernen. Sofern man den Kolben wieder verschließen will, darf man den Verschluss nicht ablegen!
- Eventuell am Kolbenhals hängengebliebene Wattefäden in der Bunsenbrennerflamme kurz abbrennen.
- Deckel der ersten Petrischale schräg etwas anheben, jedoch ständig über die Unterschale halten.
- In die Unterschale so viel Nährmedium gießen, dass der Boden gut bedeckt ist (in der Regel 15–20 ml, s. S. 96). Schalenrand nicht bekleckern! Deckel sofort wieder auflegen.
- Wenn nötig, Medium durch vorsichtiges Kreisen der Petrischale auf der Arbeitsfläche gleichmäßig über den Schalenboden verteilen; dabei Schale nicht anheben. Das Medium darf nicht an den Schalenrand oder -deckel schwappen!
- Die übrigen Petrischalen in derselben Weise mit Nährmedium füllen. Zügig arbeiten, jedoch hastige Bewegungen vermeiden.
- Petrischalen mit einigen Lagen Zeitungspapier oder einem anderen wärmeisolierenden Material bedecken, um die Bildung von Kondenswasser zu verhindern.
- Schalen ruhig stehenlassen, bis der Agar erstarrt ist (10–15 min). Die Agarschicht darf keine Luftblasen enthalten; ihre Oberfläche muss völlig glatt und eben sein.
  Haben sich doch Luftblasen gebildet, so entfernt man sie aus dem noch flüssigen Nährboden durch Anstechen mit einer ausgeglühten, heißen Impfnadel. Um die Bildung von Luftblasen im Agar sicher zu verhindern, kann man dem Nährboden vor der Sterilisation auch ein Antischaummittel zusetzen (s. S. 131).
- Agarplatten mit der Unterseite nach oben stapeln.

---

[18] bei größeren Nährbodenmengen auf 55–60 °C, damit der Agar nicht schon während des Gießens erstarrt

In der Regel wird der Nährboden in einer der gewünschten Anzahl an Agarplatten entsprechenden Menge in einem Erlenmeyerkolben angesetzt (s. S. 87 f.), autoklaviert und unter aseptischen Bedingungen in sterile Petrischalen ausgegossen. Bei den Standardpetrischalen mit ca. 90 mm Durchmesser rechnet man pro Platte 15–20 ml Nährboden; das ergibt eine Agarschicht von 2,5–3,5 mm Dicke. Sind die Agarplatten für eine längere Bebrütung (> 2 Tage) oder für eine Bebrütung bei höheren Temperaturen ($\geq$ 40 °C) vorgesehen, verwendet man besser 25–30 ml pro Platte (= 4–5 mm Schichtdicke), da sonst der Nährboden leicht austrocknet (vgl. S. 125). Benötigt man jeweils nur wenige Platten eines nicht allzu hitzeempfindlichen Nährbodens, so füllt man das fertig angesetzte Medium portionsweise in Röhrchen ab, autoklaviert diese und bewahrt sie anschließend im Kühlschrank auf. Bei Bedarf werden die Nährbodenportionen im kochenden Wasserbad oder strömenden Dampf wieder verflüssigt und in Petrischalen ausgegossen. Einige im medizinischen Bereich häufig verwendete Routinenährböden sind auch als sofort gebrauchsfertige, sterile Agarplatten im Handel (s. S. 86).

Muss man laufend sehr große Mengen gleichartiger Platten gießen, so lohnt sich unter Umständen die Anschaffung eines **Abfüllautomaten** (vgl. S. 88).

Frisch gegossene Agarplatten dürfen nicht sofort beimpft werden, da ihre Oberfläche noch sehr feucht ist und beim Abkühlen des Agars infolge teilweiser Entquellung (Synärese) „Schwitzwasser" aus dem Gel austritt, das – genauso wie eventuell vom Schalendeckel herabtropfendes Kondenswasser – auf der Agaroberfläche Tropfen bildet. Flüssigkeitsfilm und Tropfen begünstigen das Schwärmen von Bakterien oder schwemmen die Zellen ab und verhindern so die Ausbildung isoliert liegender Kolonien (vgl. S. 172). Außerdem treten beim Beimpfen nasser Platten leicht keimhaltige Aerosole auf.

Man lässt deshalb die Platten mit der Unterseite nach oben gestapelt 1–2 Tage bei Raumtemperatur trocknen; anschließend prüft man sie auf Kontaminationen. Werden sie schneller benötigt, trocknet man sie 2 Stunden lang in einem keimarmen Brut- oder Trockenschrank ohne Belüftung bei 37– 40 °C. Dazu werden Boden und Deckel der Petrischalen getrennt und – mit der Innenseite nach unten – in einer Reihe abwechselnd (mit einem Deckel beginnend) dachziegelartig schräg aufeinandergelegt. Eine gewisse Restfeuchtigkeit muss auf der Agaroberfläche verbleiben; sie ist notwendig für das Ausstreichen und Ausspateln von Zellmaterial und für ein gutes Wachstum der Mikroorganismen.

Will man Agarplatten länger lagern, verpackt man sie zum Schutz gegen Austrocknung zu mehreren luftdicht in Polyethylenbeuteln (z.B. in den Beuteln, in denen die Einwegpetrischalen geliefert werden) und bewahrt sie im Normalfall mit der Unterseite nach oben im Kühlschrank auf (vgl. S. 88 f.). Einzelne Petrischalen kann man auch entlang der Fuge zwischen Boden und Deckel mit luftdichtem Klebeband umwickeln.

Zur Trocknung und Aufbewahrung von Platten für Anaerobierkulturen s. S. 134.

5.2.3 Kulturröhrchen

Bei sehr kleinen Nährbodenmengen (bis etwa 15 ml), z.B. für Stammkulturen oder Testreihen, verwendet man häufig Kulturröhrchen, das sind kleine, reagenzglasähnliche Glasgefäße, jedoch mit dickerer Wand und einem geraden Rand (s. Abb. 7, S. 89). Reagenzgläser sind als Kulturgefäße weniger geeignet, weil sich auf ihrem umgebogenen Rand (Bördelrand) Staub und Keime absetzen, die beim Öffnen des Gefäßes die Kultur verunreinigen können. Außerdem ist der Bördelrand sehr anfällig gegen Beschädigungen; dabei entstehen scharfe Ecken und Zacken, an denen man sich beim Fassen des Stopfens verletzen kann. Dadurch erhöht sich auch die Infektionsgefahr. Schließlich sind Gefäße mit Bördelrand weniger geeignet für Kappenverschlüsse (s. S. 100f.).

Am gebräuchlichsten sind Röhrchen von 160 mm Länge und ca. 16 mm Durchmesser. Man stellt sie zu je 12–48 in Reagenzglasständer von etwa 100 mm Höhe aus Kunststoff, kunststoffüberzogenem Draht oder Edelstahl. Von Vorteil sind hitzeresistente Ständer mit einer höheren Dichte als Wasser, weil sie im Wasserbad nicht aufschwimmen und man die Röhrchen in ihnen autoklavieren kann; sonst autoklaviert man die Röhrchen in Bechergläsern oder ähnlichen Gefäßen, deren Boden mit Zellstoff oder Watte ausgepolstert ist.

Während sich fakultativ anaerobe Mikroorganismen problemlos im Röhrchen kultivieren lassen, ist für strikte Aerobier die Sauerstoffversorgung im Kulturröhrchen wegen des ungünstigen Verhältnisses von Oberfläche zu Volumen des Nährbodens völlig unzureichend. Eine Verbesserung der Belüftung erreicht man dadurch, dass man das Nährbodenvolumen reduziert, die Röhrchen schräg legt (s.u.) oder sie auf einer Schüttelmaschine bebrütet (s. S. 128f.). Auf der anderen Seite finden viele mäßig anaerobe Bakterien in hoch mit Nährmedium gefüllten „Hochschichtröhrchen" ausreichende Wachstumsbedingungen (s. S. 137f.).

Für die Kultivierung von Anaerobiern sowie für die Aufbewahrung von Nährböden und Stammkulturen gibt es Röhrchen mit Gewinde und gasdicht schließender Schraubkappe (s. S. 101).

5.2.3.1 Schrägagarröhrchen

Schrägagarröhrchen sind Kulturröhrchen mit einem festen Nährboden, der in Schräglage erstarrt ist. Sie bieten eine relativ große Agaroberfläche, während das Kulturgefäß selbst nur sehr wenig Platz benötigt und durch seine hohe, schmale Form die Austrocknung des Nährbodens verzögert. Schrägagarröhrchen verwendet man vor allem zur Aufbewahrung von Arbeits- und Stammkulturen (s. S. 185ff.).

Herstellung von Schrägagarröhrchen

Material: – Agarnährboden in einem Erlenmeyerkolben

– Kulturröhrchen 16 mm × 160 mm mit Verschlüssen

– Reagenzglasständer

– 5- bis 25-ml-Messpipette mit an der Flamme erweiterter Ausflussöffnung, oder Dosierspritze

– Stück Gummischlauch, Stab, Pipette o.ä. als Ablage

– Wasserbad oder Dampftopf bei 100 °C

– Autoklav

– Agarnährboden im siedenden Wasserbad oder strömenden Dampf verflüssigen (s. S. 88).

– Heißen, flüssigen Nährboden mit einer Messpipette oder Dosierspritze in Portionen zu je 5–6 ml (für Wright-Burri-Röhrchen [s. S. 139f.]: 4 ml) in die Kulturröhrchen füllen. Röhrchenrand nicht bekleckern!

– Röhrchen mit Stopfen oder Kappen verschließen und autoklavieren.

– Nach dem Autoklavieren Röhrchen mit dem noch flüssigen Nährboden auf einer geeigneten Ablage (Schlauchstück, Stab, Pipette o.ä.) schräg legen und in dieser Position erkalten lassen. Der obere Rand des Nährbodens muss dabei mindestens 50 mm, beim Wright-Burri-Röhrchen mindestens 80 mm, von der Oberkante des Röhrchens entfernt sein.

– Nach dem Erkalten Schrägagarröhrchen in senkrechter Stellung im Reagenzglasständer aufbewahren.

Ähnlich wie Agarplatten dürfen auch Schrägagarröhrchen nicht sofort nach der Herstellung beimpft werden, da die Agarschicht noch zu feucht ist. Man lässt daher die Röhrchen vor ihrer Verwendung einige Tage bei Raumtemperatur stehen.

Zur Beimpfung von Schrägagarröhrchen s. S. 111.

5.2.4 Kolben und Flaschen

Flüssigkeitskulturen aerober Mikroorganismen im Labormaßstab werden meist in enghalsigen **Erlenmeyerkolben** aus Borosilicatglas mit einem Nenninhalt zwischen 100 und 2000 ml angelegt (s. Abb. 7, S. 89). Vorzuziehen sind auch hier Kolben mit geradem Rand (Kulturkolben, Erlenmeyerform; vgl. S. 96f.). Um eine möglichst große Phasengrenzfläche zwischen Nährlösung und Luft zu erhalten, darf das Flüssigkeitsvolumen nicht mehr als 20 % des Kolbenvolumens betragen.

Für die Bebrütung auf einem Rundschüttler (s. S. 128f.) eignen sich besonders Erlenmeyerkolben mit 3–4 „**Schikanen**", d.h. senkrechten Einkerbungen im unteren Teil der Kolbenwand, die als Prallleisten ins Kolbeninnere vorspringen. Sie erhöhen beim Schütteln die Turbulenz der Strömung und verbessern dadurch die Durchlüftung der Kultur. Solche Schikanen kann man sich vom Glasbläser herstellen lassen; Schikanenkolben erhält man jedoch auch bei einigen Glasgeräteherstellern.

Fernbachkolben (Nenninhalt 450 und 1800 ml) sind abgewandelte, flache Erlenmeyerkolben mit sehr breitem Boden und damit noch größerer Nährbodenoberfläche. **Roux-Flaschen** (1200 ml), **Penicillinkolben** (4000 ml) und **Kolleschalen** (125 und 400 ml) haben die Form einer liegenden, flachgedrückten Flasche (in Klammern die gängigsten Nenninhalte). Beim Penicillinkolben ist der Hals schräg nach oben gerichtet; die Kolleschale weist am Hals eine Querrille auf (Abb. 7, S. 89). Diese Glasgefäße dienen zur Kultivierung aerober Mikroorganismen im Deckenverfahren (s. S. 127) oder in flacher Schicht (s. S. 128).

Kulturflaschen (Steilbrustflaschen) haben bei gleichem Nutzinhalt eine geringere Bodenfläche als Erlenmeyerkolben. Mit Schraubverschluss verwendet man sie in verschiedenen Größen und Ausführungen (30–1000 ml; mit rundem oder mit flachem, achteckigem Querschnitt) für Flüssigkeitskulturen von Anaerobiern (s. S. 138) und zur Aufbewahrung von Nährböden.

5.2.5 Verschlüsse

Der Verschluss eines Kulturgefäßes muss

- den Nährboden bzw. die Kultur vor dem Eindringen von Fremdkeimen (sowie gegebenenfalls die Umwelt vor dem Austritt infektiösen Materials) schützen;
- einfach zu handhaben, d.h. schnell vom Gefäß abzunehmen und wieder aufzusetzen sein;
- meist auch einen Gasaustausch zwischen Kultur und Umgebung ermöglichen, insbesondere den Luftzutritt zu den Kulturen aerober Mikroorganismen.

Im letztgenannten Fall verschließt man das Gefäß entweder mit einem Stopfen aus porösem Material oder mit einer Überwurfkappe. Verschlüsse aus porösem Material wirken als Tiefenfilter (s. S. 25, 33f.): Sie sind durchlässig für Gase, halten aber Mikroorganismen zurück.

Für alle herkömmlichen Verschlüsse gilt, dass sie nicht feucht werden dürfen. Sind die Kapillarräume des Verschlusses, der Raum zwischen Verschluss und Gefäßwand oder das Gewinde einer Schraubkappe mit Kondenswasser oder gar Nährlösung gefüllt, dann

- wird der Gasaustausch behindert;
- können sich in der Flüssigkeit Mikroorganismen entwickeln, die die Kultur kontaminieren oder eine Kontamination aus der Kultur nach außen tragen;
- entsteht beim Öffnen des Gefäßes durch Abreißen des Flüssigkeitsfilms zwischen Gefäßrand und Verschluss ein unter Umständen keimhaltiges Aerosol.

5.2.5.1 Watteverschlüsse

Der klassische Verschluss für Gefäße mit Aerobierkulturen ist der **Wattestopfen** aus möglichst wenig saugfähiger (= hydrophober) Baumwolle. Er wird auch heute noch viel verwendet, weil er sehr preiswert ist und zuverlässig vor Kontaminationen schützt. Watte kann autoklaviert werden. Da sie elastisch ist, passt sie sich der Gefäßöffnung gut an und bewirkt einen festen Sitz des Stopfens. Im Allgemeinen ermöglicht der Wattestopfen einen ausreichenden Gasaustausch; bei größerem Volumen und hoher Zelldichte der Kultur kann es allerdings zu einem Sauerstoffmangel kommen, besonders wenn der Stopfen zu sehr gepresst ist, z.B. weil er für die Gefäßöffnung zu groß ist.

Weitere **Nachteile** des Wattestopfens sind:

- Er franst leicht aus, und es können Fasern ins Nährmedium gelangen.
- Auch in gereinigter Watte können Spuren löslicher organischer Verbindungen enthalten sein, die durch Kondenswasser ins Medium ausgewaschen werden und z.B. bei der Untersuchung von Nährstoffansprüchen die Ergebnisse verfälschen können.
- In Gefäßen mit Watteverschlüssen trocknen Nährböden und Kulturen relativ schnell aus, was zu Konzentrationserhöhungen der Nährbodenbestandteile und zur Veränderung des pH-Werts führen kann. Bei längerer Lagerung sind Wattestopfen daher ungeeignet. Man kann zwar die Verdunstung herabsetzen, indem man die Stopfen mit Pergamentpapier, Parafilm o.ä. überzieht; diese Maßnahme fördert jedoch die Entwicklung von Pilzen im Wattestopfen, die durch den Stopfen hindurchwachsen und Nährböden oder Kulturen kontaminieren können.

Herstellung von Wattestopfen

Material: – eine Rolle möglichst wenig saugfähiger (= hydrophober) Watte
(keine Verbandwatte!)

– große Papierschere

– Kulturgefäß

– Aus einer Lage Watte von der Rolle ein quadratisches Stück herausschneiden (Seitenlänge z.B. für Kulturröhrchen 6 – 7 cm, für 250-ml-Erlenmeyerkolben 13 – 14 cm).

– Wattestück über die Spitze eines aufwärts gestreckten Fingers legen (für Kulturröhrchen Zeigefinger, für ≥ 200-ml-Erlenmeyerkolben Daumen); mit der anderen Hand senkrecht die Fingerspitze umgreifen, von oben nach unten über die Watte streichen und diese dabei an den Finger andrücken.

– Finger aus der Watte herausziehen, Watte von den Seiten mit beiden Händen zusammendrücken und dann unter Drehen etwa bis zur Hälfte in den Hals des Kulturgefäßes hineinschieben. Der Stopfen soll bei Kulturröhrchen eine Gesamtlänge von etwa 4 cm, bei 250-ml-Erlenmeyerkolben von etwa 7 cm haben.

– Wenn der Verschluss noch zu dünn ist und zu locker sitzt, Stopfen wieder herausziehen, öffnen, Inneres mit etwas Watte auspolstern, und die ersten Schritte wiederholen.

Der Stopfen darf nicht zu locker und nicht zu fest in der Gefäßöffnung sitzen: Sitzt er zu locker, so fällt er, besonders bei kräftigem Schütteln auf der Schüttelmaschine, leicht ab. Um den **richtigen Sitz** zu testen, schlägt man mit der Hand von der Seite leicht gegen die aus dem Gefäß herausragende Stopfenhälfte; dabei darf der Stopfen nicht abfallen. Sitzt der Stopfen zu fest, so lässt er sich schlecht vom Gefäß abnehmen und wieder aufsetzen. Außerdem wird er stärker zusammengepresst und ist dann unter Umständen nicht mehr genügend luftdurchlässig. Der obere Teil des Stopfens soll den Gefäßrand überdecken und ihn gegen die Ablagerung von Staub und Keimen schützen. Die selbst hergestellten Stopfen sollte man in der Regel nur einmal verwenden.

Größere Wattestopfen werden formbeständiger und mehrfach verwendbar, wenn man sie mit Mullgaze umkleidet: Man legt ein quadratisches Stück einer Doppellage Verbandmull in passender Größe über die Gefäßöffnung, drückt den Stopfen unter Drehen in den Gefäßhals und bindet den Mull über dem Stopfen kreuzweise zusammen; die überstehenden Zipfel schneidet man ab.

Vorgefertigte Wattestopfen, meist mit Zellstoffeinlage, sind in verschiedenen Größen im Handel erhältlich. Auch solche Stopfen lassen sich mehrfach verwenden. Sind Wattestopfen jedoch mit Nährmedium in Berührung gekommen, so sollte man sie immer verwerfen.

Die ebenfalls angebotenen **Zellstoffstopfen** („Steristopfen") sind den Wattestopfen nicht gleichwertig. Sie sind starrer und weniger elastisch als Wattestopfen und überdecken nicht den Gefäßrand; beim Autoklavieren schrumpfen sie und verlieren weiter an Elastizität. Sie sitzen dann häufig nicht mehr fest und bieten keinen sicheren Schutz vor Kontaminationen. Außerdem sind sie weniger gasdurchlässig als Wattestopfen.

Für die Bebrütung obligat aerober Kulturen mit hoher Zelldichte in größeren Kulturkolben, insbesondere auf der Schüttelmaschine, sind **Wattehauben** besser geeignet als Stopfen, weil sie sehr viel luftdurchlässiger sind. Sie schützen zugleich auch den Rand des Kolbens zuverlässig vor Kontaminationen. Man legt eine Lage Watte von der Rolle zwischen zwei Lagen Verbandmull, schneidet das Ganze in quadratische Stücke passender Größe, legt ein solches Stück über die Gefäßöffnung und befestigt es mit zwei Gummiringen am Kolbenhals.

Watte- und Zellstoffverschlüsse müssen vor dem Autoklavieren zum Schutz gegen Kondenswasser mit Pergamentpapier oder Aluminiumfolie abgedeckt werden (s. S. 11).

5.2.5.2 Siliconschwammverschlüsse

Eine – allerdings recht teure – Alternative zum Watteverschluss sind für Aerobierkulturen Stopfen und Kappen aus Siliconschwamm (Silicosen). Besonders die Kappen haben eine sehr hohe und reproduzierbare Sauerstoffdurchlässigkeit. Wasserdampf wird dagegen nur schlecht durchgelassen, so dass die Verdunstung gegenüber Wattestopfen auf weniger als die Hälfte herabgesetzt ist. Da das Material hydrophob ist und keine Feuchtigkeit aufnimmt, sind Kontaminationen durch ein Wachstum von Mikroorganismen auf oder in den Verschlüssen ausgeschlossen. Die Verschlüsse sind sehr hitzebeständig: Man kann sie beliebig oft autoklavieren und bis zu dreihundertmal bei 180 °C trocken sterilisieren.

5.2.5.3 Überwurfkappen

Überwurfkappen sind Verschlüsse mit tief heruntergezogenem Rand, die lose über die Öffnung des Kulturgefäßes geschoben werden. Ähnlich wie bei den Petrischalen erfolgt der Gasaustausch über den „stillen Raum" zwischen Kappe und Gefäßwand; dabei setzen sich Partikel und Keime ab. Die Kappe muss deshalb genügend Abstand zur Gefäßwand haben; sie darf nicht zu stramm sitzen. Ein bis zwei Federn oder Klammern oder ein Federkranz in ihrem Inneren halten die Kappe in der richtigen Position auf dem Gefäß fest.

Überwurfkappen gibt es aus Edelstahl, Aluminium oder Kunststoff (Polypropylen), häufig farbig zur besseren Unterscheidung verschiedenartiger Nährböden. Am verbreitetsten sind (eloxierte) Aluminiumkappen, die z.B. als Kapsenberg-Verschlüsse oder als „Labocap"-Kappen (Fa. schuett-biotec), beide meist mit stielartigem Griff, im Handel sind. Die Kappen haben teilweise eine lange Lebensdauer, sind schnell und einfach zu handhaben, halten Fremdkeime auch vom Rand des Kulturgefäßes fern und schützen den Nährboden erheblich besser gegen Austrocknung als Wattestopfen. Sie bieten jedoch über längere Zeiträume keinen sicheren Schutz vor Kontaminationen (und bei Pilzkulturen keinen Schutz vor Milben); man sollte sie daher nur für kürzere Anzuchten und Versuche, auf keinen Fall aber als Verschlüsse für Stammkulturen verwenden (vgl. S. 185).

5.2.5.4 Schraubkappen

Schraubkappen aus Aluminium oder autoklavierbarem Kunststoff dienen zum gasdichten Verschluss vor allem von Flaschen und Röhrchen, z.B. bei der Aufbewahrung von Nährböden oder der Kultivierung von Anaerobiern. Zum Schutz gegen Kontaminationen soll die Kappe ein Innengewinde und einen tief herabgezogenen Rand besitzen. Die Dichtung soll aus weißem Gummi bestehen (das keine wachstumshemmenden Stoffe ans Medium abgibt) oder PTFE-beschichtet sein. Schraubkappen mit Bohrung und einer geschlossenen Gummidichtung lassen sich, z.B. zur Entnahme einer sterilen Lösung, mit einer spitzen Kanüle durchstechen.

Gefäße mit Schraubverschlüssen muss man vor dem Autoklavieren mit einer Viertel- bis halben Drehung leicht öffnen, da sie sonst im Autoklav platzen können. Erst nach völligem Abkühlen schraubt man sie fest zu.

5.2.6 Reinigung der Kulturgefäße und anderer Laborgeräte

5.2.6.1 Reinigung neuer Glasgeräte

Fabrikneue Glaswaren erfordern vor ihrer ersten Benutzung eine besondere Behandlung, die das im Glas enthaltene freie Alkali aus der Oberfläche herauslöst. Man legt die Gläser ca. 12 Stunden (über Nacht) in 2%ige (w/v) Salzsäure[19] ein; anschließend spült man mehrmals gut mit Leitungswasser, bis das Spülwasser denselben pH-Wert aufweist wie das Leitungswasser, danach einmal mit demineralisiertem Wasser und trocknet die Gläser im Trockenschrank bei ca. 80 °C.

---

[19] 45 ml (= 53 g) konz. Salzsäure (rauchend, 38 Gew.-%, Dichte 1,19) + 960 ml demineralisiertes Wasser (Abzug, Schutzbrille und Schutzhandschuhe!)

5.2.6.2 Reinigung gebrauchter Glas- und Kunststoffgeräte

Laborgeräte aus Glas oder Kunststoff besitzen gewöhnlich glatte, porenarme, die meisten Kunststoffgeräte außerdem nicht benetzbare Oberflächen; sie lassen sich deshalb im Allgemeinen leicht reinigen. Vor der Reinigung müssen alle Geräte, die mit Krankheitserregern oder unbekannten, möglicherweise pathogenen Mikroorganismen kontaminiert sind, in ein Desinfektionsbad eingelegt und, wenn das Material es zulässt, autoklaviert werden (s. S. 22f.). Verschmutzungen sollte man nicht antrocknen lassen, da sie dann sehr viel schwerer zu entfernen sind. Man weicht deshalb Geräte, die nicht desinfiziert werden müssen und nicht sofort gereinigt werden, in demineralisiertem Wasser ein.

Es empfiehlt sich, spezielle **Laborreinigungsmittel** zu verwenden, die als flüssige Konzentrate oder als Pulver getrennt für die manuelle und die maschinelle Reinigung erhältlich sind. Die Mittel enthalten gewöhnlich Tenside, Phosphate und Komplexbildner, für besondere Zwecke (z.B. bei starker Verschmutzung oder zur gleichzeitigen Desinfektion) auch Ätzalkalien, Silicate, chlorabspaltende Verbindungen, Korrosionsschutzmittel, eiweißspaltende Enzyme und (für den Einsatz in Spülmaschinen) Entschäumer. Bei normaler Verschmutzung sollte man neutrale oder mild alkalische Reinigungsmittel verwenden. Stärker alkalische Mittel, die bei besonders starken oder hartnäckigen organischen Verschmutzungen eingesetzt werden, greifen Glas und einige Kunststoffe (besonders Polycarbonat) an, vor allem bei längerer Einwirkungsdauer. Für Glas besonders schädlich ist eine abwechselnde Behandlung mit Laugen und Säuren. Geräte aus Polysulfon darf man nicht mit Reinigungsmitteln behandeln (oder mit Lösungen in Berührung bringen), die Polysorbat (Tween) enthalten, da dies zur Bildung von Spannungsrissen führt. Die unverdünnten Reinigungsmittel sind mit Vorsicht zu handhaben, da sie z.T. Ätzalkalien oder Säuren enthalten!

Nach der Behandlung mit Reinigungsmitteln müssen die Geräte ausgiebig und wiederholt mit Wasser gespült werden, da einige Inhaltsstoffe insbesondere der Glasoberfläche oft sehr fest anhaften und das Wachstum von Mikroorganismen hemmen oder mikrobiologische Untersuchungen (z.B. Vitaminbestimmungen) stören können.

Manuelle Reinigung

Zur Reinigung von Hand setzt man mit dem Reinigungskonzentrat ein **Tauchbad** an, in dem die eingelegten Geräte bei normaler Verschmutzung selbsttätig, ohne mechanische Hilfe, gereinigt werden.

Manuelle Reinigung gebrauchter Glas- und Kunststoffgeräte

- Neutrales oder mild alkalisches Reinigungskonzentrat oder -pulver nach Herstellerangabe mit Wasser verdünnen bzw. in Wasser lösen. Im Normalfall Leitungswasser verwenden, nur bei sehr hartem Wasser (> 25 °d [deutsche Grad Härte] = > 4,5 mmol/l Erdalkalimetallionen) oder phosphatfreien Reinigungsmitteln demineralisiertes Wasser. Die Verwendung von demineralisiertem Wasser erhöht jedoch in jedem Fall die Reinigungswirkung der Lösung. Reinigungsmittel sparsam verwenden! Bei normaler Verschmutzung reicht die kleinste vom Hersteller empfohlene Gebrauchskonzentration.
- Leicht zu beseitigenden Schmutz vor dem eigentlichen Reinigungsprozess von den Geräten entfernen, um das Reinigungsbad nicht unnötig zu belasten: Geräte mit heißem Wasser

gut abspülen. Eventuelle Krusten und Beläge mit einer weichen Bürste[20], einem Gummi- oder einem weichen Kunststoffschaber entfernen, auf keinen Fall mit einem Spatel oder einem anderen harten Gegenstand, auch nicht mit einem Scheuermittel, da die dabei entstehenden Kratzer die Bruchfestigkeit der Glas- und Kunststoffgeräte herabsetzen, besonders solcher aus Polycarbonat.

- Gefäße mit Agarresten bald nach dem Autoklavieren oder der Wiederverflüssigung in ein gesondertes Behältnis entleeren, z.B. in eine Plastiktüte, nicht in den Ausguss (!); sofort anschließend die Gefäße mit heißem Wasser ausspülen.
- Geräte, die mit wasserunlöslichen anorganischen Ablagerungen (z.B. Carbonaten [Kalk] oder Hydroxiden) verschmutzt sind, mit verdünnter (z.B. 1–2%iger) Salzsäure und anschließend ausgiebig mit Leitungswasser spülen.
- Aus Schraubverschlüssen die Dichtungen herausnehmen, Kappen und Dichtungen getrennt reinigen.
- Die zu reinigenden Geräte ganz in das Reinigungsbad eintauchen und darin entsprechend den Angaben des Reinigungsmittelherstellers je nach Verschmutzungsgrad 10 min bis 24 h bei Raumtemperatur liegen lassen. Auf restlose Entfernung der Luft aus Hohlräumen achten. Hin- und Herbewegen der Geräte und Erwärmen der Lösung bis auf etwa 50 °C beschleunigen den Reinigungsprozess. (Noch höhere Temperaturen führen zur Ausflockung von Eiweißen und zur Schädigung mancher Kunststoffe.)
- Geräte nicht länger als nötig im Reinigungsbad liegen lassen, insbesondere bei Verwendung alkalischer Mittel.
- Geräte sofort nach dem Herausnehmen aus dem Tauchbad 10-mal mit Leitungswasser, anschließend 2-mal mit demineralisiertem Wasser spülen. Die Reinigungsmittellösung darf nicht antrocknen!
- Geräte an einem Abtropfbrett bei Raumtemperatur (bei Kunststoffgeräten vorzuziehen!) oder im Trockenschrank bei 80–100 °C über Nacht trocknen lassen (bei Kunststoffen Hitzebeständigkeit beachten, s. Tab. 20, S. 92!). Trockenschrank nach Ablauf der Trockenzeit abschalten, öffnen und abkühlen lassen; erst dann die Geräte herausnehmen.

Die Reinigungslösung kann in der Regel wiederholt verwendet und bei nachlassender Wirksamkeit mehrmals mit frischem Reinigungskonzentrat ergänzt werden; man sollte sie jedoch in bestimmten Abständen (z.B. alle 1–2 Wochen) völlig erneuern.

Hartnäckige oder schwer zu erreichende Schmutzreste (z.B. in Ecken, Vertiefungen oder Hohlräumen) lassen sich durch kurzes Einhängen der Geräte in ein **Ultraschallbad** bei einer Beschallungsfrequenz von 35 – 40 kHz schonend entfernen.

Öle, **Fette** sowie Farbrückstände von Fett- und **Filzstiften** kann man, wenn das Reinigungsbad nicht ausreicht, von Glasgeräten mit organischen Lösungsmitteln entfernen, z.B. mit einem benzin- oder acetongetränkten Wattebausch oder Zellstofftuch. Bei Kunststoffgeräten sind organische Lösungsmittel jedoch nur mit größter Vorsicht und unter Beachtung der Beständigkeitsangaben in Tab. 20 (S. 93) anzuwenden! Zum Reinigen von Polystyrol, Polycarbonat, Polysulfon und PVC verwende man ausschließlich Alkohole. Das Lösungsmittel darf nur so kurz wie möglich einwirken und muss sofort anschließend mit Wasser gut abgespült werden.

---

[20] Bei Zylinderbürsten (Flaschen- oder Reagenzglasbürsten) darf das untere Ende der Drahtspirale nicht frei liegen, um die Geräte nicht zu verkratzen!

Zur Reinigung von Zentrifugengefäßen aus Kunststoff siehe auch S. 387; zur Reinigung von Pipetten s. S. 116, von Objektträgern und Deckgläsern S. 234f. und von Küvetten S. 416f.

Chromschwefelsäure ist zur Reinigung mikrobiologischer Geräte völlig **ungeeignet**, da die Chromat- bzw. Dichromationen hartnäckig an den Glasoberflächen haften und schon in Spuren das Wachstum von Mikroorganismen hemmen. Viele Kunststoffe werden durch die Einwirkung von Chromschwefel- säure brüchig.

Maschinelle Reinigung

Zur maschinellen Reinigung verwendet man Laborspülmaschinen (Reinigungsautomaten), in denen die erwärmte Reinigungslösung unter hohem Druck durch die Düsen rotierender Spülarme auf und in die zu reinigenden Geräte gespritzt wird. Für die individuelle Innen- ausspritzung stärker verschmutzter Enghalsgefäße werden Direkteinspritz-(Injektor-)Wagen angeboten. Die Spülmaschinen werden elektronisch gesteuert; sie enthalten fest gespeicher- te Standardreinigungsprogramme, sind z.T. aber auch frei programmierbar. Ein **normales Reinigungsprogramm** umfasst gewöhnlich einen Vorspülgang, in dem z.B. ein saures Rei- nigungsmittel anorganische Ablagerungen entfernt, einen alkalischen Hauptspülgang, einen sauren Neutralisationsgang, der die Alkalireste beseitigt, 1–2 Zwischenspülungen sowie 1–2 Nachspülungen mit demineralisiertem Wasser. Für eine normale Reinigung ist eine Wasser- temperatur zwischen 60 und 80 °C ausreichend.

Manche Spülmaschinen erlauben auch eine chemothermische Desinfektion unter Zusatz eines Desin- fektionsmittels oder eine physikalisch-thermische Desinfektion bei 93–95 °C (vgl. S. 23); andere sind mit einem Heißluftgebläse zur Trocknung des Spülguts, eventuell mit sterilfiltrierter Luft, ausgestattet.

Auch die meisten Kunststoffgeräte kann man in Laborspülmaschinen reinigen, jedoch darf man bei hitzeempfindlichen Kunststoffen (z.B. Polystyrol, Hochdruckpolyethylen [LDPE], Polyvinylchlorid [PVC]) eine Wassertemperatur von 50 °C nicht überschreiten. Polycarbonat verliert durch wiederholtes Reinigen in der Spülmaschine an Festigkeit. Polystyrol- und Poly- carbonatgeräte reinigt man besser mit einem milden, neutralen Reinigungsmittel von Hand.

Vor dem Einordnen in die Spülmaschine müssen alle zu reinigenden Gefäße entleert werden. Es dürfen z.B. keine Reste von Säuren (insbesondere keine Salzsäure und Chloride), Lösungs- mitteln oder Agar in den Spülraum gelangen. Etiketten, Stopfen u.ä. sind vorher zu entfernen. Man stellt die Gefäße mit den Öffnungen nach unten in die entsprechenden Einsätze und Körbe und beschwert sie mit Abdecknetzen oder -gittern, um Beschädigungen und Glasbruch zu vermeiden. Nach jedem Spülzyklus kontrolliert man die Siebe am Boden des Spülraums und säubert sie von festen Partikeln, z.B. Glassplittern.

5.3 Entnahme von Zellmaterial, Impftechniken

5.3.1 Das Impfmaterial

Unter Impfen versteht man in der Mikrobiologie die Übertragung einer gewissen Menge ver- mehrungsfähiger Mikroorganismen (= Impfmaterial, Inokulum) auf oder in einen – meist sterilen – Nährboden zum Zweck der Kultivierung. Bei dem Impfmaterial kann es sich um eine Reinkultur, um eine Mischpopulation von einem natürlichen Standort oder um kontami- niertes bzw. infektiöses Material handeln.

Die zweckmäßige **Größe des Inokulums** (= Anzahl der überimpften Zellen) hängt ab von der Art des Zellmaterials und dem Ziel der Kultivierung. Für Anreicherungen und die Gewinnung von Reinkulturen wählt man ein möglichst kleines Inokulum (Ausnahme: strikte Anaerobier). Soll dagegen eine Reinkultur nach dem Überimpfen schnell anwachsen, d.h. die Anlauf-(lag-)Phase möglichst kurz sein, so verwendet man ein großes Inokulum (bei Flüssigkeitskulturen ca. 10 % des Nährlösungsvolumens) aus einer Vorkultur, die sich in der exponentiellen Wachstumsphase befindet. Eine solche Kultur erhält man von vielen heterotrophen Bakterien z.B. über Nacht, indem man abends mit einer Impfnadel eine sehr kleine Menge Zellmaterial von einer Agarkultur entnimmt, sie in wenigen Millilitern Nährlösung oder 0,1%iger Peptonlösung (s. S. 171) suspendiert, die Suspension in 500 ml Nährlösung überführt und bei 35 °C für 12–16 Stunden bebrütet. Setzt man die Zellen anschließend keinem milieubedingten Stress aus (s. S. 328) und überimpft sie sofort in ein nährstoffreiches („fettes") Medium, so beträgt die lag-Phase bei vielen Bakterien nur 1–2 Stunden.

Nährstoffarme Medien erfordern oft ein größeres Inokulum als nährstoffreiche. Unterhalb einer bestimmten Mindestmenge an Impfmaterial pro Volumeneinheit beimpfter Nährlösung setzt bei vielen Bakterien überhaupt kein Wachstum ein. Besonders wichtig ist ein großes Inokulum bei der Flüssigkultivierung strikter Anaerobier (s. S. 134). Dagegen muss man vor dem Beimpfen von Agarplatten Impfmaterial mit hoher Zelldichte in der Regel stark verdünnen (s. S. 173f.).

Um bei Wachstumsversuchen und industriellen Anwendungen reproduzierbare Ergebnisse zu erzielen, benötigt man möglichst **homogenes** und **gleichbleibendes Impfmaterial**. Solches Material versucht man dadurch zu erhalten, dass man mehrere (z.B. 2–3) Vorkulturpassagen auf dem gleichen Medium hintereinanderschaltet. Zumindest die beiden letzten Vorkulturen sollen in flüssigem Medium mit möglichst derselben Zusammensetzung wie das Testmedium angesetzt werden. Um bei Testreihen absolut gleiche Ausgangsbedingungen zu schaffen, empfiehlt es sich, das (flüssige) Testmedium erst nach dem Beimpfen und gutem Durchmischen auf die Kulturgefäße zu verteilen.

Bei den Endosporenbildnern und den sporenbildenden Actinomyceten und Pilzen[21] benutzt man **Sporensuspensionen** als besonders gleichförmiges, gut definiertes Impfmaterial. Der Sporulationsgrad soll ≥ 90 % betragen. Endosporen setzt man häufig unmittelbar vor dem Überimpfen einem subletalen Hitzeschock aus, der die Sporenkeimung beschleunigt und synchronisiert und dadurch die Gleichförmigkeit der Kultur erhöht (vgl. aber S. 160!). Man erhitzt dazu die Suspension im Wasserbad z.B. 60 min auf 60 °C, 30 min auf 70 °C oder 10 min auf 80 °C. Sporensuspensionen lassen sich, am besten in demineralisiertem Wasser, 1–3 Monate im Kühlschrank aufbewahren.

Wenn Vorkultur- und Testmedium eine unterschiedliche Zusammensetzung aufweisen, können beim Überimpfen unbeabsichtigt Substanzen von einem in das andere Medium verschleppt werden. Das kann besonders bei Untersuchungen zum Spurenelement- oder Vitaminbedarf von Mikroorganismen zu falschen Ergebnissen führen. Man verwendet deshalb in solchen Fällen ein möglichst kleines Inokulum und überimpft die Zellen auch hier wenn möglich vor dem eigentlichen Versuch zwei- bis dreimal hintereinander auf eine Nährlösung, die mit dem Testmedium identisch ist.

---

[21] vgl. S. 195, Fußnote [17]

5.3.2 Grundregeln des Überimpfens

– Man arbeite beim Überimpfen nach Möglichkeit an einer Reinen Werkbank (s. S. 45ff.). In bestimmten Fällen ist eine Sicherheitswerkbank vorgeschrieben (s. S. 44). Größere Kulturvolumina (> 100 ml) sollte man immer in einer Sicherheitswerkbank (Sicherheitsklasse 2) übertragen. Die Arbeitsanleitungen der folgenden Seiten ermöglichen jedoch auch ohne Reine Werkbank ein steriles Arbeiten, wenn man die allgemeinen Regeln der Seiten 42f. strikt beachtet.

– Alle Kulturgefäße müssen vor dem Beimpfen mit einem wisch- und wasserfesten Filzstift eindeutig **beschriftet** werden. Schon bei der Herstellung bzw. Abfüllung des Nährbodens vermerkt man auf dem Gefäß die Kurzbezeichnung des Mediums, eventuell auch eine Chargennummer oder das Herstellungsdatum. Vor dem Beimpfen notiert man dann die genaue Bezeichnung des überimpften Mikroorganismus (einschließlich der Stammnummer) oder der eingeimpften Probe sowie das Animpfdatum und den Namen desjenigen, der beimpft. Petrischalen beschriftet man gewöhnlich auf der Unterseite, möglichst am Rand.

– Falls der zu beimpfende Nährboden oder das verwendete Dispersionsmittel im Kühlschrank aufbewahrt worden sind, bringt man sie vor dem Beimpfen auf Raumtemperatur oder (besser!) auf die Bebrütungstemperatur. Dadurch vermeidet man einen Kälteschock, der die Vermehrungsfähigkeit der Zellen stark beeinträchtigen kann (vgl. S. 382).

– Kulturröhrchen, Kolben und Flaschen fasst man beim Öffnen möglichst weit unten, die Verschlüsse möglichst weit außen. Man hält die Gefäße beim Überimpfen so schräg wie möglich, um ein Eindringen von Luftkeimen zu verhindern, und lässt sie nicht länger geöffnet als unbedingt nötig (vgl. S. 43).

– Beim Übertragen des Inokulums vermeide man Vibrationen des Impfgeräts und heftige Bewegungen, da es dabei leicht zum Ablösen und Wegspritzen keimhaltiger Tröpfchen oder Partikel kommt. Auch beim Öffnen der Kulturgefäße sowie beim Entnehmen oder Verrühren von Zellmaterial können keimhaltige Aerosole entstehen. Dieselbe Gefahr besteht beim Schütteln von Flüssigkeitskulturen und Zellsuspensionen. Deshalb sollte man die Zellen möglichst nicht durch Schütteln, sondern durch kreisende und wirbelnde Bewegung in einer Flüssigkeit verteilen und danach einige Minuten warten, bevor man das Gefäß öffnet.

5.3.3 Impfösen und -nadeln

Zur Entnahme kleiner, meist nicht genau definierter Mengen an Kulturmaterial (Bakterien und Hefen) und zum Beimpfen kleinerer Flüssigkeitskulturen sowie der Oberfläche fester Nährböden bedient man sich einer **Impföse** (Impfschlinge). Sie soll möglichst aus Platin-Iridium-Draht (90 % Pt + 10 % Ir) bestehen, ersatzweise aus hochglühfähigem Edelstahl-(Chrom-Nickel-Stahl-)Draht. Edelstahl hat den Nachteil, dass er beim Ausglühen rasch oxidiert und dadurch seine Oberfläche angegriffen wird. Außerdem kühlt er nicht so schnell ab wie Platin-Iridium-Draht.

Bei der Standardimpföse hat der Draht eine Stärke von 0,5– 0,6 mm, ist etwa 60 mm lang und am Vorderende zu einem Ring mit einem inneren Durchmesser von 2– 4 mm gebogen. Der Ring soll möglichst völlig geschlossen und absolut eben sein; für den Ausstrich auf Agarplatten (s. S. 173ff.) wird er gegenüber dem geraden Drahtstück ganz leicht abgewinkelt. Das hintere Ende des Drahtes wird mit Hilfe eines Spannfutters in einen etwa 24 cm langen

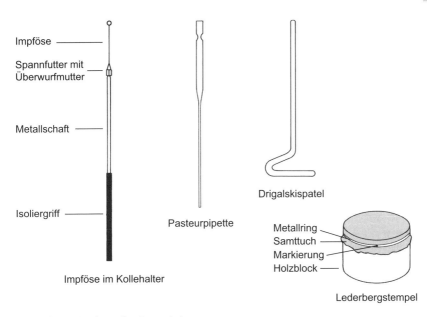

Abb. 8: Impfgeräte (nicht maßstabgerecht)

Metallstab, den **Kollehalter**, eingeklemmt (s. Abb. 8). Der Griffteil des Halters ist zur Wärmeisolierung mit Kunststoff überzogen. Ein reiner Kunststoffgriff ist nicht empfehlenswert, da er sich durch die Hitzeeinwirkung im Laufe der Zeit verformt und der in ihn eingelassene Metallschaft locker wird.

Bei mehrmaligem Überimpfen aus derselben Zellsuspension lässt sich mit dem in der Impföse ausgespannten Flüssigkeitsfilm jeweils ein ziemlich gleichbleibendes Volumen von einigen Mikrolitern übertragen. Es gibt sogar kalibrierte Impfösen zur Aufnahme einer genau festgelegten Flüssigkeitsmenge zwischen 1 und 10 µl, doch ist das übertragene Volumen auch abhängig von der Viskosität der Flüssigkeit und von der Handhabung der Öse.

Impfnadeln unterscheiden sich von Impfösen nur dadurch, dass sie am Ende nicht gebogen, sondern gerade und meist zugespitzt sind. Sie haben gewöhnlich eine Länge von 50 – 70 mm und dienen zur Übertragung sehr kleiner Inokula, zur Entnahme von Material aus kleinen oder dicht nebeneinanderliegenden Kolonien und zum Animpfen von Stichkulturen. Für besondere Zwecke verwendet man eine hakenförmig gebogene Impfnadel (Impfhaken) oder eine Lanzettnadel.

Impfösen und -nadeln werden vor und nach jedem Gebrauch durch **Ausglühen** sterilisiert, in der Regel in der Bunsenbrennerflamme. Beim Arbeiten mit pathogenen Keimen sollte man einen Bunsenbrenner mit Spritzschutzglocke oder einen Elektrobrenner verwenden, um ein Wegspritzen infektiöser Partikel beim Ausglühen zu vermeiden. In die Hitzebehandlung ist auch der vordere Teil des Kollehalters, besonders seine Spitze, mit einzubeziehen. Sie enthält im Bereich des Spannfutters Spalten und innere Hohlräume, in die bei unvorsichtiger Handhabung Keime gelangen und dort das Ausglühen überleben können. Dieses Risiko entfällt bei der Verwendung gebrauchsfertiger, strahlensterilisierter Einmalimpfösen und -nadeln aus Kunststoff. Man benutzt sie auch zum Überimpfen in einer Reinen Werkbank oder einer Anaerobenkammer.

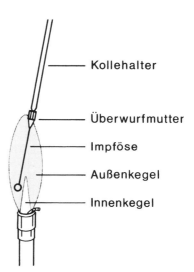

Abb. 9:
Ausglühen der Impföse in der
Bunsenbrennerflamme

Ausglühen der Impföse
(s. Abb. 9) (Gilt entsprechend auch für Impfnadeln.)

Material: – Impföse im Kollehalter
      – Bunsenbrenner

Vor Gebrauch:

– Bunsenbrenner mit nichtleuchtender, prasselnder Flamme (s. S. 17) gut erreichbar aufstellen.
– Kollehalter am äußeren Ende des Isoliergriffs zwischen Daumen, Zeige- und Mittelfinger nehmen (Schreibhaltung; vgl. Abb. 10).
– Vorderen, nicht isolierten Teil des Halters zweimal der Länge nach vor und zurück durch die Flamme ziehen, das zweite Mal nach Drehung um etwa 180°. Dabei auf keinen Fall den Isoliergriff in die Flamme bringen, und den Halter nicht überhitzen!
– Die in den Halter eingespannte Impföse möglichst steil (fast senkrecht) von oben so in den von der Hand abgewandten Teil des Außenkegels der Flamme halten, dass der ganze Draht und die Spitze (Überwurfmutter) des Halters von der Flamme erfasst werden.
– Impföse nicht bewegen und so lange in der Flamme lassen, bis sie in voller Länge glühend geworden ist.
– Vor der Benutzung die heiße Öse an der Luft, z.B. in einem Impfösenständer (s. S. 109), ca. 15 s abkühlen lassen, oder sie durch kurzes Eintauchen in steriles Wasser oder Nährlösung oder durch Auftupfen auf eine sterile Agaroberfläche abkühlen.
(Beim Eintauchen der heißen Impföse in eine Kulturflüssigkeit oder eine Kolonie kann es zum Verspritzen von Zellmaterial und zur Entstehung eines keimhaltigen Aerosols kommen. Außerdem besteht die Gefahr, dass ein Teil der Zellen durch die Hitze abgetötet wird.)

Nach Gebrauch:

– Öse zunächst im (kälteren) Innenkegel der Brennerflamme trocknen, und erst dann wie oben beschrieben ausglühen, um ein Verspritzen des restlichen Impfmaterials zu vermeiden.

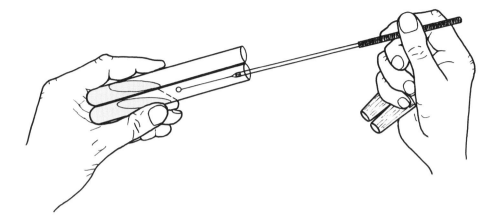

Abb. 10: Überimpfen von Mikroorganismen aus einem Kulturröhrchen in ein anderes mit Hilfe der Impföse

Man bewahrt die in Halter eingespannten Impfösen und Impfnadeln am besten aufrecht stehend in Impfösenständern (Holz- oder Metallklötzen mit entsprechenden Bohrungen) auf, um eine Beschädigung des Drahtes zu vermeiden. In einer Reinen Werkbank kann man zeitsparend mit mehreren Ösen (oder Nadeln) arbeiten, indem man jeweils die zuletzt benutzte nach dem Ausglühen im Ständer abkühlen lässt und währenddessen die nächste, bereits abgekühlte Öse verwendet.

Überimpfen von Mikroorganismen aus einem Kulturröhrchen in ein anderes mit Hilfe der Impföse
(s. Abb. 10)

Material: – Röhrchen mit Mikroorganismenkultur

– Röhrchen mit sterilem Nährboden (eventuell: Schrägagarröhrchen)

– Reagenzglasständer

– Impföse im Kollehalter

– Impfösenständer

– Bunsenbrenner

– Filzstift

beim Überimpfen in Nährlösung:

– möglichst: Reagenzglasmischgerät („Whirlimixer", s. S. 332)

– Bunsenbrenner in der Mitte des Arbeitsplatzes, Reagenzglasständer mit den Röhrchen links, Impfösenständer mit Impföse rechts aufstellen (Linkshänder umgekehrt).

– Zu beimpfendes Röhrchen beschriften (s. S. 106).

– Verschlüsse der beiden Röhrchen etwas lockern.

– Bei Verwendung von **Wattestopfen** beide Röhrchen parallel zueinander und auf gleicher Höhe längs zwischen Daumen und Zeigefinger der linken (bei Linkshändern: rechten) Hand schieben und dort seitlich festhalten. Mittel- und Ringfinger unterstützen die Röhrchen von unten. Das Innere beider Röhrchen muss gut zu sehen sein.

- Halter mit der Impföse in die rechte Hand nehmen; Impföse ausglühen und abkühlen lassen (s. S. 108).
- Röhrchen schräg halten. Mit dem kleinen Finger der Impfösenhand beide Wattestopfen möglichst weit oben umgreifen, gleichzeitig langsam (nicht ruckartig!) herausziehen und zwischen kleinem Finger und Handballen festhalten, nicht ablegen. Die Stopfen nicht mit unsterilen Gegenständen (Kittel o.ä.) in Berührung bringen.
- Bei Verwendung von **Überwurfkappen**, z.B. Kapsenberg-Verschlüssen, die Röhrchen etwas spreizen, und die Verschlüsse nacheinander mit dem 5. bzw. zwischen 5. und 4. Finger greifen und langsam abziehen sowie nach dem Überimpfen wieder aufsetzen.
- Mit der Impföse Zellmaterial aus dem einen Röhrchen entnehmen und auf dem kürzesten Wege in das andere Röhrchen übertragen (s.u.), ohne Rand oder Innenwand der Röhrchen zu berühren. Nur die Öse, auf keinen Fall den Halter, mit Kultur und Nährboden in Berührung bringen!
- Impföse aus dem zweiten Röhrchen herausziehen, und Verschlüsse auf beide Röhrchen wieder aufsetzen.
- Röhrchen in den Reagenzglasständer zurückstellen (getrennt von eventuellen weiteren Röhrchen).
- Impföse trocknen, ausglühen und in den Impfösenständer zurückstellen.
- Festen Sitz der Röhrchenverschlüsse überprüfen; Verschlüsse gegebenenfalls andrücken.

Die Wahl der Methode, nach der man das Impfmaterial in oder auf dem zu beimpfenden Nährboden verteilt, hängt davon ab, ob die verwendeten Kulturen und Nährböden flüssig oder fest sind.

Verteilung des Impfmaterials in oder auf einem Nährboden mit Hilfe der Impföse

Flüssig-flüssig-Überimpfung:

- Impföse mit dem Inokulum kurz in der zu beimpfenden Nährlösung leicht hin- und herbewegen. (Nicht stark rühren, um Aerosolbildung zu vermeiden!)
- Nach dem Verschließen der Röhrchen Impfmaterial mindestens 10 s lang mit einem Reagenzglasmischgerät (s. S. 332) oder ersatzweise durch schnelles, kräftiges Hin- und Herrollen des Röhrchens zwischen den Handflächen (wie beim Quirlen) mit der Nährlösung vermischen; Röhrchen dabei etwas schräg halten. Verschluss bzw. Röhrchenrand nicht benetzen! Röhrchen nicht schütteln!

Fest-flüssig-Überimpfung:

- Impföse mit dem festen oder halbfesten Inokulum (z.B. von einer Kolonie) kurz in die zu beimpfende Nährlösung eintauchen, dann das Impfmaterial an der Gefäßwand dicht oberhalb des Flüssigkeitsspiegels gut verreiben.
  (Wird das Material direkt in der Nährlösung verrührt, löst es sich häufig als Klumpen von der Öse, sinkt zu Boden und lässt sich nicht mehr homogen verteilen.)
- Röhrchen so weit kippen, dass das Impfmaterial von der Nährlösung überspült wird; das Material vorsichtig mit der Öse im Medium verteilen.

– Nach dem Verschließen der Röhrchen Inokulum mit dem Reagenzglasmischgerät oder durch Rollen des Röhrchens zwischen den Handflächen gut mit der Nährlösung vermischen (s.o.).

Flüssig-fest- oder Fest-fest-Überimpfung auf Schrägagar:
(zur Herstellung von Schrägagarröhrchen s. S. 97f.)

– Das zu beimpfende Schrägagarröhrchen so halten, dass die Agaroberfläche nach oben gerichtet ist.

– Impföse mit dem Inokulum vorsichtig bis fast zum Grund in das Schrägagarröhrchen einführen, ohne dabei den Nährboden zu berühren.

– Impföse etwa 1 cm vom unteren Ende des Röhrchens entfernt (oberhalb etwaigen Kondenswassers) mit der flachen Seite leicht auf die Agaroberfläche aufsetzen, dann langsam und ohne Druck in einer Schlangenlinie in Richtung Röhrchenöffnung über den Agar streichen (nicht ganz bis zum oberen Ende des Nährbodens), ohne dabei die Glaswand zu berühren. Agaroberfläche nicht verletzen!

Zum Beimpfen von Agarplatten mit der Impföse s. S. 173 ff.

Beimpft man Nährlösungen in Kolben oder Flaschen mit der Impföse und nicht – wie meist üblich – mit der Pipette (s.u.), so geschieht das in derselben Weise wie bei Kulturröhrchen, jedoch wird das Gefäß mit der zu überimpfenden Kultur nach Entnahme des Inokulums zunächst geschlossen und weggestellt, und erst dann das zweite Kulturgefäß geöffnet.

Um eine große Zahl von Mikroorganismen zur gleichen Zeit mit einem ökonomisch vertretbaren Arbeitsaufwand physiologisch-biochemisch zu charakterisieren und zu differenzieren oder um ihre Empfindlichkeit gegenüber Antibiotika zu testen, verwendet man **Vielpunktbeimpfungsgeräte** in Verbindung mit Nährböden in Petrischalen oder Mikrotitrationsplatten (s. S. 94; vgl. auch Lederbergstempel, S. 118ff.).

5.3.4 Pipetten

Kleine Mengen an Mikroorganismensuspension überträgt man meist mit Hilfe steriler Pipetten. Pipetten verwendet man auch zur Entnahme und Zugabe steriler Lösungen und beim Anlegen von Verdünnungsreihen. Man benutzt hauptsächlich Pipetten aus Glas, vorwiegend AR-Glas (s. S. 90), obwohl auch hier Kunststoffartikel zur Verfügung stehen, insbesondere Kolbenhubpipetten mit Kunststoffspitzen.

5.3.4.1 Mess- und Vollpipetten

Zur Übertragung abgemessener Volumina verwendet man meist Messpipetten, und zwar vorwiegend solche mit 1 ml, 5 ml oder 10 ml Nenninhalt. Mit Messpipetten kann man innerhalb eines bestimmten Bereichs verschieden große Flüssigkeitsmengen abmessen. Die Pipetten sollten bis zur Spitze unterteilt sein (bei 1 ml Nenninhalt in 0,01-ml-Schritten, bei 5 und 10 ml in 0,1-ml-Schritten, an den Hauptmarken zweckmäßigerweise durch Ringe statt durch Striche), eine kontrastreiche, säure- und laugenbeständige Graduierung besitzen und zur besseren Unterscheidung der verschiedenen Größen eine farbige Kennzeichnung („Color-Code") gemäß ISO-Norm aufweisen. Für größere Volumina (z.B. 50 oder 100 ml) verwendet man Vollpipetten. Sie sind ab einem Nenninhalt von 5 ml aufwärts genauer als die entsprechenden Messpipetten, jedoch lässt sich mit ihnen jeweils nur ein bestimmtes Volumen abmessen.

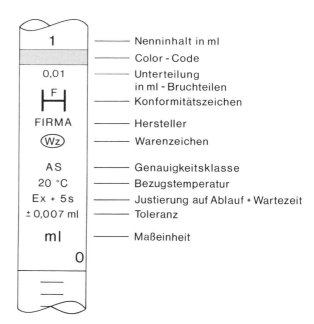

Abb. 11:
Beschriftung auf einer
1-ml-Messpipette
(nach ISO 835)

Die für mikrobiologische Zwecke verwendeten Pipetten müssen auf (völligen) **Ablauf** justiert sein[22] (Kennzeichnung „Ex" auf der Pipette, s. Abb. 11). Das bedeutet, dass in der Pipette ein Rest verbleibt, der nicht zum Messvolumen gehört (und daher keinesfalls ausgeblasen werden darf!). Damit dieser Rest immer gleich ist, sollte man nach Ablauf des gewünschten Flüssigkeitsvolumens noch eine **Wartezeit** einhalten[22]. Bei den Klassen A und B (s.u.) werden ca. 3 s empfohlen, bei Klasse AS sind 5 s vorgeschrieben. Während dieser Zeit können Flüssigkeitsreste, die an der Innenwand der Pipette hängengeblieben sind und noch zum Messvolumen gehören, nach unten nachlaufen. Empfehlenswert sind Pipetten mit kurzer Ablaufzeit, z.B. Klasse AS. („S" steht für Schnellablauf.)

Pipetten teilt man, wie alle Volumenmessgeräte, nach DIN, ISO und Eichordnung in mehrere Klassen ein, die sich in ihren Fehlergrenzen (Toleranzen) sowie den Ablauf- und Wartezeiten unterscheiden. Geräte der **Klassen A** und **AS** sind besonders genau, d.h. sie besitzen eine besonders geringe Toleranz (ist auf der Pipette als „ ± 0,... ml" angegeben; s. Abb. 11), die innerhalb der Eichfehlergrenzen liegt. Die Toleranz beträgt bei 1- bis 10-ml-Messpipetten ± 0,7–0,5 %, bei 50- und 100-ml-Vollpipetten ± 0,1 % bzw. ± 0,08 %. Volumenmessgeräte der Klassen A und AS tragen seit 1989 das Konformitätszeichen, ein stilisiertes „H", in dessen oberer Hälfte das Kennzeichen, in der Regel der Anfangsbuchstabe, der Herstellerfirma steht. Mit dem Konformitätszeichen bestätigt der Hersteller die Übereinstimmung des Geräts mit den Zulassungsbestimmungen der Eichordnung und den einschlägigen DIN- und ISO-Normen (= Konformitätsbescheinigung). Pipetten der Klasse AS haben eine größere Spitzenöffnung und dadurch einen schnelleren Ablauf als die der Klasse A; sie haben die Geräte der Klasse A deshalb weitgehend verdrängt.

Pipetten der **Klasse B** besitzen ebenfalls eine kurze Ablaufzeit, jedoch etwa eineinhalbmal größere Fehlergrenzen als die Klassen A und AS (1- bis 10-ml-Messpipetten ± 1 – 0,8 %, 50- und 100-ml-Vollpipetten ± 0,14 bzw. 0,12 % Toleranz). Geräte der Klasse B sind nicht eichfähig bzw. besitzen keine Konformitätsbescheinigung.

---

[22] Justierung und Wartezeit gelten strenggenommen nur für demineralisiertes Wasser bei einer Temperatur von 20 °C. Da die Dichte einer Flüssigkeit temperaturabhängig ist, sollte bei sehr genauem Arbeiten die pipettierte Flüssigkeit eine Temperatur von etwa 20 °C besitzen.

Bei der **Auswahl der Pipetten** für sterile Arbeiten achte man darauf, dass diese nicht zu lang sind für die Benutzung in der Reinen Werkbank. Ihr Nennvolumen darf nicht zu groß sein; es soll möglichst nahe am abzumessenden Volumen liegen und höchstens dessen Fünffaches betragen, damit der Pipettierfehler nicht unzulässig groß wird. Pipetten mit beschädigten Spitzen sind auszusondern, weil ihre veränderten Ablaufeigenschaften das Messergebnis verfälschen würden.

Pipetten müssen vor ihrer Sterilisation und Verwendung absolut sauber sein (vgl. S. 116). Fett und andere Schmutzreste an der Innenwand der Pipette verhindern eine gleichmäßige Benetzung der Glasoberfläche und können dadurch z.B. das Messvolumen einer 1-ml-Pipette um bis zu 15 % verringern; umgekehrt können Reste von Tensiden das Messvolumen erhöhen.

Will man sterile Pipetten mehrfach verwenden, so stopft man sie vor der Sterilisation mit hydrophober Watte (vgl. S. 99). Dazu führt man in das obere Ende (Saugrohr, Mundstück) der Pipette mit Hilfe eines Drahtes einen etwa 25 mm langen, nicht zu festen **Wattepfropf** ein. (Es gibt für diesen Zweck auch Watteschnur und sogar Pipettenstopfautomaten [z.B. von Ismatec].) Der Wattepfropf verhindert das Eindringen von Keimen in den Innenraum der Pipette mit der beim Ablaufen der Flüssigkeit nachströmenden Luft. Er schützt jedoch nicht vor einer Infektion beim Pipettieren mit dem Munde! Der Wattepfropf verlängert die Ablaufzeit und kann dadurch die Genauigkeit der Messung beeinträchtigen.

Messpipetten mit einem Nennvolumen ≥ 5 ml besitzen am Saugrohr eine Verengung, durch die ein fester Sitz des Wattepfropfs erreicht wird. Es sind auch Pipetten erhältlich, deren Saugrohr zur Aufnahme der Watte erweitert ist. Aus dem Saugrohr dürfen keine Wattefasern herausragen. Man verwende nur Watte, die bei der Heißluftsterilisation sich nicht bräunt oder verkohlt (vgl. S. 16). Benutzt man die Pipetten nur einmal, so ist kein Wattepfropf erforderlich.

Pipetten **sterilisiert** man mit Heißluft, gestopfte Pipetten nicht über 160 °C (s. S. 16f.). Eine merkliche Volumenveränderung durch die Heißluftsterilisation ist nicht zu befürchten. Vollpipetten wickelt man vor der Sterilisation in Aluminiumfolie, Mess- und Pasteurpipetten (s. S. 117) legt man in **Pipettenbüchsen** ein, in denen man die sterilisierten Pipetten auch aufbewahrt. Pipettenbüchsen sind lange, schmale Metallbehälter mit rundem oder rechteckigem Querschnitt. (Die rechteckigen Büchsen lassen sich besser stapeln!) Die Büchsen werden mit einem Überfalldeckel verschlossen und sind in verschiedenen Längen oder als Behälter mit variabler Länge erhältlich. Zweckmäßig sind Einlageplatten aus Silicongummi in Boden und Deckel, die eine Beschädigung der Pipettenspitzen und -enden verhindern. Wenn die Pipettenbüchse Sterilisierlöcher in Behälterwand und Überfalldeckel besitzt, müssen diese während der Sterilisation übereinanderstehen; danach wird die Büchse durch Drehen des Deckels verschlossen. Pipettenbüchsen mit Pipetten sollte man immer in horizontaler Lage transportieren und handhaben und liegend an einem staubfreien Ort (z.B. in einem geschlossenen Schrank) aufbewahren.

Mikroorganismensuspensionen pipettiert man wegen der Infektionsgefahr grundsätzlich nicht mit dem Mund (auch nicht mit gestopften Pipetten), sondern immer mit einer **Pipettierhilfe**.

Es steht eine große Auswahl verschiedener Pipettierhilfen zur Verfügung, vom einfachen Peleusball oder Kolbenpipettierhelfer bis hin zur elektrischen Pipettierhilfe mit eigener Vakuumpumpe. Ein Rückschlagventil und ein in den Pipettierhelfer integriertes, hydrophobes PTFE-Membranfilter (s. S. 34f.), das regelmäßig augewechselt werden muss, schützt das Pipettiersystem vor eindringender Flüssigkeit und die Proben – wirkungsvoller als ein Wattepfropf im Saugrohr der Pipette (s.o.) – vor Kontaminationen. Der Außendurchmesser der Pipette und der Innendurchmesser des Anschlusses der Pipettierhilfe müssen so aufeinander abgestimmt sein, dass die Pipettierhilfe leicht auf die Pipette geschoben werden kann, beide jedoch fest miteinander verbunden sind. Der Pipettierhelfer sollte autoklavierbar sein.

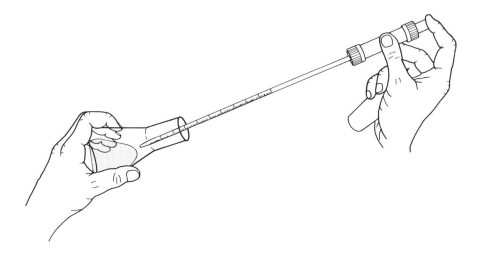

Abb. 12: Übertragung von Mikroorganismensuspension mit einer Messpipette (mit Pipettierhilfe)

Übertragung einer abgemessenen Menge an Mikroorganismensuspension aus einem Kulturgefäß in ein anderes mit Hilfe einer Messpipette

(Abb. 12) (Entsprechend geht man vor beim Übertragen steriler Lösungen.)

Material: – Kulturgefäß mit Flüssigkeitskultur

– Kulturgefäß mit steriler Nährlösung

– Pipettenbüchse mit sterilen Messpipetten, auf völligen Ablauf justiert (Kennzeichnung „Ex"), Nullpunkt oben

– Pipettierhilfe

– Filzstift

– eventuell: leerer Erlenmeyerkolben o.ä. (zum Auffangen der überschüssigen Zellsuspension)

bei Kulturröhrchen:

– möglichst: Reagenzglasmischgerät („Whirlimixer", s. S. 332)

bei (möglicherweise) pathogenen Mikroorganismen:

– Desinfektionsbad für Pipetten (s. S. 22 f.)

– Kultur und zu beimpfendes Gefäß, voneinander getrennt, links aufstellen; Pipettenbüchse mit sterilen Pipetten links (Linkshänder: rechts) hinlegen.

– Zu beimpfendes Kulturgefäß beschriften (s. S. 106).

– Flüssigkeitskultur gut durchmischen: Schraubverschlussgefäße kräftig schütteln, Erlenmeyerkolben kreisförmig schwenken, und Röhrchen auf einem Reagenzglasmischgerät schütteln oder ersatzweise zwischen den Handflächen hin- und herrollen (s. S. 110, 332). Verschluss bzw. Gefäßrand nicht benetzen!

– Verschlüsse der Gefäße lockern.

– Pipettenbüchse an beiden Enden fassen (Deckel nach rechts gerichtet [Linkshänder: nach links]) und waagerecht hochheben. Deckel abziehen und mit der Öffnung nach unten festhalten.

- Mit dem kleinen Finger der rechten (Linkshänder: linken) Hand nur die eine Pipette, die man entnehmen will, am äußersten Ende des Saugrohrs anfassen und etwas vorziehen. Weder die anderen Pipetten noch den Rand der Pipettenbüchse berühren. (Wenn die Pipetten zu kurz sind und nicht aus dem Behälter herausragen, nicht in die Pipettenbüchse hineingreifen, sondern die Büchse wieder schließen, und die Pipetten durch leichtes Neigen nach rechts oder vorsichtiges Aufschütteln in die Behälteröffnung bringen; weiter wie oben.)
- Pipettenende mit dem kleinen Finger (und eventuell Ringfinger) umgreifen, und Pipette aus der Büchse herausziehen. Deckel wieder aufsetzen; dabei die entnommene Pipette nicht mit unsterilen Gegenständen (z.B. Kittel, Arbeitsfläche) in Berührung bringen. Einmal entnommene Pipetten nicht wieder in die Pipettenbüchse zurücklegen.
- Die restlichen Pipetten in der Büchse zurückgleiten lassen. Pipettenbüchse hinlegen, nicht stellen!
- Pipette zwischen Daumen und übrige Finger nehmen (dabei möglichst weit oben anfassen) und unter Drehen in die Pipettierhilfe hineinschieben. Keine Gewalt anwenden, da dann Glasbruch- und Verletzungsgefahr besteht! Die Pipette muss jedoch fest im Pipettierhelfer sitzen; ihre Graduierung muss gut zu sehen sein.
- Gefäß mit der Flüssigkeitskultur in die linke Hand nehmen (möglichst weit unten fassen), schräg halten, und mit dem kleinen (und eventuell Mittel-)Finger der Pipettenhand Verschluss möglichst weit oben umgreifen, langsam (nicht ruckartig!) herausziehen und zwischen kleinem Finger und Handballen festhalten, nicht ablegen. Verschluss und Pipette nicht mit unsterilen Gegenständen in Berührung bringen.
- Pipette vorsichtig in das Kulturgefäß einführen, ohne den Gefäßrand zu berühren, und mit der Spitze tief in die Kulturflüssigkeit eintauchen, jedoch nicht bis zum Boden des Gefäßes, um keinen Bodensatz mit anzusaugen.
- Pipette bis etwa 1 cm über die Nullmarke vollsaugen.
- Pipettenspitze aus der Kultur herausziehen, oberhalb des Flüssigkeitsspiegels auf die Innenwand des (schräggehaltenen) Kulturgefäßes aufsetzen, und langsam so viel Flüssigkeit ablaufen lassen, dass der tiefste Punkt des Meniskus die Oberkante der Nullmarke gerade berührt. Dabei muss sich die Marke in Augenhöhe befinden; die Ringmarke muss als **eine** Linie erscheinen.
- Einen eventuell noch an der Pipettenspitze hängenden Tropfen an der Gefäßwand abstreifen. Pipette aus dem Kulturgefäß herausziehen, Gefäß schließen und wegstellen.
- In derselben Weise wie oben beschrieben das zu beimpfende Gefäß in die linke Hand nehmen und mit dem kleinen Finger der rechten Hand öffnen. Währenddessen darf aus der Pipette keine Flüssigkeit verloren gehen!
- Pipette vorsichtig in das Gefäß einführen, und Spitze dicht oberhalb des Flüssigkeitsspiegels an der Innenwand des Gefäßes aufsetzen.

Will man den **gesamten Pipetteninhalt** übertragen:

Flüssigkeit ablaufen lassen, bis sie in der Pipettenspitze von selbst zum Stillstand kommt; danach die Wartezeit einhalten (s. S. 112). Der in der Spitze verbleibende Flüssigkeitsrest darf keinesfalls ausgeblasen werden!

Will man nur einen **Teil des Pipetteninhalts** übertragen:

Flüssigkeit bis etwa 5 mm oberhalb der gewünschten Messmarke ablaufen lassen; danach die Wartezeit einhalten, und erst dann den Meniskus so einstellen, dass sein tiefster Punkt die Oberkante der Marke gerade berührt (Marke in Augenhöhe!).

Flüssigkeit niemals frei schwebend austropfen lassen!

- Pipettenspitze an der Gefäßwand abstreichen. Pipette aus dem Gefäß herausziehen; Gefäß schließen und nach rechts wegstellen.
- Gegebenenfalls den in der Pipette verbliebenen Flüssigkeitsrest in ein Auffanggefäß ablaufen lassen; dabei Aerosolbildung vermeiden.
- Pipette vorsichtig aus der Pipettierhilfe herausziehen (nur am Saugrohr anfassen!) und nach rechts weglegen. Beim Arbeiten mit Krankheitserregern oder möglicherweise pathogenen Mikroorganismen Pipette mit der Spitze nach unten sofort in ein Desinfektionsbad stellen, das sich in einem rechts von der Arbeitsfläche auf dem Boden aufgestellten Pipettenbehälter aus Kunststoff befindet.
- Verschluss des beimpften Gefäßes fest andrücken oder zuschrauben.
- Zellsuspension und Nährlösung gründlich miteinander mischen (wie bei der Flüssigkeitskultur, s. S. 114).

Ungestopfte Pipetten benutzt man beim sterilen Arbeiten nur einmal. Mit Watte gestopfte Pipetten kann man zum Übertragen derselben (Kultur-)Flüssigkeit mehrmals verwenden; man muss jedoch darauf achten, dass mit der Pipette nicht unbemerkt unerwünschte Keime oder Substanzen ins Kultur- bzw. Vorratsgefäß gelangen und von dort weiterverschleppt werden. Wenn Flüssigkeit in die Watte gelangt ist, muss man die Pipette auswechseln; aber auch sonst sollte man mit sterilen Pipetten nicht sparsam umgehen und sie häufig (z.B. nach 3–5 Übertragungen) wechseln, um Kontaminationen und die Vermischung verschiedener Mikroorganismenstämme zu vermeiden.

Zur schnellen und sicheren Verteilung von Mikroorganismensuspensionen (insbesondere von Suspensionen pathogener Organismen) und von sterilen Lösungen in kleinen, abgemessenen Portionen (maximal bis 10 ml) eignen sich auch autoklavierbare **Kolbenhubpipetten** und **Handdispenser** mit vorsterilisierten oder autoklavierbaren Spitzen oder Spritzen aus Polypropylen. Bei Volumina ≤ 0,1 ml sind Kolbenhubpipetten den Glaspipetten vorzuziehen, da sie genauer sind (Toleranz ± 0,8 – 0,5 % bei einem Nennvolumen von ≥ 20 μl). Die Verwendung von Filterspitzen (mit eingesetztem hydrophobem Polyethylenfilter) oder (noch sicherer!) von Einwegkapillaren und -kolben in den Direktverdrängungspipetten verhindert Kreuzkontaminationen. Zum rationellen Beschicken von Mikrotitrationsplatten (s. S. 94) gibt es Mehrkanalpipetten.

Die **Reinigung von Pipetten** erfolgt nach denselben Grundsätzen wie die anderer Laborgeräte (s. S. 101ff.). Glaspipetten stellt man sofort nach Gebrauch mit den Spitzen nach unten in einen Pipettenbehälter aus Kunststoff, der mit einer Desinfektionslösung oder mit demineralisiertem Wasser gefüllt ist. Anschließend entfernt man die Wattepfropfe mit einer spitzen Pinzette, Druckluft oder Wasserdruck, stellt die Pipetten mit den Spitzen nach unten in einen Pipettenkorb und taucht sie ganz in ein Reinigungsbad (nicht Chromschwefelsäure!) in einem Pipettenbehälter ein, in dem sie eine Zeit lang bleiben. Danach bringt man sie samt Korb für etwa zwei Stunden in ein Pipettenspülgerät, das an die Wasserleitung angeschlossen und mit einem Ablauf versehen ist (z.B. durch Aufstellung in einem großen Abflussbecken) und das ein automatisches, gründliches Durchspülen der Pipetten mit Leitungswasser nach dem Saugheberprinzip bewirkt. Sobald das im Gerät aufsteigende Wasser die Höhe des Überlaufrohrs erreicht hat, läuft es schnell bis auf den Boden ab; dabei werden die Pipetten kräftig durchgespült. Dieser Vorgang wiederholt sich ständig, bis der Wasserzulauf abgestellt wird. Der Wasserverbrauch ist allerdings beträchtlich. Zum Schluss taucht man die Pipetten zweimal in einen Behälter mit frischem demineralisiertem Wasser und trocknet sie über Nacht im Trockenschrank bei ca. 100 °C.

Zur maschinellen Glaspipettenreinigung gibt es Pipetteneinsätze und Injektorwagen für Laborspülmaschinen sowie spezielle Pipettenreinigungs- und -trocknungsautomaten (z. B. von Fa. Hölzel).

5.3.4.2 Pasteurpipetten

Pasteurpipetten bestehen meist aus einem kurzen Glasrohr mit einem Außendurchmesser von ca. 7 mm, das an einem Ende zu einer Kapillare (Innendurchmesser ca. 1 mm) ausgezogen ist (s. Abb. 8, S. 107). Am anderen Ende befindet sich ein etwa 20 mm langes Mundstück mit einer Verengung zur Aufnahme eines Wattepfropfs (vgl. S. 113). Das Volumen beträgt etwa 2 ml. Gebräuchlich sind vor allem zwei Größen, die sich in der Länge der Kapillare unterscheiden:

	Kapillarenlänge	Gesamtlänge
lange Form:	140 mm	230 mm
kurze Form:	60 mm	150 mm

Für mikrobiologische Zwecke ist in der Regel die lange Form besser geeignet. Man benutzt Pasteurpipetten vor allem zur Entnahme und Übertragung kleiner, nicht genau definierter Mengen an Kulturflüssigkeit, z.B. auch bei der Herstellung mikroskopischer Präparate (s. S. 248ff.).

Pasteurpipetten werden wie Messpipetten sterilisiert und aufbewahrt (s. S. 113), am besten in besonderen, kurzen Pipettenbüchsen. Die Pipetten sind auch vorsterilisiert und fertig gestopft lieferbar.

Übertragung einer kleinen, nicht genau festgelegten Menge an Kulturflüssigkeit mit Hilfe einer Pasteurpipette
(zum Vorgehen im Einzelnen vgl. Arbeitsanleitung auf S. 114ff. Beim Arbeiten mit Glaspasteurpipetten Schutzbrille tragen!)

– Pasteurpipette aus der Pipettenbüchse entnehmen und mit Daumen und Mittelfinger nahe dem oberen Ende fassen.
– Kapillare in die Kulturflüssigkeit eintauchen. Aufgrund der Kapillarwirkung füllt sich das Kapillarrohr mit Flüssigkeit, und zwar umso mehr, je tiefer man die Spitze eintaucht und je flacher man die Pipette hält.
– Oberes Ende der Pipette mit dem Zeigefinger verschließen; Kapillare aus dem Kulturgefäß herausziehen und in das zu beimpfende Gefäß einführen, oder ihre Spitze auf die Mitte eines Objektträgers aufsetzen.
– Pipette möglichst senkrecht halten, und den Zeigefinger wegnehmen, so dass der größte Teil des Pipetteninhalts ausläuft.

Will man eine etwas größere Flüssigkeitsmenge übertragen:

– Auf das obere Pipettenende ein Saughütchen aus Gummi aufsetzen.
– Gummisauger vor Entnahme der Suspension nur so viel zusammendrücken, wie nötig ist, um die gewünschte Flüssigkeitsmenge aufzusaugen, und nach Eintauchen in die Kulturflüssigkeit langsam wieder loslassen.
– Beim Entleeren der Pipette den Gummisauger langsam (nicht ruckartig!) zusammendrücken und genau so wieder loslassen.

Pasteurpipetten mit Saugball gibt es auch aus Polyethylen; man erhält sie auch vorsterilisiert und/oder graduiert mit 1 ml bzw. 3 ml Nennvolumen. Zum Absaugen größerer Mengen an Nährlösung oder Kulturflüssigkeit verwendet man eine ungestopfte (Glas-)Pasteurpipette, die über eine Saugflasche an eine Vakuumpumpe angeschlossen ist.

Pasteurpipetten sind in der Regel Einwegartikel. Pasteurpipetten aus Glas gehören – wie alle Glasabfälle – in einen gesonderten, sicheren Abfallbehälter, der ein Durchstechen verhindert.

5.3.4.3 Spritzen

Injektionsspritzen mit spitzen Kanülen sollte man wegen der Gefahr einer Verletzung und Infektion zum Überimpfen möglichst nicht verwenden. Man benutzt sie jedoch – mit entsprechender Vorsicht –, um aus Flaschen mit Durchstechverschlüssen (Gummikappen, oder Schraubkappen mit Bohrung und geschlossener Gummidichtung, s. S. 101) sterile Lösungen zu entnehmen. Man verwende Injektionsspritzen niemals als Ersatz für eine Pipette!

5.3.5 Drigalskispatel

Der Drigalskispatel dient zum gleichmäßigen Verteilen („Ausspateln") keimhaltiger Suspensionen auf der Oberfläche von Agarplatten, z.B. bei der Lebendzellzahlbestimmung nach dem Spatelplattenverfahren (s. S. 361 ff.). Es handelt sich um einen im Querschnitt runden Glasstab mit 5–6 mm oder Edelstahlstab mit 3 mm Durchmesser, dessen unteres Ende im rechten Winkel oder – durch zweimaliges Umbiegen – zu einem Dreieck gebogen ist (s. Abb. 8, S. 107).

Man kann sich einen Drigalskispatel auch selbst aus einem 20 – 30 cm langen Glasstab im Außenkegel der Bunsenbrennerflamme biegen; zuvor werden seine Enden rundgeschmolzen. Die Biegungen sollten möglichst eng sein, damit der zum Ausstreichen verwendete kurze Querschenkel zu einem möglichst großen Teil gerade verläuft und der Agaroberfläche voll aufliegt. Der gerade Teil des Schenkels soll eine Länge von 40 – 60 mm haben; er darf keine Unebenheiten und scharfen Kanten aufweisen. Es erleichtert die Handhabung, wenn der Spatelschaft am Ansatz des Querschenkels leicht nach unten abgewinkelt ist.

Man sterilisiert Drigalskispatel, eingewickelt in Aluminiumfolie, mit trockener Heißluft. Zur behelfsmäßigen, nicht unbedingt sicheren Sterilisation taucht man den kurzen Schenkel des Spatels in 96%iges Ethanol (z.B. in einer Glaspetrischale) und brennt den anhaftenden Alkohol außerhalb der Bunsenflamme ab (s. S. 18). Anschließend lässt man den Spatel an der Luft kurz abkühlen oder kühlt ihn durch kurzes Auftupfen auf eine sterile Agaroberfläche ab. (Vorsicht: Petrischale mit Ethanol nicht zu dicht neben den Bunsenbrenner stellen! Deckel sofort wieder schließen! Nicht den noch heißen Spatel in den Alkohol tauchen!)

5.3.6 Lederbergstempel

Eine besondere Art der Vielfachbeimpfung ist die von den Lederbergs (1952)[23] entwickelte **Stempeltechnik** („replica plating"). Sie erlaubt die gleichzeitige Übertragung einer großen Zahl von Bakterien- oder Hefekolonien von einer Agarplatte auf eine andere in einem einzigen Arbeitsgang mit Hilfe eines sterilen Samttuchs. Auf dieses über einen zylindrischen Block gelegte Tuch (s. Abb. 8, S. 107) drückt man zunächst die Oberfläche einer mit Kolonien bewachsenen „Mutterplatte" („master plate") und erzeugt so auf dem Samt einen Abdruck aller auf der Platte vorhandenen Kolonien. Anschließend drückt man auf die Samtoberfläche eine Reihe noch unbeimpfter „Tochterplatten" („replica plates"), die unterschiedliche Minimal-,

---

[23] Lederberg, J., Lederberg, E.M. (1952), J. Bacteriol. **63**, 399 – 406

Selektiv- oder Differentialnährböden (s. S. 52) enthalten. Jedes Härchen des Samtflors wirkt wie eine winzige Impfnadel, die Zellmaterial von der Mutterplatte aufnimmt und es an der entsprechenden Stelle auf der Oberfläche der Tochterplatten ablädt. Auf diese Weise wird das vollständige Kolonienmuster der Mutterplatte auf die Tochterplatten übertragen. Nach der Bebrütung erlauben Lücken im Kolonienmuster der Tochterplatten Rückschlüsse auf physiologische Eigenschaften der überimpften Mikroorganismen. Man benutzt die Stempeltechnik vor allem zur Selektion auxotropher Mutanten, aber auch, wenn es darum geht, eine große Zahl von Stämmen gleichzeitig und mit möglichst geringem Arbeitsaufwand auf physiologisch-biochemische Merkmale zu untersuchen.

Voraussetzungen für das Gelingen der Methode sind:

- Die Kolonien auf der Mutterplatte dürfen nicht zu klein sein (Durchmesser ≥ 1 mm).

- Die Kolonien auf der Mutterplatte müssen einzeln und nicht zu dicht beieinander liegen. Am geeignetsten ist eine Zahl von 20 – 200 Kolonien pro Platte.

- Die Agarplatten müssen fest (2 – 2,5 % Agar) und ihre Oberfläche trocken sein. (Zum Trocknen von Agarplatten s. S. 96.)

Stempeltechnik nach Lederberg
(vgl. Abb. 8, S. 107)

Material: –   zylindrischer Holz- oder Metallblock, Höhe ca. 50 – 100 mm, Durchmesser etwas geringer als der der Petrischalen (80 mm Blockdurchmesser für Standardpetrischalen mit 90 mm Bodendurchmesser)

            –   feinfloriger Baumwollsamt mit glatter Oberfläche in Stücken zu 15 cm × 15 cm

            –   Metallring (eventuell Drahtring), ersatzweise kräftiger Gummiring (zum Festklemmen des Samts auf dem Zylinder)

            –   leere, sterile Petrischale

            –   eine mit Kolonien bewachsene Mutterplatte

            –   sterile, trockene Tochterplatten mit den verschiedenen, zu testenden Nährböden

            –   Filzstift

            –   Aluminiumfolie

            –   doppelwandiger Autoklav mit Vakuumpumpe

Herstellung des Lederbergstempels:

- Samtstücke so zusammenfalten, dass die Florflächen aufeinanderliegen. Die spätere Stempelfläche darf jedoch nicht geknickt werden!
- Samt in Aluminiumfolie einschlagen und mit Nachvakuum autoklavieren (s. S. 9). Metallring ebenfalls einpacken und autoklavieren.

(Alle folgenden Schritte möglichst in einer Reinen Werkbank durchführen!)

- Ein steriles Samtstück aus der Folie entnehmen (dabei Florfläche nur am Rand berühren) und mit der Florfläche nach oben gleichmäßig über den zylindrischen Block legen.
- Den Samt mit dem Unterteil einer sterilen Petrischale an den Block anpressen.
- Sterilen Metallring vorsichtig an der Außenfläche fassen, auf den vom Samt bedeckten Zylinder schieben, und dabei das Tuch glatt über den Block spannen.

Oder:

Samttuch mit dem Unterteil der sterilen Petrischale über den Block pressen und mit einem Gummiring seitlich festklemmen, dabei glatt spannen.

– Am Ring eine senkrechte Strichmarkierung anbringen.

Übertragung der Kolonien mit dem Stempel:

– Außen am Rand der Unterschale von Mutterplatte und Tochterplatten eine senkrechte Strichmarkierung anbringen.

– Mutterplatte umdrehen, und ihre bewachsene Agaroberfläche von oben leicht auf die Samtfläche des Stempels drücken, und zwar so, dass die Markierungen an Ring und Schale übereinanderstehen.

– Die Agaroberflächen der Tochterplatten in derselben Weise wie die der Mutterplatte nacheinander auf die Samtfläche drücken. Die Marken an Stempel und Platten müssen übereinanderstehen!

– Alle Platten genau senkrecht und ohne Drehen vom Samt abheben, um ein Verschmieren der Kolonien zu vermeiden.

– Tochterplatten in der vorgesehenen Weise bebrüten; anschließend ihre Kolonienmuster mit dem der Kontroll- bzw. Mutterplatte vergleichen (s.u.). Mutterplatte bis zur Auswertung der Tochterplatten im Kühlschrank aufbewahren.

Mit einem Abdruck der Mutterplatte auf dem Samtstempel kann man in der Regel 5 – 6, maximal 10 Tochterplatten beimpfen. Will man mehr als 10 Tochterplatten stempeln, so wechselt man den Samt und stellt auf einem neuen, sterilen Samtstück einen zweiten Abdruck der Mutterplatte her. Bevor man den Metallring wieder über den Samt schiebt, desinfiziert man ihn durch Einlegen in 70%iges Ethanol und entfernt anschließend den überschüssigen Alkohol durch Auftupfen der Außenfläche auf ein Stück Filtrierpapier. Die benutzten Samtstücke können autoklaviert, gewaschen und erneut verwendet werden. Gebrauchsfertige, sterile Einwegstempel („Replica Plater") sind im Handel erhältlich (Schleicher & Schuell).

Als letzte Tochterplatte einer Serie beimpft man immer eine **Kontrollplatte**, die den gleichen Nährboden enthält wie die Mutterplatte und unter denselben Bedingungen wie sie bebrütet wird. Nur wenn die Kontrollplatte nach der Bebrütung bei gleicher Ausrichtung der Marken dasselbe, lückenlose Kolonienmuster wie die Mutterplatte zeigt, kann man davon ausgehen, dass dieses Muster auch auf alle anderen Tochterplatten vollständig übertragen worden ist. Fehlen auf einer Tochterplatte dennoch eine oder mehrere Kolonien, so bedeutet das, dass die betreffenden Mikroorganismen auf dem vorliegenden Nährboden oder unter den gewählten Bebrütungsbedingungen nicht wachsen können. Dies wiederum erlaubt Rückschlüsse auf physiologisch-biochemische Eigenschaften dieser Organismen; auxotrophe Mutanten z.B. erkennt man beim Vergleich der Kolonienmuster auf Voll- und Minimalmedium. Allerdings kann es durch Wechselwirkungen zwischen den Kolonien, z.B. durch die Ausscheidung von Stoffwechselprodukten, unter Umständen zu falschen Ergebnissen kommen.

5.4 Bebrütung

Von entscheidender Bedeutung für die Kultivierung von Mikroorganismen ist – neben der Wahl des richtigen Nährbodens – die Schaffung geeigneter Wachstumsbedingungen während der Bebrütung (Inkubation). Wir beschränken uns hier auf die **statische Kultur** („Batch"-Kultur). Diese stellt ein weitgehend geschlossenes System dar, dem – von gasförmigen Stoffen abgesehen – während der Bebrütung in der Regel weder neue Nährstoffe zugeführt noch ausgeschiedene Stoffwechselprodukte entzogen werden. Die **kontinuierliche Kultur** im Chemostaten oder Turbidostaten ist nicht Gegenstand dieser Einführung. Eine ausführliche Darstellung von Theorie und Praxis der kontinuierlichen Kultur findet man z.B. bei Málek und Fencl (1966), Tempest (1970), Evans et al. (1970), Munson (1970), Pirt (1985) und Gottschal (1990).

Einfluss auf das Wachstum von Mikroorganismen haben vor allem die Temperatur, das Licht und der Luftsauerstoff.

5.4.1 Temperatur

Mikroorganismen wachsen nur innerhalb eines bestimmten Temperaturbereichs, dessen Lage je nach Organismus sehr unterschiedlich sein kann und der für eine gegebene Art meist eine Spanne von etwa 30–35 °C umfasst. Der für die Bebrütung geeignete Bereich ist jedoch sehr viel kleiner. Die **Optimaltemperatur** für das Wachstum eines Mikroorganismus, d.h. die Temperatur, bei der der Organismus mit maximaler Rate wächst, liegt oft nur wenige Grad unter der Maximaltemperatur, bei der die Zellen bereits geschädigt werden und das Wachstum zum Stillstand kommt. In Übereinstimmung mit der für chemische Reaktionen geltenden van't Hoffschen Regel bewirkt eine Erhöhung der Bebrütungstemperatur um 10 °C in einem begrenzten Bereich unterhalb des Temperaturoptimums bei den meisten Bakterien etwa eine Verdopplung der Wachstumsrate (Temperaturkoeffizient $Q_{10} \approx 2$).

Bei aeroben Flüssigkeitskulturen liegt die Optimaltemperatur für den Ertrag an Biomasse gewöhnlich mehrere Grad unter der Temperatur mit der höchsten Wachstumsrate, weil Sauerstoff bei niedrigeren Temperaturen leichter löslich und damit für die Organismen besser zugänglich ist (vgl. S. 127).

Die Bebrütungstemperatur beeinflusst jedoch nicht nur Wachstumsrate und Ertrag, sondern auch die Art des Stoffwechsels, die Nährstoffansprüche und die chemische Zusammensetzung der Zellen. Eine Erhöhung der Bebrütungstemperatur kann z.B. einen Bedarf an Wachstumsfaktoren herbeiführen oder ihn erhöhen, den Polysaccharidgehalt der Zellen verringern und den Anteil der gesättigten und unverzweigten gegenüber den ungesättigten und verzweigten Fettsäuren sowie deren Kettenlänge in den Membranlipiden erhöhen. Auch die Synthese sekundärer Stoffwechselprodukte, z.B. die Farbstoffbildung, ist häufig temperaturabhängig; dabei liegt das Temperaturoptimum für die Synthese der sekundären Metabolite meist niedriger als für das Wachstum.

Nach ihren Temperaturbereichen und -optima für das Wachstum teilt man die Mikroorganismen grob in vier Gruppen ein: Die meisten Mikroorganismen im Boden und Wasser sowie in Warmblütern sind **mesophil**, d.h. sie wachsen optimal in einem mittleren Temperaturbereich zwischen etwa 20 und 45 °C. Mikroorganismen, die in Warmblütern leben, sind gewöhnlich an deren Körpertemperatur angepasst. **Psychrophile** (kryophile) Mikroorganismen (= vor allem marine Organismen) haben ihr Wachstumsoptimum bei ≤ 15 °C und wachsen auch noch bei 0 °C oder darunter, jedoch nicht oberhalb von 20 °C[24] (vgl. S. 328). Bei den **thermophilen** Mikroorganismen liegt die Optimaltemperatur für das Wachstum zwischen etwa 45 und 80 °C (oberhalb von 60 °C nur noch Prokaryoten), bei den **hyperthermophilen** Organismen (vorwiegend Archaebakterien) sogar oberhalb von 80 oder selbst 100 °C. Angaben über den Temperaturbereich für das Wachstum der verschiedenen Mikroorganismen und über ihre optimale Bebrütungstemperatur findet man in den auf S. 51 genannten Werken und in den Katalogen der Kulturensammlungen (s. S. 211ff.).

---

[24] Mikroorganismen, die ihr Wachstumsoptimum im mesophilen Bereich haben, jedoch auch noch bei Temperaturen ≤ 5 °C wachsen können, heißen „psychrotolerant" oder „psychrotroph".

In der mikrobiologischen Praxis hat man es meist mit mesophilen Mikroorganismen zu tun. Man bebrütet sie in der Regel in einem elektrisch beheizten Brutschrank oder Brutraum, und zwar bei Temperaturen etwas unterhalb ihres Optimums, um eine Überhitzung der Zellen aufgrund von Temperaturschwankungen zu vermeiden. Human- und tierpathogene Arten sowie andere Mikroorganismen, die in Warmblütern vorkommen, bebrütet man daher zweckmäßigerweise bei 35 °C (statt bei 37 °C), da manche dieser Organismen, z.B. *Neisseria gonorrhoeae*, bei Temperaturen knapp über 37 °C schon zugrunde gehen können. Boden- und Wasserbakterien inkubiert man üblicherweise bei 25 – 30 °C, besser jedoch bei 20 – 25 °C, denn manche Wasserbakterien werden durch Temperaturen, die erheblich über 20 °C liegen, bereits abgetötet. Pilze (einschließlich der Hefen) bebrütet man ebenfalls meist bei 20 – 25 °C.

Herkömmliche **Brutschränke** gestatten eine Bebrütung im Bereich zwischen etwa 5 °C über Umgebungstemperatur und 50 – 80 °C. Der Brutschrank darf nicht zu klein sein; sein Innenraum soll gut zu reinigen sein, glatte Flächen und abgerundete Ecken sowie herausnehmbare, kippsichere Einsätze (Horden) besitzen. Innenräume und Horden aus Edelstahl sind besonders stabil und korrosionsfest; dagegen hat Aluminium eine etwa zwölfmal höhere Wärmeleitfähigkeit als Edelstahl. Um ein häufiges Öffnen des Brutschranks zu vermeiden, ist eine Innentür aus Glas zum störungsfreien Beobachten der Kulturen empfehlenswert. Die **Temperaturregelung** erfolgt über einen mechanischen (Bimetall-)Thermostaten oder (genauer) über einen elektronischen Regler. Außerdem soll der Brutschrank einen Überhitzungsschutz (Temperaturbegrenzer) besitzen, der beim Überschreiten der Nenntemperatur oder einer vorgewählten Temperatur die Heizung abschaltet. Noch besser ist ein Temperaturwählwächter, der bei Ausfall des normalen Regelsystems automatisch die Temperaturregelung übernimmt. Als weiteres Zubehör sind eine Schaltuhr (auch für Tages- und Wochenprogramme) und ein Temperaturschreiber erhältlich.

Um eine gute Luftzirkulation und gleichmäßige Erwärmung zu erreichen, darf der Brutschrank nicht zu dicht gefüllt werden. Die Luftklappe sollte geschlossen sein. Auch bei lockerer Beschickung treten jedoch in einem Brutschrank mit natürlicher Durchlüftung oft **räumliche Temperaturabweichungen** von mehreren Grad Celsius auf; je höher die Bebrütungstemperatur, desto größer sind die Temperaturunterschiede. Deshalb liest man die tatsächliche Bebrütungstemperatur nicht am Kontrollthermometer des Brutschranks ab, sondern an Thermometern, die man in wassergefüllte Kolben oder Flaschen steckt und an verschiedenen Stellen im Brutschrank aufstellt. Eine gleichmäßigere Temperaturverteilung erreicht man durch kontinuierliche, horizontale Luftumwälzung mit Hilfe eines eingebauten Ventilators. Sie ist vor allem für größere Brutschränke empfehlenswert, erhöht allerdings die Gefahr der Austrocknung (s. S. 124f.) und Kontamination aerob bebrüteter Kulturen sowie das Risiko einer Laborinfektion durch keimhaltige Aerosole beim Arbeiten mit Krankheitserregern. Deshalb sollte beim Öffnen eines Umluftbrutschranks der Ventilator abgeschaltet sein!

Die **zeitlichen Temperaturabweichungen** betragen im geschlossenen Brutschrank maximal ± 1 % der Nenntemperatur, also etwa ± 0,5 °C. Sie werden jedoch erheblich größer, wenn man den Brutschrank häufig öffnet. Dies gilt besonders für kleinere Brutschränke. Man öffne deshalb einen Brutschrank nicht häufiger als unbedingt notwendig!

In vielen Fällen ist allerdings eine hohe Temperaturgenauigkeit während der Bebrütung nicht unbedingt erforderlich. Man kann daher oft auch behelfsmäßig in einem Trockenschrank bebrüten, bei dem in der Regel größere Temperaturabweichungen auftreten als in einem Brutschrank.

Wenn man ständig große Mengen an Kulturen bei ein und derselben Temperatur bebrüten oder Schüttelmaschinen ohne eigene Heizung betreiben will, braucht man einen **Brutraum**, den man sich in einem kleinen, möglichst fensterlosen Raum behelfsmäßig selbst leicht einrichten kann. Eventuell vorhandene Fenster verschließt man mit wärmedämmendem Material; auch die Wände, Decke und Tür sollte man mit wärmedämmenden Platten verkleiden und die Tür mit Schaumstoffstreifen gegen Zugluft abdichten. Man beheizt den Raum je nach Größe und gewünschter Temperatur mit einem oder mehreren leistungsstarken Heizlüftern oder Radiatoren und lässt zusätzlich ständig einen großen Ventilator laufen. Das Heizgerät verbindet man mit einem empfindlichen, externen Thermostaten (z.B. einem Kontaktthermometer mit Relais); die in die Geräte eingebauten Temperaturregler sind für diesen Zweck zu ungenau.

Für eine Bebrütung bei Raumtemperatur oder darunter benötigt man einen **Kühlbrutschrank** mit Kühlaggregat und künstlicher Luftumwälzung. Diese Geräte kühlen meist hinunter bis etwa 0 °C.

Wenn es auf hohe Temperaturgenauigkeit und -konstanz ankommt, z.B. bei Untersuchungen zur Temperaturabhängigkeit von Mikroorganismen, brütet man die Flüssigkeitskulturen (z.B. in Kulturröhrchen) in einem **Wasserbad**, in dem das Wasser durch einen Rührer oder eine Pumpe ständig umgewälzt wird. Auch für Kurzzeitbebrütung benutzt man ein Wasserbad, da in ihm die Kulturen sehr viel schneller die gewünschte Temperatur erreichen als in einem Brutschrank. Die Badtemperatur lässt sich auf Werte von ca. 5 °C über Raumtemperatur bis 100 °C einstellen; bei Kühlung mit Leitungswasser liegt die untere Grenze bei 2–3 °C über der Leitungswassertemperatur. Die räumlichen und zeitlichen Temperaturabweichungen im Badkörper sollen nicht mehr als ± 0,2 °C betragen. Zweckmäßig ist ein Temperaturwählbegrenzer, ein Niveauregler zum Ausgleich des Verdampfungsverlustes und zur Leitungswasserkühlung sowie ein abgeschrägter oder gewölbter Deckel, der den Wärme- und Verdampfungsverlust gering hält und das Kondenswasser ableitet, so dass es nicht auf die Kulturgefäße tropft.

Wasserbäder dürfen nur mit demineralisiertem Wasser gefüllt werden, um einer Verkalkung vorzubeugen. Um ein Bakterienwachstum im Badkörper zu verhindern, kann man dem Wasser ein nichtflüchtiges Konservierungsmittel zusetzen. Besser ist es, das Wasser in kurzen Abständen, z.B. alle 2–3 Tage, zu wechseln und das Wasserbad auszuleeren, wenn es länger nicht benutzt wird.

5.4.2 Licht

Die meisten Mikroorganismen benötigen als Energiequelle chemische Energie, die sie durch die Oxidation organischer oder anorganischer Substrate gewinnen; sie sind **chemotroph**. Diese Organismen brauchen nicht nur kein Licht zum Wachstum, sondern sie werden durch Licht häufig sogar geschädigt und abgetötet, besonders in Gegenwart von Sauerstoff (= **Photooxidation**). Man brütet sie deshalb im Dunkeln (im geschlossenen Brutschrank), auf keinen Fall aber im direkten Sonnenlicht. Auch diffuses Licht kann wachstumshemmend wirken, besonders auf langsam wachsende Mikroorganismen (z.B. Nitrifikanten). Farblose Mikroorganismen sind meist empfindlicher gegen Licht als solche, die durch Carotinoide gelb, orange oder rot gefärbt sind.

Einige gefärbte Mikroorganismen, z.B. manche Mycobakterien und eine Reihe von Pilzen, bilden ihre Farbstoffe nur dann, wenn sie dem Licht ausgesetzt sind. Bei Pilzen kann Licht die Sporulation oder die Sporenkeimung auslösen oder fördern, in einigen Fällen aber auch hemmen.

Einige Gruppen von Mikroorganismen sind **phototroph**, d.h. sie verwenden Licht als Hauptenergiequelle zum Wachstum. Von diesen Gruppen werden hier nur die anoxygenen phototrophen Bakterien (Purpurbakterien und Grüne Schwefelbakterien) behandelt[25]. Ihre Photosynthese verläuft unter anaeroben Bedingungen und ohne Sauerstoffentwicklung. Da diese Organismen vor allem Strahlung des roten und nahen infraroten Bereichs (700–900 nm, vereinzelt bis 1030 nm) absorbieren, sind Leuchtstoffröhren als **Lichtquellen** ungeeignet, weil ihnen der infrarote Anteil fehlt. Man bebrütet die Kulturen in der Regel bei 20–30 °C im Dauerlicht herkömmlicher Glühlampen, da diese einen hohen Anteil an roter und infraroter Strahlung mit einem Maximum bei etwa 900 nm aussenden. Nach dem Verbot der klassischen Glühlampen in der Europäischen Union verwendet man am besten (Niedervolt-) **Halogenlampen** (z.B. Osram ECO Classic), die wie alle Glühlampen ein kontinuierliches Lichtspektrum bis tief ins Infrarot produzieren, das allerdings etwas zum Blauen hin verschoben ist (vgl. Seite 224).

Zur Bebrütung benutzt man entweder einen mit Lampen versehenen Brutraum, einen speziellen Lichtbrutschrank (Lichtthermostaten) oder – wenn es auf hohe Temperaturgenauigkeit ankommt – ein Wasserbad mit Glaswänden (Aquarium), das man von der Seite her beleuchtet. Bei Inkubation im Brutraum muss man eine Überhitzung der Kulturen durch die von den Lampen erzeugte Wärme vermeiden. Dies geschieht mit Hilfe eines Ventilators, oder man stellt zwischen Lampe und Kultur ein „Wasserfilter", d.h. ein ausreichend großes, flachrechteckiges, mit Wasser gefülltes Glasgefäß mit mindestens 10 cm Schichtdicke.

Die **Beleuchtungsstärke** an der Kultur sollte in der Regel etwa zwischen 500 und 1000 Lux (Zeichen: lx) liegen; das entspricht einem Abstand der Kultur von 45–30 cm von einer 60-Watt-Glühlampe oder einer 42-Watt-Halogenlampe. Diese Werte gelten für Kulturen auf Agarplatten, in Röhrchen oder in 50- bis 100-ml-Schraubverschlussflaschen. In Flüssigkeitskulturen nimmt bei höheren Zelldichten die Intensität des Lichtes auf dem Weg durch die Kultur rasch ab; deshalb sollte man größere Kulturansätze bei höherer Beleuchtungsstärke, mit Beleuchtung von mehreren Seiten und unter kräftigem Rühren (s. S. 129ff.) inkubieren. Die tatsächliche Beleuchtungsstärke lässt sich mit einem Beleuchtungsmesser (Luxmeter) ermitteln. Die spektrale Empfindlichkeit des Photoelements sollte möglichst mit den Absorptionsspektren der kultivierten Bakterien übereinstimmen.

Notfalls kann man die Kulturen auch am Tageslicht (an einem Nordfenster) bebrüten; direktes Sonnenlicht ist zu vermeiden.

Frisch angeimpfte Kulturen hält man zunächst mehrere Stunden im Dunkeln, bevor man sie ans Licht stellt. Es empfiehlt sich, besonders bei Anreicherungen, die Bebrütung mit einer niedrigen Lichtintensität zu beginnen und die Beleuchtungsstärke mit zunehmender Zelldichte zu erhöhen.

5.4.3 Aerobe Bebrütung

Aerobe heterotrophe Bakterien bebrütet man in der Regel einen oder mehrere Tage, Pilze bis zu mehreren Wochen. Die Dauer einer längeren Bebrütung wird in erster Linie durch die **Austrocknung des Nährbodens** begrenzt. Je höher die Bebrütungstemperatur, desto schnel-

---

[25] zur Direktisolierung schwefelfreier Purpurbakterien s. S. 168ff.

ler trocknet der Nährboden aus. Dabei kann es zu einer wachstumshemmenden Konzentrierung von Nährbodenbestandteilen kommen. Deshalb sollte man bei Flüssigkeitskulturen während einer längeren Bebrütung ab und zu den Volumenverlust durch Hinzufügen einer entsprechenden Menge sterilen Wassers ausgleichen.

Tab. 21: Das Verhalten von Mikroorganismen gegenüber molekularem Sauerstoff

Gruppenbezeichnung	Verhalten der Organismen gegenüber Sauerstoff
Strikt (obligat) aerob	Sind in der Lage, ihre Energie durch Atmung mit O_2 zu gewinnen; wachsen nicht ohne externen Elektronenakzeptor[1]; können bei der O_2-Konzentration der Luft (21 Vol.-%) wachsen. Beispiele: *Azotobacter, Nitrosomonas, Pseudomonas*, die meisten Pilze
Mikroaerophil	Sind in der Lage, ihre Energie durch Atmung mit O_2 zu gewinnen; wachsen jedoch nur bei niedrigen O_2-Konzentrationen (< 21 Vol.-%). Beispiele: *Campylobacter, Spirillum*
Strikt (obligat) anaerob	Sind nicht in der Lage, O_2 zur Energiegewinnung zu nutzen; wachsen nur in Abwesenheit von O_2; O_2 wirkt toxisch auf die Zellen. Beispiele: *Bacteroides, Clostridium, Desulfovibrio*, methanogene Bakterien
Aerotolerant	Wachsen sowohl in Gegenwart als auch in Abwesenheit von O_2, gewinnen ihre Energie jedoch ausschließlich durch Gärung. Beispiel: Milchsäurebakterien
Fakultativ anaerob	Wachsen sowohl in Gegenwart als auch in Abwesenheit von O_2; können umschalten zwischen Atmung und Gärung; Wachstum jedoch besser mit O_2. Beispiele: Enterobacteriaceae, viele Hefen

[1] normalerweise Sauerstoff, bei manchen Bakterien stattdessen auch Nitrat oder Nitrit

Besonders anfällig gegen Austrocknung sind Agarplatten, die sich in einem normalen Brutschrank z.B. bei 35 °C nicht länger als einige Tage bebrüten lassen. (Sehr viel langsamer trocknen Platten aus, die als Verfestigungsmittel Gellan enthalten [s. S. 71f.].) Damit kein Kondenswasser auf die Nährbodenoberfläche tropft und zum Verlaufen der Kolonien führt, inkubiert man die Platten mit der Unterseite nach oben. Die Wasserverdunstung lässt sich dadurch herabsetzen, dass man im Brutschrank offene, mit Wasser gefüllte Schalen aufstellt oder die Platten in einem fest verschlossenen Gefäß oder Plastikbeutel bebrütet, eventuell zusammen mit etwas feuchter Watte, Zellstoff o.ä.; im letzteren Fall muss in der „feuchten Kammer" jedoch ein genügend großes Luftvolumen mit eingeschlossen sein.

Andere Möglichkeiten der Befeuchtung bieten die Inkubation im Wasserbad oder – komfortabler – in einem Brutschrank mit automatischer Regelung der relativen Feuchte, wie man ihn zur Bebrütung von Zell- und Gewebekulturen benutzt. Die relative Luftfeuchtigkeit soll 70 – 80 % betragen.

Für manche Bakterien, z.B. *Neisseria*-Arten, ist zusätzlich zur erhöhten CO_2-Konzentration (s. S. 60) eine hohe Luftfeuchtigkeit zum Wachstum unerlässlich.

5.4.3.1 Oberflächenkultur

Aerobe und fakultativ anaerobe Mikroorganismen (s. Tab. 21) zeigen nur bei ausreichender Sauerstoffzufuhr optimales Wachstum. Die beste Sauerstoffversorgung erreicht man durch Kultivierung der Zellen an der Oberfläche fester oder flüssiger Nährböden, die der Luft ausgesetzt sind.

Feste Nährböden

Besonders hohe Zelldichten erzielt man auf festen Nährböden, z.B. auf Agarplatten. Allerdings bilden sich mit zunehmender Koloniegröße in dem von Flüssigkeit erfüllten Interzellularraum der Kolonie und im Agar unter ihr steile Sauerstoff- und Nährstoffgradienten aus, und das Wachstum wird durch die Diffusionsgeschwindigkeit der Substrate (und durch die Anhäufung von Stoffwechselprodukten) begrenzt. Schließlich kommt das Wachstum im mittleren Teil der Kolonie zum Stillstand; nur eine schmale, ringförmige Randzone wächst mit zunächst konstanter, später abnehmender Rate weiter, so dass zwar nicht mehr die Höhe der Kolonie, eine Zeit lang jedoch noch ihr Radius zunimmt. Liegen mehrere Kolonien auf der Agaroberfläche nahe beieinander, so beeinträchtigen sie sich gegenseitig im Wachstum. Je dicker die Agarschicht und je isolierter die Kolonie, desto schneller und länger wächst sie und desto größer wird ihr Durchmesser.

Feste Nährböden eignen sich auch zur **Massenkultivierung** von Bakterien und Hefen, wenn es um die Gewinnung von nicht mehr als einigen Gramm Zellmaterial geht. Kulturen auf festen Medien sind bereits hochkonzentriert und können daher im Gegensatz zu Submerskulturen (s. S. 127 ff.) ohne Zentrifugation geerntet werden. Dies ist besonders vorteilhaft bei der Massenkultivierung pathogener Mikroorganismen, da die Zentrifugation immer mit einer Aerosolbildung verbunden ist. Außerdem ist das von einem festen Nährboden gewonnene Zellmaterial weitgehend frei von Nährbodenbestandteilen und von Stoffwechselprodukten der Mikroorganismen. Ein möglicher Nachteil ist, dass die Zellen physiologisch nicht einheitlich sind.

Man kultiviert die Organismen in einer größeren Anzahl Petrischalen, in großen, zugedeckten Schalen oder Schüsseln aus Borosilicatglas oder Kunststoff oder in flachen Kulturkolben, z.B. Penicillinkolben oder Roux-Flaschen (s. S. 98). Die Agarschicht darf nicht zu dünn sein ($\geq$ ca. 5 mm). Man beimpft sie mit einer dichten Mikroorganismensuspension, die man mit dem Drigalskispatel oder einem rechtwinklig gebogenen Glasstab gleichmäßig über die Oberfläche verteilt. Nach der Bebrütung pipettiert man eine kleine Menge steriler Salz- oder Pufferlösung auf den Agar und suspendiert darin das Zellmaterial mit Hilfe des Drigalskispatels oder gewinkelten Glasstabs.

Zweiphasenkultur[26]

Hochkonzentriertes ($> 10^{11}$ Zellen/ml), physiologisch einheitliches Zellmaterial erhält man ohne die Risiken einer Zentrifugation mit Hilfe eines Zweiphasen-(Flüssig-fest-)Systems. Es besteht aus einer dicken Schicht festen Agarnährbodens, die mit einer dünnen Flüssigkeitsschicht überdeckt ist. Die Kultur bleibt auf die flüssige Phase beschränkt, hat aber Zugang zum Nährstoffreservoir in der festen Phase.

---

[26] nach: Tyrrell, E.A., Mac Donald, R.E., Gerhardt, P. (1958), J. Bacteriol. **75**, 1 – 4

Man füllt den heißen, flüssigen Agarnährboden (mit 20–30 g Agar/l) bis zu einer Schichtdicke von maximal 5 cm in einen Erlenmeyerkolben mit Schikanen (s. S. 98) oder in ein rechteckiges Kulturgefäß, damit der Agar beim Schütteln festgehalten wird und nicht zerreißt. Nachdem der Agar erstarrt ist, überschichtet man ihn mit einer kleinen Menge Nährlösung oder demineralisiertem Wasser; im letzten Fall lässt man das System über Nacht stehen, damit sich die beiden Phasen ins Gleichgewicht setzen können. Das Volumenverhältnis von fester zu flüssiger Phase soll 4:1 bis 10:1 betragen, je nachdem, ob es auf einen hohen Ertrag oder auf eine hohe Zelldichte ankommt. (Einen hohen Ertrag erzielt man z.B. mit 50 ml Agarnährboden und 12,5 ml Nährlösung in einem 250-ml-Erlenmeyerkolben.) Anschließend beimpft man und bebrütet auf einem Rundschüttler (s. S. 128 f.).

Deckenkultur

Wachsen obligat aerobe Mikroorganismen in Form einer zusammenhängenden Haut oder Decke an der Oberfläche einer nicht bewegten Nährlösung, so spricht man von einer Deckenkultur. Dieses sehr einfache Kulturverfahren verwendet man im Labormaßstab vor allem bei myzelbildenden Pilzen zur Anreicherung oder zum Test auf die Bildung sekundärer Stoffwechselprodukte. Man benutzt es aber auch zur Anreicherung strikt aerober, schleimproduzierender Bakterien, die dann auf der Flüssigkeitsoberfläche eine geschlossene **Kahmhaut** ausbilden. Man kultiviert die Organismen auf einer flachen, 1–3 cm dicken Flüssigkeitsschicht in großen, flachen Kolben wie Erlenmeyer-, Fernbach- und Penicillinkolben oder Roux-Flaschen (s. S. 98). Die Oberfläche der Nährlösung beimpft man vorsichtig mit Pilzsporen oder einer Sporen- bzw. Zellsuspension; das Inokulum soll dabei möglichst nicht absinken. Die Kultur darf während der Bebrütung nicht bewegt werden.

Ein Nachteil des Verfahrens ist der große Raumbedarf. Außerdem bilden sich – wie beim Wachstum auf festen Nährböden (s. S. 126) – in und unter der einige hundertstel Millimeter bis (bei Pilzen) mehrere Millimeter dicken Mikroorganismendecke steile Nährstoff- und O_2-Gradienten aus. Infolgedessen ist das Zellmaterial physiologisch nicht einheitlich und das Wachstum relativ langsam.

5.4.3.2 Submerskultur

In einer Nährlösung suspendierte, submers (= „untergetaucht") bebrütete Mikroorganismen können nur **gelösten Sauerstoff** verwerten. Sauerstoff ist jedoch in Wasser und wässrigen Lösungen nur sehr wenig löslich, und seine Löslichkeit sinkt noch mit steigender Temperatur und Salzkonzentration. In einem Liter einer üblichen Nährlösung, die mit Luft von Atmosphärendruck im Gleichgewicht steht, lösen sich bei 30 °C nur etwa 7 mg (= 0,22 mmol) O_2. Diese Menge reicht gerade aus, um 6,5 mg Glucose zu oxidieren, weniger als den tausendsten Teil der in vielen Nährböden enthaltenen Glucosemenge von 10 g/l. Unter der Oberfläche einer aeroben, unbewegten Flüssigkeitskultur herrschen daher – besonders bei hoher Zelldichte und hoher Atmungsrate – nach kurzer Zeit mikroaerobe bis anaerobe Bedingungen, und der Sauerstoff wird zum wachstumsbegrenzenden Faktor. Ein zufriedenstellendes Wachstum erreicht man nur dann, wenn man für eine ständige, ausreichende Nachlieferung von gelöstem Sauerstoff sorgt. Um die Geschwindigkeit zu erhöhen, mit der der

Sauerstoff in Lösung geht, versucht man eine möglichst große Phasengrenzfläche zwischen Nährlösung und Luft zu schaffen. Im Labor bedient man sich dazu vor allem folgender Möglichkeiten:

- Kultur in flacher Schicht
- Bewegen der Flüssigkeit durch Schütteln oder Rühren
- Einleiten von Luft in die Kultur.

Eine zu hohe Sauerstoffkonzentration wirkt allerdings auch auf aerobe Mikroorganismen häufig toxisch. Viele aerobe Bakterien vertragen bei geringer Zelldichte der Kultur nicht den Sauerstoffpartialdruck der Luft. Man sollte deshalb frisch angeimpfte Kulturen zunächst als Standkulturen oder bei nur geringer Bewegung bebrüten und sie erst dann schütteln oder rühren (bzw. die Bewegung beschleunigen), wenn die Kulturen angewachsen sind und eine gewisse Zelldichte erreicht haben. Mit fortschreitendem Wachstum und zunehmendem Sauerstoffbedarf der Kultur muss die Schüttel- oder Rührgeschwindigkeit gesteigert werden.

Kultur in flacher Schicht

Bei einer Bakterien- oder Hefekultur mit geringer Zelldichte erreicht man eine hinreichende Sauerstoffversorgung in manchen Fällen schon durch Bebrütung als Standkultur in einer flachen, 0,5–1 cm dicken Flüssigkeitsschicht. Man verwendet hierzu die gleichen Kulturgefäße wie bei der Deckenkultur (s. S. 127). Unter einer Kahmhaut entstehen jedoch auch hier rasch anaerobe Bedingungen.

Schütteln

Hohe Zellkonzentrationen und -erträge erreicht man bei Flüssigkeitskulturen aerober und fakultativ anaerober Mikroorganismen nur durch Bewegung der Kultur, gegebenenfalls mit zusätzlicher Belüftung. Durch die Bewegung wird die Grenzfläche zwischen Luft und Flüssigkeit vergrößert und ständig erneuert und so der Sauerstofftransport in die Kultur beschleunigt. Gleichzeitig wird die Kulturflüssigkeit ständig durchgemischt und dadurch die Nährstoffe, die Organismen und die Temperatur gleichmäßig verteilt.

Kleine bis mittlere Kulturvolumina hält man gewöhnlich durch Schütteln auf einer **Schüttelmaschine** in Bewegung. Diese Inkubationsmethode ermöglicht es, eine größere Anzahl von Kulturen unter völlig gleichen Bedingungen zu bebrüten. Man erhält dabei häufig ebenso gute Erträge wie von gerührten und belüfteten Fermenterkulturen (s. S. 130 f.). Schüttelkulturen sind unentbehrlich für „Screening"-Programme, ferner zur Optimierung von Nährböden und zur Gewinnung eines aktiven Inokulums für größere Kulturansätze, z.B. für Fermenterkulturen.

Schüttelmaschinen gibt es in verschiedenen Größen und Beladungskapazitäten, vom kleinen Tischgerät bis zum mehrstöckigen Regalschüttler. Sie müssen robust und weitgehend wartungsfrei sein und einen Dauerbetrieb von Wochen, Monaten oder selbst von Jahren aushalten. Nützlich ist eine Vorrichtung, die das Gerät nach einem Stromausfall selbsttätig wieder startet. Man unterscheidet **Rundschüttler** mit kreisender Bewegung und **Längsschüttler** (Reziprokschüttler), die sich wie ein Pendel hin- und herbewegen. Rundschüttler sind in der Regel vorteilhafter als Längsschüttler, weil sie in den Kulturgefäßen eine gleichmäßigere und besser kontrollierbare Flüssigkeitsbewegung erzeugen. Längsschüttler bewirken jedoch unter Umständen eine kräftigere Durchmischung der Kulturen. Schüttelwasserbäder arbeiten meist als Längsschüttler.

Die Kulturgefäße stehen während des Schüttelns auf einer oder mehreren – meist auswechselbaren – Schüttelplatten (**Tablaren**) und werden gewöhnlich durch Klammern und/oder Schraubenfedern in Position gehalten. Auf dem Tablar lassen sich auch schwenkbare Reagenzglashalter befestigen; in ihnen kann man auf einem Längsschüttler mit kurzer Schüttelamplitude – bei schräggestelltem Gestell auch auf einem Rundschüttler – **Kulturröhrchen** inkubieren. Die Röhrchen sollen nicht mehr als etwa 10 % ihres Volumens an Kulturflüssigkeit enthalten.

Meist verwendet man jedoch als Kulturgefäße **Erlenmeyerkolben**, vorwiegend solche mit 250–2000 ml Fassungsvermögen. Für die Bebrütung auf Rundschüttlern eignen sich besonders Erlenmeyerkolben **mit Schikanen** (s. S. 98), die durch Erhöhen der Turbulenz den Sauerstofftransport in die Kultur wesentlich verbessern. (Allerdings beeinträchtigen Schikanen bei paralleler Bebrütung mehrerer, gleichartiger Kulturansätze die Gleichförmigkeit der Kulturen.) Das Kulturvolumen darf höchstens 20 % des Kolbenvolumens betragen. Grundsätzlich ist die Sauerstoffversorgung der Kultur umso besser, je kleiner das Kulturgefäß und das in ihm enthaltene Flüssigkeitsvolumen, je höher die Schüttelfrequenz und je größer die Schüttelamplitude ist.

Man achte darauf, dass die Kolben gut auf dem Tablar befestigt sind und dass auch ihre **Verschlüsse** fest sitzen und während des Schüttelns nicht abfallen können. Die Verschlüsse dürfen auf keinen Fall von Spritzern der Kulturflüssigkeit oder von Schaum durchnässt werden (vgl. S. 99), was vor allem auf Längsschüttlern bei hoher Schüttelfrequenz leicht passieren kann, besonders beim Anlaufen der Maschine. Bei einer hohen Zelldichte der Schüttelkultur erlaubt ein herkömmlicher Wattestopfen, zumal wenn er fest angedrückt ist, oft keine ausreichende Sauerstoffdiffusion ins Innere des Kulturgefäßes. Man verschließt die Kolben deshalb besser mit Wattehauben oder mit Kappen aus Siliconschwamm (s. S. 100).

Beim Schütteln auf einem Rundschüttler sollte der Flüssigkeitsspiegel zu etwa $^2/_3$ der Kolbenhöhe an der Gefäßwand emporsteigen. Auf Längsschüttlern soll die Kultur so kräftig bewegt werden, dass sich die Flüssigkeitswelle deutlich bricht. Die gebräuchlichsten **Schüttelfrequenzen** liegen zwischen 200 und 350 Umdrehungen pro Minute beim Rundschüttler und zwischen 150 und 250 Schlägen pro Minute beim Längsschüttler, bei einer Amplitude (= Durchmesser der Kreisbewegung bzw. Schüttelhub) von 25 mm. Für kleine Gefäße und hohe Schüttelfrequenzen ist eine Amplitude von 12,5 mm, für große Gefäße eine solche von 50 mm besser geeignet.

Man betreibt die Schüttelmaschine im Allgemeinen in einem Brutraum (s. S. 122f.). Besonders beim Betrieb mehrerer Schüttler ist die von den Geräten produzierte Wärme zu berücksichtigen und auf eine gleichmäßige Temperaturverteilung zu achten. Da die Schwingkräfte des Schüttlers teilweise auf die Stellfläche übertragen werden, muss das Gerät auf einer stabilen Unterlage stehen und um sich herum genügend freien Raum haben. Je nach Konstruktion beginnt der Schüttler bei hoher Schüttelfrequenz unter Umständen zu wandern und muss befestigt werden.

Es gibt auch Inkubationsschüttler und -schüttelschränke, die man beheizen, kühlen oder zusätzlich beleuchten kann. Sie bieten z.T. die Möglichkeit zur Begasung oder zur Inkubation bei kontrollierter Luftfeuchtigkeit.

Rühren, Einleiten von Luft

Eine Durchmischung und verbesserte Sauerstoffversorgung der Kultur lässt sich auch durch Rühren erreichen. Man gibt in das Kulturgefäß vor der Sterilisation der Nährlösung ein nicht zu kleines, PTFE-ummanteltes Magnetrührstäbchen[27] und stellt die Kultur nach dem Beimpfen in den Brutraum auf einen **Magnetrührer**. Die Rührplatte darf sich während des Betriebes nicht erwärmen; deshalb sind elektronische Rührer besonders vorteilhaft, da sie keine beweglichen Teile besitzen, sondern lediglich magnetische Drehfelder erzeugen. Es gibt Geräte mit

---

[27] Zur bestmöglichen Kraftausnutzung sollte das Rührstäbchen etwa dieselbe Länge haben wie der Drehmagnet bzw. das magnetische Drehfeld des Rührers.

einer oder mit mehreren bis vielen Rührstellen sowie Rühr-, Bad- und Blockthermostate zum Rühren bei konstanter Temperatur außerhalb eines Brutraums.

Bei kräftigem Rühren bildet sich in der Kulturflüssigkeit ein Strudel mit intensiver Turbulenz. Die außerhalb des Strudels kreisende Flüssigkeit besitzt jedoch nur wenig Turbulenz; infolgedessen sind Durchmischung und Sauerstoffversorgung der Kultur nicht optimal.

Ähnliches gilt für das Einleiten von Luft in die Kultur ohne zusätzliches Rühren. Hierbei leitet man einen Luftstrom aus einer **Druckluftpumpe** oder aus der **Druckluftleitung** über einen Gasverteiler, z.B. eine Sinterglasplatte, deren feine Poren viele kleine Luftblasen erzeugen, von unten nach oben durch eine relativ hohe und schmale Flüssigkeitssäule. Ein für diese Art der Kultivierung entwickeltes Kulturgefäß ist z.B. der **Kluyverkolben**. Da auch hier Durchmischungsgrad und Sauerstoffversorgung der Kultur gering sind, ist das Verfahren nur für Kulturvolumina bis zu etwa einem Liter mit relativ niedriger Zelldichte geeignet.

Hohe Zellkonzentrationen und -erträge, auch bei großem Kulturvolumen, erhält man dagegen durch die Kombination von kräftigem Rühren und forcierter Belüftung der Kultur. Dies geschieht in **Fermentern**, die im Labormaßstab meist ein Kulturvolumen zwischen 1 und 20 Litern haben und gewöhnlich mit verschiedenen Mess- und Regeleinrichtungen ausgestattet sind, z.B. zur Kontrolle von Temperatur, pH-Wert, Sauerstoffkonzentration, Rührung und Schaumbildung. Rührblätter oder -schaufeln an einer rasch rotierenden Welle zerteilen die am Grunde des Kulturgefäßes in die Flüssigkeit eintretenden Luftblasen und mischen sie mit ihr. Zusammen mit senkrechten Leisten (Prallblechen) an der Gefäßwand erzeugt der Rührer eine turbulente Strömung, die eine intensive Durchmischung der Kultur bewirkt. Eine Fermenterkultur hat den Vorteil, dass sie gleichförmiger ist als viele einzelne Schüttelkulturen; allerdings ist sie anfälliger gegen Kontaminationen.

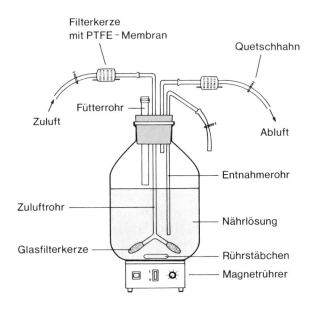

Abb. 13: Behelfsmäßiger „Fermenter"

Einen **behelfsmäßigen „Fermenter"** kann man sich z.B. aus einer Enghalsstandflasche aus Borosilicatglas mit bis zu 20 l Nenninhalt und einem Magnetrührer selbst herstellen (Abb. 13). Allerdings lassen sich in diesem System aufgrund der vergleichsweise geringen Rührleistung und Turbulenz keine sehr hohen Erträge erzielen.

Will man während der Bebrütung aus der Kultur regelmäßig Proben entnehmen, so muss man das Kulturvolumen in Abhängigkeit vom Probenvolumen und der Häufigkeit der Probenahme entsprechend groß wählen. Die insgesamt während der Bebrütungsdauer entnommene Probenmenge soll möglichst nicht mehr als 20 % des anfänglichen Kulturvolumens betragen.

Wegen der Gefahr der Schaumbildung (s. u.) sollte zwischen Nährlösung und Flaschenhals ein freier Raum von mindestens 10–15 cm Höhe verbleiben. Das **Zuluftrohr** soll dicht über dem Gefäßboden enden. Zur feineren Zerteilung der Luftblasen trägt es an seinem Ende eine oder zwei Glasfilterplatten (Fritten) oder Glasfilterkerzen aus Sinterglas. Die zugeführte Luft wird über ein Watte- oder Glaswollefilter oder besser über ein hydrophobes Membranfilter (oder eine kleine Filterkerze) aus PTFE entkeimt (s. S. 33ff.). Ein Vorfilter schützt vor Partikeln und Öltröpfchen aus der Druckluftpumpe oder dem Kompressor. Auch die **Abluft** sollte man über ein bakteriendichtes Filter leiten, um den Austritt keimhaltiger Aerosole sowie eine Kontamination der Kultur beim Abschalten oder Ausfall der Belüftung zu vermeiden. Damit das Abluftfilter trocken bleibt, kann man ihm einen Kühler nebst Auffanggefäß für das Kondensat vorschalten. Das **Fütterrohr** sollte bis dicht über die Oberfläche der Nährlösung reichen und außen mit einem Gewinde und Schraubverschluss enden.

Man autoklaviert das Kulturgefäß möglichst mit eingefüllter Nährlösung und komplett zusammengesetzt, um das Kontaminationsrisiko gering zu halten. Anschließend stellt man das Gefäß im Brutraum auf einen Magnetrührer, beimpft die Nährlösung durch das Fütterrohr mit einer exponentiell wachsenden Schüttelkultur und belüftet mit etwa 0,5–1 Liter Luft pro Liter Nährlösung und Minute. Wasserverluste der Kultur durch Verdunstung lassen sich dadurch vermeiden, dass man die zugeführte Luft befeuchtet. Dazu leitet man sie nach Passieren des Sterilfilters durch eine große Gaswaschflasche, die steriles Wasser von derselben Temperatur wie die Kultur enthält.

Zur **Probenentnahme** setzt man am Entnahmerohr eine sterile Pipette an und drückt nach Schließen der Abluftleitung und Öffnen des Quetschhahns am Entnahmerohr die gewünschte Flüssigkeitsmenge durch den Überdruck im Kulturgefäß heraus. Die vor der Entnahme im Entnahmerohr stehende Flüssigkeit wird als Vorlauf verworfen.

Intensiv gerührte und belüftete Kulturen neigen zum **Schäumen**, besonders auf komplexen Nährböden oder beim Altern der Kultur. Der Schaum kann die Sauerstoffversorgung der Kultur beeinträchtigen, das Abluftfilter durchnässen, zum Verlust von Kulturflüssigkeit führen und eine Kontamination sowohl der Kultur als auch der Umgebung verursachen. Um die Schaumbildung zu verhindern oder bereits gebildeten Schaum zu beseitigen, setzt man der Nährlösung vor der Sterilisation – oder bei Bedarf während der Bebrütung – ein **Antischaummittel** (Entschäumer) zu[28].

Für Bakterien- und Hefekulturen sind **Siliconöle** (gewöhnlich Polydimethylsiloxane) als Entschäumer am besten geeignet. Da sie mit Wasser nicht mischbar sind, reichern sie sich an der Oberfläche der Nährlösung an, bilden dort einen geschlossenen Film und verdrängen dabei die schaumbildenden Substanzen aus der Grenzfläche. Siliconöle wirken schon in sehr geringer Konzentration und sind biologisch inert, d.h. sie haben keinerlei Einfluss auf das Wachstum der Mikroorganismen. Man verwendet sie vorzugsweise in 10–30%iger, wässriger Emulsion, da diese weniger viskos ist als das reine Siliconöl und sich in wässrigen Systemen besser verteilt. Die Emulsion ist vor Gebrauch kräftig zu schütteln. Die wirksame Konzentration liegt etwa zwischen 2 und 150 mg Emulsion pro Liter Nährlösung. Man setze nicht mehr Antischaummittel zu, als unbedingt nötig! Die unverdünnte Emulsion kann autoklaviert werden, muss jedoch sehr langsam abkühlen, am besten unter ständigem Rühren auf einem Magnetrührer, weil sie sich sonst entmischt.

---

[28] Unter Umständen können jedoch auch Antischaummittel den Sauerstofftransport in die Kultur verringern!

5.4.4 Mikroaerobe Bebrütung

Mikroaerophile Bakterien (s. Tab. 21, S. 125) wachsen nicht oder nur schlecht beim Sauerstoffpartialdruck der Luft; sie benötigen niedrigere Sauerstoffkonzentrationen (je nach Art 1–15 Vol.-%). Eine Reihe aerober N_2-Fixierer bindet molekularen Stickstoff nur bei mikroaerobem Wachstum, und aerobe wasserstoffoxidierende Bakterien können nur unter mikroaeroben Bedingungen chemolithoautotroph wachsen.

Man kultiviert mikroaerophile Organismen am einfachsten in **halbfesten Nährböden** mit 1,5–4 g Agar/l (s. S. 70), z.B. in einem Kulturröhrchen. Man beimpft das Medium durch einen tiefen Einstich mit der Impföse oder -nadel und bebrütet an der Luft. Der Agarzusatz bewirkt eine Schichtung des Nährbodens und verhindert Konvektionsströmungen. Durch die Diffusion des Sauerstoffs von der Oberfläche in die Tiefe des Mediums bildet sich ein O_2-Gradient aus, und die mikroaerophilen Organismen beginnen in einer gewissen Entfernung von der Oberfläche, dort, wo sie die ihnen zusagende Sauerstoffkonzentration finden, in Form einer dünnen, horizontalen Schicht zu wachsen. Mit fortschreitendem Wachstum verdichtet sich die Schicht und wandert näher an die Oberfläche. Die Kultur darf während der Bebrütung nicht geschüttelt oder heftig bewegt werden. Länger gelagerte halbfeste Nährböden sollte man vor der Verwendung einige Minuten im kochenden Wasserbad oder strömenden Dampf erhitzen, um den gelösten Sauerstoff auszutreiben (s. S. 89).

Eine Reihe im Handel erhältlicher Systeme erlaubt die problemlose Kultivierung mikroaerophiler Bakterien auf **Agarplatten** (Petrischalen mit Belüftungsnocken verwenden!). Man inkubiert die Platten in einem gasdicht verschlossenen **Anaerobentopf** (s. S. 140 ff.) zusammen mit einem fertigen Reagenziengemisch, das nach Befeuchten mit einer bestimmten Menge Wasser die Sauerstoffkonzentration in dem Gefäß innerhalb einiger Stunden auf etwa 5–6 Vol.-% herabsetzt – je nach System mit oder ohne Hilfe eines Palladiumkatalysators. Gleichzeitig wird Kohlendioxid freigesetzt (Endkonzentration 8–10 Vol.-%), da einige mikroaerophile Organismen nur (z.B. *Campylobacter*) oder besser bei erhöhter CO_2-Konzentration wachsen. Der pH-Wert des Nährbodens kann dadurch etwas absinken (vgl. S. 60, 84 f.). Vorzuziehen sind Systeme ohne Katalysator, da sie zuverlässiger und ungefährlicher sind (vgl. S. 142).

In nicht bewegter **Flüssigkeitskultur** wachsen manche mikroaerophile Bakterien auch an der Luft an, wenn man die Nährlösung mit einem sehr reichlichen Inokulum beimpft. Mit zunehmender Zelldichte nimmt auch der Sauerstoffbedarf mikroaerophiler Organismen zu, und die Kultur muss unter Umständen sogar belüftet werden, um eine hohe Ausbeute zu erzielen. Die Aufrechterhaltung der optimalen O_2-Konzentration im Nährmedium kann man mit einer Sauerstoffelektrode kontrollieren.

Durch bestimmte **Nährbodenzusätze** lässt sich die Sauerstofftoleranz verschiedener mikroaerophiler Organismen erhöhen. Man verwendet hierzu z.B. Katalase, Dithiothreit, Norepinephrin, Kaliumdisulfit, Mangandioxid oder Aktivkohle. Diese Stoffe beseitigen toxische Produkte, die im Kulturmedium aus Sauerstoff gebildet werden.

5.4.5 Anaerobe Bebrütung

Strikt anaerobe Mikroorganismen (s. Tab. 21, S. 125) sind nicht in der Lage, an der Luft zu wachsen, in erster Linie deshalb, weil sie die toxischen Produkte des molekularen Sauerstoffs (Wasserstoffperoxid, Superoxidradikal, Hydroxylradikal und Singulett-Sauerstoff) nicht beseitigen können, die unter aeroben Bedingungen in den Zellen und im Kulturmedium gebildet werden. Es gibt jedoch alle Übergänge von extrem anaeroben Bakterien (z.B. *Bacteroides, Ruminococcus*, methanogene Bakterien) über mäßig sauerstoffempfindliche Arten (z.B. *Clostridium sporogenes, C. tetani*) bis zu nahezu aerotoleranten Vertretern (z.B. *Clostridium acetobutylicum, C. histolyticum*). Aus diesem Grunde erfordern die verschiedenen Anaerobier z.T. eine ganz unterschiedliche Behandlung.

Im Allgemeinen benutzt man für Anaerobier „fettere" Nährböden, d.h. solche mit einem höheren Gehalt an Kohlenhydraten und komplexen Bestandteilen, als für aerobe und fakultativ anaerobe Mikroorganismen und bebrütet die Kulturen länger. Da bei der Gärung oft große Mengen an Säuren gebildet werden, müssen die Nährböden eine hohe Pufferkapazität besitzen; häufig setzt man unlösliches Calciumcarbonat als „Alkalireserve" zu (s. S. 85).

5.4.5.1 Redoxpotential

Um für strikte Anaerobier gute Wachstumsbedingungen zu schaffen, reicht der bloße Ausschluss von Sauerstoff im Allgemeinen nicht aus, sie benötigen vielmehr zusätzlich ein niedriges Redoxpotential. Als Redoxpotential (Oxidations-Reduktions-Potential, E_h-Wert) bezeichnet man das elektrische Potential (in Volt oder Millivolt) eines Redoxsystems (Redoxpaars), bezogen auf das Potential der Standard- oder Normal-Wasserstoffelektrode[29] als willkürlich gewähltem Nullpunkt. Das Redoxpotential ist ein Maß für die reduzierende bzw. oxidierende Kraft eines Redoxsystems, d.h. für seine Neigung, Elektronen abzugeben bzw. aufzunehmen. Je stärker die reduzierende Wirkung des Systems, desto niedriger bzw. negativer ist sein Redoxpotential, je stärker die oxidierende Wirkung, desto größer bzw. positiver der E_h-Wert. Die Redoxpotentiale sind temperatur-, konzentrations- und pH-abhängig.

Als Standardredoxpotential oder **Normalpotential E_0** bezeichnet man das Redoxpotential eines Redoxsystems unter Standardbedingungen, das ist vereinbarungsgemäß eine Temperatur von 25 °C (wenn nicht anders angegeben), ein Druck von 1,01 bar (1 atm) und die Aktivität[30] 1 für jede gelöste Substanz. In verdünnter wässriger Lösung kann man die Aktivitätskoeffizienten meist vernachlässigen und anstelle der Aktivitäten die Stoffmengenkonzentrationen (in mol/l) einsetzen. Das Standardredoxpotential eines Redoxpaares entspricht dem Potential bei pH 0, das man beobachtet, wenn oxidierte und reduzierte Form des Redoxpaars in gleicher Konzentration vorliegen („Midpoint"-Potential).

Bei **biologischen Redoxsystemen** rechnet man statt mit dem auf pH 0 (Wasserstoffionenaktivität = 1) bezogenen Potential E_0 mit dem „physiologischeren", auf pH 7,0 bezogenen Standardpotential E_0'. Bei pH 7 hat die Wasserstoffelektrode gegen die Wasserstoffelektrode bei pH 0 ein Potential E_0' von – 420 mV.

In einer unbeimpften, komplexen Nährlösung, die mit Luft unter Atmosphärendruck ($pO_2 = 0,21$ bar) im Gleichgewicht steht, misst man in der Regel ein Redoxpotential E_0' von etwa + 400 mV, das in erster Linie auf das Redoxsystem

---

[29] = Platinelektrode, die in eine saure Lösung der Wasserstoffionenaktivität 1 eintaucht und von Wasserstoffgas unter 1,01 bar (1 atm) Druck umspült wird.

[30] Unter (chemischer) Aktivität (Ionenaktivität) versteht man die effektive, nach außen wirksame Konzentration eines gelösten und in Ionen dissoziierten Stoffes (Elektrolyts), die infolge der gegenseitigen Anziehung der Ionen geringer erscheint, als sie es tatsächlich ist. Die Aktivität besitzt keine Einheit (bzw. die Einheit 1); sie wird ausgedrückt durch den Zahlenwert der Stoffmengenkonzentration (s. S. 437) des gelösten Stoffes, multipliziert mit einem Proportionalitätsfaktor, dem Aktivitätskoeffizienten, für den betreffenden Stoff.

$$\tfrac{1}{2}\,O_2 + 2e^- \rightarrow O^{2-}$$

zurückzuführen ist. Clostridien beginnen jedoch erst bei einem Redoxpotential $E_0' \leq$ ca. +150 mV zu wachsen; viele andere strikt anaerobe Bakterien benötigen für ihr Wachstum ein Redoxpotential $E_0' \leq$ −100 mV, extreme Anaerobier (z.B. methanogene Bakterien) < −300 mV. Um das Redoxpotential auf solche Werte zu senken und um die Bildung toxischer Sauerstoffprodukte zu verhindern, muss man vor dem Beimpfen zunächst allen gelösten Sauerstoff aus der Nährlösung austreiben. Dies geschieht normalerweise schon durch das Autoklavieren. Ein weiteres Absinken des E_h-Werts im Nährboden erreicht man durch den Zusatz reduzierender Stoffe (s. S. 136 f.). Wenn man allerdings mit einem großen Inokulum aus der exponentiellen Wachstumsphase animpft, kann man bei vielen mäßig anaeroben Bakterien auf reduzierende Stoffe verzichten und einen Nährboden mit relativ hohem E_h-Wert verwenden, denn dann reduzieren die Zellen selbst innerhalb kurzer Zeit die Sauerstoffreste im Medium und schaffen sich durch ihren Stoffwechsel ein niedriges Redoxpotential.

5.4.5.2 Das Arbeiten mit Anaerobiern

Mäßig anaerobe Bakterien (einschließlich der meisten Clostridien) kann man vorübergehend der normalen Atmosphäre aussetzen, ohne dass die Zellen abgetötet werden. Sie lassen sich deshalb ohne weiteres an der Luft bearbeiten, z.B. überimpfen. Dennoch sollte man möglichst schnell arbeiten und einige Regeln beachten, um Nährböden und Zellen nicht mehr als unbedingt nötig dem Luftsauerstoff auszusetzen:

- Nährböden möglichst autoklavieren, danach schnell aus dem Autoklav herausnehmen und rasch abkühlen, ohne sie zu schütteln, damit sich nicht erneut Sauerstoff im Medium löst (s. S. 12, 88).
- Nährböden bald verwenden oder unter Sauerstoffausschluss (im Anaerobentopf) aufbewahren. Frisch gegossene Platten sollte man zunächst 2 Tage im Anaerobentopf über Silicagel trocknen.
- An der Luft gelagerte Nährböden unmittelbar vor der Verwendung 5 min im kochenden Wasserbad oder strömenden Dampf erhitzen und anschließend rasch abkühlen (s. S. 89).
- Lösungen mit hitzeempfindlichen Substanzen durch Druckfiltration mit hochgereinigtem, sauerstofffreiem Stickstoff sterilfiltrieren (s. S. 26 ff.). Vor der Filtration die Filtrationseinheit mit dem Druckgas gut durchspülen.
- Impfmaterial so wenig wie möglich der Luft aussetzen. Möglichst mit einem großen Inokulum (10–20 % des Nährlösungsvolumens) animpfen.
- Kulturen sofort nach dem Beimpfen in ein anaerobes Milieu bringen.

Extreme Anaerobier werden bereits durch kurzen Kontakt mit der Luft (innerhalb weniger Minuten) oder durch Spuren von Sauerstoff abgetötet. Diese Organismen und ihre Nährböden muss man deshalb unter völligem Sauerstoffausschluss bearbeiten.

R.E. Hungate (1969) hat eine Methode zur Isolierung und Kultivierung extrem anaerober Bakterien beschrieben, die nur wenige spezielle Geräte, jedoch einige Übung erfordert (Hungate-, „roll-tube"-Technik). Bequemer, aber auch erheblich teurer, ist eine **Anaerobenkammer** („glove box"). In ihrem gasdicht verschließbaren Arbeitsraum wird die Luft durch ein O_2-freies Gasgemisch (gewöhnlich 80 % N_2, 10 % CO_2, 10 % H_2) ersetzt; Sauerstoffreste werden an einem Palladiumkatalysator mit Wasserstoff zu Wasser umgesetzt (s. S. 141). Man beschickt die Kammer über eine Schleuse und kann dann in der strikt anaeroben Gasatmosphäre des Arbeitsraums mit Handschuhen oder mit bloßen Händen ohne besondere Übung die mikrobiologischen Standardtechniken in der gewohnten Weise durchführen.

Bei der Auswahl von Gefäßen, Stopfen, Schläuchen u.ä. für die Bearbeitung und Kultivierung extremer Anaerobier ist zu beachten, dass viele Kunststoffe und die meisten Gummisorten (besonders auch Silicongummi, nicht jedoch Butylgummi[31]) sauerstoffdurchlässig sind.

5.4.5.3 Redoxindikatoren

Redoxindikatoren benutzt man zur Kontrolle des Redoxpotentials und des anaeroben Milieus in Nährböden, Kulturgefäßen, Brutbehältern und Arbeitskammern für anaerobe Mikroorganismen. Man kann mit diesen Substanzen auch das Absinken des Redoxpotentials während des Wachstums einer Anaerobierkultur verfolgen. Redoxindikatoren sind **Farbstoffe**, die reversibel oxidiert bzw. reduziert werden können und dabei ihre Farbe ändern. Die meisten gebräuchlichen Redoxindikatoren sind im oxidierten Zustand intensiv gefärbt und im reduzierten Zustand farblos (s. Tab. 22). Sie ändern in einem bestimmten Potentialbereich, dessen Lage von der Art des Indikators abhängt, bei einer Änderung des E_h-Wertes ihrer Umgebung kontinuierlich ihre **Farbintensität** (nicht ihren Farbton) (vgl. S. 80). Die Farbintensität ist daher ein Maß für die Konzentration der oxidierten Form des Indikators und liefert einen groben Wert des Redoxpotentials in dem betreffenden Milieu. Für exakte Messungen verwendet man potentiometrische Methoden (Redoxelektroden).

Bei der Oxidation bzw. Reduktion der meisten Redoxindikatoren werden pro Farbstoffmolekül zwei Elektronen abgegeben bzw. aufgenommen. In diesem Fall ist der Umschlags- und damit Arbeitsbereich des Indikators auf ein Potentialintervall von etwa 120 mV beschränkt (bei konstantem pH-Wert und 30 °C). Bei einem Redoxpotential, das um mehr als 60 mV positiver ist als der Wert E_0', zeigt der Indikator die Farbe der völlig oxidierten Form; bei einem E_h-Wert, der um mehr als 60 mV negativer ist als E_0', zeigt er die Farbe der voll reduzierten Form (s. Tab. 22). Die Redoxindikatoren lassen sich also nur in einem relativ engen Potentialbereich einsetzen.

Das Standardredoxpotential der Redoxindikatoren ändert sich mit dem pH-Wert, bei den einzelnen Farbstoffen jedoch in unterschiedlichem Maße. Bei den meisten Indikatoren erhöht sich E_0' um 30 – 60 mV, wenn der pH-Wert um eine Einheit sinkt, und umgekehrt. Einige Redoxindikatorsysteme sind gleichzeitig pH-Indikatoren; sie sind zur Kontrolle des Redoxpotentials weniger geeignet.

Wird der Redoxindikator dem Nährboden direkt zugesetzt, so verwende man die kleinstmögliche Menge (s. Tab. 22), da die Indikatoren selbst das Redoxpotential des Mediums verändern, Reaktionen hemmen und auf bestimmte Mikroorganismen toxisch wirken können.

Die **gebräuchlichsten Redoxindikatoren** sind Methylenblau und Resazurin. In den verwendeten Konzentrationen wirken sie in der Regel nicht toxisch. Zwar entfärben sie sich bereits bei einem E_h-Wert, der vielen strikten Anaerobiern noch kein Wachstum erlaubt, doch ist ihre Oxidation ein eindeutiges Zeichen für das Vorhandensein von Sauerstoff, z.B. in einem undichten Anaerobentopf. Wenn in einem Hochschichtröhrchen (s. S. 137 f.) mehr als das obere Drittel des indikatorhaltigen Nährbodens verfärbt ist, muss man das Medium vor der Verwendung bis zur völligen Entfärbung im Wasserbad aufkochen (s. S. 134). Falls die Verfärbung nicht verschwindet, ist der Nährboden zu verwerfen.

---

[31] bei Raumtemperatur! In der Kälte ist auch Butylgummi O_2-durchlässig.

Tab. 22: Einige Redoxindikatoren für die Anaerobierkultur

Indikatorfarbstoff	E'_0 [1)] [2)] (mV)	voll oxidiert		voll reduziert	
		Farbe	E_h [2)] (mV)	Farbe	E_h [2)] (mV)
Methylenblau	+11	blau	+71	farblos	−49
Resazurin bzw. Resorufin[3)] (Natriumsalz)	−51	blassrot	+10	farblos	−110
Phenosafranin	−252	rot	+192	farblos	−312

Man stellt eine 0,05%ige (w/v) wässrige Stammlösung des Indikatorfarbstoffs her und setzt ihn dem Nährboden zu einer Endkonzentration von 1 – 2 mg/l zu.

[1)] = Standard- oder „Midpoint"-Redoxpotential (Farbstoff zu 50 % im oxidierten, zu 50 % im reduzierten Zustand; vgl. S. 133)

[2)] bei pH 7,0 und 30 °C

[3)] erstes Reduktionsprodukt des Resazurins (s. Text!)

Methylenblau benutzt man auch zur Kontrolle des Redoxpotentials im Gasraum, z.B. in Anaerobentöpfen, entweder in Form von Papierstreifen, die mit der Indikatorlösung getränkt sind, oder als Teststäbchen mit einer methylenblauhaltigen Reaktionszone, die man unmittelbar vor der Verwendung mit einem Tropfen demineralisiertem Wasser befeuchtet. Die Entfärbung des Indikators erfolgt relativ langsam und hinkt dem Erreichen anaerober Bedingungen um mehrere Stunden hinterher. Die Teststreifen sind mehrmals verwendbar, müssen jedoch feucht sein, um zu reagieren.

Schneller entfärbt sich **Resazurin**. Es wird in zwei Schritten reduziert: Der erste Schritt vom blauen Resazurin zum blassroten[32)] Resorufin ist irreversibel; erst der zweite, reversible Reduktionsschritt zum farblosen Dihydroresorufin lässt sich zur Kontrolle des Redoxpotentials benutzen.

Für extreme Anaerobier kann man auch **Phenosafranin** verwenden, wenn bekannt ist, dass der Farbstoff nicht toxisch auf die betreffenden Organismen wirkt.

5.4.5.4 Zusatz reduzierender Stoffe

Den meisten Nährböden für strikte Anaerobier setzt man reduzierende Substanzen zu, die das Redoxpotential auf den für das Wachstum erforderlichen Wert senken und zugleich die toxischen freien Sauerstoffradikale unschädlich machen. Reduzierende Stoffe sind unentbehrlich bei der Kultivierung extremer Anaerobier, sie fördern jedoch auch das Wachstum mäßig anaerober Bakterien, vor allem bei Verwendung eines kleinen Inokulums.

Gelegentlich setzt man dem Nährboden Stücke, Homogenisate oder Extrakte tierischer Gewebe zu, z.B. von Leber, Hirn oder Muskel, die von Natur aus reduzierende Substanzen enthalten (siehe z.B. Kochfleischbouillon, S. 186 f.); meist verwendet man jedoch als Reduktionsmittel definierte Verbindungen, vor allem **Thiole** (= Verbindungen mit SH-Gruppen). Tab. 23 zeigt einige der für Anaerobiernährböden am häufigsten verwendeten reduzierenden Substanzen.

[32)] bei pH $\geq 6{,}5$

Tab. 23: Einige reduzierende Substanzen als Zusatz zu Anaerobiernährböden

Verbindung	E_0' (mV)	Konzentration im Nährboden (g/l)
Natrium-L(+)-ascorbat[1]	+58	0,5 – 1,0
Natriumthioglycolat	–140	0,5 – 1,0
1,4-Dithiothreit	–330	0,1 – 0,5
L-Cysteinhydrochlorid[2]	–340	0,25 – 0,5
Natriumsulfid-Hydrat[3]	–571	0,25

Von den Substanzen stellt man 1 – 5%ige (w/v) Stammlösungen her, wobei die auf S. 134 angegebenen Regeln zu beachten sind. Mit Ausnahme von Ascorbat können die Lösungen autoklaviert werden. Man bewahrt sie unter Sauerstoffausschluss auf (z.B. in einem Anaerobentopf) und setzt sie dem Nährboden erst kurz vor der Sterilisation oder (besser!) unmittelbar vor dem Beimpfen in entsprechender Menge zu.

[1] Sterilfiltrieren!

[2] vgl. S. 61, Fußnote[3]

[3] Die Natriumsulfidlösung muss unter N_2 oder H_2 aufbewahrt werden, da sie sehr alkalisch ist und schnell CO_2 absorbiert.

Cysteinhydrochlorid und **Natriumsulfid** werden auch als Gemisch zugegeben (Endkonzentration je ca. 0,25 g/l)[33]. Der Cysteinlösung bzw. dem Gemisch setzt man zum Schutz der SH-Gruppen oft noch **Dithiothreit** zu (Endkonzentration 0,1 g/l). In Nährböden für extreme Anaerobier sollte man nur Reduktionsmittel mit einem $E_0' < -300$ mV verwenden. Man achte darauf, dass die reduzierende Substanz in der eingesetzten Konzentration nicht toxisch auf die zu kultivierenden Organismen wirkt, was bei einem Teil der Verbindungen oberhalb von etwa 0,5 g/l, bei Natriumsulfid bereits bei niedrigerer Konzentration der Fall sein kann.

Im Handel sind Trockennährböden zur Kultivierung von Anaerobiern erhältlich, die bereits reduzierende Substanzen – und z.T. auch einen Redoxindikator – enthalten.

5.4.5.5 Kultur in hoher Schicht, Flaschenkultur

Mäßig anaerobe Bakterien kultiviert man oft in hoch mit Nährmedium gefüllten Enghalsgefäßen (Kultur in hoher Schicht). Das nur geringe Luftvolumen über dem Nährboden, die im Verhältnis zum Nährbodenvolumen kleine Phasengrenzfläche zwischen Medium und Luft sowie die schlechte Löslichkeit des Sauerstoffs in wässrigen Lösungen (s. S. 127) führen in der Tiefe des Nährbodens meist zu ausreichend anaeroben Bedingungen, besonders in Mischkulturen (z.B. Anreicherungskulturen), in denen aerobe und fakultativ anaerobe Mikroorganismen den nachdiffundierenden Sauerstoff verbrauchen. Das Medium sollte frisch zubereitet und durch Autoklavieren sterilisiert oder es sollte im Wasserbad ausgekocht sein (s. S. 134).

Hochschichtröhrchen sind zu $2/3$ bis $3/4$ ihres Fassungsvermögens mit Nährlösung oder -agar gefüllt. Den **Nährlösungen** setzt man häufig 0,5–1 g Agar/l zu, um Konvektionsströmungen

---

[33] Zur Herstellung der Stammlösung 2,5 g Cystein-HCl in Wasser lösen, pH-Wert mit NaOH auf 10 – 11 einstellen. Danach 2,5 g $Na_2S \cdot 9\ H_2O$ hinzufügen, lösen, Volumen auf 100 ml auffüllen; Lösung mit O_2-freiem Stickstoff begasen, autoklavieren. Das Gemisch ist unter Sauerstoffausschluss bei Raumtemperatur mindestens 4 – 5 Wochen haltbar; bei Auftreten eines weißen Niederschlags (Cystein) sollte man es verwerfen.

zu verhindern. Man beimpft das flüssige Medium am besten mit Hilfe einer Pasteurpipette mit Saugball, mit der man das Inokulum vorsichtig bis auf den Grund des Röhrchens pipettiert, ohne jedoch Luftblasen freizusetzen. Einen noch besseren Schutz gegen eindringenden Sauerstoff bietet ein Hochschichtröhrchen mit **festem Nährboden**. Man mischt das Impfmaterial durch Rollen des Röhrchens in den noch flüssigen Nähragar ein (Schüttelagarkultur, s. S. 178 ff., 366) oder beimpft ihn nach dem Erstarren durch einen tiefen Einstich mit der Impfnadel (Stichkultur). Für stark gasbildende Mikroorganismen ist das Verfahren ungeeignet, da der Nährboden infolge der Gasentwicklung zerreißt. Durch Verwendung eines kohlenhydratfreien oder -armen Nährbodens kann man jedoch die Gasbildung unter Umständen vermeiden oder verringern.

Um den **Zutritt von Luftsauerstoff** weiter einzuschränken, überschichtet man bei nichtgasbildenden Mikroorganismen das (flüssige oder feste) Medium im Hochschichtröhrchen nach dem Beimpfen 1–2 cm hoch mit geschmolzenem, sterilem Wasseragar (20 g Agar auf 1 l Wasser), mit Paraffinöl (= dickflüssigem Paraffin nach DAB) oder mit einem geschmolzenen, sterilen Gemisch aus (Hart-)Paraffin und Paraffinöl im Massenverhältnis 1:1 bis 1:3 oder aus Paraffin und Vaseline im Massenverhältnis 1:1 („Vaspar"). Paraffin bzw. Vaspar sterilisiert man mit trockener Heißluft. Man darf sie nicht über offener Flamme schmelzen und flüssig halten, sondern nur elektrisch oder im Wasserbad.

Der **Paraffinpfropf** schrumpft während des Erstarrens und kann sich dabei teilweise von der Glaswand zurückziehen. Man sollte deshalb den Paraffinverschluss nach einigen Stunden und auch später in Abständen überprüfen und entstandene Hohlräume durch vorsichtiges, lokales Erhitzen über der Bunsenbrennerflamme unter gleichzeitigem Drehen und Beklopfen des Röhrchens entfernen. Statt mit einem Agar- oder Paraffinpfropf oder zusätzlich zu diesem kann man das Röhrchen mit einem **Gummistopfen** verschließen, vorzugsweise aus (sauerstoffundurchlässigem) Butylgummi.

Für die Flüssigkultivierung nichtgasbildender Anaerobier, z.B. anoxygener phototropher Bakterien, eignen sich auch randvolle, gasdicht verschlossene **Schraubverschlussröhrchen** oder **-flaschen** (s. S. 98, 101). Man füllt die Kulturgefäße zu ²/₃ mit Nährlösung, autoklaviert sie mit nur locker aufgeschraubtem Deckel, füllt sie anschließend mit O_2-freier Nährlösung auf, beimpft sie und schraubt sie fest zu. Eine kleine Luftblase (z.B. erbsengroß bei 100-ml-Flaschen, kirschgroß bei 1-l-Flaschen) soll im Kulturgefäß verbleiben, um geringfügige Druckerhöhungen infolge Temperaturanstieg auszugleichen (z.B. nach Einstellen der Kulturen in den Brutschrank) und ein Platzen der Gefäße zu verhindern. Es empfiehlt sich, dem Nährmedium, vor allem wenn es synthetisch ist, eine reduzierende Substanz zuzusetzen (s. S. 136 f.). Auch Gasbildner lassen sich in durch Schraubkappen oder Gummistopfen verschlossenen Gefäßen kultivieren, wenn der Verschluss ein Überdruckventil enthält, z.B. ein halbvoll mit Wasser gefülltes Gärröhrchen.

Eine **Massenkultivierung** anaerober Bakterien im Submersverfahren lässt sich in ähnlicher Weise wie bei Aerobiern auch in einem behelfsmäßigen „Fermenter" durchführen (s. S. 130 f.). Man füllt das Kulturgefäß möglichst hoch mit Nährlösung, die man am besten in ihm autoklaviert, oder man füllt die sterile Nährlösung in das leer autoklavierte Gefäß und befreit sie durch kräftiges Durchblasen eines sterilen, O_2-freien Gasstroms von Sauerstoff. Anschließend beimpft man mit einem möglichst großen Inokulum und leitet in der Anfangsphase der Bebrütung sterilen, O_2-freien Stickstoff am Grunde des Gefäßes in die Kultur ein. Sobald das Wachstum eingesetzt hat, kann man häufig auf eine weitere Begasung verzichten und die Kultur stattdessen auf einem Magnetrührer rühren. Bei Gasbildnern muss man in diesem Fall jedoch den Gasaustrittsschlauch in ein mit Wasser gefülltes Gefäß führen, um eine Rückdiffusion von Luftsauerstoff in den „Fermenter" zu verhindern. Man beachte, dass manche Anaerobier brennbare oder im Gemisch mit Luft explosionsfähige Gase (Wasserstoff, Methan) produzieren! Zu- und Ableitungsschläuche halte man so kurz wie möglich, da die meisten Gummi- und viele Kunststoffschläuche (besonders auch solche aus Silicongummi) sauerstoffdurchlässig sind.

5.4.5.6 Wright-Burri-Röhrchen

Zahlreiche Methoden zur Schaffung eines anaeroben Milieus benutzen **sauerstoffabsorbieren-de Substanzen**, um den Luftsauerstoff auf chemischem Wege aus dem Kulturraum der Anaerobier zu entfernen. Bei einzelnen Kulturröhrchen mit Flüssigkeits- oder Schrägagarkulturen (z.B. Stammkulturen, s. S. 185 ff.) geschieht dies meist mit dem Wright-Burri-Verschluss. Er verwendet **Pyrogallol** (1,2,3-Trihydroxybenzol), das in alkalischer Lösung stark reduzierend wirkt und aus der Luft Sauerstoff absorbiert, wobei es unter Braunfärbung in Purpurogallin übergeht.

> Achtung: Keine Pyrogallollösung auf die Haut bringen!
>
> Pyrogallol ist giftig und wird langsam durch die Haut aufgenommen. Kleine Mengen führen zu einer Hautreizung, größere Mengen zu schweren Blutschädigungen.

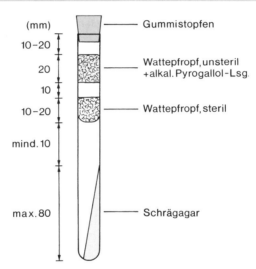

Abb. 14:
Schrägagarröhrchen
mit Wright-Burri-Verschluss

Herstellen und Öffnen eines Wright-Burri-Verschlusses
(Abb. 14)

Material: – 1 Kulturröhrchen 16 mm × 160 mm mit beimpftem Nährboden und mit Wattestopfen (z.B. Schrägagarröhrchen, s. S. 97f., 111)[34]

– Reagenzglasständer

– kräftige Universalschere, steril (ersatzweise: abgeflammt)

– dicker Glasstab oder 5- bis 10-ml-Messpipette, steril

– 1 Gummistopfen, möglichst aus Butylgummi

– 2 Saugpipetten mit ≥ 0,5 ml Fassungsvermögen, eventuell graduiert (z.B. Pasteurpipetten aus Polyethylen)

– 20%ige (w/v) Kaliumcarbonatlösung[35]

– 20%ige (w/v) Pyrogallollösung

– lange, gerade Pinzette (zum Öffnen)

---

[34] Die Flüssigkeitssäule einer Nährlösung darf maximal 70 mm, eine Schrägagarschicht maximal 80 mm hoch im Röhrchen hinaufreichen.

[35] oder gesättigte (~21%ige) Natriumcarbonatlösung; keine Lauge, da sie aus dem Kulturraum CO_2 absorbiert (vgl. S. 60)

Vor der Bebrütung:

- Sofort nach dem Beimpfen des Kulturröhrchens den 20–25 mm weit aus dem Röhrchen herausragenden oberen Teil des Wattestopfens mit steriler (ersatzweise: abgeflammter) Schere dicht über dem Röhrchenrand abschneiden.
- Zurückbleibenden unteren Teil des Stopfens mit sterilem Glasstab oder Pipette so tief in das Röhrchen hineinschieben, dass die Unterseite des Wattepfropfs 50–70 mm von der Oberkante des Röhrchens entfernt ist und sich mindestens 20 mm (bei Flüssigkeitskulturen) bzw. 10 mm (bei Schrägagarröhrchen) über dem Nährboden befindet. Den Pfropf nicht tiefer als nötig in das Röhrchen hineindrücken, da er sonst nur schwer wieder herauszuziehen ist!
- Abgeschnittenen oberen Teil des Stopfens gleichfalls in das Röhrchen hineinschieben, und zwar so weit, dass zwischen beiden Pfropfen etwa 10 mm Abstand bleibt. Die Pfropfe dürfen sich nicht berühren!
- Auf den oberen Wattepfropf je 0,5 ml (bzw. 12 Tropfen) 20%ige Kaliumcarbonatlösung und anschließend 20%ige Pyrogallollösung pipettieren. Saugpipetten nicht vertauschen!
- Röhrchen sofort mit einem Gummistopfen unter Drehen fest verschließen; dabei nicht zuviel Druck ausüben, da sonst der Röhrchenhals brechen kann (Gefahr von Handverletzungen!).
- Röhrchen aufrecht stehend bebrüten.

Nach der Bebrütung:

- Gummistopfen langsam aus dem Röhrchen herausdrehen; dabei Röhrchen vom Körper entfernt halten und Schutzbrille tragen (möglicherweise Unterdruck: Gefahr des Verspritzens von Pyrogallollösung!).
- Oberen, pyrogallolgetränkten Wattepfropf mit einer Pinzette aus dem Röhrchen herausziehen, nicht mit Haut oder Kleidung in Berührung bringen, sondern sofort in einen gesonderten Abfallbehälter werfen.
- Unteren Wattepfropf mit der Pinzette so weit hochziehen, dass er ein Stück aus dem Röhrchen herausragt und mit der Hand gefasst werden kann.
- Röhrchen öffnen und Zellmaterial entnehmen. (Vorsicht: Das obere Drittel des Röhrcheninneren ist nicht steril!)

Für **gasbildende Bakterien** ist der Wright-Burri-Verschluss weniger geeignet, da das produzierte Gas den Gummistopfen und den oberen Wattepfropf aus dem Röhrchen heraustreiben kann. Falls dies bei mäßig anaeroben Organismen geschehen ist, ersetzt man vor einer Lagerung der Kultur den oberen Wattepfropf durch einen neuen und tränkt ihn wieder mit Kaliumcarbonat- und Pyrogallollösung. Durch die Verwendung eines kohlenhydratfreien oder -armen Nährbodens lässt sich die Gasbildung unter Umständen vermeiden oder verringern.

5.4.5.7 Der Anaerobentopf

Für die Bebrütung nicht allzu extrem anaerober Bakterien in Petrischalen oder in anderen Kulturgefäßen (Kolben, größere Zahl von Röhrchen) mit gasdurchlässigem Verschluss eignet sich am besten ein Anaerobentopf, der mit einem kommerziellen System zur Erzeugung eines anaeroben Milieus beschickt ist. Derartige Systeme sind weniger arbeits- und zeitaufwendig, zuverlässiger und ungefährlicher als das früher übliche Evakuieren des Anaerobengefäßes und anschließende Füllen mit einem sauerstofffreien Gasgemisch.

Grundsätzlich lässt sich jedes **gasdicht verschließbare Behältnis** als Anaerobentopf verwenden. Zweckmäßig ist ein zylindrisches Gefäß aus Glas oder (besser, da bruchsicher!) aus durchsichtigem Kunststoff[36]. Der Deckel muss mit einem Dichtungsring versehen sein (außer bei Glasgefäßen mit plangeschliffenem Rand) und sich, z.B. durch Klammern oder einen Bügel, fest mit dem Unterteil verbinden lassen. Ein Hahn oder Ventil sowie ein Manometer sind im Allgemeinen nicht erforderlich. Für die nur gelegentliche Kultivierung anaerober Mikroorganismen sind z.B. ein Exsikkator, ein großes Einkochglas oder ein mit einem Folienschweißgerät luftdicht verschlossener Plastikbeutel durchaus brauchbar. Aus Sicherheitsgründen sollte man jedoch bei den katalysatorabhängigen Systemen (s.u.) nur die von den betreffenden Herstellern angebotenen Gefäße benutzen, die für die Routinearbeit ohnehin vorteilhafter sind. Die im Handel erhältlichen Anaerobentöpfe bestehen meist aus klarem Polycarbonat und haben einen Rauminhalt von 2,5 bis ca. 9 Litern. Sie sind in erster Linie zur Aufnahme von Agarplatten vorgesehen und fassen 12–36 Standardpetrischalen. Plattenkörbe erleichtern das Einsetzen und Entnehmen der Petrischalen; für Kulturröhrchen gibt es passende Röhrchenhalter. Zur Bebrütung einzelner Petrischalen, Schrägagarröhrchen, Mikrotitrationsplatten o.ä. sind Anaerobensysteme in Plastikbeuteln erhältlich.

Die verschiedenen im Handel befindlichen Systeme bedienen sich unterschiedlicher Methoden zur **Entfernung des Luftsauerstoffs** aus dem Anaerobengefäß. Bei den **katalysatorabhängigen Systemen** (z.B. von Becton Dickinson [BD/BBL], Oxoid) reagiert der im geschlossenen Behälter vorhandene Sauerstoff an der Oberfläche eines „kalten" Palladiumkatalysators mit Wasserstoff zu Wasser. Der Wasserstoff entwickelt sich aus festem Natriumborhydrid (Natriumboranat), das sich in einer Tüte aus Aluminiumfolie oder Kunststoff befindet, nach Hinzufügen einer kleinen Menge Wasser. Die Tüte enthält außerdem ein Pulvergemisch aus Citronen- oder Weinsäure und Natriumhydrogencarbonat, aus dem nach der Wasserzugabe Kohlendioxid freigesetzt wird, denn viele Anaerobier wachsen nur oder besser bei erhöhter CO_2-Konzentration (vgl. S. 60).

Die Sauerstoffkonzentration im Anaerobentopf sinkt nach Aktivierung des „Wasserstoff-Kohlendioxid-Entwicklers" rasch ab; nach etwa einer Stunde ist nahezu völlige Anaerobiose und eine CO_2-Endkonzentration von 5–10 Vol.-% erreicht. Das Redoxpotential E_0' der Nährböden im Anaerobentopf beträgt bei pH 7,0 und Raumtemperatur nach 1 Stunde ca. –100 mV, nach 2 Stunden –200 mV. Es herrscht ein leichter Überdruck, der im Falle einer geringfügigen Undichtigkeit des Topfes einen Sauerstoffnachstrom in den Innenraum verhindert.

Der Katalysator in Form palladiumbeschichteter Aluminiumkügelchen („Pellets") befindet sich gewöhnlich unter einem Drahtnetz in einer oder mehreren Reaktionskammern an der Unterseite des Deckels. Die einwandfreie Funktion des Katalysators bei der Reaktion zwischen O_2 und H_2 erkennt man an seiner Erwärmung (auf $\geq 150\,°C$), die durch den Deckel spürbar ist, und an der raschen Bildung von Kondenswasser, das sich an den Wänden des Anaerobentopfes niederschlägt.

Feuchtigkeit inaktiviert den Katalysator; man sollte ihn deshalb nach jeder Benutzung regenerieren. Dies geschieht durch Erhitzen im Trockenschrank für 2 Stunden bei 160 °C. Danach kühlt man den Katalysator schnell ab und bewahrt ihn bis zur Wiederverwendung am besten im Exsikkator auf. Nach etwa 30 Einsätzen sollte man den Katalysator gegen einen neuen austauschen. Schwefelwasserstoff vergiftet den Katalysator irreversibel und verkürzt dadurch seine Lebensdauer ganz erheblich. Bebrütet man daher im Anaerobentopf H_2S-haltige Nährböden oder Mikroorganismen, die Schwefelwasserstoff produzieren (z.B. Clostridien, Desulfurikanten), so muss man den Katalysator in relativ kurzen Zeitabständen, z.B. jede Woche, erneuern.

---

[36] Allerdings ist zu beachten, dass Kunststoffgefäße mit der Zeit Risse bekommen und undicht werden können.

Der bei katalysatorabhängigen Systemen nach der Wasserzugabe sehr rasch freigesetzte Wasserstoff ist ein brennbares Gas, das mit Sauerstoff ein explosionsfähiges Gemisch bildet. Daher sind bei Benutzung des Anaerobentopfes die Sicherheitsregeln für den Umgang mit Wasserstoff zu beachten (vgl. S. 143). Falls man den Anaerobentopf innerhalb der ersten 30 min nach Beschickung ausnahmsweise wieder öffnen muss, so darf das nur unter einem Abzug geschehen, unter dem man die Gasentwicklertüten gegebenenfalls so lange stehenlässt, bis die Reaktion zum Stillstand gekommen ist.

Ungefährlicher, zuverlässiger und preiswerter sind **Systeme ohne Katalysator** (z.B. von Merck, Oxoid, Becton Dickinson und bioMérieux). Das System von Merck arbeitet mit einem Reagenziengemisch aus Kieselgur (als Trägersubstanz), feinverteiltem Eisenpulver, Natriumcarbonat und Citronensäure. Nach Wasserzugabe wird der Sauerstoff im Anaerobengefäß innerhalb kurzer Zeit nahezu vollständig an das Eisenpulver gebunden, wobei Eisenoxide bzw. -hydroxide entstehen. Nach 45 – 60 min ist die Sauerstoffkonzentration auf weniger als 0,5 Vol.-% gesunken (Endkonzentration 0,15 Vol.-%). Die Reaktion zwischen Natriumcarbonat und Citronensäure bewirkt einen raschen Anstieg der CO_2-Konzentration, die nach etwa 60 min den Endwert von ca. 18 Vol.-% erreicht. Das Redoxpotential liegt nach 1 Stunde unter –100 mV, der Endwert unter –300 mV. Auch bei diesem System stellt sich im Anaerobentopf ein leichter Überdruck ein; dagegen erhöht sich die Temperatur – auch in unmittelbarer Nähe des Reagenziengemisches – nur geringfügig.

Bei diesem Verfahren entwickelt sich ebenfalls Wasserstoff, jedoch wesentlich langsamer und in geringerem Umfang als bei den katalysatorabhängigen Systemen. Erst nach 5 Stunden wird die Endkonzentration von ca. 12 Vol.-% H_2 erreicht. Wegen des schon vorher rasch absinkenden Sauerstoffpartialdrucks und des geringen Temperaturanstiegs ist eine Gefährdung durch brennbare oder explosible Gasgemische so gut wie ausgeschlossen.

Bei dem katalysatorunabhängigen System von Oxoid ist eine Wasserzugabe nicht erforderlich. Die Reaktion beginnt, sobald der Beutel mit den Reagenzien der Luft ausgesetzt wird. Als sauerstoffabsorbierende Substanz dient Ascorbinsäure, die den O_2-Gehalt im Anaerobentopf innerhalb von 30 min auf unter 1 Vol.-% herabsetzt. Gleichzeitig wird eine Kohlendioxidkonzentration von 9 – 13 Vol.-% erzeugt. Es wird kein Wasserstoff entwickelt, jedoch erwärmt sich der Beutel auf etwa 65 °C.

Beschicken eines Anaerobentopfes
(Gebrauchsanweisung des Herstellers beachten!)

Material: – beimpfte Agarplatten[37] oder Kulturröhrchen

  – Plattenkorb oder Röhrchenhalter

  – Anaerobentopf

  – Wasserstoff- und Kohlendioxidentwicklertüten bzw. Beutel mit Reagenziengemisch für Anaerobiose

  – Teststäbchen oder -streifen mit Redoxindikator

  – 10-ml-Messpipette bzw. 50- oder 100-ml-Messzylinder; demineralisiertes Wasser (entfällt beim wasserunabhängigen System von Oxoid)

  bei katalysatorabhängigen Systemen zusätzlich:

  – aktiver Palladiumkatalysator

  – Schere

---

[37] Petrischalen mit Belüftungsnocken verwenden!

– Beimpfte Agarplatten (im Plattenkorb) oder Kulturröhrchen (im Röhrchenhalter) in den Anaerobentopf stellen, Platten mit der Unterseite nach oben, damit beim Bebrüten kein Kondenswasser auf die Agaroberfläche tropft. Die unterste Petrischale jedes Stapels soll leer sein, weil sich am Boden des Topfes oft Kondenswasser sammelt, das in die Schale gelangen kann.

– Befeuchtetes Teststäbchen oder feuchten Papierstreifen mit Redoxindikator (z.B. Methylenblau, s. S. 135 f.) seitlich so in den Anaerobentopf legen oder hängen, dass die Reaktionszone von außen sichtbar ist. Die Reaktionszone muss frei in den Gasraum ragen und darf die Seitenwände nicht berühren.

Katalysatorabhängige Systeme:

– Frischen oder regenerierten Palladiumkatalysator in die Reaktionskammer(n) an der Deckelunterseite einfüllen. (Man rechnet 1 g Katalysatorpellets pro Liter Rauminhalt des Anaerobengefäßes.)

– Wasserstoff- und Kohlendioxidentwicklertüten an der markierten Stelle aufschneiden und 10 ml Leitungswasser oder demineralisiertes Wasser in die Tüte pipetieren. (Pro 3 l Rauminhalt des Anaerobentopfes benötigt man 1 Tüte.) Vorsicht, Wasserstoffentwicklung! Nicht in der Nähe von Flammen, heißen Oberflächen oder von Geräten arbeiten, die Funken erzeugen können.

Systeme ohne Katalysator:

– **Merck:** Reagenzienbeutel innerhalb von etwa 15–20 s mit der vom Hersteller angegebenen Menge Wasser mit Hilfe einer Pipette oder eines Messzylinders gleichmäßig befeuchten; dabei die Beutelfläche waagerecht halten und Pipettenspitze bzw. Ausguss des Messzylinders auf das Papier des Beutels aufsetzen.

Oxoid: Folie an der markierten Stelle aufreißen und den Papierbeutel mit den Reagenzien entnehmen.

(Pro 5 l Rauminhalt des Anaerobentopfes benötigt man bei beiden Systemen 1 Beutel.)

– Tüte(n) oder Beutel unmittelbar nach Wasserzugabe bzw. nach Entnahme aus der Folie aufrecht seitlich in den Anaerobentopf stellen oder in der Halterung des Plattenkorbs befestigen.

– Sofort anschließend Deckel aufsetzen und mit Klammern und/oder Schrauben fest mit dem Unterteil verbinden. (Der Dichtungsring muss intakt und sauber sein und korrekt sitzen; er darf nicht mit organischen Lösungsmitteln in Berührung gebracht und niemals eingefettet werden!)
Die Zeit von der Aktivierung des Systems bis zum Schließen des Deckels soll 1 min nicht überschreiten.

– Anaerobentopf in den Brutschrank stellen. (Katalysatorabhängige Systeme nicht oberhalb von 37 °C bebrüten!)

– Täglich Redoxindikator kontrollieren.

– Bei Katalysatorsystemen nach Abschluss der Bebrütung die Gasentwicklertüten entfernen, ohne den Inhalt zu verschütten (geringer Säuregehalt!); Tüteninhalt mit fließendem Wasser wegspülen.

Zur Kultivierung extrem anaerober Bakterien ist ein Anaerobentopf weniger geeignet, da bei seinem Beschicken und Öffnen Nährböden und Kulturen, wenn auch nur kurzzeitig, der Luft ausgesetzt werden. Außerdem bestehen die kommerziellen Anaerobentöpfe meist aus Polycarbonat, das – wie viele Kunststoffe – in geringem Maße sauerstoffdurchlässig ist. Extreme Anaerobier bebrütet man daher besser in einer heizbaren **Anaerobenkammer** (vgl. S. 134 f.) oder in einem mit ihr verbundenen Anaerobenbrutschrank. Ein Anaerobenbrutschrank empfiehlt sich unter Umständen auch dann, wenn man sehr viel mit Anaerobiern arbeitet.

6 Anreicherung und Isolierung von Mikroorganismen

Mikroorganismen kommen in der Natur fast immer in gemischten Populationen vor, die meist aus einer Vielzahl verschiedener Stämme und Arten bestehen. Um die Eigenschaften eines bestimmten Mikroorganismus aus einer solchen Mischpopulation untersuchen zu können oder ihn für industrielle Zwecke nutzen zu können, benötigt man in der Regel jedoch eine einheitliche Population dieses einen Organismus, d.h. eine **Reinkultur** (s. S. 170 f.). Die Auslese einzelner Mikrobenarten aus einer Mischpopulation und das Anlegen von Reinkulturen sind deshalb grundlegende Aufgaben der Mikrobiologie.

Bei vielen Mikroorganismen ist eine **Direktisolierung** möglich (s. S. 157 f.). Oft ist jedoch der gewünschte Organismus am natürlichen Standort nur mit einer sehr geringen Individuenzahl in der Mischpopulation vertreten. In einem solchen Fall kann man seine Isolierung nicht mit einem einzigen Schritt erreichen, sondern muss zunächst seinen relativen Anteil an der Mischpopulation erhöhen. Dies geschieht mit Hilfe der **Anreicherungskultur**.

Die nachfolgend beschriebenen Methoden sind zur Anreicherung und Isolierung der meisten Bakterien und Hefen geeignet, weniger hingegen für myzelbildende Pilze. Die umfangreichste Sammlung von Methoden und Nährböden zur Anreicherung und Isolierung der verschiedenen Bakteriengruppen und -arten findet man in Balows et al. (1992) und Dworkin et al. (2006), weitere Angaben in Bergey's Manual of Systematic Bacteriology (Holt, Ed., 1984–1989; Garrity, Ed., 2001–2011).

6.1 Anreicherungskultur

Die außerordentlich wichtige Technik der Anreicherungskultur entwickelten S. Winogradsky und M. W. Beijerinck unabhängig voneinander gegen Ende des 19. Jahrhunderts. Sie macht sich die Tatsache zunutze, dass die Ansprüche der einzelnen Mikroorganismen hinsichtlich der Nährstoffe und Wachstumsbedingungen teilweise sehr unterschiedlich sind. Die Methode besteht darin, dass man bestimmte, **selektive Umweltbedingungen** festlegt, die das Wachstum des gewünschten Organismentyps begünstigen – wenn auch meist nicht optimal –, während sie die Entwicklung aller anderen, unerwünschten Organismen hemmen. Man schafft auf diese Weise eine künstliche ökologische Nische, zum einen durch die Wahl eines entsprechenden (flüssigen) Selektivnährbodens (vgl. S. 52), der z.B. nur eine ganz bestimmte Energie-, Kohlenstoff- oder Stickstoffquelle, einen ganz bestimmten Elektronenakzeptor oder pH-Wert besitzt, zum anderen durch die Festlegung bestimmter Bebrütungsbedingungen wie Temperatur, Licht und Sauerstoffpartialdruck.

Beimpft man nun mit einer natürlichen Mischpopulation, z.B. einer Boden- oder Wasserprobe, und bebrütet in der festgelegten Weise, so setzt sich der Organismus durch, der an die vorgegebenen Wachstumsbedingungen am besten angepasst ist und unter diesen Bedingungen die höchste Wachstumsrate besitzt; seine Individuenzahl nimmt relativ zu der der übrigen Organismen zu, er reichert sich an und überwächst im Idealfall schließlich alle Begleitorganismen. Je höher die Wachstumsrate des gewünschten Organismus im Vergleich zu der der Begleitorganismen und je höher seine Ausgangskeimzahl, desto leichter ist eine Anreicherung zu erzielen. Da die Methode den am schnellsten wachsenden Stamm selektioniert, lassen sich mit ihr langsamer wachsende Stämme desselben physiologischen Typs allerdings nicht erfassen (vgl. S. 157).

Will man eine ganz bestimmte Mikroorganismenart aus einer Mischpopulation anreichern, so setzt das die genaue Kenntnis ihrer Nährstoffansprüche und optimalen Bebrütungsbedingungen voraus. Umgekehrt ermöglicht es die Technik der Anreicherungskultur, Mikroorganismen mit jeder gewünschten physiologischen Eigenschaft und jeder beliebigen Kombination von Nährstoff- und Umweltansprüchen zu isolieren – vorausgesetzt, der gewünschte Typ kommt überhaupt in der Natur vor. Besonders leicht lassen sich extrem spezialisierte Mikroorganismen anreichern, z.b. solche, die ungewöhnliche Substrate nutzen können.

Anreicherungen werden meist im **geschlossenen System** als statische Kultur („Batch"-Kultur) angesetzt. Dieses Verfahren hat den Nachteil, dass sich die Wachstumsbedingungen in der Kultur während der Bebrütung ständig ändern, weil die wachsenden Organismen Nährstoffe verbrauchen und Stoffwechselprodukte ausscheiden. Dadurch kommt es häufig zur aufeinanderfolgenden Anreicherung mehrerer, verschiedenartiger Mikroorganismentypen, und der zunächst dominierende gewünschte Organismentyp kann völlig verdrängt werden. Diese Gefahr ist besonders groß, wenn die Anreicherungsnährlösung hohe Nährstoffkonzentrationen enthält oder lange bebrütet wird. Außerdem lassen die relativ hohen Substratkonzentrationen in statischen Kulturen manche Mikroorganismen von nährstoffarmen Standorten nicht zur Entwicklung kommen. Das Ergebnis einer Anreicherung im geschlossenen System ist, besonders bei chemoorganotrophen Organismen, nicht immer vorherzusagen und zu reproduzieren[1].

Anreicherungskulturen setzt man immer in **flüssigen**, vorzugsweise **synthetischen Nährmedien** an. Um eine hohe Selektivität zu erzielen, dürfen nur die Minimalbedürfnisse des anzureichernden Stoffwechseltyps erfüllt werden. Man verwendet meist ein Grundmedium aus Mineralsalzen[2], dem man eine selektiv wirkende Kohlenstoff- und Energie- (und eventuell Stickstoff-)quelle zusetzt. Das Grundmedium enthält gewöhnlich auch ein Gemisch von Spurenelementen (s. S. 62 f.), zur Anreicherung von Anaerobiern außerdem Natriumhydrogencarbonat (s. S. 60, Fußnote [2]) und für auxotrophe Mikroorganismen eine kleine Menge Hefeextrakt (0,01– 0,5 g/l). Manchmal setzt man noch selektiv wirkende Hemmstoffe zu, um die Entwicklung unerwünschter Organismen zu unterdrücken (= Gegenselektion; s. Tab. 24, S. 158). Eine Sterilisation ist bei einem hochselektiven Nährboden häufig nicht erforderlich.

Einige Gruppen chemoorganotropher Bakterien, z.B. die Milchsäurebakterien, lassen sich wegen ihrer sehr komplexen Nährstoffansprüche nicht in synthetischen Medien anreichern, sondern wachsen nur auf Nährböden, die 0,5–1,0 % (w/v) Hefeextrakt und unter Umständen noch weitere **komplexe Substrate** wie Pepton oder Fleischextrakt enthalten. Ein solches Medium ist zwar zunächst kaum selektiv, kann aber im Verlauf der Bebrütung einen hohen Grad an Selektivität für den gewünschten Organismus erreichen, nämlich dann, wenn dieser Organismus das Medium während seines Wachstums chemisch so verändert, dass er selbst begünstigt, andere Organismen aber unterdrückt werden. Die relativ säuretoleranten Milchsäurebakterien z.B. unterdrücken in wenig gepufferten, kohlenhydratreichen Komplexnährböden durch ihre Milchsäureproduktion das Wachstum der meisten anderen, weniger säuretoleranten Mikroorganismen.

---

[1] Diese Nachteile lassen sich vermeiden durch Anreicherung im offenen System der kontinuierlichen Kultur, z.B. im Chemostaten.

[2] Zusammensetzung s. z.B. Tab. 9, S. 53, Nährboden 1, jedoch ohne Glucose und gegebenenfalls Ammoniumchlorid

Voraussetzung für eine erfolgreiche Anreicherung ist, dass der gewünschte Organismentyp im Inokulum enthalten ist. Dies ist trotz der ubiquitären Verbreitung der meisten Mikroorganismen nicht immer selbstverständlich. Man sollte deshalb das **Impfmaterial** für eine Anreicherungskultur von einem Standort entnehmen, der dem gewünschten Organismus geeignete Wachstumsbedingungen bietet und an dem bereits eine natürliche Anreicherung stattgefunden hat. Geeignetes Material für die Anreicherung vieler Mikroorganismen liefern Boden, Gewässer und Schlamm. Man wähle die Animpfmenge so klein wie möglich (Ausnahme: strikte Anaerobier, s. S. 134); das verringert die Gefahr, dass der gewünschte Organismus von den viel reichlicher vorhandenen Begleitorganismen überwachsen wird.

Manchmal kann man schon vor der Bebrütung die unerwünschten Begleitorganismen mit physikalischen Mitteln ausschalten und dadurch den gewünschten Organismus bereits vor Beginn des selektiven Wachstums relativ zu den anderen anreichern, z.B. durch Pasteurisieren bei der Anreicherung von Endosporenbildnern (s. S. 150f., 160) oder durch Abtrennung sehr kleiner Bakterien mittels Filtration.

Anreicherungskulturen inkubiert man meist als **Standkulturen**; Aerobier kann man auch auf der Schüttelmaschine bebrüten. Die aerobe Standkultur begünstigt Organismen, die in Form einer Kahmhaut auf der Oberfläche der Nährlösung wachsen (vgl. S. 127), die Schüttelkultur solche, die homogene Suspensionen bilden. Man bebrütet in der Regel 1–5 Tage, in besonderen Fällen auch mehrere Wochen, auf jeden Fall aber nicht länger als unbedingt nötig. Sobald die makroskopische und mikroskopische[3] Überprüfung der Kultur das Wachstum des gewünschten Organismus zeigt, überimpft man die Zellen wiederholt in frische Nährlösung derselben Zusammensetzung. Bei zu langer Bebrütung besteht die Gefahr, dass sich auf den Ausscheidungs- und Autolyseprodukten des primär begünstigten Organismus unerwünschte Mikroorganismen entwickeln und den gewünschten Organismus unter Umständen völlig verdrängen.

Die Anreicherungskultur ist niemals eine Reinkultur, sondern enthält immer noch ein **Gemisch verschiedenartiger Mikroorganismen**. Durch mehrmaliges Ausstreichen von Zellmaterial aus der Anreicherungskultur auf einen festen Nährboden (s. S. 172ff.) oder durch Reihenverdünnung mit Schüttelagarkulturen (s. S. 178ff.) kann man den angereicherten Stamm jedoch in den meisten Fällen isolieren.

Für die Anreicherung (und Direktisolierung) von Mikroorganismen lässt sich eine fast unbegrenzte Zahl von Kombinationen verschiedener Nährstoffe, Hemmstoffe, Vorbehandlungs- und Bebrütungsbedingungen anwenden. Im Folgenden werden einige einfache und bewährte Techniken zur Anreicherung wichtiger ökophysiologischer Gruppen von Bakterien aus Boden, Wasser und Schlamm vorgestellt.

6.1.1 Aerobe freilebende N_2-Fixierer: *Azotobacter chroococcum*

Standorte:

Neutrale bis leicht alkalische Böden und Süßwasser; häufigste *Azotobacter*-Art im Boden, allerdings meist nur mit geringer Individuenzahl (gewöhnlich $\leq 10^4$ Zellen/g Boden).

---

[3] Phasenkontrastmikroskop!

Selektive Bedingungen:

- Nährboden ohne gebundenen Stickstoff
- Bebrütung aerob und im Dunkeln (zum Ausschluss anaerober und phototropher N_2-Fixierer)
- Mannit als Kohlenstoff- und Energiequelle (wird von vielen anderen N_2-Fixierern nicht verwertet).

Nährlösung:

Das Medium enthält in 1000 ml Wasser:

Mannit	10,0	g
K_2HPO_4	1,0	g
$MgSO_4 \cdot 7\,H_2O$	0,5	g
$Na_2MoO_4 \cdot 2\,H_2O$	0,005	g
Spurenelement-Lsg. mit EDTA[4)]	1,0	ml
pH 7,4 – 7,6		

> - 25 ml Nährlösung in einen 250-ml-Erlenmeyerkolben füllen; die Dicke der Flüssigkeitsschicht darf höchstens 1 cm betragen (= Kultur in flacher Schicht, vgl. S. 128).
> - Nährlösung mit einer gehäuften Spatelspitze (ca. 0,5 g) feingepulvertem Calciumcarbonat versetzen.
> - Die Nährlösung braucht nicht sterilisiert zu werden.

Molybdän ist ein Bestandteil der **Nitrogenase**, des für die N_2-Fixierung verantwortlichen Enzymkomplexes.

Calciumcarbonat hat eine hohe Pufferkapazität im alkalischen Bereich (s. S. 85): *A. chroococcum* bevorzugt ein leicht alkalisches Milieu und wächst nicht bei Werten unter pH 5,5–6,0.

Arbeitsgang:

> - Gartenerde in dünner Schicht in einer flachen Schale ausbreiten, dabei größere Klumpen zerteilen.
> - Die Erde 1 – 2 Wochen bei Raumtemperatur an der Luft trocknen lassen[5)]; während dieser Zeit die Erde ab und zu durchmischen und weiter zerkleinern.
> - Die getrocknete Erde sieben.
> - Nährlösung mit einer gehäuften Spatelspitze (ca. 0,3 – 0,5 g) getrockneter Erde beimpfen.
> - Kultur 2 – 4 Tage bei 30 °C im Dunkeln als Standkultur bebrüten, bis sich auf der Oberfläche der Nährlösung eine Kahmhaut gebildet hat. Kultur nicht schütteln!

Bei zu langer Bebrütung entwickeln sich unerwünschte Mikroorganismen, z.B. N_2-fixierende Clostridien (Geruch nach Buttersäure! vgl. S. 150f.) oder Protozoen.

Auswertung:

Man entnimmt etwas Material von der **Kahmhaut** oder vom Schleimbelag an der Kolbenwand in Höhe des Flüssigkeitsspiegels, verrührt es ohne Zusatz von Wasser auf einem Objektträger und untersucht es mikroskopisch:

[4)] s. Tab. 13, Nr. 1, S. 63
[5)] Beim Trocknen stirbt ein großer Teil der Bakterien ab; es überleben vor allem die Endosporenbildner, die Cystenbildner (*Azotobacter*), *Arthrobacter* sowie sporenbildende Actinomyceten.

Zellen: gramnegativ; groß, pleomorph (viel-, verschiedengestaltig), oval bis stäbchenförmig, 1,5–2 (oder mehr) μm breit, 3–7 μm lang; im typischen Fall **paarweise**, aber auch einzeln oder in unregelmäßigen Klumpen, seltener in Ketten. Meist unbeweglich, vor allem in jungen Kulturen unter Umständen auch beweglich durch peritriche Begeißelung.

Dauerformen: In älteren Kulturen werden kugelige bis ovale, dickwandige, gegen Austrocknung resistente **Cysten** gebildet.

Reservestoffe: Die Cysten und z.T. auch die vegetativen Zellen enthalten häufig stark lichtbrechende, mit lipophilen Farbstoffen (z.B. Sudanschwarz) anfärbbare Granula aus **Poly-3-hydroxybuttersäure**, einem Polyester (vgl. S. 254).

6.1.2 Saccharolytische Clostridien

Standorte:

Aufgrund der Widerstandsfähigkeit und Langlebigkeit ihrer Endosporen sind die Clostridien überall verbreitet. Sie kommen jedoch primär vor allem im **Boden** vor und vermehren sich trotz der Sauerstoffempfindlichkeit der vegetativen Zellen auch in den oberen Bodenschichten, in denen bei Vorhandensein ausreichender Mengen an organischem Material durch die Atmungstätigkeit aerober und fakultativ anaerober Mikroorganismen rasch anaerobe Mikrostandorte („Taschen") entstehen.

Saccharolytische Clostridien sind ferner verbreitet in marinen und Süßwassersedimenten, im Abwasser, in sich zersetzendem Pflanzenmaterial, in pflanzlichen und tierischen Produkten (z.B. als Verderbniserreger in Lebensmitteln) sowie im Verdauungstrakt von Mensch und Tier.

6.1.2.1 Kartoffelkultur

Selektive Bedingungen:

- anaerobe Bebrütung
  (Die Parenchymzellen der Kartoffelknolle schaffen durch ihre Atmungstätigkeit im Kartoffelinneren anaerobe, reduzierende Bedingungen.)
- hoher Gehalt an Polysacchariden (Kartoffelstärke, Cellulose der Zellwände, Pektin der Mittellamellen des Knollenparenchyms)
  (Die saccharolytischen Clostridien vergären bevorzugt Kohlenhydrate.).

Unter den vorgegebenen Bedingungen entwickeln sich auch fakultativ anaerobe *Bacillus*-Arten (vgl. S. 160 ff.).

Arbeitsgang:

- Eine Kartoffel mit dem Messer mehrmals tief anstechen, und in die Einstiche etwas luftgetrocknete, gesiebte Gartenerde (s. S. 148) stopfen.
- Kartoffel in ein hoch mit Leitungswasser gefülltes Becherglas einlegen.
- Becherglas mit selbsthaftender Kunststofffolie (z.B. Parafilm M) oder Aluminiumfolie verschließen.
- Kartoffel 3–4 Tage bei 35 °C im Dunkeln bebrüten.

Auswertung:

Die Entwicklung saccharolytischer Clostridien erkennt man an

- der Trübung des Wassers
- der Mazeration des Knollengewebes
  (Pektinabbauende Clostridien zerstören die Mittellamellen zwischen den Parenchymzellen; dadurch verlieren die Zellen ihren Zusammenhalt im Gewebeverband, und das Parenchym zerfällt zu einer breiigen Masse.)
- dem unangenehmen, ranzigen **Geruch nach Buttersäure**
- der Bildung von Gas (Schaum, Gasblasen); aufgrund der Gasansammlung in ihrem Innern steigt die Kartoffel an die Oberfläche.

Buttersäure, Kohlendioxid und Wasserstoff gehören zu den Gärungsprodukten der saccharolytischen Clostridien (= Buttersäuregärung).

Wenn die Kartoffel an der Wasseroberfläche schwimmt, gießt man das Wasser ab, schneidet die Knolle auf und untersucht ihren Inhalt mikroskopisch:

Zwischen den großen, exzentrisch geschichteten Stärkekörnern liegen die **vegetativen Zellen**: gewöhnlich grampositiv (zumindest in den frühen Wachstumsstadien); gerade oder leicht gebogene Stäbchen, 0,3–1,7 µm breit, 1–14 µm lang (gelegentlich lange Filamente); einzeln, paarweise oder in kurzen Ketten. Meist beweglich durch peritriche Begeißelung.

Dauerformen: stark lichtbrechende **Endosporen** (s. S. 250), oval oder kugelig; liegen entweder frei oder (in Einzahl) zentral bis terminal in der Sporenmutterzelle, sind meist breiter als die Mutterzelle, diese ist daher bei der Sporulation spindel- („Clostridium"-Form), trommelschlegel- („Plectridium"-Form) oder keulenförmig angeschwollen (vgl. S. 163).

Reservestoffe: Die Zellen, vor allem die sporulierenden, enthalten häufig Granula aus **Granulose**, einem der Amylose ähnlichen Polysaccharid (α-D-Glucan), das aus weitgehend unverzweigten Glucoseketten besteht und sich mit Iod (Lugol'scher Lösung) braun- bis blauviolett färbt (vgl. S. 253).

6.1.2.2 N$_2$-fixierende Clostridien: *Clostridium pasteurianum*

Zahlreiche saccharolytische Clostridien (nicht jedoch Vertreter der übrigen Clostridiengruppen) sind in der Lage, molekularen Stickstoff zu fixieren. Aktivster N$_2$-Fixierer der Gattung ist *C. pasteurianum*.

Selektive Bedingungen:

- Nährboden ohne gebundenen Stickstoff
- Nährboden mit 15 % (w/v) Saccharose
  (*C. pasteurianum* toleriert diese hohe Zuckerkonzentration, viele andere saccharolytische Clostridien dagegen nicht.)
- Pasteurisieren des Impfmaterials oder der frisch beimpften Nährlösung (zum Ausschluss nichtsporenbildender N$_2$-Fixierer)

(Da die Endosporen mancher Clostridien nur eine mäßige oder geringe Hitzeresistenz besitzen, sollte man nicht höher als auf 60 °C [30 min] bis 70 °C [10 min] erhitzen oder das Probenmaterial mit 50%igem Ethanol behandeln, s. S. 160.)

- anaerobe Bebrütung.

Nährlösung:

Das Medium enthält in 1000 ml Wasser:

K_2HPO_4	1,0	g
$MgSO_4 \cdot 7\,H_2O$	0,1	g
$FeSO_4 \cdot 7\,H_2O$	0,01	g
$MnSO_4 \cdot H_2O$	0,01	g
Hefeextrakt	0,01	g
Spurenelement-Lsg. mit EDTA[6]	1,0	ml
Saccharose	150	g
pH 7,2		

- Ein Kulturröhrchen ³/₄-voll (17 – 18 ml) mit Nährlösung füllen (= Kultur in hoher Schicht, vgl. S. 137f.).
- In das Röhrchen eine gehäufte Spatelspitze (ca. 0,5 g) feingepulvertes Calciumcarbonat geben (zur Neutralisation der während der Zuckervergärung in großen Mengen produzierten Säuren; vgl. S. 85).

Die Nährlösung braucht nicht sterilisiert zu werden.

Hefeextrakt dient als Lieferant von Vitaminen (Biotin, 4-Aminobenzoesäure), die von den Clostridien benötigt werden. In der verwendeten Konzentration beeinträchtigt er nicht die Selektivität des Nährbodens für N_2-fixierende Bakterien.

Clostridien bevorzugen ein neutrales bis leicht alkalisches Milieu, besonders für die Sporenbildung; bei niedrigem pH-Wert bilden sie häufig keine Sporen.

Da der Nährboden **nicht streng selektiv** für *C. pasteurianum* ist, entwickeln sich unter Umständen auch andere N_2-fixierende saccharolytische Clostridien.

Arbeitsgang:

- Nährlösung mit einer kleinen Spatelspitze (ca. 0,1 – 0,2 g) luftgetrockneter, gesiebter Gartenerde (s. S. 148) beimpfen.
- Sofort danach Nährlösung im Wasserbad 10 min auf 70 °C erhitzen und anschließend unter fließendem Wasser rasch abkühlen.
- Röhrchen bis zu 14 Tagen bei 35 °C im Dunkeln bebrüten.

Auswertung:

Die Entwicklung N_2-fixierender Clostridien erkennt man an

- der Trübung der Nährlösung, meist zusammen mit einem dünnen, weißlichen Wandbelag im unteren Teil des Röhrchens;
- der Bildung von Gas (CO_2, H_2): Schaum auf der Flüssigkeitsoberfläche; beim Klopfen an das Röhrchen steigen aus dem Bodensatz Blasen auf;
- dem Geruch nach Buttersäure.

---

[6] s. Tab. 13, Nr. 1, S. 63

Zum Mikroskopieren entnimmt man mit einer Glas-Pasteurpipette (lange Form, s. S. 117) etwas Material vom Wandbelag aus der Tiefe des Röhrchens, wobei man beim Eintauchen in die Kulturflüssigkeit das obere Ende der Pipette mit dem Zeigefinger verschlossen hält und erst freigibt, wenn die Spitze der Kapillare den Wandbelag berührt.

Vegetative Zellen (von *C. pasteurianum*): grampositiv (werden in alten Kulturen gramnegativ); stäbchenförmig, gerade oder leicht gebogen, 0,5–1,3 µm breit, 2,7–13 µm lang; einzeln oder in Paaren. Unbeweglich, oder beweglich durch peritriche Begeißelung.

Dauerformen: Endosporen oval; liegen subterminal in der Sporenmutterzelle, sind breiter als die Mutterzelle, diese ist daher keulenförmig angeschwollen.

Reservestoffe: Die Zellen enthalten häufig Granulose, vor allem während der Sporulation (s. S. 150).

6.1.3 Sulfatreduzierende Bakterien: *Desulfovibrio*

Standorte:

Weit verbreitet an anaeroben Standorten, die reich sind an organischem Material, z.B. in verunreinigten (eutrophen) Gewässern, in anaeroben Sedimenten (besonders auch marinen) und im Faulschlamm. Man erkennt ihre Anwesenheit an der Schwarzfärbung von Wasser bzw. Sediment (infolge der Ausfällung von Eisensulfid) und am Geruch nach Schwefelwasserstoff.

Selektive Bedingungen:

- Endprodukte anderer anaerober Abbauwege (hier Lactat) als Elektronendonatoren und Kohlenstoffquelle
- Sulfat als Elektronenakzeptor
- anaerobe Bebrütung bei niedrigem Redoxpotential ($E_0' < -100$ bis -150 mV).

Nährlösung:
(nach Postgate, 1984, Medium B)[7]
Das Medium enthält in 1000 ml Wasser:

KH_2PO_4	0,5 g
NH_4Cl	1,0 g
$CaSO_4 \cdot 2\,H_2O$	1,0 g
$MgSO_4 \cdot 7\,H_2O$	2,0 g
Natriumlactat, 50%ige (w/w) Lsg.	5,0 g
Hefeextrakt	1,0 g
$FeSO_4 \cdot 7\,H_2O$	0,5 g
bei Anreicherung von marinen Standorten zusätzlich:	
NaCl	25 g
pH 7,5	

---

[7] Postgate, J.R. (1984), in: Holt, J.G., Krieg, N.R. (Eds.), Bergey's Manual of Systematic Bacteriology, Vol. **1**, pp. 666–672. Williams & Wilkins, Baltimore, London

> 5 ml Nährlösung in ein Kulturröhrchen füllen, autoklavieren, und möglichst bald verwenden. Das fertige Medium enthält einen Bodensatz.

Arbeitsgang:

- Einen Eisennagel[8] mit einer (groben) Pinzette in der Bunsenbrennerflamme zum Glühen bringen und vorsichtig in die Nährlösung fallen lassen.
- Nährlösung mit ca. 0,1 g bzw. 0,1 ml geeignetem Standortmaterial (z.B. Faulschlamm aus einer Kläranlage) beimpfen.
  (Standortmaterial nach der Entnahme in einem hoch gefüllten, möglichst luftfreien Gefäß kühl aufbewahren und so rasch wie möglich verwenden.)
- Kulturröhrchen mit einem Wright-Burri-Verschluss versehen (s. S. 139 f.).
- Kultur 2 – 6 Tage bei 30 °C im Dunkeln bebrüten.

Auswertung:

Die erfolgreiche Anreicherung erkennt man

- an der deutlichen Schwärzung der Kultur (dicke Ausfällung von schwarzem Eisensulfid, schwarzer Belag auf dem Eisennagel)
- am Geruch nach Schwefelwasserstoff (nach dem Öffnen des Röhrchens, s. S. 140).

Die Bakterien wachsen vor allem im Sediment und an der Glaswand. Man wirbelt den Bodensatz auf und mikroskopiert eine Probe der Suspension:

Die häufigsten Arten sind *D. desulfuricans* und *D. vulgaris*. Die Bakterien haften oft an Eisensulfidpartikeln.

Zellen gramnegativ; kleine, gekrümmte Stäbchen (Vibrionen), gelegentlich auch S-förmige Zellen, in älteren Kulturen unter Umständen pleomorph, 0,5 – 1,0 µm breit, 3 – 5 µm lang; meist einzeln. Lebhaft fortschreitend beweglich durch monopolare, monotriche Begeißelung (= eine einzige, polare Geißel).

6.1.4 Ammoniakoxidierende Bakterien

Standorte:

Weit verbreitet an aeroben Standorten, an denen organisches Material mineralisiert wird, z.B. in gut durchlüfteten, neutralen bis alkalischen Böden (besonders in den oberen 10 cm), in Kläranlagen, in Flüssen und Seen (besonders an der Grenzfläche zwischen Wasser und Sediment) und im Meer.

Selektive Bedingungen:

Die zur Gruppe der nitrifizierenden Bakterien (Nitrifikanten) gehörenden Ammoniakoxidierer sind in der Regel obligat chemolithoautotroph und streng auf ihr anorganisches Substrat (Ammoniak) spezialisiert; daher wirken selektiv:

- Mineralsalznährlösung ohne organische Verbindungen, mit Kohlendioxid als einziger Kohlenstoffquelle

---

[8] Metallisches Eisen wirkt als reduzierende Substanz und senkt durch kathodische Polarisation das Redoxpotential im Nährmedium.

- Ammoniak als einzige oxidierbare Substanz (= Energie- und Elektronenquelle)
- Bebrütung aerob und im Dunkeln.

Nährlösung:

(nach Soriano und Walker, 1968, verändert)[9]

Das Medium enthält in 1000 ml Wasser:

$(NH_4)_2SO_4$	0,5 g
$MgSO_4 \cdot 7\,H_2O$	0,04 g
$CaCl_2 \cdot 2\,H_2O$	0,04 g
KH_2PO_4	0,2 g
Spurenelement-Lsg. mit EDTA[10]	1,0 ml
Phenolrot	0,5 mg[11]

- 50 ml Nährlösung in einen 250-ml-Erlenmeyerkolben füllen.
- pH-Wert mit 5%iger (w/v) Natriumcarbonat- oder Kaliumcarbonatlösung auf pH 7,5 – 8,0 einstellen (s.u.).
Die Nährlösung braucht nicht sterilisiert zu werden.

Arbeitsgang:

- Nährlösung mit einer Spatelspitze frischer Gartenerde beimpfen.
  (Wenn man auch langsamer wachsende Nitrifikanten erfassen und das Wachstum heterotropher Kontaminanten soweit wie möglich reduzieren will, beimpft man eine Anzahl von Kolben mit Reihenverdünnungen des Impfmaterials über mehrere Dezimalverdünnungsstufen [s. S. 331 ff.], ausgehend von 1 % [w/v] Inokulum.)
- Kultur 1 – 4 Monate bei 25 – 30 °C im Dunkeln als Standkultur bebrüten.
- Kultur im Abstand von einigen Tagen kontrollieren: Sobald die rote Farbe der Nährlösung nach Gelb umgeschlagen ist (s.u.), dem Kolben unter ständigem Umschütteln über einem weißen Blatt Papier tropfenweise 5%ige (w/v) Natriumcarbonat- oder Kaliumcarbonatlösung zugeben, bis die Farbe gerade wieder nach Rosa umschlägt (= pH 7,5 – 8,0).

Auswertung:

Die Anwesenheit ammoniakoxidierender Nitrifikanten lässt sich feststellen durch

- den Farbumschlag des pH-Indikators Phenolrot von Rot nach Gelb (vgl. Tab. 18, S. 81)
  (Die Oxidation der Base Ammoniak zu salpetriger Säure bewirkt ein Absinken des pH-Werts.)
- den Nachweis des gebildeten Nitrits mit Griess-Ilosvay-Reagenz (= Lunges Reagenz: Sulfanilsäure + 1-Naphthylamin in essigsaurer Lösung) oder – empfindlicher und gesundheitlich unbedenklicher[12] – mit einer Abwandlung dieses Reagenzes (s.u.).

Prinzip: Die im sauren Milieu vorliegende freie salpetrige Säure reagiert mit primären aromatischen Aminen (hier: Sulfanilamid) zu einem Diazoniumsalz, das mit einem zweiten aromatischen Amin (hier: N-[1-Naphthyl]-ethylendiamin) zu einem **roten Azofarbstoff** kuppelt.

---

[9] Soriano, S., Walker, N. (1968), J. Appl. Bacteriol. **31**, 493 – 497
[10] s. Tab. 13, Nr. 1, S. 63
[11] 3 Tropfen einer wässrigen 0,02%igen (w/v) Phenolrotlösung auf 50 ml Nährlösung
[12] 1-Naphthylamin wirkt möglicherweise, das als Verunreinigung in ihm enthaltene 2-Naphthylamin erwiesenermaßen krebserzeugend!

Nitritnachweis
(nach Nicholas und Nason, 1957)[13]

Material: – Lösung **A**: 1 g Sulfanilamid in einem Gemisch aus 75 ml demineralisiertem Wasser und 25 ml konzentrierter Salzsäure lösen.
  – Lösung **B**: 0,02 g N-(1-Naphthyl)-ethylendiamindihydrochlorid in 100 ml demineralisiertem Wasser lösen. (Substanz nicht einatmen oder auf die Haut bringen!)

  Beide Lösungen in brauner Flasche aufbewahren.

  – eventuell: Zinkstaub

  – leeres Reagenzglas

– Von der überstehenden Kulturflüssigkeit etwa 1 ml (= einen Fingerbreit hoch) in ein leeres Reagenzglas gießen.

– Zuerst 0,5 ml (12 Tropfen) Lösung A, danach 0,5 ml Lösung B zusetzen, schütteln. Bei Anwesenheit von Nitrit erscheint innerhalb weniger Minuten eine intensive **Rotfärbung**, die 2-4 Stunden stabil ist.

– Wenn – besonders nach längerer Bebrütung – innerhalb von 10 min keine Rotfärbung auftritt, der Probe eine kleine Spatelspitze Zinkstaub zusetzen und ihn, ohne zu schütteln, sedimentieren lassen: Von nitritoxidierenden Bakterien eventuell gebildetes Nitrat wird wieder zu Nitrit reduziert, und nach einigen Minuten beobachtet man über dem Zinkstaub eine Rotfärbung.

Wegen des hohen Substratumsatzes bei der Nitrifikation lässt sich oft schon nach einigen Tagen Bebrütung in der Kulturflüssigkeit Nitrit nachweisen. Dagegen tritt ein **sichtbares Wachstum** gewöhnlich erst nach einem bis mehreren Monaten auf, da die ammoniakoxidierenden Bakterien Generationszeiten von 8 – 24 und mehr Stunden haben.

Deshalb folgt erst nach genügend langer Bebrütung (s.o.)

- die mikroskopische Untersuchung der Kultur.

Die Kultur enthält dann meist erheblich mehr heterotrophe Bakterien als Nitrifikanten. Die heterotrophen Mikroorganismen ernähren sich von organischen Verbindungen, die aus dem Inokulum stammen oder von den nitrifizierenden Bakterien ausgeschieden werden.

In Anreicherungskulturen bilden die Nitrifikanten häufig unbewegliche, von Schleim umgebene Verbände aus wenigen bis über hundert Zellen. Die Zellen sind entweder nur lose miteinander verbunden und in eine weiche Schleimschicht eingebettet (= „Zoogloea"), oder sie liegen dicht gepackt und zusammengedrückt in einem zähen Schleim (= „Cyste").

Von den ammoniakoxidierenden Bakterien (alle gramnegativ) sind im Boden *Nitrosomonas europaea* und *Nitrosospira* (früher: *Nitrosolobus*) *multiformis* weit verbreitet.

Zellen von *Nitrosomonas europaea*: Form wenig charakteristisch, elliptisch oder kurzstäbchenförmig, 0,8 – 1,1 µm breit, 1,0 – 1,7 µm lang; einzeln oder paarweise, selten in Ketten. Unbeweglich oder durch 1 – 2 subpolar inserierte Geißeln beweglich.

Zellen von *Nitrosospira multiformis*: lappig, pleomorph, 1,0 – 1,5 µm breit, 1,0 – 2,5 µm lang. Wenn beweglich, besitzen die Zellen 1 – 20 peritrich angeordnete Geißeln und zeigen eine rotierende und taumelnde Bewegung.

---

[13] Nicholas, D.J.D., Nason, A. (1957), in: Colowick, S.P., Kaplan, N.O. (Eds.), Methods in Enzymology, Vol. **3**, pp. 981–984. Academic Press, New York

6.1.5 Farblose schwefeloxidierende Bakterien: *Thiobacillus thioparus*

Standorte:

Weit verbreitet an Standorten, an denen gleichzeitig molekularer Sauerstoff und reduzierte anorganische Schwefelverbindungen (Schwefelwasserstoff, Elementarschwefel oder Thiosulfat) zugegen sind: (feuchte) Böden, Schlamm, Grenzfläche zwischen (aerobem) Süßwasser und seinen (anaeroben) Sedimenten, Kanalwasser, geschichtete Seen. (An entsprechenden marinen Standorten: *Halothiobacillus* [früher: *Thiobacillus*] *neapolitanus*.)

Selektive Bedingungen:

T. thioparus ist obligat chemolithoautotroph; daher wirken selektiv:

- Mineralsalznährlösung ohne organische Verbindungen, mit Kohlendioxid als einziger Kohlenstoffquelle
- Thiosulfat als einzige oxidierbare Substanz (= Energie- und Elektronenquelle)
- pH-Wert im neutralen Bereich
- Bebrütung aerob und im Dunkeln.

Nährlösung:

(nach Parker und Prisk, 1953, verändert)[14]

Das Medium enthält in 1000 ml Wasser:

$Na_2S_2O_3 \cdot 5\,H_2O$	10,0 g
KH_2PO_4	4,0 g
K_2HPO_4	4,0 g
$MgSO_4 \cdot 7\,H_2O$	0,8 g
NH_4Cl	0,4 g
$CaCl_2 \cdot 2\,H_2O$	0,05 g
Spurenelement-Lsg. mit EDTA[15]	1,0 ml
pH 6,6 – 7,2	

> – 25 ml Nährlösung in einen 250-ml-Erlenmeyerkolben füllen; die Dicke der Flüssigkeitsschicht soll nicht mehr als 1 cm betragen (= Kultur in flacher Schicht, vgl. S. 128).
>
> Die Nährlösung braucht nicht sterilisiert zu werden.

Die Nährlösung ist gut gepuffert, um die aus Thiosulfat gebildete Schwefelsäure abzufangen. (Das Wachstum von *T. thioparus* kommt bei pH 4,5 zum Stillstand!)

Arbeitsgang:

> – Nährlösung mit einigen Tropfen eines Gemisches aus frischem Teichwasser und schwarzem Teichschlamm beimpfen.
> – Kultur 14 Tage bei 28 – 30 °C im Dunkeln als Standkultur bebrüten.

---

[14] Parker, C.D., Prisk, J. (1953), J. Gen. Microbiol. **8**, 344–364
[15] s. Tab. 13, Nr. 1, S. 63

Auswertung:

T. thioparus scheidet bei der Oxidation von Thiosulfat vorübergehend **elementaren Schwefel** in die Nährlösung aus. Man erkennt deshalb den Erfolg der Anreicherung an einer kalkigweißen Trübung der Nährlösung und einer Kahmhaut aus Schwefelschüppchen und Zellen auf der Flüssigkeitsoberfläche. Man untersucht die Kulturflüssigkeit und Material von der Kahmhaut mikroskopisch:

Zellen gramnegativ; klein, kurzstäbchenförmig, ca. 0,5 µm breit, 1,7 µm lang; einzeln oder in Paaren, selten in kurzen Ketten. Beweglich durch monopolare, monotriche Begeißelung (= eine einzige, polare Geißel).

Die Nährlösung enthält auch heterotrophe Bakterien, die sich von den Ausscheidungsprodukten der Thiobacilli ernähren.

6.2 Direktisolierung

Wenn der gewünschte Organismentyp einen relativ großen Teil der Mischpopulation am natürlichen Standort ausmacht, so lässt er sich oft auch ohne die Zwischenstufe einer Anreicherung in Flüssigmedium direkt auf einem **festen Nährboden** isolieren. Diese Methode wählt man, um eine möglichst große Zahl von Stämmen des begünstigten Stoffwechseltyps zu erfassen. Man verteilt eine Probe des Standortmaterials oder eine geeignete Verdünnung derselben mit Hilfe eines der auf S. 172ff. und 358ff. beschriebenen Verfahren auf oder in einem selektiven Agarnährboden und kultiviert unter selektiven Wachstumsbedingungen. Die Auswahl des Nährbodens und der Bebrütungsbedingungen erfolgt wie bei der Anreicherungskultur angegeben (s. S. 145ff.). Neben einer geeigneten Kombination von Nährstoffen enthält das Medium häufig noch einen oder mehrere selektiv wirkende Hemmstoffe, z.B. Farbstoffe oder Antibiotika, die die Entwicklung unerwünschter Begleitorganismen verhindern (Gegenselektion; s. Tab. 24; vgl. S. 52). Zur Direktisolierung von Krankheitserregern und Toxinbildnern sind selektive Trocken- und Fertignährböden sowie fertige Hemmstoffmischungen („Selektivsupplemente") im Handel erhältlich.

Bei genügend großem Abstand zwischen den Zellen entwickelt sich jede vermehrungsfähige Zelle des begünstigten Stoffwechseltyps zu einer gesonderten Kolonie. Da die Konkurrenz um die Nährstoffe durch die räumliche Trennung der Organismen stark vermindert ist, werden langsamer wachsende Stämme nicht – wie bei der Anreicherungskultur – von schneller wachsenden unterdrückt und überwachsen, und man erhält ein **breites Spektrum** der verschiedenen am Standort vertretenen Stämme und Arten des betreffenden physiologischen Typs. Durch den Zusatz spezifischer Reagenzien oder Farbstoffe zum Nährboden oder nach der Bebrütung zu den Kolonien kann man Mikroorganismen mit besonderen Stoffwechselleistungen unmittelbar erkennen (s. S. 52). Die Methode erlaubt auch die direkte **Keimzahlbestimmung** der in der Probe enthaltenen Vertreter des begünstigten Stoffwechseltyps (s. S. 356ff.).

In festem oder halbfestem Probenmaterial (z.B. Erde, Sediment, Lebensmittel) sind die Mikroorganismen oft sehr eng mit den festen Partikeln verbunden. Wenn man die Vertreter des gewünschten Typs möglichst vollständig erfassen will, suspendiert man die Probe in einem geeigneten Dispersionsmittel und dispergiert sie durch Schütteln, Ultraschall oder in einem Mischgerät (s. S. 328ff.). Anschließend lässt man die groben Partikel sich absetzen, verdünnt den Überstand in geeigneter Weise (s. S. 331ff.) und verteilt die Suspension z.B. mit dem Drigalskispatel auf einer Agaroberfläche (Spatelplattenverfahren, s. S. 361ff.). Ein Beispiel für einen solchen Bearbeitungsgang findet man auf S. 165.

Tab. 24: Einige selektive Hemmstoffe in Agarnährböden zur Direktisolierung von Bakterien

Hemmstoff	Menge in 1 l Nährboden	unterdrückte Organismengruppe(n)
Natriumazid	0,2 – 0,5 g	gramnegative Aerobier, aerobe Endosporenbildner
Neomycinsulfat	100 – 250 mg	viele aerobe u. fakultativ anaerobe Stäbchen
Kristallviolett	20 μg 1 – 2 mg	aerobe Endosporenbildner grampositive Bakterien
Brillantgrün	5 – 25 mg	grampositive Bakterien
Penicillin G (Benzylpenicillin), Alkalisalz	1 mg	grampositive Bakterien
2-Phenylethanol (Phenylethylalkohol)	2,5 g	gramnegative fakultative Anaerobier
Polymyxin-B-sulfat	5 – 100 mg	gramnegative Bakterien
Nystatin	50 – 100 mg	Pilze
Cycloheximid (Actidion)	50 – 100 mg	Pilze, Protozoen

Für selektive **Nährlösungen** (s. S. 146) verwendet man gewöhnlich niedrigere Hemmstoffkonzentrationen als für feste Nährböden.

Farbstoffe und Antibiotika sind z. T. lichtempfindlich, Antibiotika oft auch sauerstoffempfindlich und hygroskopisch. Man lagert Antibiotika deshalb vor Licht und Luftzutritt geschützt bei 0 bis +6 °C (Nystatin bei –18 °C).

Die aufgeführten Hemmstoffe sind bis auf Nystatin ausreichend wasserlöslich. Die wässrigen Lösungen der Antibiotika sind im Kühlschrank bei pH 2 – 9 (Neomycin) bzw. pH 3 – 5 (Cycloheximid, Polymyxin) 2–4 Wochen stabil; die Penicillinlösung ist säurelabil und nur 2 Tage haltbar, die wässrige Nystatinsuspension muss täglich frisch angesetzt werden.

Die Mehrzahl der genannten Stoffe kann autoklaviert werden. Empfindlich gegen Hitzesterilisation sind 2-Phenylethanol, Penicillin und Nystatin; von diesen werden die ersten beiden – wie oft auch die Stammlösungen der übrigen Antibiotika – sterilfiltriert und dem Nährboden erst nach dem Autoklavieren und nach Abkühlung auf 50 – 55 °C zugesetzt (s. S. 88). Die Nystatinsuspension kann man ohne Wirkungsverlust bei pH 7,0 10 min auf 100 °C erhitzen.

Aus Wasserproben mit geringer Zelldichte lassen sich die gewünschten Organismen durch Membranfiltration konzentrieren; das Filter legt man auf einen selektiven Agarnährboden (s. z.B. S. 168, ferner S. 366ff.). Eine „relative Anreicherung" von Endosporenbildnern erreicht man durch Pasteurisieren oder Ethanolbehandlung des Inokulums (s. S. 160).

Die Direktisolierung führt nicht unbedingt schon zur Reinkultur, jedoch lässt sich der gewünschte Organismus durch wiederholten Ausstrich auf weitere Agarplatten gewöhnlich leicht reinigen (s. S. 171ff.).

6.2.1 Fluoreszierende Pseudomonaden

Standorte:

Weit verbreitet, vor allem im Boden (besonders zahlreich in der Rhizosphäre) und im Wasser (auch im Leitungswasser und sogar in demineralisiertem Wasser). Beteiligt am Verderb von Nahrungsmitteln, besonders bei niedrigen Temperaturen (*Pseudomonas fluorescens*). Einige Arten (besonders *P. aeruginosa* [Risikogruppe 2]) potentielle, „opportunistische" Krankheitserreger bei Mensch und Tier (wenn auch mit geringer Virulenz); befallen vor allem Wunden sowie Harn- und Atemwege. Kommen ferner auf Pflanzen vor; mehrere Arten phytopathogen.

Selektive Bedingungen:

Der verwendete Nährboden ist nicht sehr selektiv, stimuliert jedoch bei den fluoreszierenden Pseudomonaden die Bildung wasserlöslicher, fluoreszierender Farbstoffe (Pyoverdine[16]), an denen man die Kolonien erkennt.

Da die fluoreszierenden Pseudomonaden gegen zahlreiche antibakterielle Substanzen resistent sind, lässt sich der Nährboden durch den Zusatz eines Gemisches von Antibiotika oder anderen antibakteriellen Wirkstoffen selektiver gestalten (s. z.B. Simon, A., Ridge, E.H. [1974], J. Appl. Bacteriol. **37**, 459–460).

Nährboden: King-Agar B
(nach King et al., 1954, verändert)[17]

Das Medium enthält in 1000 ml Wasser:

Proteose-Pepton	20,0 g
Glycerin	10,0 g
$K_3PO_4 \cdot 3\,H_2O$	1,8 g
$MgSO_4 \cdot 7\,H_2O$	1,5 g
Agar	15,0 g
pH 7,2	

Nährboden autoklavieren und in Petrischalen gießen (s. S. 95).

Der Basisnährboden (ohne Glycerin) ist auch kommerziell erhältlich.

Arbeitsgang:

- Teichwasser oder eine Bodensuspension mit der Impföse nach dem 13-Strich-Verfahren auf die Agaroberfläche ausstreichen (s. S. 173ff.) oder mit dem Drigalskispatel ausspateln. Beim Ausspateln einer abgemessenen, gegebenenfalls verdünnten Probenmenge kann man die Lebendzellzahl in der Probe bestimmen (s. S. 361ff.).
- Platten 1 – 3 Tage bei 28 – 30 °C aerob und im Dunkeln bebrüten.

Auswertung:

Da ein Teil der Pseudomonaden und ihrer Begleitorganismen sehr viel Schleim produzieren, erreicht man manchmal keine isoliert liegenden Einzelkolonien. In solchen Fällen muss man das Impfmaterial verdünnen.

Die **Kolonien** der fluoreszierenden Pseudomonaden und der Agar in ihrer nächsten Umgebung sind bei Tageslicht grünlichgelb gefärbt und zeigen unter der UV-Lampe bei 366 nm eine gelblichgrüne bis bläuliche Fluoreszenz. (Vorsicht: Nur kurz ins UV-Licht blicken, oder eine UV-Schutzbrille tragen!) Man markiert (auf der Unterseite der Petrischale!) fluoreszierende Kolonien und untersucht sie mikroskopisch:

Zellen gramnegativ; gerade oder leicht gekrümmte Stäbchen, 0,5 – 1,1 µm breit, 1,5 – 4 µm lang; einzeln oder paarweise. Beweglich durch monopolare Begeißelung mit einer (monotrich: *P. aeruginosa*) oder mehreren (polytrich, lophotrich: z.B. *P. fluorescens*, *P. putida*) Geißeln an einem Zellende.

---

[16] = Siderophore, dienen dem Eisentransport in die Zelle, werden unter Eisenmangelbedingungen produziert und ausgeschieden.

[17] King, E.O., Ward, M.K., Raney, D.E. (1954), J. Lab. Clin. Med. **44**, 301 – 307

6.2.2 Aerobe und fakultativ anaerobe endosporenbildende Bakterien: *Bacillus, Paenibacillus*

Standorte:

Primäre Standorte der meisten *Bacillus-* und *Paenibacillus*-Arten sind der Boden und sich zersetzendes Pflanzenmaterial. Aufgrund der Widerstandsfähigkeit und Langlebigkeit ihrer Endosporen sind sie aber auch an den meisten anderen Standorten anzutreffen, vor allem im Süßwasser, in (verunreinigtem) Meerwasser, in marinen Sedimenten und als Verderbniserreger in Lebensmitteln, z.B. in Brot, Milch und Konserven.

Selektive Bedingungen:

- Pasteurisieren

  (10 min langes Erhitzen auf 70 – 100 °C mit feuchter Hitze tötet die vegetativen Zellen der meisten Mikroorganismen ab, während die bakteriellen Endosporen überleben.)

  Dabei ist jedoch zu beachten:

  – Der Endosporenbildner muss in der Sporenform vorliegen.

  – Die Sporen der verschiedenen Endosporenbildner (auch der verschiedenen Stämme ein und derselben Art) sind **unterschiedlich hitzeresistent**, manche nur wenig resistenter als die vegetativen Zellen. Deshalb kann die Hitzebehandlung die Endosporen schädigen oder abtöten; außerdem kann sie Mutationen auslösen. Man sollte daher Temperatur und Dauer der Hitzeeinwirkung so gering wie möglich wählen.

  Oft ist es zweckmäßiger, das Probenmaterial statt mit Hitze mit **Ethanol** zu behandeln. Etwa 50%iges Ethanol (v/v, Endkonzentration[18]) tötet bei einer Einwirkungsdauer von 45–60 min bei Raumtemperatur alle vegetativen Zellen ab, während die Endosporen überleben.

  Die unterschiedliche Hitzeresistenz der Endosporen kann man ausnutzen, um z.B. *Bacillus megaterium* von anderen *Bacillus*-Arten abzutrennen (s.u.), denn die Sporen von *B. megaterium* überstehen zwar ein Erhitzen für 10 min auf 80 °C, nicht aber – im Gegensatz zu vielen anderen Bacilli – auf 100 °C ($D_{100\ °C} = 1$–2 min, vgl. S. 7).

  – In einem geeigneten Nährmedium keimen manche Endosporen sehr schnell aus und verlieren dabei ihre Hitzeresistenz. Deshalb suspendiert man sporenhaltiges Probenmaterial zum Pasteurisieren im Allgemeinen nicht in Nährlösung, sondern in sterilem Wasser, 0,9%iger Kochsalzlösung oder einem nicht verwertbaren Puffer.

- aerobe Bebrütung
  (Die *Bacillus-* und *Paenibacillus*-Arten sind strikt aerob oder fakultativ anaerob. Fakultativ anaerobe Arten bilden unter anaeroben Bedingungen gelegentlich keine oder nur sehr verzögert Endosporen.)

- Nährboden ohne Wachstumsfaktoren (für die Direktisolierung prototropher *Bacillus*-Arten)
  (Die meisten *Bacillus-* und alle *Paenibacillus*-Arten sind auxotroph und benötigen zum Wachstum Aminosäuren und/oder Vitamine. Von den häufigeren *Bacillus*-Arten sind dagegen prototroph: *B. licheniformis*, *B. megaterium* und *B. subtilis*.).

---

[18] Die flüssige oder in sterilem Wasser suspendierte Probe mit dem gleichen Volumen absolutem oder 96%igem Ethanol mischen. Es empfiehlt sich, den Alkohol vor Gebrauch sterilzufiltrieren, da er bereits Endosporen enthalten kann.

Nährböden:

- ### Nähragar

Die Mehrzahl der aeroben und fakultativ anaeroben Endosporenbildner aus Boden oder Wasser wächst gut auf einem „Nähragar". Ein Zusatz von zweiwertigem Mangan fördert die Sporulation.

Das Medium enthält in 1000 ml Wasser:

Pepton aus Fleisch	5,0 g
Hefeextrakt	2,0 g
Fleischextrakt	1,0 g
$MnSO_4 \cdot H_2O$	0,01 g
Agar	15,0 g
pH 7,0	

- Nährboden autoklavieren und in Petrischalen gießen.
- Agarplatten 4 – 5 Tage bei Raumtemperatur trocknen lassen (vgl. S. 96).

Die Oberfläche der Platten muss beim Beimpfen weitgehend trocken sein. In dem feinen Flüssigkeitsfilm auf der Oberfläche ungenügend getrockneter Agarplatten breiten sich manche *Bacillus*- und *Paenibacillus*-Arten rasch über die ganze Platte aus („Schwärmen", vgl. S. 162, 172) und verhindern die Entwicklung anderer Arten.

- ### Glucose-Mineralsalz-Agar
  für *Bacillus megaterium*
  (nach Claus, 1965)[19]

  Das Medium enthält in 1000 ml Wasser:

K_2HPO_4	0,8 g
KH_2PO_4	0,2 g
$CaSO_4 \cdot 2 H_2O$	0,05 g
$FeSO_4 \cdot 7 H_2O$	0,01 g
$MgSO_4 \cdot 7 H_2O$	0,5 g
$(NH_4)_2SO_4$	1,0 g
Glucose	10,0 g
Agar	15,0 g
pH 7,0	

Nährboden autoklavieren und in Petrischalen gießen.

Arbeitsgang:

- Je 4 g einer luftgetrockneten, gesiebten Bodenprobe (s. S. 148) in zwei sterile 100-ml-Erlenmeyerkolben geben, 20 ml steriles Wasser hinzufügen, und Kolben unter gutem Rühren oder Schütteln 10 min lang im Wasserbad auf 100 bzw. 80 °C erhitzen. Anschließend die Suspensionen unter fließendem Wasser rasch abkühlen.
- Unmittelbar vor dem Überimpfen Bodensatz der Erdsuspensionen durch kräftiges Schütteln verteilen. Probe aus dem 100 °C-Wasserbad mit der Impföse auf Nähragar, Probe aus dem 80 °C-Wasserbad auf Glucose-Mineralsalz-Agar ausstreichen (13-Strich-Verfahren, s. S. 173ff.) oder mit dem Drigalskispatel ausspateln (s. S. 361ff.).

---

[19] Claus, D. (1965), in: Schlegel, H.G., Kröger, E. (Hrsg.), Anreicherungskultur und Mutantenauslese, S. 337 – 362. Gustav Fischer Verlag, Stuttgart

Beim Ausspateln einer abgemessenen, gegebenenfalls verdünnten Probenmenge (z.B. je 0,1 ml der Verdünnungsstufen 10^{-1} bis 10^{-3} einer Dezimalverdünnungsreihe, s. S. 331ff.) kann man die ungefähre Zahl der *Bacillus-/Paenibacillus*-Endosporen in den Proben bestimmen.
– Platten 2–10 Tage bei 30 °C im Dunkeln bebrüten.

Durch die Hitzebehandlung werden die Endosporen vieler Endosporenbildner aktiviert, d. h. ihre Keimungsbereitschaft wird erhöht. Man führt deshalb vor der Keimzahlbestimmung von Endosporen meist eine Hitzeaktivierung durch (gewöhnlich 10 min bei 80 °C). Die Aktivierung muss unmittelbar vor der Aussaat der Endosporen erfolgen, da der Aktivierungsprozess reversibel ist.

Auswertung:

- **Nähragar**

    Koloniemorphologie: Größe und Aussehen der Kolonien sind im Allgemeinen sehr variabel und stark abhängig von äußeren Faktoren wie Zusammensetzung des Nährbodens, Bebrütungstemperatur und Feuchtigkeit. Bei den meisten *Bacillus-* und *Paenibacillus*-Arten sind die Kolonien mehr oder weniger farblos (dicht weißlich bis cremefarben), bei einigen Arten, besonders bei Stämmen von salzhaltigen Standorten, unter bestimmten Kulturbedingungen gelb, orange, rot oder braun gefärbt. Ältere Kolonien sind häufig groß und flach, mit glattem oder mit welligem, gekerbtem oder gefranstem Rand und matter, rauer oder körniger Oberfläche, nach längerer Bebrütung auch mit Runzeln oder konzentrischen Ringen.

    Einige Arten, besonders *Bacillus circulans, Lysinibacillus* (früher: *Bacillus*) *sphaericus* und *Paenibacillus alvei*, neigen zum **Schwärmen**, vor allem auf feuchter Agaroberfläche (vgl. S. 172); auf trockenem Agar können sie kleine, bewegliche Kolonien ausbilden, die – meist gegen den Uhrzeigersinn – auf der Stelle rotieren oder mit einer Geschwindigkeit von bis zu 15 mm/Stunde bogenförmig oder spiralig über die Oberfläche wandern.

    Eine ungewöhnliche, sehr charakteristische Koloniemorphologie besitzt *Bacillus mycoides*: Die flache Kolonie breitet sich während ihres Wachstums wurzel- oder pilzmycelartig nach allen Seiten über die Agaroberfläche aus und bedeckt innerhalb von 2–3 Tagen die ganze Platte. Die Enden der langen, miteinander verflochtenen Zellketten sind stammspezifisch meist nach links (gegen den Uhrzeigersinn) gekrümmt („linksdrehende" Stämme), selten nach rechts. Die Fähigkeit zur Bildung wurzelförmiger Kolonien kann verloren gehen.

    Die mikroskopische Untersuchung der Kolonien zeigt folgendes Bild:

    Die **Zellen** von *Bacillus*-Arten reagieren bei der Gramfärbung in der Regel grampositiv (unter Umständen nur in den frühen Wachstumsphasen); *Paenibacillus*, obwohl mit grampositiver Zellwandstruktur, verhält sich auch in jungen Kulturen oft gramnegativ oder gramvariabel.

    Vegetative Zellen stäbchenförmig, gerade, 0,5–2,5 µm breit, gewöhnlich zwischen 1,5 und 6 µm lang; einzeln oder in z.T. sehr langen Ketten. Überwiegend beweglich; Geißeln peritrich (an den Längsseiten) angeordnet.

    Dauerformen: Um die Bakterien den Gattungen *Bacillus/Paenibacillus* zuordnen zu können, benötigt man Zellmaterial mit **Endosporen** und **sporulierenden Zellen**, das man ≥ 2 Tage alten (jedoch nicht zu alten!) Kolonien entnimmt. Enthält das mikroskopische Präparat nur freie Sporen, so suche man am Rand (d.h. im jüngeren Teil) der Kolonie nach sporulierenden Zellen; findet man nur vegetative Zellen, so entnehme man neues Material mehr aus der Mitte der Kolonie. Endosporen erkennt man an ihrer starken Lichtbrechung (s. S. 250).

Die Form der Endospore, ihre Lage in der Sporenmutterzelle und ihre Größe im Verhältnis zur Mutterzelle sind charakteristische Merkmale der einzelnen Arten, nach denen man drei **morphologische Gruppen** unterscheiden kann:

– Gruppe 1 (strikt aerobe und fakultativ anaerobe *Bacillus*-Arten):
  Spore oval bis zylindrisch; liegt meist zentral (bis terminal) in der Mutterzelle, nicht wesentlich breiter als die Mutterzelle, diese daher bei der Sporulation nicht oder nur wenig angeschwollen (s. Abb. 21, S. 241). In diese Gruppe gehört die Mehrzahl der *Bacillus*-Arten, die sich ohne Schwierigkeit aus Bodenproben direktisolieren lassen, z.B.

  – *B. subtilis, B. licheniformis* (Durchmesser $\leq 0,8$ μm)
  – *B. cereus* (Risikogruppe 2!), *B. mycoides,* (*B. megaterium,* s.u.) (Durchmesser ≥ 1 μm, enthalten stark lichtbrechende Granula aus Poly-3-hydroxybuttersäure [vgl. S. 254]; bei *B. cereus, B. mycoides* und zwei weiteren, nahe verwandten Arten ist die freie Spore von einer dünnen, lockeren, ballonartigen Hülle [Exosporium] umgeben).

– Gruppe 2 (fakultativ anaerobe *Bacillus*-Arten; *Paenibacillus*):
  Spore oval, selten zylindrisch; liegt zentral bis terminal in der Mutterzelle, deutlich breiter als die Mutterzelle, diese daher spindelförmig (= „Clostridium"-Form, z.B. bei *Paenibacillus polymyxa* [z.T.]) oder keulenförmig (z.B. bei *Paenibacillus macerans*) angeschwollen.

– Gruppe 3 (strikt aerobe *Bacillus*-Arten):
  Spore rund; liegt terminal (oder subterminal) in der Mutterzelle, deutlich breiter als die Mutterzelle, diese daher trommelschlegelförmig angeschwollen (= „Plectridium"-Form, z.B. bei *Lysinibacillus sphaericus).*

- **Glucose-Mineralsalz-Agar:** *Bacillus megaterium*

  Koloniemorphologie: Innerhalb von 2–3 Tagen entwickeln sich verschiedene Kolonietypen, unter denen man *B. megaterium* an folgenden Merkmalen erkennt: Kolonien dicht weißlich bis bräunlichweiß; rund, leicht konvex, glattrandig; schleimig mit glatter, glänzender Oberfläche, oder Oberfläche halbmatt bis matt; Durchmesser nach 2 Tagen bis 4 mm.

  Die mikroskopische Untersuchung der Kolonien zeigt folgendes Bild (sehr charakteristisch!):

  Vegetative Zellen: grampositiv; sehr breit (bis 3 μm und mehr[20]), 2–5 μm lang, häufig pleomorph (zylindrisch, oval bis rundlich, birnen- oder spindelförmig); einzeln, paarweise oder in gedrehten Ketten. Langsam beweglich, oder unbeweglich und von einer **Kapsel**[20] (Schleimhülle; s. S. 254ff.) umgeben.

  Dauerformen: Endosporen (unter den vorliegenden Wachstumsbedingungen nicht immer gebildet) kurzoval bis zylindrisch; liegen zentral bis subterminal in der Sporenmutterzelle; sind nicht breiter als die Mutterzelle (morphologische Gruppe 1, s. o.).

  Reservestoffe: Zellen oft dicht gefüllt mit Granula aus Poly-3-hydroxybuttersäure[20].

---

[20] auf kohlenhydrathaltigem Nährboden!

6.2.3 Milchsäurebakterien aus Milch und Sauermilchprodukten

6.2.3.1 Streptokokken

Standorte:

Lactococcus lactis subspecies *lactis* (früher: *Streptococcus lactis*): Pflanzenmaterial, Rohmilch; als Starterkultur[21] in Milchprodukten wie Dickmilch, Buttermilch, Sauerrahmbutter, Kefir, Quark und Käse, sofern sie nicht nachträglich hitzebehandelt worden sind.

Lactococcus lactis subspecies *cremoris* (früher: *Streptococcus cremoris*): wie subspecies *lactis*, jedoch nicht in Pflanzenmaterial.

Streptococcus salivarius subspecies *thermophilus*: Milch; als Starterkultur[21] in Joghurt, Bioghurt, Biogarde, Hartkäse.

Die Keimzahl der Streptokokken in Rohmilch beträgt etwa 10^3 bis 10^6 Keime/ml, in Sauermilchprodukten $> 10^6$ bis $> 10^8$ Keime/ml.

Selektive Bedingungen:

Milchsäurebakterien stellen **sehr hohe Nährstoffansprüche** und benötigen meist außer einem vergärbaren Kohlenhydrat eine ganze Reihe von Vitaminen und Aminosäuren, ferner Peptide, Purine, Pyrimidine und unter Umständen Fettsäuren oder Fettsäureester. Man kultiviert sie deshalb in der Regel auf „fetten" Komplexnährböden. Für die Isolierung von Streptokokken aus Milch und Milchprodukten gibt es kein eigentlich selektives Nährmedium, doch ist ein solches im Allgemeinen auch gar nicht erforderlich, weil die Streptokokken an diesen Standorten gewöhnlich vorherrschen.

Für die Trennung der verschiedenen Milchstreptokokken lassen sich Unterschiede in den **Wachstumstemperaturen** und in der **Hitzeresistenz** ausnutzen (s. Tab. 25). *Streptococcus salivarius* subspecies *thermophilus* kann man in Gegenwart anderer Mikroorganismen selektiv isolieren, indem man die Probe 30 min auf 60 °C erhitzt und/oder die Kultur bei 45–50 °C bebrütet; eine Abtrennung von den *Lactobacillus*-Arten im Joghurt erreicht man auf M17-Agar.

Nährboden: M17-Agar
(nach Terzaghi und Sandine, 1975)[22]

Das Medium enthält in 1000 ml Wasser:

Pepton aus Sojamehl, papainisch	5,0 g
Pepton aus Casein, tryptisch	2,5 g
Pepton aus Fleisch, peptisch	2,5 g
Hefeextrakt	2,5 g
Fleischextrakt	5,0 g
Lactose	5,0 g
Ascorbinsäure	0,5 g

---

[21] Streptokokken sowie *Leuconostoc*- und *Lactobacillus*-Arten setzt man der pasteurisierten oder sterilisierten Milch als „Starterkulturen" („Säurewecker") zur Herstellung der verschiedenen Sauermilchprodukte zu.
[22] Terzaghi, B.E., Sandine, W.E. (1975), Appl. Microbiol. **29**, 807–813

M17-Agar: Fortsetzung

Dinatrium-β-glycerophosphat	19,0 g
$MgSO_4 \cdot 7\,H_2O$	0,25 g
Agar	15,0 g
pH 7,2	

Nährboden autoklavieren und in Petrischalen gießen.

Der Nährboden ist auch kommerziell erhältlich. Er ist gut geeignet zur Isolierung, Anzucht und Keimzahlbestimmung der Milchstreptokokken. Natriumglycerophosphat erhöht die Pufferkapazität des Mediums, verhindert ein zu starkes Abfallen des pH-Wertes und führt dadurch zu einem schnelleren Wachstum der Bakterien und zu größeren Kolonien.

Stellt man den pH-Wert des Nährbodens auf pH 6,8 ein, so kann man auf ihm selektiv *Streptococcus salivarius* subspecies *thermophilus* aus Joghurt oder Bioghurt isolieren und auszählen, da die meisten Stämme von *Lactobacillus delbrueckii* subspecies *bulgaricus* und *L. acidophilus* (s. S. 166) unter diesen Bedingungen nicht wachsen.

Tab. 25: Wachstumstemperaturen von Streptokokken und *Lactobacillus*-Arten aus Milch und Sauermilchprodukten

Organismus	Temperatur-optimum (°C)	Wachstum bei				
		10 °C	15 °C	40 °C	45 °C	50 °C
Lactococcus lactis subsp. *lactis*	~ 30	+		+	–	–
Lactococcus lactis subsp. *cremoris*	~ 30	+		–	–	–
Streptococcus salivarius subsp. *thermophilus*[1]	~ 40	–		+	+	+
Lactobacillus delbrueckii subsp. *bulgaricus*[2]	40 – 44			–	+	+
Lactobacillus acidophilus	35 – 38			–	+	–
Lactobacillus helveticus[2]	40 – 42			–	+	+
Lactobacillus casei	~ 30			+	–	–
Lactobacillus brevis	~ 30			+	–	–

\+ = Wachstum bei ≥ 90 % der Stämme
– = kein Wachstum bei ≥ 90 % der Stämme

[1] Wächst bei Temperaturen bis 52 °C, jedoch nicht unter 18 – 20 °C; überlebt ein 30-minütiges Erhitzen auf 65 °C.
[2] maximale Wachstumstemperatur 50 – 52 °C

Arbeitsgang:

– Die flüssige oder halbfeste Probe gründlich mischen; sofort anschließend 10 ml oder 10 g des Produkts aseptisch in ein steriles Gefäß abmessen, 90 ml sterile, auf 40 °C erwärmte Pepton-Salz-Lösung (s. S. 358) hinzufügen und etwa 30 s lang kräftig von Hand schütteln (Milch, flüssige Milchprodukte) oder in einem Dispergiergerät, vorzugsweise einem Stomacher (s. S. 330f.), 30 s lang dispergieren (halbfeste Milchprodukte).

– Von der Dispersion mit der Impföse auf M17-Agar ausstreichen, oder zur Keimzahlbestimmung Dispersion mit Pepton-Salz-Lösung in Dezimalschritten weiter verdünnen (s. S. 332ff.) und von geeigneten Verdünnungsstufen (z.B. bei Sauermilchprodukten 10^{-3} bis 10^{-6}) je 0,1 ml mit dem Drigalskispatel auf M17-Agarplatten ausspateln (s. S. 361ff.).

– Platten bis zu 5 Tagen etwa bei Optimaltemperatur (s. Tab. 25) im Anaerobentopf[23] im Dunkeln bebrüten.

[23] höhere Selektivität und besseres Wachstum als bei aerober Bebrütung!

Auswertung:

Nach 15 Stunden sind die blassweißlichen **Kolonien** bereits gut sichtbar und können ausgezählt werden. Sie erreichen nach 3 Tagen einen Durchmesser von bis zu 4 mm.

Die mikroskopische Untersuchung der Kolonien zeigt folgendes Bild:

Zellen grampositiv; kugelig oder oval (in Richtung der Kette gestreckt), 0,5–1,0 μm groß; unbeweglich. Bei *Lactococcus lactis* Zellen meist paarweise oder in kurzen Ketten; bei *Streptococcus salivarius* subspecies *thermophilus* Zellen einzeln, in Paaren, in kurzen oder in langen, z.T. gewundenen Ketten.

Die Zellmorphologie wird beeinflusst von der Art des Nährbodens und der Bebrütungstemperatur. Die Zellen von *S. salivarius* subspecies *thermophilus* sind auf festen Nährböden oft stark deformiert (stäbchenförmig gestreckt oder birnen-, spindel- oder zitronenförmig angeschwollen).

6.2.3.2 *Lactobacillus*-Arten (Auswahl)

Standorte[24]**:**

L. delbrueckii subspecies *bulgaricus* (früher: *L. bulgaricus*): nur in Joghurt und Hartkäse.

L. acidophilus: Bioghurt, Biogarde, saure Sahne; Verdauungstrakt und Schleimhäute von Mensch und Tier.

L. helveticus: Sauermilch, Hartkäse.

L. casei und *L. brevis*: Rohmilch, Hartkäse, Sauerteig, Sauerkraut, Silage; Verdauungstrakt und Schleimhäute von Mensch und Tier, Abwasser.

Die Keimzahl der Lactobacilli in Rohmilch ist gering (> 1 bis 10^3 Keime/ml); in Sauermilchprodukten liegt sie bei 10^6 bis > 10^8 Keimen/ml.

Selektive Bedingungen:

Nährstoffansprüche: siehe 6.2.3.1 Streptokokken, S. 164.

Ein niedriger pH-Wert des Nährbodens (pH 4,5–6,2) fördert das Wachstum der Lactobacilli und unterdrückt die meisten Streptokokken und anderen Mikroorganismen. Wachstumshemmend auf viele Mikroorganismen wirkt auch die hohe Acetatkonzentration des Rogosa-Agars.

Die meisten *Lactobacillus*-Arten zeigen ein gutes Wachstum nur unter mikroaeroben oder anaeroben Bedingungen; eine erhöhte CO_2-Konzentration (~ 5 %) wirkt oft wachstumsfördernd.

Nährboden: Rogosa-Agar („SL-Medium")
(nach Rogosa et al., 1951)[25]

Das Medium enthält in 1000 ml Wasser:

Pepton aus Casein, pankreatisch	10,0 g
Hefeextrakt	5,0 g
KH_2PO_4	6,0 g
Diammoniumhydrogencitrat	2,0 g

[24] vgl. S. 164, Fußnote [21]. Die Sauermilchprodukte dürfen nicht nachträglich hitzebehandelt sein.
[25] Rogosa, M., Mitchell, J.A., Wiseman, R.F. (1951), J. Bacteriol. **62**, 132–133

Rogosa-Agar: Fortsetzung

$MgSO_4 \cdot 7\,H_2O$	0,58 g
$MnSO_4 \cdot 2\,H_2O$	0,12 g
$FeSO_4 \cdot 7\,H_2O$	0,04 g
Polysorbat 80 (= Tween 80)[26]	1,0 g oder ml
Glucose	20,0 g
Natriumacetat, wasserfrei	15,0 g
(oder: Natriumacetat-Trihydrat	25,0 g)
Agar	15,0 g
pH 5,5	

- Den Agar gesondert in 500 ml Wasser im kochenden Wasserbad oder strömenden Dampf lösen.
- Alle übrigen Nährbodenbestandteile ohne Erhitzen in 500 ml Wasser lösen, und den pH-Wert mit ca. 1,3 ml ≥ 96%iger Essigsäure oder Eisessig auf pH 5,5 einstellen; die Lösung zum geschmolzenen Agar geben und 5 min im kochenden Wasserbad erhitzen. Nährboden nicht autoklavieren und nach dem Erstarren möglichst nicht wieder verflüssigen (vgl. S. 70 f.)!
- Nährboden in Petrischalen gießen und innerhalb von 2 Tagen verwenden.

Die Oberfläche der Platten darf nicht austrocknen, da sonst die Acetatkonzentration an der Agaroberfläche so sehr zunimmt, dass das Wachstum der Lactobacilli gehemmt wird.

Der Nährboden ist nicht streng selektiv; außer den Lactobacilli können auf ihm auch einige andere Milchsäurebakterien (z.B. *Leuconostoc, Pediococcus, Bifidobacterium*) sowie Hefen wachsen.

Rogosa-Agar ist auch kommerziell erhältlich.

Arbeitsgang:

- Probenvorbereitung und Anlegen einer Verdünnungsreihe: siehe 6.2.3.1 Streptokokken, S. 165.
- Von der Dispersion mit der Impföse auf Rogosa-Agar ausstreichen, oder zur Keimzahlbestimmung von geeigneten Verdünnungsstufen (z.B. bei Sauermilchprodukten 10^{-3} bis 10^{-6}) je 0,1 ml mit dem Drigalskispatel auf Rogosa-Agarplatten ausspateln (s. S. 361ff.).
- Platten 2 – 4 Tage bei 35 – 38 °C (für „thermophile" Lactobacilli, s. Tab. 25, S. 165) bzw. 5 Tage bei 30 °C (für mesophile Lactobacilli) im Anaerobentopf (mit 5 – 10 % CO_2 im Dunkeln bebrüten. Boden des Anaerobengefäßes mit etwas Wasser bedecken, damit die Oberfläche der Agarplatten nicht austrocknet („feuchte Kammer").

Auswertung:

Die **Kolonien** der Lactobacilli sind gewöhnlich dicht weißlich und konvex mit meist rauer Oberfläche und haben einen Durchmesser von 2 – 5 mm.

Die mikroskopische Untersuchung der Kolonien zeigt folgendes Bild:

Zellen grampositiv; stäbchenförmig, 0,5–1,1 µm breit; unbeweglich. Zellen der „thermophilen" (thermotoleranten) Lactobacilli meist relativ lang (etwa bis 9 µm; in älteren Kulturen z.T. viel länger, fadenförmig, oft gebogen, gewellt oder geknäuelt); einzeln, paarweise oder in kurzen Ketten. Zellen von *L. casei* und *L. brevis* gewöhnlich kurz (2– 4 µm lang), gerade; einzeln, in kurzen oder in längeren Ketten.

---

[26] = Polyoxyethylensorbitanmonooleat; deckt den Ölsäurebedarf der Lactobacilli.

6.2.4 Schwefelfreie Purpurbakterien

Standorte:

Vor allem Schlamm und Wasser flacher, stehender, eutropher Gewässer, z.B. in Gräben, Teichen, der Uferzone eutropher Seen; ferner Abwasser, Klärschlamm.

Selektive Bedingungen:

- Bebrütung anaerob und im Licht
- organische Substrate als Elektronendonatoren.

Nährboden:
(nach Biebl und Pfennig, 1981)[27]

Das Medium enthält in 1000 ml Wasser:

KH_2PO_4	0,5 g
$MgSO_4 \cdot 7\,H_2O$	0,2 g
NaCl	0,4 g
NH_4Cl	0,4 g
$CaCl_2 \cdot 2\,H_2O$	0,05 g
DL-Äpfelsäure	1,0 g
Hefeextrakt	0,2 g
Spurenelement-Lsg. ohne EDTA[28]	1,0 ml
Cyanocobalamin[29] (Vitamin B_{12})	0,01 mg
Agar	10,0 g
pH 6,8	

Nährboden autoklavieren und in Petrischalen gießen. Agarplatten gut trocknen.

Arbeitsgang:

- Man entnimmt eine Wasserprobe dicht über dem Schlamm aus einem stehenden Gewässer. Da die Konzentration der schwefelfreien Purpurbakterien in der Probe meist relativ gering ist (in der Regel < 100 Zellen/ml), konzentriert man die Bakterien durch Membranfiltration (Einzelheiten s. S. 372 ff.). Bei Filtration einer definierten Wassermenge kann man gleichzeitig die Lebendzellzahl in der Wasserprobe bestimmen.
- Mit einer Flachpinzette ein weißes Membranfilter aus Cellulosenitrat oder Cellulosemischester (Durchmesser 50 mm, Porenweite 0,2 µm) in das Vakuumfiltrationsgerät einlegen.
- Zwischen 5 und 100 ml der Wasserprobe durch das Membranfilter filtrieren.
- Filter mit der Pinzette entnehmen und mit der Oberseite nach oben auf einer Agarplatte abrollen lassen. Zwischen Filter und Agaroberfläche dürfen keine Luftpolster entstehen!
- Platte mit der Unterseite nach oben im Anaerobentopf im Dauerlicht von Halogenlampen bei 300 – 1000 lx (s. S. 124) und 25 – 30 °C 6 – 10 Tage bebrüten.

---

[27] Biebl, H., Pfennig, N. (1981), in: Starr, M.P., Stolp, H., Trüper, H.G., Balows, A., Schlegel, H.G. (Eds.), The Prokaryotes, Vol. **1**, pp. 267 – 273. Springer-Verlag, Berlin, Heidelberg, New York

[28] s. Tab. 13, Nr. 2, S. 63

[29] 1,0 mg Cyanocobalamin in 100 ml Wasser lösen, Lösung sterilfiltrieren, dem Nährboden nach dem Autoklavieren 1,0 ml zusetzen. Stammlösung im Dunkeln aufbewahren.

Auswertung:

Die **Kolonien** der schwefelfreien Purpurbakterien sind an ihrer intensiven roten, braunen oder olivgrünen Färbung zu erkennen. Ein Teil der **Gattungen** und **Arten** lässt sich aufgrund der Koloniefarbe und des mikroskopischen Bildes grob **identifizieren** und ihr prozentualer Anteil an der Lebendzellzahl abschätzen.

Folgende Arten kommen häufiger vor (alle gramnegativ):

I. Zellen spiralig; durch bipolare Begeißelung beweglich

　1. Kolonie tiefrot (siehe Foto vordere Umschlaginnenseite); Zellen 0,8–1,0 µm breit, 7–10 µm lang *Rhodospirillum rubrum*

　2. Kolonie orangebraun bis rotbraun

　　a) Zellen 0,5–0,7 µm breit, ca. 3,5 µm lang, gedrungen
　　Phaeospirillum (früher: *Rhodospirillum*) *fulvum*

　　b) Zellen 0,7–1,0 µm breit, 4–8 µm lang
　　Phaeospirillum (früher: *Rhodospirillum*) *molischianum*

II. Zellen oval bis kurzstäbchenförmig, 0,5–1,2 µm breit, 2,0–2,5 µm lang; häufig in Zickzack- oder in geraden Ketten. Beweglich durch monopolare Begeißelung; Kapselbildung

　Kolonie gelblichbraun bis tiefbraun *Rhodobacter capsulatus*

III. Zellen stäbchenförmig, gerade oder leicht gekrümmt, dünn, 0,4–0,5 µm breit, 1–3 µm lang. In jungen Kulturen beweglich durch monopolare Begeißelung. In älteren Kulturen Zellen unregelmäßig gewunden, bis 15 µm lang, durch starke Schleimbildung miteinander verklumpt und unbeweglich. Zellen nicht in Ketten

　Kolonie hellbraun bis orangebraun *Rubrivivax* (früher: *Rhodocyclus*) *gelatinosus*

IV. Zellen oval bis stäbchenförmig, mit schlauchförmigen Auswüchsen oder Filamenten; Vermehrung durch Knospung

　1. Zellen länglichoval bis stäbchenförmig, gelegentlich leicht gekrümmt, 0,6–0,9 µm breit, 1,2–2,0 µm lang. Junge Zellen beweglich durch monopolare Begeißelung; in älteren Kulturen lagern sich die Zellen häufig zu Rosetten oder Büscheln zusammen.

　Bei der Vermehrung treibt die Mutterzelle am unbegeißelten Ende einen Schlauch, der etwas dünner ist und heller erscheint als die Zelle und das 1,5- bis 2fache ihrer Länge erreicht. Das Schlauchende schwillt an und wird zur Tochterzelle; dabei entsteht ein charakteristisches, hantelförmiges Gebilde. Schließlich erfolgt eine asymmetrische Zellteilung.

　　a) Kolonie dunkelrot bis rotbraun *Rhodopseudomonas palustris*

　　b) Kolonie olivgrün. Die Zellen enthalten Bacteriochlorophyll b mit einem Absorptionsmaximum oberhalb von 1000 nm.
　　Blastochloris (früher: *Rhodopseudomonas*) *viridis*

　2. Ausgewachsene Zellen länglichoval bis zitronenförmig, 1,0–1,2 µm breit, 2,0–2,8 µm lang

　Bei der Vermehrung bildet die unbewegliche Mutterzelle am Zellpol ein dünnes Filament aus, das ein Mehrfaches ihrer Länge erreichen kann und an dessen Ende eine kugelige Tochterzelle entsteht. Die Tochterzelle kann sich als peritrich begeißelter

Schwärmer ablösen; häufiger bleibt sie mit der Mutterzelle verbunden und bildet am freien Zellende ihrerseits ein Filament und eine Tochterzelle aus. Durch Verzweigung der Filamente entstehen charakteristische, verzweigte Verbände aus zahlreichen Zellen.

Kolonie dunkelrot bis -rotbraun, sehr klein, (manchmal stiftförmig) emporgewölbt; Oberfläche glatt oder himbeerartig gefurcht (Stereolupe!).

Rhodomicrobium vannielii

Gelegentlich entwickeln sich flache, grasgrüne Kolonien einzelliger Grünalgen, sehr selten Schwefelpurpurbakterien (Chromatiaceae). Die Kolonien nichtphototropher (chemotropher) Mikroorganismen zeigen keine oder nur eine blasse Färbung.

6.3 Gewinnung von Reinkulturen

Wegen der geringen Größe der Mikroorganismen lassen sich ihre physiologischen, chemischen und genetischen Eigenschaften im Allgemeinen nicht an einzelnen Zellen studieren, sondern nur an Populationen, die aus vielen Millionen von Individuen bestehen. Man gewinnt solche Populationen im Labor durch das Anlegen von Kulturen. Das Studium einer Population liefert aber in der Regel nur dann brauchbare Ergebnisse, wenn sie sich aus **gleichartigen Individuen** zusammensetzt, d.h. eine Reinkultur darstellt. Nur bei Vorliegen einer Reinkultur kann man vom Verhalten der Population auf das Verhalten des einzelnen Organismus schließen. Reinkulturen bilden deshalb in den allermeisten Fällen die Grundlage für Laboruntersuchungen an Mikroorganismen; sie werden ferner benötigt zur Aufbewahrung und Konservierung von Mikroorganismen (s. S. 183 ff.) und für viele industrielle Zwecke.

Unter einer Reinkultur (Synonyme: Klon, Stamm) versteht man eine Population von Mikroorganismen (oder von tierischen bzw. pflanzlichen Zellen in Zellkultur), die aus einer einzelnen Zelle hervorgegangen ist und frei ist von andersartigen Mikroorganismen (Kontaminanten) (= axenische Kultur).

Eine Reinkultur besteht nicht notwendigerweise aus genetisch identischen Individuen. In Klonen aus $\geq 10^{10}$ Zellen, wie sie z.B. schon in einer Bakterienkultur von wenigen Millilitern in einem Kulturröhrchen vorliegen können, treten regelmäßig einige spontane Mutanten auf, die sich in einer oder in mehreren Eigenschaften vom Elternstamm unterscheiden. Man nimmt jedoch im Allgemeinen diese geringfügige genetische Heterogenität in Kauf.

Die Gewinnung einer Reinkultur (= Reinzucht, Isolierung) erfolgt in zwei Schritten: Zunächst werden die Individuen einer gemischten Population, gegebenenfalls nach Anreicherung des gewünschten Organismus (s. S. 145ff.), durch Verdünnung räumlich voneinander getrennt, sie werden **vereinzelt**. Anschließend werden die vereinzelten Individuen so zur Vermehrung gebracht, dass die aus ihnen hervorgehenden Klone getrennt bleiben.

Die sicherste Methode zur Gewinnung einer Reinkultur ist die Abtrennung einer einzelnen Zelle (oder Spore) unter direkter mikroskopischer Kontrolle, z.B. mit einem Mikromanipulator oder einer „optischen Pinzette" (Laserpinzette), und ihre anschließende Kultivierung als Einzell- (oder Einsporen-)Kultur. Wegen des geringeren Aufwandes verwendet man jedoch meist indirekte Methoden der Vereinzelung, vorwiegend in oder auf festen Nährböden, auf denen die Zellen nach ihrer Trennung fixiert werden. Diese Methoden gestatten allerdings keine direkte Kontrolle des Isolierungserfolges und führen lediglich mit mehr oder weniger hoher Wahrscheinlichkeit zur Reinkultur.

Eine Reinkultur im strengen Sinne lässt sich hierbei nur erreichen, wenn die Organismen tatsächlich als Einzelzellen im Impfmaterial vorliegen. Dies ist jedoch häufig nicht der Fall: Viele Mikroorganismen bilden **Zellverbände**, die sich oft nur schwer auftrennen lassen. Andere Organismen produzieren **Kapseln** oder **Schleime**, die eine Trennung der Zellen erschweren. In den Zellverband – insbesondere wenn es ein Netzwerk aus Ketten oder Filamenten ist – oder in die Schleimhülle können Fremdkeime eingeschlossen sein, die bei der Vereinzelung fest mit dem zu isolierenden Keim verbunden bleiben und mit ihm weiterkultiviert werden. Es ist deshalb wesentlich für den Erfolg der Isolierung, dass man das Zellmaterial vor der Vereinzelung in seine kleinstmöglichen Einheiten auftrennt, indem man es – falls es nicht schon als Suspension vorliegt – möglichst homogen in einem geeigneten, sterilen Dispersionsmittel suspendiert. Eine Population, die sich aus dem kleinstmöglichen Zellverband entwickelt hat, betrachtet man ebenfalls noch als Reinkultur, da man davon ausgehen kann, dass der Verband aus einer einzelnen Zelle hervorgegangen ist.

Man verwende für die Isolierung niemals nichtdispergiertes Material (z.B. direkte Abimpfungen von Kolonien), sondern immer eine **homogene Zellsuspension**! Zur Herstellung der Suspension benutzt man, zumindest beim Ausstrichverfahren, oft noch steriles Leitungswasser. Viele Bakterien sterben jedoch in Leitungswasser und selbst in physiologischer (0,9%iger) Kochsalzlösung rasch ab (vgl. S. 357f.). Man suspendiert deshalb besser in 0,1%iger Peptonlösung („Peptonwasser"; 1,0 g Pepton aus Fleisch in 1000 ml Wasser, pH ~ 7,0) oder in einer Lösung des zur Kultivierung verwendeten Nährbodens. Um die Zellen zu trennen und zu verteilen, wird das Zellmaterial in einem Röhrchen mit Dispersionslösung gut verrührt oder mit einem Reagenzglasmischgerät – ersatzweise durch kräftiges Rollen zwischen den Handflächen – mit dem Dispersionsmittel vermischt (s. S. 110, 332ff.). Das Suspendieren in 0,1%iger Peptonlösung oder die Zugabe eines dispergierenden Mittels (z.B. Polysorbat [Tween] 80) begünstigt den Zerfall von Zell- oder Sporenklumpen, eine kurze Alkali- oder Enzymbehandlung löst Schleim auf. Zellverbände, die von zähem Schleim umgeben und schwer aufzutrennen sind (z.B. von *Zoogloea*), lassen sich mit Ultraschall zerteilen (s. S. 330). Allerdings können Dispergiermittel und Ultraschallbehandlung die Organismen auch schädigen und abtöten. Die Zellen sollen deshalb nicht länger als nötig in der Dispersionslösung verbleiben, bevor sie übergeimpft werden.

Im Gegensatz zur Anreicherung und Direktisolierung sollte man zur Gewinnung von Reinkulturen keine Selektivnährböden benutzen, da auf ihnen eventuelle Kontaminanten oft im Wachstum gehemmt werden und dadurch unentdeckt bleiben, ohne jedoch ihre Vermehrungsfähigkeit zu verlieren. Man verwende deshalb zur Isolierung möglichst **Universalnährböden** (s. S. 52), auf denen auch die Kontaminanten sich vermehren und sichtbare Kolonien bilden. Um auch langsam wachsende Verunreinigungen zu entdecken, darf man nicht zu kurz bebrüten.

Eine einzeln liegende Kolonie des ersten Ausstrichs (S. 171ff.) oder Plattengusses (S. 359f.) oder der ersten Serie von Schüttelagarkulturen (S. 178ff.) sollte man niemals als rein ansehen – auch wenn sie einheitlich erscheint –, da sie immer noch vermehrungsfähige Fremdkeime enthalten kann. Man wiederholt deshalb mit homogen suspendiertem Material einer solchen Kolonie das Vereinzelungsverfahren noch mindestens zweimal, bei Mikroorganismen, die Schleim, größere Zellverbände oder Filamente bilden, unter Umständen noch sehr viel häufiger. Es empfiehlt sich, das Ausgangsmaterial (z.B. eine Anreicherungskultur) so lange im Kühlschrank aufzubewahren, bis die Isolierung erfolgreich abgeschlossen und die Reinheit der Kultur überprüft worden ist.

Die Verfahren zur Gewinnung von Reinkulturen sollte man, wie alle Überimpftechniken, möglichst an einer Reinen Werkbank durchführen. Bei (möglicherweise) pathogenen Mikroorganismen ist eine Sicherheitswerkbank dringend anzuraten oder sogar vorgeschrieben (s. S. 44). Die folgenden Arbeitsanleitungen sind so abgefasst, dass sie auch ohne Reine Werkbank in den meisten Fällen zum Ziel führen. Voraussetzung ist allerdings, dass man die allgemeinen Regeln des sterilen Arbeitens (s. S. 42ff.) strikt befolgt. Auch die Grundregeln des Überimpfens (s. S. 106) sind zu beachten. Man sollte die Isolierung eines Mikroorganismus und die anschließende Reinheitskontrolle sehr gewissenhaft durchführen, denn der Erfolg aller nachfolgenden Untersuchungen an diesem Organismus hängt ab von der Reinheit des verwendeten Zellmaterials.

6.3.1 Ausstrichverfahren

Die Mehrzahl der Bakterien sowie die Hefen lassen sich mit Hilfe von **Plattenverfahren** isolieren. Man benutzt dazu das Gussplatten- oder das Spatelplattenverfahren (s. S. 359ff.); noch einfacher und daher am gebräuchlichsten ist die Isolierung mit Hilfe des **Verdünnungsausstrichs**, bei dem man eine kleine Menge der Zellsuspension mit steriler Impföse in mehreren Serien paralleler Striche auf einer Agarplatte ausstreicht. Die aufeinanderfolgenden Ausstriche führen zu einer zunehmenden Verdünnung des Inokulums auf der Agarplatte. Der Verdünnungseffekt ist besonders stark, wenn man die Impföse nach jeder Strichserie ausglüht (fraktionierter Ausstrich). Spätestens bei den letzten Strichen gelangen im Idealfall nur noch einzelne Zellen in weiten Abständen auf die Agaroberfläche und wachsen bei Bebrütung zu isoliert liegenden Kolonien heran.

Das Verfahren eignet sich nicht nur zur Isolierung aerober, sondern auch mikroaerophiler und mäßig anaerober Organismen, wenn man die beimpften Platten in einem Anaerobentopf inkubiert (s. S. 132, 140ff.). Extreme Anaerobier können mit dieser Methode in einer Anaerobenkammer vereinzelt werden (s. S. 143).

Die zu bestreichende Agaroberfläche muss ausreichend trocken sein (s. S. 96). In dem Flüssigkeitsfilm auf der Oberfläche ungenügend getrockneter Platten zerfließen die Kolonien; benachbarte Kolonien verschmelzen miteinander, und man erhält keine getrennt liegenden Einzelkolonien. Außerdem erhöhen feuchte Platten die Kontaminations- und Infektionsgefahr, da bei ihrem Beimpfen leicht keimhaltige Aerosole auftreten.

Manche Bakterien, z.B. *Proteus*- und verschiedene *Bacillus*-[30] und *Clostridium*-Arten, breiten sich auf festen oder halbfesten Nährböden mit verlängerten, dicht lateral oder peritrich begeißelten Zellen rasch über die ganze Oberfläche aus (**„Schwärmen"**). Dies geschieht entweder mit zahlreichen winzigen Tochterkolonien (*Bacillus*) oder in einem dünnen, gleichmäßigen Film oder in Form konzentrischer Ringe von höherer Zelldichte im Wechsel mit Zonen geringerer Zelldichte (*Proteus*). Durch diese kollektive Zellbewegung erschweren die Bakterien nicht nur ihre eigene Isolierung, sondern auch die anderer Keime aus dem Inokulum. Durch fette Nährmedien wird das Schwärmen stark gefördert. Um das Schwärmen so weit wie möglich zu verhindern, verwende man nur gut getrocknete Platten, erhöhe die Agarkonzentration auf 30–70 g/l[31] oder benutze statt des Ausstrichs das Gussplattenverfahren. Im Falle von *Proteus*, der auch auf trockener Agaroberfläche schwärmt, setzt man dem Nährboden Gallensalze, Tenside (z.B. 0,005 % Dodecylbenzolsulfonat) oder *p*-Nitrophenylglycerin (= 1-[4-Nitrophenyl]-glycerin, 0,1–0,3 mmol/l)[32] zu oder reduziert den Natriumchloridgehalt des Mediums.

---

[30] s. S. 162

[31] Dadurch kann sich allerdings die Koloniemorphologie verändern!

[32] Williams, F.D. (1973), Appl. Microbiol. **25**, 745–750, 751–754; Senior, B.W. (1977), J. Med. Microbiol. **11**, 59–61

6.3.1.1 Durchführung des Ausstrichverfahrens

Es sind mehrere Varianten des Ausstrichverfahrens in Gebrauch, z.B. der „Drei-Ösen-Aus-strich" oder der „Fünf-Segmente-Ausstrich". Bewährt hat sich das **„13-Strich-Verfahren"**. Es führt schnell zu einer starken Verdünnung des Zellmaterials auf der Agarplatte, und man erhält selbst bei etwas zu reichlichem Inokulum noch isoliert liegende Kolonien. Außerdem erleichtert dieses Verfahren das Erkennen von Luftverunreinigungen.

Verdünnungsausstrich nach dem 13-Strich-Verfahren
(Grundregeln des Überimpfens beachten, s. S. 106)

Material:
- Probe mit den zu isolierenden Mikroorganismen (z.B. eine Agarplatte mit Kolonien)
- Röhrchen mit 0,5–1 ml sterilem Dispersionsmittel (z.B. 0,1%iger Peptonlösung oder Nährlösung, s. S. 171)[33]
- Reagenzglasständer[33]
- eventuell: leeres Becherglas[33]
- sterile Agarplatte(n) (mit 15–20 g Agar/l) mit ausreichend trockener, glatter[34] Agaroberfläche
- Impföse (mit leicht abgewinkeltem Ring) im Kollehalter
- Impfösenständer
- Bunsenbrenner
- Filzstift
- Brutschrank

- Etwaiges Kondenswasser aus dem Deckel der Petrischale(n) entfernen. Dazu Petrischale mit der Unterseite nach oben über ein Becken halten; Deckel abnehmen, kurz und kräftig mit der Innenseite nach unten ausschlagen und sofort wieder aufsetzen.
- Petrischale(n) auf der Unterseite beschriften (s. S. 106).

Herstellen der Zellsuspension:

(bei festem oder halbfestem Impfmaterial; entfällt bei flüssigem Inokulum!)
- Röhrchen mit sterilem Dispersionsmittel möglichst weit unten fassen und über einem Becken oder leeren Becherglas schräg halten; Verschluss abziehen und in der Hand behalten, nicht ablegen. Röhrchen umdrehen, und Dispersionsmittel schnell ausgießen. Verschluss sofort wieder auf das Röhrchen aufsetzen. Röhrchen in den Reagenzglasständer zurückstellen.
- Impföse ausglühen (s. S. 108).
- Den Deckel einer unbeimpften Petrischale einseitig leicht anheben, und die heiße Impföse durch kurzes Auftupfen mit der Breitseite auf die Agaroberfläche am Rand der Petrischale abkühlen (vgl. Abb. 15, 16 A, S. 175). Dabei mit dem heißen Impfösendraht nicht den Rand der (Polystyrol-)Petrischale berühren, da sonst der Kunststoff schmilzt!
- Mit der Impföse eine winzige, kaum sichtbare Menge der Probe (z.B. Zellmaterial von der Oberfläche einer Kolonie) entnehmen.
- In die freie Hand das Röhrchen mit dem (größtenteils ausgegossenen) Dispersionsmittel nehmen; Röhrchen möglichst weit unten fassen und schräg halten. Mit dem kleinen Finger der Impfösenhand Verschluss möglichst weit oben umgreifen, langsam (nicht ruckartig!) abziehen und zwischen kleinem Finger und Handballen festhalten, nicht ablegen und nicht mit unsterilen Gegenständen in Berührung bringen.

---

[33] Entfällt bei flüssigem Inokulum!
[34] Ausstreichen auf einer rauhen Agaroberfläche führt durch Vibrationen der Impföse zur Bildung keim-haltiger Aerosole!

- Impföse vorsichtig in das Röhrchen einführen, ohne seinen Rand zu berühren. Zellmaterial in einem Tropfen an der Röhrchenwand gut verrühren, dann in der Restflüssigkeit am Grund des Röhrchens durch Rühren homogen suspendieren; dabei Aerosolbildung vermeiden.
- Impföse aus dem Röhrchen herausziehen; Röhrchen schließen und in den Reagenzglasständer zurückstellen.
- Impföse trocknen, ausglühen und in den Impfösenständer stellen.

Ausstreichen der Zellsuspension:
(s. Abb. 15, 16, S. 175)

Zum Ausstreichen grundsätzlich hinsetzen, und zwar so tief, dass man unter dem einseitig leicht angehobenen Petrischalendeckel schräg auf die Agaroberfläche blicken kann!

- Petrischale so hinstellen, dass die Agaroberfläche im reflektierten Licht gut zu sehen ist.
- Impföse ausglühen und am Rand der Agarplatte abkühlen (s.o.), oder – in einer Reinen Werkbank – sterile, abgekühlte Öse aus dem Ständer nehmen (s. S. 109).
- Impföse in das Röhrchen (oder sonstige Gefäß) mit der homogenen(!) Zellsuspension einführen (Vorgehen wie oben), kurz eintauchen, und eine kleine Menge der Suspension (keinen zwischen der Öse ausgespannten, ganzen Flüssigkeitsfilm!) entnehmen, ohne Rand oder Innenwand des Röhrchens zu berühren. Röhrchen wieder schließen und wegstellen.
- Petrischalendeckel nur einseitig etwas anheben und ständig über der Agarplatte halten (s. Abb. 15).
- Ring der Impföse nahe dem Petrischalenrand mit der vollen Breitseite leicht auf die Agaroberfläche aufsetzen, und in Randnähe drei gerade, durchgehende, parallele Impfstriche (Nr. 1 – 3) gleichmäßig und ohne Hast seitlich über den Agar ziehen (Abb. 16 A). Dabei senkrecht zur Längsachse von Impföse und Kollehalter (nicht in Richtung der Längsachse!) streichen; Öse ohne Druck und ohne Vibrationen über den Agar gleiten lassen, Agaroberfläche nicht verletzen, nicht „pflügen".
  Außen beginnen, und die nächsten beiden Striche nach innen hin anschließen. Die Impfstriche sollen fast bis zum gegenüberliegenden Schalenrand reichen, ohne ihn zu berühren[35]; sie dürfen nicht zu dicht beieinander liegen.
  Impföse vorsichtig wieder von der Agaroberfläche abheben, um keimhaltige Aerosole zu vermeiden.
- Petrischale schließen und um etwa 90° drehen.
- Impföse trocknen, ausglühen und am Rand der Agarplatte abkühlen (s.o.). Öse in Randnähe, beginnend bei Strich 1, unmittelbar vor den Impfstrichen 1, 2 bzw. 3 auf den Agar aufsetzen, und im rechten oder einem mäßig stumpfen Winkel zu den vorherigen Strichen durch sie hindurch drei weitere parallele Striche (Nr. 4 – 6) über den Agar ziehen (s. Abb. 16 A). Striche fast bis zum Rand durchziehen, Agaroberfläche voll ausnutzen.
  Bei diesen wie auch allen weiteren Strichen wird kein neues Material aus der Suspension entnommen, sondern lediglich das bereits auf der Platte befindliche Zellmaterial weiter verteilt!
- Petrischale schließen und erneut um etwa 90° drehen. Impföse ausglühen und abkühlen. Beginnend bei Strich 4, kurz vor den drei vorhergehenden Strichen ansetzen, und durch sie hindurch die Impfstriche 7 – 9 ziehen.
- In derselben Weise mit frisch ausgeglühter Öse die Impfstriche 10 – 13 ziehen. (Der 13. Strich setzt an keinem der vorhergehenden Striche an!) Nicht in die ersten Striche hineinstreichen!
- Zum Schluss Impföse noch einmal trocknen und ausglühen.
- Platte(n) mit der Unterseite nach oben bebrüten, bis gut sichtbare Kolonien entstanden sind (s. Abb. 16 B und Foto vordere Umschlaginnenseite).

---

[35] In dem Flüssigkeitsfilm, der entlang dem Rand des Agars durch Adhäsion an der Petrischalenwand haftet, können sich manche Bakterien rings um die Agarplatte ausbreiten.

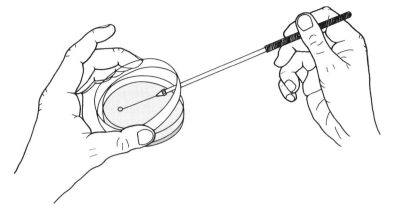

Abb. 15: Ausstreichen von Mikroorganismensuspension mit der Impföse auf einer Agarplatte

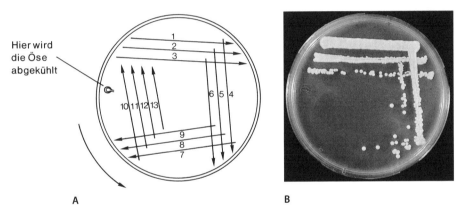

Abb. 16: Agarplatte mit Verdünnungsausstrich nach dem 13-Strich-Verfahren. **A** Ausstrichschema.
B Aussehen des Ausstrichs nach der Bebrütung und der Entwicklung von Kolonien (Aufnahme G. Streich)

Um auch langsam wachsende Verunreinigungen zu entdecken, muss man ausreichend lange bebrüten. Man sollte die Ausstriche nach der Bebrütung und Entnahme von Zellmaterial noch mindestens eine Woche bei Raumtemperatur aufbewahren und anschließend noch einmal kontrollieren.

Der Ausstrich muss nicht bis zum letzten Strich bewachsen sein; wenn man schon vorher vereinzelte Kolonien erhält, um so besser (s. Abb. 16 B). Hat man **keine Vereinzelung** erreicht, d.h. liegen nicht zumindest auf den letzten Strichen gut isolierte Kolonien vor, so kann das verschiedene Ursachen haben:

- Die Agaroberfläche war zu feucht, oder vom Petrischalendeckel ist Kondenswasser auf den Agar getropft.
- Man hat vergessen, festes oder halbfestes Zellmaterial vor dem Ausstreichen zu suspendieren.
- Man hat das Zellmaterial zwar suspendiert, aber viel zuviel Material genommen.
- Man hat vergessen, die Impföse nach jeder Strichserie auszuglühen.

Auch **bei gelungener Vereinzelung** ist die Wahrscheinlichkeit gering, dass man mit einem einzigen Ausstrich eine Reinkultur erzielt hat. Man wiederholt deshalb den Ausstrich noch mindestens zweimal – auch wenn die Kolonien und Zellen schon nach dem ersten oder zweiten Ausstrich einheitlich erscheinen (s. u.) –, bei Mikroorganismen, die Schleim, größere Zellverbände oder Filamente bilden, unter Umständen noch häufiger. Als Inokulum für diese Ausstriche verwendet man homogen suspendiertes Zellmaterial von der Oberfläche einer gut isoliert liegenden, makroskopisch und mikroskopisch einheitlichen Kolonie der vorhergehenden Ausstrichplatte.

Beim Transportieren, Umdrehen und Öffnen bebrüteter Petrischalen, unter deren Deckel sich **Kondenswasser** gesammelt hat, ist Vorsicht geboten:

– Das Kondenswasser kann auf die Agaroberfläche tropfen und zum Verlaufen der Kolonien führen.

– Beim Handhaben der Petrischale kann das unter Umständen keimhaltige Wasser über die Hände und auf die Arbeitsfläche laufen.

– Zwischen dem Deckel und dem Rand der Unterschale bildet sich ein Flüssigkeitsfilm aus, der beim Öffnen der Petrischale abreißt und ein keimhaltiges Aerosol produziert.

6.3.1.2 Reinheitskontrolle

An jeder Ausstrichplatte führt man nach der Bebrütung eine Reinheitskontrolle durch. Diese umfasst die makroskopische und die mikroskopische Untersuchung der Kolonien:

• **makroskopische Untersuchung** der Kolonien unter Zuhilfenahme einer (Stereo-)Lupe mit 10- bis 20facher Vergrößerung

Die Kolonien eines Ausstrichs, den man als rein betrachtet, müssen alle vom selben Typ sein, d.h. sie müssen in ihrem Aussehen (Form, Farbe usw.[36]) untereinander (und mit der Ausgangskolonie[37]) übereinstimmen.

Von dieser Regel gibt es jedoch **Ausnahmen**. Bei manchen Bakterienarten ist das Aussehen der Kolonien variabel, so dass es oft schwierig ist, zu entscheiden, ob eine Reinkultur vorliegt.

Beispiele:

– Kapselbildende Bakterienstämme können spontan zu kapselfreien Varianten mutieren, und „S-Formen" (Glattformen) von *Salmonella* und anderen Enterobacteriaceae (mit ausgebildeten O-spezifischen Seitenketten der Zellwandlipopolysaccharide) zu „R-Formen" (Rauformen; ohne O-spezifische Polysaccharidketten). Diese Mutanten bilden dann statt der sonst glatten, glänzenden, erhabenen Kolonien raue, matte, flache Kolonien aus.

– Kolonien von Endosporenbildnern erscheinen manchmal je nach Grad der Sporulation mehr oder weniger transparent (bei niedrigem) bis undurchsichtig und dicht weißlich oder cremefarben (bei hohem Sporulationsgrad).

Grundsätzlich jedoch sollte man Unterschiede in der Koloniemorphologie zunächst einmal als Anzeichen dafür ansehen, dass noch keine Reinkultur vorliegt.

---

[36] Der **Durchmesser** einer Kolonie ist u.a. abhängig von der Koloniendichte in ihrer Umgebung: Je isolierter die Kolonie liegt, desto größer wird sie.

[37] Bei einem Wechsel des Nährbodens kann sich die Kolonie-(und Zell-)morphologie allerdings verändern!

Kolonien, die nicht auf den Strichen liegen, stammen im Allgemeinen von Kontaminanten aus der Luft. Allerdings können beim Ausstreichen auf zu feuchtem Agar unter Umständen auch Teile des Inokulums seitlich neben den Strichen auf die Agaroberfläche spritzen.

- **mikroskopische Untersuchung** mehrerer Kolonien des Ausstrichs bei etwa 1000facher Vergrößerung (Ölimmersion). Man untersucht

  - lebende Zellen unter dem Phasenkontrastmikroskop (s. S. 240ff.)
  - fixierte Zellen nach Gramfärbung (s. S. 266ff.) im Hellfeld.

> Alle Zellen einer Reinkultur müssen einen hohen Grad an morphologischer Ähnlichkeit aufweisen, insbesondere im Zelldurchmesser und in der Gramreaktion.

Auch von dieser Regel gibt es **Ausnahmen**:

- Manche Bakterien sind pleomorph, d.h. die Zellen eines Klons weisen deutliche Unterschiede in Form und Größe auf und täuschen so eine Mischkultur vor.
- Eine Reihe von Bakterien bildet unter bestimmten Bedingungen Sporen, Cysten oder kokkoide Zellen, die ebenfalls eine Kontamination vortäuschen können.
- Einige Bakterien sind gramvariabel (s. S. 268f.).

Flüssigkeitskulturen (bei Aerobiern: Schüttelkulturen) zeigen in der exponentiellen Wachstumsphase meist regelmäßigere Zellformen als Agarkolonien und sind deshalb für die mikroskopische Kontrolle besser geeignet.

Man beachte, dass sich **Verunreinigungen** unter dem Mikroskop im Allgemeinen nur dann entdecken lassen, wenn sie

- sich in ihrer Zellmorphologie von dem zu isolierenden Organismus deutlich unterscheiden;
- einen relativ großen Teil der Population ausmachen.

Bei Beobachtung mit einem Immersionsobjektiv 100:1 überblickt man im mikroskopischen Bild nur einen sehr kleinen Präparatausschnitt (vgl. S. 223, 248). Ist in der untersuchten Zellsuspension eine Verunreinigung z.B. mit einer Zellzahl von 10^4 Zellen/ml enthalten, so müsste man durchschnittlich 100 Gesichtsfelder des Präparats durchmustern, um eine einzige Zelle der Verunreinigung zu entdecken.

> Nach mindestens dreimaligem Ausstreichen kann man eine gut isoliert liegende Kolonie der letzten Ausstrichplatte mit hoher Wahrscheinlichkeit als Reinkultur betrachten, wenn
> - alle Kolonien der Platte auf den Strichen liegen und vom selben Typ sind;
> - das mikroskopische Bild und die Gramreaktion der von mehreren Kolonien entnommenen Zellen übereinstimmen.

Um eine größere Sicherheit hinsichtlich der Reinheit der Kultur zu erhalten, empfiehlt es sich, von mehreren Kolonien der Ausstrichplatte Subkulturen anzulegen, diese unter verschiedenen Wachstumsbedingungen (z.B. auf verschiedenen Nährböden, bei verschiedenen Temperaturen, aerob/anaerob) zu bebrüten, besonders auch unter solchen, die das Wachstum etwaiger Kontaminanten begünstigen, und eventuell weitere physiologische und biochemische Eigenschaften der Kulturen zu bestimmen, die bei einer Reinkultur jeweils identisch sein müssen.

6.3.2 Schüttelagarkultur

Nicht allzu extreme Anaerobier lassen sich auch in Hochschichtröhrchen mit Agarnährboden mit Hilfe von Verdünnungsschüttelkulturen (Schüttelagarkulturen, „agar shakes") isolieren (vgl. S. 137f.). Man benutzt diese Methode – die keinen Anaerobentopf erfordert –, z.B. zur Vereinzelung sulfatreduzierender Bakterien oder anoxygener phototropher Bakterien (Purpur-, Grüner Bakterien); sie eignet sich auch zur Lebendzellzahlbestimmung (s. S. 366).

Dem Nährboden kann man reduzierende Stoffe zusetzen (s. S. 136f.). Die Regeln für das Arbeiten mit Anaerobiern sind zu beachten (s. S. 134f.). Man wähle die Agarkonzentration nicht zu hoch (z.B. 8–10 g/l), um eine gute Durchmischung von Zellsuspension und Nährboden zu erreichen. Statt mit einem Wattestopfen kann man die Röhrchen auch mit einem Stopfen aus (O_2-undurchlässigem) Butylgummi oder bei besonders sauerstoffempfindlichen Organismen mit einem Wright-Burri-Verschluss (s. S. 139f.) verschließen. Für hitzeempfindliche oder stark gasbildende Organismen ist das Verfahren nicht geeignet.

Vereinzelung in Schüttelagarröhrchen

Material: – homogene Zellsuspension mit dem zu isolierenden Mikroorganismus
(z.B. Anreicherungskultur, Suspension der Zellen in steriler Nährlösung oder 0,1%iger Peptonlösung, s. S. 171, 173f.)
– 8 – 10 Kulturröhrchen, zu $^2/_3$ gefüllt mit einem geeigneten sterilen, flüssigen (frisch autoklavierten oder erhitzten) Agarnährboden (mit 8 – 10 g Agar/l)
– 1 Röhrchen mit 0,5 – 1 ml steriler Nährlösung oder 0,1%iger Peptonlösung
– Reagenzglasständer
– steriles Gemisch aus Paraffin und Paraffinöl oder aus Paraffin und Vaseline („Vaspar") (s. S. 138)
– sterile Pasteurpipette aus Glas oder Polyethylen (zum Beimpfen des ersten Röhrchens)
– sterile Pasteurpipette aus Glas, wattegestopft (zur Begasung)
– Impfnadel im Kollehalter
oder: eine zweite sterile, wattegestopfte Pasteurpipette aus Glas sowie eine Saugpumpe (z.B. Membranvakuumpumpe für Grobvakuum) (zur Entnahme von Zellmaterial)
– steriles Skalpell
– sterile Petrischale
– eventuell: steriler Draht (zum Entfernen des Paraffinpfropfs)
– Bunsenbrenner
– Filzstift
– Wasserbad bei 45 °C mit Reagenzglaseinsatz
– Bad mit kaltem Wasser und Reagenzglaseinsatz
– Wasserbad zum Schmelzen von Paraffin bzw. „Vaspar"
– Gummi- oder Kunststoffschlauch, unsteril
– Stickstoffflasche mit Druckminderer
– Brutschrank

Anlegen der Verdünnungsreihe:

– Die Kulturröhrchen mit flüssigem Agarnährboden fortlaufend nummerieren; den Nährboden im Wasserbad auf 45 °C abkühlen lassen (dauert ca. 15 min) und bei dieser Temperatur flüssig halten.

– Erstes Röhrchen mit Hilfe einer sterilen Pasteurpipette mit 1–3 Tropfen einer homogenen(!) Zellsuspension beimpfen, die den gewünschten Organismus enthält (zum Überimpfen vgl. S. 117).
– Röhrcheninhalt sofort mischen durch schnelles, kräftiges Rollen des Röhrchens in leichter Schräglage zwischen den Handflächen (s. S. 110). Röhrchen nicht schütteln![38] Nicht zu lange mischen (ca. 10 s), da sonst der Agar fest wird!
– Etwa 0,5–1 ml des Gemisches rasch in das zweite Röhrchen gießen; erstes Röhrchen zum schnellen Abkühlen in ein Bad mit kaltem Wasser stellen.
– Inhalt des zweiten Röhrchens wie oben mischen, und Röhrchen nach dem Beimpfen eines dritten Röhrchens in kaltes Wasser stellen.
– Vorgang wiederholen, bis alle Röhrchen beimpft sind.
– Agarsäule in jedem Röhrchen möglichst bald nach dem Erstarren 1–2 cm hoch mit geschmolzenem, sterilem Paraffin-Paraffinöl-Gemisch oder Vaspar überschichten (s. S. 138).
– Röhrchen bebrüten, bis gut sichtbare Kolonien entstanden sind.

Entnahme einer Kolonie:

– Aus der Verdünnungsreihe ein Röhrchen mit nur einer bis wenigen, gut isoliert liegenden Kolonien auswählen, unter denen sich solche des gewünschten Organismus befinden.
– Röhrchen öffnen, Röhrchenrand abflammen, und Paraffinpfropf über der Flamme herausschmelzen oder nach Erwärmen mit einem sterilen Draht herausziehen.
– Sterile, mit Watte gestopfte (Glas-)Pasteurpipette mit einem Gummi- oder Kunststoffschlauch an eine Stickstoffflasche anschließen.
– Kapillare der Pasteurpipette bei mäßigem Gasstrom in das Röhrchen einführen und zwischen Agarsäule und Glaswand langsam bis zum Röhrchenboden hinunterschieben.
– Öffnung des Röhrchens nach unten über eine sterile Petrischale halten; Agarsäule durch den Gasdruck aus dem Röhrchen herausdrücken und in der Petrischale auffangen.
– Agarsäule mit einem sterilen Skalpell so in Scheiben schneiden, dass eine Kolonie des gewünschten Organismus freigelegt wird.
– Mit ausgeglühter und abgekühlter Impfnadel etwas Zellmaterial von der gewünschten Kolonie entnehmen und in ein Röhrchen mit wenig steriler Nährlösung oder 0,1%iger Peptonlösung überführen. (Flüssigkeit vorher weitgehend aus dem Röhrchen ausgießen, s. S. 173f.) Oder: Eine zweite sterile, gestopfte Pasteurpipette über den Schlauch an eine Saugpumpe anschließen, und mit der Kapillare die gewünschte Kolonie anstechen. Etwas Zellmaterial in die Kapillare einsaugen und in ein Röhrchen mit 0,5–1 ml steriler Nährlösung oder Peptonlösung überführen.
– Zellmaterial homogen suspendieren und als Inokulum für die nächste Verdünnungsreihe oder zum Animpfen einer Flüssigkeitskultur verwenden.

Wenn eine in unmittelbarer Nähe der Röhrchenwand wachsende Kolonie den Flüssigkeitsfilm zwischen Agarsäule und Glaswand erreicht, breiten sich ihre Zellen in diesem Film weit über die Außenseite des Agars aus und führen beim Herausdrücken und Zerschneiden der Agarsäule zwangsläufig zur Kontamination der ausgewählten Kolonie. Derartige Röhrchen sollte man möglichst nicht zur Gewinnung einer Reinkultur verwenden oder aber das Zellmaterial über eine weitere Serie von Schüttelagarkulturen reinigen.

---

[38] Der Ausdruck „Schüttelkultur" ist irreführend. Beim Schütteln kommt es leicht zur Benetzung des Verschlusses und zur Bildung von Luftblasen im Agar, die im verfestigten Nährboden verbleiben und das Wachstum der Anaerobier unter Umständen hemmen.

Man wiederholt die Verdünnungsreihe grundsätzlich mindestens zweimal. Aus der dritten Serie von Schüttelagarkulturen lässt sich in den meisten Fällen eine Reinkultur isolieren. Die **Überprüfung der Reinheit** erfolgt wie beim Ausstrichverfahren (s. S. 176f.). Bevor man eine isoliert liegende Kolonie aus einer Serie von Schüttelkulturen als Reinkultur betrachten kann, müssen alle Kolonien dieser Serie vom selben Typ sein!

Die reine Kolonie überträgt man gewöhnlich in flüssiges Nährmedium, und zwar zweckmäßigerweise zunächst in ein kleines Nährlösungsvolumen (z.B. 10–25 ml) in einem Schraubverschlussröhrchen oder einer kleinen Schraubverschlussflasche, denn viele Bakterien – und insbesondere Anaerobier – wachsen in einem kleinen Nährlösungsvolumen viel schneller an als in einem großen.

Die **Nachteile** des Verfahrens gegenüber dem Ausstreichen oder Ausspateln auf Agarplatten sind:

- Die zu isolierenden Organismen müssen in der Lage sein, die Temperatur des flüssigen Agars vorübergehend zu ertragen. Manche Mikroorganismen werden jedoch durch diese Temperatur bereits abgetötet.
- Die Koloniemorphologie lässt sich schlechter erkennen.
- Die Kolonien sind nicht ohne weiteres zugänglich, deshalb ist die Entnahme von Zellmaterial zum Mikroskopieren und Überimpfen schwieriger.

6.3.3 Verdünnung in flüssigem Nährmedium

Einige Bakterien wachsen nicht in oder auf festen Nährböden und können deshalb nur durch Reihenverdünnung in steriler Nährlösung isoliert werden. Diese Methode ist allerdings sehr aufwendig und nur begrenzt anwendbar, denn sie setzt voraus, dass der gewünschte Organismus

- in der Mischpopulation zahlenmäßig überwiegt (da er anderenfalls ausverdünnt wird);
- in der Lage ist, bei einem Inokulum von nur einer Zelle in der Nährlösung zu wachsen und eine Population zu bilden (vgl. S. 105).

Man verdünnt die Mischpopulation (z.B. Anreicherungskultur), die den gewünschten Organismus enthält, mit steriler Nährlösung so lange (s. S. 331ff.), bis man eine Zellsuspension von ≤ 5 vermehrungsfähigen Zellen pro 100 ml Nährlösung erhält.

Wenn die meisten Zellen der Ausgangspopulation unter dem Mikroskop beweglich sind, kann man davon ausgehen, dass die Zahl der vermehrungsfähigen Zellen nahe 100 % liegt; in diesem Fall kann man den notwendigen Verdünnungsgrad durch Zellzählung in der Zählkammer ermitteln (s. S. 335ff.). Lässt sich die Lebendzellzahl der Mischpopulation nicht feststellen, so muss man unter Umständen mehrere Verdünnungsstufen des fraglichen Bereichs als Inokulum für eine Röhrchenserie (s.u.) ausprobieren.

Beimpft man nun eine große Anzahl von Kulturröhrchen mit Nährlösung, z.B. 100 Röhrchen, mit je 1 ml der verdünnten Suspension, so ist die Wahrscheinlichkeit, dass ein bestimmtes Röhrchen überhaupt eine Zelle enthält, sehr gering: sie beträgt ≤ 5 %. Nach der Bebrütung ist deshalb im größten Teil (durchschnittlich ≥ 95 %) der Röhrchen kein Wachstum feststellbar. In den wenigen Röhrchen, die ein Wachstum zeigen, ist dieses mit hoher Wahrscheinlichkeit (≥ 97,5 %) auf die Beimpfung mit einer einzigen Zelle zurückzuführen, und zwar wahrscheinlich einer Zelle des gewünschten Organismus, denn wenn dieser in der Ausgangspopulation zahlenmäßig vorherrscht, werden die **Begleitorganismen ausverdünnt**.

Je geringer die durchschnittliche Zellzahl im für die Röhrchen verwendeten Inokulum, desto größer ist die Wahrscheinlichkeit, dass die in einem Röhrchen entstandene Population aus einer einzigen Zelle hervorgegangen ist. Eine Reinkultur kann man deshalb nur aus einer Serie von Röhrchen isolieren, deren allergrößter Teil kein Wachstum zeigt.

Zur **Reinheitskontrolle** untersucht man die Kultur mikroskopisch (vgl. S. 176f.); außerdem legt man Subkulturen in unterschiedlichen flüssigen Nährböden an und bebrütet unter den verschiedensten Bedingungen (s. S. 177), um möglichst vielen etwaigen Kontaminanten das Wachstum zu ermöglichen. Nur wenn in allen diesen Subkulturen keinerlei Anzeichen von Verunreinigungen zu entdecken sind, kann man die Ausgangskultur als rein betrachten.

7 Aufbewahrung und Beschaffung von Reinkulturen

Selbstisolierte oder von einer Kulturensammlung (s. S. 211 ff.) beschaffte Reinkulturen von Mikroorganismen bewahrt man in der Regel über kürzere oder längere Zeit auf, um sie bei Bedarf jederzeit zur Verfügung zu haben. Es gibt jedoch keine universelle Aufbewahrungsmethode, die für alle Zwecke und für alle Organismen gleichermaßen geeignet wäre.

Eine brauchbare Methode zur Aufbewahrung eines Mikroorganismus muss folgende Bedingungen erfüllen:

- Ein genügend großer Teil der Zellen muss vermehrungsfähig bleiben.
- Während der Konservierung und Lagerung dürfen sich die ursprünglichen Eigenschaften des Stammes möglichst nicht verändern, weder durch eine subletale Schädigung der Zellen noch genetisch durch spontane Mutationen (vgl. S. 170) oder den Verlust von Plasmiden.
- Die Kultur darf nicht kontaminiert werden.

Bei der Wahl der geeigneten Methode sind ferner zu berücksichtigen:

- die Kosten für Material und Geräte sowie der Arbeitsaufwand
- die Anzahl der aufzubewahrenden Kulturen
- der Platzbedarf für ihre Lagerung
- die Möglichkeiten des Transports und der Verschickung der Kulturen
- die Benutzungshäufigkeit der Kulturen und im Zusammenhang damit
- der Arbeitsaufwand und die Kontaminationsgefahr bei ihrer Reaktivierung.

Eine Übersicht über die im Folgenden beschriebenen Aufbewahrungsmethoden gibt Tab. 26 (S. 184). Hinweise zur Aufbewahrung der einzelnen Bakteriengruppen findet man in Balows et al. (1992) und Dworkin et al. (2006) sowie in Bergey's Manual of Systematic Bacteriology (Holt, Ed., 1984–1989; Garrity, Ed., 2001–2011).

Um Verwechslungen auszuschließen, muss der aufbewahrte Stamm eindeutig gekennzeichnet sein, sowohl auf dem Aufbewahrungsgefäß als auch auf einem Datenblatt oder in einer Computerdatei. Dem Gattungs- und Artnamen – soweit bekannt – fügt man z.B. eine Buchstaben-Zahlen-Kombination hinzu oder Akronym[1] und Stammnummer der Kulturensammlung, von der der Stamm beschafft wurde, eventuell auch noch eine Chargennummer. Wichtig ist ferner eine lückenlose Dokumentation aller bekannten Stammdaten, z.B. Herkunft des Stammes, seine Ansprüche hinsichtlich Nährboden und Wachstumsbedingungen, weitere besondere Eigenschaften, Datum des Konservierens oder Überimpfens und Art der Konservierung.

---

[1] s. Seite 211, Fußnote [36]

Tab. 26: Einige gebräuchliche Methoden der Aufbewahrung von Mikroorganismen

Methode	geeignet für	durchschnittliche Überlebensdauer[1]	Konstanz der Merkmale	beschrieben ab Seite
I. Kurz- und mittelfristige Aufbewahrung				
1. Periodisches Überimpfen	Arbeitskulturen (weniger für Stammkulturen)	vegetative Bakterienzellen je nach Organismus wenige Tage bis 6 Monate; Endosporen 1 bis > 10 Jahre; Pilze ½ – 2 Jahre	gering	185
a) Aufbewahrung unter Paraffinöl	viele Bakterien (u.a. *Azotobacter, Cytophaga*); Hefen; myzelbildende nichtsporulierende Pilze	Bakterien 1 – 4 Jahre; Pilze 2 bis > 5 Jahre	relativ gering	188
2. Trocknen				
Trocknen in Gelatine	heterotrophe Bakterien, sporenbildende Pilze (besonders als gleichbleibendes Impfmaterial für Arbeitskulturen)	mehrere Monate bis Jahre	mittelhoch	189
II. Langfristige Aufbewahrung				
1. Trocknen unter Vakuum				193
a) Vakuumtrocknung ohne vorheriges Einfrieren	Bakterien (vor allem gram-positive Arten); sporenbildende Pilze	≥ 10 Jahre	mittelhoch	194
b) L-Trocknung	eine Reihe von Bakterien, die die Gefriertrocknung nicht vertragen (z.B. *Azotobacter, Cytophaga, Spirillum*, anoxygene phototrophe Bakterien)	bis zu 15 Jahre	mittelhoch	197
c) Gefriertrocknung	ca. 95 % aller Bakterien; > 90 % der sporenbildenden Pilze; die meisten Hefen	Bakterien 10 bis > 30 Jahre; sporenbildende Pilze 10 – 20 Jahre; Hefen ≥ 5 Jahre	mittelhoch	198
2. Tiefgefrieren				203
a) Aufbewahrung auf Glasperlen im Tiefkühlschrank bei ≤ –70 °C	viele Bakterien; einige Hefen	bis zu 10 Jahre und länger	hoch	207
b) Aufbewahrung über Flüssigstickstoff (oder in der Ultra-tiefkühltruhe bei < –130 °C)	die meisten Mikroorganismen	> 30 Jahre	sehr hoch	208

[1] bei 0 bis +6 °C Lagertemperatur (außer beim Tiefgefrieren; siehe dort)

7.1 Kurz- und mittelfristige Aufbewahrung

7.1.1 Periodisches Überimpfen

Die traditionelle Methode der Aufbewahrung von Mikroorganismen ist das periodische Überimpfen der Kulturen auf frischen Nährboden. Dieses Verfahren ist geeignet zur Anlage von **Arbeits-** oder **Gebrauchskulturen** für den täglichen Bedarf. Man impft die Kulturen wöchentlich von einer neuen Stammkultur (s.u.) ab und kann sie, falls erforderlich, im Allgemeinen innerhalb einer Arbeitswoche täglich zur Anlage neuer Arbeitskulturen weiter überimpfen. Sicherer ist es allerdings, Arbeitskulturen unmittelbar von konservierten Kulturen anzulegen (siehe z.B. S. 189ff.).

Häufig verwendet man das regelmäßige Überimpfen auch zur Langzeiterhaltung von Mikroorganismen in Form von **Stammkulturen** (= Stammhaltung). Das Verfahren erfordert keinen apparativen Aufwand, und die aufbewahrten Organismen lassen sich in kürzester Zeit reaktivieren.

Diesen Vorteilen stehen jedoch erhebliche **Nachteile** gegenüber:

- Innerhalb weniger Überimpfungen kann es zur Selektion von Stämmen mit veränderten Eigenschaften kommen, z.B. aufgrund spontaner Mutationen, durch den Verlust von Plasmiden oder bei Hefen durch Ascosporenbildung.
- Das häufige Überimpfen erhöht die Gefahr von Kontaminationen.
- Beim Überimpfen einer größeren Anzahl von Kulturen werden Kulturgefäße leicht versehentlich falsch beschriftet oder mit dem falschen Organismus beimpft.
- Kulturen empfindlicher Organismen können absterben und verlorengehen, bei einem Defekt des Brut- oder Kühlschranks unter Umständen die ganze Stammsammlung.
- Das periodische Überimpfen größerer Kulturensammlungen erfordert einen beträchtlichen Arbeitsaufwand.
- Der Platzbedarf für die Lagerung der Stammkulturen ist relativ groß.

Durch geeignete Maßnahmen versucht man deshalb, die Überlebensdauer der Kulturen zu verlängern, um sie so selten wie möglich überimpfen zu müssen.

7.1.1.1 Aufbewahrungsgefäße

Agarplatten sind zur Aufbewahrung von Mikroorganismen völlig ungeeignet, da sie schnell austrocknen. Man verwendet vorwiegend **Schrägagarröhrchen** (s. S. 97f., 111), für fakultative oder mäßige Anaerobier auch Stichkulturen in Hochschichtröhrchen[2] – eventuell in Weichagar – sowie Flüssigkeitskulturen in randvoll gefüllten 50- oder 100-ml-Schraubverschlussröhrchen oder -flaschen (z.B. für phototrophe Bakterien; s. S. 138).

Zur Aufbewahrung aerober Mikroorganismen sind als Verschlüsse für die Agarröhrchen Überwurfkappen allenfalls bei Arbeitskulturen verwendbar, da sie auf Dauer nicht sicher vor Kontaminationen schützen (vgl. S. 100f.). Einen besseren Schutz bieten Wattestopfen, doch trocknet hier der Nährboden relativ schnell aus (vgl. S. 99f.). Man verwendet deshalb für Stammkulturen **Röhrchen mit Schraubgewinde**, die man zunächst mit Wattestopfen ver-

---

[2] Stichkulturen zeigen manchmal eine deutlich längere Überlebensdauer als Schrägagarkulturen.

schließt, damit während des Wachstums der Kulturen ein Gasaustausch stattfinden kann. Nach der Bebrütung ersetzt man die Wattestopfen durch gesondert sterilisierte Schraubkappen und schraubt die Röhrchen fest zu. Falls man Kulturröhrchen ohne Schraubgewinde benutzt, tauscht man die Wattestopfen gegen sterile Gummistopfen (aus weißem Gummi!) aus.

7.1.1.2 Nährböden

Nährböden, die den Organismen ein kräftiges Wachstum ermöglichen, sind zur Stammhaltung gewöhnlich weniger geeignet. Man kultiviert die Zellen meist auf einem **nährstoffarmen Medium**, um ihre Stoffwechselrate herabzusetzen und dadurch die Zeitspanne zwischen zwei Überimpfungen zu verlängern. Bei Bakterien soll der Nährboden möglichst keine vergärbaren Zucker enthalten, da die aus ihnen gebildeten Säuren die Lebensdauer der Zellen verkürzen. Falls ein Zuckerzusatz unumgänglich ist, verwende man eine niedrige Zuckerkonzentration (z.B. 0,1 % [w/v]) und setze dem Nährboden Puffersubstanzen zu, z.B. etwas Calciumcarbonat (0,3– 0,5 % [w/v]; vgl. S. 85).

Für viele aerobe Bakterien verwendet man einen „Nähragar", dem man bei endosporenbildenden Bakterien 10 mg Mangansulfat pro Liter zusetzt (s. S. 161). Für viele nichtsporenbildende Anaerobier eignet sich „BGP-Bouillon" (s.u.), für Clostridien und Enterobacteriaceae Kochfleischbouillon (s.u.), für Hefen und Schimmelpilze Malzextraktagar (s. Tab. 10, Nr. 1a, S. 53) und Hefeextrakt-Pepton-Glucose-(HPG-)Agar (s. Tab. 9, Nr. 2b, S. 53, jedoch mit 20 g Glucose pro Liter). Für die Aufbewahrung (und Reaktivierung) von Hefen ist HPG-Agar vorzuziehen, da Malzextrakt unter Umständen die Selektion von Mutanten begünstigt, die eine größere Zahl von Zuckern verwerten können als der Ausgangsstamm.

BGP-Bouillon
(nach Barnes und Impey, 1971)[3]

Das Medium enthält in 1000 ml Wasser:

Pepton aus Casein, tryptisch	10,0 g
Hefeextrakt	5,0 g
Fleischextrakt	3,0 g
L-Cysteinhydrochlorid[4]	0,4 g
Na_2HPO_4	4,0 g
NaCl	5,0 g
Glucose	1,0 g
Agar	0,6 g
pH 7,2– 7,4	

Kochfleischbouillon

Das Medium enthält in 1000 ml Wasser:

Rinderherz, gekocht	30,0 g
Proteose-Pepton	20,0 g
Glucose	2,0 g
NaCl	5,0 g
pH 7,2– 7,4	

[3] Barnes, E.M., Impey, C.S. (1971), in: Shapton, D.A., Board, R.G. (Eds.), Isolation of Anaerobes, pp. 115– 123. Academic Press, London, New York
[4] vgl. S. 137, Tab. 23

Die Kochfleischbouillon enthält feste Fleischstückchen (vgl. S. 136). Sie ist als Trockennährboden (Granulat und Tabletten) und als Fertignährboden erhältlich. Man gibt z.B. eine Tablette in ein Röhrchen mit 10 ml Wasser, weicht 15 min ein, autoklaviert die Suspension und beimpft sie sofort nach dem Abkühlen in unmittelbarer Nähe der Fleischstückchen.

Weitere Nährböden für die Haltung von Stammkulturen findet man bei Lapage et al. (1970a).

7.1.1.3 Überimpfung und Bebrütung

Stammkulturen soll man so selten wie möglich überimpfen. Zum Schutz gegen einen möglichen Verlust von Kulturen impft man jeden Stamm auf mindestens zwei parallele Röhrchen (oder Flaschen) über. Eines der beiden Röhrchen hält man ungeöffnet in Reserve für den Fall, dass die Kultur im anderen Röhrchen nicht in Ordnung ist. Falls das Reserveröhrchen geöffnet werden muss, impft man aus ihm sofort zwei neue Stammkulturen an. Da zum Anlegen von Arbeitskulturen (s. S. 185) jede Stammkultur nur einmal verwendet werden sollte, empfiehlt es sich jedoch, jeden Stamm gleich auf eine größere Anzahl von Röhrchen zu überimpfen.

Man beimpft mit einem reichlichen Inokulum, das man nie von einer einzelnen Kolonie entnimmt, sondern z.B. vom gesamten Bewuchs der Agaroberfläche eines Schrägagarröhrchens oder, wenn man vom Ausstrich einer Reinkultur auf einer Agarplatte abimpft, von einer größeren Zahl von Einzelkolonien. Die Übertragung eines Gemisches von Klonen verringert die Gefahr, dass sich der Stamm bei periodischem Überimpfen über längere Zeit allmählich genotypisch oder phänotypisch verändert.

Kulturen von Endosporenbildnern werden häufig vor dem Überimpfen pasteurisiert, um die Selektion asporogener Mutanten zu verhindern. Die Hitzebehandlung der Endosporen kann jedoch ihrerseits Mutationen auslösen und sollte deshalb unterbleiben (vgl. S. 160).

Bei Aerobiern verschließt man die Röhrchen während der Bebrütung mit Wattestopfen, die man anschließend durch gasdichte Schraubverschlüsse oder Gummistopfen ersetzt (s. S. 185f.). Stich- oder Flüssigkeitskulturen mäßiger, nichtgasbildender Anaerobier in Hochschichtröhrchen überschichtet man mit sterilem Wasseragar oder Paraffin (s. S. 138). Anaerobe Bedingungen während der Bebrütung und Lagerung der Kulturen erreicht man auch durch einen Wright-Burri-Verschluss (s. S. 139f.) oder die Verwendung eines Anaerobentopfes (s. S. 140ff.). Man bebrütet bis zum kräftigen Wachstum (späte exponentielle oder frühe stationäre Wachstumsphase), Sporenbildner bis zur kräftigen Sporulation.

Bevor man die neuen Stammkulturen lagert, überprüft man ihre Identität und Reinheit (vgl. S. 176f.) und achtet auf mögliche Veränderungen im Erscheinungsbild der Organismen. Die Ausgangskulturen verwahrt man so lange, bis diese Überprüfungen erfolgreich abgeschlossen worden sind.

7.1.1.4 Lagerung

Man lagert die Stammkulturen, durch gasdichten Verschluss der Kulturgefäße vor Austrocknung geschützt, im Dunkeln und meist im Kühlschrank bei 4 – 6 °C, um Stoffwechselaktivität und Wachstumsgeschwindigkeit der Organismen herabzusetzen. Manche Bakterien (z.B. *Haemophilus*, *Vibrio*) und Pilze überleben jedoch länger bei Raumtemperatur (15–20 °C). Einige sehr kälteempfindliche Bakterien, z.B. *Neisseria gonorrhoeae* und *N. meningitidis*, müssen bei 35 °C gelagert werden.

Kulturgefäße mit Stammkulturen **pathogener Mikroorganismen** stellt man während der Lagerung in ausreichend große Kunststoff- oder Metallbehälter, die im Falle eines Lecks am Kulturgefäß – z.B. durch Platzen eines Röhrchens oder einer Flasche im Kühlschrank bei unbeabsichtigtem Gefrieren der Kultur – das Zellmaterial auffangen und eine Kontamination der Umgebung verhindern.

Die maximal mögliche **Aufbewahrungsdauer** zwischen zwei Überimpfungen ist je nach Organismus, Nährboden und Lagerungsbedingungen sehr unterschiedlich. Die Mehrzahl der Bakterien bleibt als Schrägagar- oder Stichkultur im Kühlschrank 3–6 Monate vermehrungsfähig, Pilze ½ – 2 Jahre, manche Milchsäurebakterien jedoch nur etwa eine Woche und sehr empfindliche Bakterien, wie *Neisseria gonorrhoeae* und *N. meningitidis*, bei 35 °C nur einen bis wenige Tage. Anoxygene phototrophe Bakterien lassen sich in Flüssigkeitskultur in Schraubverschlussflaschen im Allgemeinen 2 – 4 Monate im Kühlschrank aufbewahren. Bei Raumtemperatur gelagerte Kulturen muss man in entsprechend kürzeren Abständen auf frischen Nährboden überimpfen. Dagegen kann man sporulierende *Bacillus*- oder *Clostridium*-Kulturen selbst bei Raumtemperatur mindestens 1 Jahr, unter Umständen aber auch 10 Jahre und länger aufbewahren.

7.1.1.5 Aufbewahrung unter Paraffinöl

Bei vielen Bakterien und vor allem Pilzen lässt sich die Überlebensdauer der Stammkulturen erheblich verlängern, wenn man die Kulturen nach der Bebrütung mit sterilem Paraffinöl überschichtet. Bakterien bleiben unter diesen Bedingungen häufig 1– 4 Jahre vermehrungsfähig, Pilze 2–5 Jahre und länger (Hefen 2–3 Jahre). Das Paraffinöl setzt die Stoffwechselaktivität der Organismen herab und schützt wirkungsvoll gegen Austrocknung. Zum Verschluss der Kulturröhrchen genügen deshalb Wattestopfen, zumal das Paraffinöl Gummistopfen und die Gummidichtungen von Schraubverschlüssen angreift und toxische Substanzen freisetzen kann. Man verwendet diese Methode – neben der Vakuumtrocknung ohne vorheriges Einfrieren (s. S. 194ff.) –, wenn keine Gefriertrocknungsanlage zur Verfügung steht, oder bei Mikroorganismen, die das Gefriertrocknen nicht oder nur schlecht vertragen, z.B. bei einem Teil der Stämme von *Azotobacter* und *Cytophaga* und bei den myzelbildenden nichtsporulie-renden Pilzen. Paraffinöl hält auch die bei Pilzkulturen gefürchteten Milben zurück.

Ein Nachteil ist die schwierige Reinigung der paraffinölverschmierten Gefäße. Außerdem besteht die Gefahr, dass beim Ausglühen der Impföse nach dem Abimpfen von einer Paraffinölkultur das noch an der Öse haftende Öl verspritzt und die Umgebung kontaminiert; deshalb ist das Verfahren für pathogene Mikroorganismen nicht geeignet.

Überschichten von Stammkulturen mit Paraffinöl und Entnahme von Zellmaterial

Material:　　zum Überschichten:

- gut gewachsene Schrägagar-, Stich- oder Flüssigkeitskulturen in Kulturröhrchen mit Wattestopfen
- Paraffinöl (= dickflüssiges Paraffin nach DAB), Dichte 0,85 – 0,89; steril (s. S. 138)
- eine der Zahl der Kulturen entsprechende Anzahl
  entweder steriler 5-ml-Pipetten (bei Stich- und Flüssigkeitskulturen) bzw. 10-ml-Pipetten (bei Schrägagarröhrchen)
  oder von Röhrchen mit je ca. 4 ml (bei Stich- und Flüssigkeitskulturen) bzw. 10 ml (bei Schrägagarröhrchen) sterilem Paraffinöl

zum Abimpfen:

- Paraffinölkultur
- Schrägagarröhrchen mit frischem Nährboden derselben Zusammensetzung wie bei der Stammkultur
- lange Impföse oder -nadel im Kollehalter
- Bunsenbrenner
- Glaspetrischale mit Filtrierpapier, unsteril
- Autoklav

Anlegen einer Paraffinölkultur:

- Stammkulturen mit jeweils frischen sterilen 5- bzw. 10-ml-Pipetten mindestens 2 cm hoch mit sterilem Paraffinöl überschichten oder aus getrennten Röhrchen mit je 4 bzw. 10 ml sterilem Paraffinöl übergießen[5]. Bei Schrägagarkulturen muss der Paraffinspiegel 1–2 cm über dem oberen Rand des Schrägagars liegen.
- Kulturen aufrecht stehend im Kühlschrank, notfalls auch bei Raumtemperatur, aufbewahren.

Abimpfen von einer Paraffinölkultur:

- Mit einer langen Impföse oder -nadel unter dem Paraffinöl Material von der Kultur entnehmen und zunächst auf ein Schrägagarröhrchen übertragen, damit das anhaftende Öl ablaufen kann.
- Impföse oder -nadel vor dem Ausglühen unter Drehen mehrmals auf Filtrierpapier in einer Glaspetrischale auftupfen, um das anhaftende Paraffinöl zu entfernen, das andernfalls beim Ausglühen verspritzt und die Umgebung kontaminiert. Petrischale mit Filtrierpapier anschließend autoklavieren.
- Paraffinölkultur in den Kühlschrank zurückstellen. (Von der Kultur kann mehrere Male Zellmaterial entnommen werden!)

7.1.2 Trocknen

Beim einfachen Trocknen sterben die meisten Mikroorganismen ab. Eine Reihe von Organismen, vor allem Sporenbildner, lässt sich jedoch nach Trocknung auf oder in einem geeigneten Trägermaterial über Jahre aufbewahren.

7.1.2.1 Trocknen in Gelatine

Viele heterotrophe Bakterien lassen sich in getrockneten Nährgelatinetropfen für mehrere Monate oder sogar Jahre konservieren, verschiedene Enterobacteriaceae z.B. für mindestens 4 Jahre. Das Verfahren ist auch für eine Reihe sporenbildender Pilze geeignet, nicht jedoch für nichtsporulierende Pilze. Es empfiehlt sich, die Überlebensfähigkeit im Einzelfall zu prüfen.

Die Gelatinemethode ist sehr einfach, sie erfordert keine spezielle Ausrüstung und nur sehr wenig Lagerraum. Sie ist hervorragend geeignet zur Aufbewahrung einer begrenzten Anzahl häufig benutzter Stämme (und zu deren Versand), weniger jedoch zur Langzeitkon-

---

[5] Beim Überschichten der Kultur mit Paraffinöl können emporgeschleuderte Zellen oder Sporen die Pipette oder das Paraffinölröhrchen kontaminieren.

servierung einer großen Zahl verschiedener Organismen. Ihr besonderer Vorteil liegt darin, dass sie bei geringem Aufwand ein über längere Zeit weitgehend gleichbleibendes Inokulum für Arbeitskulturen liefert. Einige Kulturensammlungen, z.B. ATCC und CCM (s. S. 211f.), geben eine Reihe von Standardstämmen für die Qualitätskontrolle und für diagnostische Zwecke in Gelatineplättchen preisgünstiger ab als die entsprechenden gefriergetrockneten Kulturen.

Trocknen von Mikroorganismen in Gelatine

Material:
- 2[6)] frische, gut gewachsene Schrägagarkulturen des aufzubewahrenden Mikroorganismus (auf einem nichtselektiven Nährboden; die Kulturen sollen in der Regel nicht älter sein als 24 Stunden; langsam wachsende Mikroorganismen entsprechend länger bebrüten, Sporenbildner bis zur kräftigen Sporulation)
- 1 Röhrchen mit 1,0 ml[7)] steriler Nährgelatine[8)] folgender Zusammensetzung:

  Lsg. **A**: Wasser　　　　　　　　　　1000 ml

  　　　　　Pepton aus Fleisch　　　　20 g

  　　　　　Gelatine　　　　　　　　200 g

  　　　　　pH 7,0

  　　　　　(15 min bei 121 °C autoklavieren)

  Lsg. **B**: Wasser　　　　　　　　　　1000 ml

  　　　　　myo-Inosit　　　　　　　100 g

  　　　　　Natriumglutamat　　　　　50 g

  　　　　　Natrium-L-ascorbat　　　　20 g

  　　　　　pH 7,0

  　　　　　(erst kurz vor der Verwendung ansetzen und sterilfiltrieren)

  Lösungen A und B nach der Sterilisation im Volumenverhältnis 1 : 1 mischen (Lsg. B zu Lsg. A geben!).
- 1 Röhrchen mit etwa 5 g Paraffin (Erstarrungspunkt ~ 50 °C), mit Heißluft sterilisiert
- 1 250-ml-Erlenmeyerkolben mit etwa 30 g sterilem Orangegel[9)] (= Kieselgel in Perlform mit Feuchtigkeitsindikator) (mit einem Wattestopfen verschließen, autoklavieren, anschließend im Trockenschrank bei 130 – 160 °C etwa 4 Stunden bis zum Farbumschlag nach Orange trocknen)
- 1 kleines Schraubverschlussröhrchen mit etwas sterilem Orangegel, bedeckt von einer Schicht Glaswolle (vgl. S. 33f.) (mit einem Wattestopfen verschließen, autoklavieren, anschließend im Trockenschrank bei 130 – 160 °C etwa 4 Stunden bis zum Farbumschlag von Farblos nach Orange trocknen; nach dem Abkühlen Wattestopfen durch eine sterile Schraubkappe ersetzen)
- 2 sterile Petrischalen (Durchmesser ca. 90 mm)
- sterile Pasteurpipette mit Saughütchen
- sterile Pinzette

[6)] bei höherem Bedarf an Gelatineplättchen oder bei schwachem Wachstum der Kulturen entsprechend mehr! Wachsen die Organismen vorzugsweise als Flüssigkeitskulturen (z.B. manche Anaerobier) oder zeigen sie auf festen Nährböden nur ein sehr schwaches Wachstum, so kultiviert man sie in einer Nährlösung, zentrifugiert sie nach Erreichen der späten exponentiellen oder frühen stationären Wachstumsphase unter sterilen Bedingungen möglichst niedertourig ab (z.B. bei 4000 × g, 30 min) und überträgt das Zellmaterial mit der Impföse in die Nährgelatine.

[7)] 0,5 ml je Schrägagarkultur; bei Bedarf entsprechend mehr

[8)] zur Bedeutung von Schutzstoffen beim Trocknen s. S. 193f.

[9)] Das früher im Blaugel als Feuchtigkeitsindikator verwendete Cobaltdichlorid gilt als giftig und potentiell krebserzeugend.

- Impföse im Kollehalter
- Bunsenbrenner
- Wasserbad bei 35 °C
- Wasserbad bei ~ 60 °C
- Reagenzglasmischgerät („Whirlimixer"; s. S. 332)
- Folienschweißgerät mit Polyethylen-Schlauchfolie (ca. 15 cm breit)
  oder: selbsthaftende Verschlussfolie (z.B. Parafilm M)

zur Reaktivierung:
- Schraubverschlussröhrchen mit Gelatineplättchen
- Kulturröhrchen mit etwa 1 ml Nährlösung
- eventuell: fester Nährboden (Schrägagarröhrchen oder Agarplatte)
- sterile Pinzette
- Wasserbad bei 35 °C
- Brutschrank

- Das sterile Paraffin im 60 °C-Wasserbad verflüssigen (vgl. S. 138) und in den Deckel einer sterilen Petrischale gießen. Unterteil der Petrischale lose aufsetzen, und Paraffin erstarren lassen.
- Sterile Nährgelatine im 35 °C-Wasserbad schmelzen und flüssig halten.
- Mit steriler Impföse so viel Zellmaterial wie möglich vom Schrägagar der beiden Kulturröhrchen abkratzen und in das Röhrchen mit Nährgelatine übertragen, so dass eine dichte Suspension entsteht ($10^8 - 10^{10}$ Zellen/ml). Zellmaterial mit einem Reagenzglasmischgerät gut homogenisieren (Vorsicht, Aerosolbildung!).
- Suspension mit steriler Pasteurpipette in einzelnen Tropfen (ca. 0,03 ml) entsprechend der gewünschten Zahl der Gelatineplättchen auf der Paraffinschicht des Petrischalendeckels verteilen. (Der Deckel fasst bis zu etwa 80 Gelatinetropfen.) Bei hoher Umgebungstemperatur Petrischalendeckel auf eine Schicht Eis stellen, damit die Gelatinetropfen fest werden.
- In das Unterteil der zweiten sterilen Petrischale steriles Orangegel einfüllen. Deckel dieser Schale gegen den paraffinierten Deckel mit den Gelatinetropfen austauschen; Deckel fest aufpressen.
- Petrischale in Folienschlauch einschweißen oder mit selbsthaftender Verschlussfolie abdichten.
- Gelatinetropfen 24 Stunden bei etwa 10 °C – notfalls bei Raumtemperatur – über dem Kieselgel trocknen lassen.
- Gelatineplättchen mit einer sterilen Pinzette vom Petrischalendeckel abnehmen und in das Schraubverschlussröhrchen mit Orangegel und Glaswolle überführen.
- Röhrchen mit den Gelatineplättchen bei 0 – 4 °C oder besser bei etwa –20 °C lagern.

Reaktivierung der getrockneten Organismen:
- Schraubverschlussröhrchen mit den Gelatineplättchen vor dem Öffnen auf Raumtemperatur bringen, dann mit steriler Pinzette ein Plättchen entnehmen, in etwa 1 ml einer geeigneten Nährlösung überführen, diese im Wasserbad auf 35 °C erwärmen, bis sich das Plättchen aufgelöst hat, schütteln, und direkt oder nach Ausstreichen auf einen festen Nährboden bebrüten.

7.2 Langfristige Aufbewahrung

Zur Aufbewahrung von Mikroorganismen über Jahre oder Jahrzehnte sind besondere Konservierungsverfahren entwickelt worden (s. Tab. 26, S. 184). Durch Trocknen der Zellen im Vakuum (ohne oder mit vorhergehendem Einfrieren) oder durch Tiefgefrieren wird ihr Stoffwechsel drastisch reduziert oder zum Stillstand gebracht und dadurch die Überlebensdauer wesentlich erhöht.

Die gebräuchlichste Konservierungsmethode ist die **Gefriertrocknung** (S. 198ff.); sie ist allerdings recht kosten- und arbeitsaufwendig. Mindestens ebenso gute Ergebnisse bei geringerem Aufwand bringt oft die **Vakuumtrocknung ohne vorheriges Einfrieren** (S. 194ff.). Für alle Mikroorganismen, die diese Konservierungsverfahren nicht vertragen, ist das **Tiefgefrieren** (S. 203ff.) die Methode der Wahl. Wenn diese Methode nicht verfügbar ist, erzielt man mit der **L-Trocknung** („liquid drying", S. 197) häufig ebenfalls zufriedenstellende Ergebnisse.

Bei der Konservierung von Mikroorganismen sind folgende allgemeine Regeln zu beachten:
- Man vergewissere sich, dass die zu konservierenden Organismen als **Reinkulturen** vorliegen (vgl. S. 176f.).
- Man kultiviert die Zellen unter optimalen Wachstumsbedingungen auf einem nichtselektiven Nährboden, der ein kräftiges Wachstum ermöglicht (s. z.B. Lapage et al., 1970a). Aerob gewachsene Zellen sind in der Regel widerstandsfähiger als anaerob kultivierte.
- Man erntet die Zellen in der späten exponentiellen oder frühen stationären Wachstumsphase, entweder durch Ablösen der Zellen von einer Agaroberfläche (Schrägagar oder Agarplatte) oder durch (sterile) Zentrifugation einer Flüssigkeitskultur (vgl. S. 382ff.). Anschließend suspendiert man die Zellen in möglichst hoher Konzentration (10^8–10^{10} Zellen/ml) in einer geeigneten Suspensionsflüssigkeit. Je höher die Lebendzellzahl der Suspension, desto höher die Überlebensrate bei der Konservierung und desto geringer die Gefahr einer Selektion von Mutanten!
- Sporenbildner konserviert man in Form einer **Sporensuspension** (oder als luftgetrocknete Sporen), d.h. man kultiviert sie vor der Konservierung auf einem Nährboden, der die Sporenbildung fördert (vgl. z.B. S. 161).
- Durch das Konservierungs- und Reaktivierungsverfahren – in geringerem Maße auch durch die Lagerung – werden die Zellen z.T. geschädigt und unter Umständen abgetötet; deshalb setzt man der Zellsuspension gewöhnlich einen oder mehrere Schutzstoffe zu (s. S. 193f., 205f.).
- Der Gehalt der Suspensionsflüssigkeit an Elektrolyten soll möglichst gering sein.
- Die Zeitspanne zwischen der Herstellung der Zell- oder Sporensuspension und der Durchführung der Konservierung soll möglichst kurz sein; anderenfalls kann es in der Suspensionsflüssigkeit zu erneutem Wachstum der Zellen oder zur Keimung von Sporen kommen. Falls sich die Konservierung verzögert, kühle man Sporensuspensionen im Eisbad. (Beim Kühlen von Zellsuspensionen besteht die Gefahr eines letalen Kälteschocks, vgl. S. 328, 382.)
- Man konserviere die Zell- oder Sporensuspension in kleinen Portionen (0,1–1 ml).
- Man vermeide eine raue Behandlung der Zellen beim Ernten, Suspendieren, Übertragen und Reaktivieren, z.B. hochtouriges Zentrifugieren oder heftiges Pipettieren (vgl. S. 328).
- Es empfiehlt sich, die Konservierungsschritte so weit wie möglich in einer Sicherheitswerkbank durchzuführen. Für Krankheitserreger ist dies vorgeschrieben (vgl. S. 44).

– Anaerobier setze man während der Konservierung so wenig wie möglich der Luft aus (vgl. S. 134).

– Um die Kulturen so selten wie möglich überimpfen zu müssen, lege man von jedem Stamm gleich eine größere Anzahl von Konserven an, die bei Bedarf die Arbeitskulturen und später auch die neuen Stammkonserven liefern.

– In gewissen Zeitabständen überprüfe man die Vermehrungsfähigkeit, die Reinheit und die Konstanz der charakteristischen Eigenschaften der konservierten Kulturen.

7.2.1 Trocknen unter Vakuum

Bei der Konservierung durch Vakuumtrocknung zeigt die Mehrzahl der Mikroorganismen eine hohe Überlebensdauer (bis zu mehreren Jahrzehnten) und eine im Allgemeinen recht gute Stabilität ihrer Merkmale. Allerdings erhöht der Trocknungsprozess gewöhnlich die Mutationshäufigkeit in der Population, und es kann unter Umständen zu einer Selektion von Mutanten kommen, die die Konservierung besser vertragen als der Ausgangsstamm.

Die getrockneten Zellen sind sehr empfindlich gegen Sauerstoff, Feuchtigkeit und Licht. Man bewahrt sie deshalb in unter Vakuum abgeschmolzenen Ampullen im Dunkeln auf. Obwohl viele Organismen in getrocknetem Zustand auch bei Raumtemperatur lange Zeit überleben, sollte man die „Trockenkulturen" möglichst im Kühlschrank bei 0 – 4 °C lagern, um höhere Überlebensraten zu erzielen.

Vorteile der Vakuumtrocknung sind:

• Es lassen sich – besonders durch die Gefriertrocknung – relativ schnell große Mengen konservierter Kulturen herstellen.

• Der geringe Platzbedarf der Ampullen und die niedrigen Ansprüche an die Lagertemperatur erleichtern die Aufbewahrung der Kulturen.

• Die Ampullen haben ein geringes Gewicht und lassen sich gut verschicken.

Nachteilig ist, dass man jede Trockenkultur nur einmal verwenden kann und dass ihre Reaktivierung (s. S. 201f.) relativ arbeits- und zeitaufwendig ist.

7.2.1.1 Schutzstoffe

Schutzstoffe sollen die Mikroorganismen vor einer Schädigung durch die Konservierung bewahren. Am häufigsten suspendiert man die Zellen in „**Schutzkolloiden**"; dies sind vor allem[10]:

• 20%ige (= doppelt konzentrierte) Magermilch (s. S. 194), eventuell unter Zusatz von 10 % Saccharose, 5 % Raffinose oder 5 % *myo*-Inosit

• Pferdeserum mit 5 % *myo*-Inosit oder 7,5 % Glucose

• „Mist. desiccans", ein Gemisch aus 3 Teilen (Pferde-)Serum und 1 Teil Nährbouillon unter Zusatz von 7,5 % Glucose.

Magermilch ist zur Konservierung von Bakterien wie Pilzen gleichermaßen geeignet. Sie hat den Vorteil, dass sie autoklaviert werden kann, während man die serumhaltigen Suspensionsflüssigkeiten sterilfiltrieren muss.

---

[10] alle Konzentrationsangaben als Massenkonzentration in % (= g/100 ml; vgl. S. 437)

Statt eines Zuckers oder Polyalkohols setzt man der kolloiden Lösung manchmal auch eine Aminosäure zu, besonders Natriumglutamat (1–5 %), ferner **Antioxidantien** (= reduzierende Stoffe, vgl. S. 136f.), z.B. Natrium-L-ascorbat (0,5 %), zum Schutz gegen Sauerstoff. Bei Anaerobiern hat sich ein Zusatz neutraler **Aktivkohle** (medizinischer Kohle, 10 %) bewährt; anoxygene phototrophe Bakterien schützt sie gegen Photooxidation.

Wenn man im Suspensionsmedium fremde Proteine vermeiden will – z.B. bei den Enterobacteriaceae, um eine Veränderung ihrer serologischen Eigenschaften durch Antikörper im Serum auszuschließen –, verwendet man als Suspensionsflüssigkeit eine geeignete **Nährlösung**, z.B. Nährbouillon (s. Tab. 9, Nr. 2a, S. 53), mit Zusatz von 5 % *myo*-Inosit, 7,5 % Glucose oder 10–12 % Saccharose. Für viele Mikroorganismen ist eine reine Zuckerlösung, z.B. eine 20–30%ige Trehaloselösung oder eine 5–12%ige Saccharoselösung, ebenso gut geeignet.

Die Schutzstoffe verhindern während des Trocknens oder Einfrierens Schädigungen der Zellen durch zu hohe Konzentrationen an Elektrolyten (vgl. S. 203f.); sie stabilisieren die Zellbestandteile, indem sie beim Trocknen aus deren Hydrathüllen entfernten Wassermoleküle ersetzen und dadurch Strukturänderungen (insbesondere bei Proteinen und Membranlipiden) verhindern; sie beseitigen toxische Carbonylverbindungen und Radikale und erhalten in den Zellen einen Restwassergehalt von etwa 1 %, der für das Überleben notwendig ist. Außerdem bewirken die Kolloide (vor allem die Serumproteine), dass die Zellsuspension nicht zu einem lockeren Pulver eintrocknet, sondern zu einem schwammigen „Kuchen", einem relativ stabilen Netzwerk, das die getrockneten Zellen festhält und ihr Zerstäuben verhindert. Dadurch verringert sich die Gefahr der Bildung keimhaltiger Aerosole. In Wasser oder Nährlösung lässt sich dieser „Kuchen" jedoch leicht wieder suspendieren.

7.2.1.2 Vakuumtrocknung ohne vorheriges Einfrieren

Durch Trocknen im Vakuum ohne vorhergehendes Einfrieren lassen sich viele Mikroorganismen, insbesondere grampositive Bakterien und sporenbildende Pilze, mindestens ebenso gut konservieren wie durch Gefriertrocknung. Die Methode ist relativ einfach und erfordert außer einer Hochvakuumpumpe und einem Gebläsebrenner keine spezielle Ausrüstung.

Konservierung von Mikroorganismen durch Trocknen im Vakuum
(Doppelröhrchenmethode[11])

Material: – 1[12] frische, gut gewachsene Schrägagarkultur des zu konservierenden Mikroorganismus (auf einem nichtselektiven Nährboden; die Kulturen sollen in der Regel nicht älter sein als 24 Stunden; langsam wachsende Mikroorganismen entsprechend länger bebrüten, Sporenbildner bis zur kräftigen Sporulation)

 – sterile 20%ige (w/v) Magermilch, die man folgendermaßen herstellt:
4 g Magermilchpulver, sprühgetrocknet[13], in 20 ml warmem Wasser lösen. (Pulver zunächst mit wenig Wasser anrühren, dann nach und nach unter Rühren die restliche Wassermenge zugeben.) Milch zu je 4,5 ml in Röhrchen abfüllen und locker gepackt genau 13 min bei 115 °C autoklavieren. Anschließend die Röhrchen so schnell wie möglich aus dem Autoklav herausnehmen und rasch abkühlen (vgl. S. 88), um eine zu starke Karamelisierung zu vermeiden.[14]

---

[11] Doppelröhrchen sind leichter zu handhaben, schützen die Kultur besser gegen Kontaminationen und bieten größere Sicherheit bei der Konservierung von Krankheitserregern als Einfachröhrchen.

[12] bei höherem Bedarf an Trockenkulturen oder bei schwachem Wachstum der Schrägagarkultur entsprechend mehr (vgl. S. 195)! Bei Flüssigkeitskulturen (z.B. bei manchen Anaerobiern) oder bei sehr schwachem Wachstum auf festen Nährböden s. S. 190, Fußnote [6].

[13] erhältlich bei den Herstellern von Trockennährboden.

[14] Es empfiehlt sich, die Milch nach der Sterilisation durch Bebrütung und durch Ausstrich auf Nähragar auf Keimfreiheit zu prüfen.

- – sterile 3%ige (w/v) Lösung von Natrium-L-ascorbat (unmittelbar vor Verwendung der Milch ansetzen und sterilfiltrieren)
- – sterile Röhrchen A für die Trockenkulturen, Innendurchmesser ca. 7 mm, Länge 45–50 mm (kann man sich aus einem Glasrohr auch selbst herstellen! Röhrchen mit gut sitzenden Wattestopfen[15] versehen und liegend im doppelwandigen Autoklav mit Vor- und Nach-vakuum [s. S. 9] sterilisieren, notfalls auch mit trockener Heißluft [3 Stunden bei 160 °C].)
- – die gleiche Anzahl Röhrchen B aus Weichglas (kein Borosilicatglas!) zum Einschmelzen der Röhrchen A, Innendurchmesser ca. 10 mm, Länge 110–120 mm, Wandstärke ca. 1 mm
- – trockenes Orangegel (= Kieselgel in Perlform mit Feuchtigkeitsindikator; vgl. S. 190)
- – evakuierbarer Exsikkator mit Phosphorpentoxid[16] (auf inertem Trägermaterial, granuliert) als Trocknungsmittel
- – Hochvakuumpumpe (Drehschieberpumpe; Enddruck $\leq 10^{-3}$ mbar [0,1 Pa])
- – Vakuummessgerät
- – Vakuumrohr mit seitlichen Abzweigungen („Rechen") mit durchbohrten Gummistopfen, auf die die Röhrchen B passen
- – Vakuumschlauch
- – 2 sterile 1-ml-Messpipetten

  oder (besser!): 1 sterile 1-ml-Messpipette; 1 sterile Pasteurpipette mit Saugball, graduiert (z.B. aus Polyethylen)
- – sterile Pasteurpipetten aus Glas, mit Saughütchen
- – Impföse im Kollehalter
- – Bunsenbrenner
- – Handgebläsebrenner (Lötpistole) mit Druckluftanschluss
- – Watte
- – Filzstift oder Etiketten

- Zu 4,5 ml steriler Magermilch mit steriler 1-ml-Messpipette 0,5 ml Ascorbatlösung zugeben (= Endkonzentration von 0,3 % [w/v] Natriumascorbat).
- Mit der zweiten sterilen 1-ml-Messpipette oder (besser!) mit graduierter Pasteurpipette 0,5 ml Ascorbatmilch auf die Schrägagarkultur pipettieren. Die Mikroorganismen mit steriler Impföse von der Agaroberfläche ablösen und durch leichtes Rühren und Schütteln möglichst homogen suspendieren[17] (Vorsicht, Aerosolbildung!). (Bei schwachem Wachstum die Zellsuspension aus dem ersten Schrägagarröhrchen mit steriler Pasteurpipette auf eine zweite Schrägagarkultur pipettieren, auch diese Kultur ablösen und suspendieren; anschließend Suspension mit neuer Pasteurpipette in ein drittes Schrägagarröhrchen überführen und so fort.)
- Sofort anschließend mit steriler Pasteurpipette jeweils 2 Tropfen der Suspension auf den Grund der sterilen Röhrchen A übertragen; dabei keine Suspension an den oberen Teil der Röhrchen bringen! Nach Entleerung der Pipette frische sterile Pasteurpipette verwenden.
- Röhrchen mit Filzstift oder Etikett beschriften (vgl. S. 183).
- Röhrchen über Nacht im Exsikkator über Phosphorpentoxid im Vakuum (1,0–0,1 mbar [= 100–10 Pa]) vortrocknen. Vakuum vorsichtig anlegen, damit die Suspension beim Entga-

---

[15] Der Stopfen darf beim späteren Öffnen der unter Vakuum abgeschmolzenen Ampulle nicht in das Röhrchen gesaugt werden!

[16] Vorsicht, stark ätzend! Staubbildung sowie direkten Kontakt mit Augen, Haut und Kleidung vermeiden; Staub nicht einatmen, Schutzbrille tragen!

[17] Da die Sporen (Konidien) von Actinomyceten und Pilzen oft hydrophob sind, empfiehlt es sich, zur Herstellung von Konidiensuspensionen dem Suspensionsmedium ein Tensid zuzusetzen, z.B. Triton X-100 (0,05 % [v/v]) oder Natriumlaurylsulfonat (= Natriumdodecan-1-sulfonat, 0,01 % [w/v]).

sen nicht zu sehr schäumt und in den Wattestopfen eindringt[18]. Die Vakuumpumpe muss betriebswarm[19] und das Gasballastventil (s. S. 199ff.) geöffnet sein, damit der Wasserdampf nicht in der Pumpe kondensiert (vgl. S. 199). Beim Arbeiten mit Vakuum grundsätzlich eine Schutzbrille tragen!

– In Röhrchen B einige Perlen trockenes Orangegel und darauf einen kleinen Wattebausch geben; anschließend Röhrchen A in Röhrchen B stecken (s. Abb. 17).

– Röhrchen B etwa 2 cm oberhalb von Röhrchen A mit Hilfe einer spitzen, scharfen Flamme des Gebläsebrenners unter ständigem Drehen erweichen und durch leichtes Zusammendrücken etwas verdicken. Öffnung des Röhrchens B nicht deformieren, und Wattestopfen von Röhrchen A nicht versengen!

– Die gut erweichte Stelle außerhalb der Flamme zu einer Kapillare von 3–4 cm Länge und etwa 3 mm Außendurchmesser ausziehen (Abb. 17). Die Kapillare darf nicht geschlossen sein! (Es ist ratsam, diese Schritte vorher zu üben.)

– Die Röhrchen B auf die Gummistopfen eines Rechens stecken, der an eine Hochvakuumpumpe angeschlossen ist. (Gummistopfen vorher mit Hochvakuumfett hauchdünn einfetten!)

– Röhrchen etwa 5 min lang bis zu einem Druck von $\leq 10^{-3}$ mbar ($= 0{,}1$ Pa) evakuieren. Gasballastventil gegebenenfalls gegen Ende der Trocknung schließen, um den gewünschten Enddruck zu erreichen.

– Bei laufender Pumpe Röhrchen mit der Sparflamme des Bunsenbrenners an der Kapillare vorsichtig erhitzen, bis diese schmilzt und sich dabei schließt und zerteilt. Nicht am Röhrchen ziehen! Falls das Glas beim Abschmelzen nach innen gesaugt wird und dadurch in der Ampulle ein Loch entsteht, ist diese zu verwerfen.

   Beim Eindringen von Luft in das Vakuumsystem (plötzlicher, starker Druckanstieg; Druckanzeige beobachten!) undichte Stelle verschließen, z.B. mit einem leeren Röhrchen B, und mit dem Abschmelzen weiterer Röhrchen warten, bis das ursprüngliche Vakuum wieder erreicht ist.

– Ampullen mit den Trockenkulturen im Dunkeln bei Raumtemperatur oder besser im Kühlschrank bei 0 – 4 °C aufbewahren.

Das Einführen und Einschmelzen von Röhrchen A in Röhrchen B muss zügig erfolgen, da die getrockneten Zellen gegen Luftsauerstoff sehr empfindlich sind.

Man kann die Ampullen nach einigen Tagen mit einem Hochfrequenz-Vakuumprüfgerät („Hochfrequenzpistole") auf **Dichtigkeit** prüfen. Dies darf jedoch nur ganz kurz geschehen und nicht im Bereich des Bodens und der Spitze der Ampulle (die besonders bruchempfindlich sind), da die Entladungen das Glas und die Organismen schädigen können. Ein blassblaues Leuchten in der Ampulle zeigt ein ausreichendes Vakuum an; bei schlechtem Vakuum leuchtet die Ampulle tiefpurpurn oder überhaupt nicht. Undichte Ampullen erkennt man auch am Feuchtwerden des Orangegels.

Viele der auf diese Weise konservierten Mikroorganismen überleben zehn und mehr Jahre. Ist das Verhalten eines Stammes während und nach der Trocknung nicht bekannt, so prüft man die Trockenkulturen einige Tage nach dem Trocknen sowie nach einem Monat und nach 6 Monaten durch Reaktivierung (s. S. 201f.) auf ihre Vermehrungsfähigkeit. Kulturen, die diese Zeitspannen überleben, sind in der Regel auch noch nach vielen Jahren vermehrungsfähig.

---

[18] Ein Aufschäumen der Suspension lässt sich auch dadurch vermeiden, dass man sie während niedertouriger Zentrifugation in einer speziellen Vakuumzentrifuge trocknet. Der freigesetzte Wasserdampf schlägt sich dabei als Eis auf einem von einem Kälteaggregat gekühlten Kondensator nieder (vgl. Gefriertrocknung, S. 199). Das Verfahren ist für pathogene Organismen weniger geeignet.

[19] Pumpe bei geschlossener Ansaugleitung und geöffnetem Gasballastventil ca. 30 min warmlaufen lassen!

zur Vakuumpumpe

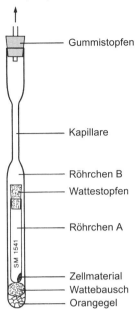

— Gummistopfen

— Kapillare

— Röhrchen B
— Wattestopfen

— Röhrchen A

— Zellmaterial
— Wattebausch
— Orangegel

Abb. 17:
Doppelröhrchen zur Konservierung von
Mikroorganismen durch Vakuumtrock-
nung ohne vorheriges Einfrieren

Die Überlebensfähigkeit getrockneter Kulturen lässt sich auch durch einen einfachen **Hitze-
test** prüfen. Man erhitzt die Kultur in der ungeöffneten Ampulle eine Stunde lang im Wasserbad auf 80 °C; anschließend reaktiviert man sie zusammen mit einer unbehandelten Kontroll-
kultur. Trockenkulturen, die diese Behandlung überstehen, überleben im Allgemeinen auch
eine langjährige Lagerung.

Obwohl bei dem oben beschriebenen Konservierungsverfahren die Zellsuspension vor
dem Trocknen nicht eingefroren wird (wie bei der Gefriertrocknung), kommt es doch
während des Evakuierens zu Beginn der Vortrocknung zu einem plötzlichen Gefrieren der
Suspension infolge der schnellen Verdampfung des Wassers und des dabei auftretenden Wär-
meentzugs.

Organismen, die dieses Einfrieren (und ebenso die Gefriertrocknung) nicht vertragen, lassen
sich häufig durch die **L-Trocknung** („liquid drying") zufriedenstellend konservieren (mit einer Überlebensdauer bis zu 15 Jahren). Dies gilt z.B. für einen Teil der *Azotobacter-* und *Cytophaga*-Stämme und der anoxygenen phototrophen Bakterien sowie für *Spirillum volutans*.

Bei der L-Trocknung taucht man die Röhrchen A mit der Zellsuspension (s. S. 195) während des ersten Evakuierens und Trocknens (ca. 30 min) in ein 20 °C-Wasserbad und verhindert dadurch das Gefrieren der Suspension. Die Temperatur der Suspension soll nicht unter
12 – 10 °C fallen. Anschließend steckt man die Röhrchen A in die Röhrchen B und fährt fort
wie auf S. 196 beschrieben. Weitere Einzelheiten findet man bei Lapage et al. (1970b) sowie
bei Kirsop und Doyle (1991).

7.2.1.3 Gefriertrocknung

Die gebräuchlichste, allerdings auch ziemlich kosten- und arbeitsaufwendige Methode der Konservierung von Mikroorganismen ist die Gefriertrocknung oder **Lyophilisation**. Man versteht darunter eine Trocknung durch Sublimation, d.h. durch Wasserentzug aus tiefgefrorenem Material unter Umgehung des flüssigen Aggregatzustandes.

Diese Trocknung erfolgt in drei Schritten:

1. Beim **Vorfrieren** wird die Zellsuspension zusammen mit Schutzstoffen (s. S. 193f.) unter Atmosphärendruck eingefroren. Das Einfrieren sollte langsam geschehen, da dann die Überlebensrate im Allgemeinen am höchsten ist (vgl. S. 203f.). Für die meisten Mikroorganismen ist eine Abkühlrate von etwa −1 °C/min optimal.

2. In der **Haupttrocknung** wird das Eis unter Vakuum durch Sublimation entfernt. Danach enthalten die Zellen noch etwa 10 % Wasser, das durch Anlagerung an Zellbestandteile, vor allem an Proteine und Nucleinsäuren, gebunden ist (= Hydratation).

3. In der **Nachtrocknung** wird das restliche, „gebundene" Wasser im Hochvakuum bis auf einen Gehalt von etwa 1 % entfernt. (Völliger Wasserentzug führt zur irreparablen Schädigung der Zellen.)

In dem tiefgefrorenen Material laufen während der Trocknung kaum chemische Reaktionen wie Oxidationen oder enzymatische Umsetzungen ab. Die beim Einfrieren der Zellsuspension im Suspensionsmedium gebildeten Eiskristalle hinterlassen nach ihrer Sublimation ein lockeres, von Hohlräumen durchsetztes Produkt, das leicht wieder Wasser aufnimmt.

Die Mehrzahl (ca. 95 %) der Bakterien einschließlich der Actinomyceten und vieler Cyanobakterien lässt sich durch Gefriertrocknung konservieren und überlebt bei 0 – 4 °C Lagertemperatur 10 bis > 30 Jahre, bei Raumtemperatur häufig mindestens 6 bis 10 Jahre. Im Allgemeinen überleben grampositive Bakterien besser als gramnegative; besonders widerstandsfähig sind die Endosporenbildner und die grampositiven Kokken. Auch die meisten sporenbildenden Pilze (> 90 %) lassen sich nach Gefriertrocknung 10–20 Jahre aufbewahren, die meisten Hefen 5 Jahre und länger; allerdings ist der Prozentsatz überlebender Zellen bei den Hefen häufig sehr gering.

Weniger oder gar nicht geeignet ist die Gefriertrocknung z.B. für großzellige Bakterien, vor allem gramnegative, für *Spirillum volutans*[20b], einen Teil der Stämme von *Azotobacter*[20a, b], *Cytophaga*[20a, b] und der anoxygenen phototrophen Bakterien[20b], für Spirochaeten, für Pilze in der Myzelphase ohne Sporen[20a], für Pilze mit großen und/oder komplex gebauten Sporen, für die meisten Algen (außer einigen einzelligen Formen) und für die Protozoen.

Für die Gefriertrocknung benötigt man eine **Gefriertrocknungsanlage**, die in sehr unterschiedlichen Ausführungen und Preislagen angeboten wird. Grundbestandteile einer solchen Anlage sind:

- eine Trocknungskammer und/oder ein Trockenrechen[21]
- ein Eiskondensator
- ein Kälteaggregat
- eine Hochvakuumpumpe (Drehschieberpumpe).

---

[20] Geeignete Konservierungsmethoden (neben dem Tiefgefrieren, s. S. 203ff.): **a)** Überschichten der Stammkulturen mit Paraffinöl (s. S. 188f.); **b)** L-Trocknung (s. S. 197)

[21] Für die nachstehend beschriebene Konservierung in Doppelröhrchen sind sowohl eine Trocknungskammer mit elektrisch beheizbaren Stellplatten als auch ein Trockenrechen erforderlich.

Die Kühlschlangen des Eiskondensators befinden sich entweder in der Trocknungskammer oder in einem eigenen Kondensatorraum. Der vom Kälteaggregat gekühlte Kondensator wirkt während der Trocknung als Kühlfalle: Aufgrund höherer Temperatur und demzufolge höherem Wasserdampfdruck der eingefrorenen Probe wandert der Wasserdampf von der Oberfläche der Probe zur kühleren Oberfläche des Kondensators und schlägt sich dort als Eis nieder. Auf diese Weise wird verhindert, dass größere Mengen Wasserdampf in die Vakuumpumpe gelangen, in der sie kondensieren und zur Verunreinigung des Pumpenöls sowie zur Korrosion der Pumpe führen könnten. Aufgabe der Vakuumpumpe ist es, den Partialdruck der nichtkondensierbaren Gase unter den Wasserdampfdruck der zu trocknenden Probe zu senken, damit der Wasserdampftransport von der Probe zum Kondensator stattfinden kann. Dennoch saugt die Pumpe auch eine geringe Menge Wasserdampf ab. Sie ist deshalb gewöhnlich mit einer Gasballasteinrichtung ausgerüstet, die dafür sorgt, dass der abgesaugte Wasserdampf zusammen mit einer geringen, genau dosierten Luftmenge, dem „Gasballast", aus der Auspuffleitung ausgestoßen wird und nicht im Arbeitsraum der Pumpe kondensiert.

Für die (hier nicht beschriebene) **Zentrifugalgefriertrocknung** benötigt man einen Gefriertrockner mit Vakuumzentrifuge. Zu Beginn des Evakuierens wird die Zellsuspension niedertourig zentrifugiert, um ein Aufschäumen zu vermeiden (vgl. S. 196, Fußnote [18]). Durch den Wärmeentzug während der raschen Verdampfung des Wassers im Vakuum gefriert die Suspension. Das Verfahren ist für pathogene Organismen weniger geeignet.

Konservierung von Mikroorganismen durch Gefriertrocknung
(Doppelröhrchenmethode [22])

Bedienungsanleitung der Gefriertrocknungsanlage beachten!

Kulturen wie bei der Konservierung durch Vakuumtrocknung anzüchten (s. S. 194), zusammen mit Schutzstoffen (s. S. 193f.) suspendieren, und maximal je 0,1–0,2 ml Suspension in sterile Röhrchen A übertragen (s. S. 195).

Zur Beschriftung der Röhrchen wasserfeste, selbstklebende Etiketten oder einen wischfesten Spezialstift mit feiner Spitze verwenden, dessen Tinte bei den sehr tiefen Temperaturen nicht verblasst. Über ein Etikett klebt man noch einen Streifen durchsichtiges Klebeband rings um das ganze Röhrchen.

Da die Wattestopfen der Röhrchen oft zu wenig wasserdampfdurchlässig sind, tauscht man sie vor dem Vorfrieren gegen sterile Kappen aus Molton aus und ersetzt diese nach der Haupttrocknung wieder durch Stopfen aus nichtsaugfähiger Watte, die auf gleich großen, leeren Röhrchen sterilisiert worden sind.

Vorfrieren:

– Zellsuspension in der Trocknungskammer der Gefriertrocknungsanlage oder in einem Tiefkühlschrank bei ≤ –30 °C und Atmosphärendruck langsam einfrieren (optimale Abkühlrate etwa –1 °C/min; vgl. S. 204). Röhrchen zum Einfrieren schräg legen!

Haupttrocknung (in der Trocknungskammer):

Das zu trocknende Material muss völlig durchgefroren sein.

– Eiskondensator – sofern noch nicht geschehen – auf ≤ –35 °C vorkühlen. (Der Kondensatorraum muss völlig trocken sein!)

---

[22] vgl. S. 194, Fußnote [11]

- Gegebenenfalls vorgefrorene Proben in die auf $\leq -30\,°C$ vorgekühlte Trocknungskammer bringen.
- Erst bei einer Kondensatortemperatur von $< -30\,°C$ die Vakuumpumpe zuschalten, weil anderenfalls Wasserdampf in die Pumpe gelangen kann. Die Pumpe muss betriebswarm[23], das Gasballastventil geöffnet sein. Falls die Pumpe kein Auspufffilter (Ölnebelabscheider) besitzt, den aus dem Auspuffstutzen austretenden Ölnebel in einen Abzug oder ins Freie leiten!
- Bei einem Vakuum von $< 0,4$ mbar ($= 40$ Pa) Stellplattenheizung einschalten, und Stellflächentemperatur stufenweise erhöhen, um das zu trocknende Material zu erwärmen und dadurch die Sublimation zu beschleunigen. Das Material darf nicht antauen und muss ständig unter dem eutektischen Punkt (s. S. 204) gehalten werden, d.h. unter etwa $-30\,°C$. ($-30\,°C$ entsprechen einem Wasserdampfdruck von $\sim 0,4$ mbar.)
- Gegen Ende der Trocknung – nach einer Trocknungszeit von etwa 4 Stunden – soll eine Kondensatortemperatur von $\leq -50\,°C$ erreicht werden sowie ein Druck von $\leq 0,04$ mbar ($= 4$ Pa), jedoch nicht niedriger, als dem Wasserdampfdruck bei der erreichten Kondensatortemperatur entspricht, da sonst das Eis vom Kondensator sublimiert und in die Vakuumpumpe gelangt.
  Sind Trocknungskammer und Kondensatorraum voneinander getrennt, so steigt nach Beendigung der Trocknung der Druck in der Trocknungskammer nicht mehr nennenswert an, wenn man das Ventil zwischen beiden Kammern kurzfristig (ca. 1 min lang) schließt.
- Die Temperatur der Proben steigt an; wenn sie etwa Raumtemperatur erreicht hat, die Heizung abschalten.
- Vakuumpumpe ausschalten, und Trocknungskammer mit getrockneter Luft oder (besser!) mit einem getrockneten, O_2-freien, inerten Gas, z.B. Stickstoff, belüften.
- Röhrchen entnehmen.

Nachtrocknung (am Trockenrechen):

Die Zeitspanne zwischen Haupt- und Nachtrocknung soll so kurz wie möglich sein, da die getrockneten Kulturen sehr empfindlich sind gegen Sauerstoff und Feuchtigkeit.

- Bei einer Kondensatortemperatur von $< -30\,°C$ Vakuumpumpe einschalten; das Gasballastventil muss geöffnet sein.
- Moltonkappen auf den Röhrchen A durch sterile Wattestopfen ersetzen (s. S. 199).
- Je ein Röhrchen A zusammen mit einigen Perlen trockenem Orangegel in ein Röhrchen B stecken. Röhrchen B etwa im oberen Drittel mit einem Gebläsebrenner erweichen und zu einer Kapillare ausziehen (s. S. 196 und Abb. 17, S. 197).
- Bei einem Vakuum von $\leq 0,4$ mbar ($= 40$ Pa) die Röhrchen B unter leichtem Drehen auf die geschlossenen Nippel des Trockenrechens oder in die abgeklemmten Schläuche eines Ampullenanschlussstücks stecken.
- Nacheinander die Ventile öffnen bzw. die Schlauchklemmen entfernen. Dabei die Druckanzeige beobachten: Ein plötzlicher, starker Druckanstieg zeigt eine Undichtigkeit des betreffenden Röhrchens an. Schutzbrille tragen!
- Die Proben bei einem Enddruck von $\leq 3 \cdot 10^{-3}$ mbar ($= 0,3$ Pa) und einer minimalen Eiskondensatortemperatur von $\leq -70\,°C$ (oder über Phosphorpentoxid als Trocknungsmittel, s. S. 195) über Nacht nachtrocknen. Falls zum Erreichen des gewünschten Vakuums erforderlich, Gasballastventil nach einiger Zeit schließen.

---

[23] Pumpe bei geschlossener Ansaugleitung und geöffnetem Gasballastventil ca. 30 min warmlaufen lassen!

- Anschließend Röhrchen B am Trockenrechen nacheinander unter Vakuum abschmelzen: Ventil des betreffenden Röhrchens schließen bzw. Schlauch abklemmen, und Röhrchen mit der Sparflamme des Bunsenbrenners an der Kapillare vorsichtig erhitzen, bis diese schmilzt und sich dabei schließt und zerteilt (vgl. S. 196). Schutzbrille tragen!
- Kältemaschine ausschalten. Die Vakuumpumpe sollte bei geschlossener Ansaugleitung und geöffnetem Gasballastventil noch etwa 30 min weiterlaufen, um die im Pumpenöl gelösten Gase wieder zu entfernen und dadurch die Standzeit des Öls zu verlängern.
- Ampullen mit den gefriergetrockneten Kulturen im Dunkeln im Kühlschrank bei 0–4 °C, notfalls auch bei Raumtemperatur, aufbewahren. Eine Lagertemperatur von $\leq$ –20 °C verlängert die Überlebensdauer.

In modernen Gefriertrocknern lässt sich der Gefriertrocknungsprozess mit Hilfe eines Mikroprozessors auch vollautomatisch steuern und kontrollieren.

Zur Prüfung der Ampullen auf Dichtigkeit und der Überlebensfähigkeit der Trockenkulturen s. S. 196.

7.2.1.4 Reaktivierung der Trockenkulturen

Man nehme die Reaktivierung der vakuum- oder gefriergetrockneten Kulturen möglichst in einer Sicherheitswerkbank vor. Pathogene Mikroorganismen müssen auf jeden Fall in einer Sicherheitswerkbank reaktiviert werden, denn bei zu schnellem Öffnen der unter Vakuum stehenden Ampulle können keimhaltige Partikel in die Raumluft gelangen, genauso wie Verunreinigungen aus der Luft in die Kultur. Alle Reste der Trockenkultur und die mit Zellmaterial kontaminierten Pasteurpipetten (s.u.) sollte man – nicht nur bei Krankheitserregern – vor der Beseitigung autoklavieren. Bei extremen Anaerobiern muss man alle Schritte nach dem Öffnen der Ampulle unter strikt anaeroben Bedingungen durchführen, z.B. in einer Anaerobenkammer (s. S. 134f.).

Reaktivierung einer vakuum- oder gefriergetrockneten Kultur im Doppelröhrchen
(vgl. Abb. 17, S. 197) (Gilt auch für Trockenkulturen von Kulturensammlungen.)

Material:
- (Glas-)Ampulle mit Trockenkultur
- 1 Kulturröhrchen mit 5 – 6 ml einer für den zu reaktivierenden Organismus geeigneten Nährlösung[24], steril
- Agarplatte mit einem für den betreffenden Organismus geeigneten Nährboden[24], steril
- Pasteurpipette, unsteril
- 2 sterile Pasteurpipetten mit Saugball, graduiert (z.B. aus Polyethylen)
- Impföse im Kollehalter
- kräftige Pinzette
- Bunsenbrenner
- Wanne
- Filzstift
- Brutschrank
- Schutzhandschuhe
- eventuell: Schutzbrille

---

[24] meist dasselbe Nährmedium wie das zur Anzucht der Organismen vor der Konservierung verwendete; siehe z.B. die Kataloge der Kulturensammlungen und Lapage et al. (1970a)

Möglichst in einer Sicherheitswerkbank arbeiten; sonst Schutzbrille tragen! Beim Öffnen der Ampulle Schutzhandschuhe tragen!

– Spitzes Ende der Ampulle in der Bunsenbrennerflamme erhitzen.

– Auf die heiße Spitze aus einer Pasteurpipette 2 – 3 Tropfen Wasser geben, um das Glas zum Springen zu bringen und ein allmähliches Einströmen von Luft zu bewirken.

– Nach etwa 30 s Ampullenende über einer Wanne o.ä. durch einen kurzen, kräftigen Schlag mit einem geeigneten Werkzeug, z.B. einer kräftigen Pinzette, vorsichtig abschlagen.

– Mit der Pinzette eventuell vorhandenes Isoliermaterial, z.B. einen Glaswollebausch (bei Trockenkulturen von Kulturensammlungen), entfernen und inneres Röhrchen herausziehen.

– Mit steriler, graduierter Pasteurpipette etwa 0,5 ml Nährlösung aus dem Kulturröhrchen entnehmen.

– Vom Röhrchen mit der Trockenkultur Wattestopfen abnehmen, Röhrchenöffnung abflammen, und die sterile Nährlösung mit der Pasteurpipette langsam zur Trockenkultur zugeben; dabei keine Partikel aufwirbeln. Stopfen wieder aufsetzen.

– Röhrchen 15 – 20 min stehenlassen, damit das Zellmaterial Wasser aufnehmen kann.

– Inhalt des Röhrchens mit Hilfe einer sterilen Impföse gut mischen (Vorsicht, Aerosolbildung!).

– Suspension mit einer zweiten sterilen Pasteurpipette in das (beschriftete) Kulturröhrchen mit etwa 5 ml Nährlösung übertragen.

– Zur Reinheitskontrolle einen Tropfen der Zellsuspension auf eine Agarplatte ausstreichen (s. S. 173ff.).

– Beimpfte Nährlösung und Agarplatte unter optimalen Bedingungen[25] bebrüten.

Nach dem Öffnen der Ampulle muss das Zellmaterial möglichst schnell befeuchtet werden, da die getrockneten Zellen gegen Sauerstoff sehr empfindlich sind. Zu Trockenkulturen, die aus Pilzsporen bestehen, gibt man statt einer Nährlösung etwa 0,5 ml steriles Wasser und weicht die Sporen mindestens 30 min lang ein, bevor man sie auf einer Agarplatte verteilt.

Manche Kulturensammlungen liefern ihre Trockenkulturen in **Einfachampullen**. Bei der Reaktivierung solcher Kulturen halte man sich an die der Lieferung beigelegte oder im Sammlungskatalog abgedruckte Anleitung. Beim Öffnen von Einfachampullen ist die Gefahr besonders groß, dass ein keimhaltiges Aerosol entsteht oder die Kultur kontaminiert wird.

Aufgrund einer reversiblen Schädigung durch die Konservierung brauchen manche Mikroorganismen zum Anwachsen aus konservierten Kulturen Wachstumsfaktoren, die sie normalerweise nicht benötigen. Man verwendet deshalb zur Reaktivierung häufig besonders „fette" **Komplexnährböden**, z.B. solche mit Blutzusatz. Einige empfindliche Organismen wachsen besser in Flüssigkultur an als auf Agarplatten. Bisweilen ist es empfehlenswert, die Kultur bei einer Temperatur etwas unterhalb der normalen Optimaltemperatur für das Wachstum zu bebrüten.

Da Trockenkulturen manchmal mit einigen Tagen Verzögerung anwachsen, sollte man mindestens doppelt so lange wie normal bebrüten, bevor man eine Kultur als nicht lebensfähig verwirft. Ist die Kultur angewachsen, so überprüft man ihre Identität und Reinheit (s. S. 176f.). Anschließend impft man von ihr Stamm- oder Arbeitskulturen an (s. S. 185ff.).

Gelegentlich benötigt der reaktivierte Organismus mehrere Subkulturen, bis er seine charakteristischen Eigenschaften völlig wiedererlangt hat.

---

[25] siehe z.B. die Kataloge der Kulturensammlungen und Lapage et al. (1970a)

7.2.2 Tiefgefrieren

Die Aufbewahrung von Kulturen im eingefrorenen Zustand bei sehr tiefen Temperaturen ist die beste Konservierungsmethode für fast alle Mikroorganismen. Sie garantiert eine hohe genetische Stabilität der Zellen und eine gute Konstanz ihrer Merkmale über lange Zeiträume hinweg.

Die Methode hat jedoch auch eine Reihe von **Nachteilen**:

- Die Kosten und der apparative Aufwand nicht nur beim Einfrieren, sondern auch während der Lagerung, sind recht hoch.
- Die Lagerkapazität kann schnell erschöpft sein.
- Im Tiefkühlschrank gelagerte Kulturen können bei Ausfall der Kühlung verlorengehen.
- Der Umgang mit Flüssigstickstoff birgt gesundheitliche Risiken in sich (s. S. 209).
- Tiefgefrorene Kulturen lassen sich, anders als Trockenkulturen, nicht ohne weiteres verschicken, sondern müssen vor dem Versand zunächst reaktiviert werden (s. S. 209f.).

Man verwendet deshalb die Gefrierkonservierung in erster Linie bei Organismen, die andere Konservierungsverfahren, insbesondere die Gefriertrocknung, nicht überleben (vgl. S. 198).

Auch das Einfrieren, die Lagerung im gefrorenen Zustand und das Wiederauftauen können zu einer **Schädigung** und zum **Tod der Zellen** führen. Relativ unempfindlich gegen solche Schädigungen sind grampositive Bakterien, vor allem Kokken und Endosporenbildner, ferner Pilzsporen, besonders dann, wenn sie vor dem Einfrieren luftgetrocknet werden.

Mikroorganismen können beim Tiefgefrieren vor allem geschädigt werden durch

- die Bildung von Eiskristallen in den Zellen

  Beim Einfrieren einer Zellsuspension gefriert die Suspensionsflüssigkeit stets früher als das Wasser in den Zellen, das bis hinunter zu einer Temperatur von –5 bis –10 °C flüssig bleibt. Da das unterkühlte Wasser in der Zelle einen höheren Dampfdruck hat als das sie umgebende Eis, fließt Wasser aus der Zelle heraus und gefriert außerhalb der Zelle. Bei langsamem Abkühlen der Suspension verlässt das Wasser die Zelle genügend schnell, so dass das Zellinnere nicht gefriert, sondern bis auf einen Restwassergehalt von etwa 10 % (= nicht gefrierbares „gebundenes" Wasser, s. S. 198) austrocknet. Werden die Zellen dagegen zu rasch abgekühlt, verlieren sie ihr „freies" Wasser nicht schnell genug, und es gefriert im Innern der Zelle. Dabei entstehen sehr kleine, thermodynamisch instabile Eiskristalle. Die intrazelluläre Eisbildung führt nicht zwangsläufig zum Tod der Zelle, solange die Eiskristalle klein bleiben. Diese sind jedoch bestrebt, sich zu stabilisieren, indem sie an Größe zunehmen und ihre Oberfläche durch Abrundung verkleinern (= Umlagerung, **Rekristallisation**). Die großen Kristalle können die Zelle mechanisch schädigen und schließlich abtöten, vor allem durch Zerstörung der Membranen.

  Die Rekristallisation des Eises erfolgt selbst in einer völlig gefrorenen Lösung, bei Temperaturen über –50 °C innerhalb von Sekunden, unter –100 °C jedoch nur noch sehr langsam; aber erst bei Temperaturen unter –130 °C, der Glasübergangstemperatur[26] des Wassers, findet keine Rekristallisation mehr statt. Dagegen ist sie bei langsamem Auftauen sehr ausgeprägt. Wird die Zellsuspension jedoch sehr schnell aufgetaut, dann schmelzen die Eiskristalle, bevor eine Rekristallisation stattfinden kann.

- die Zunahme der intrazellulären Konzentration an gelösten Stoffen (Elektrolyten).

  Bei fortschreitendem Abkühlen der Zellsuspension gefriert zunächst reines Wasser; infolgedessen nimmt ihr Gehalt an flüssigem Wasser stetig ab, und die Konzentration der gelösten Stoffe in der Restlösung nimmt außerhalb wie innerhalb der Zellen stetig zu, während der Gefrierpunkt absinkt. Bei einem ganz bestimmten, für jeden gelösten Stoff charakteristischen Mengenanteil des Stoffes und

---

[26] = die Temperatur, bei der das hochpolymere Eis (oder andere Polymere) aus dem zähflüssig-plastischen in den hartelastischen, glasartigen Zustand übergehen (oder umgekehrt). Dieser Übergang ist dadurch bedingt, dass die mikrobrownsche Bewegung größerer Abschnitte der Makromoleküle zum Stillstand kommt.

einer für diesen Stoff charakteristischen Temperatur, dem **eutektischen Punkt**[27], überschreitet die Konzentration des gelösten Stoffes seine Löslichkeit, und er erstarrt zusammen mit dem restlichen flüssigen Wasser als einheitliches, feinkristallines Gemisch von Eis und festem Stoff (eutektisches Gemisch). Eine komplex zusammengesetzte Lösung, wie sie in der Zelle vorliegt, hat allerdings keinen bestimmten eutektischen Punkt, sondern eine breite eutektische Zone zwischen etwa −30 und −50 °C, da die Sättigungskonzentrationen der zahlreichen verschiedenen gelösten Stoffe bei unterschiedlichen Temperaturen überschritten werden. Unterhalb der eutektischen Zone enthält die Zelle so gut wie kein flüssiges, „freies" Wasser mehr (jedoch noch etwa 10 % „gebundenes" Wasser, s. S. 198).

Die starke Zunahme der intrazellulären Konzentration an Elektrolyten während des Einfrierens der Zellsuspension sowie eine Verringerung der Abstände zwischen den Makromolekülen in der Zelle beeinträchtigen die Stabilität insbesondere der Proteine und Nucleinsäuren und können zur irreversiblen Schädigung der Zelle führen. Diese Gefahr ist besonders groß, wenn das Zellmaterial zu langsam eingefroren oder langsam aufgetaut wird, vor allem aber, wenn es lange bei Temperaturen oberhalb der eutektischen Zone lagert, denn in diesem Fall sind die Zellen und ihre Bestandteile über einen langen Zeitraum von einer hochkonzentrierten Lösung umgeben.

Aus dem oben Gesagten ergeben sich – zusätzlich zu den allgemeinen Regeln auf S. 192f. – einige Grundregeln für die Gefrierkonservierung:

- Man kühle die Zellsuspension langsam bis auf ca. −30 °C ab; für die Mehrzahl der Mikroorganismen ist eine gleichbleibende Abkühlrate von etwa −1 °C/min optimal (S. 206). Die weitere Abkühlung bis zur Lagertemperatur sollte möglichst schnell erfolgen.

- Man lagere die Zellen bei ≤ −70 °C (S. 206), besser bei Temperaturen unter −130 °C (S. 208).

- Man taue die Zellen so schnell wie möglich wieder auf (S. 209f.).

- Man vermeide ein wiederholtes Auftauen und Einfrieren der Zellen, da dies ihre Überlebensdauer drastisch verkürzt.

7.2.2.1 Aufbewahrungsgefäße

Zur Gefrierkonservierung verwendet man Röhrchen („**Kryoröhrchen**") oder **Ampullen** mit einem Fassungsvermögen von 1–5 ml. Sie sind auch vorsterilisiert erhältlich. Die Gefäße bestehen aus Borosilicatglas (für Temperaturen bis etwa −90 °C auch aus Natron-Kalk-Glas; vgl. S. 90) oder aus einem kältebeständigen Kunststoff. Viele Kunststoffe verlieren bei sehr tiefen Temperaturen ihre mechanische Festigkeit und werden brüchig (s. Tab. 20, S. 92). Man verwende deshalb nur solche Gefäße, die ausdrücklich für diese Temperaturen vorgesehen sind. Kunststoffgefäße werden nur einmal verwendet. Wegen ihrer Gasdurchlässigkeit sind sie ungeeignet für extreme Anaerobier.

Die Kryoröhrchen verschließt man mit einem Überwurfschraubverschluss mit tief herabgezogenem Rand. Der Schraubverschluss sollte möglichst aus demselben Material bestehen wie das Röhrchen und keine Dichtung aus einem andersartigen Material enthalten, da verschiedenartige Materialien beim Abkühlen unter Umständen unterschiedlich stark schrumpfen und der Verschluss dadurch undicht werden kann.

Ampullen versiegelt man durch Hitze, Glasampullen z.B. dadurch, dass man sie in der Flamme eines Gebläsebrenners abschmilzt (s. S. 196). Die Hitze kann jedoch empfindliche Zellen schädigen, und die zugeschmolzene Ampulle kann winzige Löcher oder feine Risse aufweisen. Man legt deshalb die Ampullen nach dem Abschmelzen für etwa 30 min bei 4 – 6 °C in

---

[27] = tiefstmöglicher Erstarrungspunkt eines Zweistoffsystems

eine wässrige, 0,05%ige Methylenblaulösung, in der man Undichtigkeiten am Eindringen des Farbstoffs in die Ampulle erkennen kann.

Pathogene Mikroorganismen sollte man niemals in zugeschmolzenen Glasampullen konservieren, denn erstens kann bei unsachgemäßem Zuschmelzen Zellmaterial freigesetzt werden, und zweitens kann bei längerer Lagerung der Ampullen in oder über Flüssigstickstoff durch unentdeckte Haarrisse Gas in die Ampulle eindringen, das sich dann beim Auftauen rasch ausdehnt und zum Zerplatzen der Ampulle führt (vgl. S. 208f.). Auch Kunststoffröhrchen mit Schraubverschluss sind bei Aufbewahrung in Flüssigstickstoff nicht immer absolut dicht. Sie setzen jedoch die Gefahr einer Explosion beim Auftauen der Probe auf ein Minimum herab.

Zur übersichtlichen und platzsparenden **Lagerung** im Tiefkühlschrank oder über Flüssigstickstoff sammelt man die Kryoröhrchen in Pappkarton-, Kunststoff- oder Metallkästen mit Gittereinsatz (die ihrerseits in Schubladengestelle aus Aluminium oder Edelstahl eingeschoben werden können). Eine Gittercodierung erleichtert die Identifizierung der Proben. Zur Aufbewahrung über Flüssigstickstoff kann man die Röhrchen oder Ampullen auch auf einen stabförmigen Ampullenhalter aus Aluminium klemmen, über den man zum Schutz gegen Herausfallen noch eine Röhre aus Pappe, Aluminium oder durchsichtigem Kunststoff zieht. Die Klemmhalter stellt man in einen Kanister, den man in den Flüssigstickstoffbehälter einhängt. Diese Art der Lagerung verbraucht weniger Flüssigstickstoff und erleichtert die Entnahme einzelner Röhrchen. Inhalt und Position der Halter oder Kästen im Flüssigstickstoffbehälter bzw. Tiefkühlschrank sowie die Position der einzelnen Röhrchen notiert man in einem Sammlungsbuch, auf dem Datenblatt des konservierten Stammes oder in einer Computerdatei (s. S. 183), um jede Kultur schnell wiederfinden zu können.

7.2.2.2 Schutzstoffe

Viele Mikroorganismen überleben das Tiefgefrieren auch ohne Zusatz eines Schutzstoffs; andere dagegen sind sehr empfindlich gegenüber tiefen Temperaturen. Man setzt deshalb dem Suspensionsmedium gewöhnlich routinemäßig einen Schutzstoff zu. Für Bakterien, Hefen und Pilzhyphen oder -sporen wird vorzugsweise **Glycerin** verwendet (Endkonzentration 10 % [v/v]). Für größere, komplexe Mikroorganismen, wie Algen und Protozoen, sowie für Lagertemperaturen unter −140 °C ist **Dimethylsulfoxid** (DMSO; Endkonzentration 5–10 % [v/v]) oft besser geeignet. Beide Stoffe dringen relativ leicht in die Zelle ein und schützen sie, indem sie die Hydrathüllen der Proteine stabilisieren und dadurch eine Denaturierung durch Entwässerung und hohe Elektrolytkonzentration verhindern; außerdem verlangsamen sie das Wachstum der Eiskristalle. Andererseits können diese Stoffe, vor allem DMSO, auch toxisch wirken. Man sollte sie deshalb vor dem Einfrieren neuer Stämme, für die noch keine Erfahrungen vorliegen, zunächst auf ihre Verträglichkeit prüfen.

Glycerin und DMSO sollen analysenrein sein. Sie werden in Portionen für jeweils eine Verwendung **sterilisiert**: Glycerin autoklaviert man, auf das Doppelte der gewünschten Endkonzentration verdünnt, 15 min bei 121 °C; DMSO wird unverdünnt mit Hilfe einer Spritze mit Filtrationsvorsatz durch ein 0,2-µm-Membranfilter aus Nylon oder Teflon sterilfiltriert, das man vorher mit Ethanol und anschließend mit DMSO gewaschen hat. Beide Stoffe bewahrt man in gasdicht verschlossenen Gefäßen, z.B. Schraubverschlussröhrchen, bei 5 °C im Dunkeln auf. (DMSO erstarrt bereits bei 18,5 °C.) Bei längerer Aufbewahrung von DMSO kann es zu oxidativer Zersetzung kommen. DMSO soll man nicht auf die Haut bringen, da es von ihr sehr leicht aufgenommen wird und toxische Substanzen in den Körper transportieren kann.

Den sterilisierten Schutzstoff gibt man in der gewünschten Menge (z.B. die Glycerinverdünnung im Volumenverhältnis 1:1) zu einer frisch bereiteten, sterilen Nährlösung zu, die meist mit dem für die Anzucht des betreffenden Organismus verwendeten Nährboden übereinstimmt. Es handelt sich gewöhnlich um komplexe Nährmedien mit einem möglichst geringen Gehalt an Elektrolyten, bei aeroben Bakterien z.B. um Nährbouillon (s. Tab. 9, Nr. 2a, S. 53). Bei Pilzsporen verdünnt man den Kryoschutzstoff nur mit sterilem Wasser. In dem Gemisch suspendiert man die kräftig gewachsenen Zellen bzw. die Sporen in möglichst hoher Konzentration (vgl. S. 192) und lässt den Schutzstoff eine gewisse Zeit bei Raumtemperatur[28] einwirken (Glycerin 30– 60 min, DMSO 15–20 min). In dieser Zeit dringt der Schutzstoff in die Zellen ein. Das Eindringen dauert bei größeren Zellen länger als bei kleinen Zellen; bei zu langer Einwirkungszeit kann der Schutzstoff jedoch toxisch wirken. Während der Einwirkungszeit kann man die Zellsuspension bereits auf die Aufbewahrungsgefäße verteilen. Die tiefgefrorenen Zellen sollte man bei Temperaturen unter dem eutektischen Punkt des verwendeten Schutzstoffs lagern, d.h. unter – 46 °C bei Glycerin bzw. –136 °C bei DMSO (vgl. S. 204).

7.2.2.3 Einfrieren und Lagern im Tiefkühlschrank

Eine Langzeitlagerung eingefrorener Kulturen bei Temperaturen oberhalb der eutektischen Zone (–30 bis –50 °C, s. S. 204), also z.B. in einem Haushaltstiefkühlschrank, ist im Allgemeinen nicht empfehlenswert. Zwar überleben manche Organismen, z.B. Pseudomonaden und Streptomyceten, bei diesen Temperaturen einige Monate bis Jahre, viele Mikroorganismen sterben jedoch aufgrund der hohen intrazellulären Elektrolytkonzentration rasch ab.

Dagegen führt eine Lagerung bei **Temperaturen ≤ –70 °C** bei vielen Bakterien, Hefen und myzelbildenden Pilzen zu langjährigen, hohen Überlebensraten, vorausgesetzt, die Zellen werden in der richtigen Weise eingefroren und wiederaufgetaut (s. u. und S. 209f.). Benötigt wird ein entsprechender Tiefkühlschrank oder eine (kühltechnisch günstigere) Tiefkühltruhe, die allerdings recht teuer sind. Das Tiefkühlgerät muss eine netzunabhängige Alarmanlage besitzen, die bei einem Anstieg der Nutzraumtemperatur, z.B. infolge eines Stromausfalls oder eines Defekts am Kühlaggregat, akustischen und optischen Alarm gibt. Nützlich – aber teuer – ist auch ein netzunabhängiges CO_2- bzw. Flüssigstickstoff-Notkühlsystem zur zeitweiligen Aufrechterhaltung der Temperatur bei Ausfall der mechanischen Kühlung. Allerdings scheinen Bakterien, die in einem Medium mit 15 % Glycerin auf Glasperlen eingefroren wurden (s. S. 207f.), einen Ausfall der Kühlung und einen Anstieg der Temperatur auf Werte über dem Gefrierpunkt mehrere Tage lang überleben zu können.

Beim **Einfrieren** erhält man eine zwar nicht konstante, jedoch für viele Organismen ausreichend niedrige Abkühlrate, wenn man die Röhrchen oder Ampullen mit der Zellsuspension in einen wärmeisolierenden Behälter bringt, z.B. in die Bohrungen eines Styroporblocks, in dem jedes Röhrchen rings von etwa 10 – 15 mm Isoliermaterial umgeben ist, und den Behälter über Nacht $^2/_3$ bis $^3/_4$ über dem Nutzraumboden in die Mitte eines –70 °C-Tiefkühlschrankes stellt.

Bei einem anderen Verfahren taucht man die Röhrchen in einem geeigneten Ständer in ein Gefäß[29] mit 96%igem Ethanol oder mit 2-Propanol (Isopropylalkohol) und stellt das Ganze für mindestens 4 Stunden auf den Boden eines Tiefkühlschranks von –70 bis –85 °C.

Zum kontrollierten Einfrieren (und Auftauen) verwendet man einen **Einfrierautomaten**, bei dem Abkühl- und Auftaurate exakt programmierbar sind.

---

[28] bei Sporensuspensionen im Eisbad, um ein Auskeimen der Sporen zu verhindern
[29] als „Cryo-Einfriergerät" z.B. bei National Lab erhältlich

Eine einfache, schnelle und zugleich zuverlässige Methode ist das Einfrieren von Zellsuspensionen auf **Glas-** oder **Keramikperlen**. Das Verfahren erwies sich als geeignet für eine Vielzahl von Bakteriengruppen, z.B. für Enterobacteriaceae, *Pseudomonas, Micrococcus, Staphylococcus,* Streptokokken, *Lactobacillus,* Propionibakterien und coryneforme Bakterien, auch für strikte Anaerobier *(Bacteroides, Clostridium)* und für empfindliche Vertreter wie *Neisseria, Haemophilus, Campylobacter, Helicobacter* und Mycoplasmen sowie für einige Hefen (z.B. *Candida albicans*) und für Pilzkonidien. Die Überlebensdauer kann 10 Jahre und länger betragen. Die Methode ist der Gefriertrocknung teilweise überlegen. Sie erlaubt die schnelle Konservierung einer großen Zahl von Stämmen, ihre Lagerung auf kleinstem Raum und eine schnelle, einfache Reaktivierung; vor allem aber hat sie den großen Vorteil, dass man bei Bedarf einzelne Perlen entnehmen kann, ohne die gesamte Suspension auftauen zu müssen.

Es empfiehlt sich, jede Kultur auf mindestens zwei Röhrchen mit Perlen zu verteilen und eines der Röhrchen ungeöffnet in Reserve zu halten für den Fall, dass das Zellmaterial aus dem anderen Röhrchen kontaminiert ist oder nicht anwächst. Wenn möglich bewahrt man die beiden Röhrchen zum Schutz gegen Verlust in getrennten Tiefkühlschränken auf.

Gefrierkonservierung von Bakterien auf Glasperlen bei ≤ –70 °C
(nach Feltham et al., 1978)[30]

Material: – 2 frische, gut gewachsene Schrägagarkulturen des zu konservierenden Bakterienstamms (1 Kultur pro Kryoröhrchen[31]; die Kulturen sollen in der Regel nicht älter sein als 24 Stunden; langsam wachsende Bakterien entsprechend länger bebrüten, Sporenbildner bis zur kräftigen Sporulation)

           – zwei 2-ml-Kryoröhrchen mit Schraubverschluss (s. S. 204)

           – 40 – 60 Glasperlen (durchbohrte Kugeln), Durchmesser etwa 2 mm, eventuell verschiedenfarbig (zur Unterscheidung verschiedener Kategorien von Stämmen) (Perlen in Leitungswasser mit einem milden Laborreinigungsmittel reinigen, dann über Nacht in 1 – 2%ige Salzsäure einlegen; anschließend mehrmals gut mit Leitungswasser spülen bis zur neutralen Reaktion, danach einmal mit demineralisiertem Wasser spülen, und die Perlen bei 45 °C trocknen; vgl. S. 101.)

           – 2,5 ml steriles 30%iges (v/v) Glycerin p.a. in einem Schraubverschlussröhrchen (15 min bei 121 °C autoklavieren)[32]

           – 2,5 ml sterile Nährbouillon (für aerobe Bakterien; s. Tab. 9, Nr. 2a, S. 53) oder eine andere, für den zu konservierenden Organismus geeignete Komplexnährlösung (s. S. 205f.)

           – 2 sterile 1-ml-Messpipetten; Pipettierhilfe
             oder (besser!): 2 sterile Pasteurpipetten mit Saugball, graduiert (z.B. aus Polyethylen)

           – 2 sterile Pasteurpipetten aus Glas, wattegestopft, mit Saughütchen

           – Impföse im Kollehalter

           – Bunsenbrenner

           – 2 wasserfeste, selbstklebende Etiketten
             oder: wischfester Spezialstift für tiefe Temperaturen (vgl. S. 199)

           – wärmeisolierender Behälter, z.B. Styroporblock, mit Bohrungen für die Kryoröhrchen (s. S. 206)
             oder: Einfrierautomat

           – Tiefkühlschrank oder -truhe bei ≤ –70 °C

---

[30] Feltham, R.K.A., Power, A.K., Pell, P.A., Sneath, P.H.A. (1978), J. Appl. Bacteriol. **44**, 313 – 316

[31] bei schwachem Wachstum der Kulturen entsprechend mehr (vgl. auch S. 195)! Bei Flüssigkeitskulturen (z.B. bei manchen Anaerobiern) oder bei sehr schwachem Wachstum auf festen Nährböden s. S. 190, Fußnote [6].

[32] Man kann das Glycerin auch schon vor dem Autoklavieren zur Nährlösung zugeben (Endkonzentration 15 % [v/v]).

- Je 20–30 Glasperlen in zwei 2-ml-Kryoröhrchen mit Schraubverschluss füllen und 20 min bei 121 °C autoklavieren.
- Röhrchen mit Hilfe wasserfester Etiketten oder mit Spezialstift beschriften (s. S. 183).
- Steriles 30%iges Glycerin und sterile Nährbouillon im Volumenverhältnis 1:1 mischen (oder das Glycerin schon vor dem Autoklavieren zur Nährlösung zugeben [Endkonzentration 15 %, v/v]).
- Mit jeweils frischer steriler 1-ml-Messpipette oder (besser!) graduierter Pasteurpipette etwa 0,5 ml Glycerin-Nährbouillon-Gemisch auf jede der beiden Schrägagarkulturen pipettieren. Die Bakterien mit steriler Impföse von der Agaroberfläche ablösen und durch leichtes Rühren und Schütteln möglichst homogen zu sehr hoher Zellkonzentration ($\geq 10^8$ Zellen/ml) suspendieren (vgl. S. 192) (Vorsicht, Aerosolbildung!).
- Glycerin 30–60 min bei Raumtemperatur (bei Sporensuspensionen im Eisbad) auf die Zellen bzw. Sporen einwirken lassen; während dieser Zeit die Suspensionen mit jeweils frischer steriler Glaspasteurpipette auf die Glasperlen in den beiden Kryoröhrchen pipettieren, dabei die Röhrchen leicht schütteln. Suspension mehrmals wieder ansaugen und erneut verteilen, um alle Perlen gründlich zu benetzen und die Luft aus ihrem Innern zu entfernen; zum Schluss den Überschuss an Suspension mit der Pasteurpipette vom Röhrchenboden restlos absaugen.[33]
- Röhrchen fest verschließen, und die Perlen durch Beklopfen der Röhrchen schräg die Röhrchenwand empor anordnen, damit sie sich später leichter entnehmen lassen.
- Röhrchen in Schräglage in einem wärmeisolierenden Behälter direkt in einen –70 °C-Tiefkühlschrank bringen oder in einem Einfrierautomaten kontrolliert einfrieren (s. S. 206).
- Röhrchen im Tiefkühlschrank bei $\leq$ –70 °C lagern.

Ein gebrauchsfertiges System zur Gefrierkonservierung von Mikroorganismen auf Keramikperlen ist unter dem Namen „Microbank" im Handel erhältlich (Fa. Mast Diagnostica, Pro-Lab Diagnostics).

Zur Reaktivierung der Kulturen s. S. 210.

7.2.2.4 Aufbewahrung über Flüssigstickstoff

Bei Temperaturen unter –130 °C, der Glasübergangstemperatur des Wassers (s. S. 203), lassen sich die meisten Mikroorganismen ohne eine Veränderung ihrer Eigenschaften fast unbegrenzt (> 30 Jahre) aufbewahren, auch solche, die andere Konservierungsverfahren nicht oder nur schlecht vertragen. Bei diesen Temperaturen laufen keine Stoffwechselvorgänge oder enzymkatalysierten Reaktionen mehr ab, und eine Rekristallisation des Eises findet nicht mehr statt. Gewisse Verluste können allenfalls beim Einfrieren und Auftauen der Zellen auftreten, nicht aber während der Lagerung.

Die erforderliche Lagertemperatur erreicht man gewöhnlich dadurch, dass man die Kulturen – zusammen mit einem geeigneten Schutzstoff – in großen, gut isolierten Aluminium- oder Edelstahltanks (Dewarbehältern) mit Flüssigstickstoff aufbewahrt (vgl. S. 205). Es ist jedoch nicht ratsam, die Röhrchen oder Ampullen mit den Kulturen zur Lagerung in die flüssige Phase des Flüssigstickstoffs (Temperatur –196 °C) einzutauchen. Durch feine Risse in der

---

[33] Bei schwachem Wachstum der Bakterien kann man die Glasperlen zunächst auch nur mit dem Suspensionsmedium befeuchten. Anschließend überträgt man das Zellmaterial mit der Impföse direkt auf die Perlen und verteilt es durch Rühren und Schütteln.

Ampullenwand oder über das Schraubgewinde des Röhrchens kann im Laufe der Zeit flüssiges Gas in das Aufbewahrungsgefäß eindringen. Beim Auftauen der Kultur entsteht in dem Gefäß durch rasches Verdampfen des eingedrungenen Flüssigstickstoffs ein plötzlicher Überdruck, der das Gefäß zum Platzen bringen kann. Man bewahre deshalb die Kulturen nur in der **Dampfphase** über dem flüssigen Stickstoff (bei ≤ –150 °C) auf.

Der Umgang mit Flüssigstickstoff birgt Gefahren in sich; man beachte deshalb die einschlägigen Sicherheitsbestimmungen! Die Flüssigstickstoffbehälter müssen in einem gut belüfteten Raum stehen. Zum Einbringen und Entnehmen von Probe in bzw. aus Flüssigstickstofftanks verwende man eine Zange und trage dabei – wie auch beim Nachfüllen von Flüssigstickstoff – Kälteschutzhandschuhe mit langer Stulpe und einen Gesichts- und Nackenschutz.

Ein weiterer Nachteil der Flüssigstickstoffkonservierung neben den Sicherheitsrisiken sind die hohen Kosten der Anlage und des Flüssigstickstoffs, der allmählich verdampft und regelmäßig nachgefüllt werden muss. Dies macht eine tägliche Kontrolle des Flüssigstickstoffspiegels im Lagerbehälter erforderlich. Ungefährlicher, bequemer und auf die Dauer kostengünstiger sind mechanisch gekühlte Ultratiefkühltruhen mit einer Nutzraumtemperatur unter –130 °C (vgl. S. 206).

7.2.2.5 Reaktivierung der tiefgefrorenen Kulturen

Reaktivierung einer tiefgefrorenen Mikroorganismensuspension

Material:
- – Röhrchen oder Ampulle mit tiefgefrorener Zell- oder Sporensuspension
- – für den zu reaktivierenden Mikroorganismus geeigneter, flüssiger und/oder fester Nährboden[34], steril
- – sterile Pasteurpipette und/oder Impföse im Kollehalter
- – eventuell: Bunsenbrenner
- – 70%iges Ethanol
- – Zellstofflappen
- – Becherglas o.ä.
- – Wasserbad bei 37 °C
- – Brutschrank
- – Kälteschutzhandschuhe

bei Proben aus dem Flüssigstickstoffbehälter:
- – Gesichtsschutzschirm oder Schutzbrille

Möglichst in einer Sicherheitswerkbank arbeiten (für pathogene Mikroorganismen obligatorisch)!

– Kryogefäß mit tiefgefrorenem Zellmaterial sofort nach Entnahme aus dem Tiefkühlschrank oder Flüssigstickstoffbehälter (Kälteschutzhandschuhe tragen!) in ein im Wasserbad auf 37 °C erwärmtes Becherglas o.ä. mit Wasser bringen und dort leicht hin- und herbewegen, um den Auftauvorgang zu beschleunigen. (Taut man die Probe direkt im Wasserbad auf, so wird bei einem Platzen des Kryogefäßes das ganze Wasserbad kontaminiert.)
Bei Proben aus dem Flüssigstickstoffbehälter wegen der Explosionsgefahr (s. o.) Gesichtsschutzschirm oder Schutzbrille, und Schutzhandschuhe tragen!

---

[34] vgl. S. 201, Fußnote [24], und S. 202

- Sobald die Suspension völlig aufgetaut ist (bei einer Glasampulle nach 30–60 s, bei einem Kunststoffröhrchen nach 60–120 s), Probe aus dem Wasserbad herausnehmen.
- Kryogefäß mit ethanolgetränktem Zellstofflappen abwischen.
- Gefäß öffnen (bei Glasampullen s. S. 201f.), und Inhalt sofort mit steriler Pasteurpipette bzw. Impföse auf einen geeigneten, flüssigen und/oder festen Nährboden übertragen. (Der Kryoschutzstoff muss schnell verdünnt werden, da er anderenfalls oft wachstumshemmend wirkt.)
- Kultur unter optimalen Bedingungen bebrüten (vgl. S. 202).

Ist die Kultur angewachsen, so überprüft man ihre Identität und Reinheit (s. S. 176f.); anschließend legt man von ihr Stamm- oder Arbeitskulturen an (s. S. 185ff.).

Reaktivierung einer auf Perlen eingefrorenen Zellsuspension (s. S. 207f.)

Material: – Kryoröhrchen mit tiefgefrorener Zellsuspension

       – Agarplatte mit einem für den zu reaktivierenden Organismus geeigneten Nährboden (und/oder eine geeignete Nährlösung[34]), steril

       – Isoliergefäß mit Trockeneis
oder: tiefgekühlter Paraffinblock mit vertikalen Bohrungen zur Aufnahme der Kryoröhrchen (Eine leere Blechdose mit geschmolzenem Hartparaffin füllen; nach dem Erstarren in den Block vertikale Löcher bohren, in die die Kryoröhrchen in voller Länge hineinpassen. Paraffinblock im Tiefkühlschrank bei ≤ –70 °C aufbewahren.)

       – kleine Pinzette oder kleiner Spatel, steril (notfalls mit 96%igem Ethanol abflammen und abkühlen lassen, vgl. S. 18, 118)

       – Impföse im Kollehalter

       – Bunsenbrenner

       – Filzstift

       – Brutschrank

       – Kälteschutzhandschuhe

       – Schutzbrille (bei Verwendung von Trockeneis)

- Kryoröhrchen mit der eingefrorenen Zellsuspension aus dem Tiefkühlschrank herausnehmen und sofort in ein Isoliergefäß mit Trockeneis[35] oder in die Bohrung eines tiefgekühlten Paraffinblocks stellen, um ein Auftauen des Röhrcheninhalts zu verhindern. (Das kalte Paraffin hält die Zellsuspension bis zu einer Stunde gefroren.) Schutzbrille (bei Trockeneis) und Schutzhandschuhe tragen!
- Mit kleiner, steriler Pinzette oder sterilem Spatel eine Perle (mit 2–3 µl Suspension) aus dem Röhrchen entnehmen und auf die Oberfläche einer (beschrifteten) Agarplatte mit geeignetem Nährboden (und/oder in eine geeignete Nährlösung) bringen. Röhrchen sofort in das Trockeneis oder den Paraffinblock zurückstellen.
- Die Perle mit steriler Impföse über die Agaroberfläche rollen und dabei das an der Perle haftende Zellmaterial auf dem Agar verteilen. (Die Suspension an der Perle taut innerhalb weniger Sekunden auf.)
- Kryoröhrchen mit den restlichen Perlen in den Tiefkühlschrank zurückstellen.
- Agarplatte (und/oder Nährlösung) unter optimalen Bedingungen bebrüten (vgl. S. 202).

---

[34] vgl. S. 201, Fußnote [24] und S. 202

[35] Ein längerer Aufenthalt der Zellsuspension in Trockeneis kann zu einer Senkung ihres pH-Werts und dadurch zu einer Verkürzung ihrer Lebensdauer führen.

7.3 Beschaffung der Kulturen von Kulturensammlungen

Häufig ist es zweckmäßiger, sich die gewünschte Reinkultur eines Mikroorganismus von einer Kulturensammlung zu beschaffen, anstatt sie selbst zu isolieren, zu identifizieren und zu konservieren. Dabei hat man in der Regel noch den Vorteil, einen genau definierten und bezeichneten Stamm mit bekannten Eigenschaften zu erhalten, der allen Interessenten mit ausreichender mikrobiologischer Erfahrung jederzeit zur Verfügung steht.

Manchmal kann man den gewünschten Stamm von einem Forschungslabor einer Hochschule oder der Industrie bekommen, das eine kleine Stammsammlung für den eigenen Bedarf unterhält. Im Allgemeinen wendet man sich jedoch an eine der großen **öffentlichen Kulturensammlungen**. Diese halten nicht nur eine große Anzahl konservierter, vermehrungsfähiger Reinkulturen bereit und geben sie gegen eine Gebühr an interessierte Wissenschaftler, Institutionen und Firmen ab, sondern sie dienen auch als Hinterlegungsstelle für Mikroorganismen, die in wissenschaftlichen Publikationen zitiert werden, für „Typenstämme" neu beschriebener Arten, für Referenzstämme zur Qualitätskontrolle, zur Empfindlichkeitsprüfung gegenüber Antibiotika u.ä. sowie für in Patenten genannte Stämme. Außerdem übernehmen die Kulturensammlungen auf Wunsch die Identifizierung, Konservierung und Lagerung fremder Isolate und bieten zu diesen Bereichen einen wissenschaftlichen Beratungsdienst an.

Es gibt nur wenige Kulturensammlungen, die Stämme aus nahezu allen Mikroorganismengruppen sammeln, dazu oft noch Plasmide und Viren sowie pflanzliche und tierische Zellkulturen. Zu ihnen gehört die „DSMZ – Deutsche Sammlung von Mikroorganismen und Zellkulturen GmbH" als zentrale deutsche Sammlung und Hinterlegungsstelle, ferner die „American Type Culture Collection" (ATCC). Nachfolgend sind die Akronyme[36] und Anschriften dieser und einiger weiterer großer Kulturensammlungen, vorzugsweise für Bakterien, aufgeführt; weitere Adressen findet man im Internet unter http://www.wfcc. info/ccinfo/collection

DSM	Leibniz-Institut DSMZ – Deutsche Sammlung von Mikroorganismen und Zellkulturen GmbH Inhoffenstr. 7B, 38124 Braunschweig Tel. 05 31/26 16-0, Fax 05 31/2 61 64 18 E-Mail: contact@dsmz.de Internet: http://www.dsmz.de
ATCC	(American Type Culture Collection) LGC Standards GmbH Mercatorstr. 51, 46485 Wesel Tel. 0281/9887230, Fax 0281/9887239 E-Mail: atcc.de@lgcstandards.com Internet: http://www.lgcstandards-atcc.org/

---

[36] Akronym = aus den Anfangsbuchstaben mehrerer Wörter, hier aus dem Namen der Kulturensammlung, gebildetes Kurzwort; wird bei der Nennung eines Stammes aus der betreffenden Sammlung der Stammnummer vorangestellt.

NCTC	National Collection of Type Cultures,
	Public Health England –
	Porton Down, Salisbury, Wiltshire SP4 0JG
	Großbritannien
	Tel. 00 44 1980 61 26 61, Fax 00 44 1980 61 13 15
	E-Mail: culturecollections@phe.gov.uk
	Internet: http://www.hpacultures.org.uk
	(medizinisch wichtige Bakterien)
NCIMB	National Collections of Industrial,
	Food and Marine Bacteria (NCIMB) Ltd
	Ferguson Building, Craibstone Estate,
	Bucksburn, Aberdeen AB21 9YA
	Scotland, Großbritannien
	Tel. 00 44 12 24/711100, Fax 00 44 12 24/711299
	E-Mail: enquiries@ncimb.com
	Internet: http://www.ncimb.com
	(nichtpathogene Bakterien)
CNCM	Collection Nationale de Cultures de Microorganismes, Institut Pasteur
	25, rue du Docteur Roux, F-75724 Paris Cedex 15
	Frankreich
	Tel. 00 33 1/45 68 82 50, Fax 00 33 1/45 68 82 36
	E-Mail: georges.wagener@pasteur.fr
	Internet: http://www.pasteur.fr/recherche/unites/Cncm/index-en.html
	(Bakterien, pathogene Pilze, Hefen)
BCCM/LMG	Belgian Coordinated Collection of Microorganisms/
	LMG Bacteria Collection
	Universiteit Gent, Laboratorium voor Microbiologie
	K.L. Ledeganckstraat 35, B-9000 Gent, Belgien
	Tel. 00 32 9/2 64 51 08, Fax 00 32 9/2 64 53 46
	E-Mail: BCCM.LMG@UGent.be
	Internet: http://bccm.belspo.be/about/lmg.php
	(Bakterien)
CCM	Czech Collection of Microorganisms, Masaryk University,
	Faculty of Science
	Tvrdého 14, CZ-602 00 Brno
	Tschechische Republik
	Tel. 00 42 0549491430, Fax 00 42 05494 98289
	E-Mail: ccm@sci.muni.cz
	Internet: http://www.sci.muni.cz/ccm/index.html
	(nichtpathogene Bakterien, fädige Pilze)

CBS	Centraalbureau voor Schimmelcultures
	P.O.Box 85167, 3508 AD Utrecht
	Uppsalalaan 8, 3584 CT Utrecht
	Niederlande
	Tel. 00 31 30 / 2 12 26 00, Fax 00 31 30 / 2 51 20 97
	E-Mail: g.verkleij@cbs.knaw.nl
	Internet: http://www.cbs.knaw.nl/
	(fädige Pilze, Hefen, Actinomyceten)

Die großen Kulturensammlungen veröffentlichen Onlinekataloge der bei ihnen erhältlichen Kulturen und arbeiten zusammen beim Aufbau internationaler Datenbanken für Mikroorganismen und Zelllinien. Die **Sammlungskataloge** bieten weit mehr als eine bloße Auflistung der in der Sammlung verfügbaren Arten und Stämme; sie informieren darüber hinaus über

- den derzeit gültigen wissenschaftlichen Namen der Art sowie über ältere, nicht mehr gültige, aber z.T. noch gebräuchliche Synonyme
- die Geschichte und Herkunft des betreffenden Stammes
- wichtige taxonomische Daten des Stammes
- Art und Zusammensetzung des Nährbodens und die Bebrütungsbedingungen, die ein gutes Wachstum des Stammes gewährleisten.

Außerdem enthalten die Kataloge Listen, in denen ausgewählte Stämme nach physiologischen Gruppen und nach bestimmten Eigenschaften angeordnet sind, die sie für Unterrichtszwecke oder für eine besondere Verwendung geeignet machen, z.B. für Vitamin- oder Antibiotikatests, die Produktion von Enzymen und Metaboliten oder den Abbau bestimmter Substrate.

Die Sammlungen liefern Kulturen in der Regel nicht an Privatpersonen, sondern nur an Laboratorien und Ausbildungsstätten mit entsprechender mikrobiologischer Ausrüstung und Erfahrung. Mikroorganismen der Risikogruppen 2 und höher (s. Tab. 8, S. 39f.) werden nur an Personen abgegeben, die eine entsprechende Arbeitserlaubnis besitzen. Es empfiehlt sich, bei der Bestellung anzugeben, für welchen Zweck man den Stamm benötigt. Die Kulturen werden in den meisten Fällen in gefriergetrocknetem Zustand in unter Vakuum abgeschmolzenen Glasampullen versandt. Die ungeöffneten Ampullen kann man bei ≤ 4 °C im Dunkeln gewöhnlich viele Jahre lagern (s. S. 198). Man sollte die Kulturen jedoch möglichst bald nach Erhalt in der von der Kulturensammlung empfohlenen Weise reaktivieren (vgl. S. 201f.), um festzustellen, ob sie vermehrungsfähig sind. Ist die Kultur angewachsen, so überprüft man ihre Identität und Reinheit (s. S. 176f.) und legt von ihr Stamm- oder Arbeitskulturen an (s. S. 185ff.).

8 Lichtmikroskopische Untersuchung von Mikroorganismen

8.1 Grundlagen der Lichtmikroskopie

Das Lichtmikroskop setzt sich aus zwei verschiedenen optischen Systemen zusammen, die das zu untersuchende Objekt in zwei Stufen vergrößern:

1. aus einem Projektor, dem **Objektiv**, das ein vergrößertes, seitenverkehrtes, reelles Projektionsbild des Objekts, das sogenannte Zwischenbild, erzeugt (erste Vergrößerungsstufe);

2. aus einer Lupe, dem **Okular**, mit dessen Hilfe das Zwischenbild zum virtuellen Endbild nachvergrößert wird (zweite Vergrößerungsstufe).

Eigenschaften und Qualität des mikroskopischen Bildes werden vor allem von drei Faktoren bestimmt:

- Vergrößerung
- Auflösung
- Kontrast.

8.1.1 Vergrößerung

Die **Stärke des Objektivs** drückt man aus durch seine **Maßstabzahl** oder den Abbildungsmaßstab (x:1), der angibt, in welchem Größenverhältnis eine bestimmte Strecke im Zwischenbild zur entsprechenden Strecke im Präparat steht. Beispiel: Bei einer Maßstabzahl von 40:1 erscheint eine Strecke im Zwischenbild vierzigmal länger, als sie im Präparat tatsächlich ist.

Das Ausmaß der Nachvergrößerung wird durch die **Lupenvergrößerung des Okulars** (x-fach) bestimmt, bezogen auf eine Betrachtungsentfernung von 25 cm (= Bezugssehweite oder konventionelle Sehweite). Das Okular muss eine bestimmte Mindestvergrößerung aufweisen, damit es die Abstände zwischen den feinsten, vom Objektiv im Zwischenbild gerade noch aufgelösten Strukturen so weit ausdehnt, dass das menschliche Auge sie unterscheiden kann. Bei der Bezugssehweite von 25 cm und hoher Sehschärfe des Betrachters müssen die Strukturen wenigstens 0,15 mm, bei geringerer Sehschärfe bis zu 0,3 mm, voneinander entfernt liegen, was einem Sehwinkel von 2–4 Winkelminuten entspricht. Eine zu starke Okularvergrößerung muss jedoch ebenfalls vermieden werden, denn sie macht keine weiteren Einzelheiten sichtbar („leere Vergrößerung"), da sie die Auflösung im Zwischenbild nicht erhöhen kann; vielmehr verschlechtert sie die Bildqualität und führt z.B. zu unscharfen Konturen und einer Verminderung des Kontrasts.

Die **Gesamtvergrößerung** eines Mikroskops erhält man durch Multiplikation der Maßstabzahl des Objektivs mit der Lupenvergrößerung des Okulars. Manchmal ist in den Tubus noch ein weiteres Linsensystem eingebaut, dessen zusätzliche Vergrößerung (= Tubusfaktor; auf dem Tubus eingraviert) bei der Berechnung der Gesamtvergrößerung berücksichtigt werden muss. Um das Auflösungsvermögen des verwendeten Objektivs voll auszunutzen und ein möglichst scharfes und kontrastreiches Bild zu erhalten, soll die Gesamtvergrößerung mindestens das 500fache und höchstens das 1000fache der numerischen Apertur (s.u.) des Objektivs betragen (= **förderliche Vergrößerung**). Beispiel: Bei einem Objektiv 40:1 mit der numerischen Apertur 0,65 beträgt der Bereich der förderlichen Vergrößerung 500 · 0,65 bis 1000 · 0,65 = 325- bis 650fach; geeignet sind also Okulare mit 8- bis 16facher Vergrößerung.

8.1.2 Auflösungsvermögen

Über die Qualität des mikroskopischen Bildes entscheidet nicht so sehr die maximal erreichbare Gesamtvergrößerung, als vielmehr das Auflösungsvermögen des Objektivs (und des Kondensors).

Unter dem Auflösungsvermögen eines optischen Systems versteht man den kleinsten Abstand d, den zwei Punkte oder Strukturelemente des Objekts haben dürfen, um gerade noch voneinander getrennt wahrgenommen zu werden.

Das Auflösungsvermögen ist abhängig von der **Wellenlänge** λ des zur Beobachtung verwendeten Lichtes – je kurzwelliger das Licht, desto besser die Auflösung, denn kurzwelliges Licht wird weniger stark gebeugt als langwelliges – und von den **numerischen Aperturen** A des Systems, hier des Mikroskopobjektivs und des Kondensors:

$$d = \frac{\lambda}{A_{\text{Obj.}} + A_{\text{Kond.}}}$$

Die numerische Apertur des Objektivs ist das Produkt aus dem **Brechungsindex**[1] oder der Brechzahl n des Mediums zwischen Präparatoberfläche und Objektivfrontlinse und dem Sinus des halben Öffnungswinkels des Objektivs, d.h. des Winkels α zwischen der optischen Achse des Systems und den äußersten Lichtstrahlen, die gerade noch ins Objektiv eintreten und zur Abbildung verwendet werden können (s. Abb. 18):

$$A = n \cdot \sin \alpha$$

Entsprechendes gilt für die Kondensorapertur (Beleuchtungsapertur), bei der α den halben Öffnungswinkel des Lichtkegels darstellt, der das Präparat beleuchtet (vgl. S. 225f.).

Befindet sich zwischen Präparatoberfläche und Objektivfrontlinse Luft, so handelt es sich um ein **Trockenobjektiv**. An der Deckglasoberfläche, d.h. an der Grenzfläche zwischen Glas (n_D = 1,52) und Luft (n_D = 1,00; vgl. S. 217) werden die Lichtstrahlen je nach Einfallswinkel mehr oder weniger stark vom Einfallslot weggebrochen. Strahlen mit einem großen Einfallswinkel werden nicht mehr vom Objektiv aufgenommen oder sogar ins Glas zurückgeworfen (Totalreflexion) (s. Abb. 18 A, Strahl 2 bzw. 3). Dadurch verschlechtert sich das Auflösungsvermögen. Die numerische Apertur eines Trockenobjektivs kann theoretisch nicht größer sein als 1; in der Praxis erreicht sie bestenfalls einen Wert um 0,95.

---

[1] Der Brechungsindex ist eine Materialkonstante und gibt das Verhältnis der Ausbreitungsgeschwindigkeit des Lichtes im Vakuum zu der in dem betreffenden Medium an. Er ist abhängig von der Dichte des Materials, von der Wellenlänge des verwendeten Lichtes und von der Temperatur.

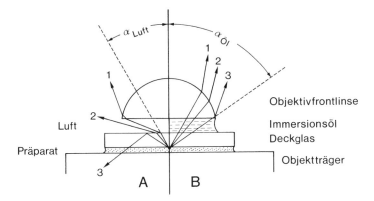

Abb. 18: Numerische Apertur von Mikroskopobjektiven. **A** Trockenobjektiv. **B** Ölimmersionsobjektiv
(weitere Erläuterungen siehe Text)

Eine Steigerung der numerischen Apertur und damit des Auflösungsvermögens erreicht man
mit einem **Immersionsobjektiv**, bei dem man den Zwischenraum zwischen Präparat und
Frontlinse mit einer höherbrechenden Flüssigkeit, dem Immersionsmittel, ausfüllt. Meist
verwendet man Immersionsöl (vgl. S. 229ff.). Es besitzt fast denselben Brechungsindex wie
Glas (Deckglas und Frontlinse des Objektivs). Das Licht geht also durch ein optisch nahezu homogenes Medium; dadurch vergrößert sich der Öffnungswinkel, Lichtverluste durch
Brechung und Totalreflexion der Strahlen an der Deckglasoberfläche werden vermieden,
ein größerer Lichtkegel und somit eine größere „Lichtmenge" tritt in das Objektiv ein
(s. Abb. 18 B) und bewirkt eine Verbesserung des Auflösungsvermögens. Ölimmersionsobjektive erreichen numerische Aperturen bis zu 1,40. Die Grenze des Auflösungsvermögens liegt
für das normale Lichtmikroskop bei etwa 0,2 μm.

Nach der von Ernst Abbe (1873) entwickelten Theorie wirkt das mikroskopische Präparat wie ein **Beugungsgitter**: Das Licht wird an den Objektstrukturen gebeugt, und die dabei entstehenden Kugelwel-
len interferieren unter Bildung eines Hauptmaximums (Helligkeitsmaximums nullter Ordnung = in
ursprünglicher Richtung verlaufendes, ungebeugtes Beleuchtungslicht) und mehrerer Nebenmaxima
erster und höherer Ordnung, die gegenüber dem Hauptmaximum mehr oder weniger stark geneigt sind.
Hauptmaximum und Nebenmaxima treten in das Objektiv ein und werden in dessen hinterer Brennebene zum primären Beugungsbild gesammelt. Die Lichtwellen laufen dann weiter in Richtung Okular,
durchdringen sich gegenseitig und interferieren in der vorderen Brennebene (= Blendenebene) des Okulars, der Zwischenbildebene, ein zweites Mal. Dabei entsteht ein mehr oder weniger naturgetreues Bild
des Präparats, das um so schärfer und objektähnlicher ist und um so mehr Einzelheiten aufweist, je mehr
Nebenmaxima der höheren Ordnungen in das Objektiv eindringen und an der Interferenz in der Zwischenbildebene teilnehmen; das aber hängt ab von der numerischen Apertur des Objektivs. Je feiner die
Objektstrukturen sind, desto stärker wird das Licht an ihnen gebeugt, d.h. desto größer wird der Winkel
zwischen Hauptmaximum und Nebenmaxima, und desto größer müssen deshalb Öffnungswinkel und
numerische Apertur des Objektivs sein.

Auch am Objektiv treten Beugungserscheinungen auf, die sein Auflösungsvermögen begrenzen. Nach
der Theorie von Rayleigh[2] (1896) wirkt die Eintrittsöffnung des Objektivs wie ein Spalt, an dem die
von jedem Punkt des beleuchteten Objekts ausgehenden Strahlen gebeugt werden. Dadurch wird ein
Objektpunkt im Zwischenbild nicht als Punkt, sondern als kreisförmige Fläche (**Beugungsscheibchen**,
Airy-Scheibe [nach G. B. Airy] mit dem Radius $r_{Airy} = 0{,}61 \cdot \dfrac{\lambda}{A}$) abgebildet. Zwei nebeneinanderliegende

---

[2] J. W. Strutt, 3. Baron Rayleigh, englischer Physiker

Objektpunkte lassen sich nur dann gerade noch getrennt wahrnehmen, wenn sich die von ihnen herrührenden Beugungsscheibchen nur so weit überlappen, dass der Abstand ihrer Zentren voneinander $\geq r_{Airy}$ beträgt. Ist der Abstand kleiner, so verschmelzen die Beugungsscheibchen zu einer einheitlichen Fläche, und die beiden Punkte werden nicht mehr aufgelöst. Mit zunehmender Apertur des Objektivs (und des Kondensors) werden die Beugungsscheibchen kleiner; das bedeutet, dass feinere Strukturen aufgelöst werden können.

8.1.3 Kontrast

Auch bei ausreichend starker Gesamtvergrößerung und guter Auflösung ist ein mikroskopisches Objekt für den Betrachter nur dann sichtbar, wenn es genügend Kontrast besitzt, d.h. wenn es sich aufgrund von Helligkeits- oder Farbunterschieden genügend deutlich von seiner Umgebung abhebt. Ein kontrastreiches Objekt erscheint in der Regel dunkel auf einem hellen Untergrund (**positiver Kontrast**). Das Licht wird beim Durchdringen des Objekts mehr oder weniger stark absorbiert, d.h. seine Amplitude wird verkleinert; dies nimmt das Auge als verminderte Helligkeit wahr – oder als Färbung, wenn das Objekt die einzelnen spektralen Anteile des weißen Beleuchtungslichtes unterschiedlich stark absorbiert. Man bezeichnet solche Objekte als **Amplitudenobjekte** (vgl. S. 240).

Lebende Mikroorganismen, insbesondere Bakterien, sind dagegen meist sehr kontrastarm; oft sind sie im Hellfeld fast nicht zu erkennen, weil sie sich kaum von ihrer Umgebung abheben (s. Abb. 21A, S. 241). Solche Objekte verändern nicht wesentlich die Amplitude und damit die Intensität des Beleuchtungslichtes; da sie jedoch optisch dichter sind, d.h. einen höheren Brechungsindex besitzen als ihre Umgebung (vgl. S. 422), verringern sie die Geschwindigkeit des durch sie hindurchtretenden Lichtes. Sie verkleinern also seine Wellenlänge und bewirken dadurch eine Verzögerung und somit Phasenverschiebung gegenüber dem Licht, das am Objekt vorbei durch das Umfeld gegangen ist. Man nennt derartige Objekte deshalb **Phasenobjekte**. Phasenunterschiede werden allerdings vom menschlichen Auge nicht wahrgenommen; man kann sie jedoch durch das Phasenkontrastverfahren sichtbar machen (s.u.).

Eine **Steigerung des Kontrasts** lässt sich z.B. erreichen durch

- die korrekte Einstellung der Leuchtfeldblende (s. S. 226f.)
- ein stärkeres Schließen der Kondensorblende (s. S. 225f., 229); dabei nimmt gleichzeitig die Schärfentiefe zu. Bei schwächeren Vergrößerungen liefert dieses Vorgehen durchaus brauchbare Ergebnisse. Bei starken Vergrößerungen ist der Kontrastgewinn jedoch gering; auf der anderen Seite werden die Beugungsscheibchen größer (vgl. S. 217), an den Strukturen treten Beugungssäume auf, und die Auflösung verschlechtert sich.
- die Anfärbung des Präparats (s. S. 258ff.). Durch die Färbung werden die Zellen jedoch meist abgetötet und ihre Strukturen mehr oder weniger stark verändert.
- die Phasenkontrastmikroskopie (s. S. 240ff.). Sie ist die Methode der Wahl für die mikroskopische Untersuchung lebender Mikroorganismen, insbesondere Bakterien.

8.2 Aufbau des Mikroskops

Abbildung 19 zeigt ein Labor- oder Arbeitsmikroskop für die Durchlichtmikroskopie, wie es in mikrobiologischen Kursen und bei der täglichen Laborarbeit Verwendung findet.

8.2.1 Mechanische Bauteile

Das **Stativ** hält die optischen Teile des Mikroskops in der richtigen Lage zueinander. Es trägt den Tubus und den Objekttisch; in seinem Fuß ist meist die Beleuchtungseinrichtung eingebaut.

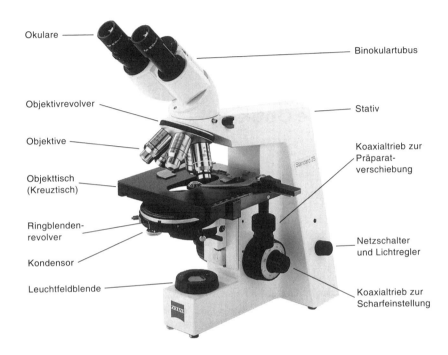

Okulare

Binokulartubus

Objektivrevolver

Stativ

Objektive

Koaxialtrieb zur Präparat- verschiebung

Objekttisch (Kreuztisch)

Ringblenden- revolver

Kondensor

Netzschalter und Lichtregler

Leuchtfeldblende

Koaxialtrieb zur Scharfeinstellung

Abb. 19: Labormikroskop mit Phasenkontrasteinrichtung (Zeiss)

Der Tubus soll zum bequemeren Hineinblicken um 30–45° gegenüber der Horizontalen geneigt sein. Ein **monokularer Tubus** ist unter Umständen beim Zeichnen vorteilhaft, weil man an ihm bei einiger Übung mit dem einen Auge ins Mikroskop und mit dem anderen auf die Zeichnung blicken kann. Angenehmer ist jedoch ein **Binokulartubus**, an dem man bei längeren Untersuchungen weit weniger ermüdet. Er ist allerdings erheblich teurer, und er verringert die Bildhelligkeit um die Hälfte. Der Abstand der Okularrohre voneinander muss sich verändern lassen, und bei einem der beiden Okulare sollte die Augenlinse zum Dioptrien- ausgleich verstellbar sein (s. S. 228).

Die **mechanische Tubuslänge** (= Entfernung zwischen dem oberen Tubusrand und der Anschraubebene des Objektivs) betrug früher je nach Fabrikat entweder 160 oder 170 mm. Inzwischen hat man sich auf eine einheitliche Länge von 160 mm geeinigt. Objektive und Okulare sollte man nur an Mikroskopen mit der passenden mechanischen Tubuslänge verwenden. Diese Länge in Millimetern ist meist auf den Objektiven eingraviert (s. Abb. 20, S. 221). Bei Mikroskopen mit Unendlichoptik (s. S. 222) ist die Ein- haltung einer bestimmten mechanischen Tubuslänge nicht unbedingt erforderlich.

Als **Objekttisch** empfiehlt sich ein Kreuztisch, oder man setzt an einen einfachen Objekttisch einen Objektführer an. Man spannt das Präparat in den Objekthalter ein und kann es mit Hil- fe von Triebknöpfen systematisch durchmustern. Skalen ermöglichen das Wiederauffinden einer bestimmten Präparatstelle.

Zum **Scharfstellen** (Fokussieren) des mikroskopischen Bildes wird bei den neueren Mikroskopen der Objekttisch (nicht der Tubus) gehoben und gesenkt, so dass die Einblickhöhe des Tubus immer gleich bleibt. Man fokussiert mit Grob- und Feintrieb, die man bei größeren Stativen mit zwei beidseitig koaxial angeordneten Triebknopfpaaren betätigt. Für Kurs- und Routinezwecke ist die Einknopfbedienung sehr praktisch: Grob- und Feineinstellung erfolgen mit demselben Knopf. Dreht man den Knopf in einer Richtung, so wirkt er als Grobtrieb. Beim Wechsel der Drehrichtung schaltet sich automatisch der Feintrieb ein, dessen Bereich etwa ⅓ Umdrehung des Einstellknopfes umfasst. Dreht man über den fühlbaren Anschlag hinaus, so setzt wieder der Grobtrieb ein.

8.2.2 Abbildende Optik

8.2.2.1 Objektive

Die Objektive bestehen immer aus einer Kombination mehrerer, verschiedenartiger Linsen, deren Zweck es ist, die aus den Linsenfehlern resultierenden **Abbildungsfehler** auf ein erträgliches Maß herabzusetzen. Da es nicht möglich ist, alle Abbildungsfehler gleichzeitig und vollständig zu beseitigen, und da ein Objektiv um so teurer wird, je besser es korrigiert ist, nimmt man je nach Verwendungszweck bestimmte Fehler bis zu einem gewissen Grad in Kauf.

Die wichtigsten dieser Abbildungsfehler sind:

- die sphärische Aberration (sphärische Längsabweichung; Öffnungsfehler)

  Die von einem Objektpunkt ausgehenden Lichtstrahlen werden von den äußeren Zonen einer Sammellinse stärker gebrochen als von den inneren; infolgedessen schneiden sie sich auf der anderen Seite der Linse nicht in einem Punkt, sondern in einer ganzen Anzahl von Schnittpunkten hintereinander auf der optischen Achse der Linse. Der Objektpunkt wird daher als ein unsymmetrischer, unscharf begrenzter Fleck abgebildet. Durch eine Kombination von Sammellinsen und Zerstreuungslinsen lässt sich die sphärische Aberration weitgehend beseitigen.

- die Bildfeldwölbung

  Ein ebenes Objekt wird nicht auf einer Ebene, sondern auf einer Kugelfläche abgebildet; infolgedessen erscheint bei scharf eingestellter Bildmitte der Bildrand unscharf und umgekehrt. Man korrigiert die Bildfeldwölbung vor allem durch den Einbau von Menisken (= Linsen mit zwei nach derselben Seite gekrümmten Flächen), die eine sehr große Dicke im Verhältnis zum Radius besitzen.

- die chromatische Aberration (chromatische Längsabweichung)

  Da der Brechungsindex eines Materials von der Wellenlänge des Lichtes abhängt, werden Lichtstrahlen verschiedener Wellenlänge, also auch die Spektralfarben des weißen Lichts, beim Durchtritt durch eine Sammellinse unterschiedlich stark gebrochen (**Dispersion**). Sie schneiden sich deshalb nicht in einem Punkt, sondern in verschiedenen Schnittpunkten, die hintereinander auf der optischen Achse der Linse liegen ("sekundäres Spektrum"). Als Folge treten an kontrastreichen Objektstrukturen Farbsäume auf.

  Bei den meisten optischen Medien, so auch bei Linsen aus optischen "Normalgläsern", nimmt der Brechungsindex von Violett nach Rot, also mit zunehmender Wellenlänge, ab (normale Dispersion). Flussspat (= Fluorit, CaF_2) und einige optische Spezialgläser zeigen dagegen eine anomale Teildispersion: Bei ihnen steigt der Brechungsindex im blauen und/oder roten Bereich des Spektrums mit zunehmender Wellenlänge an. Durch den Einbau von Linsen oder Linsengruppen aus solchen Gläsern lässt sich bei Objektiven das sekundäre Spektrum verringern.

- die chromatische Vergrößerungsdifferenz.

  Infolge der Dispersion ist auch die Vergrößerung von der Lichtwellenlänge abhängig. Bei Beleuchtung mit Weißlicht entstehen daher unterschiedlich große farbige Bilder, die am Sehfeldrand und an schwarzen Konturen als Farbsäume in Erscheinung treten. Dieser Fehler wird bei den herkömmlichen Mikroskopen durch ein geeignetes Okular kompensiert (s. S. 223).

Nach dem Ausmaß, in dem ihre Abbildungsfehler korrigiert sind, teilt man die Objektive in verschiedene Klassen ein, die sowohl Trocken- als auch Immersionsobjektive umfassen. Bei der Klassifizierung steht die **Korrektion der Farbfehler** und **der Bildfeldwölbung** im Vordergrund.

Achromate (auf dem Objektiv meist nicht näher bezeichnet) bestehen aus optischen Normalgläsern und haben im Vergleich zu allen anderen Objektivklassen den einfachsten optischen Aufbau; sie sind am billigsten und am weitesten verbreitet. Bei ihnen ist die chromatische Aberration für zwei Spektralfarben des gelb-grünen Wellenlängenbereichs behoben, d.h. ihre Brennweiten sind zusammengelegt. Für diesen Spektralbereich mit Schwerpunkt bei 550 nm ist das menschliche Auge am empfindlichsten. Rotes und blaues Licht bilden das Objekt dagegen in anderen Ebenen ab; deshalb treten im Weißlicht an Konturen mit starkem Schwarzweißkontrast rote und blaue Säume auf (sekundäres Spektrum). Auch die sphärische Aberration ist bei den Achromaten im gelb-grünen Bereich am geringsten. Es empfiehlt sich daher, in den Beleuchtungsstrahlengang ein Gelbgrünfilter zu bringen, das die Farbsäume unterdrückt und nur die Strahlung hindurchlässt, für die das Objektiv am besten korrigiert ist (vgl. S. 225).

Bei den stärkeren achromatischen Objektiven tritt die Bildfeldwölbung in Erscheinung; deshalb sind die normalen Achromate für die Mikrofotografie weniger geeignet. Achromate erreichen nicht das Auflösungsvermögen besser korrigierter Objektive gleicher Maßstabszahl. Sie sind jedoch leichter zu handhaben, da Arbeitsabstand und Schärfentiefe größer sind, und deshalb für Kursmikroskope und Routinearbeiten zu empfehlen.

Bei den **Fluoritobjektiven** oder Halbapochromaten (Handelsbezeichnungen z.B.: Fluotar [Leica], Neofluar [Zeiss], FL [Olympus]; auf dem Objektiv eingraviert) ist zumindest eine Glaslinse durch eine Linse aus Flussspat oder aus einem Spezialglas mit ähnlicher Dispersion ersetzt (s. S. 220). Bei diesen Objektiven ist die chromatische Aberration besser (angenähert für drei Farben) korrigiert als bei den Achromaten, das sekundäre Spektrum ist teilweise beseitigt, die numerische Apertur und damit das Auflösungsvermögen sind gesteigert. Die Bildfeldwölbung ist nicht so ausgeprägt wie bei den Achromaten und Apochromaten. Fluoritobjektive liefern besonders kontrastreiche Bilder. Sie sind gut geeignet für die Fluoreszenzmikroskopie (s. S. 285).

Abb. 20: Konventionelles Ölimmersionsobjektiv 100:1 für Phasenkontrast (Zeiss)

Apochromate (Aufschrift: Apo) enthalten mehrere Linsengruppen aus Materialien mit anomaler Teildispersion. Apochromate besitzen die höchste Farbkorrektion: Bei ihnen ist die chromatische Aberration für die drei Spektralfarben Rot, Grün und Blau behoben, d.h. die Bilder dieser Farben entstehen am selben Ort. Infolgedessen ist das sekundäre Spektrum so gering, dass auch an kontrastreichen Bildstrukturen keine

Farbsäume mehr auftreten. Apochromate erreichen höchste numerische Aperturen und ein hervorragendes Auflösungsvermögen; als Folge davon haben sie jedoch einen kurzen Arbeitsabstand und eine geringe Schärfentiefe. Sie sind deshalb für Kurse nicht empfehlenswert, wohl aber für Feinstrukturuntersuchungen sowie für die Dunkelfeldmikroskopie. Auch bei ihnen tritt die Bildfeldwölbung störend in Erscheinung. Die Apochromate sind deshalb inzwischen fast vollständig von den Planapochromaten verdrängt worden.

Planobjektive (Aufschrift: Plan, PL oder NPL; s. Abb. 20) gibt es in allen drei oben genannten Klassen. Bei ihnen ist zusätzlich zur Farbkorrektion die Bildfeldwölbung weitgehend beseitigt, das Bildfeld also geebnet. Sie werden vor allem auch für die Mikrofotografie verwendet, Planachromate für die Schwarz-weiß-, Planapochromate für die Farbfotografie.

EF-Objektive (EF = Ebenes Feld [Leitz]) und **Semiplanobjektive** (Reichert) sind achromatische Objektive, bei denen die Bildfeldwölbung deutlich verringert, jedoch nicht so weitgehend aufgehoben ist wie bei den Planachromaten.

Die vorstehende Bewertung der verschiedenen Objektivtypen gilt nur für den Vergleich von Objektiven etwa gleichen Alters, denn im Laufe der Zeit sind die Abbildungseigenschaften der Mikroskopobjektive aller Güteklassen erheblich verbessert worden.

Seit einigen Jahren verwendet man auch bei Labor- und Kursmikroskopen statt der herkömmlichen (konventionellen) Objektive mit endlicher Bildweite zunehmend **Unendlichobjektive**, mit denen früher nur teure Forschungsmikroskope ausgerüstet waren. Mikroskope mit Unendlichoptik enthalten zwischen Objektiv und Okular ein Zwischenlinsensystem, die **Tubuslinse**. Das Objektiv entwirft ein im Unendlichen liegendes Zwischenbild, d.h. die von einem Objektpunkt kommenden Strahlen verlassen das Objektiv als paralleles Bündel; sie werden erst von der nachgeschalteten Tubuslinse in deren hinterer Brennebene – die zugleich die vordere Brennebene des Okulars ist – zum reellen Bildpunkt vereinigt, der dann mit dem Okular betrachtet und nachvergrößert werden kann.

Objektiv und Tubuslinse bilden ein Korrektionssystem, das ein insbesondere chromatisch voll korrigiertes Zwischenbild liefert. Außerdem lassen sich in dem parallelen Strahlengang zwischen Objektiv und Tubuslinse optische Eingriffe vornehmen und Optikkomponenten in ihn einführen, ohne dass es wie beim Endlichstrahlengang konventioneller Mikroskope zu Störungen und Abbildungsfehlern kommt. Solche Eingriffe bzw. Komponenten sind besonders bei optischen Kontrastierverfahren und in der Fluoreszenzmikroskopie von Bedeutung.

Die Unendlichoptik ist unter Bezeichnungen wie ICS (Zeiss), Delta (Leica), CFI 60 (Nikon) oder UIS (Olympus) auf dem Markt. Die Objektive tragen statt der Angabe der mechanischen Tubuslänge das Zeichen ∞ .

Meist sind die Objektive mit einem „Normgewinde" an einen kugelgelagerten **Objektivrevolver** angeschraubt, der einen schnellen Objektivwechsel ermöglicht. In der Regel sind alle Objektive am Revolver untereinander „abgeglichen", so dass das mikroskopische Bild beim Wechsel von einem Objektiv auf ein anderes einigermaßen scharf bleibt und nur ein geringfügiges Nachstellen mit dem Feintrieb erforderlich ist.

Die Objektive sind gewöhnlich um so länger, je größer ihr Abbildungsmaßstab ist. Zur besseren Unterscheidung tragen sie unterhalb der Beschriftung einen farbigen Ring, wobei jede Farbe einer bestimmten Maßstabszahl entspricht. Bei Immersionsobjektiven befindet sich nahe der Frontlinse ein weiterer Ring, dessen Farbe das Immersionsmittel angibt (z.B. schwarzer Ring für Öl; s. Abb. 20). Da die mittleren und starken Objektive nur einen sehr geringen **Arbeitsabstand** von Bruchteilen eines Millimeters haben, sind sie mit einer federnden Teleskop-Fassung ausgestattet, die verhindert, dass bei versehentlichem Aufstoßen auf das Präparat die Frontlinse oder das Präparat beschädigt werden.

Für mikrobiologische Routinearbeiten und Kurse reicht es aus, wenn man bei einer Okularvergrößerung von 10 – 12,5× den Objektivrevolver mit folgenden drei (Phasenkontrast-)Objektiven bestückt: 10:1/0,25 – 0,30; 40:1/0,65 – 0,75; 100:1/1,25 – 1,32 Öl.

8.2.2.2 Okulare

Wichtigster Bestandteil des Okulars ist die **Augenlinse**, eine Linse oder ein Linsensystem, das dem Auge zugewandt und häufig verstellbar ist. Die Augenlinse bewirkt die Nachvergrößerung des Zwischenbildes, das vom Objektiv in ihrer vorderen Brennebene – in der Öffnung einer **Lochblende** („Feldblende") – entworfen wird (vgl. S. 217). Am unteren Ende des Okulars befindet sich meist noch eine sogenannte **Feldlinse**; sie bewirkt eine Vergrößerung des Gesichtsfeldes, indem sie die vom Objektiv divergierenden Strahlen der Randpartien so umlenkt, dass auch sie durch die Augenlinse fallen.

Die meisten herkömmlichen Okulare gleichen bestimmte Abbildungsfehler der Objektive aus, insbesondere die chromatische Vergrößerungsdifferenz (s. S. 220f.). Diese Okulare werden je nach Hersteller als Kompensations-, Kpl- oder Periplanokulare bezeichnet. Okulare, die zusammen mit Unendlichobjektiven benutzt werden, dürfen jedoch keine Kompensationswirkung besitzen, da das vom System Objektiv/Tubuslinse erzeugte Zwischenbild bereits voll farbkorrigiert ist.

Die **Größe des Sehfeldes**, d.h. die mit dem Okular auf einmal überschaubare Fläche des eingestellten Präparatbereichs, lässt sich mit Hilfe der **Sehfeldzahl** berechnen, die häufig auf dem Okular hinter dem Vergrößerungsfaktor eingraviert ist (z.B.: 10×/18). Sie gibt den Durchmesser (in mm) der Lochblende im Okular und damit des im Okular erzeugten Zwischenbildes an. Dividiert man die Sehfeldzahl durch die Maßstabszahl des verwendeten Objektivs (und den eventuell vorhandenen Tubusfaktor, s. S. 215), so erhält man den Durchmesser (in mm) des auf einmal überschaubaren Feldes in der Präparatebene. Beispiel: Mit einem Okular 10×/18 und einem Objektiv 40:1 (100:1) (und dem Tubusfaktor 1) überblickt man ein Objektfeld von 18 : 40 = 0,45 mm (bzw. 18 : 100 = 0,18 mm) Durchmesser. Das überschaubare Objektfeld ist also um so kleiner, je kleiner die Sehfeldzahl des Okulars und je größer die Maßstabszahl des Objektivs sind. Besonders hohe Sehfeldzahlen besitzen Großfeld- oder Weitwinkelokulare, die man zusammen mit Planobjektiven verwenden kann.

Aus dem Durchmesser des überschaubaren Feldes lassen sich die Länge oder der Durchmesser ausgedehnter Präparatstrukturen grob abschätzen. Für genaue Längenmessungen benötigt man ein Messokular (s. S. 234f.).

Beim Mikroskopieren muss sich die Augenpupille genau an der Stelle befinden, an der die Strahlen des aus dem Okular austretenden Beleuchtungslichts zusammenlaufen. Nur dann überblickt man das gesamte Sehfeld. Man bezeichnet diese Stelle als die **Austrittspupille** des Mikroskops. Bei normalen Okularen ist der „Pupillenabstand" zwischen Augenlinse des Okulars und Austrittspupille so kurz, dass Brillenträger bei aufgesetzter Brille mit ihren Augenpupillen die Austrittspupille des Mikroskops nicht erreichen und deshalb nur einen Teil des Sehfeldes überblicken. Diesen Nachteil beheben die **Brillenträgerokulare** (gekennzeichnet durch das Symbol für Brille), deren Austrittspupille wesentlich weiter von der Augenlinse entfernt liegt, so dass ein Mikroskopieren mit Brille möglich ist. Dazu muss die Augenmuschel des Okulars zurückgeklappt oder -gedrückt werden. Benutzt man ohne Brille ein Brillenträgerokular, so sorgt die Augenmuschel für den richtigen Augenabstand und hält störendes Seitenlicht ab.

Um bei der Gesamtvergrößerung des Mikroskops innerhalb der förderlichen Vergrößerung (s. S. 216) zu bleiben, kombiniert man im Allgemeinen die schwächeren Objektive mit einem stärkeren Okular, die stärkeren Objektive dagegen mit einem schwächeren Okular. Für die in Kursen und bei Routineuntersuchungen üblicherweise verwendeten Objektive (s. S. 222) genügt eine einzige Okularvergrößerung von 10–12,5× (bei einem Tubusfaktor 1). Man achte darauf, dass Objektive und Okulare aufeinander abgestimmt sind und den richtigen Abstand (= mechanische Tubuslänge, s. S. 219) voneinander haben. Das trifft am ehesten zu, wenn alle Teile vom selben Hersteller stammen. Eine Kombination von Objektiven, Okularen oder anderen Mikroskopteilen verschiedener Hersteller ist im Allgemeinen nicht empfehlenswert.

8.2.3 Beleuchtung

8.2.3.1 Lichtquellen

Als Lichtquelle zur Beleuchtung des Präparats dient im Allgemeinen eine fest mit dem Mikroskopstativ verbundene Einbau- oder Ansteckleuchte mit einer Niedervoltglühlampe. In älteren Mikroskopen verwendet man manchmal noch eine **normale Niedervoltlampe** mit kleiner, gedrängter Glühwendel aus Wolframdraht, die für die Hellfeldmikroskopie eine ausreichend hohe Lichtausbeute liefert. Während des Betriebs der Lampe verdampft jedoch das Wolfram allmählich und schlägt sich als dunkler Belag auf der Innenseite des Glaskolbens nieder. Dadurch nimmt die Helligkeit der Lampe ab, und die Farbtemperatur des Lichts verschiebt sich zum Roten hin (s.u.). Glühlampen mit geschwärztem Kolben sollte man deshalb auswechseln, auch wenn sie noch nicht durchgebrannt sind.

Die heute gebräuchlichen (Niedervolt-)**Halogenlampen** liefern eine 50–100 % höhere Lichtausbeute als normale Niedervoltlampen; sie sind erheblich kleiner und haben mit ca. 2000 Stunden eine doppelt so lange Lebensdauer. Außerdem bildet sich in ihrem Kolben auch nach längerer Zeit kein dunkler Belag. Halogenlampen enthalten in ihren Quarzglaskolben neben einem Inertgas kleine Mengen Halogene (meist in Form von flüchtigem Methyliodid oder -bromid). In ihnen schlägt sich das verdampfte Wolfram nach Reaktion mit dem Halogen wieder auf der Glühwendel nieder, die dadurch regeneriert wird. Halogenlampen arbeiten mit einer höheren Wendeltemperatur als normale Glühlampen; deshalb ist ihr Spektrum etwas in den kürzerwelligen Bereich verschoben und enthält einen geringeren Infrarot- sowie einen höheren Blau- und UV-Anteil.

Eine nochmals erhöhte Lichtausbeute und verdoppelte Lebensdauer haben die infrarotbeschichteten IRC[3]-Niedervolthalogenlampen. Bei ihnen ist der Glaskolben von innen mit einer Schicht bedampft, die sichtbares Licht passieren lässt, infrarotes Licht jedoch zurück auf die Glühwendel reflektiert. Dadurch werden der Wärmeverlust und somit der Energieverbrauch herabgesetzt.

Die Lichthelligkeit reguliere man niemals mit der Kondensor- oder Leuchtfeldblende, sondern mit **Graufiltern** oder mit einem **Regeltransformator**, der möglichst eine stufenlose Veränderung der Helligkeit erlauben sollte. Man stelle keine höhere Spannung ein, als für die Lampe angegeben, weil sich sonst ihre Lebensdauer stark verkürzt; umgekehrt erhöht man die Lebensdauer der Lampe, wenn man sie mit Unterspannung betreibt.

Ein Verstellen der Spannung am Transformator verändert nicht nur die Intensität, sondern auch die **Farbtemperatur** des Lichtes: Bei geringer Spannung und Helligkeit ist das Licht reich an roter Strahlung; erhöht man die Spannung, so nimmt der Blauanteil zu. Dies ist bei der Farbmikrofotografie zu berücksichtigen. Eine 12 V/100 W-Halogenlampe hat bei + 9 V Spannung eine Farbtemperatur von etwa 3200 K.

8.2.3.2 Lichtfilter

Häufig bringt man in den Beleuchtungsstrahlengang des Mikroskops ein Lichtfilter, das man z.B. auf die Lichtaustrittsöffnung im Mikroskopfuß oder in den Filterhalter des Kondensors legt. Am meisten verwendet werden die preiswerten **Absorptionsfilter** (Glasfilter), gefärbte, planparallele Glasplatten, die einen bestimmten, mehr oder weniger großen Spektralbereich,

---

[3]   IRC = infra-red coating

der ihrer Eigenfarbe entspricht, bevorzugt durchlassen und die Komplementärfarbe weitgehend absorbieren (vgl. S. 290). Bei den teureren und empfindlicheren **Interferenzfiltern** beruht die Filterwirkung auf der Interferenz von Lichtwellen, die an den Grenzflächen hauchdünner, auf Glas aufgedampfter Metallschichten teils durchgelassen und teils reflektiert werden. Interferenzfilter lassen meist nur einen ziemlich engen Spektralbereich hindurch (vgl. S. 290f.).

Lichtfilter verwendet man in der normalen (Durchlichthellfeld-)Mikroskopie für verschiedene Zwecke:

- Ein geeignetes Filter mildert die Abbildungsfehler weniger gut korrigierter Objektive, indem es vorzugsweise Licht des Wellenlängenbereichs passieren lässt, für den das Objektiv am besten korrigiert ist. So verwendet man beim Arbeiten mit achromatischen Objektiven häufig ein Gelbgrünfilter mit einem Durchlässigkeitsmaximum bei etwa 550 nm (vgl. S. 221).

- Da der hohe Rotanteil im Licht von Wolframdrahtglühlampen die Farbwiedergabe verfälscht, benutzt man manchmal ein helles Blaufilter („Tageslichtfilter"), um die Wellenlängenverteilung im weißen Tageslicht zu simulieren.

- Da mit abnehmender Wellenlänge des Beleuchtungslichts die Auflösung zunimmt, kann man mit einem Blaufilter auch eine gewisse Verbesserung der Auflösung erreichen. Als Objektive sollte man dazu allerdings (Plan-)Apochromate verwenden, die für Blaulicht besser korrigiert sind als Achromate.

- Mit **Kontrastfiltern** kann man bei gefärbten Präparaten durch Veränderung des Kontrasts bestimmte Objektdetails herausheben oder unterdrücken. Um den Kontrast einer Objektstruktur zu steigern und die Struktur dunkler wiederzugeben, muss das Filter die Komplementärfarbe zur Farbe der betreffenden Struktur aufweisen. Besitzt das Filter dagegen die gleiche Farbe wie eine Objektpartie, so wird diese stark aufgehellt oder sogar völlig zum Verschwinden gebracht. Auf diese Weise kann man störende Strukturen unterdrücken.

- Außerdem benutzt man **Neutralfilter** (Graufilter), deren Durchlässigkeit im gesamten sichtbaren Spektralbereich annähernd konstant ist, zur gleichmäßigen Lichtabschwächung ohne Änderung der Farbtemperatur (vgl. S. 295), UV-absorbierende Filter (**UV-Sperrfilter**) zum Schutz von Augen und Präparat bei der Verwendung von Gasentladungslampen mit hohem UV-Anteil, und **Wärmeschutzfilter** (s. S. 295), um eine zu starke Erhitzung des Präparats zu verhindern.

Besonders wichtig sind Lichtfilter in der Fluoreszenzmikroskopie (s. S. 290ff.) und bei der Mikrofotografie.

8.2.3.3 (Hellfeld-)Kondensor

Unter dem Objekttisch befindet sich der meist auswechselbare und durch einen Zahntrieb in der Höhe verstellbare Kondensor. Er besteht aus mehreren Linsen und trägt an seiner Unterseite eine Irisblende (Kondensorblende) und darunter manchmal noch einen ausschwenkbaren Filterhalter.

Aufgabe des Kondensors ist es, das Präparat mit einem Lichtkegel mit dem jeweils richtigen, nicht zu großen und nicht zu kleinen Öffnungswinkel gleichmäßig zu durchstrahlen und jedem Objektiv genau die **Lichtmenge** zu liefern, die seiner numerischen Apertur entspricht.

Mit der **Kondensor-** oder **Aperturblende**, die in der vorderen (der Lampe zugewandten) Brennebene des Kondensors liegt, lassen sich Öffnungswinkel und somit numerische Apertur des Kondensors bzw. des aus dem Kondensor austretenden Lichtkegels stufenlos verändern. Wenn man die Kondensorblende allerdings zu sehr schließt und damit den Lichtkegel zu sehr verschmälert, d.h. die Beleuchtungsapertur verkleinert, nutzt man die Leistungsfähigkeit des Objektivs nicht voll aus; die Beugungsscheibchen werden größer, und man erreicht nicht die höchstmögliche Auflösung. Ist andererseits die Blendenöffnung zu groß und der Lichtkegel zu breit, so dass die Apertur des Lichtkegels die des Objektivs übersteigt, dann läuft ein Teil des Lichtes am Objektiv vorbei; das Hellfeldbild wird von einem Dunkelfeldbild überlagert und der Kontrast erheblich verschlechtert.

Wenn Kondensorapertur und Objektivapertur gleich groß sind, ist zwar die Auflösung optimal, der Kontrast aber noch zu gering, um feinere Strukturen und kontrastarme Objekte sichtbar werden zu lassen. Ein brauchbarer Kompromiss zwischen hoher Auflösung und ausreichendem Kontrast ist bei durchschnittlich kontrastierten (z.B. gefärbten) Präparaten dann erreicht, wenn die Beleuchtungsapertur etwa $^2/_3$ der Objektivapertur beträgt. Bei sehr kontrastarmen Objekten, z.B. lebenden Bakterien, muss man die Kondensorblende jedoch noch weiter schließen und den Verlust an Auflösung in Kauf nehmen. Besser ist es allerdings, in solchen Fällen das Phasenkontrastverfahren anzuwenden (s. S. 240 ff.).

Für den Gebrauch schwacher Objektive mit einer numerischen Apertur < 0,25 muss die Frontlinse des Kondensors (= der Kondensorkopf, das ist die Linse, die dem Präparat am nächsten liegt) in der Regel entfernt werden, da sonst nur die Mitte des Gesichtsfeldes ausgeleuchtet wird. Bei vielen Kondensoren lässt sich die Frontlinse mit einem Hebel ausklappen. Bei den Objektiven von etwa 10:1 an aufwärts bleibt sie eingeklappt.

Für die meisten Zwecke sind **Trockenkondensoren** mit einer numerischen Apertur bis 0,90 völlig ausreichend. Die Anforderungen hinsichtlich der optischen Korrektion sind bei ihnen viel geringer als bei den Objektiven (vgl. S. 221f.). Beim Mikroskopieren im Hellfeld mit achromatischen Objektiven einschließlich der meisten Immersionsobjektive genügt ein zwei- bis dreilinsiger **aplanatischer Kondensor**, der zur Korrektion des Öffnungsfehlers eine asphärische Fläche enthält, jedoch nicht achromatisch korrigiert ist. Beim Arbeiten mit Fluoritobjektiven und Apochromaten empfiehlt sich ein **achromatisch-aplanatischer Kondensor**, bei dem auch die Farbfehler weitgehend beseitigt sind. Nur für hochkorrigierte Ölimmersionen bei der Untersuchung sehr feiner Strukturen und bei der Farbmikrofotografie braucht man einen achromatisch-aplanatisch korrigierten **Immersionskondensor** oder -kondensorkopf mit einer Apertur bis 1,40. Auch für die Phasenkontrastmikroskopie benötigt man einen besonderen Kondensor (s. S. 243).

8.2.3.4 Köhler'sche Beleuchtung

Bei allen anspruchsvolleren mikroskopischen Untersuchungen und in der Mikrofotografie wendet man das Beleuchtungsprinzip nach A. Köhler (1893) an. Es setzt einen in der Höhe verstellbaren Kondensor und eine spezielle Mikroskopierleuchte voraus. Die Glühlampe muss werkseitig vorzentriert oder zentrierbar sein. Vor der Lampe befindet sich ein Linsensystem, der **Kollektor**. Er entwirft in der vorderen, (der Lampe zugewandten) Brennebene des Kondensors, in der sich auch die Kondensorblende befindet, ein Bild der Lichtquelle (Glühwendel). Durch diese Anordnung erreicht man eine helle, gleichmäßige Ausleuchtung des ganzen Objektfeldes.

Zum Kondensor hin ist vor dem Kollektor der Mikroskopierleuchte eine Irisblende, die **Leuchtfeldblende**, angebracht. Ihre Öffnung wird in der Präparatebene abgebildet. Durch Betätigen der Leuchtfeldblende lässt sich der Strahlenquerschnitt in der Präparatebene verändern. Man kann daher so weit abblenden, dass nur der Teil des Präparats beleuchtet wird, der im Sehfeld liegt, d.h. den man gerade überblickt. Auf diese Weise vermeidet man Streulicht, das von benachbarten, nicht abgebildeten Präparatstellen ausgeht und besonders bei stärkeren Vergrößerungen zu einer erheblichen Kontrastminderung führt, ferner störende Reflexe an der Tubusinnenwand und eine unnötige Erwärmung des Präparats. Man erhält ein brillantes Bild mit optimalem Kontrast.

Einstellen der Köhler'schen Beleuchtung („Köhlern")

- Im Mikroskopfuß eingebaute Niedervoltlampe einschalten und zentrieren (falls sie nicht schon vom Werk aus vorzentriert ist; siehe Bedienungsanleitung des Mikroskops). Die Leuchtfeldblende ist ganz geöffnet.
- Kondensor mit in den Strahlengang geklappter Frontlinse bis zum Anschlag heben. Kondensorblende (Aperturblende) ganz öffnen.
- Präparat auf dem Objekttisch befestigen und in den Strahlengang (Lichtfleck!) bringen.
- Objektiv 10:1 einschwenken, und Präparat scharfstellen (s. u.). Dazu nötigenfalls die Kondensorblende teilweise schließen.
- Leuchtfeldblende im Mikroskopfuß halb schließen.
- Kondensor geringfügig absenken, bis der Rand der Leuchtfeldblende im Präparat scharf abgebildet wird.
- Bild der Leuchtfeldblende durch Drehen der beiden Zentrierschrauben des Kondensors genau in die Mitte des Sehfeldes bringen. (Das lässt sich am besten kontrollieren, wenn die Blende fast bis zum Sehfeldrand geöffnet ist.)
- Leuchtfeldblende so weit öffnen, dass ihr Rand gerade aus dem Sehfeld verschwindet.
- Nach jedem Objektivwechsel Öffnung der Leuchtfeldblende der Sehfeldgröße anpassen und jeweils so verändern, dass sie gerade hinter dem Sehfeldrand verschwindet. Kondensor, falls nötig, nachzentrieren.

8.3 Das Arbeiten mit dem Mikroskop

Der Arbeitsraum zum Mikroskopieren soll möglichst nach Norden gelegen und nicht zu hell sein. Auf keinen Fall mikroskopiere man im direkten Sonnenlicht! Räume mit hoher Luftfeuchtigkeit oder aggressiven Dämpfen sind für die Aufstellung eines Mikroskops ungeeignet. Man mikroskopiert an einem festen, nicht zu hohen Tisch und grundsätzlich im Sitzen. Der Stuhl muss in der Höhe verstellbar sein und sollte eine verstellbare Rückenlehne haben.

8.3.1 Inbetriebnahme des Mikroskops

Inbetriebnahme des Mikroskops, Einstellen des Präparats

- Arbeitsstuhl so einstellen, dass man in aufrechter Haltung mit nur wenig geneigtem Oberkörper und Nacken ins Okular blicken kann.
- Präparat mit dem Deckglas nach oben in die Halterung eines Objektführers oder Kreuztisches einspannen.
- Kondensor mit in den Strahlengang geklappter Frontlinse in die höchste Stellung bringen.
- Mikroskopierleuchte einschalten. Leuchtfeldblende im Mikroskopfuß und Kondensorblende ganz öffnen.
- Präparat in den Strahlengang (Lichtfleck!) bringen.

- Durch Drehen des Objektivrevolvers Objektiv 10:1 in den Strahlengang schwenken und einrasten lassen.
- Objektiv und Präparat von der Seite her betrachten, und mit dem Grobtrieb vorsichtig beide einander bis auf wenige Millimeter (oder bis zum oberen Anschlag des Grobtriebs) nähern. Dabei bewegt sich in der Regel der Objekttisch, nicht der Tubus!

Ins Mikroskop blicken:

- Das Auge aus einigen Zentimetern Entfernung dem Okular so lange nähern, bis das Gesichtsfeld möglichst groß und scharf begrenzt erscheint. (Beim Mikroskopieren mit Brille vorher am Brillenträgerokular die Augenmuschel zurückklappen oder -drücken.)
- Die Mikroskopbeleuchtung mit dem Regeltransformator (meist Drehknopf am Mikroskopfuß oder Stativ), niemals mit der Kondensor- oder Leuchtfeldblende, auf angenehme Helligkeit einstellen (vgl. S. 224). Der Untergrund darf nicht zu grell erscheinen. Bei zu heller Beleuchtung wird das Auge geblendet und nimmt feine Farb- oder Grautonunterschiede nicht mehr wahr; auf die Dauer schadet grelles Licht dem Auge.

Bei Benutzung eines Monokulartubus:

- Beim Mikroskopieren auch das nicht benutzte Auge offen halten. Das mit diesem Auge gesehene Bild stört nur zu Anfang; bei einiger Übung wird es später nicht mehr bewusst wahrgenommen. Notfalls das unbenutzte Auge mit einem Pappschirm o.ä. abdecken.

Bei Benutzung eines Binokulartubus:

- Abstand der beiden Okularrohre dem persönlichen Augenabstand anpassen: Mit beiden Händen am linken und rechten Rand der Tubusfrontplatte (oder an den Okularrohren) horizontal ziehen oder drücken, und die Okularrohre so lange gegeneinander verschieben, bis sich die Teilbilder – die beide gleichzeitig voll sichtbar sein müssen – ganz überdecken und ein einziges, kreisrundes Bild ergeben. Dabei ändert sich geringfügig die mechanische Tubuslänge, und die Objektive sind nicht mehr untereinander abgeglichen (vgl. S. 219, 222).
- Zur Korrektur der Tubuslänge deshalb, falls vorgesehen, den auf einer Skala an der Tubusfrontplatte abgelesenen Augenabstand durch Drehen an den Rundskalen der beiden Okularrohre einstellen.
- Wenn eines der Okulare zum Dioptrienausgleich eine verstellbare Augenlinse besitzt: Bei ungleicher Bildschärfe in den beiden Okularen (aufgrund unterschiedlicher Fehlsichtigkeit der beiden Augen) das über dem verstellbaren Okular befindliche Auge schließen, und mit dem zweiten Auge mit Hilfe der Triebknöpfe am Stativ auf das Präparat scharfstellen (s.u.). Dann das zweite Auge schließen, mit dem ersten Auge dieselbe Präparatstelle betrachten und – ohne Veränderung der Scharfeinstellung am Stativ – so lange am Dioptrienausgleichsring drehen, bis das Präparat auch dort scharf erscheint.
- Mit entspanntem Auge ins Okular blicken, so, als ob das Bild in weiter Ferne läge.
- **Mikroskopisches Bild scharfstellen** (Die eine Hand fasst den Einstellknopf des Grob- bzw. Feintriebs, die andere die Triebknöpfe des Objektführers.):
  Grobtrieb in der Richtung drehen, bei der sich das Präparat vom Objektiv entfernt. (Niemals mit dem Grobtrieb Objektiv und Präparat einander nähern, während man durch das Mikroskop blickt!)
  Sobald die Präparatstrukturen verschwommen zu erkennen sind, Bild mit dem Feintrieb scharf einstellen. (Falls der [vom Grobtrieb getrennte] Feintrieb oben oder unten anschlägt, Feintrieb in eine mittlere Stellung zurückdrehen [siehe Strichmarkierungen am Triebkasten], und Schärfe mit dem Grobtrieb nachstellen.)
- Falls noch nicht geschehen, das Mikroskop „köhlern" (s. S. 227). Der Kondensor muss sich am oberen Anschlag oder kurz darunter befinden!

- Die näher zu untersuchende Präparatstelle in die Mitte des Sehfeldes bringen, und mit dem Feintrieb nachfokussieren.
- Durch Drehen des Objektivrevolvers nächststärkeres Objektiv einschwenken und einrasten lassen.
- Schärfe mit dem Feintrieb nachstellen.
- Am Regeltransformator die Helligkeit des Bildes erhöhen. (Stärkere Objektive liefern lichtschwächere Bilder!)
- Öffnung der Leuchtfeldblende dem verkleinerten Sehfeld anpassen (s. S. 227).

8.3.2 Mikroskopieren im Hellfeld

Im Hellfeld untersucht man vor allem gefärbte Präparate. Auch für größere, kontrastreiche Mikroorganismen, wie Hefen oder Algen, ist das Verfahren geeignet, weniger jedoch für lebende Bakterien, da sie zu wenig Kontrast besitzen.

Mikroskopieren im Hellfeld

- Mikroskop in Betrieb nehmen; mit Objektiv 10:1 Präparat einstellen (s. S. 228).

Wenn bei sehr kontrastarmen Objekten (z.B. Bakterien) die Präparatebene nicht zu finden ist:

- Zunächst auf den Deckglasrand oder auf eine Luftblase oder ein Schmutzpartikel im Präparat scharfstellen, oder: Präparat während des Scharfstellens gleichzeitig langsam auf dem Objekttisch verschieben, und/oder: die Kondensorblende zum Scharfstellen (fast) völlig schließen.
- Zu untersuchende Präparatstelle in den Strahlengang bringen, und Schärfe mit dem Feintrieb nachstellen.
- Nach dem Wechsel zum nächststärkeren Objektiv Okular aus dem Okularrohr entfernen, und in den Tubus hineinschauen. Kondensorblende ganz öffnen und langsam wieder schließen. Man sieht eine helle Kreisfläche (= Hinterlinse des Objektivs), die vom Rand der Kondensorblende begrenzt wird und ihre Größe entsprechend der Blendenbewegung ändert.
- Kondensorblende auf etwa $2/3$ des Durchmessers der vollen Objektivöffnung zuziehen (vgl. S. 226).
- Okular wieder einsetzen.
- Bei Objekten mit sehr geringem Kontrast Kondensorblende langsam weiter schließen, bis auch kontrastärmere Strukturen deutlich hervortreten. Kondensorblende jedoch nicht stärker schließen als unbedingt notwendig, weil dabei die Auflösung abnimmt und Färbungen schlechter zu erkennen sind. Die Kondensorblende niemals zur Regulierung der Helligkeit verwenden!
- Nach jedem Objektivwechsel Öffnung der Kondensorblende der Objektivöffnung anpassen.

8.3.3 Das Arbeiten mit der Ölimmersion

Zur genaueren lichtmikroskopischen Untersuchung von Mikroorganismen, insbesondere von Bakterien, braucht man immer ein Immersionsobjektiv (s. S. 217). Für Routinearbeiten und Kurszwecke benutzt man ausschließlich Ölimmersionsobjektive, meist mit einem Abbildungsmaßstab 100:1 und einer numerischen Apertur von 1,25 bis 1,32. Ölimmersionsobjektive sind gekennzeichnet durch die Gravierung „Oel" oder „Oil" und einen schwarzen Ring nahe der Frontlinse (s. Abb. 20, S. 221).

Das **Immersionsöl** ist – ebenso wie das Deckglas (s. S. 232f.) – seiner optischen Wirkung nach ein Bestandteil des Objektivs und beeinflusst wesentlich die Qualität der mikroskopischen Abbildung. Man verwendet heute PCB[4)]-freies synthetisches Öl, das farblos ist und an der Luft nicht eintrocknet oder verharzt. Für die Fluoreszenzmikroskopie muss es gut UV-durchlässig sein und darf auch bei starker UV-Einstrahlung nicht nennenswert fluoreszieren.

Der **Brechungsindex** des Immersionsöls n_e^{23} soll 1,518 ± 0,0004 betragen. (n_e^{23} ist der Brechungsindex für Licht von 546,1 nm, der Wellenlänge der grünen Quecksilberlinie [e-Linie], die nahe dem Maximum der Augenempfindlichkeit liegt, bei einer Temperatur von 23 °C.) Dieser Wert entspricht dem Brechungsindex n_D^{23} = 1,515 für Licht von 589,3 nm (= Wellenlänge der Mitte der gelben Natriumdoppellinie [D-Linie], bei 23 °C). Der Brechungsindex des Immersionsöls nimmt mit steigender Temperatur um den Betrag von etwa 0,0004 pro 1 °C ab. Die **Dispersion** (= unterschiedlich starke Lichtbrechung für die verschiedenen Wellenlängen), ausgedrückt durch die Abbe'sche Zahl v_e (s. S. 443), soll 44 ± 5 betragen (bei 23 °C). Brechungsindex und Dispersion dürfen sich auch bei längerer Lagerung nicht verändern.

Man verwende möglichst das vom Objektivhersteller vertriebene Immersionsöl, das in seiner Zähigkeit dem Immersionsobjektiv angepasst ist. Im Zweifelsfall sind zähere Öle vorzuziehen, da ein zu dünnflüssiges Öl bei längerem Kontakt mit dem Objektiv unter Umständen in das Linsensystem eindringt.

Zum **Aufbewahren und Aufbringen** des Immersionsöls dient meist eine 50- oder 100-ml-Polyethylentropfflasche mit langer Spitze und feiner Öffnung, die das Auftragen des Öltropfens erleichtern. Man bringt jedoch beim Pressen der Flasche leicht zu viel Öl auf das Deckglas; die Spitze bleibt ölig und fängt Staub. Besser sind daher kleine Glasflaschen mit Schraubverschluss und einem in den Deckel eingelassenen Glasstab, der ein genaueres Dosieren des Öltropfens erlaubt (erhältlich bei Cargille Laboratories).

Man gebe kein frisches Öl zu dem abgestandenen Öltropfen eines mehrere Stunden oder Tage alten Immersionspräparats, um die mikroskopische Untersuchung fortzusetzen, denn dann bilden sich leicht Schlieren, die die Bildqualität beeinträchtigen. Die Temperatur soll beim Mikroskopieren mit der Ölimmersion möglichst im Bereich von etwa 22–23 °C liegen.

Beim Arbeiten mit den gebräuchlichen **Immersionsobjektiven** ist zu beachten:

– Der Arbeitsabstand, d.h. der Abstand zwischen Objektivfrontlinse und Präparatoberfläche, ist sehr gering (0,1 – 0,2 mm); deshalb Vorsicht beim Scharfstellen, damit die Frontlinse nicht auf das Deckglas stößt! Um in einem solchen Falle Beschädigungen zu vermeiden, sind die Immersionsobjektive mit einer federnden Fassung versehen.
Wenn die Frontlinse auf das Deckglas aufstößt, bevor das Objekt scharf abgebildet ist, oder wenn das Immersionsobjektiv beim Einschwenken das Deckglas zur Seite schiebt, so ist entweder das Deckglas viel zu dick (oder man hat versehentlich zwei Deckgläser aufgelegt), oder der mit Einschlussmittel ausgefüllte Raum zwischen Objektträger und Deckglas ist viel zu hoch.

– Das Sehfeld, d.h. der auf einmal überschaubare Ausschnitt aus dem Gesamtbild des Präparats, ist sehr klein (vgl. S. 223); deshalb ist das Immersionsobjektiv zum Suchen einer geeigneten Präparatstelle völlig untauglich. Dies muss vor dem Einschwenken der Ölimmersion bei schwächerer Vergrößerung geschehen.

– Die Schärfentiefe ist sehr gering (< 1 μm); deshalb halte man während des Mikroskopierens eine Hand ständig am Feintriebknopf, um das Präparat „durchfokussieren" zu können oder bewegliche Objekte in vertikaler Richtung verfolgen zu können.

[4)] PCB = polychlorierte Biphenyle, sind giftig und wirken krebserzeugend.

Mikroskopieren mit der Ölimmersion

Material: – Mikroskop mit schwachem und mittlerem Trockenobjektiv (z.B. 10:1 und 40:1) und Ölimmersionsobjektiv 100:1

– Tropfflasche mit Immersionsöl

– Objektträger mit Präparat, Deckglas

– weiche Kosmetikzellstofftücher (z.B. Kleenex)

– frisch bereitete, verdünnte Spülmittellösung (s. S. 237)
oder: Reinigungsbenzin
oder: organisches Lösungsmittelgemisch (s. S. 237)

– Mikroskop in Betrieb nehmen; mit schwachem und mittlerem Trockenobjektiv eine geeignete Präparatstelle heraussuchen und scharfstellen (s. S. 228). Keine Stelle zu nahe am Deckglasrand auswählen, da dann leicht Öl unter das Deckglas gelangt.

– Immersionsobjektiv durch Drehen des Objektivrevolvers in Richtung Strahlengang schwenken, zunächst jedoch in einer Mittelstellung zwischen den beiden Objektiven stehen lassen.

– Tropfflasche mit Immersionsöl auf den Kopf drehen, und Luft hochsteigen lassen. Ölflasche niemals schütteln, damit keine Luftblasen entstehen!

– Aus der Spitze der Tropfflasche einen Tropfen Immersionsöl durch die Lücke zwischen den Objektiven an der eingestellten Präparatstelle (Lichtfleck!) auf das Deckglas setzen. Kein Öl an die Objektive, auf den Objekttisch oder den Objektführer bringen; falls doch geschehen, sofort wegwischen!

Der Öltropfen darf nicht zu klein sein, damit nicht beim Verschieben des Präparats die Ölverbindung zwischen Objektivfrontlinse und Deckglas abreißt; er soll aber auch nicht zu groß sein (keine „Lache"!). Der Tropfen darf keine Luftblasen enthalten (die besonders bei sehr zähflüssigen Ölen auftreten können). Eventuell vorhandene Luftblasen erscheinen nach dem Einschwenken des Objektivs als graue, runde Schatten, die durch das Gesichtsfeld wandern und das Bild überdecken. Wenn man statt des Okulars das Einstellfernrohr für Phasenkontrast (s. S. 243) in das Okularrohr einsetzt, lassen sich die von schwarzen Rändern umgebenen Luftblasen gut erkennen.

Falls die Luftblasen nicht schon beim Einschwenken des Immersionsobjektivs verschwinden, dreht man den Objektivrevolver ruckartig ein kleines Stück nach links und rechts oder bewegt mit dem Feintrieb den Objekttisch ein wenig nach unten und vorsichtig(!) wieder nach oben. Wenn das alles nicht hilft, muss man den Öltropfen abwischen und erneuern.

– Immersionsobjektiv vorsichtig bis zum Einrasten in den Strahlengang schwenken; dabei taucht die Frontlinse in den Öltropfen. Objekttisch nicht senken!

– Schärfe mit dem Feintrieb nachstellen.

– Am Regeltransformator die Helligkeit des Bildes erhöhen.

– Öffnung der Leuchtfeldblende der Sehfeldgröße anpassen (s. S. 227).
Beim Mikroskopieren im Hellfeld: Öffnung der Kondensorblende der Objektivöffnung anpassen (s. S. 229).

– Nach Beendigung der Untersuchung Objekttisch senken; erst dann das Präparat vom Objekttisch entfernen.

– Sofort anschließend die Ölreste mit einem weichen Zellstofftuch ohne Druck von der Objektivfrontlinse abwischen.

– Am Ende eines Arbeitstages Frontlinse zusätzlich mit einem mit verdünnter Spülmittellösung oder sparsam mit Reinigungsbenzin oder einem organischen Lösungsmittelgemisch befeuchteten Zellstofftuch abwischen (s. S. 244f.).

Die Frontlinsen der **Trockenobjektive** dürfen nicht mit Öl in Berührung kommen, weil das den Kontrast und die Schärfe des mikroskopischen Bildes erheblich beeinträchtigt. Falls doch einmal Öl an ein Trockenobjektiv gelangt ist, wischt man es sofort mit einem sparsam mit Benzin befeuchteten Zellstofftuch ohne Druck ab (s.o.).

8.3.4 Objektträger und Deckgläser

Objektträger und Deckgläser sind Bestandteile der Mikroskopoptik und haben entscheidenden Einfluss auf die Qualität des mikroskopischen Bildes. Aus diesem Grunde müssen sie bestimmte optische Eigenschaften besitzen, die in den DIN-ISO-Normen 8037-1 und 8255-1 festgelegt sind.

Objektträger und Deckgläser bestehen aus klar durchsichtigem Planglas, das keine Streifen, Schlieren, Blasen oder Einschlüsse aufweisen darf. Vor der Verwendung müssen sie absolut sauber, insbesondere staub- und fettfrei sein. Man bewahre sie in der verschlossenen Originalpackung auf, entnehme sie erst unmittelbar vor Gebrauch und fasse sie mit den Fingern nur seitlich an den Kanten (Vorsicht, Verletzungsgefahr!) oder mit einer **Deckglaspinzette**, einer Pinzette mit abgewinkelten und abgeflachten, ungeriffelten Spitzen, ersatzweise mit einer Briefmarkenpinzette. Man berühre auf keinen Fall mit den Fingern die Glasflächen, da Fingerabdrücke die Bildqualität beeinträchtigen und Färbungen erschweren.

8.3.4.1 Objektträger

Objektträger bestehen aus „halbweißen" (mit Grünstich infolge der Verunreinigung durch Eisenoxid) oder – besser! – aus „weißen" (farblosen) Natron-Kalk-Gläsern (s. S. 90). Aufgrund ihrer nur mäßigen chemischen Beständigkeit, auch gegen Wasser, lassen sie sich nur begrenzt lagern und wiederverwenden. Man bewahre sie trocken und bei gleichbleibender Temperatur auf.

Standardobjektträger für biologische Untersuchungen haben ein Format von 76 mm × 26 mm. Ihre Dicke soll 1,1 $^{+0,1}_{-0,2}$ mm, ihr Brechungsindex n_e = 1,53 ± 0,02 betragen (vgl. S. 230). Für bakteriologische Zwecke soll ihre Oberfläche völlig eben sein; Objektträger mit Vertiefungen (Hohlschliffen) sind hierfür weniger geeignet. Normalerweise haben Objektträger geschnittene Kanten; für die Untersuchung infektiösen Materials gibt es sie mit geschliffenen Kanten, an denen keine Schnittverletzungen auftreten können. Besonders beim Arbeiten mit Phasenkontrast oder Dunkelfeld müssen die Objektträger frei von Kratzern sein. Ein mattiertes oder farbig beschichtetes Randfeld erleichtert ihre Kennzeichnung und Beschriftung.

8.3.4.2 Deckgläser

In der Regel bedeckt man das zu untersuchende Präparat mit einem Deckglas. Objektive mit einer numerischen Apertur unter 0,3 kann man auch ohne Deckglas benutzen; bei Aperturen über 0,3 ist es fast immer erforderlich (siehe aber S. 263).

An das Deckglas als erste „Linse" des Objektivs werden besonders hohe Anforderungen gestellt. Deckgläser bestehen aus reinweißem (farblosem) Borosilicatglas mit hoher hydrolytischer Beständigkeit (hydrolytische Klasse 1) und können deshalb jahrelang gelagert werden. Am gebräuchlichsten sind rechteckige Deckgläser der Formate 18 × 18, 22 × 22 und 32 × 22 mm.

Trockenobjektive mit einer numerischen Apertur über 0,3 sind für eine bestimmte **Deckglasdicke** korrigiert, die 0,17 mm (nach DIN ISO 8255-1) betragen soll. Außerdem muss das Deckglas absolut plan sein. Die verlangte Deckglasdicke in Millimetern ist auf dem Objektiv hinter der mechanischen Tubuslänge und einem Schrägstrich eingraviert (s. Abb. 20, S. 221). Bei schwachen Objektiven bedeutet ein Querstrich statt der Millimeterangabe, dass das Objektiv gegen größere Unterschiede in der Deckglasdicke unempfindlich ist und auch ohne Deckglas benutzt werden kann. Je höher jedoch die Objektivapertur, desto kleiner dürfen die Abweichungen von der vorgeschriebenen Deckglasdicke sein (nach DIN ISO 8255-1: +0 bzw. –0,04 mm). Bei falscher Dicke verschlechtern sich Schärfe und Kontrast des Bildes. Da sich zwischen Objekt und Deckglas gewöhnlich eine Schicht Einschlussmittel von unbekannter Dicke befindet, die wie zusätzliche Deckglasdicke wirkt, empfiehlt es sich, Deckgläser mit einer Dicke von 0,15–0,16 mm (und möglichst wenig Einschlussmittel) zu verwenden.

Bei Ölimmersionsobjektiven muss man die optimale Deckglasdicke nicht so genau einhalten, weil die Schicht Immersionsöl zwischen Deckglas und Frontlinse kleine Unterschiede in der Deckglasdicke ausgleicht. Dagegen dürfen – anders als bei Trockenobjektiven – die Abweichungen vom vorgeschriebenen Brechungsindex nur sehr gering sein. Der Brechungsindex n_e der Deckgläser soll $1,5255 \pm 0,0015$ ($n_D = 1,522$), die Dispersion $v_e = 56 \pm 2$ betragen (vgl. S. 230).

8.3.4.3 Reinigung

Frisch aus der Originalpackung entnommene Objektträger und Deckgläser haucht man unmittelbar vor der Verwendung kurz an und wischt ihre Oberfläche sofort anschließend mit einem weichen Kosmetikzellstofftuch ab. Man fasse die Gläser nur seitlich an den Kanten und berühre mit den Fingern auf keinen Fall ihre Flächen! Präparate – auch fixierte und gefärbte – von Krankheitserregern und unbekannten, möglicherweise pathogenen Mikroorganismen legt man sofort nach Abschluss der Untersuchung in ein Desinfektionsbad ein (s. S. 22f.). In der Regel ist es wirtschaftlicher, Objektträger und Deckgläser nach einmaligem Gebrauch wegzuwerfen, anstatt sie zu reinigen und wieder zu verwenden.

Gläser, die schon einmal benutzt worden sind oder einige Zeit der Laboratmosphäre ausgesetzt waren, häufig aber auch solche, die frisch aus der Packung kommen, sind durch Spuren von Fett verunreinigt. Infolge des feinen Fettfilms lassen sich Zellsuspensionen nicht gleichmäßig und in dünner Schicht auf der Glasoberfläche ausbreiten, sondern ziehen sich beim Ausstreichen zu Tropfen zusammen. Der Fettfilm beeinträchtigt die Qualität von Färbungen und lässt bestimmte Färbungen, z.B. die Geißelfärbung nach Leifson, gänzlich misslingen. Objektträger oder Deckgläser, auf denen man eine Färbung durchführen will, muss man deshalb vorher **entfetten**. Dazu nimmt man frische, noch nicht benutzte Gläser und wählt eines der folgenden Reinigungsverfahren.

Entfetten von Objektträgern und Deckgläsern

Man wähle eine der folgenden Möglichkeiten:

Methode 1:

– Die Gläser 1 Stunde in ein heißes Reinigungsbad mit einem neutralen oder mild alkalischen Laborreinigungsmittel einlegen, anschließend gründlich mit Wasser spülen. Im Trockenschrank trocknen oder mit einem weichen Kosmetikzellstofftuch (z.B. Kleenex) trockenreiben.

Methode 2:

– Die Glasoberfläche mit einem benzin- oder acetongetränkten Zellstofftuch abwischen.

Methode 3:

– Das saubere Glas an der äußersten Ecke mit einer Deckglas- oder Cornetpinzette fassen (vgl. S. 262) und mit der für die Färbung vorgesehenen Seite nach unten mehrere Male langsam durch den Außenkegel der nichtleuchtenden[5], prasselnden Bunsenbrennerflamme ziehen (Deckgläser) bzw. einige Sekunden im oberen Teil der nichtleuchtenden Flamme langsam hin- und herbewegen, bis die Flamme an den Glasrändern gelb zu leuchten beginnt (Objektträger). Das Glas entweder an der Pinzette oder auf mehreren Lagen Filtrierpapier oder Zellstoff mit der zu verwendenden Seite nach oben abkühlen lassen.

Methode 4:

- Die sauberen Gläser in einem Muffelofen locker gepackt 20 min auf 400 °C erhitzen und abkühlen lassen.

Nach der Reinigung bzw. nach dem Abkühlen sollte man die Gläser sofort verwenden oder in einem fest verschlossenen, staubfreien Behälter aufbewahren.

8.3.5 Längenmessungen unter dem Mikroskop

In manchen Fällen lassen sich Länge oder Durchmesser von Präparatstrukturen mit Hilfe der Sehfeldzahl des Okulars ungefähr abschätzen (s. S. 223). Für genauere Messungen benötigt man jedoch ein **Messokular** (Mikrometerokular). Es enthält in der Zwischenbildebene ein rundes Glasplättchen (**Okularmikrometer**) mit einer Skala, auf der in der Regel 1 cm in 100 Teile unterteilt ist. Die Augenlinse des Messokulars ist verstellbar, um die Skala scharf einstellen zu können. Notfalls kann man auch ein normales Okular als Messokular verwenden, wenn man sein Unterteil abschraubt und auf die Lochblende ein Okularmikrometer legt (Teilung nach oben). Falls nach Wiedereinschrauben des unteren Okularteils die Skala nicht scharf erscheint (und die Augenlinse nicht verstellbar ist), schraubt man die Augenlinse etwas heraus.

Betrachtet man durch das Messokular ein Präparat, so überlagert die Skalenteilung das Bild des Objekts. Welche Strecke im Präparat dem Abstand zwischen zwei Teilstrichen des Okularmikrometers entspricht (= **Mikrometerwert**), hängt vom Abbildungsmaßstab des verwendeten Objektivs (und gegebenenfalls vom Tubusfaktor, s. S. 215) sowie von der Okular-(Feldlinsen-)Vergrößerung ab. Da außerdem der tatsächliche Abbildungsmaßstab eines Objektivs vom Sollwert geringfügig abweicht, muss man das Messokular für jedes zur Messung verwendete Objektiv einmalig eichen. Dies geschieht mit Hilfe eines **Objektmikrometers**, eines Objektträgers mit einer feinen, sehr genauen Skala, die mit einem Deckglas bedeckt ist. Auf dieser Skala sind 1 oder 2 mm in 100 bzw. 200 Teile unterteilt; der Abstand zwischen zwei Teilstrichen beträgt also 10 μm.

---

[5] Niemals die leuchtende Flamme verwenden, da sich die in ihr enthaltenen Rußteilchen auf der Glasoberfläche niederschlagen und sie verschmutzen!

Längenmessung mit einem Messokular

Material: – Mikroskop
– Messokular mit Okularmikrometer
– Objektmikrometer
– Objektträger mit Präparat, Deckglas

Eichen des Messokulars:

– Messokular mit dem unteren Ende gegen einen hellen Hintergrund halten. Durch die Augenlinse blicken, und sie so weit herausdrehen, bis die Skala unscharf erscheint. Dann die Augenlinse bei entspanntem Auge zurückdrehen, bis die Skala gerade scharf wird.
– Messokular anstelle des normalen Okulars ins Okularrohr einsetzen. Die Einstellung der Augenlinse nicht mehr verändern!

Bei Benutzung eines Binokulartubus:

– Gegebenenfalls Messokular auf der Seite des schärferen Auges einsetzen.
– Abstand der beiden Okularrohre voneinander konstant halten, da der Mikrometerwert auch von der Tubuslänge abhängt.
– Falls vorgesehen, den an der Tubusfrontplatte abgelesenen Augenabstand durch Drehen an den Skalenringen der beiden Okularrohre einstellen (vgl. S. 228).
– Objektmikrometer mit der Beschriftung nach oben auf dem Objekttisch befestigen. Objektmikrometerskala in den Strahlengang bringen und zunächst mit den schwächeren Objektiven, dann mit dem für die Messung vorgesehenen Objektiv scharf einstellen und in die Mitte des Sehfeldes bringen. Das Objektiv für die Messung so auswählen, dass das zu messende Objekt möglichst groß abgebildet wird.
– Durch Drehen des ganzen Messokulars und Verschieben des Objektmikrometers die beiden im Zwischenbild sichtbaren Skalen parallel nebeneinander legen, und zwar so, dass sie sich gerade berühren.

Bestimmung des Mikrometerwerts bei stärkeren Objektiven:

– Nullstriche der Skalen von Messokular und Objektmikrometer einander genau gegenüberstellen.
– Feststellen, wie viele Teilstriche des Objektmikrometers den 100 Teilstrichen der Okularskala gegenüberstehen.
Man dividiert den ermittelten Wert durch 10 und erhält für die benutzte Objektiv-Okular-Kombination den Mikrometerwert in µm, d.h. die Länge der Strecke im Präparat, die dem Abstand zwischen zwei Teilstrichen der Messokularskala entspricht.

Bestimmung des Mikrometerwerts bei schwachen Objektiven, bei denen die Objektmikrometerskala kürzer erscheint als die Okularskala:

– Nullstrich der Objektmikrometerskala einem ganzzahligen Teilstrich der Messokularskala genau gegenüberstellen.
– Feststellen, wie viele Teilstriche der Okularskala auf 100 (bzw. 200) Teilstriche des Objektmikrometers entfallen.
– Man dividiert 1000 (bzw. 2000) durch den ermittelten Wert und erhält den Mikrometerwert in µm.

Messen:

– Objektmikrometer gegen das Präparat austauschen.
– Das zu messende Objekt scharf einstellen und in die Mitte des Sehfeldes bringen, da hier die Abbildungsfehler am geringsten sind.
– Skala des Messokulars mit dem Bild der zu messenden Strecke zur Deckung bringen.

> – Feststellen, wie viele Teilstriche der Okularskala auf die zu messende Strecke entfallen. Man multipliziert den ermittelten Wert mit dem Mikrometerwert und erhält die Länge der gemessenen Strecke in µm.

Längenmessungen unter dem Mikroskop sind – wie alle Messungen – mit Fehlern behaftet. Ungenauigkeiten beim Einstellen und Ablesen der Teilstriche führen zu einem **zufälligen Fehler** (s. S. 319ff.), der sich aus dem bei der Bestimmung des Mikrometerwerts auftretenden und dem bei der Messung auftretenden Fehler zusammensetzt (vgl. S. 321f.). **Systematische Fehler** (s. S. 325f.) entstehen z.B. durch Abweichungen (in der Regel < 1 µm) bei der Lage der Teilstriche auf der Skala des Objektmikrometers und durch die Verzeichnung des optischen Systems. Bei Messungen im Phasenkontrast kann der Haloeffekt zu einem systematischen Messfehler führen (s. S. 246f.). Durch die Verwendung eines Einschlussmittels mit hohem Brechungsindex, z.B. Gelatine, lässt sich dieser Fehler reduzieren (s. S. 244f.).

Die meisten Bakterien und Hefen sind aufgrund ihrer festen Zellwände relativ unempfindlich gegen Änderungen des osmotischen Drucks in der sie umgebenden Lösung. Dennoch sollte man lebende Zellen für Längen- oder Volumenbestimmungen in physiologischen Medien (z.B. Nährlösung) suspendieren, die das Zellvolumen nicht verändern. Bei Messungen an fixierten und gefärbten Präparaten erhält man zu niedrige Werte, weil die Zellen beim Trocknen und Fixieren schrumpfen und sich verformen.

Größe und Volumen einer großen Zahl von Zellen sowie die Größenverteilung in einer Zellsuspension lassen sich auch auf elektronischem Wege bestimmen, z.B. durch computergestützte automatische Bildanalyse mit Hilfe einer auf das Mikroskop aufgesetzten Fernsehkamera, mit einem elektronischen Partikelzählgerät nach Art des Coulter-Counters (s. S. 354ff.) oder mit einem Durchflusscytometer.

8.3.6 Pflege und Reinigung des Mikroskops

Um die Leistungsfähigkeit des Mikroskops über lange Jahre zu erhalten, beherzige man folgende Regeln:

– Man decke das Mikroskop zum Schutz gegen Verstauben sofort nach Gebrauch und während jeder Arbeitspause mit einer Schutzhülle ab. Bei längeren Benutzungspausen verschließe man es zusätzlich in einem Schrank.

– Man achte darauf, dass die Okulare stets in die Okularrohre eingesteckt sind. Auch alle übrigen Öffnungen des Mikroskops, durch die Staub eindringen kann, müssen verschlossen sein, nicht besetzte Positionen am Objektivrevolver z.B. durch einen Blindstopfen.

– Nicht benutzte Objektive und Okulare bewahre man in ihren Kunststoffbüchsen auf.

– Alle optischen Flächen sind peinlich sauberzuhalten. Man berühre sie niemals mit den Händen. Dies gilt besonders für die Objektivfrontlinse, bei der schon der leichteste Fingerabdruck das Bild flau und unscharf machen kann.

– Man vermeide jede direkte Berührung der optischen und mechanischen Teile des Mikroskops mit aggressiven Chemikalien, wie Säuren, Laugen oder organischen Lösungsmitteln.

– Man setze das Mikroskop keinen aggressiven Säure- oder Laugendämpfen, Ammoniak, Tabakrauch oder hoher Luftfeuchtigkeit aus.

- Die beweglichen Teile des Mikroskops (z.B. Führungen und Triebe) öle oder fette man niemals selbst, sondern überlasse das dem Kundendienst des Mikroskopherstellers.
- Man vermeide Erschütterungen des Mikroskops, insbesondere bei eingeschalteter Beleuchtung, da die Glühwendel der Lampe dagegen äußerst empfindlich ist.
- Beim Transportieren innerhalb des Raumes fasse man das Mikroskop mit einer Hand am Stativarm und mit der anderen unter dem Fuß, halte es genau senkrecht und setze es sanft wieder auf.

Sind Schärfe oder Kontrast des mikroskopischen Bildes nicht optimal, so ist mit großer Wahrscheinlichkeit die Mikroskopoptik verschmutzt. Sieht man im mikroskopischen Bild unscharfe Flecken oder Schatten, die beim Verschieben des Präparats nicht mitwandern, so handelt es sich um Staub oder sonstigen Schmutz auf einer der optischen Flächen. Häufig lässt sich der genaue Ort der Verschmutzung dadurch ermitteln, dass man die optischen Teile des Mikroskops in den verschiedenen Ebenen nacheinander ein wenig verdreht oder bewegt und dabei beobachtet, wie sich die Flecken verhalten:

Lokalisieren von Schmutz im Strahlengang des Mikroskops

- Kondensorblende ganz zuziehen.
  Die Schärfentiefe ist dann am größten und der Schmutz am deutlichsten zu sehen.
- **Kondensor** in der Höhe verstellen.
  Lässt sich der Schmutz dadurch scharf abbilden, aber auch zum Verschwinden bringen, so befindet er sich auf einer optischen Fläche des Beleuchtungsteils, meist auf der Glasplatte oder Linse der Lichtaustrittsöffnung im Mikroskopfuß oder auf dem darauf liegenden Filter.
- Wird der Schmutz beim Heben des Kondensors dunkler, aber nicht scharf:
  Schwaches Objektiv (10:1) einschwenken, und **Objekttisch** mit dem Grobtrieb der Scharfeinstellung heben. Wird der Schmutz dabei dunkler und deutlicher und lässt sich nahezu scharfstellen, so ist die Kondensorfrontlinse verschmutzt.
- Hat das Verstellen des Kondensors keine Wirkung:
  Okular im Okularrohr drehen. Drehen sich die Schmutzpartikel mit, so ist das Okular verschmutzt.

Reinigung des Mikroskops

Material:
- Gummi-Handblasebalg
  oder weicher Marderhaarpinsel (für optische Flächen)
- weicher Marderhaarpinsel (für Stativ und Objekttisch)
- Mikrofasertuch
- weiche Kosmetikzellstofftücher (z.B. Kleenex)
- demineralisiertes Wasser
- frisch bereitete, verdünnte Spülmittellösung:
  5 – 10 Tropfen eines ammoniak- und säurefreien Geschirrspülmittels in 10 ml demineralisiertem Wasser
- Reinigungsbenzin, analysenrein, Siedepunkt $\leq 44\,°C$ [6]
  oder organisches Lösungsmittelgemisch:
  85 % (v/v) Reinigungsbenzin, analysenrein, Siedepunkt $\leq 44\,°C$, und
  15 % (v/v) 2–Propanol (Isopropylalkohol), analysenrein

---

[6] Schwerere Benzinfraktionen hinterlassen auf den optischen Oberflächen einen unlöslichen Belag.

Stativ, Objekttisch:

- Die Lack- oder Kunststoffoberflächen von Stativ und Objekttisch bei Bedarf mit einem nur nebelfeuchten Mikrofasertuch reinigen. Verschmutzungen, auch durch reines Wasser, sofort entfernen!
- Staub und lose Schmutzpartikel mit einem nur für diesen Zweck verwendeten weichen Marderhaarpinsel entfernen.

Außen liegende optische Flächen:

- Staub mit einem Gummi-Handblasebalg wegblasen oder mit einem weichen, trockenen, absolut fettfreien Marderhaarpinsel entfernen.
- Sitzt der Schmutz fest und ist wasserlöslich, optische Fläche durch Anhauchen mit einem feinen Feuchtigkeitsfilm versehen. (Keine Speicheltröpfchen auf die Oberfläche sprühen!) Sofort anschließend die Oberfläche mit einem weichen Zellstofftuch ohne Druck abwischen.
  Oder: Zellstofftuch mit demineralisiertem Wasser befeuchten, und die optische Fläche ohne Druck reinigen. Führt dies nicht zum Erfolg, die Reinigung mit verdünnter Spülmittellösung wiederholen. Optische Flächen niemals trocken abputzen, weil dabei feine Kratzer entstehen, besonders im reflexionsmindernden Oberflächenbelag (Vergütung) von Okular und Objektivfrontlinse.
- Ölige und fettige Verschmutzungen, z.B. Fingerabdrücke, Ölreste auf der Frontlinse des Objektivs oder einen Fettfilm auf der Augenlinse des Okulars, zunächst mit einem mit verdünnter Spülmittellösung getränkten Zellstofftuch abwischen.
  Nur wenn dies nicht zum Erfolg führt, die Reinigung mit sparsam dosiertem Reinigungsbenzin oder einem Gemisch aus Reinigungsbenzin und 2–Propanol wiederholen. Einen Überschuss an organischem Lösungsmittel vermeiden, damit nicht Antireflexlackflächen, der Linsenkitt oder Kunststoff- und Gummiteile angegriffen werden.
- Zur Entfernung eventueller Rückstände die optische Oberfläche noch einmal anhauchen und mit einem weichen Zellstofftuch ohne Druck abwischen.

Beim Reinigen des Mikroskops ist außerdem zu beachten:

- Die inneren optischen Oberflächen des Mikroskops dürfen nie vom Benutzer, sondern nur vom Kundendienst des Mikroskopherstellers gereinigt werden. Objektive und Okulare dürfen nicht geöffnet werden.

- Zum Reinigen der optischen Flächen sollte man kein Linsenpapier („Josefpapier" = sehr dünnes, nicht fusselndes Seidenpapier) verwenden, weil es zu hart ist und den Schmutz schlecht absorbiert (Ausnahme: Whatman Lens Cleaning Tissue 105).

- Man verwende keine ammoniak- oder säurehaltigen Reinigungsmittel (auch keine [ammoniakhaltigen] Haushaltsglasreiniger), weil sie die Vergütungen der Linsen beschädigen.

- Man verwende als Reinigungsmittel kein Aceton, Chloroform, Diethylether, Toluol und Xylol, weil sie teils Kunststoffe, Gummi, Linsenkitt oder organische Vergütungen angreifen, teils auf den optischen Flächen Rückstände hinterlassen und außerdem gesundheitsschädlich sind.

- Man verwende zur Reinigung älterer Mikroskope auch kein Ethanol, weil es den alkohollöslichen Linsenkitt dieser Mikroskope angreift.

8.3.7 Die häufigsten Störungen beim Mikroskopieren und ihre Ursachen

- **Das mikroskopische Bild ist schwarz.**
  - Mikroskopierlampe nicht eingeschaltet
  - Mikroskopierlampe oder ihre Sicherung im Mikroskop durchgebrannt
  - Regeltransformator defekt
  - Zuleitungskabel nicht richtig eingesteckt oder defekt
  - Netzsicherung durchgebrannt oder Stromnetz ausgefallen.

  Bei Phasenkontrast außerdem:
  - Irisblende des Kondensors nicht ganz geöffnet (S. 245f.).

- **Das Sehfeld ist ungleichmäßig oder nur teilweise ausgeleuchtet.**
  - Objektivrevolver oder Ringblendenrevolver (S. 243) nicht eingerastet
  - Wechselkondensor nicht ganz eingeschoben
  - Filterhalter unter dem Kondensor oder vor der Mikroskopierleuchte nicht bis zum Anschlag eingeschwenkt
  - Kondensorfrontlinse je nach benutztem Objektiv nicht (oder nicht völlig) ein- bzw. ausgeklappt (S. 226)
  - Kondensor nicht zentriert oder nicht in der richtigen Höhe (S. 226f.)
  - Leuchtfeldblende zu stark geschlossen (S. 226f.)
  - Mikroskopierlampe nicht fest in der Fassung
  - Mikroskopierlampe nicht zentriert.

- **Das Bild ist kontrastarm.**
  - Objektivfrontlinse verschmutzt (S. 236ff.)
  - Kondensorblende zu weit geöffnet (S. 229)
  - Leuchtfeldblende zu weit geöffnet (S. 226f.).

  Bei starken Trockenobjektiven außerdem (S. 232f.):
  - Deckglas vergessen
  - Deckglas zu dick oder zu dünn
  - zu viel Einschlussmittel.

  Bei Immersionsobjektiven außerdem:
  - Immersionsöl vergessen
  - Öltropfen zu klein: Ölverbindung zwischen Objektivfrontlinse und Deckglas abgerissen (S. 231)
  - Objektivfrontlinse durch alte Ölrückstände verunreinigt (S. 231, 237f.)
  - Deckglas von falscher Dicke oder Brechzahl verwendet (S. 232f.).

- **Das Präparat lässt sich nicht scharfstellen.**
  - Objektträger mit dem Deckglas nach unten auf den Objekttisch gelegt
  - zwei Deckgläser aufgelegt
  - Deckglas viel zu dick

– viel zu viel Einschlussmittel
– Feineinstellung am Anschlag (S. 228).

Bei Immersionsobjektiven außerdem:

– Immersionsöl vergessen
– Öltropfen zu klein: Ölverbindung zwischen Objektivfrontlinse und Deckglas abgerissen (S. 231)
– Objektivfrontlinse durch alte Ölrückstände verunreinigt (S. 231, 237 f.).

- **Starke Unschärfe nach Objektivwechsel**
  – Objektiv nicht ganz in den Revolver eingeschraubt
  – vor dem Wechsel Objekttisch gesenkt.

- **Unbewegliche, unscharfe Flecken oder Schatten im Bild**
  (wandern beim Verschieben des Präparats nicht mit)
  – Staub oder Schmutz auf den optischen Flächen (S. 237 f.).

- **„Mückensehen" („Mouches volantes")**
  (unscharfe Flecken oder Fäden, die bei Änderung der Blickrichtung mitwandern)
  – feine Trübungen im Glaskörper oder Schlieren in der Kammerflüssigkeit des Auges, die die Netzhaut verschatten.

8.4 Das Phasenkontrastverfahren

Das Phasenkontrastverfahren (F. Zernike, 1934) ermöglicht durch Eingriffe in den Strahlengang des Mikroskops eine kontrastreiche Darstellung durchsichtiger, kontrastarmer Objekte, z.B. lebender Bakterien, ohne dass die Objekte durch die Kontrastierung abgetötet und in ihren Strukturen verändert werden, wie das bei Färbungen meist der Fall ist. Das Phasenkontrastmikroskop wandelt die an solchen Objekten auftretenden, für das Auge nicht wahrnehmbaren Phasenunterschiede (s. S. 218) in deutlich sichtbare Helligkeitsunterschiede um (Abb. 21).

8.4.1 Theoretische Grundlagen

Nach der Abbeschen Theorie entsteht das mikroskopische Bild dadurch, dass das vom Präparat kommende direkte, ungebeugte Beleuchtungslicht (= Hauptmaximum) mit dem an den Objektstrukturen gebeugten Licht (= Nebenmaxima) in der Zwischenbildebene interferiert (s. S. 217).

Eine Objektstruktur wird dunkel und **kontrastreich** abgebildet, wenn sich die Wellenzüge des gebeugten Lichtes von denen des direkten Lichtes in der Zwischenbildebene um eine halbe Wellenlänge (180°) in der Phase unterscheiden und wenn sie eine verhältnismäßig hohe Amplitude besitzen, denn in diesem Fall wird das Licht an der betreffenden Stelle durch Interferenz geschwächt oder ausgelöscht. Dies geschieht bei Amplitudenobjekten (vgl. S. 218).

Ungefärbte mikrobiologische Präparate stellen meist jedoch sehr **kontrastarme** Phasenobjekte dar. Bei ihnen läuft das gebeugte Licht aufgrund der etwas höheren optischen Dichte der Objekte mit einer Phasenverzögerung von maximal einer viertel Wellenlänge (90°) hinter dem ungebeugten Licht her und ist im Vergleich zu diesem sehr lichtschwach. Bei dem ungebeugten Licht handelt es sich hier im Wesentlichen um das Beleuchtungslicht, das die leere Umgebung der Objekte passiert.

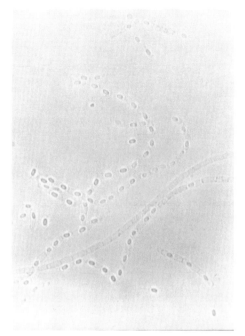
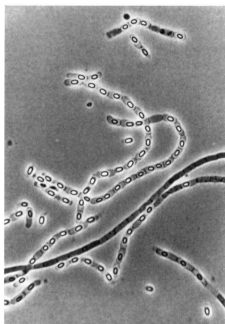

A   B

Abb. 21: Mikroskopisches Bild vegetativer und sporulierender Zellen von *Bacillus subtilis*.
A im Hellfeld. **B** im positiven Phasenkontrast. (Vergrößerung 1600fach; vgl. S. 162f.)

Um nun das kontrastarme Bild eines Phasenobjekts so umzuwandeln, dass es aussieht wie das kontrastreiche Bild eines Amplitudenobjekts, trennt man beim Phasenkontrastverfahren zunächst ungebeugtes und gebeugtes Licht voneinander. Während das am Objekt gebeugte Licht unbeeinflusst bleibt, wird das **ungebeugte Umgebungslicht** in folgender Weise verändert:

- Es wird gegenüber dem Beugungslicht zusätzlich um 90° in seiner **Phase verschoben**, und zwar meist so, dass es anschließend mit etwa einer halben Wellenlänge Vorsprung vor dem gebeugten Licht hereilt. (Tatsächlich lässt man das ungebeugte Licht durch ein Medium mit hohem Brechungsindex hindurchtreten, bremst es dadurch stark ab und verzögert es in seiner Phase um 270°.) Das Ergebnis ist – wie beim Amplitudenobjekt – eine Phasendifferenz von etwa 180° zwischen direktem und gebeugtem Licht.

- Das sehr helle ungebeugte Licht wird durch ein Graufilter in seiner Intensität so weit **abgeschwächt**, dass das schwache Beugungslicht, das von den Objektstrukturen stammt, das ungebeugte Licht des leeren Umfelds weitgehend auslöscht.

Durch diese Maßnahmen erhält man von dem Phasenobjekt ein kontrastreiches Amplitudenbild, das sich dunkel vom helleren Untergrund abhebt (= **positiver Phasenkontrast**; siehe vegetative Zellen in Abb. 21 B).

Man kann das abgeschwächte Umgebungslicht aber auch so verlangsamen, dass das gebeugte Licht seine Phasenverzögerung gerade aufholen kann. Dann besteht zwischen den beiden Strahlentypen kein Phasenunterschied mehr, ihre Intensitäten addieren sich, und das Objekt erscheint heller als der Untergrund (= negativer Phasenkontrast).

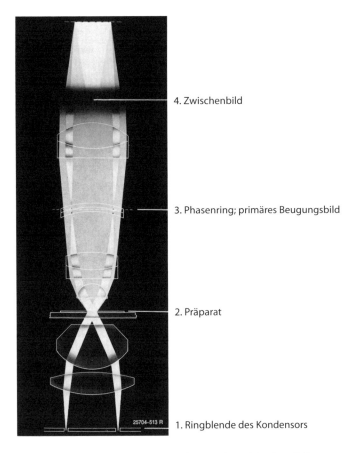

4. Zwischenbild

3. Phasenring; primäres Beugungsbild

2. Präparat

25704-513 R

1. Ringblende des Kondensors

Abb. 22:   Strahlengang bei positivem Phasenkontrast (Leica) (weitere Erläuterungen siehe unten)

Den **Strahlengang** bei positivem Phasenkontrast zeigt Abb. 22:

1. Der Kondensor trägt in der der Lampe zugewandten Brennebene statt der Irisblende eine ring-förmige Aperturblende **(Ringblende)**, aus der das Beleuchtungslicht als Hohlkegel austritt.

2. Am Objekt wird ein Teil des Lichtes gebeugt und gegenüber dem ungebeugten Umge-bungslicht um bis zu 90° in seiner Phase verzögert.

3. In der hinteren Brennebene des Objektivs wird das einfallende Licht zum primären Beu-gungsbild gesammelt. Das ungebeugte Umgebungslicht (= Hauptmaximum) ergibt hier ein verkleinertes Bild der Kondensorringblende. Genau an der Stelle, an die dieses Bild zu liegen kommt, befindet sich ein **Phasenring**, das ist ein ringförmiger Belag aus einem hö-herbrechenden, lichtabsorbierenden Material, der auf eine Glasplatte (Phasenplatte) oder auf die Oberfläche einer Linse aufgedampft ist. Der Phasenring hat dieselbe Größe wie das ringförmige Hauptmaximum, deckt es deshalb genau ab und verändert es beim Durch-tritt in zweifacher Weise: Er lässt es um ein Viertel der Wellenlänge vorauseilen, und er schwächt es gleichzeitig ab, um seine Amplitude der des Objektlichts anzupassen.
Das an den Objektstrukturen gebeugte Licht wird dagegen kaum beeinflusst, da die von ihm gebildeten Nebenmaxima außerhalb des Phasenringes liegen und über die ganze Brennebene verteilt sind.

4. In der Zwischenbildebene interferieren Umgebungs- und Objektlicht zum mikroskopischen Bild. Da der Phasenunterschied zwischen den beiden Strahlentypen jetzt etwa 180° beträgt und ihre Amplituden ungefähr gleich sind, löscht das Objektlicht das Umgebungslicht mehr oder weniger aus: Das Objekt erscheint dunkel und kontrastreich auf hellem Grund.

8.4.2 Voraussetzungen der Phasenkontrastmikroskopie

Das Mikroskopieren im Phasenkontrast setzt Köhler'sche Beleuchtung voraus (s. S. 226f.), ferner einen Kondensor mit Ringblende(n) und Objektive mit Phasenring.

8.4.2.1 Kondensor

Der **Durchmesser der Ringblende** im Kondensor bestimmt die Beleuchtungsapertur. Um das Auflösungsvermögen der Objektive so weit wie möglich auszunutzen, muss man den Ringblendendurchmesser mit steigender Objektivapertur vergrößern. Allerdings ist beim Phasenkontrastverfahren die Kondensorapertur gewöhnlich nur etwa halb so groß wie die Objektivapertur; deshalb erreicht man nie dieselbe Auflösung wie bei der Hellfeldmikroskopie (vgl. S. 226).

Statt einer kontinuierlich veränderbaren Ringblende enthält der Phasenkontrastkondensor in der Regel mehrere (3 – 4) Ringblenden mit unterschiedlichem, festem Durchmesser, die auf einer drehbaren Scheibe, dem **Ringblendenrevolver**, angeordnet sind (vgl. Abb. 19, S. 219). Jede Ringblende ist einem oder mehreren, in ihrer Apertur ähnlichen Objektiven zugeordnet; der Ringdurchmesser nimmt mit der numerischen Apertur zu. Die Nummer der passenden Ringblende, die man an der entsprechenden Stelle der Revolverscheibe ablesen kann, ist meist auf dem Objektiv eingraviert. Außerdem besitzt die Revolverscheibe noch eine Stellung für Hellfeld und gewöhnlich auch eine für Dunkelfeld.

Wenn man überwiegend mit ein und demselben Objektiv mikroskopiert, kann man statt eines teuren Phasenkontrastkondensors auch einzelne Ringblenden verwenden, die man in einen Hellfeldkondensor einsteckt.

Damit man das Bild der Ringblende in der hinteren Brennebene des Objektivs mit dem Phasenring genau zur Deckung bringen kann, lassen sich die Ringblenden einzeln zentrieren. Zur Beobachtung des primären Beugungsbildes während des Zentrierens benötigt man ein **Einstellfernrohr**, auch Einstelllupe oder Hilfsmikroskop genannt.

8.4.2.2 Objektive

Die Phasenkontrastobjektive sind meist durch die Gravierung „Ph" oder „Phaco" (vgl. Abb. 20, S. 221) und durch eine grüne Beschriftung gekennzeichnet. Am verbreitetsten sind Objektive für positiven Phasenkontrast. Phasenkontrastobjektive lassen sich auch für die Hellfeldmikroskopie verwenden; allerdings muss man bei den starken Objektiven eine etwas schlechtere Bildqualität in Kauf nehmen.

8.4.2.3 Lichtquelle

Wegen der hohen Lichtverluste an Ringblende und Phasenring erfordert das Phasenkontrastverfahren eine höhere Beleuchtungsintensität als die Hellfeldmikroskopie. Man benötigt daher, vor allem für die stärkeren Objektive, eine besonders helle Lichtquelle, möglichst eine Halogenlampe. Ein Gelbgrünfilter verhindert Farbstiche (s. S. 247) und erhöht den Kontrast, da die Phasenverschiebung am Phasenring für eine Wellenlänge von etwa 550 nm berechnet ist.

Alle Glasoberflächen im Strahlengang müssen absolut sauber und die Gläser frei von Fehlern sein. Das gilt besonders für Objektträger und Deckgläser, bei denen Kratzer, Fingerabdrücke und Staubpartikel die Bildqualität erheblich beeinträchtigen.

8.4.2.4 Präparate

Objekte und Präparate für die Phasenkontrastmikroskopie sollten sehr dünn sein ($\leq$ 5 µm) und keine zu großen Brechungsunterschiede aufweisen. Im Idealfall sollen die Zellen alle in einer Ebene liegen. Für dickere Objekte und vielschichtige Präparate ist das Verfahren ungeeignet. Sie ergeben meist einen schlechten Kontrast, da ihre außerhalb der Schärfenebene liegenden Schichten zusätzliche Phasenverschiebungen und ringförmige Zerstreuungsfiguren erzeugen, die das Bild der scharf eingestellten Schicht überlagern und stören. Solche Präparate untersucht man besser mit einem Hellfeldmikroskop. Dasselbe gilt für die Untersuchung von Objekten im „hängenden Tropfen" oder auf Hohlschliffobjektträgern, denn für das Phasenkontrastverfahren muss das Präparat von ebenen Flächen begrenzt sein.

8.4.2.5 Einschlussmittel

Durch die Wahl eines Einschlussmittels mit dem richtigen Brechungsindex lässt sich der Kontrast des Objekts wesentlich verbessern. Die Brechzahl des Einschlussmittels muss genügend stark von der des Objekts abweichen, damit ein ausreichend großer Phasenunterschied zwischen direktem und gebeugtem Licht zustande kommt. Sind die Brechzahlen von Objekt und Einschlussmittel gleich, so ist das Objekt praktisch unsichtbar. Bei bekannter Brechzahl des Einschlussmittels kann man auf diese Weise den Brechungsindex und damit z.B. Hydratationsgrad und Trockenmasse einzelner Zellen und ihrer Bestandteile ermitteln (Immersionsrefraktometrie).

In der Regel benutzt man zum Mikroskopieren ein Einschlussmittel **mit niedrigerem Brechungsindex**, als das Objekt ihn besitzt, für die Untersuchung lebender Mikroorganismen vorzugsweise physiologische Medien, z.B. Nährlösung, 0,1%ige Peptonlösung (s. S. 171) oder ¼-starke Ringerlösung (s. S. 358), notfalls auch Leitungswasser (Brechungsindex bei Raumtemperatur $n_D^{20} = 1{,}333$).

Durch die Verwendung eines Einschlussmittels mit einem **höheren Brechungsindex**, der sich dem Brechungsindex des Cytoplasmas annähert, z.B. 15- bis 30%iger (w/v) **Gelatine**, kann man den Haloeffekt (s. S. 246 f.) abschwächen und intrazelluläre Strukturen lebender Zellen sichtbar machen. Die höheren Gelatinekonzentrationen sind für grampositive, die niedrigeren für gramnegative Bakterien besser geeignet; die optimale Konzentration muss man für jeden Organismus und Untersuchungszweck durch Vorversuche ermitteln. Wenn möglich setzt man die Gelatine bereits der zur Kultivierung benutzten Nährlösung zu. Man verwende eine klar lösliche Gelatine für mikrobiologische Zwecke (vgl. S. 72). Um die höheren Konzentrationen in Lösung zu bringen, gibt man die Gelatine zur 90–100 °C heißen Nährlösung und erhitzt sie bis zu 1 Stunde im kochenden Wasserbad oder im strömenden Dampf. Nach dem Beimpfen bebrütet man z.B. bei 35 °C und mikroskopiert einen Tropfen der Kulturflüssigkeit in der frühen exponentiellen Wachstumsphase (siehe auch S. 252, 257).

8.4.3 Einstellen des Phasenkontrastmikroskops

Einstellen eines Phasenkontrastmikroskops mit Ringblendenrevolver

Material: – Mikroskop mit Phasenkontrastkondensor und Phasenkontrastobjektiven (schwaches Objektiv eventuell nur für Hellfeld)
– Einstellfernrohr
– eventuell: 2 Zentrierschlüssel
– Objektträger mit Präparat, Deckglas

– Mikroskop in Betrieb nehmen; mit schwachem Hellfeld- oder Phasenkontrastobjektiv (z.B. 10:1) und Stellung des Ringblendenrevolvers auf „Hellfeld" bei weitgehend geschlossener Kondensorblende eine geeignete Präparatstelle heraussuchen und scharfstellen (s. S. 227ff.). (Wenn wegen zu geringen Kontrastes die Präparatebene nicht zu finden ist, s. S. 229.)
– Falls noch nicht geschehen, das Mikroskop „köhlern" (s. S. 227).
– Falls mit einem Hellfeldobjektiv scharfgestellt wurde, auf das nächsthöhere Phasenkontrastobjektiv umschalten.
– Durch Drehen des Ringblendenrevolvers die zu diesem Objektiv passende Ringblende in den Strahlengang bringen. (Revolverscheibe in die Stellung drehen, die mit der auf dem Objektiv eingravierten Zahl gekennzeichnet ist.)
– Sofern die Irisblende des Kondensors unterhalb der Revolverscheibe liegt, die Blende ganz öffnen.
– Am Regeltransformator Helligkeit des Beleuchtungslichts erhöhen.
– Ein Okular aus dem Okularrohr herausnehmen, und statt dessen das Einstellfernrohr einsetzen.
– Klemmring am Einstellfernrohr lösen, und die Augenlinse so lange verschieben, bis die hintere Brennebene des Objektivs mit hellem Lichtring (= Bild der Ringblende) und dunklem Phasenring scharf zu sehen ist.
– Die zwei Zentrierschlüssel in die beiden Öffnungen hinten links und rechts am Ringblendenrevolver einsetzen, oder die hinten am Kondensor angebrachten Zentrierknöpfe eindrücken.
– Durch Drehen der Zentrierschlüssel oder -knöpfe den hellen Lichtring und den dunklen Phasenring genau zur Deckung bringen.
– Zentrierschlüssel oder -knöpfe aus dem Ringblendenrevolver herausziehen.
– In derselben Weise auch die übrigen Ringblenden zentrieren. Dazu auf das nächste Phasenkontrastobjektiv umschalten, und den Ringblendenrevolver in die zu diesem Objektiv passende Position drehen.
– Einstellfernrohr wieder gegen das Okular austauschen.

Nach jedem Objektivwechsel:

– Zum Objektiv passende Ringblende einstellen.
– Am Regeltransformator Helligkeit nachregulieren.
– Mit dem Feintrieb Schärfe nachstellen.
– Öffnung der Leuchtfeldblende der Sehfeldgröße anpassen (s. S. 226).

Nach jedem Präparatwechsel:

– Zentrierung der Ringblenden kontrollieren.

Probleme nach dem Einstellen der Ringblende und dem Einsetzen des Einstellfernrohrs; ihre Ursachen und ihre Beseitigung:

Problem	Ursache	Abhilfe
Das Gesichtsfeld ist völlig dunkel.	Die unter der Ringblende liegende Irisblende ist ganz oder teilweise geschlossen.	Irisblende ganz öffnen.
Der Lichtring ist größer oder kleiner als der Phasenring.	Die falsche Ringblende ist eingestellt.	Die zum Objektiv passende Ringblende einstellen.
	Der Kondensor steht nicht in der richtigen Höhe.	Den Kondensor etwas in der Höhe verstellen.
Der helle Ring ist nicht gleichmäßig ausgeleuchtet.	Der ganze Kondensor ist nicht richtig zentriert.	Kondensor „köhlern" (s. S. 227).
Es ist kein heller Ring zu sehen, sondern ein mehr oder weniger gleichmäßig helles Feld.	Das Präparat ist zu dick und für die Phasenkontrast- mikroskopie nicht geeignet.	Im Hellfeld mikroskopieren.

8.4.4 Besonderheiten des Phasenkontrastbildes

Bei der Phasenkontrastmikroskopie besteht keine lineare Beziehung zwischen der vom Präparat verursachten Phasenverschiebung und der Dunkelheit bzw. Helligkeit der Bildstruktur relativ zum Untergrund. Die Mehrzahl der mikrobiologischen Objekte verursacht nur geringe Phasenverzögerungen, die weniger als 30°, unter Umständen sogar nur einige Grad betragen. Bei den in der Mikrobiologie vorwiegend verwendeten Phasenkontrasteinrichtungen mit hoher (70- bis 90%iger) Lichtabsorption durch den Phasenring und positivem Phasenkontrast erzeugen schon derart kleine Phasenverschiebungen ein Bild des Objekts, das deutlich dunkler ist als die Umgebung. Mit zunehmender Brechzahl oder Dicke des Objekts und infolgedessen zunehmender Phasendifferenz erreichen Dunkelheit und Kontrast der abgebildeten Struktur rasch ein Maximum; nimmt die Phasenverschiebung im Präparat noch weiter zu, so hellt sich die Struktur wieder auf und erscheint schließlich heller als der Untergrund. Das ist z.B. der Fall bei **stark lichtbrechenden Objektstrukturen**, wie bakteriellen Endosporen (s. Abb. 21B, S. 235; Brechungsindex $n = 1{,}51$–$1{,}54$) oder bestimmten Zelleinschlüssen (vgl. S. 250). Wegen der starken Dämpfung des ungebeugten Umgebungslichtes durch den Phasenring erscheint der Untergrund beim Phasenkontrastverfahren immer viel dunkler als im Hellfeld.

8.4.4.1 Haloeffekt

Eine meist unerwünschte Erscheinung beim Phasenkontrastbild ist der Haloeffekt: Dunkel abgebildete Objekte sind von einem lichthofartigen, hellen Saum, helle Objekte von einem dunklen Saum umgeben (= Halo; s. Abb. 21B, S. 235). Bei positivem Phasenkontrast wird der Rand flächiger Objektdetails außen von einem hellen Lichthof, innen von einem dunklen Saum begrenzt. Liegen die Objekte zu dicht beieinander, kann der Halo Bilddetails überdecken. Die Grenze zwischen hellem und dunklem Saum stimmt meist nicht mit der Objektbegrenzung überein; die Objekte werden deshalb nicht ganz größengetreu wiedergegeben. Das kann bei Längenmessungen (s. S. 234ff.) zu einem Fehler von der Größe der Halobreite führen.

Der Haloeffekt kommt dadurch zustande, dass sich gebeugtes und ungebeugtes Licht in der Praxis nicht völlig voneinander trennen lassen (vgl. S. 235). Der Effekt ist um so ausgeprägter, je höher der Brechungsindex des Objekts im Vergleich zur Umgebung und je höher die Lichtabsorption durch den Phasenring ist. Durch die Verwendung eines Einschlussmittels mit hohem Brechungsindex lässt sich der Haloeffekt abschwächen (s. S. 238).

8.4.4.2 Farbstiche

Der Grad der Phasenverschiebung am Phasenring hängt auch von der **Wellenlänge** des Beleuchtungslichtes ab. Arbeitet man mit weißem Licht, so treten deshalb im Phasenkontrastbild Farbstiche auf, die allerdings in der Regel nicht weiter stören. Man muss sich jedoch darüber im Klaren sein, dass es sich bei diesen Farbeffekten um Artefakte handelt. Die tatsächliche Färbung eines Objekts lässt sich nicht im Phasenkontrastbild, sondern nur im Hellfeld (s. S. 229) erkennen. Durch die Verwendung eines Gelbgrünfilters kann man die Farbstiche verhindern.

8.5 Untersuchung lebender Bakterien und Hefen

Die natürliche Zellform, Größe, Anordnung und Beweglichkeit von Mikroorganismen untersucht man am besten an Lebendpräparaten (Nativpräparaten), vorzugsweise unter dem **Phasenkontrastmikroskop.** Ist man gezwungen, im Hellfeld zu mikroskopieren, weil keine Phasenkontrast- (oder Dunkelfeld-)einrichtung zur Verfügung steht, so muss man die Kondensorblende stärker zuziehen und den Verlust an Auflösung in Kauf nehmen (vgl. S. 226, 229).

Das Alter der untersuchten Kultur, die Zusammensetzung des Nährbodens und die Bebrütungsbedingungen können die Morphologie und Beweglichkeit der Zellen beeinflussen; deshalb sollte man bei der Beschreibung des mikroskopischen Bildes von Mikroorganismen auch die Bedingungen ihrer Kultivierung angeben. Am besten geeignet für die mikroskopische Untersuchung sind im Allgemeinen junge Flüssigkeitskulturen (bei aeroben Bakterien Schüttelkulturen) in der exponentiellen Wachstumsphase; sie zeigen regelmäßigere Zellformen als Agarkolonien und lassen die natürliche Anordnung der Zellen besser erkennen.

Zur Beobachtung von Endosporen (vgl. S. 162f., 250) und Speicherstoffen (s. S. 253f.) benötigt man ältere Kulturen, die sich in der stationären Wachstumsphase befinden.

Man beachte, dass bei der Herstellung und Bearbeitung mikroskopischer Präparate zahlreiche Möglichkeiten der Kontamination von Haut, Kleidung, Geräten und Arbeitsplatz bestehen; deshalb sind auch hierbei die „Grundregeln guter mikrobiologischer Technik" (s. S. 42ff.) strikt zu beachten, vor allem beim Umgang mit Krankheitserregern und mit unbekannten, möglicherweise pathogenen Mikroorganismen. Das Arbeiten mit Krankheitserregern ist in der Regel nur mit behördlicher Genehmigung und unter entsprechenden Sicherheitsvorkehrungen zulässig (s. S. 39f., Tab. 8, S. 44).

8.5.1 Einfaches Lebendpräparat

Zellsuspensionen, z.B. Flüssigkeitskulturen, lassen sich nur bei relativ geringer Zellkonzentration unverdünnt mikroskopieren; meist muss man sie vor der Untersuchung verdünnen, und zwar so weit, dass nur noch eine ganz schwache Trübung erkennbar ist. Das entspricht bei Bakterien einer Konzentration von ca. 10^7 Zellen pro ml Suspension und im mikroskopischen Bild beim Arbeiten mit einem Immersionsobjektiv 100:1 einer durchschnittlichen Zellzahl von etwa 10 Zellen pro Sehfeld. **Festes** oder **halbfestes Zellmaterial**, z.B. von Kolonien, Kahmhäuten u.ä., schwemmt man vor dem Mikroskopieren in einer wässrigen Flüssigkeit, dem Einschlussmittel, auf.

Herstellung und Handhabung eines einfachen Lebendpräparats
(Beim Arbeiten mit Glaspasteurpipetten Schutzbrille tragen!)

Material: – zu untersuchendes Zellmaterial (z.B. Flüssigkeitskultur, Schrägagarkultur oder Kolonien auf einer Agarplatte)
  – ebener Objektträger, Deckglas (vgl. S. 232 f.)
  – 1 Röhrchen mit wenig Einschlussmittel, unsteril (z.B. Nährlösung, 0,1%ige Pepton-lösung [s. S. 171], ¼-starke Ringerlösung [s. S. 358] oder notfalls Leitungswasser)
  – Reagenzglasständer
  – Pasteurpipette mit Saughütchen, unsteril
  – kleine, rechteckige Filtrierpapierstücke
  – eventuell: geschmolzene Vaseline oder Vaspar (s. S. 138) oder Nagellack; Streichholz o.ä.

  bei Zellsuspensionen zusätzlich:
  – Pasteurpipette, steril

  bei festem oder halbfestem Zellmaterial zusätzlich:
  – Impföse oder -nadel im Kollehalter
  – Bunsenbrenner

  bei (möglicherweise) pathogenen Mikroorganismen zusätzlich:
  – zweiter Objektträger
  – leere Petrischale zum Sammeln gebrauchter Filtrierpapierstücke
  – Desinfektionsbad (s. S. 22f.)

Zellsuspensionen (z.B. Flüssigkeitskulturen):

– Zellsuspension gut durchmischen (s. S. 332).

– Mit steriler Pasteurpipette eine kleine Menge Suspension entnehmen und bei zu hoher Zelldichte in einem Röhrchen mit wenig Einschlussmittel so weit verdünnen, dass nur noch eine ganz schwache Trübung erkennbar ist.

– Mit unsteriler Pasteurpipette einen kleinen Tropfen (ca. 0,02 ml) der gegebenenfalls verdünnten Suspension auf die Mitte eines sauberen Objektträgers bringen.
(Man kann die Zellsuspension auch direkt auf dem Objektträger verdünnen, indem man einen kleinen Tropfen Suspension mit einem Tropfen Einschlussmittel vermischt.)

Festes oder halbfestes Zellmaterial (z.B. Schrägagarkulturen oder Einzelkolonien):

– Mit unsteriler Pasteurpipette einen kleinen Tropfen Einschlussmittel (ca. 0,02 ml) auf die Mitte eines sauberen Objektträgers bringen.

– Mit ausgeglühter und abgekühlter Impföse oder (besser!) Impfnadel eine winzige, kaum sichtbare Menge Zellmaterial entnehmen (vgl. S. 173f.).

– Material am Rande des Tropfens vorsichtig etwas befeuchten, dann **neben** dem Tropfen auf dem Objektträger verreiben; anschließend den Tropfen herüberziehen, und Zellen möglichst gleichmäßig im Einschlussmittel verrühren. (Wenn man das Material sofort in dem Tropfen verrührt, bleiben die Zellen leicht zu Klumpen oder Flocken vereint und lassen sich nicht gleichmäßig verteilen.)
Die Suspension darf bei Betrachtung gegen einen dunklen Untergrund nur eine ganz schwache Trübung aufweisen; anderenfalls Suspension mit weiterem Einschlussmittel verdünnen.
Wenn man die natürliche Anordnung der Zellen studieren will: Zellmaterial nicht zu intensiv verrühren; besser Flüssigkeitskultur verwenden!

– Ein sauberes Deckglas auflegen.
Einige kleine Luftblasen im Präparat stören nicht, sondern erleichtern das Auffinden der Präparatebene und fördern die Beweglichkeit aerober Bakterien.
Die Oberseite des Deckglases muss völlig trocken sein. Das Einschlussmittel soll den Raum unter dem Deckglas ganz ausfüllen, es darf aber nicht am Deckglasrand hervortreten; das Deckglas darf nicht frei auf dem Tropfen schwimmen, sondern muss dem Objektträger fest anliegen (besonders wichtig für das Arbeiten mit der Ölimmersion!).

Wenn das **nicht** der Fall ist:

– Ein Stück Filtrierpapier mit einer Kante längs an den seitlichen Deckglasrand anlegen, und so lange Flüssigkeit absaugen, bis das Deckglas dem Objektträger fest anliegt und kein Einschlussmittel mehr am Deckglasrand hervortritt. Der Flüssigkeitsfilm unter dem Deckglas soll so dünn wie möglich sein (vgl. S. 244)!
Bei der Untersuchung von **Krankheitserregern** den mit Zellsuspension vollgesogenen Teil des Filtrierpapiers nicht mit den Fingern berühren! Papierstückchen sofort nach Gebrauch in eine geschlossene Petrischale legen und später sterilisieren oder gefahrlos vernichten.

– Präparat sofort nach der Herstellung unter dem Phasenkontrastmikroskop mit einem starken Trockenobjektiv oder einem Ölimmersionsobjektiv mikroskopieren.
Wenn das Präparat nicht sofort untersucht oder wenn länger mikroskopiert wird, **trocknet** das Präparat leicht **aus**: Die Flüssigkeitsfront zieht sich vom Rand des Deckglases zur Mitte zurück. Unter dem Mikroskop beobachtet man eine zunehmende, manchmal ruckartige Strömung; zuletzt wandert die Flüssigkeitsfront durch das Sehfeld. Die Austrocknung erkennt man bei schräger Aufsicht auf das Deckglas an einer Spiegelung (Totalreflexion).

Da die Zellen durch das Austrocknen meist abgetötet und häufig in ihrer Morphologie verändert werden,

– entweder in regelmäßigen Abständen mit der Pasteurpipette einen Tropfen Einschlussmittel so dicht an den seitlichen Deckglasrand setzen, dass er unter das Deckglas gesaugt wird und der Raum unter dem Deckglas wieder ganz mit Flüssigkeit ausgefüllt ist; überschüssige Flüssigkeit mit einem Stück Filtrierpapier absaugen (s.o.),
oder die Ränder des Deckglases mit Hilfe eines Streichholzes o.ä. mit geschmolzener Vaseline oder Vaspar oder mit Nagellack abdichten. Damit das Deckglas nicht verrutscht, zunächst nur die Ecken fixieren und antrocknen lassen, erst dann die Ränder bestreichen. (Nagellack vor dem Mikroskopieren mindestens 30 min trocknen lassen, da der noch flüssige Lack die Frontlinse des Objektivs angreift.)
– Bei Präparaten von (möglicherweise) **pathogenen Mikroorganismen**: Nach Abschluss der Untersuchung mit einem unbenutzten Objektträger das Deckglas des Präparats vom Objektträger herunter in ein Desinfektionsbad schieben, und beide Objektträger ebenfalls in die Desinfektionslösung einlegen. Die Gläser anschließend autoklavieren.

Beim vorwiegend verwendeten positiven Phasenkontrast erscheinen im Lebendpräparat **vegetative Zellen** unter dem Mikroskop gewöhnlich **dunkel** auf hellerem Grund. Intrazelluläre Strukturen mit hohem Lichtbrechungsindex, wie **bakterielle Endosporen** und einige Zelleinschlüsse (z.B. Fetttröpfchen, Poly-3-hydroxybuttersäure-[PHB-]Granula oder Schwefelkugeln), heben sich **hell leuchtend** vom dunkleren Cytoplasma ab (vgl. S. 246). Falls man nicht sicher ist, ob es sich in den Zellen um Endosporen oder um einzelne, große PHB-Granula handelt, führe man eine Lipidfärbung (s. S. 254) oder – nach Fixierung des Präparats – eine Endosporenfärbung (s. S. 273 ff.) durch. Auch die freien Endosporen lassen sich aufgrund ihres Leuchtens leicht von vegetativen Zellen unterscheiden. Man sollte jedoch den mikroskopischen Nachweis von Endosporen durch eine Hitze- oder Ethanolbehandlung des Probenmaterials mit anschließender Bebrütung erhärten (s. S. 160, 275).

8.5.1.1 Prüfung auf Beweglichkeit

Ein einfaches Lebendpräparat ist auch geeignet zum Nachweis der Beweglichkeit von Bakterien (zum „Hängetropfenpräparat" s. S. 244). Bei der bakteriellen Bewegung handelt es sich meist um ein aktives Schwimmen in einer Flüssigkeit (oder in einem Flüssigkeitsfilm auf einer festen Oberfläche [„Schwärmen"], vgl. S. 172) mit Hilfe rotierender Geißeln, bei den Spirochaeten mit Hilfe von Axialfibrillen (periplasmatischen Geißeln), selten um ein Gleiten oder Kriechen auf einer festen Oberfläche (z.B. bei Myxobakterien und Cyanobakterien).

Die Beweglichkeit durch aktives Schwimmen ist allerdings häufig **keine stabile Eigenschaft** von Bakterien und daher nur von begrenztem Wert für ihre Differenzierung und Identifizierung. Sie ist z.B. abhängig von den Wachstumsbedingungen der untersuchten Organismen: Ein niedriger pH-Wert des Nährbodens, eine hohe Bebrütungstemperatur (z.B. 37 °C) und eine zu lange Bebrütung beeinträchtigen oder unterdrücken die Beweglichkeit.

Für die Untersuchung am besten geeignet sind junge, bei suboptimaler Temperatur bebrütete Flüssigkeitskulturen (vgl. S. 277). Der Nährboden soll möglichst keine oder wenig vergärbare Kohlenhydrate enthalten (vgl. S. 186); ein Zusatz von Phosphat (z.B. 0,1 % [w/v] Kaliumphosphat) fördert Begeißelung und Beweglichkeit. Verwendet man einen festen Nährboden, so entnimmt man das Zellmaterial vom Rand der Kolonie, weil dort die Kultur am jüngsten und die Zellen am aktivsten sind. Man behandle das Zellmaterial so schonend wie möglich, damit die Geißeln nicht abbrechen.

Man prüft die Beweglichkeit der Zellen unmittelbar nach Herstellung des Präparats. Strikt aerobe Bakterien verbrauchen sehr rasch den Sauerstoff unter dem Deckglas und stellen dann ihre Bewegung ein; am Deckglasrand oder in unmittelbarer Nachbarschaft von Luftblasen bleiben sie oft länger beweglich. Dagegen werden strikt anaerobe Bakterien durch den Luftsauerstoff mehr oder weniger schnell abgetötet; man untersucht sie am besten im Zentrum des Präparats. Bakterien, die bei relativ hoher Temperatur bebrütet worden sind, erleiden bei der Herstellung des Präparats einen Temperaturschock, der ihre Bewegung – zumindest vorübergehend – zum Stillstand bringen kann. Weißes Mikroskopierlicht und die Wärmestrahlung der Lichtquelle haben ebenfalls einen hemmenden Einfluss auf die Beweglichkeit der Zellen. Man sollte deshalb mit einem Gelbgrünfilter und eventuell auch einem Wärmeschutzfilter mikroskopieren.

Man untersucht die Zellen mit einem mittleren bis starken Trockenobjektiv; ein Immersionsobjektiv ist in der Regel nicht erforderlich. Auch in einem frischen Präparat einer beweglichen Population zeigen nicht alle Zellen Bewegung. Unbeweglich sind vor allem solche Zellen, die am Objektträger oder Deckglas haften. Aktive Bewegung erkennt man im mikroskopischen Bild daran, dass sich die Zellen unabhängig von der Bewegungsrichtung der Nachbarzellen über eine gewisse Strecke gerichtet fortbewegen. Polar begeißelte Bakterien schwimmen dabei schnell und geradlinig von einer Stelle zur anderen, während peritrich begeißelte Zellen eine langsamere, wackelnde Bewegung zeigen, die in kurzen Zeitabständen von einer plötzlichen, zufälligen Richtungsänderung („Taumeln") unterbrochen wird. Eindeutig kann man die Anordnung der Geißeln jedoch nur durch eine Geißelfärbung (s. S. 277ff.) oder unter dem Elektronenmikroskop bestimmen.

Eine aktive Bewegung der Zellen kann **vorgetäuscht** werden durch

- die Brown'sche Molekularbewegung
  (Die Zellen zittern oder schwanken regellos hin und her, ohne sich nennenswert in einer Richtung fortzubewegen.)
- Strömungen im Präparat.
  (Alle Zellen bewegen sich mit etwa gleicher Geschwindigkeit in einer Richtung.)

Bei fakultativen Anaerobiern, insbesondere bei den Enterobacteriaceae und nitratreduzierenden Bakterien, lässt sich die Beweglichkeit zuverlässiger als unter dem Mikroskop durch Kultivierung in oder auf einem halbfesten Agar nachweisen (vgl. S. 70).

8.5.2 Immobilisierung der Zellen im Lebendpräparat

Aktive oder passive Bewegungen der Zellen im Präparat stören bei der Untersuchung von Objektdetails, bei der Zellzählung unter dem Mikroskop und bei der Mikrofotografie. Durch Erhöhung der Viskosität des Einschlussmittels, z.B. durch Suspendieren der Zellen in einer wässrigen Lösung von Methylcellulose (Endkonzentration 0,5–1,5 % [w/v]) oder von Polyvinylalkohol (Endkonzentration 4 % [w/v]), kann man das aktive Schwimmen der Bakterien verlangsamen. Durch vorsichtiges Erwärmen des Präparats lässt sich die Beweglichkeit manchmal ganz unterdrücken.

Um die Zellen sicher zu immobilisieren, streicht man im einfachsten Falle die Suspension gleichmäßig und in dünner Schicht auf einem fettfreien Deckglas aus (vgl. S. 258f.), lässt sie an der Luft trocknen, dreht dann das Deckglas um und legt es auf einen kleinen Tropfen Leitungswasser oder Nährlösung auf einem Objektträger. Dabei bleibt der größte Teil der Zellen am Deckglas haften. Da alle Zellen in einer Ebene liegen, verbessern sich zugleich die Bedingungen für die Phasenkontrastbeobachtung. Allerdings sterben die Zellen beim Austrocknen meist ab; häufig schrumpfen sie und verformen sich.

Ein Austrocknen der Zellen vermeidet man beim **Deckglas-Agar-Präparat**. Der Agar muss vor der Verwendung gut gewaschen werden, um störende Partikel zu entfernen.

Immobilisierung lebender Bakterien im Deckglas-Agar-Präparat

Material: – 1 Röhrchen mit einer kleinen Menge einer Bakteriensuspension von geeigneter Zelldichte (s. S. 248f.)

- Reagenzglasständer
- 2 g hochgereinigter Agar
- demineralisiertes Wasser
- Becherglas
- ein 250-ml-Erlenmeyerkolben
- 2- bis 10-ml-Messpipette (mit an der Flamme erweiterter Ausflussöffnung) oder Dosierspritze, unsteril
- Pasteurpipette mit Saughütchen, unsteril
- ebene Objektträger
- Deckgläser, fettfrei (s. S. 232ff.)
- Impföse im Kollehalter
- Wasserbad bei 100 °C
- Trockenschrank bei ca. 50 °C
- 1 Magnetrührer
- 1 Magnetrührstäbchen, PTFE-überzogen

– 2 g Agar in einem Becherglas in etwas demineralisiertem Wasser suspendieren, auf einem Magnetrührer gut rühren, und das Wasser wieder abgießen. Vorgang mehrmals wiederholen.

– Den Agar in 100 ml Wasser suspendieren, in einem 250-ml-Erlenmeyerkolben im Wasserbad bei 100 °C schmelzen und möglichst heiß mit einer Messpipette oder Dosierspritze in Portionen zu je 2 ml auf sauberen Objektträgern gleichmäßig verteilen.

– Die Objektträger mehrere Stunden im Trockenschrank bei ca. 50 °C staubfrei trocknen.

– Die beschichteten Objektträger vor Staub geschützt aufbewahren. Sie sind mehrere Monate haltbar.

– Mit der Pasteurpipette einen kleinen Tropfen (ca. 0,02 ml) der Bakteriensuspension auf ein sauberes, fettfreies Deckglas bringen und mit der Impföse möglichst gleichmäßig verteilen.

– Sofort anschließend Deckglas umdrehen und auf einen mit Agar beschichteten Objektträger legen.

– Präparat mikroskopieren.

Der auf dem Objektträger verteilte Agar trocknet zu einem hauchdünnen, fast unsichtbaren Film ein. Nach dem Auflegen des Deckglases mit der Bakteriensuspension quillt der Agar und drückt die Zellen gegen das Deckglas; dadurch werden sie unbeweglich und gelangen alle in eine Ebene.

Wenn man den Objektträger statt mit Agar mit 15- bis 20%iger (w/v) **Gelatine** beschichtet, wird im Phasenkontrastbild der Haloeffekt gemildert, und intrazelluläre Strukturen werden besser sichtbar (s. S. 244f.).

8.5.3 Färbungen am Lebendpräparat

8.5.3.1 Nachweis organischer Speicherstoffe

Viele Mikroorganismen lagern unter bestimmten Milieubedingungen Polysaccharide (α-D-Glucane), Neutralfette (bei Eukaryoten) oder Polyhydroxyfettsäuren (bei Bakterien) als schwerlösliche, osmotisch inerte Kohlenstoff- und Energiereserve innerhalb der Zelle ab, oft in Form mikroskopisch sichtbarer Körnchen (Granula) bzw. Tröpfchen. Solche Speicherstoffe werden vor allem dann gebildet, wenn eine Kohlenstoff- und Energiequelle im Überschuss zur Verfügung steht, ein anderer essentieller Nährstoff jedoch knapp geworden ist und das Wachstum deshalb nachlässt oder zum Stillstand kommt (z.B. zu Beginn der stationären Wachstumsphase). Es kann sich dabei um Stickstoff-, Schwefel- oder Phosphatmangel, bei Aerobiern auch um Sauerstoffmangel handeln.

Polysaccharide

Polysaccharidgranula lassen sich mit **Lugol'scher Lösung** (Iod-Kaliumiodid-Lösung, s. S. 267) im Lebendpräparat anfärben und z.T. hinsichtlich ihrer chemischen Struktur unterscheiden. Bei der Reaktion lagern sich die Iodatome als lineare Polyiodidketten in die kanalartigen Hohlräume der schraubenförmig aufgewickelten Polysaccharidketten ein, und es entsteht eine Einschlussverbindung, die für die Färbung verantwortlich ist. Bei der Anfärbung werden die Zellen abgetötet.

Mikroskopischer Nachweis von Speicherpolysacchariden

Material: – Lebendpräparat des anzufärbenden Mikroorganismus (s. S. 248ff.)

           – Lugol'sche Lösung, verdünnt, nach Gram (s. S. 267) im Tropffläschchen

           – kleine, rechteckige Filtrierpapierstücke

           – Hellfeldmikroskop

– Einen Tropfen Lugol'sche Lösung auf den Objektträger mit dem Lebendpräparat dicht an den seitlichen Deckglasrand setzen.

– Ein Stück Filtrierpapier mit einer Kante längs an den gegenüberliegenden Deckglasrand anlegen, und Lugol'sche Lösung unter dem Deckglas durchsaugen, bis keine Flüssigkeit mehr am Deckglasrand hervortritt und das Deckglas dem Objektträger fest anliegt (vgl. S. 249; Vorsicht, Kontaminationsgefahr!).

– Präparat im Hellfeld mikroskopieren, dabei Kondensorblende nicht mehr als nötig schließen (vgl. S. 229).

Auswertung:

Intrazelluläre Granula

- blau bis blauschwarz = **Stärke**

- blauviolett bis braunviolett = **Granulose**
  bei saccharolytischen Clostridien, z.B. *Clostridium butyricum*, *C. pasteurianum*, nach Wachstum auf kohlenhydratreichen Nährböden (s. S. 150ff.)

- rotbraun = **Glykogen**

z.B. bei Enterobacteriaceae, wie *Escherichia coli* (Stamm B oder K12), nach Wachstum auf kohlenhydratreichen Nährböden, z.B. auf Nähragar (s. S. 161, ohne Mangansulfat!) + 1 % (w/v) Glucose.

Lipide

Fetttröpfchen sowie Granula aus Polyhydroxyfettsäuren (Polyhydroxyalkanoaten), meist Poly-3-hydroxybuttersäure (PHB), fallen im Phasenkontrastbild als stark lichtbrechende und deshalb hell leuchtende Zelleinschlüsse auf. (Nicht mit Endosporen verwechseln, vgl. S. 250!) In Zweifelsfällen unterscheidet man sie von anderen Einschlusskörpern durch Anfärbung mit lipophilen Farbstoffen, z.B. **Sudanschwarz B**.

Mikroskopischer Nachweis von Speicherlipiden

Material: – Kolonie des anzufärbenden Mikroorganismus auf einem festen Nährboden

  – Objektträger, Deckglas

  – Impföse oder -nadel im Kollehalter

  – Bunsenbrenner

  – Sudanschwarz B-Lösung im Tropffläschchen (0,3 g Sudanschwarz B in 100 ml 70%igem Ethanol lösen, kurz aufkochen, vor Gebrauch filtrieren.)

  – kleine, rechteckige Filtrierpapierstücke

  – Hellfeldmikroskop

– Einen Tropfen Sudanschwarz B-Lösung auf die Mitte eines sauberen Objektträgers bringen.

– Mit steriler Impföse oder (besser!) Impfnadel eine winzige Menge Zellmaterial von einer Kolonie des anzufärbenden Mikroorganismus entnehmen und in dem Tropfen möglichst gleichmäßig verrühren (s. S. 249).

– Ein sauberes Deckglas auflegen, und die Farbstofflösung 15 min einwirken lassen. Das Präparat darf nicht austrocknen!

– Gegebenenfalls überschüssige Flüssigkeit mit einem Stück Filtrierpapier absaugen, und Präparat im Hellfeld mikroskopieren; dabei Kondensorblende nicht mehr als nötig schließen.

Auswertung:

Lipideinschlüsse erscheinen blaugrau bis schwarz innerhalb der ungefärbten Zellen.

Beispiele für Bakterien mit PHB-Granula: *Azohydromonas lata* (bisher: *Alcaligenes latus*); *Bacillus megaterium* nach 24 bis 30 Stunden Wachstum auf Nähragar (s. S. 161, ohne Mangansulfat!) + 1 % (w/v) Glucose.

8.5.3.2 Darstellung von Kapseln durch Negativfärbung

Die Zellen vieler Bakterien sind von einer mehr oder weniger dicken, stark wasserhaltigen **Schleimhülle** (Kapsel) aus Polysacchariden, selten aus Polypeptiden (bei einigen *Bacillus*-Arten), umgeben. Polysaccharidkapseln werden vor allem auf Nährböden gebildet, die Kohlenhydrate (z.B. 1 % Glucose) enthalten. Der Schleim ist meist farblos und wasserklar und hat etwa denselben Brechungsindex wie Wasser; daher ist er im Lebendpräparat auch unter dem

Phasenkontrastmikroskop nicht sichtbar. Setzt man dem Präparat jedoch schwarze Tusche zu, das ist eine Aufschwemmung feinster Rußpartikel in einer wässrigen Lösung, so hebt sich die Kapsel hell von der dunklen Umgebung ab (negativer Kontrast, Negativfärbung), da die Rußteilchen nicht in den Schleim eindringen können.

Kapseldarstellung mit schwarzer Tusche

Material: – 1 Röhrchen mit einer kleinen Menge der anzufärbenden Bakteriensuspension von geeigneter Zelldichte (s. S. 248 f.);
Objektträger, Deckglas;
Pasteurpipette mit Saughütchen, unsteril

oder: Kolonie des anzufärbenden Bakterienstamms auf einem festen Nährboden;
Objektträger, Deckglas;
Impföse oder -nadel im Kollehalter;
Bunsenbrenner

oder: einfaches Lebendpräparat des anzufärbenden Bakterienstamms (s. S. 248ff.)

– chinesische Tusche, mit demineralisiertem Wasser im Volumenverhältnis 1 : 1 bis 1 : 4 verdünnt, im Tropffläschchen (Wenn die Tusche länger aufbewahrt werden soll, 1 % [w/v] Phenol zur Konservierung zusetzen.)
– kleine, rechteckige Filtrierpapierstücke
– Phasenkontrastmikroskop

Wenn noch kein Lebendpräparat vorhanden ist:
(vgl. S. 248ff.)

– Einen kleinen Tropfen verdünnte Tusche auf die Mitte eines sauberen Objektträgers bringen.
– Mit einer Pasteurpipette einen kleinen Tropfen einer geeigneten Bakteriensuspension dazugeben, gut mischen.
Oder: Mit steriler Impföse oder (besser!) Impfnadel eine winzige Menge Zellmaterial von einer Kolonie entnehmen. Material am Rande des Tuschetropfens etwas befeuchten, dann neben dem Tropfen auf dem Objektträger verreiben, anschließend mit dem Tropfen vereinen und gut verrühren.
– Ein sauberes Deckglas auflegen und mit dem oberen Ende des Kollehalters o.ä. fest andrücken.
– Mit einem Stück Filtrierpapier überschüssige Flüssigkeit absaugen, bis sie nicht mehr am Deckglasrand hervortritt. Vorsicht, Kontaminationsgefahr!
– Das Tuschepräparat im Phasenkontrast mikroskopieren. Das Präparat soll eine möglichst geringe Schichtdicke besitzen und darf weder zu schwarz noch zu hell sein.

Wenn bereits ein Lebendpräparat vorhanden ist:

– Einen kleinen Tropfen verdünnte Tusche auf den Objektträger mit dem Lebendpräparat dicht an den seitlichen Deckglasrand setzen.
– Ein Stück Filtrierpapier mit einer Kante längs an den gegenüberliegenden Deckglasrand anlegen, und die Tusche unter dem Deckglas durchsaugen, bis keine Flüssigkeit mehr am Deckglasrand hervortritt und das Deckglas dem Objektträger fest anliegt. Vorsicht, Kontaminationsgefahr!
– Das Tuschepräparat im Phasenkontrast mikroskopieren. Einen Präparatbereich mit möglichst geringer Schichtdicke und geeigneter Tuschekonzentration (weder zu schwarz noch zu hell!) einstellen.

Auswertung:

Die Kapseln heben sich als hell leuchtende, farblose Höfe um die dunklen Zellen herum deutlich von der bräunlichschwarzen oder grauen Umgebung ab, die dicht mit feinen Tuscheteilchen gefüllt ist.

Beispiele: *Azotobacter chroococcum* oder *A. vinelandii*, *Bacillus megaterium*, nach Wachstum auf kohlenhydratreichen Nährböden, z.B. mit 1–2 % (w/v) Glucose.

8.5.4 Objektträgerkultur

Wenn man die Oberfläche eines Objektträgers mit einer dünnen, festen Nährbodenschicht überzieht, diese mit einer Mikroorganismensuspension beimpft und anschließend bebrütet, dann entstehen flächig in einer Ebene wachsende Mikrokolonien, deren Entwicklung man unter dem Mikroskop über längere Zeit direkt verfolgen kann. Die Methode erlaubt einen Einblick in die **Wachstumsdynamik** von Mikroorganismen: Die Vermehrung der Zellen, Veränderungen der Zellform, -größe und -anordnung (unter Umständen sogar der intrazellulären Strukturen), während des Wachstums sowie die Sporenbildung und -keimung lassen sich an einer einzigen Kultur unmittelbar beobachten.

Herstellung und Untersuchung einer Objektträger-Agarkultur aerober Mikroorganismen

Material:
- 1 Röhrchen mit einer kleinen Menge einer Zell- oder Sporensuspension des zu kultivierenden Organismus von geeigneter Konzentration (s. S. 173f., 248f.)
- 1 Röhrchen mit 2–5 ml eines für den zu kultivierenden Organismus geeigneten Agar-nährbodens
- Petrischale aus Glas, innerer Bodendurchmesser ≥ 85 mm
- Filtrierpapierscheibe (z.B. Rundfilter), passend in das Unterteil der Petrischale
- U-förmig gebogener Glasstab mit 2 kurzen, parallelen Schenkeln in einem Abstand von 30–55 mm, passend in das Unterteil der Petrischale
- Objektträger, fettfrei (s. S. 232ff.); Deckglas
- Deckglaspinzette aus Edelstahl (ersatzweise Briefmarkenpinzette), steril
- Skalpell, steril
- 5-ml-Messpipette, steril
- Impföse im Kollehalter
- Bunsenbrenner
- Autoklav
- Phasenkontrastmikroskop
- eventuell: geschmolzene Vaseline oder Vaspar (s. S. 138) oder Nagellack; Streichholz o.ä.

Beschichten des Objektträgers, Animpfen der Kultur:
(Beim Beschichten des Objektträgers zu zweit arbeiten, möglichst in einer Reinen Werkbank!)
- Auf den Boden einer Glaspetrischale eine Filtrierpapierscheibe und darauf einen U-förmig gebogenen Glasstab legen.
- Einen fettfreien Objektträger quer über die Schenkel des Glasstabs legen, und ein Deckglas gegen einen der Schenkel lehnen.

- Das Filtrierpapier befeuchten, und Petrischale nebst Inhalt zusammen mit dem Röhrchen mit Agarnährboden autoklavieren.
- Objektträger mit einer sterilen (oder notfalls abgeflammten) Deckglaspinzette aus der Petrischale entnehmen und auf beiden Seiten abflammen.
- Mit steriler 5-ml-Messpipette auf den noch warmen, waagerecht gehaltenen Objektträger 2–3 Tropfen des flüssigen, möglichst heißen Agarnährbodens geben. Je heißer der Agar, desto dünner die Schicht!
- Durch Kippbewegungen den Agar auf dem Objektträger zu einem feinen Film verteilen.
- Sofort anschließend den beschichteten Objektträger in die Petrischale mit feuchtem Filtrierpapier („feuchte Kammer") und auf den Glasstab zurücklegen; Agar in genau waagerechter Lage erstarren lassen.
- Mit sterilem Skalpell so viel von der erstarrten Agarschicht abschaben, dass in der Mitte des Objektträgers ein etwa quadratischer Rest verbleibt, dessen Fläche etwas kleiner ist als das Deckglas.
- Mit ausgeglühter Impföse eine winzige Menge der Mikroorganismensuspension auf dem Agarfilm verstreichen.
- Mit abgeflammter Deckglaspinzette Deckglas auf die Agarfläche auflegen.

Untersuchung der Kultur (Methode 1):

- Objektträger in die Petrischale zurücklegen und mindestens 30 min bebrüten.
- Kultur in Abständen von 30–60 min mikroskopieren.

Untersuchung der Kultur (Methode 2):

- Die Ränder des Deckglases mit Hilfe eines Streichholzes o.ä. mit geschmolzener Vaseline oder Vaspar oder mit Nagellack (s. S. 250) abdichten. (Dies schützt die Kultur vor Austrocknung; die zwischen Objektträger und Deckglas um den Nährboden herum verbleibende Luftkammer versorgt die Zellen mit Sauerstoff.)
- Objektträger auf den Objekttisch des Mikroskops bringen und dort liegen lassen.
- Kultur in Abständen von 30–60 min mikroskopieren.
  Nach jeder Beobachtung Mikroskopierlampe ausschalten, um eine Schädigung der Organismen durch Licht oder Überhitzung zu vermeiden.

Wenn eine etwas größere Schichtdicke nicht stört, z.B. bei der Untersuchung von Hefen und myzelbildenden Pilzen, und die Zellen wärmeresistent sind, kann man die Zell- (oder Sporen-)suspension auch direkt mit dem flüssigen, auf 45 °C abgekühlten Agarnährboden vermischen. Man bringt einen kleinen Tropfen des Gemisches auf einen sterilen Objektträger, legt ein steriles Deckglas auf und drückt das Deckglas z.B. mit dem unteren Ende des Kollehalters oder eines Bleistifts leicht an.

Erhöht man den Brechungsindex des die Zellen umgebenden Mediums und nähert ihn dem Brechungsindex des Cytoplasmas an, indem man dem Agarnährboden 15–20 % (w/v) Gelatine oder bis zu 30 % (w/v) Polyvinylpyrrolidon zusetzt, so kann man in den wachsenden und sich vermehrenden Mikroorganismen Veränderungen **intrazellulärer Strukturen** sichtbar machen, die sonst nicht zu erkennen sind, z.B. die Kernteilung in Bakterien (vgl. S. 244).

8.6 Untersuchung fixierter und gefärbter Bakterien (klassische Färbungen)

Die Anfärbung von Bakterien kann verschiedenen Zwecken dienen:

- Erhöhung des Kontrasts durch einheitliches, unspezifisches Anfärben der Zellen, gewöhnlich mit einem einzigen Farbstoff, um sie besser sichtbar zu machen, ohne die Auflösung zu verringern

  = **einfache Färbung** (s. S. 264ff.)

- Unterscheidung (Differenzierung) verschiedener Bakteriengruppen

  = **Differentialfärbung** (s. S. 266ff.)

- selektive Darstellung bestimmter Zellstrukturen oder -einschlüsse, z.B. von Geißeln, Sporen oder Reservestoffen

  = „cytologische" Färbung (s. S. 273ff.).

8.6.1 Allgemeine Methoden

8.6.1.1 Herstellung und Fixierung von Ausstrichpräparaten

Vor der Färbung streicht man die Zellen **in dünner Schicht** auf einem Objektträger oder Deckglas aus. Deckgläser sind zwar bei der Handhabung bruchempfindlicher als Objektträger, springen jedoch nicht so leicht beim Erhitzen. Für den Ausstrich eignen sich am besten Flüssigkeitskulturen, bei aeroben Bakterien Schüttelkulturen. In ihnen sind die Zellen physiologisch einheitlicher, ihre Form ist regelmäßiger und ihre natürliche Anordnung besser zu erkennen als in Zellmaterial von Agarkolonien.

Die für den Ausstrich verwendeten Objektträger bzw. Deckgläser müssen vorher **entfettet** werden (s. S. 233f.), damit sie gleichmäßig benetzbar sind und die Zellsuspension sich beim Ausstreichen nicht zu Tropfen zusammenzieht. Dies gilt auch für frisch aus der Originalpackung entnommene Gläser. Nach der Reinigung werden die Gläser sofort verwendet oder in einem fest verschlossenen, staubfreien Behälter aufbewahrt.

Die ausgestrichene Suspension wird **an der Luft getrocknet** und anschließend **fixiert**; dabei werden die Zellen in der Regel abgetötet (siehe aber S. 264). Die Fixierung bewirkt eine Gerinnung (Koagulation) des Protoplasmas; dadurch erreicht man, dass die Zellen fest an der Oberfläche des Objektträgers oder Deckglases haften und ihre Strukturen so weit wie möglich im natürlichen Zustand erhalten bleiben.

Für Routinefärbungen von Bakterien genügt die **Hitzefixierung** (s.u.). Sie führt jedoch, wie das Trocknen, zum Schrumpfen und zur Verformung der Zellen und kann Zellverbände zerstören. Schonender, aber auch aufwendiger, ist die **chemische Fixierung** mit Fixiermitteln wie Alkohol, Formaldehyd oder Osmiumtetroxid. Gegen Fixierung empfindliche Bakterien, z.B. Spirochaeten, werden nur gut luftgetrocknet und anschließend direkt gefärbt.

Herstellen und Fixieren eines Bakterienausstrichs

Material: – Probe des zu untersuchenden Bakterienmaterials (z.B. von einer Flüssigkeitskultur, Schrägagarkultur oder Agarplatte mit Kolonien)

– Objektträger oder Deckglas, fettfrei (s. S. 233 f.)

– 1 Röhrchen mit wenig Leitungswasser, unsteril

– Reagenzglasständer

– Pasteurpipette mit Saughütchen, unsteril

– Impföse im Kollehalter

– eventuell: Impfnadel im Kollehalter

– Bunsenbrenner

– eventuell: Cornetpinzette (s. S. 262)

– eventuell: Filzstift

bei Bakteriensuspensionen zusätzlich:

– Pasteurpipette, steril

– Bei Ausstrich auf einem Deckglas dieses in eine Cornetpinzette einspannen (s. S. 262).

Bakteriensuspensionen (z.B. von Flüssigkeitskulturen):

– Eine kleine Menge der Bakteriensuspension mit Leitungswasser so weit verdünnen, dass nur noch eine ganz schwache Trübung erkennbar ist, und davon einen kleinen Tropfen oder 1 – 2 Impfösen voll auf die Mitte eines sauberen, fettfreien Objektträgers oder Deckglases bringen (Einzelheiten siehe: Herstellung eines einfachen Lebendpräparats, S. 248ff.).

Festes oder halbfestes Bakterienmaterial (z.B. von Schrägagarkulturen oder Kolonien auf Agarplatten):

– Einen kleinen Tropfen Leitungswasser auf die Mitte eines sauberen, fettfreien Objektträgers oder Deckglases pipettieren. Mit ausgeglühter Impföse oder (besser!) Impfnadel eine winzige Menge Zellmaterial in dem Wassertropfen gleichmäßig verteilen (Einzelheiten siehe S. 248ff.).

– Die Suspension mit der Impföse in kreisender Bewegung auf einer Fläche von 1 – 2 cm² zu einem möglichst dünnen Film ausstreichen.
Je dünner und gleichmäßiger die Schicht, desto besser gelingt die Färbung!
Wenn sich die Suspension beim Ausstreichen zu winzigen Tropfen zusammenzieht, ist die Glasoberfläche nicht fettfrei.

– Eventuell mit einem Filzstift Schichtseite markieren und die Präparatstelle auf der Unterseite umkreisen.

– Ausstrich an der Luft völlig trocknen lassen. (Zellen, die noch feucht sind, quellen beim Erhitzen, und in der Zellwand können Risse auftreten.) Durch Schwenken oder leichtes Erwärmen des Ausstrichs, z.B. mit Warmluft, auf keinen Fall jedoch durch Erhitzen in der Bunsenbrennerflamme, kann man das Trocknen beschleunigen.

– Die Flamme des Bunsenbrenners mit der Luftregulierhülse so einstellen, dass sie nicht leuchtet, aber auch nicht prasselt (ohne blauen Innenkegel; vgl. S. 17). Anschließend Flamme mit dem Wipphahn schwach stellen, aber so, dass sie nicht zurückschlägt.

– Den absolut trockenen Ausstrich mit der Schichtseite nach oben dreimal schnell durch die Flamme ziehen. Dabei jedesmal innerhalb einer Sekunde einen senkrechten Kreis von etwa 20 – 30 cm Durchmesser gleichmäßig durchlaufen. (Präparat von oben in die Flamme senken und, ohne in ihr zu verweilen, seitlich wegziehen.)

– Ausstrich abkühlen lassen.

Will man mehrere Proben in derselben Weise färben, so kann man auf einem Objektträger nebeneinander drei oder vier Ausstriche zugleich herstellen, nachdem man auf der Objektträgerunterseite die betreffenden Stellen markiert und nummeriert hat.

8.6.1.2 Die Farbstoffe

Bakterien färbt man vorwiegend mit kationischen (basischen) Farbstoffen; das sind Farbstoffsalze, die in wässriger Lösung dissoziieren und bei denen das Kation der Farbträger ist. (Als Anion verwendet man meist Chlorid.) Die Farbstoffkationen reagieren beim Färben mit negativ geladenen (sauren) Gruppen von Zellbestandteilen, z.B. mit Carboxygruppen von Proteinen oder mit Phosphatgruppen von Nucleinsäuren, und bilden mit ihnen Salze, wobei sie Ionen mit geringerer Affinität verdrängen.

Eine **Vertiefung der Färbung** lässt sich erzielen durch

- längere Einwirkungsdauer des Farbstoffs
- Erhöhung der Temperatur während der Einwirkung, gegebenenfalls bis zum Sieden
- Zusatz gewisser Stoffe, wie Laugen oder Phenol.

Eine **Abschwächung der Färbung** erreicht man durch Behandlung des zu stark gefärbten Präparats mit

- 70- bis 96%igem Ethanol
- Aceton
- 0,5- bis 1%iger Essigsäure
- verdünnten Mineralsäuren, z.B. Salzsäure.

Mineralsäuren bewirken eine besonders **kräftige Entfärbung**; noch wirksamer ist die abwechselnde Behandlung mit verdünnter Mineralsäure und mit Alkohol oder die Behandlung mit einem Mineralsäure-Alkohol-Gemisch (vgl. S. 271f.). Ein solches Gemisch, z.B. aus 97 Teilen 70%igem (v/v) Ethanol und 3 Teilen 25%iger (w/v) Salzsäure, benutzt man auch, um Farbstoffflecken von den Händen oder von der Arbeitsfläche zu entfernen.

Man verwende nur Farbstoffe, die speziell für die Mikroskopie vorgesehen sind. Von der Mehrzahl der kationischen Farbstoffe setzt man zunächst gesättigte alkoholische **Stammlösungen** an. Einige Farbstoffe, z.B. Malachitgrün, löst man jedoch in Wasser. Um nicht unnötig viel Farbstoff zu verbrauchen, informiere man sich in Tab. 27 über die für eine gesättigte Lösung ungefähr benötigte Farbstoffmenge.

Ansetzen einer gesättigten alkoholischen Farbstoffstammlösung

Material: – kationischer Farbstoff

        – 100 ml 96%iges (w/w) Ethanol

        – braune Schraubverschlussflasche

        – Wasserbad bei ~ 50 °C

        – Laborwaage (Grobwaage)

- Eine entsprechende Farbstoffmenge (s. Tab. 27) mit 100 ml 96%igem Ethanol übergießen, das vorher im Wasserbad auf etwa 50 °C erwärmt worden ist. Mehrmals kräftig schütteln.
- Ansatz 2–3 Tage lichtgeschützt bei Raumtemperatur stehen lassen; wiederholt kräftig schütteln. Es bleibt ein ungelöster Bodenkörper zurück.
- Stammlösung in gut verschlossener, brauner Flasche bei Raumtemperatur und vor Licht geschützt aufbewahren. Die Lösung ist jahrelang haltbar.

Zur Herstellung der **Gebrauchslösung** gießt oder (besser!) filtriert man – möglichst erst unmittelbar vor Gebrauch – einen Teil der Stammlösung ab und verdünnt sie meist 1:5 bis 1:10 (v/v) mit frisch demineralisiertem Wasser oder einer wässrigen Reagenzlösung (siehe bei den einzelnen Färbungen). Oft ist es allerdings zweckmäßiger, über den Handel fertige Gebrauchslösungen zu beziehen; sie sind für viele Färbungen erhältlich.

Die Gebrauchslösungen füllt man am besten in 20- bis 30-ml-Tropffläschchen aus Polyethylen, die einen Tropfverschluss mit langer Spitze und Verschlusskappe besitzen. Pipettenflaschen aus Glas mit eingeschliffener Pipette (und Gummisauger) sind weniger gut geeignet, weil der Schliff schnell mit Farbstoffresten verkrustet und die Flasche dann oft schwer zu öffnen ist.

Man bewahre die Gebrauchslösungen bei Raumtemperatur (15–25 °C) und vor Licht geschützt auf und halte sie von Ammoniak und Säuren fern. Die Lösungen sind – je nach

Tab. 27: Löslichkeit einiger für Bakterienfärbungen gebräuchlicher Farbstoffe in Wasser und Ethanol

Farbstoff (als [Hydro-]Chlorid) (in Klammern: Synonyme)	Colour-Index-(C.I.-)Nr.	Löslichkeit (g/100 ml bei 26 °C)[1]	
		in Wasser	in 96%igem (w/w) Ethanol
Chrysoidin G (= Chrysoidin Y, 2,4-Diaminoazobenzol)	11 270	0,86	2,21
Fuchsin (= basisches Fuchsin, Methylfuchsin, 3-Methylparafuchsin, „Rosanilin"[2])	42 510	0,39	8,16
Kristallviolett (= Methylviolett 10B, Hexamethylparafuchsin)	42 555	1,68	13,87
Malachitgrün (als Oxalat)	42 000	7,60	7,52
Methylenblau	52 015	3,55	1,48
Parafuchsin (=„Pararosanilin"[2]; als Acetat)	42 500	0,26	5,93
Safranin O (= Safranin T)	50 240	5,45	3,41
Toluidinblau O (= Toloniumchlorid; als Zinkchlorid-Doppelsalz)	52 040	3,82	0,57

[1] Da der Farbstoffgehalt der im Handel erhältlichen Farbstoffpulver oft nur 80–90 % beträgt, setze man, wenn der Gehalt nicht bekannt ist, die Stammlösungen mit einer etwa 25 % größeren Pulvermenge an, als der Löslichkeit des Farbstoffs entspricht.

[2] Tatsächlich handelt es sich bei Rosanilin bzw. Pararosanilin um die farblose „Carbinolbase", aus der der Farbstoff durch Wasserabspaltung hervorgeht.

Farbstoff – einige Tage bis etwa ein Jahr haltbar. Beim Stehen kommt es häufig zu Ausfällungen, besonders bei niedrigen Temperaturen (< 15 °C). Da solche Niederschläge die Färbung erheblich stören können, stellt man gegebenenfalls die Flasche mit der Farbstofflösung vor Gebrauch 2–3 Stunden in ein etwa 60 °C warmes Wasserbad; dadurch löst sich meist der größte Teil des Niederschlags wieder auf. Anschließend filtriert man die Lösung durch ein Papierfaltenfilter. Zum Gebrauch müssen die Färbelösungen völlig klar sein!

8.6.1.3 Durchführung der Färbung, Untersuchung des gefärbten Präparats

Durchführung der Färbung und mikroskopische Untersuchung des gefärbten Präparats

Material: – Deckglas oder Objektträger mit hitzefixiertem Ausstrich
  – Objektträger bzw. eventuell Deckglas, unbenutzt
  – Cornetpinzette bzw. Färbebank
  – Farbstoffgebrauchslösung(en) im Tropffläschchen[7]
  – eventuell: Beiz- und/oder Entfärbelösung im Tropffläschchen[7]
  – Wasserhahn mit Gummischlauch, oder Spritzflasche mit demineralisiertem Wasser
  – Filtrierpapierstücke
  – Stoppuhr, oder Uhr mit Sekundenanzeige
  – Hellfeldmikroskop
  – eventuell: Desinfektionsbad (s. S. 22f.)

Vorbereitung des Präparats für die Färbung:

– **Deckglaspräparate** spannt man schon zum Trocknen und Fixieren (s. S. 259) mit der äußersten Ecke in die scharf zulaufenden Backen einer Cornetpinzette ein und führt an ihr auch alle Färbe- und Spülvorgänge durch. Die **Cornetpinzette** (Abb. 23) ist eine Metallzange, die sich öffnet, wenn man ihre Arme zusammendrückt; in der Ruhelage ist sie durch Federdruck geschlossen und hält das eingeklemmte Deckglas fest. Zum Aufbringen der Farbstofflösung auf den Ausstrich stellt man die Cornetpinzette auf einen der flachen, breiten Pinzettenarme. Man sorge für eine geeignete Unterlage, um Farbflecken auf der Arbeitsfläche zu vermeiden!

Abb. 23:
Cornetpinzette
für Deckgläser

Abb. 24:
Färbebank

– **Objektträger** mit fixierten Ausstrichen legt man zum Färben und Spülen waagerecht auf eine Färbebank oder -brücke (Abb. 24). **Färbebänke** aus Glas, Kunststoff oder Edelstahl sind – mit oder ohne Auffangschale – im Handel erhältlich. Sie lassen sich aber auch leicht selbst herstellen: Man legt zwei Glasstäbe oder, wenn das Präparat bei der Färbung erhitzt werden muss, Metallstäbe in einem Abstand von etwa 5 cm parallel über ein Spülbecken oder über eine tiefe Glas- oder Plastikschale als Auffanggefäß für überschüssige Färbelösung und für Spülflüssigkeit. Die beiden Stäbe verbindet man an den Enden miteinander, z.B. durch kurze Schlauchstücke bzw. kleine Holzklötze, um den Abstand zu fixieren und ein Wegrollen zu verhindern (s. Abb. 24). Statt zweier Einzelstäbe kann man auch einen U-förmig gebogenen Stab verwenden. Es gibt auch Cornetpinzetten für Objektträger; ihre Backen sind vorn abgeflacht, und die untere trägt einen quergestellten Anschlag.

Durchführung der Färbung:

(Man beginnt die Färbung erst nach dem völligen Erkalten des hitzefixierten Ausstrichs.)

– Man träufelt so viel Färbelösung auf den Ausstrich, dass er hochvoll von ihr bedeckt ist. Die Färbelösung darf während der Einwirkungszeit nicht eintrocknen; gegebenenfalls muss man rechtzeitig frische Lösung nachgeben. Die Färbedauer schwankt je nach Färbung zwischen 5 s und 15 min. Lässt man stärker verdünnte Färbelösungen länger einwirken, so erhält man bessere Ergebnisse, als wenn man mit konzentrierten Lösungen nur kurz färbt.

– Nach Ablauf der Einwirkungszeit kippt man die Färbelösung ab und spült das Präparat im Normalfall unter fließendem Leitungswasser im weichen Strahl aus einem Gummischlauch. Man kann zum Spülen aber auch demineralisiertes Wasser aus einer Spritzflasche verwenden.

Mikroskopische Untersuchung des Präparats:

– Nach dem letzten Spülen wischt man bei **Deckglaspräparaten** die schichtfreie Seite mit einem Stück Filtrierpapier o.ä. trocken, legt das Deckglas mit der Schichtseite nach unten auf einen kleinen Wassertropfen auf einem Objektträger und mikroskopiert.

Bei Ausstrichen auf **Objektträgern** kann man auf das Auflegen eines Deckglases verzichten, wenn man ausschließlich mit einem Immersionsobjektiv (oder einem Trockenobjektiv mit einer numerischen Apertur $\leq$ 0,3) mikroskopiert. Dabei muss man jedoch einen gewissen Verlust an Schärfe und Kontrast in Kauf nehmen. Man tupft die Schichtseite des Präparats vorsichtig mit Filtrierpapier ab (nicht wischen!) und lässt sie an der Luft völlig trocknen. Anschließend stellt man das Präparat mit einem schwachen Trockenobjektiv (10:1) scharf ein, gibt dann einen Tropfen Immersionsöl unmittelbar auf den Ausstrich und schwenkt das Immersionsobjektiv ein (s. S. 231). Will man dagegen mit stärkeren Trockenobjektiven (mit einer numerischen Apertur über 0,3) mikroskopieren, oder kommt es bei der Untersuchung auf feinste Details an, so wischt man nach dem letzten Spülen lediglich die Objektträgerunterseite trocken, bringt einen kleinen Tropfen Wasser auf den Ausstrich und legt ein Deckglas auf.

– Man mikroskopiert im **Hellfeld**, wobei man die Kondensorblende möglichst weit geöffnet hält (vgl. S. 229). Je stärker man die Kondensorblende schließt, desto geringer wird die Auflösung und desto schlechter ist die Färbung zu erkennen.

Die Zellen sollen im Präparat nach Möglichkeit einzeln liegen und genügend Abstand voneinander haben. (Das gilt besonders für die Gram- und für die Geißelfärbung.) Zellhaufen dürfen bei der Beurteilung der Färbung nicht berücksichtigt werden. Falls das ganze Präparat sehr dicht ist, stellt man von einer stärker verdünnten Zellsuspension einen neuen Ausstrich her.

- Endosporenbildner und „säurefeste" Bakterien (Mycobakterien, s. S. 271f.) können Trocknung, Fixierung und Färbung überleben; deshalb legt man Präparate mit **Krankheitserregern** aus diesen Gruppen sofort nach dem Mikroskopieren in ein Desinfektionsbad ein und autoklaviert sie anschließend. Das Arbeiten mit pathogenen Mikroorganismen ist in der Regel nur mit behördlicher Genehmigung und unter entsprechenden Sicherheitsvorkehrungen zulässig (vgl. S. 38, 44 und Tab. 8).
- Bei jeder Färbung unbekannter Bakterien sollte man einen Stamm mit bekanntem, positivem Färbeverhalten als **Kontrolle** mitlaufen lassen. Er sollte, wenn irgend möglich, zur Risikogruppe 1 gehören (s. S. 39, Tab. 8). Solche Stämme erhält man bei den großen Kulturensammlungen, in deren Katalogen ausgewählte Mikroorganismen z.B. für Unterrichtszwecke nach bestimmten morphologischen und physiologischen Eigenschaften aufgelistet sind (s. S. 211ff.). Die bei den folgenden Färbungen als Vergleichsorganismen genannten Bakterien gehören, soweit nicht anders vermerkt, zur Risikogruppe 1.

8.6.2 Einfache Färbungen

Bei einfachen Färbungen verwendet man nur einen einzigen Farbstoff, setzt aber häufig noch eine farbvertiefende Substanz, z.B. Phenol oder Kalilauge, zu. Die einfachen Färbungen färben die Bakterienzellen meist gleichmäßig und einheitlich an und erhöhen dadurch den Kontrast der Zellen (**Übersichtsfärbung**). Diese Färbungen dienen dazu, die Bakterien im Hellfeld nachzuweisen und ihre grobe Morphologie zu studieren, wenn kein Phasenkontrastmikroskop zur Verfügung steht, oder sie vom Hintergrundmaterial abzuheben.

8.6.2.1   Färbung mit Methylenblau

Die Methylenblaufärbung liefert klare, strukturreiche Bilder und neigt nicht zum Überfärben. Der Farbstoff hat eine besondere Affinität zu Polyphosphatgranula (s. S. 275ff.). Manche Bakterien lassen sich jedoch mit Methylenblau nur schwach oder gar nicht anfärben.

Lösung:

Alkalische Methylenblaulösung nach Löffler

Lösung **A**:	Methylenblaustammlösung (in 96%igem Ethanol, s. S. 260ff.)	30 ml
Lösung **B**:	0,01%ige (w/v) Kalilauge	100 ml

Lösung A unter Rühren zu Lösung B geben.

Arbeitsgang:

(Einzelheiten s. S. 262ff.)
- Den fixierten Ausstrich ganz mit alkalischer Methylenblaulösung bedecken.
- Farbstoff etwa 30 s (15 s bei dünnen bis 45 s bei dicken Ausstrichen) einwirken lassen.
- Färbelösung abgießen, und Ausstrich kurz unter einem weichen Leitungswasserstrahl spülen.

Auswertung:

Die Bakterienzellen sind blau gefärbt. Polyphosphatgranula erscheinen bläulichpurpurn bis violett.

8.6.2.2 Färbung mit Kristallviolett

Die Färbung mit Kristallviolett macht auch schwach anfärbbare Bakterien gut sichtbar. Der Farbstoff neigt jedoch zum Überfärben und in proteinreichem Material zu Ausfällungen.

Lösung:

Ammoniumoxalat-Kristallviolett-Lösung nach Hucker

Lösung **A**:	Kristallviolettstammlösung (in 96%igem Ethanol, s. S. 260ff.)	20 ml
Lösung **B**:	Ammoniumoxalat-Monohydrat	0,8 g
	demin. Wasser	80 ml

Lösung A und Lösung B mischen.

Arbeitsgang:

Wie bei der Methylenblaufärbung (s. S. 264); Farbstoff jedoch nur 10 s einwirken lassen.

Auswertung:

Die Zellen sind kräftig blauviolett gefärbt.

8.6.2.3 Färbung mit Karbolfuchsin

Karbolfuchsin bewirkt eine noch kräftigere Anfärbung der Zellen, häufig jedoch auch eine Überfärbung. Verdünnte Karbolfuchsinlösung verwendet man zur Anfärbung von Bakterien, die zwar nicht „säurefest" sind (s. S. 271ff.), andere Farbstoffe jedoch nur schlecht aufnehmen (z.B. Spirochaeten und *Legionella*).

Lösung:

Karbolfuchsinlösung nach Ziehl und Neelsen

Lösung **A**:	Fuchsinstammlösung[8] (in 96%igem Ethanol, s. S. 260ff.)	10 ml
Lösung **B**:	Phenol[9]	5 g
	demin. Wasser	100 ml

Phenol unter leichtem Erwärmen lösen.

Lösung A und Lösung B mischen. Für die Einfachfärbung Gemisch 1:10 (v/v) mit demin. Wasser verdünnen.

Besser verwendet man eine fertige Gebrauchslösung. Sie ist z.B. bei Merck und Fluka erhältlich.

---

[8] Fuchsin gilt als potentiell krebserzeugend. Den Farbstoff nicht mit der Haut in Berührung bringen, und keine Farbstoffpartikel einatmen!

[9] alter Name: Karbol[säure]. Phenol ist giftig beim Einatmen und bei Berührung mit der Haut; es verursacht Verätzungen! Sicherheitsratschläge (für Formaldehyd) auf S. 22 beachten!

Arbeitsgang:

> Wie bei der Methylenblaufärbung (s. S. 264); Farbstoff jedoch nur 5 – 10 s einwirken lassen.

Auswertung:

Die Zellen sind rot gefärbt.

8.6.3 Differentialfärbungen

Differentialfärbungen führt man mit mindestens zwei **verschiedenen Farbstoffen** durch, die man meist nacheinander auf den Ausstrich einwirken lässt. Nach dem ersten Färbeschritt behandelt man die Zellen mit einem geeigneten Lösungsmittel oder einer Säure (= „Differenzierung"). Dabei werden manche Bakterien wieder entfärbt, während andere ihre Färbung behalten. Die entfärbten Zellen werden durch eine Gegenfärbung mit dem zweiten Farbstoff andersfarbig angefärbt. Die Unterschiede im Färbeverhalten lassen sich zur Differenzierung und Identifizierung von Bakterien nutzen.

8.6.3.1 Gramfärbung

Die Gramfärbung, 1884 von dem dänischen Pathologen und Pharmakologen H.C.J. Gram durch Zufall entdeckt, ist die wichtigste Differentialfärbung in der Bakteriendiagnostik und von grundlegender Bedeutung für die bakterielle Klassifikation. Das macht sie zum wichtigsten mikrobiologischen Färbeverfahren überhaupt. Sie ist gewöhnlich einer der ersten Tests bei der Identifizierung unbekannter Bakterienisolate. Die Gramfärbung ermöglicht die Aufteilung der (Eu-)Bakterien in zwei große Gruppen, die **grampositiven** und die **gramnegativen** Bakterien, die sich im Aufbau ihrer **Zellwand** – und in anderen Eigenschaften, z.B. der Empfindlichkeit gegen Antibiotika – grundlegend unterscheiden. Verantwortlich für das Verhalten der Bakterien bei der Gramfärbung ist denn auch die physikalische Struktur ihrer Zellwand (s.u., Schritt 3).

Die Gramfärbung umfasst vier Schritte:

1. Die fixierten Bakterien werden mit dem kationischen Farbstoff Kristallviolett angefärbt. Der Farbstoff dringt in die Zellen ein und reagiert z.T. mit sauren Gruppen des Protoplasmas (vgl. S. 260).

2. Die Bakterien werden mit einer Iodlösung behandelt (**gebeizt**). Dabei bildet sich in (und außerhalb) der Zelle ein tiefblauvioletter Farbstoff-Iod-Komplex (Farblack): Das kleine Chlorid-Anion des Kristallvioletts wird gegen das größere Iodid- (oder Triiodid-)Anion ausgetauscht; dadurch wird der Komplex wasserunlöslich und fällt aus.

3. Die Zellen werden mit einem organischen Lösungsmittel, meist Ethanol, behandelt (**differenziert**). Durch das Ethanol wird der Farbstoff-Iod-Komplex wieder gelöst. Bei den **grampositiven Bakterien** wird er jedoch von dem dicken, vielschichtigen und engmaschigen Peptidoglykannetz der Zellwand im Zellinnern zurückgehalten; wahrscheinlich ist der Komplex zu groß, um die Zwischenräume in der Zellwand zu passieren, zumal die Alkoholbehandlung das Mureinnetz dehydratisiert und schrumpfen lässt. Deshalb bleiben die grampositiven Bakterien **blauviolett** gefärbt.
Bei den **gramnegativen Bakterien** wird durch die Ethanolbehandlung die äußere Membran von der Zelloberfläche abgelöst, und in dem darunterliegenden dünnen, ein- bis zweischichtigen, relativ wenig vernetzten Mureinnetz treten Löcher auf. Der in Ethanol gelöste Farbstoff-Iod-Komplex kann daher die Zelle leicht verlassen; die Bakterien werden **entfärbt**.

4. Durch eine **Gegenfärbung**, z.B. mit Safranin, werden die gramnegativen Bakterien **rot** angefärbt und heben sich dadurch besser von den grampositiven Bakterien ab, die ihre Farbe nicht verändern.

Voraussetzungen:

Die Gramfärbung ist nur sinnvoll bei Bakterien mit intakter Zellwand. Bakterien mit beschädigter Zellwand oder ohne Zellwand, z.B. Protoplasten, L-Formen und Vertreter der *Mycoplasma*-Gruppe, reagieren immer gramnegativ.

Man verwende nur junge, aktiv wachsende Kulturen, z.B. 12–18 Stunden alte Übernachtkulturen, da sich ältere Kulturen einiger grampositiver Bakterien bei der Gramfärbung gramvariabel oder gramnegativ verhalten (s. S. 268f.). Man stelle möglichst dünne, nur ganz schwach getrübte Ausstriche her, in denen die Zellen nach Möglichkeit vereinzelt liegen.

Vergleichsorganismen:

Wenn man das Gramverhalten eines unbekannten Organismus ermitteln will, lässt man jeweils einen bekannten grampositiven Stamm (z.B. *Bacillus subtilis*, *Lactobacillus plantarum* oder *Micrococcus luteus*) und einen gramnegativen Stamm (z.B. *Escherichia coli* B oder K12, oder *Pseudomonas fluorescens*) oder ein Gemisch der beiden Organismen als **Kontrolle** mitlaufen.

Lösungen:

1. Ammoniumoxalat-Kristallviolett-Lösung nach Hucker (s. S. 265)

Statt Kristallviolett (= Methylviolett 10B, Hexamethylparafuchsin) verwendet man manchmal auch **Gentianaviolett** (= Methylviolett 6B, C.I. 42 535), ein Gemisch der salzsauren Salze von Tetra-, Penta- und Hexamethylparafuchsin.

2. Lugol'sche (Lugols) Lösung (Iod-Kaliumiodid-Lösung), verdünnt, nach Gram (= Beizmittel)

Iod	1 g
Kaliumiodid	2 g
demin. Wasser	300 ml

Während Iod in Wasser nur schwer löslich ist, löst es sich in wässriger Kaliumiodidlösung sehr leicht mit tiefrotbrauner Farbe. Dabei bilden sich durch Anlagerung der Iodmoleküle an die Iodidanionen **Triiodid** und höhere **Polyiodide** (I_5^-, I_7^- und I_9^-) als lockere Additionsverbindungen („Charge-transfer-Komplexe"). Aus den Polyiodiden wird das Iod leicht wieder abgegeben, und da es schon bei Raumtemperatur merklich flüchtig ist, nimmt der Iodgehalt der Lugol'schen Lösung verhältnismäßig schnell ab. Hierdurch kann das Ergebnis der Färbung beeinträchtigt werden. Länger halten sich Lösungen, die durch einen Zusatz von **Polyvinylpyrrolidon (PVP)** stabilisiert sind. PVP bildet mit Iod einen relativ stabilen Komplex, ein „Iodophor". Allerdings kann der PVP-Iod-Komplex bei einigen wenigen Bakterien (z.B. *Acinetobacter*, s. S. 315) zu einem fälschlich grampositiven Ergebnis führen.

Die Lugol'sche Lösung soll in brauner Flasche lichtgeschützt bei 15–25 °C gelagert werden. Sie ist etwa 1 Jahr, bei Zusatz von PVP 2 Jahre haltbar.

3. 96%iges (w/w) Ethanol (= Entfärbemittel)

Art und Einwirkungsdauer des Entfärbemittels entscheiden über den Erfolg der Gramfärbung. Eine schnellere Entfärbung erreicht man mit einem Gemisch aus 96%igem Ethanol und Aceton im Volumenverhältnis 1:1. Eine Erhöhung des Acetonanteils verstärkt die Wirkung des Entfärbemittels; für die Entfärbung von Materialien wie Eiter oder Sputum verwendet man 100 % Aceton.

4. Safraninlösung

Safranin–O–Stammlösung (in 96%igem Ethanol, s. S. 260ff.)	10 ml
demin. Wasser	100 ml

(oder Karbolfuchsinlösung nach Ziehl und Neelsen, 1:10 [v/v] mit Wasser verdünnt, s. S. 265).

Arbeitsgang:

(vgl. S. 262 ff.)

Nur mit jungen Kulturen (s. S. 267) und bei genauer Beachtung der Färbevorschrift erhält man reproduzierbare Ergebnisse. Der Ausstrich darf während der ganzen Färbung nicht trocken werden!

- Den fixierten Ausstrich ganz mit Ammoniumoxalat-Kristallviolett-Lösung bedecken; Farbstoff 1 min einwirken lassen.
- Färbelösung abgießen; Deckglas oder Objektträger mit dem Ausstrich schräg halten, und überschüssigen Farbstoff durch Auftropfen von Lugol'scher Lösung auswaschen. (Ausstrich nicht mit Wasser spülen, um nicht vor der Iodbehandlung den ungebundenen Farbstoff aus den Zellen zu entfernen!)
- Ausstrich ganz mit neuer Lugol'scher Lösung bedecken; Lösung 1 min einwirken lassen.
- Lugol'sche Lösung abgießen, und Ausstrich 2 s unter einem weichen Leitungswasserstrahl spülen.
- Deckglas oder Objektträger mit dem Ausstrich schräg gegen einen weißen Hintergrund (z.B. ein Blatt Papier oder über Filtrierpapier) halten, und vom oberen Rand her tropfenweise 96%iges Ethanol gleichmäßig verteilt über den Ausstrich laufen lassen, bis der abtropfende Alkohol farblos ist, jedoch nicht länger als 10 s, weil sonst auch grampositive Bakterien entfärbt werden können.
  Oder: Ausstrich so lange in 96%igem Ethanol, z.B. in einem Färbezylinder, schwenken, bis beim Herausziehen des Deckglases oder Objektträgers aus dem Alkohol keine Farbe mehr abtropft oder Farbstreifen ablaufen, jedoch nicht länger als 10 s.
- Anschließend sofort 5 s unter Leitungswasser spülen.
- Ausstrich mit Safraninlösung bedecken; Farbstoff 1 min einwirken lassen.
- Safraninlösung abgießen, und Ausstrich unter Leitungswasser spülen, bis keine Farbe mehr abläuft.

Auswertung:

Grampositive Bakterien sind dunkelblau oder tiefblauviolett, gramnegative Bakterien orange oder hellrot gefärbt.

Bei der **Beurteilung der Färbung** darf man Zellhaufen oder sehr dichte Bereiche des Ausstrichs nicht berücksichtigen, da hier die Zellen unter Umständen nicht völlig entfärbt wurden und deshalb gramnegative Bakterien fälschlich grampositiv erscheinen können.

Auf der anderen Seite verhalten sich grampositive Bakterien gramnegativ, wenn der Ausstrich zu stark entfärbt wurde oder wenn ihre Zellwand beschädigt ist, z.B. durch Autolyse der Zellen, durch Hitzefixierung der noch feuchten Bakterien oder durch Austrocknen des Ausstrichs während des Färbevorgangs. Viele anaerobe grampositive Bakterien werden in Gegenwart von Luftsauerstoff entfärbt, weil der Sauerstoff die Integrität der Zellwand zerstört; sie erscheinen deshalb als gramnegativ. So werden z.B. schwach sporulierende Clostridien fälschlich als *Bacteroides* oder *Fusobacterium* identifiziert. Diesen Fehler vermeidet man, indem man Fixierung und Färbung in einer Anaerobenkammer durchführt.

Manche Bakterien mit grampositivem Zellwandtyp, z.B. einige *Bacillus*- und *Clostridium*-Arten und die Gattung *Corynebacterium*, sind **gramvariabel**: Bei ihnen reagiert ein Teil der Zellen einer Population bei der Gramfärbung gramnegativ. Dieser Anteil nimmt häufig im Verlauf des exponentiellen Wachstums stetig zu. In der stationären Phase verhält sich dann unter Umständen die ganze Population gramnegativ. Die Zellwand gramvariabler Bakterien enthält ein vergleichsweise dünnes Mureinnetz, das im Verlauf des Wachstums der Kultur weiter an Dicke abnimmt und schließlich durchlässig wird für den Farbstoff-Iod-Komplex. Es gibt sogar Bakterien, die in allen Wachstumsphasen gramnegativ reagieren, obwohl sie eine grampositive Zellwandstruktur besitzen (z.B. *Desulfotomaculum*, einige Clostridien).

In Zweifelsfällen sollte man die Färbung wiederholen oder eine Alternativmethode zur klassischen Gramfärbung anwenden, z.B. die Fluoreszenzgramfärbung (s. S. 313 ff.).

Eine nützliche Ergänzung der Gramfärbung sind die beiden **Schnelltests** KOH-Test und L-Alanin-Aminopeptidase-Test. Die Tests sind schnell, einfach und kostengünstig durchzuführen. Sie können jedoch die Gramfärbung nicht ganz ersetzen, da auch sie mit Fehlern behaftet sind (s. u.) und keine Informationen zur Morphologie der Bakterien liefern.

KOH-Test

Behandelt man gramnegative Bakterien mit verdünnter Alkalilösung, so zerstört man die Zellwände und setzt die DNA in Form von langen Fäden frei, die der Suspension eine zähschleimige Konsistenz verleihen. Die Zellwand grampositiver Bakterien wird dagegen durch verdünnte Alkalilösung nicht aufgelöst.

Vergleichsorganismen:

Positive Reaktion: *Escherichia coli* B oder K12.

Negative Reaktion: *Lactobacillus casei, Lactobacillus brevis.*

Material:

- Agarplatte oder Schrägagarröhrchen mit Oberflächenkolonien der zu testenden Bakterien (Reinkultur!)
- 3%ige (w/v) wässrige Kaliumhydroxidlösung (Kalilauge)
- Objektträger
- sterile Impföse

Arbeitsgang:

- 1 – 2 Tropfen 3%iger Kalilauge auf einen sauberen Objektträger bringen.
- Von einer Agarkolonie (oder wenn sie sehr klein sind, von mehreren Kolonien) mit steriler Impföse eine sichtbare Menge Zellmaterial entnehmen und durch sehr schnelles, kräftiges Rühren über eine Fläche von ca. 1,5 cm Durchmesser in der Kalilauge auf dem Objektträger verteilen.
- Nach 5 – 10 s Rühren Impföse nach oben aus dem Tropfen herausziehen und dabei gegen einen dunklen Hintergrund prüfen, ob die Flüssigkeit der Öse folgt.

Auswertung:

Ist die Bakteriensuspension in Kalilauge nach dem Rühren zähschleimig geworden und folgt der Impföse ein Schleimfaden von 0,5 – 2 cm Länge, wenn man sie nach oben aus dem Tropfen zieht, so ist die Reaktion positiv, und es handelt sich um gramnegative Bakterien. Ist die Zellsuspension nicht schleimig, bildet keine Fäden und hat die Viskosität von Wasser, so ist die Reaktion negativ, und es handelt sich um grampositive Bakterien.

Der KOH-Test klassifiziert grampositive, anaerobe Bakterien korrekt, auch solche, die sich bei der Gramfärbung an der Luft leicht entfärben und deshalb fälschlich als gramnegativ oder gramvariabel eingestuft werden (s. o.), z.B. manche Clostridien oder *Bifidobacterium*. Dagegen zeigten etwa 30 % der bisher untersuchten gramnegativen Bakterien eine falschnegative KOH-Reaktion, insbesondere Stämme von *Bacteroides*, *Fusobacterium*, *Leptotrichia buccalis* und *Veillonella parvula*.

L-Alanin-Aminopeptidase-Test

Die Aminopeptidasen sind Enzyme, die vom N-terminalen Ende von Proteinen, Peptiden und verwandten Verbindungen eine bestimmte, einzelne Aminosäure, in diesem Fall L-Alanin, abspalten. Die bakterielle L-Alanin-Aminopeptidase ist in der Cytoplasmamembran lokalisiert. Sie kontrolliert möglicherweise die Interpeptidseitenketten der Bakterienzellwand, indem sie L-Alanin von der ε-Aminogruppe des Lysins abspaltet.

Untersuchungen an einer großen Zahl von Bakterien haben gezeigt, dass nahezu alle gramnegativen Bakterien eine starke L-Alanin-Aminopeptidase-Aktivität besitzen, während sämtliche grampositiven und gramvariablen Bakterien keine oder nur eine sehr schwache Aktivität aufweisen.

Beim vorliegenden Test benutzt man als Substrat L-Alanin-4-nitroanilid, das bei Anwesenheit von L-Alanin-Aminopeptidase in L-Alanin und (gelb gefärbtes) 4-Nitroanilin gespalten wird. Zur schnellen und einfachen Durchführung des Tests stehen kommerzielle Teststäbchen zur Verfügung.

Voraussetzungen:

Für den Aminopeptidasetest verwende man keine farbstoff- oder indikatorhaltigen Nährböden, keine Selektivnährböden und keine Bakterien mit starker Eigenfärbung.

Vergleichsorganismen: siehe KOH-Test, S. 269

Material:

- Agarplatte oder Schrägagarröhrchen mit gut gewachsenen Oberflächenkolonien der zu testenden Bakterien (Reinkultur!)
- Bactident Aminopeptidase-Teststäbchen (Merck) oder Aminopeptidase-Teststreifen (Fluka)
- demineralisiertes Wasser
- sterile Impföse
- kleines Reagenzglas (Röhrchen) 10 mm x 100 mm
- Wasserbad oder Brutschrank bei 37 °C

Arbeitsgang:

- Mit steriler Impföse vom Nährboden eine einzeln liegende, gut gewachsene Kolonie von ca. 2 mm Durchmesser entnehmen und sie in einem kleinen Reagenzglas in 0,2 ml demineralisiertem Wasser gut verrühren.
- Aminopeptidase-Teststäbchen so in das Röhrchen stellen, dass die Reaktionszone völlig in die Bakteriensuspension eintaucht.
- Das Reagenzglas 10 bis maximal 30 min im Wasserbad oder Brutschrank bei 37 °C inkubieren.

Auswertung:

In Gegenwart von L-Alanin-Aminopeptidase färbt sich die Bakteriensuspension gelb, und das bedeutet, es handelt sich um gramnegative Bakterien. In der Regel erscheint der erste Farbumschlag bereits nach ca. 5 min, eine deutliche Gelbfärbung nach 10 min, und die maximale Farbintensität ist nach 30 min erreicht. So lange sollte man auch dann inkubieren, wenn vorher keine Gelbfärbung zu beobachten ist, damit man auch schwach aminopeptidasepositive Stämme erkennt oder aber die Anwesenheit gramnegativer Bakterien ausschließen kann. Tritt nach 30 min keine Gelbfärbung auf, so ist keine L-Alanin-Aminopeptidase-Aktivität vorhanden, und die Bakterien sind grampositiv oder gramvariabel. Eine Ausnahme bilden die Arten *Bacteroides fragilis, Bacteroides vulgatus, Campylobacter* sp. und *Veillonella parvula*: Sie besitzen, obwohl gramnegativ, keine Aminopeptidaseaktivität. Davon abgesehen ist der Test sehr zuverlässig und besonders bei der Klassifizierung gramvariabler Bakterien von großem Nutzen.

8.6.3.2 Färbung säurefester Stäbchen (Ziehl-Neelsen-Färbung)

Die Ziehl-Neelsen-Färbung ist die einfachste und schnellste Methode, um die Gattung *Mycobacterium* von anderen Bakterien zu unterscheiden. Eine besondere Rolle spielt diese Färbung in der klinischen Diagnostik bei der Erkennung von *Mycobacterium tuberculosis*.

Die Vertreter der Gattung *Mycobacterium*, aber auch nahe verwandter Gattungen, wie *Nocardia* und *Rhodococcus*, besitzen eine wachsartige, stark hydrophobe Zelloberfläche und lassen sich mit den üblichen Färbemethoden nur schwer anfärben. Dies beruht auf einem hohen Gehalt der äußeren Zellwandschichten an komplexen Lipiden, darunter die sonst nur noch bei *Corynebacterium* vorkommenden **Mycolsäuren**, relativ hochmolekulare 3-Hydroxyfettsäuren mit einer langen aliphatischen Seitenkette am C-Atom 2.

Man kann Mycobakterien jedoch dadurch anfärben, dass man der Farbstofflösung Phenol zusetzt und das Präparat während der Färbung erhitzt (vgl. S. 260). Phenol erhöht die Lipidlöslichkeit des Farbstoffs und erleichtert sein Eindringen in die Zelle. Einmal angefärbt lassen sich Mycobakterien selbst durch ein Mineralsäure-Alkohol-Gemisch nicht wieder entfärben; sie sind „säurefest", genauer **„Säure-Alkohol-fest"**.

Die Säurefestigkeit beruht wahrscheinlich darauf, dass ein Teil des Farbstoffs mit den Mycolsäuren der Zellwand einen säurestabilen, hydrophoben Komplex bildet, der die Auswaschung des Farbstoffs aus dem Zellinneren verhindert. Diesen Effekt zeigen nur die besonders langkettigen Mycolsäuren der Gattung *Mycobacterium* (mit 60–90 C-Atomen). Die Zellen von *Nocardia* (Mycolsäuren mit 44 – 60 C-Atomen) und

Rhodococcus (34–52 C-Atome) sind vereinzelt, die von *Corynebacterium* (22–36 C-Atome) niemals Säure-Alkohol-fest, wenngleich sie einer Entfärbung durch verdünnte Mineralsäuren allein z.T. widerstehen.

Voraussetzungen:

Auch bei den Mycobakterien, besonders bei den schnellwachsenden, saprophytischen Arten, ist die Säure-Alkohol-Festigkeit nicht immer in gleicher Weise ausgeprägt. Sie kann z.B. vom Alter der Kultur oder der Zusammensetzung des Nährbodens abhängen. In Populationen schnellwachsender *Mycobacterium*-Arten sind in älteren Kulturen unter Umständen weniger als 10 % der Zellen Säure-Alkohol-fest. Für die Färbung verwende man deshalb nur junge, weniger als 5 Tage alte Kulturen.

Im Laborwasser (auch in demineralisiertem Wasser!) können saprophytische und potentiell („opportunistisch") pathogene Mycobakterien (und andere säurefeste Bakterien) vorkommen, die beim mikroskopischen Test auf *Mycobacterium tuberculosis* ein positives Ergebnis vortäuschen können. Man sollte daher für die Vorbereitung der Proben und für die Färbung sterilfiltriertes Wasser (s. S. 26 ff.) verwenden.

Vergleichsorganismen:

Säurefest: *Mycobacterium phlei*, weniger als 5 Tage alte Kultur.

Nicht säurefest: *Escherichia coli* B oder K12.

Lösungen:

1. **Karbolfuchsinlösung nach Ziehl und Neelsen** (s. S. 265; Gemisch unverdünnt verwenden!)
2. **Säure-Alkohol-Gemisch**

25%ige (w/v) Salzsäure	3 ml
96%iges (w/w) Ethanol	97 ml

   Salzsäure zum Alkohol geben, und vorsichtig mischen.
3. **Alkalische Methylenblaulösung nach Löffler** (s. S. 264).

Arbeitsgang:

Um die Verschleppung säurefester Bakterien von einem Präparat zum anderen zu verhindern, sollte man die Ausstriche nicht in eine Färbeküvette eintauchen oder mit Filtrierpapier trockentupfen. Man beachte, dass säurefeste Bakterien Fixierung und Färbung überleben können!

- Deckglas oder Objektträger mit dem fixierten Ausstrich bis zum Rand mit Karbolfuchsinlösung bedecken. (Nicht bedeckte Teile können beim Erhitzen springen!)
- Präparat von unten her durch Fächeln mit einer schwachen, leuchtenden Bunsenbrennerflamme oder über einer Heizplatte vorsichtig erhitzen, bis Dampf aufsteigt. Schutzbrille tragen; im Abzug arbeiten, Phenoldämpfe nicht einatmen!
- Präparat zurückziehen, bevor die Färbelösung siedet, etwas abkühlen lassen und erneut bis zur Dampfbildung erhitzen.
- Den Vorgang 5 min lang mehrfach wiederholen. Die Färbelösung darf nicht sieden oder eintrocknen; die verdampfte Flüssigkeit ist rechtzeitig durch frische Karbolfuchsinlösung zu ersetzen.
- Färbelösung abgießen, und Ausstrich mit Wasser spülen, bis keine Farbe mehr abläuft. Wasser gut abtropfen lassen.

– Zur **Entfärbung** („Differenzierung") Präparat schräg gegen einen weißen Hintergrund (z.B. ein Blatt Papier) halten, und das Salzsäure-Alkohol-Gemisch tropfenweise vom oberen Rand des Deckglases oder Objektträgers her gleichmäßig verteilt über den Ausstrich laufen lassen, bis die abtropfende Flüssigkeit farblos ist, jedoch mindestens 2 min lang. Der Ausstrich soll danach blassrosa erscheinen.

– Präparat gründlich mit Wasser spülen.

– Zur **Gegenfärbung** Ausstrich mit alkalischer Methylenblaulösung bedecken; Farbstoff etwa 30 s einwirken lassen.

– Färbelösung abgießen, und Ausstrich mit Wasser spülen.

Auswertung:

Säurefeste Bakterien erscheinen leuchtend rot auf blassblauem Grund; andere Organismen und eventuell vorhandenes Hintergrundmaterial sind blau gefärbt.

Mycobacterium bildet meist gerade oder leicht gekrümmte, dünne Stäbchen, manchmal auch fast kugelige Elemente, oder Filamente, gelegentlich verzweigt, jedoch kein echtes Myzel. Die Zellen sind 0,2–0,6 µm breit und 1,0–10 µm lang. Bei der Färbung nehmen die Zellen das Fuchsin häufig ungleichmäßig auf; sie enthalten dann stark gefärbte Bereiche, die durch ungefärbte Abschnitte getrennt sind, und erscheinen unter dem Mikroskop körnig oder geperlt.

Fluoreszenzfärbungen: s. S. 315ff.

Eine Unterscheidung von lebenden und toten sowie von pathogenen und nichtpathogenen Mycobakterien oder zwischen verschiedenen Arten der Gattung *Mycobacterium* ist mit mikroskopischen Methoden nicht möglich. Für eine sichere Diagnose müssen die Bakterien isoliert und bis zur Art identifiziert werden.

8.6.4 Cytologische Färbungen

8.6.4.1 Endosporenfärbung

Der Nachweis von Endosporen bei einem unbekannten, stäbchenförmigen Bakterium erleichtert erheblich dessen Identifizierung, da man dann den Stamm in den meisten Fällen einer der drei Gattungen *Bacillus* oder *Paenibacillus* (strikt aerob oder fakultativ anaerob) oder *Clostridium* (strikt anaerob) zuordnen kann. Auch die Form der Endospore, ihr Durchmesser relativ zu dem der Sporenmutterzelle und ihre Lage in der Mutterzelle können für die Identifizierung wichtig sein (vgl. S. 163).

Die reifen Endosporen lassen sich am besten im ungefärbten Lebendpräparat unter dem Phasenkontrastmikroskop beobachten, wo sie sich als hell leuchtende Körper gut von den dunkleren vegetativen Zellen abheben (vgl. S. 250).

Die Sporenhülle ist für Farbstoffe nicht ohne Weiteres durchlässig; bei den meisten für vegetative Zellen gebräuchlichen Färbeverfahren, z.B. bei der Gramfärbung, bleiben die Endosporen ungefärbt und lassen sich dadurch auch im Hellfeld gut erkennen. Eine besondere Anfärbung der Endosporen ist im Allgemeinen nicht erforderlich. Da jedoch Endosporen unter Umständen mit anderen stark lichtbrechenden Zelleinschlüssen, z.B. einzelnen, großen Poly-3-hydroxybuttersäure-Granula (s. S. 254), verwechselt werden können, führe man in Zweifelsfällen eine Endosporenfärbung durch.

Durch vorherige Säurebehandlung oder Erhitzen während der Färbung werden die Endosporen anfärbbar und lassen sich dann im Gegensatz zu den vegetativen Zellen nur schwer wieder entfärben. Sie können sogar, ähnlich wie die Mykobakterien, Säure-Alkohol-fest sein (s. S. 271).

Voraussetzungen:

Man kultiviert die Bakterien auf festen Nährböden, z.B. Nähragar, unter Zusatz von zweiwertigem Mangan (10–50 mg $MnSO_4 \cdot H_2O$/l; vgl. S. 161), unter Umständen auch von Calcium (100 mg $CaCl_2 \cdot 2\ H_2O$/l) und Magnesium (500 mg $MgSO_4 \cdot 7\ H_2O$/l), welche die Sporenbildung fördern. In Flüssigkeitskulturen ist der Sporulationsgrad häufig geringer. Da Endosporen nur bei Nährstoffmangel oder nach Anhäufung toxischer Stoffwechselprodukte gebildet werden, in statischen Kulturen also zu Beginn der stationären Wachstumsphase, muss man die Kulturen genügend lange bebrüten. Es empfiehlt sich, zwei Präparate herzustellen und für das eine Zellmaterial vom Rand, für das andere Material aus der Mitte einer Kolonie zu entnehmen (vgl. S. 162).

Vergleichsorganismus mit Endosporen:

Bacillus subtilis, kultiviert 2–5 Tage bei 30 °C auf Nähragar unter Zusatz von Mangansulfat.

Von mehreren in der Literatur beschriebenen Färbeverfahren sei hier als Beispiel das folgende Verfahren dargestellt:

Sporenfärbung nach Wirtz (verändert nach Schaeffer und Fulton)

Lösungen:

1. Malachitgrünlösung

Malachitgrün (Oxalat)	5	g
demin. Wasser	100	ml

2. Safraninlösung

Safranin O	0,5	g
demin. Wasser	100	ml
oder: Safraninlösung S. 267		

Arbeitsgang:

Man beachte, dass die Endosporen Fixierung und Färbung überleben können!

- Deckglas oder Objektträger mit dem fixierten Ausstrich ganz mit Malachitgrünlösung bedecken.
- Präparat 5 min lang über einer schwachen Bunsenbrennerflamme vorsichtig bis zur Dampfentwicklung, jedoch nicht bis zum Sieden, erhitzen (siehe Ziehl-Neelsen-Färbung, S. 272). Oder: Präparat 5 min lang über einem kochenden Wasserbad erhitzen.
- Farbstofflösung abgießen, und Ausstrich unter einem weichen Leitungswasserstrahl gründlich spülen.
- Zur Gegenfärbung Ausstrich mit Safraninlösung bedecken; Farbstoff 30 s einwirken lassen.
- Safraninlösung abgießen, und Ausstrich unter Leitungswasser spülen.

Auswertung:

Die runden, ovalen oder zylindrischen Endosporen innerhalb (bei fast allen Endosporenbildnern nur eine Spore pro Zelle!) oder außerhalb der Zellen erscheinen smaragdgrün, die vegetativen Zellen rotbraun.

Hat man im mikroskopischen Präparat Endosporen gefunden, so führe man zur Bestätigung mit in Leitungswasser oder Pufferlösung suspendiertem Probenmaterial eine **Pasteurisierung** (10 min bei 80 °C, bei Clostridien 70 °C) oder eine **Ethanolbehandlung** durch (s. S. 160) und bebrüte anschließend unter optimalen Bedingungen.

8.6.4.2 Nachweis von Polyphosphatgranula

Viele Mikroorganismen – Prokaryoten wie Eukaryoten – speichern unter bestimmten Nährstoffmangelbedingungen große Mengen an anorganischem Phosphat in Form von Polyphosphatgranula in ihren Zellen. Die Polyphosphate bilden lineare, unverzweigte, polyanionische Ketten wechselnder Länge aus Orthophosphatresten, die durch energiereiche Phosphoanhydridbindungen miteinander verknüpft sind. Als Gegenionen kommen Magnesium-, Calcium- und Kaliumionen vor. Die Granula dienen wahrscheinlich vor allem als Phosphatreserve, z.B. für die Biosynthese von Nucleinsäuren und Phospholipiden, ferner als Energiereserve und als biologische Kationenaustauscher, die z.B. Schwermetallionen oder basische Aminosäuren binden.

Man nennt die Polyphosphatgranula auch **Volutingranula**, weil sie zuerst bei *Spirillum volutans* beschrieben worden sind, oder **metachromatische Granula**, weil sie die Absorptionsmaxima vieler kationischer Farbstoffe zu kürzeren Wellenlängen hin verschieben (sich z.B. mit Toluidinblau rot anfärben, s. S. 276.), eine Erscheinung, die man als Metachromasie bezeichnet (s. S. 301).

Der mikroskopische Nachweis von Polyphosphatgranula hat eine gewisse Bedeutung für die Identifizierung einiger medizinisch wichtiger Bakterien, vor allem von *Corynebacterium diphtheriae*. Da die Granula im Phasenkontrastmikroskop schlecht zu erkennen sind, färbt man sie im fixierten Ausstrich selektiv an.

Voraussetzungen:

Polyphosphatgranula werden vor allem dann gebildet, wenn – z.B. zu Beginn der stationären Wachstumsphase – ein essentieller Nährstoff knapp geworden ist, aber noch eine Kohlenstoff- und Energiequelle sowie Phosphat zur Verfügung stehen. Besonders wirkungsvoll ist Sulfatmangel.

Vergleichsorganismen mit Polyphosphatgranula:

Corynebacterium flavescens, kultiviert auf einem Nährboden mit Trypton und Hefeextrakt (z.B. Medium 53, „*Corynebacterium*-Agar", im DSMZ-Katalog) unter Zusatz von reichlich Phosphat (z.B. 2,5 g K_2HPO_4/l)

Mycobacterium phlei, kultiviert z.B. auf Nähragar (5 g Pepton aus Fleisch, 3 g Fleischextrakt und 15 g Agar auf 1 l Wasser) unter Zusatz von 20 g Glycerin/l und reichlich Phosphat (z.B. 2,5 g K_2HPO_4/l), pH 7,0.

Es sind mehrere Färbeverfahren in Gebrauch:

- **Methylenblaufärbung** (s. S. 264f.)

- **Toluidinblaufärbung**

  wie Methylenblaufärbung, jedoch statt mit alkalischer Methylenblaulösung Färbung mit Toluidinblaulösung:

Toluidinblau O (Zinkchlorid-Doppelsalz)	1 g
demin. Wasser	100 ml

  Auswertung:

  Polyphosphatgranula erscheinen rot im blaugefärbten Cytoplasma (siehe auch Neisser-Färbung, Auswertung, S. 277).

- **Neisser-Färbung** (verändert nach Gins)

  Lösungen:

  1. Lösung **A**: **Saure Methylenblaulösung nach Neisser**

Methylenblau	1 g
96%iges (w/w) Ethanol	20 ml
demin. Wasser	950 ml
≥ 96%ige (w/w) Essigsäure (oder Eisessig)	50 ml

     Das Gemisch schütteln, bis der Farbstoff gelöst ist.

     Lösung **B**: **Kristallviolettlösung**

Kristallviolettstammlösung (in 96%igem Ethanol, s. S. 260ff.)	10 ml
demin. Wasser	450 ml

     Unmittelbar vor Gebrauch 2 Teile der Lösung A mit 1 Teil der Lösung B mischen.

  2. **Lugol'sche Lösung**

Lugol'sche Lösung, verdünnt, nach Gram (s. S. 267)	100 ml
85- bis 90%ige (w/w) DL-Milchsäure	1 ml

  3. **Chrysoidinlösung**[10]

Chrysoidin G	2 g
demin. Wasser	300 ml

     Das Chrysoidin in 100 °C heißem Wasser lösen; Lösung nach dem Abkühlen filtrieren.

  Arbeitsgang:

  - Deckglas oder Objektträger mit dem fixierten Ausstrich ganz mit dem frisch zubereiteten Gemisch aus Methylenblau- und Kristallviolettlösung bedecken; Farbstoffgemisch 20 – 30 s einwirken lassen.
  - Färbelösung abgießen, und Ausstrich nur kurz unter einem weichen Leitungswasserstrahl spülen.
  - Ausstrich mit Lugol'scher Lösung bedecken; Lösung 5 s einwirken lassen.
  - Lugol'sche Lösung abgießen, und Ausstrich mit Leitungswasser spülen.
  - Zur Gegenfärbung Ausstrich mit Chrysoidinlösung bedecken; Farbstoff 10 s einwirken lassen.
  - Farbstofflösung abgießen; Ausstrich nicht spülen.

---

[10] Chrysoidin gilt als potentiell krebserzeugend; deshalb darf man den Farbstoff nicht mit der Haut in Berührung bringen und keine Pulverpartikel einatmen. Am besten verwendet man eine fertige Lösung.

Auswertung:

Polyphosphatgranula erscheinen kräftig blauschwarz in den gelbbraun gefärbten Zellen.

Bei *Corynebacterium* sind die pleomorphen, am Ende oft keulenförmig verdickten Stäbchen palisadenartig oder im Winkel zueinander (in L-, V- oder Y-Form) angeordnet. Sie können ein bis mehrere Polyphosphatgranula enthalten, die vor allem an einem oder beiden Zellenden liegen („Polkörperchen"), und sehen nach der Neisser-Färbung manchmal wie verstreut liegende Streichhölzer aus.

Auch bei *Pasteurella* und *Yersinia* färben sich bei den beschriebenen Färbeverfahren die beiden Zellenden metachromatisch an („Polkappen"-, „Polkörperchen"-Färbung).

8.6.4.3 Geißelfärbung

Die meisten aktiv beweglichen Bakterien bewegen sich mit Hilfe rotierender Geißeln. Bakteriengeißeln haben einen Durchmesser von nur 10–30 nm, der weit unter dem Auflösungsvermögen des Lichtmikroskops (etwa 200 nm) liegt. Die einzelne Geißel ist deshalb unter dem Lichtmikroskop nicht sichtbar. Bei einigen Bakterien kann man das dicke Geißelbüschel an der lebenden, ungefärbten Zelle unter dem Phasenkontrastmikroskop oder im Dunkelfeld erkennen. Die Einzelgeißel lässt sich im Elektronenmikroskop sichtbar machen, im Lichtmikroskop nur durch eine besondere Vorbehandlung, bei der man den Geißeldurchmesser künstlich beträchtlich vergrößert. Dies geschieht entweder durch die Auflagerung von Antikörpern auf die Geißeloberfläche[11] – eine Methode, die sogar die Beobachtung der rotierenden Geißeln im Lebendpräparat erlaubt – oder an fixierten Zellen durch eine Geißelfärbung, bei der man mit Hilfe eines Beizmittels einen dicken Farbstoff- oder Silberniederschlag auf der Geißel auflagert.

Der Besitz von Geißeln, ihre Anzahl und ihre Anordnung haben eine gewisse Bedeutung für die Klassifizierung und Identifizierung insbesondere gramnegativer Bakterien. Allerdings ist die Bildung von Geißeln und die Art der Begeißelung nicht immer ein konstantes Merkmal einer Bakterienart: Eine Art kann begeißelte und unbegeißelte Stämme umfassen. Innerhalb einer Population können Anzahl und Anordnung der Geißeln variieren; bei einigen gramnegativen Bakterien treten nebeneinander polar und peritrich begeißelte Zellen auf, oder aber sie bilden in Abhängigkeit von der Konsistenz des Nährbodens (flüssig oder fest) oder von der Bebrütungstemperatur unterschiedliche Begeißelungstypen aus. Auch bei anderen beweglichen Bakterien sind Begeißelung und Beweglichkeit oft abhängig von den Wachstumsbedingungen, z.B. vom pH-Wert des Nährbodens, der Bebrütungstemperatur und der Wachstumsphase (vgl. S. 250).

Voraussetzungen:

Vor der Färbung prüfe man die Beweglichkeit der Bakterien im Lebendpräparat (s. S. 250f.). Schwimmend bewegliche Bakterien sind immer begeißelt; aber auch unbewegliche Bakterien können bisweilen (funktionsunfähige) Geißeln besitzen. Die Art, wie sich die Zellen unter dem Mikroskop bewegen, gibt unter Umständen schon einen Hinweis auf den Begeißelungstyp (s. S. 251).

Man verwende für die Färbung junge (z.B. 18–24 Stunden alte) Kulturen, die bei suboptimaler Temperatur (meist 20–30 °C) bebrütet worden sind und sich in der späten exponentiellen oder frühen stationären Wachstumsphase befinden. Ein zu niedriger pH-Wert des Nährbodens beeinträchtigt die Begeißelung, deshalb soll das Medium möglichst keine vergärbaren Kohlenhydrate enthalten. Ein Zusatz von Phosphat (z.B. 0,1 % [w/v] Kaliumphosphat) fördert die

---

[11] Packer, H.L., Armitage, J.P. (1993), J. Bacteriol. **175**, 6041–6045

Geißelbildung. Flüssigkeitskulturen liefern im Allgemeinen bessere Ergebnisse als Kulturen auf festen Nährböden. Die Nährlösung muss vor der Beimpfung absolut klar sein. Für Routineuntersuchungen benutzt man jedoch meist Schrägagarkulturen. Man behandle das zu färbende Zellmaterial so schonend wie möglich, damit die Geißeln sich nicht verformen oder abbrechen.

Vergleichsorganismen:

Polar begeißelt: *Pseudomonas stutzeri* (monopolar monotrich begeißelt = nur an einem Zellende eine einzige Geißel; unter bestimmten Bedingungen, besonders auf festen Nährböden, zusätzlich laterale [seitliche] Geißeln mit kurzer Wellenlänge)

Pseudomonas fluorescens (monopolar polytrich [= lophotrich] begeißelt = nur an einem Zellende zwei oder mehr Geißeln)

Aquaspirillum serpens, Rhodospirillum rubrum (bipolar polytrich [= amphitrich] begeißelt = an jedem Zellende ein Geißelbüschel).

Peritrich begeißelt (= zahlreiche, an den Längsseiten angeordnete oder rings um die Zelle verteilte Geißeln)**:** *Bacillus subtilis*; *Proteus vulgaris, P. mirabilis* (Risikogruppe 2; besonders dicht begeißelt sind Zellen von Schwärmplatten, vgl. S. 172.).

In der Literatur ist eine ganze Reihe von Geißelfärbungen beschrieben worden. Eine der gebräuchlichsten Methoden ist die Färbung nach Leifson, die jedoch absolut saubere und fettfreie Objektträger und die möglichst weitgehende Entfernung allen Fremdmaterials erfordert. Schneller, einfacher und schonender und deshalb vor allem für Routineuntersuchungen besser geeignet ist die von Kodaka et al. beschriebene Färbemethode (s. S. 281f.).

- **Geißelfärbung nach Leifson**

Herstellen der Zellsuspension

Von Flüssigkeitskulturen:

- Zu 4 ml Flüssigkeitskultur etwa 4 ml demineralisiertes Wasser geben, vorsichtig mischen, und bei 2000 – 3000 Umdrehungen/min 5 – 10 min zentrifugieren (vgl. S. 388ff.).
- Überstand abgießen; Reste des Überstandes aus dem auf den Kopf gestellten Zentrifugenröhrchen gut ablaufen lassen und mit demineralisiertem Wasser vom Röhrchenrand abspülen.
- Auf den Bodensatz 1 – 2 ml demineralisiertes Wasser geben; Ansatz 2 – 3 min ruhig stehen lassen, dann durch vorsichtiges Schütteln resuspendieren, mit Wasser auf 8 ml auffüllen, mischen und erneut zentrifugieren.
- Überstand abgießen, Röhrchenrand abspülen, Bodensatz in 1 – 2 ml demineralisiertem Wasser resuspendieren und mit Wasser bis zu einer ganz schwachen Trübung verdünnen.
- Unter dem Mikroskop Beweglichkeit der Zellen prüfen.

Von Schrägagarkulturen:

- Mit der Impföse von der Oberfläche einer Kolonie wenig Zellmaterial entnehmen, ohne den Agar zu berühren oder Agar zu übertragen, und vorsichtig in einem Röhrchen in einigen ml demineralisiertem Wasser suspendieren.
  Oder (besser!): Das Schrägagarröhrchen bis über den oberen Rand der Kultur mit demineralisiertem Wasser füllen, dabei das Wasser vorsichtig über die Kulturoberfläche laufen lassen. Röhrchen etwa 30 min bei Raumtemperatur stehen lassen, bis die Flüssigkeit trübe geworden ist.

– Von der entstandenen Suspension mit der Pasteurpipette eine Probe entnehmen, mit demineralisiertem Wasser bis zu einer ganz schwachen Trübung verdünnen und dann direkt zur Herstellung des Ausstrichs (s.u.) verwenden (bei Routineuntersuchungen). Oder (besser!): Suspension zweimal zentrifugieren, die Bakterien mit demineralisiertem Wasser waschen und weiterbearbeiten, wie oben bei Flüssigkeitskulturen beschrieben.

Herstellen des Ausstrichs

Die für die Färbung verwendeten Objektträger dürfen nicht mit den Fingern berührt, sondern nur mit einer Deckglas- oder Cornetpinzette gefasst werden.

– Frisch aus der Originalpackung entnommene Objektträger gründlich reinigen und anschließend entfetten, entweder durch Erhitzen im Muffelofen oder durch Hin- und Herbewegen in der nichtleuchtenden Bunsenbrennerflamme (s. S. 233f.). (Sind die Objektträger nicht völlig sauber und fettfrei, so schlägt sich der Farbstoff am Hintergrundmaterial und auf der Glasoberfläche nieder.)

– Objektträger nach dem Abkühlen sofort verwenden oder in einem fest verschlossenen, staubfreien Behälter (nicht zu lange) aufbewahren. (Es ist zweckmäßig, am Behälter die Seite zu markieren, an der die Objektträger angefasst worden sind, und für die Färbung das andere Ende zu verwenden.)
Nicht sofort benutzte Objektträger unmittelbar vor der Verwendung nochmals in der Bunsenbrennerflamme erhitzen und abkühlen lassen (s. S. 233f.).

– Mit einem Wachs- oder Filzstift eine kräftige Linie quer über die Mitte des Objektträgers und entlang des Randes der von der Pinzette abgewandten Objektträgerhälfte ziehen, so dass ein geschlossenes Rechteck entsteht.

– In diesem Rechteck nahe der zum Ende hin liegenden Schmalseite mit der Impföse oder Pasteurpipette einen Tropfen der Bakteriensuspension auf die Glasoberfläche setzen.

– Objektträger in Längsrichtung schräg halten, und den Tropfen zur Mitte hin bis zur Querlinie laufen lassen. Wenn der Tropfen nicht leicht und gleichmäßig läuft, ist der Objektträger nicht fettfrei und für die Färbung ungeeignet.

– Überschüssige Suspension mit einem Stück Filtrierpapier absaugen.

– „Ausstrich" an der Luft trocknen lassen; nicht fixieren.

Man kann auf einem Objektträger ohne Weiteres auch zwei Proben verteilen und färben, indem man zwei Tropfen Zellsuspension getrennt nebeneinander in das Rechteck bringt und sie parallel zueinander laufen lässt.

Lösungen:

Lösung **A**: Beizmittel

Natriumchlorid	1,5	g
Tannin (Gerbsäure)	3,0	g
demin. Wasser	200	ml

Wenn die Lösung länger aufbewahrt werden soll, 0,4 g Phenol zur Konservierung zusetzen. Die Lösung ist im Kühlschrank (bei ~ 5 °C) jahrelang, tiefgefroren unbegrenzt haltbar.

Lösung **B**: Farbstofflösung

Parafuchsinacetat	0,9 g
Parafuchsinhydrochlorid	0,3 g
(oder: „basisches Fuchsin",	
speziell für die Geißelfärbung	1,2 g
oder: Parafuchsinacetat allein	1,2 g)
96%iges (w/w) Ethanol	100 ml

Parafuchsin gilt – wie Fuchsin – als potentiell krebserzeugend (s. S. 265, Fußnote [8])!

Den Ansatz unter häufigem, kräftigem Umschütteln mehrere Stunden bei Raumtemperatur stehen lassen, bis die Farbstoffe völlig gelöst sind. Die Lösung ist in gut verschlossener, brauner Flasche jahrelang haltbar.

Herstellen der Gebrauchslösung für die Leifson-Färbung

– Zur Herstellung der Gebrauchslösung Lösung A und Lösung B unter kräftigem Schütteln mischen; dabei entsteht gewöhnlich ein Niederschlag. Der pH-Wert des Gemischs liegt bei Verwendung der richtigen Parafuchsinsalze bei pH 5,0 ± 0,2. Es empfiehlt sich, den pH-Wert zu überprüfen und gegebenenfalls nachzustellen.

– Die Gebrauchslösung in einer fest verschlossenen, braunen Flasche etwa 24 Stunden im Kühlschrank stehen lassen, bis sich der Niederschlag abgesetzt hat und der Überstand klar ist. Der Bodensatz darf bei der Verwendung der Färbelösung nicht aufgewirbelt werden. Die Lösung vor Gebrauch auf Raumtemperatur erwärmen.

Die Färbelösung hält sich bei Raumtemperatur einige Tage, im Kühlschrank mehrere Wochen und tiefgefroren bis zu mehreren Jahren. Falls das Gemisch eingefroren wurde, muss man es nach dem Auftauen gut schütteln, da sich Alkohol und Wasser beim Einfrieren entmischen; anschließend lässt man den Niederschlag sich absetzen.

Arbeitsgang der Färbung:

Beim Ansetzen der Gebrauchslösung bilden Tannin und Farbstoff einen Komplex, der in Ethanol besser löslich ist als in Wasser. Nach Aufbringen der Lösung auf den Objektträger verdunstet der Alkohol schneller als das Wasser, und bei einer Ethanolkonzentration von 20–25 % kommt es zu einem kolloidalen Niederschlag, der sich auf den Geißeln absetzt.

– Mit einer graduierten Pasteurpipette mit Saugball 1 ml vom klaren Überstand der Färbelösung entnehmen und schnell auf der Objektträgerhälfte mit dem Ausstrich verteilen. Die Lösung darf sich nicht über die Begrenzungslinien des Rechtecks hinaus ausbreiten oder vom Objektträger herunterlaufen.

– Färbelösung 5 – 15 min einwirken lassen. Dabei das Präparat über weißes Papier oder eine Lichtquelle halten und beobachten: Sobald im ganzen Präparat ein feiner Niederschlag auftritt und die anfangs klare Lösung trüb und rostrot wird (wenn man das Präparat gegen einen dunklen Hintergrund hält, erscheint die Oberfläche der Färbelösung goldglänzend), Präparat sofort unter einem weichen Leitungswasserstrahl waschen, ohne vorher die Färbelösung abzugießen.

Je frischer die Färbelösung, je höher ihre Temperatur und die des Labors und je dünner die Färbeschicht auf dem Objektträger, desto kürzer ist die Färbezeit.

Auswertung:

Die Zellkörper und Geißeln erscheinen rot. Bei einigen Bakterien wird der Zellkörper nur schwach oder gar nicht angefärbt; in diesem Fall kann man nach dem Waschen und vor dem Trocknen des Präparats eine Gegenfärbung mit alkalischer Methylenblaulösung durchführen (s. S. 264f.): Der Zellkörper färbt sich blau, während die Geißeln rot bleiben.

Um Anzahl und Anordnung der Geißeln zu bestimmen, überprüfe man eine größere Zahl begeißelter Zellen. Monopolar begeißelte Bakterien betrachtet man als monotrich begeißelt, wenn die Mehrzahl der Zellen nur eine Geißel besitzt, und als polytrich (lophotrich) begeißelt, wenn die Mehrzahl der Zellen zwei oder mehr Geißeln aufweist.

- ### Geißelfärbung nach Kodaka et al.[12)]

  #### Lösungen:

  Lösung **A**: Beizmittel

Tannin (Gerbsäure)	10 g
5%ige (w/v) wässrige Phenollösung (s. S. 265, Lsg. B)	50 ml
gesättigte wässrige Lösung von Kaliumaluminiumsulfat-	
Dodecahydrat (Alaun) (~ 60 g/l bei 20 °C)	50 ml

  Lösung **B**: Farbstofflösung

Kristallviolettstammlösung (in 96%igem Ethanol, s. S. 260ff.)	10 ml

  Lösung A und Lösung B mischen.
  Die gebrauchsfertige Lösung ist bei Raumtemperatur unbegrenzt haltbar. Sie braucht nicht filtriert zu werden.

  #### Arbeitsgang:

  Eine besondere Reinigung der Objektträger ist nicht erforderlich.

  > - Auf einen frisch der Originalpackung entnommenen, vom Hersteller vorgereinigten Objektträger zwei getrennte Tropfen demineralisiertes Wasser setzen.
  > - Mit der Impföse vorsichtig etwas Zellmaterial von der Oberfläche einer Agarkolonie entnehmen, ohne den Agar zu berühren oder Agar mitaufzunehmen, und mit der Öse die Mitte der Oberfläche beider Wassertropfen nacheinander sacht berühren. Material nicht verrühren, damit die Geißeln nicht abbrechen!
  > - Die Tropfen bei Raumtemperatur eintrocknen lassen, nicht erhitzen.
  > - Den Objektträger mit Färbelösung bedecken, und Lösung 5 min einwirken lassen.
  > - Den Objektträger auf Vorder- und Rückseite unter einem weichen Leitungswasserstrahl 2–3 min gründlich spülen.

---

12) Kodaka, H., Armfield, A.Y., Lombard, G.L., Dowell, V.R. (1982), J. Clin. Microbiol. **16**, 948–952

Auswertung:

Die Zellkörper und Geißeln sind blauviolett gefärbt. Man beginnt die mikroskopische Untersuchung am Rand der eingetrockneten Tropfen und geht dann langsam in Richtung Mitte. Begeißelte Zellen finden sich vor allem im äußeren Bereich der Präparate.

(siehe auch Geißelfärbung nach Leifson, Auswertung, S. 281)

8.7 Das Epifluoreszenzmikroskop

Die Fluoreszenzmikroskopie ist das zur Zeit am schnellsten expandierende Gebiet der Lichtmikroskopie in Biologie und Medizin. Das liegt vor allem an ihrer extrem **hohen Empfindlichkeit** und **hohen Spezifität**. Das Fluoreszenzmikroskop liefert ein Bild mit negativem Kontrast: Der Bilduntergrund erscheint dunkel; nur die fluoreszierenden Strukturen oder Substanzen leuchten in ihren unterschiedlichen Fluoreszenzfarben mit einem für den betreffenden Farbstoff jeweils charakteristischen Anregungs- und Emissionsspektrum. Das erhöht die Empfindlichkeit und Spezifität der Methode und senkt die Nachweisgrenze. Sehr kleine Objekte, wie Bakterienzellen, lassen sich schon bei schwächeren Vergrößerungen und größeren Sehfeldern sichtbar machen als nach Färbung mit herkömmlichen Farbstoffen und einer Untersuchung im Hellfeld. Das wiederum vereinfacht und beschleunigt mikrobiologische Untersuchungen, wie z.B. Zellzählungen.

Die moderne Video- und Computertechnik mit hochlichtempfindlichen elektronischen Kameras und anschließender Bildbearbeitung lässt noch schwächste Fluoreszenzerscheinungen erkennen. Dadurch kann man unter dem Fluoreszenzmikroskop Objekte entdecken und untersuchen, die in sehr niedrigen Konzentrationen vorkommen oder deren Größe unter dem Auflösungsvermögen des Lichtmikroskops liegt. Außerdem ermöglicht die Fluoreszenzmikroskopie in Kombination mit der Durchflusscytometrie oder der automatischen Bildanalyse quantitative Messungen mit hoher räumlicher und zeitlicher Auflösung (s. S. 343).

Man benutzt die Fluoreszenzmikroskopie vor allem in der mikrobiologischen Diagnostik und in der mikrobiellen Ökologie.

8.7.1 Theoretische Grundlagen

Die Fluoreszenz wird zusammen mit der Phosphoreszenz unter dem Oberbegriff Lumineszenz zusammengefasst. Unter **Lumineszenz** versteht man alle Leuchterscheinungen, bei denen die Lichtemission nicht durch eine hohe Temperatur der leuchtenden Substanz (Glühemission) verursacht wird, sondern durch eine vorausgegangene nichtthermische Energieaufnahme („Anregung", „Erregung"), meist durch eine Bestrahlung mit relativ kurzwelligem sichtbarem oder ultraviolettem Licht (Photolumineszenz). Aber auch Röntgen- oder Elektronenstrahlen, elektrische Felder und chemische Reaktionen (Chemilumineszenz) können Lumineszenz auslösen.

Durch die Zufuhr der Anregungsenergie werden in den Atomen oder Molekülen des leuchtenden Stoffes Elektronen vom energieärmeren Grundzustand auf ein höheres Energieniveau gehoben. Dort verweilen sie im Falle der Fluoreszenz jedoch nur sehr kurze Zeit (10^{-9} bis 10^{-8} s) und springen dann auf ihr ursprüngliches oder jedenfalls auf ein niedrigeres Energieniveau zurück. Dabei setzen sie einen Teil der Energie in Form von Lichtquanten (Photonen) frei, während der andere Teil durch Wechselwirkungen mit der Umgebung verloren geht.

Das Verhältnis der Zahl der freigesetzten Fluoreszenzquanten zur Zahl der bei der Anregung absorbierten Lichtquanten bezeichnet man als **Quantenausbeute**. Je höher die Quantenausbeute, desto größer ist die Fluoreszenz. Die Fluoreszenzintensität pro Farbstoffmolekül ist proportional dem Produkt aus Quantenausbeute und molarem Absorptionskoeffizienten.

Die emittierte Strahlung (das Lumineszenzlicht) ist also (fast immer) energieärmer, und das heißt, langwelliger als die absorbierte Strahlung (das Erregerlicht) (**Stokes'sche Regel**), und zwar hat sie gegenüber dem absorbierten Licht meist eine um etwa 20 – 50 nm größere Wellenlänge. Außerdem ist das Lumineszenzlicht wesentlich lichtschwächer als die Erregerstrahlung; das Verhältnis liegt in der Größenordnung von $1 : 10^{-3}$ bis $1 : 10^{-5}$. Tritt die Lichtemission nur während der Bestrahlung auf, so spricht man von Fluoreszenz. Klingt die Lumineszenz nach dem Ende der Bestrahlung verhältnismäßig langsam ab (Nachleuchten, kann von 10^{-4} s bis zu einigen Stunden oder sogar Tagen andauern), so handelt es sich um **Phosphoreszenz**.

Die Lumineszenz ist ein zyklischer Prozess. Wenn der fluoreszierende Stoff im angeregten Zustand nicht irreversibel zerstört wird („Photobleaching", s. S. 306ff.), kann er immer wieder neu angeregt und nachgewiesen werden, und ein einzelnes fluoreszierendes Molekül kann viele Tausend Photonen freisetzen – Grundlage der hohen Empfindlichkeit der Fluoreszenztechniken.

Eine Reihe biologischer Substanzen (z. B. Porphyrine und Porphyrinderivate, wie die [Bacterio-]Chlorophylle, ferner Flavine und Flavoproteine, Vitamin A und B_6 oder die Pyoverdine [s. S. 159]) senden bei Bestrahlung mit geeignetem, meist kurzwelligem Licht von sich aus Fluoreszenzlicht aus (**Primärfluoreszenz**, Eigen- oder Autofluoreszenz, vgl. S. 295). Die Mehrzahl aller mikroskopisch zu untersuchenden Objekte besitzt jedoch nicht die Eigenschaft, von sich aus zu fluoreszieren. Solche Objekte färbt man mit Fluoreszenzfarbstoffen (Fluorochromen, s. S. 297ff.) an und erzeugt dadurch im Objekt eine künstliche Fluoreszenz (**Sekundärfluoreszenz**). Als **induzierte Fluoreszenz** bezeichnet man eine Fluoreszenz, die erst durch eine chemische, z.B. enzymatische Reaktion hervorgerufen wird, eine Reaktion, durch die eine in der Zelle vorhandene oder in sie eingedrungene, nichtfluoreszierende Substanz, das Fluorogen, in eine fluoreszierende umgewandelt wird (siehe z.B. S. 306).

8.7.2 Optische Teile des Epifluoreszenzmikroskops

8.7.2.1 Strahlengang

Das Erregerlicht kann auf verschiedenen Wegen auf das Präparat gelenkt werden: über Durchlichthellfeld-, Durchlichtdunkelfeld- und Auflichthellfeldanregung. Von diesen drei Möglichkeiten ist im biologisch-medizinischen Bereich fast nur noch die **Auflichtanregung** (**Epifluoreszenz**) im Gebrauch. Bei diesem Verfahren wird das Präparat von derselben Seite beleuchtet **und** beobachtet. Dadurch vermeidet man eine Abschwächung und Zerstreuung

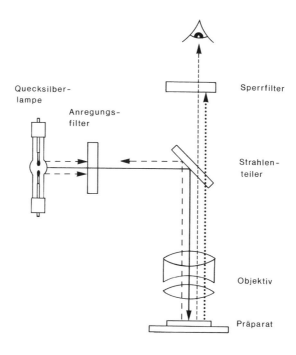

Abb. 25:   Strahlengang im Epifluoreszenzmikroskop, schematisch
——————   gewünschtes Anregungslicht
– – – –   unerwünschtes und gestreutes Anregungslicht
- - - - - -   gewünschtes Fluoreszenzlicht
· · · · · · · · · ·   unerwünschtes Fluoreszenslicht

des Lichtes, wie sie bei der Durchlichtmikroskopie, besonders bei dickeren Objekten, auftreten. Die Epifluoreszenz liefert eine größere Fluoreszenzintensität und einen besseren Kontrast als die Durchlichtanregung. Außerdem lässt sie sich am besten mit anderen Verfahren, z.B. Phasenkontrast, kombinieren (s. S. 296f.). Die meisten Mikroskophersteller bieten neben speziellen Epifluoreszenzmikroskopen Auflichtfluoreszenzeinrichtungen an, die sich mit wenigen Handgriffen an ein vorhandenes Durchlichthellfeldmikroskop ansetzen lassen.

Bei der Auflichtanregung passiert die von der Lichtquelle ausgehende Strahlung zunächst ein Anregungs- oder Erregerfilter (s. S. 291f.), das aus dem Spektrum des Anregungslichtes die gewünschten Wellenlängen selektiert. Das Licht trifft dann auf einen dichroitischen[13] Teilerspiegel (Strahlenteiler, s. S. 293), der in einem Winkel von 45° zur optischen Achse des Mikroskops angebracht ist und der die kurzwellige Erregerstrahlung reflektiert und um 90° in den Strahlengang ablenkt, und zwar wird das Licht durch das Mikroskopobjektiv hindurch auf das Präparat gelenkt. Das vom Präparat emittierte Fluoreszenzlicht wird vom Objektiv

---

[13] „Dichroitisch" bedeutet: Je nach Wellenlänge wird das Licht vom Filter durchgelassen oder reflektiert.

gesammelt und trifft in umgekehrter Richtung wieder auf den dichroitischen Strahlenteiler. Dieser lässt die langwellige Fluoreszenzstrahlung weitgehend durch, nicht aber die kurzwellige Erregerstrahlung. Ein Sperrfilter (s. S. 292f.) absorbiert die letzten Reste des vom Präparat gestreuten Erregerlichts oder von unerwünschtem Fluoreszenzlicht, während das gewünschte Fluoreszenzlicht ungehindert zum Okular geleitet wird.

8.7.2.2 Objektive

In der Auflichtfluoreszenzmikroskopie dient das Objektiv neben seiner abbildenden Funktion zugleich als Kondensor und konzentriert die Erregungsstrahlung auf das Präparat. Damit entfallen alle sonst notwendigen Zentrierungen am Kondensor. Allein durch die Fokussierung des Präparats erhält man eine optimale Ausleuchtung. Das Fluoreszenzlicht eines Objekts strahlt dagegen kugelförmig in alle Richtungen, unabhängig von der Einfallsrichtung des Anregungslichtes. Nur derjenige Teil des Lichtes gelangt zum Beobachter, der vom Öffnungswinkel des Objektivs erfasst werden kann. Lichtstarke Fluoreszenzbilder erhält man daher nur mit Immersionsobjektiven, weil sie eine hohe numerische Apertur besitzen (s. S. 217) und Licht über den größtmöglichen Öffnungswinkel einfangen. Die Helligkeit des Fluoreszenzbildes ist der vierten Potenz der Objektivapertur proportional, und sie ist umgekehrt proportional zum Quadrat des Abbildungsmaßstabs des Objektivs (s. S. 215), d.h.: Auch schwächere Maßstabzahlen ergeben hellere Bilder. Die Linsengläser der verwendeten Objektive sollten eine hohe Lichtdurchlässigkeit vom nahen Ultraviolett (hinab bis 340 nm)[14] bis zum nahen Infrarot besitzen; sie dürfen keine nennenswerte Eigenfluoreszenz aufweisen. An die Korrektion der Farbfehler werden jedoch keine hohen Anforderungen gestellt.

Die Mikroskophersteller bieten eigens für die Auflichtfluoreszenz entwickelte Objektive an, bei denen es sich um Öl-, Glycerin- oder Wasserimmersionsobjektive bis hinunter zum Abbildungsmaßstab 10:1 handelt. Diese Objektive besitzen auch in den unteren Vergrößerungsstufen hohe numerische Aperturen; sie liefern große Gesichtsfelder und trotzdem lichtstarke Fluoreszenzen. **Glycerin** (n_D = 1,47) ist eines der Immersionsmittel, die nur bei Fluoreszenzmikroskopen Verwendung finden. Es hat weniger Eigenfluoreszenz als Immersionsöl und kann leicht mit Wasser abgewaschen werden. Allerdings ist Glycerin hygroskopisch, und seine Qualität verändert sich allmählich, hin zu mehr Autofluoreszenz. **Wasserimmersionsobjektive** haben eine geringere Apertur als Ölimmersionen und finden hauptsächlich bei Reihenuntersuchungen Verwendung, weil Objektiv und Präparat leicht zu reinigen sind. Man kann jedoch auch viele Objektive aus der Durchlichthellfeldmikroskopie für das Epifluoreszenzmikroskop verwenden, da sie fluoreszenzarm und gut UV-durchlässig sind, vor allem die **Planfluoritobjektive** (s. S. 221). Für Routineanwendungen sind auch Planachromate und EF- oder Semiplanobjektive geeignet. Weniger geeignet sind dagegen ältere Apochromate, deren zahlreiche Linsengruppen UV-Licht absorbieren und die Lichtdurchlässigkeit durch innere Reflexion um 10 – 15 % herabsetzen können. Für neuere Planapochromate gilt dies allerdings nicht mehr; sie können über einen breiten Wellenlängenbereich und auch unter 400 nm benutzt werden.

---

[14] Unterhalb von 340 nm verwendet man Quarzglaslinsen.

8.7.2.3 Okulare

Die Helligkeit des Fluoreszenzbildes ist u.a. auch von der Gesamtvergrößerung des Mikroskops und damit von der Okularvergrößerung abhängig. Mit zunehmender Vergrößerung nimmt die Lichtstärke ab; sie ist umgekehrt proportional zum Quadrat der Okularvergrößerung. Deshalb sollte man für Fluoreszenzuntersuchungen immer Okulare mit niedriger Eigenvergrößerung (z.B. 8× oder 6,3×) verwenden. Ein eventuell in den Tubus eingebauter Vergrößerungswechsler muss auf die unterste Vergrößerungsstufe eingestellt werden. Ein Monokulartubus liefert lichtstärkere Bilder als ein binokularer Tubus (vgl. S. 219).

8.7.2.4 Lichtquellen

Bei der Fluoreszenzmikroskopie wird das mikroskopische Bild nicht vom Beleuchtungslicht erzeugt, sondern vom Fluoreszenzlicht, das vom Objekt emittiert wird, und dieses Fluoreszenzlicht ist wesentlich schwächer und hat normalerweise eine größere Wellenlänge als das eingestrahlte Erregerlicht (vgl. S. 283). Man benötigt deshalb Lichtquellen mit möglichst hoher Strahlungsintensität im nahen UV- und kurzwelligen sichtbaren Spektralbereich.

Die in älteren Mikroskopen manchmal noch verwendeten normalen Niedervoltlampen sind für die Fluoreszenzmikroskopie ungeeignet, weil sie vorwiegend langwelliges rotes und infrarotes Licht aussenden. Für einfache Routineuntersuchungen mit Blau- oder Grünlichtanregung, z.B. bei Acridinorange, kann man bei geringen Anforderungen an die Strahlungsintensität eine **Halogenniedervoltglühlampe** 12 V 100 W (s. S. 224) verwenden. Sie ist verhältnismäßig preiswert und einfach zu handhaben, erreicht aber nicht die Helligkeit von Gasentladungslampen. Halogenlampen haben ein kontinuierliches Spektrum, jedoch mit ungünstiger Energieverteilung, da der Hauptteil der Strahlung im nahen Infrarot liegt.

Als Standardlichtquellen für die Fluoreszenzmikroskopie benutzt man **Gasentladungslampen**, deren intensives Licht durch elektrische Entladungserscheinungen in verdünnten Gasen oder Dämpfen entsteht. Nach dem Fülldruck des Gases oder Dampfes unterscheidet man Niederdruck-, Hochdruck- und Höchstdrucklampen. Wegen ihrer universellen Einsetzbarkeit und hohen Lichtausbeute bevorzugt man **Quecksilberhöchstdrucklampen**. Bei ihnen sind zwei Elektroden in einen druckfesten, luftleer gepumpten Quarzglaskolben eingeschmolzen. Zwischen den Elektroden wird mit Hilfe einer kleinen Menge Edelgas im Kolben und einem Hochspannungsstoß ein elektrischer Lichtbogen gezündet und durch einen hohen Stromfluss in brennendem Zustand gehalten. Der Glaskolben enthält eine genau dosierte Menge flüssiges Quecksilber, das durch die Hitze des Lichtbogens innerhalb einiger Minuten völlig verdampft und in der Lampe einen starken Überdruck von bis zu 200 bar erzeugt. Die weitere Entladung wird nur noch vom Quecksilberdampf getragen, der zu intensivem Leuchten angeregt wird.

Das **Spektrum** der Quecksilberhöchstdrucklampe besteht aus einem niedrigen Grundkontinuum, das sich in etwa gleicher Stärke über das ultraviolette, sichtbare und infrarote Gebiet erstreckt (und immer noch heller ist als z.B. eine Halogenlampe), und aus den charakteristischen, besonders strahlungsintensiven **Quecksilberlinien** (Linienspektrum, vgl. S. 409) mit hohem UV-Anteil, die man bevorzugt zur Erregung der Fluoreszenzen verwendet. Folgende Quecksilberlinien sind vor allem von Bedeutung: bei 334 nm (kurzwelliges UV), 365 nm (langwelliges [nahes] UV), 405 nm (Violett), 436 nm (Blau) und 546 nm (Grün).

Das Linienspektrum hat den Vorteil, dass man mit dem sehr intensiven Licht einer scharf begrenzten Wellenlänge ("Linie") das Objekt anregen und die Fluoreszenz wegen der Stokes-Verschiebung bei einer größeren Wellenlänge beobachten kann, bei der die Linien der Lampe nicht stören. Manchmal muss man aber auch Wellenlängen aus dem Kontinuum zur Fluoreszenzerregung benutzen, nämlich dann, wenn das Absorptionsmaximum zwischen den Linien liegt.

Tab. 28: Lichtquellen für die Fluoreszenzmikroskopie

Lampe	elektrische Leistung (Watt)	Stromart	Spektrum	mittlere Lebensdauer[1] (Stunden)
Halogenniedervolt-glühlampe	100	Wechselstrom	kontinuierlich	2000[2]
Quecksilber-höchstdrucklampe Hg 50	50	Wechselstrom	Linien	100
Quecksilber-höchstdrucklampe Hg 100	100	(stabilisierter) Gleichstrom	Linien	200
Quecksilber-höchstdrucklampe Hg 200	200	Wechselstrom	Linien	200
Metallhalogenid-lampe HXP 120	120	Wechselstrom	Linien	2000
Xenon-hochdrucklampe Xe 75	75	(stabilisierter) Gleichstrom	kontinuierlich	400
LED	≤ 5	Konstantstrom-quelle/Vor-widerstand	schmaler Spektral-bereich	> 10 000

[1] bei mindestens 20 min (Xenonlampen) bzw. ca. 2 Stunden (Quecksilberlampen) Brenndauer je Einschaltung. Eine größere Schalthäufigkeit verkürzt die Lebensdauer der Lampen.

[2] IRC-Niedervolthalogenlampe (s. S. 224): 4000 Stunden

Die Standardlichtquellen für die Epifluoreszenz sind die **Quecksilberhöchstdrucklampen** 50 Watt und vor allem **100 Watt** (Hg 50 und 100, z.B. Osram HBO 50 bzw. 100). Die preiswerte Hg 50 verwendet man für die Routinefluoreszenz bei geringeren Anforderungen an die Leuchtdichte. Sie wird – ebenso wie die Quecksilberhöchstdrucklampe 200 Watt (Hg 200 [HBO 200]) – mit Wechselstrom betrieben. Die Hg 200 hat trotz viermal höherer Leistungsaufnahme nur eine doppelt so hohe Strahlungsintensität wie die Hg 50. Außerdem benötigt sie ein aufwendigeres und teureres Lampenhaus und Vorschaltgerät und neigt bei Alterung leichter zur Explosion als die Hg 50. Da sie bei der Auflichtanregung keine Vorteile bietet, wird sie hier kaum verwendet.

Die Quecksilberhöchstdrucklampe 100 W wird – wie auch die Xenonhochdrucklampen – mit (stabilisiertem) Gleichstrom betrieben. Gleichstromlampen haben gegenüber den Wechselstromlampen den Vorteil, dass sie sehr ruhig brennen. Sie werden deshalb auch in der Fluoreszenzspektroskopie bevorzugt eingesetzt. Außerdem haben sie eine fast doppelt so große Lebensdauer wie die Hg 50.

Als Alternative zu den Quecksilberhöchstdrucklampen finden zunehmend **Metallhalogenidlampen**, z.B. Osram HXP 120, Verwendung. Sie haben ein ähnliches Emissionsspektrum wie die Quecksilberhöchstdrucklampen, sind jedoch noch heller und haben eine zehnmal höhere Lebensdauer.

Die **Xenonhochdrucklampe**, vorzugsweise mit einer Leistung von 75 Watt (Xe 75, z.B. Osram XBO 75), emittiert ein kontinuierliches Spektrum zwischen 250 und 1000 nm mit einer gleichbleibenden mittleren Intensität, das von einzelnen Linien überlagert wird. Sie eignet sich für die Blau- und Grünlichtanregung sowie für die Anregung im kurzwelligen UV-Bereich. Wegen ihres kontinuierlichen Spektrums wird sie häufig auch bei Anwendungen eingesetzt, bei denen es um Flexibilität hinsichtlich der Erregungswellenlängen geht, z.B. beim spektralen Scannen. Die Xenonlampe wird mit einem Hochspannungsimpuls von bis zu 25 000 Volt gezündet. Bis zum Erreichen der vollen Lichtausbeute vergehen ca. 5 s. Während des Betriebs herrscht im Inneren der Lampe ein Druck von bis zu 40 bar.

Allen Hoch- und Höchstdrucklampen ist ein Wärmeschutzfilter vorgeschaltet, das den nicht benötigten langwelligen Teil des Spektrums absorbiert (vgl. S. 225, 295). Wegen der Blendgefahr, der UV-Strahlung und des hohen Betriebsdrucks sind die Gasentladungslampen in einem geschlossenen, explosionssicheren, gut belüfteten Lampenhaus untergebracht. Für die Zündung und stabile Stromversorgung der Lampe benötigt man ein spezielles, je nach Lampentyp unterschiedliches Vorschaltgerät. Gezündet wird die Lampe mit einem Hochspannungsimpuls, der weit über der Versorgungsspannung liegt. Während der Einbrennzeit, die bei Quecksilberlampen etwa 15 min beträgt, sinken Spannung und Stromstärke von ihren hohen Anfangswerten auf die Betriebswerte ab.

Mit zunehmender Brenndauer bildet sich auf der Innenseite des Lampenkolbens durch verdampftes Elektrodenmaterial ein schwärzlicher Belag, der Strahlung absorbiert und die Strahlungsintensität herabsetzt. Zugleich verringert sich die Festigkeit des Quarzglases, und die Explosionsgefahr nimmt zu. Diese Vorgänge vollziehen sich um so schneller, je häufiger die Lampe geschaltet wird. Bei wechselstrombetriebenen Lampen verstärkt sich mit zunehmender Brenndauer auch das Flackern der Lampe, das z.B. bei der Mikrofotografie zu einer ungleichmäßigen Ausleuchtung der Aufnahme führt.

Folgende **Sicherheitsregeln** sind beim Umgang mit **Hoch- und Höchstdruckgasentladungslampen** zu beachten:
(siehe auch die Bedienungsanleitungen der Lampe und des Fluoreszenzmikroskops)

– Lampe nur im geschlossenen Lampenhaus betreiben.

– Zum Lampenhaus einen Mindestabstand von 10 cm von brennbaren Gegenständen wie Büchern, Vorhängen oder Tapeten halten: Wegen der heißen Oberflächen des Lampenhauses besteht Brandgefahr!

– Nicht in den Strahlengang blicken: UV-Licht, Blendgefahr!

– Nicht die unbedeckte Haut bestrahlen: Die intensive Strahlung kann zu Verbrennungen und langfristig zu Hautkrebs führen.

– Für gute Be- und Entlüftung sorgen: Die Gasentladungslampen, besonders Xenonlampen, produzieren Ozon.

– Lampe so wenig wie möglich ein- und ausschalten: Je häufiger man sie zündet, desto kürzer ist ihre Lebensdauer. Lampe deshalb während der Arbeitspausen (z.B. der Mittagspause) brennen lassen.

– Quecksilberlampen keinesfalls während der Einbrennzeit von ca. 15 min ausschalten. Kurze Brennzeiten (< 20 min) setzen die Lebensdauer der Lampe drastisch herab.

- Quecksilberlampen für Wechselstrombetrieb nach dem Ausschalten erst wieder zünden, wenn sie auf Raumtemperatur abgekühlt sind (nach etwa 30 min); beim Einschalten in heißem Zustand besteht Explosionsgefahr. (Gleichstrombetriebene Lampen kann man dagegen sofort, also auch im heißen Zustand, wieder zünden.)
- Über die Brenndauer der Lampen genau Buch führen.
- Lampe frühzeitig auswechseln, z.B. bei Schwärzung des Kolbens, spätestens jedoch gegen Ende der mittleren Lebensdauer (s. Tab. 28, S. 287).
- Lampenhaus vor dem Öffnen abkühlen lassen (mindestens 15 min). Netzstecker des Vorschaltgeräts ziehen.
- Nur kalte Lampen wechseln: Bei warmer Lampe besteht wegen des hohen Innendrucks Explosionsgefahr.
- Beim Auswechseln der Lampe Gesichtsschutz und dicke Handschuhe tragen.
- Neue Lampen nicht mit den Fingern am Glaskolben anfassen: Fingerabdrücke brennen in den Kolben ein und führen zu störenden dunklen Flecken.
- Sind Fingerabdrücke vorhanden, den Glaskolben vor Inbetriebnahme mit einem sauberen Lappen und Alkohol, anschließend mit demineralisiertem Wasser, sorgfältig reinigen und trocknen lassen.
- Neue wechselstrombetriebene Lampen nach dem ersten Einschalten wenigstens einige Stunden ununterbrochen brennen lassen, um den Lichtbogen zu stabilisieren: Das Licht wird dann gleichmäßiger abgestrahlt, und die Lampe flackert weniger.

In neuerer Zeit verwendet man als Lichtquellen für die Fluoreszenzmikroskopie auch Hochleistungs-**LEDs** (engl. „light-emitting diodes" = lichtemittierende Dioden, Leuchtdioden). LEDs sind optoelektronische Halbleiterbauelemente, die für fluoreszenzmikroskopische Anwendungen eine Reihe von Vorteilen bieten:

- Eine LED emittiert nur einen genau definierten, schmalen Spektralbereich, der durch die Art des Halbleitermaterials bestimmt wird. Nicht erwünschtes Licht wird erst gar nicht emittiert und muss daher auch nicht unterdrückt werden. Dadurch erhält man einen hohen Kontrast.
- Es stehen LEDs für das gesamte, in der Fluoreszenzmikroskopie eingesetzte Spektrum von Ultraviolett bis Dunkelrot zur Verfügung.
- Bis zu vier LED-Module kann man simultan benutzen.
- Die gewünschte Beleuchtungsintensität kann man für jede LED stufenlos einstellen. Das schont die Probe, vermeidet unnötiges Ausbleichen (s. S. 306f.) und ermöglicht so deutlich längere Beobachtungszeiten.
- LEDs entwickeln nur sehr wenig Wärme.
- LEDs haben eine extrem lange Lebensdauer von > 10 000 Stunden. Man kann sie beliebig oft ein- und ausschalten, ohne dass sie Schaden nehmen, und sie sind unempfindlich gegenüber Erschütterungen.

Man kann LEDs auch mit einer Weißlichtquelle kombinieren, z.B. mit einer Metallhalogenidlampe (s. S. 287).

Laser senden scharf gebündeltes, monochromatisches Licht von sehr hoher Intensität aus, die weit über der der Gasentladungslampen liegt. Man verwendet Laser in der Regel nicht für die normale qualitative, beobachtende Fluoreszenzmikroskopie; sie sind jedoch die Standardlichtquelle für quantitative Untersuchungen (Durchflusscytometrie, Mikrofluorometrie) und für die konfokale Fluoreszenzmikroskopie (s. S. 297).

Standardanregungswellenlängen sind 442 nm (Helium-Cadmium-Laser), 457,9 nm, 488,0 nm und 514,5 nm (Argon-Ionen-Laser) sowie 543,5 nm, 594,1 nm und 632,8 nm (Helium-Neon-Laser).

8.7.2.5 Lichtfilter

Neben der Lichtquelle spielen die Lichtfilter als Anregungs- und Sperrfilter in der Fluoreszenzmikroskopie eine wichtige Rolle (vgl. S. 284f.). Grundsätzlich unterscheidet man bei den Lichtfiltern Absorptionsfilter und Interferenzfilter (vgl. S. 224f.).

Absorptionsfilter

Bei den preiswerten Absorptionsfiltern oder Glasfiltern handelt es sich um gefärbte, planparallele Glasplatten, die einen bestimmten Spektralbereich, der ihrer Eigenfarbe entspricht, bevorzugt durchlassen und die Komplementärfarbe weitgehend absorbieren. Zur Herstellung von Glasfiltern setzt man der Glasschmelze geringe Mengen von Schwermetalloxiden (Oxide von Kupfer, Cobalt, Nickel, Eisen, Chrom, Mangan u.a.) zu; diese werden in der Schmelze als Metallionen gelöst und in das Glasgefüge eingebaut, dadurch wird das Glas homogen gefärbt. Die Filter haben eine annähernd glockenförmige Transmissionskurve, wobei die Lichtdurchlässigkeit (Transmission) relativ langsam ansteigt und wieder abfällt (vgl. Abb. 26, S. 292, Kurve 4). Absorptionsfilter verwendet man vorwiegend als Erregungsfilter (s. S. 291).

Farbgläser haben eine mehr oder weniger deutliche Eigenfluoreszenz, die aber bei ihrer Verwendung als Erregungsfilter meist unproblematisch ist. Die Eigenfluoreszenz entsteht durch geringe Verunreinigungen im Glas, z.B. durch Metalle der Seltenen Erden. Sie setzt den Kontrast des mikroskopischen Bildes herab.

Als Sperrfilter benutzt man in neuerer Zeit auch **Kunststoffverbundgläser** (KV-Filter). Sie bestehen aus einer Plastiklage, die von zwei polierten Glasplatten eingeschlossen ist. Sie haben sehr steile Kurven und eine sehr geringe Eigenfluoreszenz und sind preiswerter als Interferenzfilter.

Intensiv gelb, orange oder rot gefärbte Filtergläser erhält man auch durch die Reduktion der Schmelze zugesetzter Edelmetallsalze und die Ausscheidung der Edelmetalle (oder auch von Sulfiden oder Seleniden) in kolloidaler Verteilung. Dies geschieht beim Abkühlen der Schmelze oder bei einer nachträglichen Wärmebehandlung des zunächst nahezu farblosen Glases (**„Anlaufgläser"**). Anlaufgläser sind charakterisiert durch eine hohe Transmission im langwelligen Spektralbereich mit einer steilen Absorptionskante zum kürzerwelligen Spektralbereich hin (Langpassfilter, s. S. 293); sie sind daher als Sperrfilter geeignet (s. S. 292f.).

Interferenzfilter

Die (teureren) Interferenzfilter bestehen aus zahlreichen hauchdünnen, im Hochvakuum auf Glas- oder Quarzträger aufgedampften, semitransparenten Metallschichten, die durch Schichten aus transparentem, dielektrischem (= elektrisch nichtleitendem) Material von unterschiedlicher Dicke und mit unterschiedlichen Brechungsindizes getrennt sind. Die Lichtwellen werden an den Grenzflächen der Metallschichten teilweise durchgelassen und teilweise reflektiert, wobei sich dieser Vorgang an jeder Grenzfläche wiederholt. Durchgelassene und reflektierte Wellen interferieren miteinander; dabei werden in Abhängigkeit von der Zahl der Schichten sowie der Dicke und dem Brechungsindex des transparenten Zwischenraummaterials bestimmte Wellenlängen verstärkt, andere werden geschwächt oder ausgelöscht. Durch entsprechende Variation des Schichtenaufbaus erhält man Filter jeder gewünschten Durchlässigkeitscharakteristik.

Besonders Interferenzfilter mit „weicher" Beschichtung sind **temperaturempfindlich**; außerdem sind sie empfindlich gegenüber Feuchtigkeit und mechanischem Stress. Man sollte sie daher trocken aufbewahren, vorsichtig handhaben und nur zusammen mit einem Wärmeschutzfilter (s. S. 295) verwenden. Dagegen sind moderne Interferenzfilter durch eine sehr stabile „harte" Beschichtung aus Metalloxiden sehr widerstandsfähig gegenüber äußeren Einflüssen; sie vertragen Temperaturen bis zu ca. 350 °C.

Die angegebenen spektralen Werte der Interferenzfilter sind temperaturabhängig; sie beziehen sich auf eine Temperatur von 23 °C. Mit steigender Temperatur verschieben sich die Spektralwerte der Filter mit „weicher" Beschichtung zu höheren Wellenlängen hin; bei Filtern mit „harter" Beschichtung ist es umgekehrt.

Bei Einsatz eines Interferenzfilters muss seine stärker reflektierende Seite der Lichtquelle zugewandt sein, und die ganze Filterfläche muss gleichmäßig beleuchtet sein; dadurch reduziert man die Erwärmung des Filters und vermeidet Temperaturdifferenzen innerhalb des Filters, die die spektralen Eigenschaften des Filters auf Dauer verändern könnten.

Erregungsfilter

Erregungsfilter (Anregungsfilter) isolieren aus dem Spektrum des Erregerlichts den gewünschten Wellenlängenbereich, der das Anregungs- (= Absorptions-)Maximum des verwendeten Fluorochroms enthält (s. S. 297). Man unterscheidet Breitband- und Schmalbandfilter.

Breitbandfilter sind gewöhnlich Glasfilter. Sie lassen Licht mit einer relativ großen Bandbreite, d.h. über einen relativ großen Spektralbereich, hindurch (s. Abb. 26, Kurve 4). Man benutzt solche Filter, wenn das Anregungs- und das Emissionsmaximum des Fluorochroms weit auseinanderliegen, ferner bei Doppel- und Mehrfachfärbungen, bei denen man zwei oder mehr Fluorochrome mit unterschiedlichen Anregungsmaxima gleichzeitig anregen will. Breitbandfilter liefern eine hohe Lichtintensität und damit eine starke Fluoreszenz; zugleich wird jedoch auch der Hintergrund des mikroskopischen Bildes aufgehellt, und der Kontrast nimmt ab.

Mit zunehmender Dicke eines Glasfilters wird seine Bandbreite geringer; allerdings werden die bevorzugt hindurchgelassenen Wellenlängen auch stärker gedämpft und damit die Fluoreszenz herabgesetzt.

Schmalbandfilter lassen nur einen engen Spektralbereich hindurch. Dieser Durchlassbereich, also Bereich hoher Transmission, heißt Passbereich; deshalb nennt man solche Filter auch **Bandpassfilter**. An den Passbereich schließen sich zu den kürzeren und längeren Wellenlängen hin scharf abgegrenzte Bereiche mit niedriger Transmission (Sperrbereiche) an (Abb. 26, Kurve 1).

Für die UV-, Blauviolett- und Blauanregung genügen in vielen Fällen Glasfilter. (Eine Grünanregung ist mit Glasfiltern nicht möglich.) Bessere Ergebnisse erzielt man in der Regel jedoch mit Interferenzfiltern oder mit Kombinationen von Interferenz- und Glasfiltern. Diese Filter sind für einen Wellenlängenbereich mit einer Halbwertsbreite < 50 nm durchlässig

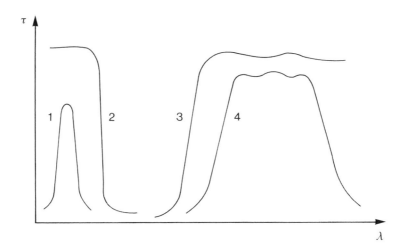

Abb. 26: Spektralkurven der Lichtdurchlässigkeit (Transmission τ) von Filtern
für die Fluoreszenzmikroskopie (nach Kapitza, Zeiss, verändert)
1 Schmalbandfilter (Bandpassfilter)
2 Kurzpassfilter
3 Langpassfilter
4 Breitbandfilter

(vgl. S. 410). Ihre Transmissionskurven weisen zwei steile Kanten auf („Kantenfilter"), d.h. die Lichtdurchlässigkeit steigt in einem engen Spektralbereich sehr steil an und fällt ebenso steil wieder ab. Stimmt das Durchlässigkeitsmaximum eines Schmalbandfilters gerade mit einer Linie aus der Strahlung der Quecksilberhöchstdrucklampe überein, so handelt es sich um ein **Linienfilter** (vgl. S. 411).

Man benötigt ein Schmalbandfilter, wenn Anregungs- und Emissionsmaximum des verwendeten Fluorochroms nahe beieinanderliegen, oder wenn man ein bestimmtes Fluorochrom anregen will, ohne andere Fluorochrome mit anzuregen. Schmalbandfilter liefern eine geringere Lichtintensität und damit eine schwächere Fluoreszenz als Breitbandfilter; die Fluoreszenz ist jedoch spezifischer und das Bild kontrastreicher.

Wenn Anregungs- und Fluoreszenzmaximum sehr dicht beieinanderliegen oder sich teilweise überlappen, benötigt man als Anregungsfilter ein extrem steilflankiges **Kurzpassfilter** mit genau definierter Kantenlage (Durchlässigkeitsgrenze). Bei Kurzpassfiltern fällt die Lichtdurchlässigkeit in einem bestimmten Spektralbereich mit zunehmender Wellenlänge sehr steil ab (s. Abb. 26, Kurve 2). Licht mit kleineren Wellenlängen als die Absorptionskante wird weitgehend verlustfrei hindurchgelassen; dagegen wird Licht mit größeren Wellenlängen völlig absorbiert. Kurzpassfilter sind immer Interferenzfilter. Man kann sie auch mit Langpassfiltern (s. S. 293) kombinieren, um schmälere oder breitere Banden aus dem Spektrum herauszuschneiden. Dadurch erhält man Filterkombinationen mit Bandpasscharakteristik.

Sperrfilter

Ein Sperrfilter (Emissionsfilter) dient dazu, die für die Fluoreszenzerregung erforderlichen, meist kürzeren Wellenlängen, nachdem sie ihre Aufgabe erfüllt haben, völlig zu absorbieren, während das gewünschte, längerwellige Fluoreszenzlicht ungehindert passieren kann (vgl. S. 284f.). Außerdem unterdrückt das Sperrfilter unerwünschte Fluoreszenzen, z.B. die Eigenfluoreszenz von Präparatbestandteilen oder ein anderes, sekundäres Fluoreszenzsignal, das mit einer anderen Filterkombination separat dargestellt werden muss.

Sperrfilter sind meist **Langpassfilter**: Sie besitzen eine steile Absorptionskante zum kürzerwelligen Spektralbereich hin (s. Abb. 26, Kurve 3). Licht mit kleineren Wellenlängen als die Kante wird nicht durchgelassen (Sperrbereich); mit zunehmender Wellenlänge steigt jedoch die Lichtdurchlässigkeit steil an und bleibt nach Erreichen des Maximums fast auf einer Höhe.

Die Kantenlage der Langpassfilter verschiebt sich mit steigender Temperatur zu höheren Wellenlängen (vgl. S. 291). Bei Bandpassfiltern und Filtern mit flachen Kurvenflanken sind solche temperaturabhängigen Veränderungen relativ gering.

Wenn das Anregungs- und das Emissionsmaximum des Fluorochroms genügend weit auseinanderliegen, benutzt man nicht nur für die Breitbanderregung (s. S. 291), sondern auch als Sperrfilter die preiswerten Glasfilter, z.B. Kunststoffverbundgläser mit Kantenlagen zwischen 370 und 550 nm, oder Anlaufgläser (s. S. 290). Bei Schmalbanderregung, also in Fällen, in denen Anregungs- und Emissionsmaximum dicht beieinanderliegen und deshalb für die Trennung von Erreger- und Fluoreszenzlicht extrem steile Absorptionskanten erforderlich sind, verwendet man als Sperrfilter dagegen vorzugsweise Interferenzfilter.

Beim Umrüsten eines „normalen" Mikroskops zum Fluoreszenzmikroskop ist zu beachten: Sperrfilter werden im abbildenden Strahlengang angeordnet. Im endlichen Strahlengang eines konventionellen Mikroskops bewirken sie eine Änderung der mechanischen Tubuslänge (s. S. 219) und führen dadurch zu Abbildungsfehlern. Bei Mikroskopen mit Unendlichoptik (s. S. 222) treten solche Probleme nicht auf.

Strahlenteiler

Der dichroitische Strahlenteiler (Teilerspiegel) ist ein Vielschichtinterferenzfilter, das bestimmte Spektralbereiche voll reflektiert, andere voll durchlässt. Im Epifluoreszenzmikroskop dient es als Spiegel für das kurzwellige Anregungslicht; es reflektiert das Licht zu mehr als 90 % und lenkt es auf das Präparat, während das vom Präparat emittierte längerwellige Fluoreszenzlicht zu 90 % durchgelassen wird (vgl. S. 284f.).

Der Strahlenteiler fungiert also im grünen, gelben und roten Spektralbereich (560 – 700 nm) als Langpassfilter (s.o.). Der Übergang von fast völliger Reflexion zu maximaler Transmission ist meist extrem scharf und umfasst nur 20 – 30 nm.

Der Strahlenteiler hat eine Neigung von 45° zur Beleuchtungsachse und zur optischen Achse des Mikroskops (s. Abb. 25, S. 284). Seine beschichtete Oberfläche muss zur Lichtquelle und zum Objektiv gerichtet sein (und nicht zum Okular). Zu beachten ist, dass sich bei Interferenzfiltern die Schwerpunktswellenlänge des durchgelassenen Lichtes mit zunehmendem Einfallswinkel zu kürzeren Wellenlängen hin verschiebt; bei einem Einfallswinkel von 45° liegt sie etwa 10 % niedriger als bei senkrechtem Einfall.

Kennzeichnung der Filter

Lichtfilter kennzeichnet man in der Regel durch zwei Großbuchstaben und ein oder zwei anschließende Zahlen. Die **Glassperrfilter** von Schott beispielsweise bezeichnet man mit dem Anfangsbuchstaben der Filterfarbe (die zur Farbe der Erregungsstrahlung komplementär ist) und einem nachfolgenden „G" für Glasfilter sowie – meist – der Kantenwellenlänge in Nanometern und der Filterdicke in Millimetern. Zum Beispiel bezeichnet „OG 530/2 mm" ein Sperrfilter (Langpassfilter) aus Orangeglas mit einer Kante bei 530 nm und einer Dicke von 2 mm. (Die Kantenwellenlänge ist diejenige Wellenlänge, bei der der spektrale Transmissionsgrad [s. S. 406] zwischen Sperr- und Durchlassbereich die Hälfte des Maximalwertes beträgt.)

Bei den **Interferenzfiltern** bezeichnet man **Langpassfilter** meist mit den Kennbuchstaben „LP", **Kurzpassfilter** mit „KP" oder „SP" (engl. „short pass") und **Sperrfilter** (Emissionsfilter) mit „BA" (engl. „barrier"), gefolgt von der Kantenwellenlänge in nm. **Dichroitische Strahlenteiler** werden stets in Transmission gemessen. Sie tragen zwei bis drei Kennbuchstaben, z.B. „RKP" (= „Reflexionskurzpass[-filter]"), „RSP" (= „reflection short pass [filter]") oder „DM" (= „dichroitic mirror") mit Angabe der Kantenwellenlänge in nm.

Bandpassfilter kennzeichnet man mit „BP" und zwei anschließenden Zahlen: Diese sind entweder durch einen Schrägstrich getrennt, dann gibt die erste Zahl die Schwerpunktswellenlänge des durchgelassenen Lichtes (in Nanometern) an, die zweite die (volle) Halbwertsbreite (= Breite des Wellenlängenbereichs mit mindestens halbmaximaler Durchlässigkeit, bezogen auf die Schwerpunktswellenlänge [vgl. S. 410]); oder die Zahlen sind durch einen Bindestrich getrennt, dann handelt es sich um die kurz- und die langwellige „Halbwertsstelle", d.h. um die untere und die obere Grenzwellenlänge mit gerade noch halbmaximaler Durchlässigkeit.

Filterblocks

Für eine möglichst intensive Fluoreszenz ist die Wahl der richtigen, auf das verwendete Fluorochrom abgestimmten Kombination von Erregerfilter(n), Sperrfilter und Strahlenteiler von größter Bedeutung. Die Hersteller von Fluoreszenzmikroskopen bieten daher für die gängigen Fluoreszenzfarbstoffe geschlossene, leicht austauschbare Filterblocks an, bei denen die drei Filterkomponenten exakt aufeinander abgestimmt und in einer gemeinsamen Halterung zusammengefasst sind. Moderne Fluoreszenzmikroskope besitzen eine Wechselvorrichtung, z.B. eine Revolverscheibe, die mehrere solcher Filterblocks aufnehmen kann und ein schnelles Hin- und Herschalten zwischen den Blocks erlaubt. Dadurch ist es möglich, die **Zwei-** und **Mehrwellenlängenfluoreszenz** (Doppel- und Mehrfachfluorochromierung) anzuwenden. Bei diesem Verfahren wird das Präparat mit zwei oder mehreren Fluorochromen gefärbt, die mit unterschiedlichen Wellenlängen angeregt werden müssen und deren Absorptionsmaxima genügend weit auseinanderliegen. Alternativ lassen sich mit Hilfe kommerzieller Doppel-, Dreifach- oder Vierfachfiltersets zwei, drei oder vier Fluorochrome gleichzeitig anregen und beobachten (siehe z.B. S. 351).

Einige Hersteller von Fluoreszenzmikroskopen präsentieren auf ihrer Website im Internet umfangreiche Datenbanken der gängigen Fluoreszenzfarbstoffe mit ihren spektralen Eigenschaften und den zu ihnen passenden Filtern (mit ihren Spektren) und Filterblocks; siehe z.B. :

http://www.olympusmicro.com/primer/java/fluorescence/matchingfilters/index.html

oder

https://www.micro-shop.zeiss.com/de/de_de/spektral.php

Datenblätter zu den optischen Glas- und Interferenzfiltern der Firma Schott findet man unter

http://www.schott.com/optics_devices/german/download/index.html

Rotabsorptionsfilter

Manche Anregungsfilter lassen außer den gewünschten Wellenlängen noch einen beträchtlichen Teil des roten Spektralbereichs hindurch. Das führt zu einer unerwünschten Aufhellung des Bilduntergrundes und damit zur Minderung des Kontrastes. Mit einem Rotabsorptions-filter, einem Farbglasfilter, unterdrückt man diesen Rotanteil ab etwa 620 nm und erhält einen dunklen Bilduntergrund. Ein Rotabsorptionsfilter wird in den Filterhalter des Lampenhauses eingesetzt.

Neutralfilter

Neutralfilter (Graufilter; s. S. 225) reduzieren die Intensität des Erregungslichts und verhin-dern dadurch das Ausbleichen der Fluorochrome (s. S. 306f.) oder eine Schädigung lebender Zellen. Man setzt das Filter zwischen Wärmeschutzfilter und Erregungsfilter ein.

Wärmeschutzfilter

Wärmeschutzfilter absorbieren die oft beträchtliche Wärmestrahlung der Lichtquelle, beson-ders der Hoch- und Höchstdrucklampen (s. S. 288). Sie schützen dadurch die übrigen Filter und das Präparat vor einer Schädigung durch hohe Temperaturen. Wärmeschutzfilter sind blau gefärbt, weil sie im langwelligen Spektralbereich absorbieren. Sie sind zwischen Licht-quelle und Erregungsfilter(n) in das Lampenhaus eingebaut.

8.7.3 Bedingungen für das Arbeiten mit dem Epifluoreszenzmikroskop

Der Arbeitsraum soll gut belüftet (Ozon!) und abgedunkelt sein (wichtig besonders bei schwachen Fluoreszenzen!). Niemals mikroskopiere man gegen ein Fenster oder eine Leuchte (vgl. S. 227)! Der Schutz des Mikroskops vor Staub sowie die peinliche Sauberhaltung und – wenn nötig – gründliche Reinigung aller Teile des optischen Systems (s. S. 236ff.) sind für die Fluoreszenzmikroskopie besonders wichtig, weil Schmutz- und Staubpartikel oft selbst fluoreszieren und dadurch Bildstörungen verursachen. Das gilt besonders für verschmutzte Immersionsobjektive. Auch Luftblasen im Immersionsmittel können zu erheblichen Bildstö-rungen führen.

Man verwende nur fluoreszenzfreie Objektträger und Deckgläser sowie ein gut UV-durchläs-siges, weitgehend fluoreszenzfreies Immersionsöl (vgl. S. 230). Bei Wasserimmersionen mit hoher Apertur (s. S. 285) muss man – anders als bei Ölimmersionen – auf eine korrekte Präparatabdeckung achten, da schon kleine Abweichungen von der vorgeschriebenen Deck-glasdicke oder eine hohe Schicht des Einschlussmittels den Bildkontrast herabsetzen (vgl. S. 232f.). Das Präparat sollte möglichst keine Schmutzpartikel und keine Luftblasen enthalten. Verunreinigungen, aber auch Bestandteile des Präparats selbst (s. S. 283) zeigen oft eine deut-liche und sehr störende Autofluoreszenz. Sie ist gewöhnlich am stärksten bei Anregung mit violettem bis blauem Licht (400 – 480 nm), nimmt mit zunehmender Wellenlänge ab und ist am geringsten im nahen Infrarot (750 – 2500 nm).

Das **Einschlussmittel** soll farblos und muss für alle in Frage kommenden Wellenlängen durchlässig sein. Es darf ebenfalls nicht selbst fluoreszieren. Sein Brechungsindex soll möglichst nahe bei dem des Deckglases (n_D = 1,522) liegen; daher ist **Glycerin** (n_D = 1,47) als Einschlussmittel besser geeignet als Wasser (n_D = 1,33), insbesondere bei der Anregung mit UV-Strahlung unter 360 nm. Beide Substanzen zeigen in der Regel keine Eigenfluoreszenz. Ein viel verwendetes Einschlussmittel ist „gepuffertes Glycerin" (vgl. S. 308ff.). Es besteht aus 90 ml Glycerin (Gehalt ≥ 99,5 %) und 10 ml Pufferlösung, je nach gewünschtem pH-Wert z.B. Phosphatpuffer oder Tris-HCl-Puffer (s. S. 83, Tab. 19). Allerdings können lipophile Farbstoffe in das Glycerin hineindiffundieren. Bei Wasserimmersionsobjektiven (s. S. 285) benutzt man Wasser als Einschlussmittel. Bei Farbstoffen, die zu einem raschen Ausbleichen („Photobleaching", „Fading", s. S. 306f.) neigen, sollte, insbesondere bei fixierten Präparaten, das Einschlussmittel immer ein geeignetes „Antifade"-Reagenz enthalten (s. S. 307ff.). Für die Fluoreszenzmikroskopie geeignete, gebrauchsfertige Einschlussmittel mit Antifade-Reagenz sind z.B. bei den Firmen invitrogen-Molecular Probes und FluoProbes erhältlich (s. S. 309ff.).

Man darf das Präparat nicht durch zu lange Erregerlichtbestrahlung belasten, denn das führt zu vorzeitigem Ausbleichen, und lebende Zellen können durch das intensive Licht geschädigt werden. Wenn man das Präparat gerade nicht beobachtet oder fotografiert, sollte man das Anregungslicht mit einem Filterschieber oder einer Verschlussklappe aussperren.

Damit das Präparat nicht **austrocknet**, kann man es mit Nagellack (s. S. 250) oder mit Entellan versiegeln. Nagellack – und zwar wahrscheinlich das in ihm enthaltene, wasserlösliche 2-Propanol – kann allerdings die Intensität der Fluoreszenz beeinträchtigen. Die besten Versiegelungsmittel für glycerinhaltige Einschlussmittel sind **Entellan** und Entellan Neu (Fa. Merck), Polymere aus Mischacrylaten, die in 75 % (w/w) Toluol bzw. 60 % (w/w) Xylol gelöst sind und die nach Anwendung bei Raumtemperatur in 20 min fest werden. Die Lösungen sind allerdings (leicht-)entzündlich und gesundheitsschädlich beim Einatmen sowie bei Berührung mit den Augen und der Haut; daher muss man unter dem Abzug arbeiten und eine Schutzbrille sowie Schutzhandschuhe tragen.

8.7.4 Kombination der Epifluoreszenzmikroskopie mit anderen lichtmikroskopischen Verfahren

Im Fluoreszenzmikroskop sind nur diejenigen Objekte und Strukturen zu erkennen, die entweder selbst fluoreszieren oder die durch die Anfärbung mit Fluorochromen oder durch eine chemische Reaktion zur Fluoreszenz gebracht werden. Alle nichtfluoreszierenden Objekte bleiben dunkel. Um sie sichtbar zu machen, kombiniert man die Auflichtfluoreszenzmikroskopie meist mit (gleichzeitiger oder abwechselnder) Durchlichtphasenkontrastbeleuchtung, am besten mit negativem Phasenkontrast (s. S. 240ff.). Je nach zu untersuchendem Objekt kommen aber auch Durchlichthellfeld- und Durchlichtdunkelfeldbeleuchtung in Frage.

Man verwendet diese Verfahren vor allem dazu, das Präparat in einer orientierenden Voruntersuchung zu durchmustern und die gewünschte Objektstelle zu suchen und einzustellen. Die dabei als Lichtquelle benutzte Halogenlampe belastet das Präparat weit weniger als die sehr viel energiereicheren Gasentladungslampen. Erst dann schaltet man um auf Epifluoreszenz. Auf diese Weise verhindert man ein schnelles Verblassen der Fluoreszenz im Präparat (s. S. 306f.). Außerdem kann man – besonders effektiv bei gleichzeitiger Anwendung von Epifluoreszenz und Phasenkontrast (oder Durchlichthellfeldmikroskopie) – die Morphologie des ganzen Objekts untersuchen und die Lage der fluoreszierenden Bestandteile im Präparat bestimmen. In einigen Fällen führt die Überlagerung des Fluoreszenzbildes mit einem anderen mikroskopischen Verfahren zu einer deutlichen Erhöhung des Auflösungsvermögens. Ein Rotfilter im Durchlichtstrahlengang verbessert den Kontrast.

8.7.5 Konfokale Laserscanning-Mikroskopie

Ein Nachteil der normalen Epifluoreszenzmikroskopie ist der, dass fluoreszenzfähige Strukturen, die sich oberhalb oder unterhalb der Brennebene des Objektivs befinden, ebenfalls zur Fluoreszenz angeregt werden; durch dieses Streulicht werden – besonders bei dickeren Objekten und Objektiven mit hoher numerischer Apertur – Kontrast und Auflösung des mikroskopischen Bildes erheblich verringert. Dies lässt sich mit einem konfokalen Laserscanning-Mikroskop (CLSM) verhindern. Bei ihm erzeugt ein Laserstrahl eine punktförmige Beleuchtung in der Brennebene (dem Fokus) des Objektivs. Dadurch werden nur die Strukturen abgebildet, die sich unmittelbar in der Brennebene befinden. Fluoreszenzlicht und Bildinformationen von außerhalb der Brennebene werden unterdrückt, und man erhält – auch von dickeren Objekten – einen außerordentlich scharfen, detaillierten, kontrastreichen optischen „Dünnschnitt" durch das Präparat mit einer Dicke von ≤ 0,5 μm.

Wenn man den vom Laser erzeugten Lichtpunkt relativ zum Objekt bewegt, erhält man von dickeren, lebenden Objekten – ähnlich wie mit einem Computertomographen – Serien von dünnen optischen Schnitten, die sich als dreidimensionale Bilderstapel im Datenspeicher eines Computers ablegen und zu einem räumlichen Bild mit großer Tiefenschärfe verarbeiten lassen.

8.8 Färbung mit Fluoreszenzfarbstoffen

8.8.1 Die Fluoreszenzfarbstoffe

8.8.1.1 Übersicht

Die Fluoreszenzfarbstoffe oder **Fluorochrome** sind fluoreszierende Substanzen, mit deren Hilfe man z.B. in mikroskopischen Präparaten eine sekundäre Fluoreszenz erzeugen kann (s. S. 283). Die Fluoreszenzfarbstoffe sind in der Regel – wie auch die nichtfluoreszierenden Farbstoffe – organische Verbindungen mit einem relativ hochkonjugierten System, d.h. vor allem polyaromatische oder heterocyclische Verbindungen (z.B. Derivate des Acridins oder Xanthens). Mit zunehmender Größe des konjugierten Systems nimmt gewöhnlich die Wellenlänge des Fluoreszenzlichts zu.

Eine Fluoreszenz kann nur dann ausgelöst werden, wenn das Erregerlicht vom Fluorochrom absorbiert wird. Um eine möglichst intensive Fluoreszenz zu erreichen, wird das Fluorochrom gewöhnlich mit Licht der Wellenlänge im Maximum der Anregungs- = Absorptionskurve angeregt und die Emission im Maximum der Emissionskurve ausgewählt. Je größer die „Stokes'- sche Verschiebung"(s. S. 283), desto einfacher ist es, das Anregungslicht vom Fluoreszenzlicht zu trennen (vgl. S. 293).

Die meisten der in der Biologie und Medizin gebräuchlichen Fluorochrome lassen sich schon durch sichtbares violettes, blaues oder sogar grünes Licht zur Fluoreszenz anregen; nur für wenige ist ultraviolettes Licht erforderlich.

Tab. 29: Fluoreszenzfarbstoffe (Auswahl) (weitere Erläuterungen siehe Text)

Fluoreszenz-farbstoff	Anregungs-maximum (nm)	Emissions-maximum (nm)	Löslichkeit (g/100 ml) in bei °C	Verwendung/ Färbung von	beschrie-ben auf Seite
Acridinorange (als Zinkchlorid-Doppelsalz oder als Hydrochlorid-Hydrat)	orthochroma-tisch (+ DNA): 502 Blaugrün metachroma-tisch (+ RNA): 460 Blau	orthochroma-tisch (+ DNA): 526 Grün metachroma-tisch (+RNA): 650 Orangerot	2,8 Wasser 20 °C 0,5 Ethanol 15 °C	allgemeine Bak-terienfärbung, Vitalfärbung; Diphtherie-Erregern; Unter-scheidung von DNA und RNA	302
Auramin O	460 Blau	550 Gelbgrün	1 Wasser 20 °C 4,5 Ethanol 26 °C	säurefesten Bakterien (*Myco-bacterium*)	
Carbocyanine	478 – 735[1]	496 – 756[1]	Wasser	Messung des Membranpoten-tials; Vitalfär-bung	305
Coriphosphin O	orthochroma-tisch : 500 Blaugrün metachroma-tisch: 460 Blau	orthochroma-tisch: 575 Gelbgrün metachroma-tisch: 650 Orangerot	5 Wasser 15 °C 0,6 Ethanol 15 °C	allgemeine Bak-terienfärbung; Diphtherie-Erregern; Nucleinsäuren	
4′,6-Diamidino-2-phenylindol (DAPI) (als Di-hydrochlorid)	+ DNA: 358 UV	+ DNA: 461 Blau + RNA: ~ 500 Grün	Wasser 20 °C	allgemeine Bak-terienfärbung; Darstellung von DNA	303
Ethidiumbromid (= Homidium-bromid)	+ DNA: 518 Grün	+ DNA: 605 Orangerot	4 Wasser 25 °C	Prüfung der Membraninte-grität; Darstel-lung von DNA	302f.
Ethidium-Homodimer-1	+ DNA: 528 Grün	+ DNA: 598 Orangerot	Wasser	Prüfung der Membraninte-grität; Darstel-lung von DNA	302f.
Fluorescein	494 Blaugrün	517 Grün	Natriumsalz: 50 Wasser 26 °C 7 Ethanol	Vitalfärbung; intrazellulärer pH- Indikator	306
Hexidiumiodid	+ DNA: 518 Grün	+ DNA: 600 Orangerot		Fluoreszenz-gramfärbung	303
Oxonole	609 Rot	645 Rot[2]	DMSO	Messung des Membranpoten-tials; Vitalfär-bung	305
Propidiumiodid	+ DNA: 536 Grün	+ DNA: 617 Rot	Wasser	Prüfung der Membraninte-grität; Darstel-lung von DNA	302f.

Tab. 29: Fortsetzung

Fluoreszenz-farbstoff	Anregungs-maximum (nm)	Emissions-maximum (nm)	Löslichkeit (g/100 ml) in bei °C	Verwendung/ Färbung von	beschrie-ben auf Seite
Rhodamin B (= Tetraethyl-rhodamin)	555 Grün	580 Gelb	3,4 Wasser 20 °C Ethanol	Messung des Membranpoten-tials; Vitalfär-bung; Mito-chondrien	
Rhodamin 123 (als Dihydro-chlorid)	507 Grün	529 Grün	Dihydro-rhodamin 123: ≥ 0,1 Wasser Methanol	Messung des Membranpoten-tials; Vitalfär-bung; Mito-chondrien	305
SYTO 9	+ DNA/RNA: ~ 485 Grün-blau	+ DNA/RNA : ~500 Grün	DMSO	allgemeine Fär-bung von Bakte-rien und Hefen; Darstellung von Nucleinsäuren	304
SYTO 13	+ DNA/RNA: ~ 490 Grün-blau	+ DNA/RNA: ~510 Grün	DMSO	allgemeine Fär-bung von Bakte-rien und Hefen; Darstellung von Nucleinsäuren	304
SYTOX Green	+ DNA/RNA: 502 Grün	+ DNA/RNA: 523 Grün	DMSO	Prüfung der Membraninte-grität; Färbung toter Zellen; Darstellung von Nucleinsäuren	304

[1] je nach Farbstoff
[2] gebunden an Zellmembranen und -proteine

Tab. 29 listet eine Reihe von in der Mikrobiologie gebräuchlichen Fluoreszenzfarbstoffen auf und zeigt ihre spektralen und einige weitere Eigenschaften. Die Absorptions- und Emissionskurven (und sonstige Daten) einer Vielzahl von Fluorochromen kann man auch einschlägigen Handbüchern oder den Datenbanken im Internet entnehmen, z. T. zusammen mit den zu den Fluoreszenzfarbstoffen passenden Filtern und Filterblocks; siehe z.B. das Handbuch von Haugland (2010) und dessen Onlineversion unter http://probes.invitrogen.com/handbook, ferner die Onlinedatenbanken von Olympus und Zeiss, siehe S. 294.

8.8.1.2 Einfluss der Umgebung auf die Eigenschaften der Fluoreszenzfarbstoffe

Die in Tab. 29 sowie in den Handbüchern und Datenbanken wiedergegebenen Kurven und spektralen Daten der Fluorochrome liefern brauchbare Anhaltswerte; sie sind jedoch meist an Lösungen gewonnen und stimmen nicht immer mit den Daten des jeweiligen Anwendungsfalls überein. Eine Änderung der Umgebungsbedingungen des Fluoreszenzfarbstoffs kann zu teilweise erheblichen Abweichungen in den spektralen Eigenschaften und in der Intensität der Fluoreszenz führen. So werden das Absorptions-/ Emissionsspektrum und/oder die Fluoreszenzintensität z.B. beeinflusst durch

- die Ionenstärke der Lösung
- die Polarität des Lösungsmittels: Mit zunehmender Polarität verschiebt sich das Emissionsmaximum zu höheren Wellenlängen.
- den örtlichen pH-Wert: Eine Änderung im örtlichen pH-Wert, z.B. des Einschlussmittels, hat Einfluss auf das Absorptions-, z.T. auch auf das Emissionsspektrum, vor allem aber auf die Intensität der Fluoreszenz mancher Fluorochrome, z.B. des Fluoresceins und vieler seiner Derivate (vgl . S. 306). Man verwendet solche Farbstoffe deshalb auch zur sehr empfindlichen Messung des intrazellulären pH-Werts. In der Regel benötigt man jedoch pH-stabile Fluoreszenzfarbstoffe.
- die Temperatur: Mit zunehmender Temperatur nimmt die Intensität der Fluoreszenz ab, gewöhnlich um ca. 1 % pro °C, manchmal (z.B. bei Rhodamin B) aber auch bis zu 5 %.
- die Sauerstoffkonzentration: Molekularer Sauerstoff und andere paramagnetische Stoffe (das sind in der Regel Moleküle mit ungepaarten Elektronen), z.B. die meisten Ionen der Übergangsmetalle, ferner Iodid, Stickoxide, aber auch Proteine reduzieren konzentrationsabhängig die Fluoreszenzintensität (= Quenchen oder engl. „quenching" von „to quench" = löschen). Die Zugabe eines Reduktionsmittels, z.B. 2-Mercaptoethanol, kann diesen Effekt verringern.

Unter **Fluoreszenz-Quenchen** versteht man eine reversible Verringerung oder Löschung der Fluoreszenzintensität durch eine chemische Verbindung oder Verunreinigung, den „Quencher". Das Emissionsspektrum ändert sich dabei nicht. Kommerzielle Fluorochrome enthalten oft Verunreinigungen, die die Intensität der Fluoreszenz herabsetzen können. Wenn man den Fluoreszenzfarbstoff in hoher Konzentration verwendet und die Farbstoffmoleküle in engem Kontakt liegen, können sie sich in ihrer Fluoreszenz gegenseitig hemmen („self-quenching").
Im Gegensatz zum Quenchen ist das Ausbleichen („Photobleaching", „Fading") von Fluoreszenzfarbstoffen eine irreversible photochemische Zerstörung des Farbstoffs (s. S. 306f.).

Besonders große Änderungen der spektralen Eigenschaften und eine oft erhebliche – manchmal dramatische – Verstärkung der Fluoreszenz treten bei manchen Fluorochromen auf, wenn der Farbstoff an bestimmte Strukturen oder Makromoleküle des Präparats gebunden wird. Dies gilt vor allem für die Nucleinsäurefärbungen (s. S. 301ff.).

8.8.1.3   Wirkung der Fluoreszenzfarbstoffe auf die Zellen

Bei den extrem niedrigen Gebrauchskonzentrationen (s. S. 311) ist die Toxizität vieler Fluoreszenzfarbstoffe so gering, dass man mit ihnen lebende Zellen ohne erkennbare Schädigung anfärben und über längere Zeit beobachten kann. Auf diese Weise lassen sich in lebenden Systemen dynamische Prozesse sichtbar machen. Es gibt aber auch Fluoreszenzfarbstoffe, die toxisch wirken und vitale Funktionen der Zelle beeinträchtigen. Das gilt besonders für Nucleinsäurefärbungen (s. S. 301ff.) und für die meisten Antifadingreagenzien (s. S. 307ff.).

Lebende, intakte Zellen erlauben in der Regel den Durchtritt neutraler, nichtpolarer Moleküle durch die Cytoplasmamembran mit Hilfe passiver Diffusion, nicht aber die Passage polarer Moleküle oder großer Ionen. Viele Fluoreszenzfarbstoffe sind schwache Basen (oder Säuren) und bei neutralem pH-Wert nur teilweise dissoziiert. Die nichtionisierte Form kann als neutrales Molekül die Cytoplasmamembran leicht durchdringen; daher färben solche Farbstoffe lebende Zellen. (Wenn das Zellinnere sauer [oder basisch] ist, geht die Base bzw. Säure dort in die ionisierte Form über und wird in der Zelle festgehalten.) Andere Fluorochrome können die intakte Membran von vornherein nicht passieren und werden daher von lebenden Zellen ausgeschlossen. Sie dringen nur in tote, z.B. fixierte, Zellen oder in Zellen mit geschädigter Cytoplasmamembran ein. Man verwendet deshalb für Vitalfärbungen (s. S. 349ff.) vorzugsweise Fluoreszenzfarbstoffe.

8.8.1.4 Metachromasie

Manche kationische Farbstoffe – nicht nur fluoreszierende (s. S. 275) – , die man auch als chromotrope Farbstoffe bezeichnet, zeigen die Erscheinung der Metachromasie, d.h. sie färben ihre (polymeren) Substrate je nach deren chemischer (Sekundär-)Struktur mit zwei unterschiedlichen Farbtönen an, entweder, wie bei den „normalen", nichtchromotropen Farbstoffen, mit der für den betreffenden Farbstoff charakteristischen Farbe der Farbstofflösung (= **orthochromatische** Farbe) oder mit einem davon abweichenden **metachromatischen** Farbton.

Während der orthochromatische Farbton die Farbe des Farbstoffmonomers ist, entsteht der metachromatische Farbton durch die Di- und Polymerisierung der Farbstoffmoleküle bei der Bindung an bestimmte, zu färbende Substrate, nämlich an ionische Polymere (Polyelektrolyten) mit hoher negativer Nettoladung, also an Polysäuren. An solchen Substraten nähern sich bei der Färbung benachbarte Farbstoffmoleküle so sehr einander an, dass es zu Wechselwirkungen zwischen den Farbstoffmolekülen und zur Bildung von Farbstoffdimeren und -polymeren kommt. Der Übergang vom Farbstoffmonomer zum Di- und Polymer ist verbunden mit einer Verschiebung des Absorptions- oder Anregungsmaximums des betreffenden Farbstoffs zu kürzeren Wellenlängen und des Emissionsmaximums zu längeren Wellenlängen (und zu schwächerer Fluoreszenz).

Natürliche Polysäuren sind z.B. die Polyphosphate (s. S. 275) und die Nucleinsäuren. Bekannte Beispiele für chromotrope Farbstoffe sind Toluidinblau (s. S. 275f.) und Acridinorange (s. S. 302).

8.8.1.5 Nucleinsäurefarbstoffe

Eine Reihe von Fluoreszenzfarbstoffen reagiert spezifisch mit den Nucleinsäuren der Zelle. Die Mehrzahl dieser Farbstoffe, z.B. Acridinorange und die Phenanthridinderivate Ethidiumbromid, das Ethidium-Homodimer-1, Hexidiumiodid und Propidiumiodid, besitzen eine ganz oder teilweise planare, d.h. in einer Ebene liegende Struktur, die es ihnen ermöglicht, sich zwischen die Windungen der DNA-Doppelhelix, z.T. auch in die Windungen einsträngiger Nucleinsäuren (RNA oder denaturierte DNA) einzulagern. Man nennt diesen Vorgang „interkalieren" und „Interkalation" (von lat. „intercalare" = einschieben).

Infolge der Interkalation können die Replikation der DNA und die Transkription nicht mehr ordnungsgemäß ablaufen. Aus diesem Grunde sind die genannten Fluoreszenzfarbstoffe starke Mutagene (= erbgutverändernde Substanzen) und damit potentiell karzinogen und teratogen (= Missbildungen bewirkend). Sie sind deshalb mit äußerster Vorsicht zu handhaben.

Regeln für den Umgang mit mutagenen Fluoreszenzfarbstoffen:

– Die Farbstoffe sind vor Licht zu schützen; sie sind kühl (bei 4 °C, Lösungen in DMSO bei ≤ −20 °C), trocken und in gut verschlossenen Behältern aufzubewahren.

– Die Farbstoffe sind sehr giftig beim Einatmen und giftig beim Verschlucken und bei Berührung mit der Haut. Man sollte gebrauchsfertige Lösungen, eine fertig angesetzte Stammlösung oder Tabletten verwenden, um eine Staubentwicklung zu vermeiden.

– Man trage eine Schutzbrille und Einmalschutzhandschuhe aus Nitril(-kautschuk)[15]. (Durch Latexhandschuhe dringen die Farbstoffe bereits nach sehr kurzer Zeit hindurch!) Beim Umgang mit Farbstofflösungen in Dimethylsulfoxid (DMSO) trage man doppelte Schutzhandschuhe, da DMSO den Durchtritt organischer Moleküle durch die Haut erleichtert. Kontaminierte Handschuhe sollte man sofort ausziehen und die Hände gründlich waschen.

– Ist ein Umgang mit der Substanz in kristalliner Form nicht zu vermeiden, so arbeite man unter einem Laborabzug und trage zusätzlich eine Partikelfiltermaske.

– **Entsorgung**:
Die Farbstoffe sind umweltgefährdend und dürfen nicht ins Abwasser gelangen. Flüssige Abfälle lassen sich über eine Aktivkohlesäule entgiften. Die Säule kann man selbst herstellen (Kurze Glassäule mit in Wasser aufgeschlämmter Aktivkohle [Körnung 20 – 35 mesh] füllen; Luftblasen vermeiden!) oder als Adsorberkartusche z.B. bei den Firmen Merck oder Fluka kaufen. 1 mg Aktivkohle adsorbiert ca. 50 ml einer frisch angesetzten 1%igen Farbstofflösung. Das farbstofffreie Eluat kann über den Ausguss entsorgt werden. Die beladene Aktivkohle glüht man im Muffelofen aus oder sammelt sie als festen Sonderabfall.

Acridinorange = 3,6-Bis(dimethylamino)acridin ist eine schwache Base, die in ihrer undissoziierten Form die Cytoplasmamembran passieren kann. In der Zelle bindet der Farbstoff an negativ geladene Gruppen. Bei der Bindung an **doppelsträngige DNA** werden die Acridinorangekationen nach etwa jedem dritten Basenpaar in die Doppelhelix eingelagert. Die Dimethylaminogruppen des Farbstoffs binden an die negativ geladenen Phosphatgruppen, und das Acridinringsystem ist in Kontakt mit den Purin- und Pyrimidinringen der oberen und unteren Basen je eines Paares; dadurch entsteht ein stabiler Komplex, der sowohl durch Ionenbindungen als auch durch Dipol-Dipol-Kräfte zusammengehalten wird. Unter diesen Umständen ist der Abstand zwischen den Farbstoffmolekülen so groß, dass keine Wechselwirkungen zwischen ihnen auftreten können. Anregungs- und Emissionsspektrum des Farbstoff-DNA-Komplexes und die beobachtete grüne Fluoreszenz sind daher orthochromatische Merkmale des Farbstoffmonomers.

Reagiert Acridinorange dagegen mit **einsträngiger** Nucleinsäure (RNA oder denaturierter DNA), so wird der Farbstoff an die Phosphatgruppe nahezu jedes Nucleotids gebunden; dadurch sind benachbarte Farbstoffmoleküle einander so nahe, dass es zur Di- und Polymerisierung kommt und damit zur metachromatischen, roten oder orangefarbenen Fluoreszenz des Farbstoffpolymers. (Entsprechendes gilt auch für [saure] Mucopolysaccharide [Glykosaminoglykane].)

Die Phenanthridinfarbstoffe **Ethidiumbromid** (= Homidiumbromid) und vor allem die höher positiv geladenen Farbstoffe **Ethidium-Homodimer-1** und **Propidiumiodid** sind polare Substanzen und vermögen aufgrund der Größe und hohen Ladung der Moleküle die Cyto-

---

[15] Nitrilkautschuk (Abkürzung NBR, von engl. „nitrile-butadiene-rubber") ist ein Synthesekautschuk, der durch Copolymerisation von Acrylnitril und Butadien gewonnen wird.

plasmamembran lebender Zellen in der Regel nicht zu durchdringen. Sie färben nur tote (z.B. fixierte) Zellen oder solche mit geschädigten Membranen. Damit eignen sich diese Farbstoffe zur Prüfung der Membranintegrität (vgl. S. 304).[16] Die Farbstoffe lagern sich ohne eine Bevorzugung bestimmter Basensequenzen (siehe dagegen unten) mit einer Stöchiometrie von einem Farbstoffmolekül pro 4 – 5 Basenpaare in die Doppelhelix der DNA ein (Interkalation, s. S. 301), wobei die aromatischen Ringe der Farbstoffe mit den heteroaromatischen Ringen der DNA-Basen interagieren. Dabei erhöht sich die Intensität der orange oder roten Fluoreszenz gegenüber dem freien Farbstoff um das 30- bis 40fache. Deshalb ist die Färbung der DNA auch in Gegenwart des freien Farbstoffs gut zu sehen und ein Waschschritt bei der Färbung in der Regel nicht erforderlich. Einsträngige Nucleinsäuren (RNA und denaturierte DNA) färben sich ebenfalls an, zeigen aber eine wesentlich schwächere Fluoreszenz.

Die Färbung mit dem **Ethidium-Homodimer-1** ist zuverlässiger als die Färbung mit dem weniger hoch geladenen Ethidiumbromid. Das Ethidium-Homodimer-1 ist ein großes Molekül und hoch positiv geladen; es bindet tausendmal fester als Ethidiumbromid an die DNA. Wegen der hohen Affinität benötigt man für die Färbung nur eine sehr geringe Konzentration des Ethidium-Homodimers-1.

Hexidiumiodid interkaliert ebenfalls in die DNA und zeigt dann eine orangerote Fluoreszenz. Der Farbstoff dringt in lebende Zellen grampositiver, nicht aber gramnegativer Bakterien ein, deren Lipopolysaccharidschicht der äußeren Membran er nicht passieren kann. Er bietet daher eine schnelle und zuverlässige Alternative zur Gramfärbung (s. S. 313ff.).

DAPI = 4′,6-Diamidino-2-phenylindol bindet nichtinterkalierend bevorzugt an doppelsträngige DNA, und zwar vor allem an Adenin- + Thymin- (AT-)reiche Sequenzen mit einer Bindungsvoraussetzung von mindestens drei aufeinanderfolgenden AT-Paaren. Der DAPI-DNA-Komplex zeigt nach Anregung durch langwelliges UV-Licht eine blassblaue Fluoreszenz (Emissionsmaximum bei etwa 460 nm), deren Intensität gegenüber dem freien Farbstoff um etwa das Zwanzigfache erhöht ist. DAPI bindet unter deutlichem Anstieg der Fluoreszenz auch an Detergenzien, Dextransulfat, Polyphosphate und andere Polyanionen. Der Farbstoff bindet interkalierend auch an RNA unter Bevorzugung von Adenin- + Uracil- (AU-)reichen Sequenzen; die Fluoreszenz ist jedoch schwächer, und das Emissionsmaximum liegt bei größeren Wellenlängen (ca. 500 nm, also im grünen Spektralbereich). Die Emissionsmaxima von an DNA bzw. an RNA gebundenem DAPI unterscheiden sich damit genügend, um sie mit Hilfe optischer Filter und Farbteiler trennen zu können. DAPI wird deshalb auch eingesetzt, um nur die DNA darzustellen und beispielsweise Zellkerne anzufärben. Ungebunden oder gebunden an Nichtnucleinsäuren fluoresziert DAPI gelblich. Die intakten Membranen lebender Zellen sind für DAPI halbdurchlässig, das bedeutet, der Farbstoff dringt nur sehr langsam in die Zellen ein. Die zur Anregung von DAPI benötigte energiereiche UV-Strahlung kann lebende Zellen schädigen und zu einem vorzeitigen Ausbleichen dieses und anderer Fluorochrome führen. Allerdings besitzt DAPI eine relativ hohe Lichtstabilität.

Die Firma Molecular Probes hat zahlreiche – allerdings nicht billige – neue Cyaninfarbstoffe entwickelt, die an Nucleinsäuren binden, darunter die Familien der **SYTO-Farbstoffe**, die die Cytoplasmamembran lebender Zellen passieren können, und der **SYTOX-Farbstoffe**, für die die Membranen lebender Zellen undurchlässig sind. Diese Fluoreszenzfarbstoffe haben gegenüber den klassischen Nucleinsäurefarbstoffen eine Reihe von Vorteilen:

- einen hohen molaren Absorptionskoeffizienten, d.h. eine hohe Strahlungsabsorption

- eine extrem geringe Eigenfluoreszenz des nicht an Nucleinsäuren gebundenen Farbstoffs in wässriger Lösung

---

[16] Allerdings dringt Ethidiumbromid langsam auch in intakte Zellen ein, besonders bei hohem pH-Wert des Mediums.

- eine drastische Zunahme der Fluoreszenz (oft mehr als tausendfach!) bei Bindung des Farbstoffs an Nucleinsäuren (Dies und die äußerst geringe Autofluoreszenz machen einen Waschschritt nach der Färbung überflüssig.)
- eine mäßige bis sehr hohe Affinität des Farbstoffs zu Nucleinsäuren
- keine oder nur eine geringe Färbung anderer Biopolymere.

Zur Toxizität und Mutagenität der SYTO- und SYTOX-Farbstoffe liegen bisher keine Daten vor. Da die Farbstoffe jedoch an Nucleinsäuren binden, sind sie als potentielle Mutagene zu betrachten und entsprechend vorsichtig zu handhaben (s. S. 302). Das gilt besonders für Lösungen in Dimethylsulfoxid (DMSO), denn DMSO erleichtert den Durchtritt organischer Moleküle durch die Haut. Man sollte deshalb in diesem Falle doppelte (Nitril-)Schutzhandschuhe tragen.

Die **SYTO-Farbstoffe** durchdringen durch passive Diffusion leicht die Membranen nahezu aller Zellen, lebender wie toter, eukaryotischer Zellen als auch grampositiver und gramnegativer Bakterien. Die SYTO-Farbstoffe sind nicht so DNA-selektiv wie z.B. DAPI; sie färben sowohl DNA als auch RNA mit etwa gleichen Fluoreszenzwellenlängen und -intensitäten. Die Farbstoffe haben eine geringere Affinität zu Nucleinsäuren als andere Nucleinsäurefarbstoffe. Sie sind mit blauer, grüner, orangefarbener und roter Fluoreszenz erhältlich.

SYTO-Farbstoffe, z.B. die grün fluoreszierenden Farbstoffe SYTO 9, SYTO 13 und SYTO 16, eignen sich gut zum Nachweis und zur Zählung von Bakterien und Hefen, besonders bei stärker belasteten Proben. Mehrere der grün fluoreszierenden Farbstoffe liefern ausgezeichnete Gegenfärbungen zu Nucleinsäurefärbungen, z.B. bei der Fluoreszenzgramfärbung (s. S. 313ff.) und der LIVE/DEAD-*Bac*Light-Vitalfärbung (s. S. 352). Die rot fluoreszierenden SYTO-Farbstoffe lassen sich gut mit der SYTOX-Green-Nucleinsäurefärbung kombinieren (s.u.).

Die empfohlene Farbstoffkonzentration für die Färbung hängt ab vom jeweiligen Test und kann in weiten Grenzen variieren; sie beträgt 1 – 20 µmol/l für Bakterien, 1 – 100 µmol/l für Hefen und 10 nmol – 5µmol/l für andere Eukaryoten.

Die **SYTOX-Farbstoffe** können die Membranen lebender Zellen nicht passieren und daher nicht in lebende Zellen eindringen. Sie dringen jedoch leicht in Zellen mit geschädigter Cytoplasmamembran ein und sind deshalb gut geeignet zur Prüfung der Membranintegrität sowie zum Nachweis und zur quantitativen Bestimmung toter Zellen. Der Farbstoff SYTOX Green wird für diese Zwecke am häufigsten verwendet (s. S. 351). Nach kurzer Inkubation (15 min) mit SYTOX Green (Endkonzentration 5 – 10 µmol/l) fluoreszieren tote Bakterien nach Anregung durch Strahlung von 450 – 500 nm leuchtend grün.

SYTOX Green ähnelt in seinen Eigenschaften dem Propidiumiodid (s. S. 302f.), bietet aber eine Reihe von Vorteilen, u.a. eine 10- bis 25fach höhere Fluoreszenzintensität. Der Farbstoff hat eine hohe Affinität zu DNA wie zu RNA, zeigt aber nur eine geringe Basenselektivität (vgl. dagegen DAPI, S. 303). SYTOX Green beeinträchtigt nicht das bakterielle Wachstum.

Allerdings kann die Färbung mit SYTOX-Farbstoffen den Anteil der toten Zellen unterbewerten, da dem Verlust der Membranintegrität der Zelle ein Abbau von Nucleinsäuren folgen kann, der zu einem Nachlassen der Fluoreszenz führt. Zellen mit schwacher Fluoreszenz werden dann fälschlich als lebende Zellen erfasst.

8.8.1.6 Membranpotentialindikatoren

Eine Reihe von Fluoreszenzfarbstoffen reagiert auf Änderungen des elektrochemischen Potentials biologischer Membranen. Ihre Fluoreszenz ist direkt – bei den Oxonolen (s. S. 305) umgekehrt – proportional zum elektrochemischen Gradienten durch die Membran; deshalb lassen sich diese Farbstoffe zur Messung des Membranpotentials – und für „Vitalfärbungen" (s. S. 351) – verwenden.

Kationische Farbstoffe dieses Typs sind z.B. **Rhodamin 123** und die Carbocyanine. Man verwendet üblicherweise die farblose, nicht fluoreszierende, reduzierte Leukoform des Rhodamin 123, Dihydrorhodamin 123, und zwar das Dihydrochlorid, weil es besser wasserlöslich ist und stabiler gegenüber der Luftoxidation. Die ungeladene Leukoform dringt durch passive Diffusion leicht in lebende, stoffwechselaktive Zellen ein, wird durch zelluläre Redoxsysteme oder reaktive Sauerstoffspezies zum kationischen, fluoreszierenden Rhodamin 123 oxidiert und akkumuliert innerhalb weniger Minuten in aktiven, innen elektronegativen Membranen, ohne toxisch zu wirken und die Vermehrungsfähigkeit der Zellen zu beeinträchtigen.

Rhodamin 123 färbt vor allem die Mitochondrien eukaryotischer Zellen, aber auch grampositive Bakterien. Gramnegative Bakterien färben sich gar nicht oder nur sehr schwach mit Rhodamin und den meisten anderen lipophilen, kationischen Farbstoffen, weil ihre äußere Membran für diese Farbstoffe weitgehend undurchlässig ist. Eine vorherige Behandlung der Zellen mit einem Chelatbildner wie EDTA (s. S. 63) oder EGTA[17] in Gegenwart von Tris bei alkalischem pH[18]-entfernt die Lipopolysaccharide von der äußeren Membran und macht sie für die Farbstoffe durchlässig, ohne dass sie ihre Stoffwechselaktivität oder ihre Vermehrungsfähigkeit verlieren.

Die **Carbocyanine** sind amphiphil, d. h. sie besitzen sowohl hydrophile als auch lipophile (= hydrophobe) Eigenschaften. Sie bestehen aus einem polaren Fluorophor (= Atomgruppierung, die der Verbindung Fluoreszenz verleiht), das die Oberfläche der zu färbenden Membran besetzt, und aus lipophilen aliphatischen Ketten, die in die Membran eindringen und das Molekül in der Membran verankern. Als Indikatoren des Membranpotentials dienen die kurzkettigen Carbocyanine mit Alkylketten aus ≤ 6 C-Atomen. In wässriger Lösung ist ihre Fluoreszenz gering. Sie diffundieren jedoch schnell durch intakte biologische Membranen und reichern sich in der Lipiddoppelschicht an; dort entwickeln sie eine intensive Fluoreszenz. In inaktive oder tote Zellen mit zusammengebrochenem Membranpotential können sie nicht eindringen. Die Farbstoffe wirken auf Bakterien relativ toxisch.

Die **Oxonole** sind strukturell mit den Cyaninfarbstoffen verwandt; sie sind jedoch anionisch, d. h. bei neutralem pH-Wert negativ geladen, und somit die Gegenspieler der kationischen Cyanin- und Rhodaminfarbstoffe. Die Oxonole können nicht in lebende, stoffwechselaktive Zellen eindringen, sondern nur in inaktive oder tote Zellen mit depolarisierter Cytoplasmamembran. In der Zelle binden die Farbstoffe an Membranen oder Proteine; dabei erhöht sich ihre Fluoreszenz, und das Emissionsmaximum verschiebt sich zum roten Spektralbereich. Mit abnehmendem Membranpotential strömt mehr Farbstoff in die Zelle ein, und die Fluoreszenz nimmt zu.

Insgesamt ist die Fluoreszenz der Oxonole etwas schwächer als die der kationischen Farbstoffe. Die Oxonole liefern jedoch bei Vitalfärbungen zuverlässigere Ergebnisse (vgl. S. 351). Da der Farbstoff nicht in die lebenden Zellen gelangt, wirkt er relativ wenig toxisch. Für den Menschen ist er allerdings gesundheitsschädlich.

---

[17] = Ethylenglykolbis(2-aminoethylether)-N,N,N′,N′-tetraessigsäure = Ethylenbis(oxyethylennitrilo)-tetraessigsäure

[18] z.B. 50 mmol/l Tris-HCl-Puffer (s. S. 83, Tab. 19) pH 8,0 mit 5 mmol/l EDTA (Dinatriumsalz-Dihydrat)

8.8.1.7 Esterasesubstrate

Eine Reihe polarer, negativ geladener Fluoreszenzfarbstoffe bildet nichtfluoreszierende Ester, die als elektrisch neutrale, lipophile Moleküle meist leicht in lebende Zellen diffundieren können. In der Zelle werden die Ester durch unspezifische Esterasen zu den polaren, fluoreszierenden Farbstoffen hydrolysiert, die aufgrund ihrer Ladung die intakte Cytoplasmamembran nicht passieren können und deshalb in der Zelle festgehalten werden. Die Aktivität der Esterasen und die Integrität der Cytoplasmamembran, die Voraussetzung dafür ist, dass das fluoreszierende Spaltprodukt in der Zelle zurückgehalten wird, gelten als Zeichen der Lebensfähigkeit (Vitalität) der Zellen (s. S. 350).

Ester des **Fluoresceins**, insbesondere Fluoresceindiacetat (3′,6′-Diacetylfluorescein), gehörten zu den ersten Verbindungen, die man als Fluoreszenzindikatoren zum Nachweis der Zellvitalität verwendete. Beim Fluorescein und vielen seiner Derivate ändert sich die Intensität der leuchtend grünen Fluoreszenz mit dem pH-Wert – sie nimmt im sauren Bereich dramatisch ab –, während die Wellenlänge und Form des Emissionsmaximums weitgehend unverändert bleiben. Man benutzt diese Farbstoffe deshalb auch als sehr empfindliche intrazelluläre pH-Indikatoren. Außerdem ist die Fluoreszenz temperaturabhängig. Fluoresceindiacetat wird allerdings von vielen Bakterien, insbesondere von gramnegativen, nicht aufgenommen, und das Fluorescein wird schnell wieder aus den Zellen ausgewaschen oder sogar aktiv unter Energieverbrauch aus der Zelle heraustransportiert. Schließlich ist das Fluorescein auch sehr anfällig für das „Photobleaching" (s.u.). Eine niedrige Inkubationstemperatur und eine hohe negative Ladung des Esteraseprodukts fördern in der Regel die Zurückhaltung des Farbstoffs in der Zelle.

Das 5- **(und 6-)Carboxyfluorescein**[19] enthält zusätzliche negative Ladungen und wird deshalb besser in der Zelle zurückgehalten; es ist auch weniger lichtempfindlich. Auch beim Carboxyfluorescein ist die Fluoreszenz abhängig vom pH-Wert; unterhalb von pH 7 nimmt sie drastisch ab. Der Acetoxymethylester des Carboxyfluoresceindiacetats wird besser in die Zellen aufgenommen als das Diacetat selbst; man kann daher mit niedrigeren Konzentrationen arbeiten. Beide Ester werden in der Zelle zu Carboxyfluorescein hydrolysiert.

Den bisher genannten Esterasesubstraten ist der Acetoxymethylester des **Calceins** weit überlegen: Er dringt leicht in lebende Zellen ein; sein Hydrolyseprodukt Calcein (ein Calciumchelator) wird sehr gut in den Zellen zurückgehalten, und seine Fluoreszenz ist im Bereich zwischen pH 6,5 und 12 relativ unempfindlich gegenüber Änderungen des pH-Werts. Die Fluoreszenz wird allerdings bei physiologischem pH-Wert durch Schwermetallionen wie Fe^{3+}, Ni^{2+}, Co^{2+}, Cu^{2+} und Mn^{2+} stark reduziert oder gelöscht. Calcein ist ein polyanionisches Fluoresceinderivat mit etwa sechs negativen und zwei positiven Ladungen (bei pH 7,0).

Die spektralen Eigenschaften der genannten Fluoreszenzfarbstoffe stimmen weitgehend überein. Die Ester müssen vor Licht und Feuchtigkeit geschützt werden; sie sind bei 4 °C (Calcein: – 20 °C) aufzubewahren.

8.8.1.8 Ausbleichen („Photobleaching")

Alle Fluoreszenzfarbstoffe unterliegen mehr oder weniger stark dem Prozess des Ausbleichens (engl. „photobleaching"), einem irreversiblen Abbau des Farbstoffs zu nichtfluoreszierenden

---

[19] Man verwendet gewöhnlich ein Gemisch des 5- und des 6-Isomers.

Produkten als Folge intensiver Bestrahlung[20]. Der Abbau ist abhängig

- von der Art des Fluoreszenzfarbstoffs; er ist besonders ausgeprägt beim Fluorescein und seinen Derivaten (s. S. 306).
- von der Intensität des Anregungslichts
- von der Dauer der Bestrahlung
- von den örtlichen Redoxbedingungen
- vom pH-Wert des Einschlussmittels (vgl. S. 300).

Der Mechanismus dieses Prozesses ist noch nicht völlig geklärt. An ihm sind hochreaktive Sauerstoffspezies, wie Singulettsauerstoff, beteiligt (Photooxidation). Es kommt zu einem Nachlassen (engl. „fading") und schließlich zum Verschwinden der Fluoreszenz. Das „Fading" findet meist vornehmlich in den ersten Sekunden nach Bestrahlung des Präparats statt; die weitere Abnahme der Fluoreszenz erfolgt sehr viel langsamer.

Das Ausbleichen lässt sich reduzieren durch

- die Wahl eines weniger photolabilen Fluorochroms. Die Hersteller von Fluoreszenzfarbstoffen bieten zu vielen klassischen Farbstoffen photostabile Alternativen an.
- eine Herabsetzung der Intensität des Anregungslichts, z.B. mit einem Neutralfilter (s. S. 295).Das setzt jedoch voraus, dass man die Nachweisempfindlichkeit des Fluoreszenzsignals erhöht, z.B. durch das Mikroskopieren bei relativ schwacher Vergrößerung, durch die Verwendung von Objektiven mit hoher numerischer Apertur, durch die Verwendung von Breitbandemissionsfiltern (-sperrfiltern, s. S. 292f.) oder von Schwachlichtdetektionssystemen, z.B. einer digitalen CCD-Kamera.
- die Verkürzung der Bestrahlungsdauer
- den Einsatz von „Antifade"-Reagenzien.

Antifade-Reagenzien

Antifade-Reagenzien können das „Photobleaching" und „Fading" wesentlich verlangsamen und ermöglichen dadurch längere Beobachtungszeiten. Es handelt sich meist um Substanzen, die die Entstehung und Diffusion freier Radikale und reaktiver Sauerstoffspezies verhindern. Viele Antifade-Reagenzien quenchen (d. h. reduzieren [s. S. 300]) allerdings zunächst die Fluoreszenz des Farbstoffs, verhindern aber dann eine weitere Abnahme der Fluoreszenz. Ein großer Teil der Antifade-Reagenzien wirkt toxisch auf lebende Zellen und kann deshalb nur für fixierte Präparate verwendet werden.

Die gebräuchlichsten Antifade-Reagenzien sind:

- **1,4-Phenylendiamin** (= *p*-Phenylendiamin, 1,4-Diaminobenzol)

  1,4-Phenylendiamin ist eines der wirkungsvollsten Antifade-Reagenzien. Es wirkt auch bei Rhodamin, ist jedoch für Cyaninfarbstoffe nicht geeignet, da es das Farbstoffmolekül unter Verlust der Fluoreszenz abbaut. Phenylendiamin bewirkt ein Quenchen (s. S. 300) der anfänglichen Fluoreszenzintensität, besonders wenn das Reagenz bereits dunkel verfärbt ist (s. u.). Das Reagenz ist licht- und wärmeempfindlich und wird im Licht sehr schnell unter Braunfärbung oxidiert. Man muss es daher im Dunkeln bei ≤ – 20 °C aufbewahren. Außerdem ist Phenylendiamin hochtoxisch und daher nicht für das Arbeiten mit lebenden Zellen geeignet.

---

[20] Nicht zu verwechseln mit dem (reversiblen) Quenchen (s. S. 300).

Für den Menschen ist das Reagenz ein Blutgift, das zur Bildung von Methämoglobin und zum Zerfall von Erythrocyten führt; es kann auch Leber- und Nierenschäden verursachen. Der Staub wird über die Atemwege, die Augen oder die Haut aufgenommen; er verursacht eine starke lokale Reizung, gefährdet die Augen und wirkt sensibilisierend. Man vermeide daher jede Staubentwicklung, z.B. beim Abwiegen, und jeden Kontakt des Reagenzes mit Augen, Haut und Schleimhäuten, trage dichte Schutzkleidung, Schutzhandschuhe und Schutzbrille oder eine Schutzmaske mit Partikelfilter und arbeite unter dem Abzug.

Man setzt eine 0,2%ige (w/v) Gebrauchslösung in „gepuffertem Glycerin" an (vgl. S. 296): Man löst 0,2 g 1,4-Phenylendiamin (kein Gemisch der verschiedenen Isomeren!) unter ständigem Rühren in 10 ml Tris-HCl-Puffer pH 8,6 (s. Tab. 19, S. 83) (Man benötigt 1–2 Stunden bis zum völligen Auflösen!) und mischt es mit 90 ml Glycerin (Gehalt ≥ 99,5 %). Den pH-Wert stellt man mit 0,1 M Natronlauge auf pH 8,6 nach.

Wegen der hohen Toxizität des Reagenzes verwendet man jedoch am besten eine kommerzielle, gebrauchsfertige Lösung (s. S. 296; Tab. 30, S. 309f.). Man benutzt die Phenylendiaminlösung als Einschlussmittel für das gefärbte Präparat und kann dieses ohne Verlust an Fluoreszenzintensität bis zu zwei Wochen aufbewahren.

- **n-Propylgallat** (= Gallussäurepropylester, Propyl-3,4,5-trihydroxybenzoat)

n-Propylgallat ist das beste Antifade-Reagenz für Rhodamin. Es ist zwar weniger wirksam als 1,4-Phenylendiamin, ist jedoch licht- und wärmestabil und nicht toxisch, daher ist es für Untersuchungen an lebenden Zellen geeignet, hat aber möglicherweise Einfluss auf biologische Prozesse. n-Propylgallat kann bei Hautkontakt sensibilisierend wirken, daher sollte man eine Berührung mit der Haut vermeiden und Schutzhandschuhe tragen. Um eine wirksame Reduktion des Fadings zu erreichen, benötigt man eine hohe Konzentration (20 g/l) an n-Propylgallat. Bei dieser Konzentration wird jedoch auch die anfängliche Intensität der Fluoreszenz stark herabgesetzt (Quenchen, s. S. 300). Dennoch ist n-Propylgallat bei hoher Fluoreszenzintensität das Mittel der Wahl.

Man setzt eine 2%ige (w/v) Gebrauchslösung in „gepuffertem Glycerin" an: Man löst 2 g des Reagenzes in einem Gemisch aus 10 ml Tris-HCl-Puffer pH 8,0 (s. Tab. 19, S. 83) und 90 ml Glycerin (Gehalt ≥ 99,5 %). Da n-Propylgallat unter diesen Bedingungen schwer löslich ist, muss man es unter leichtem Erhitzen (ca. 30 °C) im Wasserbad mehrere Stunden lang rühren. Den pH-Wert stellt man mit 0,1 M Natronlauge auf pH 8,0 nach. Man lagert die Lösung im Kühlschrank bei 4 °C.

- **1,4-Diazabicyclo[2.2.2]octan** (= DABCO, Triethylendiamin)

DABCO ist als Antifade-Reagenz ebenfalls nicht ganz so wirksam wie 1,4-Phenylendiamin; es ist jedoch weniger lichtempfindlich und weniger toxisch und daher auch für In-vivo-Studien geeignet, hat aber möglicherweise Einfluss auf biologische Prozesse. DABCO reizt Haut und Schleimhäute, daher muss man die Berührung mit Augen und Haut vermeiden und darf den Staub nicht einatmen. Es bedarf einer hohen DABCO-Konzentration (25 g/l), um eine deutliche Reduktion des Fadings zu erreichen. Die Hintergrundfluoreszenz ist bei DABCO beträchtlich größer als bei allen anderen Antifade-Reagenzien.

Man setzt eine 2,5%ige (w/v) Gebrauchslösung in „gepuffertem Glycerin" an: Man löst 2,5 g DABCO unter leichtem Erhitzen (ca. 30 °C) im Wasserbad und etwa einstündigem Rühren in 10 ml Tris-HCl-Puffer pH 8,6 (s. Tab. 19, S. 83) und mischt es mit 90 ml Glycerin (Gehalt ≥ 99,5 %). Den pH-Wert stellt man mit 0,1 M Natronlauge auf pH 8,6 nach. Das Einschlussmittel polymerisiert nicht, sondern bleibt zähflüssig. Es empfiehlt sich, das Präparat an den Deckglasrändern zu versiegeln (s. S. 250, 296). Reagenzien und Präparate bewahrt man bei ≤ – 20 °C auf.

- **L-Ascorbinsäure** (Vitamin C)

Für In-vivo-Untersuchungen verwendet man manchmal auch eine 0,1%ige (w/v) Ascorbinsäurelösung: Man löst 0,1 g L-Ascorbinsäure in 10 ml Wasser und fügt 90 ml Glycerin (Gehalt ≥ 99,5 %) hinzu.

Eine Reihe von Firmen bietet mehr oder weniger **gebrauchsfertige**, meist flüssige Antifade-Reagenzien an, teils auf Glycerinbasis (in „gepuffertem Glycerin"), teils auf Wasserbasis ohne Glycerin (s. S. 296; s. Tab. 30). Die Reagenzien dienen zugleich als Einschlussmittel und sind z. T. auch mit einem zugesetzten Fluoreszenzfarbstoff, meist DAPI, und/oder einem Härtungsmittel erhältlich.

Tab. 30: Kommerzielle, gebrauchsfertige Antifade-Reagenzien (Auswahl)

Handelsname	Hersteller oder Anbieter	Basis	Brechungsindex[1] n_D	besonders geeignet für	Antifadingeffekt	Quenchen der anfänglichen Fluoreszenzintensität	Lagerfähigkeit des Präparats	Sonstiges
Citifluor AF1	Citifluor/ Science Services	Glycerin						
Citifluor AF87	Citifluor/ Science Services	Immersionsöl						
Fluoromount-G	Fluo-Probes	Wasser	1,393	Fluorescein, Rhodamin, Texasrot, Phycoerythrin, Phycocyanin u.a.; fixierte und gefärbte Präparate mit einem wässrigen letzten Schritt		reduziert das Quenchen	mit versiegelten Deckglasrändern bei 2 – 8 °C 2 – 3 Monate	
Fluoromount W	Serva	Wasser						
Gel Mount	Biomeda	Wasser	1,358					enthält kein Phenylendiamin
Mowiol 4-88	Merck-4Biosciences – Calbiochem	Glycerin	1,490	niedrige anfängliche Fluoreszenzintensität	groß	nein (Anfängliche Fluoreszenz wird sogar erhöht!)	Völlig ausgehärtete Präparate können über lange Zeit bei Raumtemperatur aufbewahrt werden.	Granulat; wird meist zusammen mit DABCO verwendet

▶

Tab. 30: Fortsetzung

Handels-name	Herstel-ler oder Anbie-ter	Basis	Bre-chungs-index[1) n_D	besonders geeignet für	Anti-fading-effekt	Quenchen der anfäng-lichen Fluores-zenz-intensität	Lager-fähigkeit des Präparats	Sonstiges
ProLong	invitro-gen – Molecu-lar Probes	Glycerin	1,455	eine Vielzahl von Fluores-zenzfarb-stoffen	groß	nicht merklich	mit ver-siegelten Deckglas-rändern mehrere Monate	2 Kompo-nenten, die unmit-telbar vor Gebrauch gemischt werden; wirkt nach einer In-kubations-zeit von 24 Stunden bei Raum-tempe-ratur im Dunkeln; enthält Phenylen-diamin.
ProLong Gold	invitro-gen – Molecu-lar Probes	Glycerin	2)	eine Vielzahl von Fluores-zenzfarb-stoffen	groß	nicht merklich	mit ver-siegelten Deckglas-rändern mehrere Monate	fertig gemischt; wirkt nach einer In-kubations-zeit von 24 Stunden bei Raum-tempera-tur im Dunkeln
SlowFade	invitro-gen – Molecu-lar Probes	Glycerin		Fluorescein	mäßig	stark ausge-prägt (beson-ders im UV)	bis zu 2 Jahren	fertig gemischt, wirkt sofort; enthält DABCO
SlowFade Gold	invitro-gen – Molecu-lar Probes	Glycerin	1,42	Fluorescein	mäßig	sehr gering	3 – 4 Wochen	fertig gemischt, wirkt sofort
Vectashield	Vector Labo-ratories	Glycerin	1,458	Fluorescein, Rhodamin u.a.; nicht für Cyanin-farbstoffe	groß	ja	ohne Versiege-lung über Wochen bei 4 °C im Dunkeln	bei Anre-gung mit UV blaue Eigenfluo-reszenz; enthält Phenylen-diamin

[1) des flüssigen Antifade-Reagenzes
[2) Nimmt während der Inkubationszeit zu.

Mowiol 4-88 (Firma Merck4Biosciences – Calbiochem), eventuell gemischt mit anderen Antifade-Reagenzien, und ProLong Gold (Firma invitrogen – Molecular Probes), beide auf Glycerinbasis, gehören zu den besten kommerziellen Antifade-Reagenzien. Sie haben einen ausgeprägten Antifadingeffekt, reduzieren (quenchen) aber nicht wesentlich die anfängliche Fluoreszenzintensität.

8.8.2 Fluoreszenzfärbungen

Die Fluoreszenzfärbungen bieten gegenüber den klassischen Färbungen (s. S. 258ff.) deutliche Vorteile. Die Mikroorganismen erscheinen hell leuchtend auf einem dunklen Untergrund und sind leicht zu erkennen. Man kann deshalb die gefärbten Präparate bei relativ schwacher Vergrößerung mit Trockenobjektiven der Maßstabszahlen 25:1 oder 40:1 statt eines Ölimmersionsobjektivs 100:1 untersuchen; dadurch hat man ein größeres Sehfeld (s. S. 223), d. h. man überblickt einen größeren Teil des Präparats und kann es – bei höherer Ausbeute – wesentlich schneller durchmustern als bei einer klassischen Färbung.

Wegen ihrer hohen Empfindlichkeit kann man die Mehrzahl der Fluoreszenzfarbstoffe in sehr stark verdünnten Lösungen anwenden. Die geeignete Gebrauchskonzentration für den Einzelfall muss man häufig durch Ausprobieren ermitteln. Als Anhalt können die Angaben des Farbstoffherstellers dienen. Man beginne mit der niedrigsten Konzentration, um eine Überfärbung zu vermeiden, die die Erkennbarkeit von Details beeinträchtigt. Man führt die Färbung in derselben Weise durch, wie für die Durchlichthellfeldmikroskopie beschrieben (s. S. 262ff.); allerdings sind die oft sehr kurzen Färbezeiten zu beachten. Sie dürfen nicht überschritten werden. Nur wenn die Fluoreszenz zu schwach ist, verlängere man die Färbezeit oder erhöhe die Farbstoffkonzentration. Bei fixierten Zellen verwendet man kürzere Färbezeiten und niedrigere Farbstoffkonzentrationen als bei lebenden Zellen.

8.8.2.1 Einfache Fluoreszenzfärbungen (vgl. S. 249)

Für den einfachen Nachweis sowohl lebender als auch toter, z.B. fixierter, Bakterien und Hefen unter dem Fluoreszenzmikroskop verwendet man vorzugsweise Nucleinsäurefarbstoffe, z.B. Acridinorange (S. 302), DAPI (S. 303) oder die neu entwickelten SYTO-Farbstoffe (S. 303f.), insbesondere das grün fluoreszierende SYTO 9. Diese Farbstoffe sind auch für die mikroskopische Zellzählung gut geeignet (s. S. 340ff.). Dort ist die Färbung mit Acridinorange bzw. DAPI ausführlich beschrieben.

SYTO 9 verdünnt man in und mit Gefäßen und Geräten aus Kunststoff, da der Farbstoff stark an Glasoberflächen haftet, und mit einem phosphatfreien Puffer, z.B. Tris-HCl-Puffer (s. Tab. 19, S. 83). Da Spuren von Tensiden eine kräftige Eigenfluoreszenz verursachen können, spült man alle verwendeten Gefäße und Geräte mit heißem Leitungswasser und anschließend mehrere Male mit demineralisiertem Wasser. SYTO 9 verwendet man in einer Endkonzentration von 5μmol/l und inkubiert 30 min bei Raumtemperatur im Dunkeln. Die Absorptions- und Emissionsspektren der grün fluoreszierenden SYTO-Farbstoffe ähneln den Spektren des Fluoresceins (s. S. 306); man kann daher dessen optische Filter verwenden. Fixierte Zellen fluoreszieren schwächer als lebende.

Färbung mit *Bac*Light Green bzw. *Bac*Light Red

Unter der Bezeichnung *Bac*Light Green und *Bac*Light Red bietet die Firma invitrogen – Molecular Probes Fluorochrome zum Bakteriennachweis an, die nicht die Nucleinsäuren anfärben. Die Farbstoffe lassen die Zellen leuchtend grün bzw. rot fluoreszieren. Die Anregungsmaxima bzw. Emissionsmaxima liegen bei ~480/516 nm (für *Bac*Light Green) und ~581/644 nm (für *Bac*Light Red). Die Farbstoffe eignen sich auch gut zur Anfärbung von Bakterien für die Durchflusscytometrie (s. S. 343, 353).

Voraussetzungen:

Die Färbung eignet sich sowohl für lebende (s. S. 248ff.) als auch für fixierte (s. S. 258ff.) Bakterien. Die Zellsuspension muss gegebenenfalls verdünnt werden (s. S. 248, S. 331ff.).

Die Farbstoffe:

Man lagert die festen Farbstoffe in den Originalgefäßen bei ≤ –20 °C im Exsikkator und vor Licht geschützt; sie sind mindestens sechs Monate haltbar.

Zur Toxizität und Mutagenität der Farbstoffe liegen bisher keine Daten vor. Man sollte jedoch vorsichtshalber die Regeln für den Umgang mit mutagenen Fluoreszenzfarbstoffen beachten (s. S. 302). Die DMSO-Stammlösungen (s. u.) sind mit besonderer Vorsicht zu handhaben, da DMSO den Durchtritt organischer Moleküle durch die Haut erleichtert. Man sollte deshalb beim Arbeiten mit DMSO doppelte Schutzhandschuhe tragen.

Herstellen der Farbstofflösungen

1-mmolare Stammlösung:

– Vor dem Öffnen der Farbstoffampulle den festen Farbstoff auf Raumtemperatur anwärmen.
– Den Inhalt einer Farbstoffampulle (50 µg feste Substanz) in 74 µl (*Bac*Light Green) bzw. 69 µl (*Bac*Light Red) Dimethylsulfoxid (DMSO) p.a. (zur Analyse) lösen.

100-µmolare Gebrauchslösung:

– 2 µl der 1-mmolaren Stammlösung zu 18 µl DMSO in einem Mikrozentrifugenröhrchen (Reaktionsgefäß) aus Kunststoff geben und gut schütteln.

Weitere Lösungen:

Wenn eine Fixierung der Zellen erwünscht ist: **37%ige Formaldehydlösung** (s. S. 327)

Arbeitsgang:

– Zu 1 ml einer gegebenenfalls verdünnten Zellsuspension der zu färbenden Bakterien (s. S. 248f.) 1 µl der Gebrauchslösung des Fluoreszenzfarbstoffs geben.
– **Wenn Fixierung erwünscht ist:** Zu dem Bakterien-Farbstoff-Gemisch 50 µl einer 37%igen Formaldehydlösung geben (= Endkonzentration von ~ 2 % [v/v] Formaldehyd).
– Das Gemisch 15 min bei Raumtemperatur im Dunkeln stehenlassen.

- Mit einer (unsterilen) Pasteurpipette einen kleinen Tropfen (ca. 20 µl) der Zellsuspension auf die Mitte eines sauberen Objektträgers bringen, und ein sauberes Deckglas auflegen.
- Präparat unter ein Epifluoreszenzmikroskop legen. Man mikroskopiert mit einem Bandpassfilterset für Fluorescein (*Bac*Light Green) bzw. für Tetramethylrhodamin oder Texasrot (*Bac*Light Red). Beide Färbungen lassen sich auch gleichzeitig mit einem Langpassfilterset für Fluorescein betrachten.

Auswertung:

Die Zellen fluoreszieren leuchtend grün bzw. rot. Grampositive Bakterien fluoreszieren in der Regel stärker als gramnegative, und Zellen mit geschädigter Membran nehmen mehr Farbstoff auf als intakte Zellen.

8.8.2.2 Fluoreszenzgramfärbung

Die Fluoreszenzgramfärbung erlaubt die schnelle und sichere Unterscheidung und Zählung **lebender** grampositiver und gramnegativer Bakterien in Suspension. Im Gegensatz zur klassischen Gramfärbung (s. S. 266ff.) sind keine Fixierung der Zellen und kein Waschschritt nach der Färbung erforderlich, und man benötigt nur eine einzige Färbelösung, bestehend aus einem Gemisch der beiden Nucleinsäurefarbstoffe **Hexidiumiodid** (s. S. 303) und einem grün fluoreszierenden **SYTO-Farbstoff**, z.B. SYTO 9 oder SYTO 13 (s. S. 304). Der SYTO-Farbstoff durchdringt leicht die Zellwand und Cytoplasmamembran sowohl grampositiver als auch der meisten gramnegativen Bakterien[21], bindet an die Nucleinsäuren, wenn auch mit relativ geringer Affinität, und färbt die Zellen mit leuchtend grüner Farbe.

Hexidiumiodid dringt dagegen nur in grampositive Bakterien ein, verdrängt dort aufgrund seiner höheren Affinität zu den Nucleinsäuren den SYTO-Farbstoff von seinen Bindungsstellen und löscht seine Fluoreszenz. Die Lipopolysaccharidschicht der äußeren Membran gramnegativer Bakterien ist für Hexidiumiodid nicht durchlässig. Deshalb bleibt bei den gramnegativen Bakterien die grüne Fluoreszenz des SYTO-Farbstoffs erhalten, während grampositive Bakterien die orangerote Fluoreszenz des Hexidiumiodids zeigen.

Vergleichsorganismen:

Bacillus subtilis und *Escherichia coli* B oder K12.

Man verwende für die Färbung der Vergleichsorganismen Flüssigkeitskulturen in Nährbouillon in der späten logarithmischen Wachstumsphase. Da Bestandteile des Komplexnährbodens an den SYTO-Farbstoff und an Hexidiumiodid binden und die Färbung in unvorhersehbarer Weise beeinflussen können, muss man die Bakterien vor der Färbung waschen. In der Regel ist ein einziger Waschschritt mit sterilfiltriertem, demineralisiertem Wasser ausreichend. Phosphatpuffer ist zum Waschen weniger geeignet, weil er die Intensität der Färbung anscheinend herabsetzt.

---

[21] In der stationären Wachstumsphase kann die äußere Membran mancher gramnegativer Bakterien bis zu einem gewissen Grad eine Barriere für SYTO 9 darstellen.

Herstellen von Zellsuspensionen der Vergleichsorganismen
(vgl. S. 388ff.)

– Die Bakterien in Nährbouillon (s. Tab. 9, S. 53) auf einer Schüttelmaschine (s. S. 128f.) bis zur späten logarithmischen Wachstumsphase (gewöhnlich $10^8 - 10^9$ Zellen/ml) kultivieren.

– 50 µl der Bakterienkultur zu 1 ml sterilfiltriertem, demineralisiertem Wasser in einem Mikrozentrifugenröhrchen geben.

– Die Bakterien 5 min lang bei 6000 x g in einer Mikrozentrifuge zentrifugieren.

– Überstand entfernen (s. S. 390), und Sediment in 1 ml sterilfiltriertem, demineralisiertem Wasser resuspendieren.

Die Farbstoffe:

Die Farbstoffe sind bei der Firma invitrogen – Molecular Probes unter der Bezeichnung „LIVE *Bac*Light Bacterial Gram Stain Kit" (Artikel-Nr. L7005) (mit SYTO 9) als gebrauchsfertige Lösungen in Dimethylsulfoxid (DMSO) erhältlich. Die DMSO-Stammlösungen muss man bei $\leq -20\,°C$, trocken und vor Licht geschützt aufbewahren; sie sind mindestens ein Jahr lagerfähig. Vor dem Öffnen der Gefäße muss man die Farbstoffe auf Raumtemperatur bringen und sollte sie kurz zentrifugieren. Man beachte die Sicherheitsregeln für den Umgang mit mutagenen Farbstoffen auf S. 302 und die besonderen Vorsichtsmaßnahmen beim Handhaben von DMSO-Lösungen (s. S. 205, 312)!

Lösungen:

Lösung **A**: 3,34 mmol/l SYTO 9 in wasserfreiem DMSO   300 µl

Statt SYTO 9 kann man auch SYTO 13 (5 mmol/l in DMSO) verwenden.

Lösung **B**: 4,67 mmol/l Hexidiumiodid in wasserfreiem DMSO   300 µl

Gleiche Mengen von Lösung A und Lösung B in einem Mikrozentrifugenröhrchen gründlich mischen. Wenn die beiden Farbstoffe unterschiedliche „Photobleaching"-Raten aufweisen (s. S. 307), muss man das Mischungsverhältnis eventuell entsprechend ändern.

Arbeitsgang:

– 3 µl des Farbstoffgemisches zu je 1 ml der Bakteriensuspension geben.

– Gründlich mischen, und das Gemisch 15 min lang bei Raumtemperatur im Dunkeln stehenlassen.

– Mit einer (unsterilen) Pasteurpipette einen kleinen Tropfen (ca. 20 µl) der Zellsuspension auf die Mitte eines sauberen Objektträgers bringen, und ein sauberes Deckglas auflegen.

Für quantitative Untersuchungen (DEFT; s. S. 345ff.):

– Die gefärbte Bakteriensuspension durch ein schwarz gefärbtes Membranfilter aus Polycarbonat (oder ein Aluminiumoxidfilter), Porenweite 0,2 µm, filtrieren (s. S. 342). Ein Waschschritt nach der Färbung ist nicht erforderlich.

– Das Filter nach der Filtration zerschneiden (s. S. 347), und die Stücke – mit den Bakterien nach oben – jeweils auf einen kleinen Tropfen des zusammen mit den Farbstoffen gelieferten Einschlussöls („*Bac*Light mounting oil") auf einem Objektträger legen. (Der Brechungsindex des Einschlussöls beträgt bei 25 °C 1,517 ± 0,003. Das Einschlussöl nicht als Immersionsöl verwenden!)

– Auf die Oberseite des Membranfilterstücks einen weiteren Tropfen Einschlussöl geben. Das Filterstück luftblasenfrei mit einem sauberen Deckglas bedecken, Deckglas vorsichtig andrücken. Das Einschlussöl soll sich ganz über das Filterstück verteilen, sich jedoch nicht über den Rand des Filterstücks hinaus ausbreiten.

– Präparat unter ein Epifluoreszenzmikroskop legen. Mit einem Fluorescein-Langpassfilterset kann man grampositive und gramnegative Bakterien gleichzeitig betrachten. Die grampositiven und die gramnegativen Zellen lassen sich auch getrennt mit einem Texasrot-Bandpassfilterset bzw. einem Fluorescein-Bandpassfilterset betrachten.

Auswertung:

Lebende grampositive Bakterien fluoreszieren leuchtend orangerot, lebende gramnegative Bakterien hellgrün. Die Färbung ordnet auch solche Organismen korrekt und eindeutig ein, die bei der klassischen Gramfärbung falsch oder nur schwach angefärbt werden, darunter gramvariable Bakterien, ferner eine Reihe anaerober grampositiver Organismen, die beim klassischen Verfahren an der Luft entfärbt und daher fälschlich als gramnegativ eingestuft werden, und die Gattung *Acinetobacter*, die bei der klassischen Färbung aufgrund unvollständiger Entfärbung fälschlich als grampositiv erscheint (s. S. 267).

Das Färbeverhalten toter Bakterien lässt sich nicht vorhersagen. Eine Fixierung gramnegativer Bakterien mit 70%igem Ethanol (10 min) oder ein Zusatz von 1 mmol/l EDTA zur Bakteriensuspension – nicht aber die Hitzefixierung! – zerstört oder destabilisiert (durch den Entzug essentieller zweiwertiger Kationen) die Lipopolysaccharidschicht und macht die Zellwand durchlässig für Hexidiumiodid.

8.8.2.3 Fluoreszenzfärbung säurefester Stäbchen

Die Fluoreszenzfärbung säurefester Stäbchen ist sehr viel empfindlicher und einfacher zu interpretieren als die klassische Ziehl-Neelsen-Färbung (s. S. 271ff.). Wie diese wird die Fluoreszenzfärbung an fixierten Bakterien durchgeführt. Ihre chemischen Grundlagen entsprechen denen der Ziehl-Neelsen-Färbung. Im Folgenden werden zwei gebräuchliche Fluoreszenzmethoden zur Färbung säurefester Stäbchen beschrieben. Zum Umgang mit säurefesten Bakterien siehe auch S. 272.

• Auraminfärbung nach Hagemann und Hermann

Lösungen:

1. Phenol-Auramin-Lösung

Lösung **A**:	Auramin O[22]	0,1 g
	demin. Wasser	100 ml

---

[22] Auramin wirkt krebserzeugend! Sicherheitsratschläge auf S. 302 beachten!

Lösung **B**:   verflüssigtes Phenol[23]   5   ml
             10 Teile Phenol unter leichtem Erwärmen
             auf 45 °C im Wasserbad schmelzen
             lassen (Abzug!), und 1 Teil Wasser
             hinzufügen.

Lösung B zu Lösung A geben.
Besser: Gebrauchsfertige Lösung (z.B. von Fluka) verwenden!

2. **Säure-Alkohol-Gemisch**
   25%ige (w/v) Salzsäure   0,5 ml
   70%iges (v/v) Ethanol   99,5 ml
   Salzsäure zum Alkohol geben, und vorsichtig
   mischen.

3. **Kaliumpermanganatlösung**
   Kaliumpermanganat   0,1 g
   demin. Wasser   100   ml

4. **Alkalische Methylenblaulösung nach Löffler** (s. S. 264)

Arbeitsgang:

- Deckglas oder Objektträger mit dem fixierten Ausstrich (s. S. 258ff.) bis zum Rand mit Phenol-Auramin-Lösung bedecken. (Nicht bedeckte Teile können beim Erhitzen springen!)
- Färbelösung über einer schwachen Bunsenbrennerflamme aufkochen und 5 min einwirken lassen. Schutzbrille tragen; im Abzug arbeiten, Phenoldämpfe nicht einatmen!
- Färbelösung abgießen, und Färbung und Erhitzen wiederholen.
- Färbelösung abgießen, und Ausstrich mit Wasser spülen.
- Zur **Differenzierung** Präparat schräg gegen einen weißen Hintergrund (z.B. ein Blatt Papier) halten, und das Salzsäure-Alkohol-Gemisch bis zur Entfärbung (15 – 20 s) tropfenweise vom oberen Rand des Deckglases oder Objektträgers her gleichmäßig verteilt über den Ausstrich laufen lassen.
- Präparat mit Wasser spülen.
- Zur **Gegenfärbung** Ausstrich mit 0,1%iger Kaliumpermanganatlösung bedecken; Lösung 5 s einwirken lassen.
- Präparat mit Wasser spülen.
- Ausstrich mit alkalischer Methylenblaulösung bedecken.
- Die Lösung sofort (nach 1 s) wieder abgießen, und Präparat mit Wasser spülen.
- Präparat unter einem Epifluoreszenzmikroskop mit einem Blaulichtanregungsfilter BP 420 – 490, einem Strahlenteiler RKP (DM) 510 und einem Sperrfilter LP (BA) 520 betrachten (vgl. S. 293f.).

Auswertung:

Säurefeste Bakterien fluoreszieren goldgelb auf dunklem Grund. Andere Organismen und eventuell vorhandenes Hintergrundmaterial erscheinen dunkelviolett.

---

[23] siehe S. 265, Fußnote [9]

• Auramin-Rhodamin-Färbung

Diese Variante der Auramin-Rhodamin-Färbung (Merck Tb-fluor phenolfrei, Artikel-Nr. 1015970001) kommt ohne Phenol und ohne Erhitzen aus.

Lösungen:

(Am besten gebrauchsfertige Lösungen verwenden, z.B. von Merck [s. o.]!)

1. Auramin-Rhodamin-Lösung

Auramin O[24]	1,2 g
Rhodamin B[24]	0,6 g
demin. Wasser	100 ml

2. Säure-Alkohol-Gemisch

25%ige (w/v) Salzsäure	1,4 ml
96%iges (w/w) Ethanol	98,6 ml
Salzsäure zum Alkohol geben, und vorsichtig mischen.	

3. Kaliumpermanganatlösung

Kaliumpermanganat	0,5 g
demin. Wasser	100 ml

Arbeitsgang:

- Deckglas oder Objektträger mit dem fixierten Ausstrich (s. S. 258ff.) bis zum Rand mit Auramin-Rhodamin-Lösung bedecken.
- Färbelösung 15 min einwirken lassen.
- Färbelösung abgießen, und Ausstrich etwa 30 s lang mit Wasser spülen.
- Zur **Differenzierung** Präparat bis zum Rand mit Säure-Alkohol-Gemisch bedecken; Gemisch 1 min einwirken lassen.
- Gemisch abgießen, und Ausstrich etwa 30 s lang mit Wasser spülen.
- Zur **Gegenfärbung** Ausstrich völlig mit 0,5%iger Kaliumpermanganatlösung bedecken; Lösung 5 min einwirken lassen.
- Lösung abgießen, und Ausstrich etwa 30 s mit Wasser spülen.
- Präparat trocknen lassen und in ein wasserfreies Einschlussmittel, z.B. Entellan Neu, einbetten (vgl. S. 290).
- Präparat unter einem Epifluoreszenzmikroskop mit einem Grünlichtanregungsfilter BP 480 – 550, einem Strahlenteiler RKP (DM) 580 und einem Sperrfilter LP (BA) 590 betrachten (vgl. S. 293f.).

Auswertung:

Säurefeste Bakterien fluoreszieren rötlichorange (oder gelbgrün je nach der verwendeten Filterkombination) auf dunklem Grund; andere Organismen erscheinen dunkel.

---

[24] Auramin und Rhodamin sind Mutagene und wirken krebserzeugend! Sicherheitsratschläge auf S. 302 beachten!

9 Bestimmung der Zellzahl und Zellmasse in Populationen einzelliger Mikroorganismen

Mikroorganismen kommen häufig in großen Populationen vor, die aus vielen Millionen von Individuen bestehen. Bei vielen mikrobiologischen Untersuchungen ist es erforderlich, die **Größe** einer solchen Population, z.B. in einer Boden-, Wasser- oder Lebensmittelprobe oder einer Laborkultur, oder die **Veränderung** der Populationsgröße, z.B. während des Wachstums der Population, quantitativ zu erfassen. Das geschieht bei einzelligen, nichtfädigen Mikroorganismen in der Regel durch die Bestimmung entweder der Zellzahl oder der Zellmasse ("Biomasse"). Diese beiden Größen sind nicht zwangsläufig miteinander gekoppelt; daher muss man in vielen Fällen zwischen ihnen unterscheiden (vgl. S. 380). Gewöhnlich geht man aus von einer homogenen Suspension der Zellen in einer Flüssigkeit und bestimmt die **Zellkonzentration** (= Zellzahl/ml) bzw. die **Zelldichte** (= Zellmasse in mg/ml oder in g/l).

9.1 Bestimmungsfehler

9.1.1 Zufällige Fehler

Bei der quantitativen Analyse biologischen Materials beobachtet man eine oft beträchtliche Veränderlichkeit (**Variabilität**) – und damit eine mehr oder weniger große **Streuung** – der Zähl- oder Messwerte. Diese Veränderlichkeit setzt sich zusammen aus

- der naturbedingten und daher unvermeidbaren **biologischen** Variabilität
- der **technisch**, d.h. durch die Bestimmungsmethode bedingten Variabilität, die zwar ebenfalls nicht völlig vermeidbar ist, jedoch so klein wie möglich gehalten werden muss.

Aufgrund der Größenordnung der auftretenden Streuung muss man in der Biologie schon bei relativ einfachen quantitativen Untersuchungen **statistische Verfahren** anwenden. Dies gilt ganz besonders für mikrobiologische Methoden zur Bestimmung der Zellzahl und Zellmasse, da sie gewöhnlich nur sehr kleine Ausschnitte ("Zufallsstichproben") aus einer großen Zellpopulation ("Grundgesamtheit") erfassen (s.u.).

Im Folgenden werden einige Begriffe behandelt, die für die Beurteilung von Versuchsergebnissen und für die Fehlerkontrolle wichtig sind, wobei sich die Darstellung auf die methodisch bedingte Variabilität beschränkt. Eine ausführliche Beschreibung statistischer Begriffe und Verfahren findet man in den Lehrbüchern der angewandten Statistik und Biometrie (siehe Literaturverzeichnis, S. 432f.).

9.1.1.1 Mittelwert, Streuungsmaße

Um das Ausmaß der methodisch bedingten Variabilität beurteilen zu können, führt man üblicherweise an ein und derselben Probe unter möglichst gleichen, genau definierten Bedingungen mehrere (n-fache) – in der Regel mindestens drei – Parallelbestimmungen derselben Messgröße durch, oder, wie es in der Sprache der Statistik heißt, man zieht (entnimmt) eine **Stichprobe** vom Umfang n aus der zugrundeliegenden, sehr großen **Grundgesamtheit** aller möglichen Messwerte. Bei den Bestimmungen auftretende zufällige Fehler, die zahlreiche, meist unbekannte Ursachen haben können, bewirken, dass die einzelnen Messwerte x_1, x_2, ..., x_n mehr oder weniger stark voneinander abweichen (streuen). Der wahrscheinlichste Wert (Schätzwert) der gemessenen Größe ist das **arithmetische Mittel** der Stichprobe, der (empirische) **Mittelwert** $\bar{x}$:

$$\bar{x} = \frac{x_1 + x_2 + ... + x_n}{n} = \frac{\sum\limits_{i=1}^{n} x_i}{n}$$

Der empirische Mittelwert $\bar{x}$ nähert sich mit steigender Anzahl n der Einzelwerte mit großer Wahrscheinlichkeit immer mehr dem (unbekannten) **Erwartungswert** μ, d.h. dem Mittelwert der Grundgesamtheit, der – sofern kein systematischer Fehler vorliegt (s. S. 325f.) – dem Sollwert oder „wahren" Wert entspricht.

Bildet man für jeden einzelnen Messwert x_i die Abweichung vom gemeinsamen arithmetischen Mittel und quadriert diesen Abstand, so erhält man n Abweichungsquadrate $(x_i - \bar{x})^2$. (Das Quadrieren hat sich bewährt, weil mit den Quadraten handlicher zu rechnen ist, als mit den absoluten Abweichungsbeträgen.) Die Summe der Abweichungsquadrate dividiert man – aus mathematischen Gründen, die hier nicht erläutert werden können – statt durch n durch $n - 1$[1] und erhält als wichtiges Streuungsmaß das **mittlere Abweichungsquadrat** oder die (empirische) **Varianz** s^2:

$$s^2 = \frac{(x_1 - \bar{x})^2 + (x_2 - \bar{x})^2 + ... + (x_n - \bar{x})^2}{n - 1} = \frac{\sum\limits_{i=1}^{n}(x_i - \bar{x})^2}{n - 1}$$

s^2 ist ein Schätzwert, der sich mit steigender Zahl n der Einzelwerte mit großer Wahrscheinlichkeit immer mehr der in der Grundgesamtheit **tatsächlich vorhandenen Varianz** σ^2 annähert.

Die Quadratwurzel aus der empirischen Varianz ergibt die angenäherte (empirische) **Standardabweichung** s (früher auch als „mittlerer Fehler der Einzelmessungen" bezeichnet):

$$s = \sqrt{\frac{\sum\limits_{i=1}^{n}(x_i - \bar{x})^2}{n - 1}}$$

Wenn man Varianz und Standardabweichung „von Hand" berechnen muss, benutzt man statt der Definitionsgleichung besser die folgende, aus ihr abgeleitete Formel:

$$s^2 = \frac{1}{n-1}\left[\sum\limits_{i=1}^{n}x_i^2 - \frac{1}{n}\left(\sum\limits_{i=1}^{n}x_i\right)^2\right]$$

---

[1] Die um 1 verminderte Anzahl der Messwerte bezeichnet man als die Anzahl der Freiheitsgrade: $f = n - 1$.

Im Gegensatz zur Varianz ist die Standardabweichung eine anschauliche Größe, die dieselbe Dimension besitzt wie die Messwerte und eine konkrete Bedeutung hat: Wenn die Häufigkeitsverteilung der Messwerte einer Stichprobe der **Gauß**- oder **Normalverteilung** entspricht – was nach dem „Zentralen Grenzwertsatz", wenigstens näherungsweise, häufig der Fall ist und z.B. mit dem χ^2-(Chi-Quadrat-)Anpassungstest geprüft werden kann –, dann liegt jeweils ein ganz bestimmter Prozentsatz aller Werte innerhalb des Streubereichs der verschiedenen Vielfachen von σ, der Standardabweichung der Grundgesamtheit, um den „wahren" Mittelwert μ herum:

68,3 % aller Werte liegen im Bereich $\mu \pm 1\sigma$;

95,4 % aller Werte liegen im Bereich $\mu \pm 2\sigma$;

99,7 % aller Werte liegen im Bereich $\mu \pm 3\sigma$.

Als Näherungswerte für die unbekannten Werte von μ und σ verwendet man das arithmetische Mittel $\bar{x}$ bzw. die empirische Standardabweichung s (s. S. 320). Mittelwert und Standardabweichung werden allerdings von einzelnen Extremwerten („Ausreißern") stark beeinflusst.

Da der Wert von s nur dann aussagekräftig ist, wenn man ihn in Beziehung zu $\bar{x}$ setzt, verwendet man in der Praxis häufig die **relative Standardabweichung**, auch als „relativer Fehler" oder (sprachlich nicht korrekt) als **Variationskoeffizient** bezeichnet:

$$Vk = \frac{s}{\bar{x}}$$

Oft wird s auch als Prozentanteil von $\bar{x}$ ausgedrückt (Vk · 100 %). Der Mittelwert und die Anzahl der einzelnen Messwerte müssen angegeben sein. Der Variationskoeffizient ist von der gewählten Einheit unabhängig. Er ist allerdings nicht sinnvoll bei wechselndem Vorzeichen der Messwerte.

Die (relative) Standardabweichung ist eine Kenngröße für das Ausmaß der zufälligen Fehler und damit ein Maß für die **Ungenauigkeit** (Unpräzision) der verwendeten Bestimmungsmethode. Je kleiner der Zahlenwert der Standardabweichung, d.h. je geringer die Streuung der Einzelwerte um ihren Mittelwert, desto größer ist die **Präzision** oder Genauigkeit der Methode, also die Übereinstimmung zwischen den Ergebnissen von Mehrfachbestimmungen an demselben Untersuchungsmaterial. Die Übereinstimmung zwischen verschiedenen Bestimmungsserien, verschiedenen Labors oder von Tag zu Tag nennt man auch **Reproduzierbarkeit**. Man gebe beim Endergebnis einer Bestimmungsreihe nie mehr Kommastellen an, als die Präzision der Methode erlaubt, d.h. nicht mehr als eine unsichere Stelle!

Zur Überprüfung der Präzision untersucht man in jeder Serie von Bestimmungen zusätzlich zu den eigentlichen Analysenproben **Kontrollproben** mit konstantem Wert, wobei der Sollwert dieser Proben nicht genau bekannt sein muss.

Die meisten Bestimmungsmethoden setzen sich aus mehreren Einzelschritten zusammen, z.B. aus Abwiegen oder Abmessen der Probe, Dispergieren, Verdünnen, Verteilen und Zählen oder Messen. Um das Bestimmungsergebnis zu erhalten, muss man die Größen der einzelnen Schritte meist miteinander multiplizieren oder durch einander dividieren. Dabei summieren sich die (voneinander unabhängigen) Fehler der einzelnen Schritte zu einem **Gesamtfehler** von

$$Vk_{gesamt} = \sqrt{Vk_x^2 + Vk_y^2}$$

Vk_x = zur Größe x gehörender Variationskoeffizient

Vk_y = zur Größe y gehörender Variationskoeffizient.

Wenn dagegen die Einzelgrößen addiert oder voneinander subtrahiert werden müssen (letzteres z.B. dann, wenn vom Messwert ein Leerwert abzuziehen ist), ergibt sich ein Gesamtfehler von

$$s_{\text{gesamt}} = \sqrt{s_x^2 + s_y^2}$$

s_x = zur Größe x gehörende Standardabweichung
s_y = zur Größe y gehörende Standardabweichung.

Der arithmetische Mittelwert $\bar{x}$ ist zwar der beste (Punkt-)Schätzwert für die gemessene Größe, aber auch er unterliegt, wie die einzelnen Messwerte, einer Streuung; sie ist jedoch geringer als die Streuung der Einzelwerte. Die (empirische) Standardabweichung der $\bar{x}$-Werte heißt auch **mittlerer Fehler des Mittelwerts** oder **Standardfehler** $s_{\bar{x}}$ und ergibt sich angenähert als

$$s_{\bar{x}} = \frac{s}{\sqrt{n}}$$

s = Standardabweichung der Einzelwerte x_i
n = Anzahl der Einzelwerte, aus denen der Mittelwert gebildet worden ist (Stichprobenumfang).

Der Standardfehler besitzt dieselbe Dimension wie der Mittelwert. Er gibt an, wie weit die Mittelwerte verschiedener Stichproben aus derselben Grundgesamtheit (z.B. verschiedener Messreihen an Proben desselben Untersuchungmaterials) um den Erwartungswert μ streuen. (Der Erwartungswert des arithmetischen Mittels der Mittelwerte ist gleich dem Erwartungswert der einzelnen Messwerte, s. S. 320.) Wenn man das Ergebnis einer Bestimmungsreihe formuliert, korrigiert man den Mittelwert gewöhnlich durch den Standardfehler und schreibt: $\bar{x} \pm s_{\bar{x}}$.

Der Wert von $s_{\bar{x}}$ sagt nur dann etwas aus, wenn man ihn in Beziehung zu $\bar{x}$ setzt; deshalb verwendet man häufig auch den **relativen Standardfehler**, auch **Variationskoeffizient des Mittelwerts** genannt (vgl. S. 321):

$$\text{Vk}_{\bar{x}} = \frac{s_{\bar{x}}}{\bar{x}}$$

Der relative Standardfehler wird oft in Prozent angegeben ($\text{Vk}_{\bar{x}} \cdot 100\ \%$) und dann als prozentualer Fehler des Mittelwerts bezeichnet.

9.1.1.2 Konfidenzintervall des Mittelwerts

Eine besonders anschauliche und informative Darstellung der Genauigkeit, mit der der arithmetische Mittelwert $\bar{x}$ den Erwartungswert μ schätzt, gibt das **Konfidenzintervall** (= Vertrauensbereich), das den Erwartungswert mit einer bestimmten, frei wählbaren statistischen Sicherheit, der **Konfidenz-** oder **Vertrauenswahrscheinlichkeit** – üblicherweise 95 % (oder 99 %) – einschließt. (Das verbleibende Risiko von 5 % bzw. 1 % bezeichnet man als Irrtumswahrscheinlichkeit.) Das Konfidenzintervall wird nach unten und oben begrenzt von den **Konfidenzgrenzen** (Vertrauensgrenzen) μ_u und μ_o. Je schmäler bei vorgegebener statistischer Sicherheit das Konfidenzintervall, desto größer ist die Genauigkeit (Schärfe), mit der der Erwartungswert geschätzt werden kann. Das Konfidenzintervall ist umso schmäler, je größer der Stichprobenumfang n ist; bei festem Stichprobenumfang nimmt seine Breite bei Wahl einer höheren Vertrauenswahrscheinlichkeit (z.B. 99 % statt 95 %) jedoch zu.

Wenn die Verteilung der Mittelwerte, zumindest näherungsweise, einer Normalverteilung folgt – was bei hinreichend großem Stichprobenumfang fast immer der Fall ist, auch wenn die einzelnen Messwerte eine andere Verteilungsform haben (vgl. S. 324) –, so liegt bei einer vorgegebenen Vertrauenswahrscheinlichkeit von z.B. 95 % der Mittelwert $\bar{x}$ einer Stichprobe in 95 % der Fälle etwa im Intervall $\mu \pm 2\sigma_{\bar{x}}$ (genau: $\mu \pm 1{,}96\,\sigma_{\bar{x}}$; vgl. S. 321). Die in der Grundgesamtheit tatsächlich vorhandene, in der Regel unbekannte Standardabweichung des Mittelwerts $\sigma_{\bar{x}}$ schätzt man durch den Standardfehler $s_{\bar{x}}$ (s. S. 322). Daraus folgt:

> Das Intervall $\bar{x} \pm 2s_{\bar{x}}$ umschließt mit 95%iger Wahrscheinlichkeit den unbekannten Erwartungswert μ (= 95%-Konfidenzintervall für den Erwartungswert μ).

Besteht die Stichprobe aus nur wenigen Mess- oder Zählwerten ($n < 20$), so ist die Schätzung von $\sigma_{\bar{x}}$ durch $s_{\bar{x}}$ allerdings recht ungenau, und das Konfidenzintervall muss erweitert werden. Dies geschieht mit Hilfe der **Student-t-Verteilung**, die der englische Statistiker W. S. Gosset 1908 unter dem Pseudonym „Student" veröffentlichte. Man multipliziert den Standardfehler $s_{\bar{x}}$ mit einem Faktor t und berechnet die Konfidenzgrenzen μ_{u} und μ_{o} nach den Formeln

$$\mu_{\mathrm{u}} = \bar{x} - t(n) \cdot s_{\bar{x}}$$
$$\mu_{\mathrm{o}} = \bar{x} + t(n) \cdot s_{\bar{x}}.$$

Die Zahlenwerte von $t(n)$ für das 95%- und das 99%-Konfidenzintervall entnehme man der Tabelle 31.

Die Form der t-Verteilung hängt ab von der Anzahl n der Messwerte. Je größer n, desto mehr nähert sich die t-Verteilung der Normalverteilung an; bei $n \geq 20$ sind die Abweichungen nur noch gering.

Tab. 31: Werte $t(n)$ der t-Verteilung nach Student zur Erweiterung des Konfidenzintervalls des Mittelwerts bei kleinem Stichprobenumfang (Erläuterung siehe Text)

Anzahl n der Messwerte	Werte von $t(n)$ bei einer Vertrauenswahrscheinlichkeit von	
	95 %	99 %
2	12,71	63,66
3	4,30	9,92
4	3,18	5,84
5	2,78	4,60
6	2,57	4,03
7	2,45	3,71
8	2,36	3,50
9	2,31	3,36
10	2,26	3,25
11	2,23	3,17
12	2,20	3,11
13	2,18	3,05
14	2,16	3,01
15	2,14	2,98
16	2,13	2,95
17	2,12	2,92
18	2,11	2,90
19	2,10	2,88
20	2,09	2,86
∞	1,96	2,58

9.1.1.3 Poissonverteilung

Die Poissonverteilung (benannt nach dem französischen Mathematiker S. D. Poisson, der 1837 die Theorie dieser Verteilung entwickelte) ist ein Wahrscheinlichkeitsmodell für die Beschreibung von Zufallsprozessen bei Versuchen, bei denen es um **Zählungen** geht, d.h. um die Bestimmung diskreter, ganzzahliger Größen in einer Anzahl fester, gleich großer Zähleinheiten. Hierbei kann es sich sowohl um das Auftreten von Ereignissen in aufeinanderfolgenden Zeitintervallen handeln (z.B. um die von einem Geigerzähler pro Zeiteinheit registrierten radioaktiven Impulse) als auch um das Vorkommen von Objekten in Flächen- oder Volumeneinheiten (z.B. von Kolonien auf Agarplatten oder von Zellen in den Quadraten einer Zählkammer). Die Poissonverteilung dient als Näherung der Binomialverteilung für den Fall, dass das bei der Zählung registrierte **Vorkommnis sehr selten**, seine Eintrittswahrscheinlichkeit p also sehr klein ist, die Gesamtzahl n der zu zählenden Größen jedoch groß. So ist z.B. die Wahrscheinlichkeit dafür, eine bestimmte Zelle einer Bakteriensuspension in einem festgewählten Kleinquadrat der Zählkammer anzutreffen, sehr gering, die Gesamtzahl der Bakterienzellen in der zu untersuchenden Suspension dagegen sehr groß.

Die Poissonverteilung ist rechnerisch einfacher zu handhaben als die Normalverteilung, denn bei ihr ist der Erwartungswert μ gleich der (theoretischen) Varianz σ^2. Folglich ist das arithmetische Mittel $\bar{x}$ der einzelnen Zählergebnisse, d.h. der Anzahl x der Ereignisse oder Objekte in den einzelnen Zähleinheiten, gleich der (empirischen) Varianz s^2. Das bedeutet: Das arithmetische Mittel ist zugleich ein Maß für die **Präzision** der Bestimmungsmethode; je größer $\bar{x}$, desto stärker schwankt die Zahl der Ereignisse bzw. Objekte in den Zähleinheiten. Die Standardabweichung ergibt sich dann als Quadratwurzel aus dem arithmetischen Mittel:

$$s = \sqrt{\bar{x}} \ .$$

Die Poissonverteilung ist eine linksseitig asymmetrische („schiefe") Verteilung. Mit zunehmendem $\bar{x}$ verschiebt sich die Verteilungskurve jedoch immer mehr nach rechts, wird immer symmetrischer und nähert sich einer Normalverteilung mit der „wahren" Standardabweichung $\sigma = \sqrt{\mu}$. Für praktische Zwecke ist die Annäherung an die Normalverteilung bei $\bar{x} > 15$ bereits genügend genau. Dann liegen z.B. 95 % aller Zählwerte im Bereich $\mu \pm 1,96\,\sigma$ (vgl. S. 321, 323) bzw. – da $\sigma = \sqrt{\mu}$ ist – im Bereich $\mu \pm 1,96\,\sqrt{\mu}$.

Wenn man die Gesamtheit aller ausgezählten kleinen Zähleinheiten, z.B. der Kleinquadrate einer Zählkammer, als eine große Zähleinheit betrachtet, dann genügt schon ein einzelner Zählwert, nämlich die Gesamtzahl x der in der großen Zähleinheit gezählten Größen (z.B. Zellen), um den Schwankungsbereich, das Konfidenzintervall (s. S. 322f.), für die „wahre" Gesamtzahl μ in dieser Zähleinheit abzuschätzen und damit die Genauigkeit der Zählung zu bestimmen. Die 95%-Konfidenzgrenzen z.B. berechnet man mit den folgenden Näherungsformeln:

$$\text{untere Konfidenzgrenze } \mu_\text{u} = \left(\frac{1,96}{2} - \sqrt{x}\right)^2$$

$$\text{obere Konfidenzgrenze } \mu_\text{o} = \left(\frac{1,96}{2} + \sqrt{x+1}\right)^2$$

x = Gesamtzahl der in der Zähleinheit gezählten Größen

1,96 = die für eine Irrtumswahrscheinlichkeit von 5 % geltende Konstante (Bei einer Irrtumswahrscheinlichkeit von 1 % gilt die Konstante 2,58, bei 10 % 1,64.).

Die Konfidenzgrenzen müssen stets für den **ursprünglichen Zählwert** x berechnet werden und nicht etwa für einen – z.B. auf ml unverdünnte Zellsuspension – umgerechneten Wert, denn eine mit einem konstanten Faktor multiplizierte poissonverteilte Zufallsgröße ist nicht mehr poissonverteilt! Die Konfidenzgrenzen für einen umgerechneten Zählwert erhält man dadurch, dass man die ermittelten Grenzen μ_u und μ_o mit demselben Umrechnungsfaktor multipliziert wie den ursprünglichen Zählwert.

Das Wahrscheinlichkeitsmodell der Poissonverteilung ist nur dann anwendbar, wenn folgende Voraussetzungen erfüllt sind:

- Die gezählten Größen, z.B. Zellen oder Kolonien, müssen zufällig, d.h. regellos, über die Zähleinheiten verteilt sein.

- Die Größen müssen unabhängig voneinander auftreten; sie dürfen sich nicht gegenseitig beeinflussen. Diese Bedingung ist bei Zellzahlbestimmungen nur dann hinreichend erfüllt, wenn die Zellsuspension genügend stark verdünnt ist. Sie ist nicht erfüllt, wenn die Zellen nicht homogen suspendiert sind, wenn sie verklumpen oder Zellverbände bilden, oder wenn die Kolonien auf der Agarplatte so dicht nebeneinanderliegen, dass sie sich gegenseitig im Wachstum beeinträchtigen, z.B. durch die Konkurrenz um die verfügbaren Nährstoffe oder durch die Ausscheidung von Hemmstoffen.

- Es dürfen keine anderen methodischen Fehler, z.B. Pipettierfehler, auftreten, die größer sind als der Poisson-Zählfehler. Diese Bedingung sollte man regelmäßig durch Anwendung der Gauß'schen Statistik (s. S. 320) überprüfen: Sind Mittelwert und Varianz nicht annähernd von der gleichen Größenordnung (s. S. 324), weicht also der Quotient $\frac{s^2}{x}$ („Dispersionskoeffizient") deutlich von 1,00 ab, so liegt keine Poissonverteilung vor, und man hat es mit einem schwerwiegenden systematischen Fehler zu tun, der die Zählung wertlos macht.

9.1.2 Systematische Fehler

Systematische Fehler, auch **Bias** genannt, bewirken, dass die Ergebnisse einer Serie von Parallelbestimmungen vom Sollwert oder „wahren" Wert einseitig nach oben oder unten abweichen. Solche Fehler sind z.B. Eich- oder Justierfehler bei Messgeräten, ungenügendes Dispergieren der Zellen vor der Zellzahlbestimmung, eine nicht zufallsverteilte Übertragung der Zellen beim Pipettieren oder beim Ausspateln auf eine Agarplatte, oder sie werden verursacht durch die Unspezifität einer Bestimmungsmethode.

Als Kenngröße für das Ausmaß der systematischen Fehler verwendet man die zahlenmäßige Abweichung e_s des arithmetischen Mittels $\bar{x}$ der Einzelwerte vom Sollwert μ_0:

$$e_s = \bar{x} - \mu_0$$

Man gibt diese Abweichung – mit positivem oder negativem Vorzeichen – in derselben Einheit an, in der gemessen worden ist, oder als relative Abweichung in Prozent vom „wahren" Wert $\left(\frac{e_s}{\mu_0} \cdot 100\,\%\right)$ und bezeichnet sie als **Unrichtigkeit**. Je kleiner die Abweichung, desto größer ist die **Richtigkeit** des arithmetischen Mittelwerts. Man überprüft die Richtigkeit von Ergebnissen, indem man Kontrollproben mit konstanter Zusammensetzung und genau bekanntem Sollwert unter denselben Bedingungen untersucht wie die zu analysierenden Proben.

Systematische Fehler können mit statistischen Methoden weder erfasst noch korrigiert werden. Sie sind grundsätzlich vermeidbar, jedoch lässt sich dieses Ziel in der Praxis oft nicht oder nur unvollständig erreichen.

9.2 Bestimmung der Zellzahl

Eine Population einzelliger Mikroorganismen enthält gewöhnlich nebeneinander lebende und tote (oder geschädigte) Zellen oder, genauer gesagt, vermehrungsfähige und nicht (mehr) vermehrungsfähige Zellen. Werden bei der Zellzählung beide Sorten von Zellen zusammen erfasst, so ist das Ergebnis die **Gesamtzellzahl** (s. S. 335ff.). Zählt man dagegen nur die vermehrungsfähigen Zellen, also die Zellen, die in der Lage sind, sich durch Teilung zu vermehren und z.B. in oder auf einem geeigneten Agarnährboden Kolonien zu bilden, so nennt man das Ergebnis die **Lebendzellzahl** oder **Keimzahl** (Keime = vermehrungsfähige Mikroorganismen; s. S. 356ff.).

9.2.1 Gewinnung und Aufbereitung der Proben

9.2.1.1 Probenahme

Auswahl der Proben

Die bei einer Zellzahlbestimmung ausgezählten Proben, die zusammen – statistisch gesehen – eine **Stichprobe** bilden (vgl. S. 320), stellen in der Regel nur einen winzigen Ausschnitt aus der zu untersuchenden Grundgesamtheit dar, bei der es sich z.B. um einen ganzen Biotop oder um einen definierten Teil davon, aber auch um eine Lebensmittelcharge handeln kann. Damit die ausgewählte Stichprobe **repräsentativ** ist und man die aus ihr gewonnenen Ergebnisse auf die Grundgesamtheit übertragen kann, muss die Stichprobe ein möglichst getreues Abbild der Grundgesamtheit sein, d.h. in unserem Fall, sie muss alle durch die Zählung erfassbaren Mikroorganismen im selben Verhältnis enthalten wie die Grundgesamtheit. Das setzt voraus, dass

- die Mikroorganismen zufällig, d.h. regellos, in der Grundgesamtheit verteilt sind, die Grundgesamtheit also homogen ist;
- die Auswahl der Stichprobe streng zufällig erfolgt (= Zufallsstichprobe). Dies erreicht man z.B. dadurch, dass man die Grundgesamtheit, sofern sie nicht bereits aus getrennten, gleichartigen Elementen besteht, in gleich große Untersuchungseinheiten unterteilt, diese durchnummeriert und dann z.B. durch das Ziehen von Losen oder besser aus einer Zufallszahlentabelle (= einer Serie von Zahlen in zufälliger Reihenfolge) oder einem Taschenrechner mit Zufallszahlengenerator so viele Zahlen entnimmt, wie dem Umfang der Stichprobe entspricht. In die Stichprobe gelangen diejenigen Untereinheiten der Grundgesamtheit (bzw. je eine Probe von ihnen), deren Nummern mit den auf diese Weise gewonnenen Zufallszahlen übereinstimmen (Näheres siehe Lehrbücher der Statistik).

Der **Stichprobenumfang**, d.h. die Zahl der ausgewählten Proben, richtet sich nach der vorgegebenen Streuung der Merkmalsausprägungen (hier: Zellzahlen) und nach der angestrebten Präzision des Ergebnisses. Zur Steigerung der Präzision ist es wirksamer, die Zahl der parallelen Proben (und Unterproben, s.u.) zu erhöhen als die Zahl der Parallelbestimmungen von einer Probe. In der Praxis reicht bei annähernd symmetrischer Häufigkeitsverteilung (Normalverteilung) ein Stichprobenumfang von $n = 4–10$ oft aus. Innerhalb einer Untersuchung (oder eines Prüfplans für die Qualitätskontrolle) sollte man den Stichprobenumfang konstant halten, damit alle Ergebnisse die gleiche Präzision besitzen und miteinander vergleichbar sind. Für die Bestimmung entnimmt man von jeder Probe wiederum mehrere, zufällig ausgewählte Unterproben von konstantem Gewicht oder Volumen (zweistufiges Auswahlverfahren).

Entnahme und Aufbewahrung der Proben

Je nach untersuchtem Material oder Biotop und dem Zweck der Untersuchung gibt es eine Vielzahl unterschiedlicher Techniken der Probenentnahme, die hier nicht behandelt werden können. Man findet sie beschrieben in den speziellen Methodenbüchern z.B. der Boden-, Gewässer- oder Lebensmittelmikrobiologie.

Handelt es sich bei der zu untersuchenden Grundgesamtheit um eine **Flüssigkeit**, z.B. um das freie Wasser eines Gewässerbiotops oder um eine Charge eines flüssigen Lebensmittels, so muss man diese – oder einen genügend großen Teil von ihr – vor der Entnahme der Proben gründlich durchmischen, um eine Zufallsverteilung der Mikroorganismen zu erreichen (vgl. S. 326).

Während der Entnahme, des Transports und der Aufbereitung der Proben dürfen sich die zum Zeitpunkt der Entnahme in der Grundgesamtheit vorhandene Zellkonzentration, Zusammensetzung der Population sowie gegebenenfalls Vermehrungsfähigkeit und Stoffwechselaktivitäten der Zellen möglichst nicht verändern. Man überführt deshalb die entnommenen Proben sofort in dicht schließende Flaschen oder andere Behälter. Die Gefäße dürfen höchstens zu etwa ⅚ gefüllt werden, damit sich die Probe vor der Bestimmung oder Verdünnung durch Umschütteln durchmischen lässt; dies gilt jedoch nicht für Lebendzellzahlbestimmungen bei strikten Anaerobiern.

Proben für **Gesamtzellzahlbestimmungen** werden gewöhnlich unmittelbar nach der Entnahme fixiert und gekühlt. Zum **Fixieren** verwendet man meist **Formaldehyd** (Endkonzentration ~ 2 % [v/v]); man gibt z.B. 95 ml Probensuspension in eine Flasche, die bereits 5,0 ml einer eiskalten 37%igen Formaldehydlösung (Formalin, Formol) enthält. Die Formaldehydlösung wird zuvor mit festem Dikaliumhydrogenphosphat auf pH 7,5–8,0 eingestellt. Statt Formaldehyd kann man auch Glutaraldehyd (Endkonzentration 1 % [v/v]) verwenden. (Vorsicht: Formaldehyd und Glutaraldehyd sind giftig beim Einatmen und bei Berührung mit der Haut; sie verursachen Verätzungen! Sicherheitsratschläge auf S. 22f. beachten!) Die Aldehyde verhindern nachträgliche Veränderungen der Zahl, Größe oder Form der Organismen, indem sie das Wachstum stoppen und zugleich die Festigkeit der Zellen erhöhen. Bei der Berechnung der Zellzahl muss man die Verdünnung der Probe durch die Aldehydlösung berücksichtigen. Die fixierten Proben lassen sich in gasdicht verschlossenen Flaschen ohne Zellverluste einige Tage bis Wochen im Kühlschrank (bei 4°C im Dunkeln) aufbewahren. Es empfiehlt sich jedoch, sie so bald wie möglich (innerhalb weniger Tage) weiterzubearbeiten.

Proben für **Lebendzellzahlbestimmungen** (Keimzahlbestimmungen) müssen unter sterilen Bedingungen und unter Verwendung steriler Dispersionslösungen, Gefäße, Entnahme- und

Dispergiergeräte entnommen und aufbereitet werden und sollten nach der Entnahme so schnell wie möglich (innerhalb weniger Stunden) weiterbearbeitet werden, damit es nach Möglichkeit weder zur Schädigung oder zum Absterben von Zellen, noch zu einer weiteren Vermehrung kommt. Um die Vermehrungsfähigkeit der Organismen zu erhalten, darf man die Zellen möglichst keinem milieubedingten Stress aussetzen. **Stressfaktoren** können z.B. sein: Änderungen der Temperatur, der Sauerstoffkonzentration, des pH-Werts oder des osmotischen Drucks, die Einwirkung von Licht, das Fehlen von Nährstoffen, aber auch eine rauhe Behandlung der Zellen bei der Probenaufbereitung, z.B. beim Dispergieren, Zentrifugieren oder Pipettieren. Man sollte die Proben deshalb vor Licht schützen, aber nicht kühlen (und auf gar keinen Fall einfrieren), denn eine Kühlung der Probe auf Temperaturen nahe oder unter 0 °C oder die Verwendung vorgekühlter Dispersions- und Verdünnungsmittel können einen letalen Kälteschock verursachen (vgl. S. 382) und dadurch die Zahl der vermehrungsfähigen Zellen drastisch herabsetzen. Dies gilt besonders für Zellen in der exponentiellen Wachstumsphase sowie bei geringer Zelldichte. Eine Ausnahme bilden psychrophile Mikroorganismen (s. S. 121): Sie müssen ständig kühl gehalten werden und sollten nicht längere Zeit Temperaturen > ~ 5 °C und niemals – auch nicht kurzzeitig – Temperaturen > 15 °C ausgesetzt werden.

Material von **aeroben Standorten**, z.B. aus den oberen Bodenschichten, sammelt und transportiert man am besten in Beuteln aus Polyethylen, das relativ durchlässig ist für Sauerstoff, aber nicht für Wasserdampf. Proben von **anaeroben Standorten** müssen dagegen vor Sauerstoffzutritt geschützt werden, wenn man auch extrem anaerobe Bakterien erfassen will (vgl. S. 134f.).

9.2.1.2 Dispergieren und Verdünnen der Proben

Wenn flüssige Proben Zellklumpen oder Partikel aus Zellen und abiotischem Material enthalten oder wenn die Proben aus festem oder halbfestem Material bestehen, z.B. bei der Untersuchung von Böden, Sedimenten oder nichtflüssigen Lebensmitteln, dann muss dispergiert werden, d.h. Material oder Partikel müssen möglichst fein zerteilt und in einem geeigneten Dispersionsmittel homogen suspendiert werden; die im untersuchten Material eingeschlossenen oder an ihm haftenden Mikroorganismen müssen freigesetzt und etwaige Zellverbände aufgetrennt werden (s. S. 329ff.).

Dispersion oder disperses System nennt man ein aus zwei (oder mehreren) Phasen bestehendes Stoffsystem, bei dem mindestens eine Phase (disperse Phase, Dispergens) in der anderen (Dispersionsmittel) fein verteilt ist. (Eine Suspension ist eine Dispersion, bei der feste, unlösliche Teilchen in einer Flüssigkeit aufgeschwemmt sind.)

Dispergiermittel sind Substanzen, die das Dispergieren von Teilchen in einem Dispersionsmittel erleichtern, indem sie die Grenzflächenspannung zwischen den beiden Komponenten herabsetzen.

Liegt die Zellkonzentration der ursprünglichen oder durch Dispergieren gewonnenen Probensuspension oberhalb des Erfassungsbereichs der Bestimmungsmethode, so muss man die Suspension vor der Bestimmung verdünnen (s. S. 331ff.).

Man beachte, dass beim Dispergieren, Homogenisieren, Verdünnen und Mischen von Probenmaterial und Zellsuspensionen leicht **keimhaltige Aerosole** auftreten (vgl. S. 38)!

Bakterienzellen neigen zur **Adsorption an Glasoberflächen**, z.B. an den Oberflächen der zum Verdünnen der Zellsuspension benutzten Pipetten. Dies führt in der auszuzählenden Suspension zu Zellverlusten, die relativ um so höher sind, je kleiner die Probenmenge im

Verhältnis zur Gefäß- und Pipettengröße und je stärker verdünnt die Suspension ist. Um solche Verluste zu vermeiden, benutze man zum Dispergieren und Verdünnen der Proben nach Möglichkeit Gefäße und Pipetten(-spitzen) aus Kunststoff. Bei der Verwendung von Glasgeräten wähle man

- möglichst kleine Gefäße, um das Verhältnis von Oberfläche zu Volumen der Suspension gering zu halten;
- als Dispersions- und Verdünnungsmittel Lösungen mit hoher Ionenstärke, denen man eventuell eine kleine Menge eines **Tensids** zusetzt, z.B. Polysorbat (Tween) 80 (Endkonzentration 0,01–1 g oder ml[2]) pro l) oder Triton X-100 (1–2 g oder ml[2] pro l).

Ein Tensidzusatz empfiehlt sich vor allem bei Mycobakterien und anderen Organismen mit hydrophober Zelloberfläche (vgl. S. 271). Das Tensid verringert nicht nur die Adsorption der Zellen an feste Oberflächen, sondern wirkt auch dispergierend: Es verhindert das Verklumpen der Zellen und begünstigt den Zerfall vorhandener Zellverbände sowie die Ablösung der Zellen von abiotischen Partikeln und anderem festem Material. Tenside können jedoch auf Mikroorganismen auch toxisch wirken, ihr Wachstum beeinträchtigen und zur Lysis der Zellen führen. Dies ist besonders bei Lebendzellzahlbestimmungen zu beachten.

Vor allem bei der Untersuchung von Boden- und Sedimentproben verwendet man als dispergierende Mittel auch **Natriumphosphate**, z.B. Natriumpyrophosphat (= Tetranatriumdiphosphat-Decahydrat, $Na_4P_2O_7 \cdot 10 H_2O$) in Endkonzentrationen von 0,5–5 g/l, oder mit Natriumcarbonat auf pH 8–9 eingestelltes „Natriumpolyphosphat" (fälschlich auch als Natriumhexametaphosphat bezeichnet), ein Gemisch linearer, mittel- bis hochmolekularer, wasserlöslicher Natriumpolyphosphate von der Art des Graham'schen Salzes $(NaPO_3)_{40–50}$ (Endkonzentration z.B. 2,0 g/l). Die Phosphate erhöhen die Ladung (das Zeta-Potential) der Zellen und Partikel, so dass sie sich gegenseitig abstoßen. Die Lösungen dürfen nicht autoklaviert, sondern müssen sterilfiltriert werden, da sich die Phosphate in der Hitze hydrolytisch zersetzen.

Weitere geeignete Dispersions- und Verdünnungsmittel findet man bei den einzelnen Bestimmungsmethoden.

Dispergierverfahren

In der Regel verwendet man eine Kombination chemischer Dispergiermittel und mechanischer Verfahren. Alle Dispergierbehandlungen sind ein Kompromiss zwischen der Auftrennung von Zellverbänden und Freisetzung der Zellen auf der einen und ihrer Schädigung und Zerstörung auf der anderen Seite.

Die Probe wird, wenn möglich, gründlich durchgemischt. Dann wird ein nicht zu kleiner, genau abgemessener oder -gewogener Teil der Probe in die neunfache Menge des Dispersionsmittels gegeben, meist 10 g oder 10 ml der Probe in 90 ml Dispersionsmittel (= Primär- oder Erstverdünnung; vgl. S. 332). Fixierte Proben werden vor der mechanischen Behandlung oft eine Zeitlang (15 min bis 2 Stunden) im Dispersionsmittel inkubiert. Proben für Lebendzellzahlbestimmungen werden dagegen so schnell wie möglich weiterverarbeitet.

Um die Proben zu dispergieren sowie, wenn nötig, zu zerkleinern und zu homogenisieren, sind eine ganze Reihe **mechanischer Verfahren** in Gebrauch:

- **Schütteln und Rühren**

  Bei nicht verunreinigten, partikelarmen Wasserproben genügt es unter Umständen, die Originalprobe ohne Zusatz von Dispergiermitteln etwa 30 s lang kräftig von Hand zu schüt-

---

[2] 1 ml ≈ 1g

teln. Suspensionen, die einen höheren Anteil an abiotischen Partikeln enthalten, z.B. von Bodenproben, schüttelt man in Erlenmeyerkolben auf einer Schüttelmaschine (s. S. 128f.), z.B. 60 min lang bei 50–100 Umdrehungen pro min auf einem Rundschüttler, eventuell zusammen mit Glasperlen, oder man rührt sie auf einem Magnetrührer, z.B. 30 min lang bei 2000–3000 Umdrehungen pro min (vgl. S. 129f.). Die dispergierende Wirkung des Schüttelns und niedertourigen Rührens ist jedoch relativ gering.

- **Dispergieren mit rotierenden Schneidmischgeräten (Homogenisatoren)**

Festes oder halbfestes Material, vor allem Lebensmittel- oder Sedimentproben, dispergiert man häufig mit Hilfe hochtourig rotierender Messer oder Rührwerke, z.B. in einem Labormixer (Waring-Blender) oder – noch wirkungsvoller – mit einem Ultra-Turrax (Fa. Janke & Kunkel, IKA-Werke), in der Regel bei 15000–20000 Umdrehungen pro min. Zumindest bei Lebendzellzahlbestimmungen müssen die mit der Probe in Berührung kommenden Teile des Mischgeräts vor der Benutzung sterilisiert werden; das Dispergiergefäß muss während des Dispergierens so verschlossen sein, dass sterile Bedingungen gewährleistet sind.

Da sich die Probe während der Behandlung erwärmt, soll die Behandlungszeit nicht mehr als 30–60 s betragen; falls längere Zeiten erforderlich sind, dispergiert man in mehreren kurzen Intervallen, die durch gleich lange Pausen getrennt sind. Man kann die Probe während des Dispergierens auch kühlen, z.B. im Eisbad oder in einem Dispergiergefäß mit Kühlmantel und Anschluss an einen Kältethermostaten, doch führt dies bei Lebendzellzahlbestimmungen unter Umständen zu deutlichen Zellverlusten (vgl. S. 328). Auch das Dispergieren selbst kann eine Schädigung der Zellen mit Verlust der Vermehrungsfähigkeit oder eine Zelllysis bewirken.

- **Behandlung mit Ultraschall**

Auch durch sanfte Ultraschallbehandlung lassen sich Proben dispergieren. Man beschallt mit geringer Leistung (z.B. 25–50 Watt, bei einer Beschallungsfrequenz von 20 kHz) und nicht länger als 30–60 s. Bezüglich steriler Bedingungen und der Erwärmung der Probe gilt das bei den Homogenisatoren Gesagte. Vorteilhaft ist die Möglichkeit einer pulsierenden (intermittierenden) Beschallung, bei der sich jede Betriebssekunde in einem beliebigen Verhältnis in Beschallungszeit und Ruhezeit unterteilen lässt, denn dadurch lässt sich der Temperaturanstieg in der Probe begrenzen. Bei mittleren und hohen Schallintensitäten und/oder längeren Beschallungszeiten werden die Zellen jedoch abgetötet und schließlich zerstört. Eine Formaldehydfixierung (s. S. 327) vor Gesamtzellzahlbestimmungen erhöht die Festigkeit der Zellen und damit ihre mechanische Widerstandsfähigkeit gegen die Behandlung mit Ultraschall oder in Homogenisatoren.

- **Dispergieren mit einem Walkmischgerät (Stomacher)**

Der Stomacher wird in erster Linie bei der mikrobiologischen Untersuchung von Lebensmitteln eingesetzt. Er zerkleinert und homogenisiert die Lebensmittel schonend und liefert von ihnen Suspensionen, die vor allem für Keimzahlbestimmungen verwendet werden. Aber auch zur Ablösung der Bakterien von der Oberfläche von Textilien, (Wasser-)Pflanzen und anderen relativ weichen Materialien ist der Stomacher gut geeignet.

Man gibt die Probe zusammen mit der Dispersionslösung in einen sterilen Beutel aus dünnwandiger Polyethylenfolie und klemmt ihn dicht verschlossen in den Stomacher ein. Dort schlagen dann zwei sich im Wechsel hin- und herbewegende Metallplatten auf den Beutel ein, drücken ihn gegen die Tür des Geräts und kneten seinen Inhalt kräftig durch. Die dabei auftretenden Druck- und Scherkräfte setzen selbst tiefsitzende Bakterien aus dem Untersuchungsmaterial frei. Die Einwirkungszeit beträgt bei Lebensmitteln gewöhnlich 30 – 60 s. Während des Dispergierens steigt die Temperatur in der Probe nicht nennenswert an.

Der Stomacher hat gegenüber anderen Homogenisier- und Dispergiergeräten folgende **Vorteile**:

- Das Verfahren ist sehr wirkungsvoll, aber dennoch schonender als andere Dispergiermethoden; die Zellausbeuten sind deshalb oft höher.
- Mit dem Stomacher gewonnene (Lebensmittel-)Suspensionen lassen sich besser filtrieren als andere Homogenisate; deshalb ist der Stomacher die Methode der Wahl vor Membranfiltrationen.
- Die Proben können direkt in den Stomacherbeuteln gesammelt und transportiert werden. Zellschädigungen und -verluste durch Umfüllen treten nicht auf.
- Da die Beutel hermetisch verschlossen werden, können während des Dispergierens keine Aerosole entstehen, und es besteht nicht die Gefahr einer Infektion des Laborpersonals durch pathogene Mikroorganismen oder einer Kontamination der Probe.
- Da die Probe nicht mit Geräteteilen in Berührung kommt, entfällt das arbeits- und zeitaufwendige Reinigen und Sterilisieren von Dispergiergefäßen, -messern oder -stäben. Der Stomacher ist nach dem Dispergieren sofort wieder einsatzbereit.

Mit keinem Dispergierverfahren oder -mittel erreicht man eine vollständige Ablösung aller Mikroorganismen von den abiotischen Partikeln der Probe und eine Auftrennung aller Mikrokolonien und Zellverbände, auch nicht durch die Kombination mehrerer Verfahren und chemischer Mittel. Das gilt besonders für Bodenproben.

Nach dem Dispergieren lässt man die gröberen Partikel 1 min bis maximal 15 min lang sich absetzen und entnimmt dann aus dem Überstand (= der Primärverdünnung) Material zur Zellzahlbestimmung oder zum Anlegen einer Verdünnungsreihe. Bei einem Zentrifugieren der Probe, auch mit niedriger Tourenzahl, gelangen vor allem größere Zellen und Endosporen teilweise in den Bodensatz und gehen dadurch verloren. Bei Lebendzellzahlbestimmungen sollte man nach dem Dispergieren den pH-Wert der Suspension überprüfen und, falls erforderlich, auf etwa pH 7 nachstellen.

Vor Zellzahlbestimmungen mit Hilfe der **Membranfiltration** (s. S. 340ff., 366ff.) werden schwer filtrierbare Lebensmittelsuspensionen möglichst kurz auf maximal 45 °C erwärmt und/oder zusammen mit einem nichttoxischen Tensid (z.B. Polysorbat [Tween] 20 oder 80 oder Triton X-100, 1–10 g oder ml[3] pro l) oder mit einem Enzympräparat (z.B. mit Proteasen oder Amylasen) inkubiert. Dadurch vermeidet man ein vorzeitiges Verstopfen der Filterporen.

Anlegen von Verdünnungsreihen

Häufig liegt die Mikroorganismenkonzentration in der Probensuspension oberhalb des Erfassungsbereichs der Bestimmungsmethode. In solchen Fällen muss man die Suspension vor der Bestimmung verdünnen. Ist die Zellkonzentration in der Probe nicht näher bekannt, jedoch sehr viel höher, als für die Bestimmung benötigt (oft bei Lebendzellzahlbestimmungen), so legt man gewöhnlich eine Verdünnungsreihe an, indem man die ursprüngliche Konzentra-

---

[3] 1 ml ≈ 1 g

tion durch Verdünnen über mehrere, genau festgelegte Stufen schrittweise herabsetzt. Auf jeder Verdünnungsstufe – oder zumindest auf mehreren, aufeinanderfolgenden Stufen, unter denen man die für die gewählte Methode geeignete Zellkonzentration vermutet – führt man eine Zellzahlbestimmung durch, berücksichtigt aber nur die Ergebnisse, die im Erfassungsbereich der Methode liegen.

Am gebräuchlichsten ist das **Verdünnen in Dezimalschritten**, also das Anlegen einer Verdünnungsreihe mit Verdünnungen im Verhältnis 1:10 (10^{-1}), 1:100 (10^{-2}), 1:1000 (10^{-3}) und so fort, bis die für die Bestimmung geeignete Verdünnungsstufe erreicht ist. Der reziproke Wert des Verdünnungsverhältnisses ist der **Verdünnungsfaktor**. Die erste Dezimalverdünnungsstufe heißt auch **Primär-** oder **Erstverdünnung**; sie entspricht der Verdünnung, die durch Dispergieren von 10 g nichtflüssiger Probe in 90 ml Dispersionsmittel gewonnen wurde (s. S. 329).

Meist stellt man die (weiteren) Dezimalverdünnungen durch Zugabe von jeweils genau 1 ml (oder 0,5 ml) Probensuspension zu 9 ml (bzw. 4,5 ml) Verdünnungsmittel in einem Röhrchen her. Benötigt man größere Volumina, so gibt man 10 ml Suspension in einen Kolben oder eine Flasche mit 90 ml Verdünnungsmittel. Sterile Verdünnungslösungen darf man erst nach dem Autoklavieren abmessen, um sie dann unter aseptischen Bedingungen portionsweise in sterile Gefäße zu füllen. Werden die Portionen schon vor der Sterilisation abgefüllt, so führen die Verdampfungsverluste während des nachfolgenden Erhitzens zu späteren Verdünnungsfehlern.

Zum Abmessen von Probensuspension und Verdünnungslösung benutzt man bis zu einem Volumen von 10 ml meist Messpipetten, wahlweise auch Kolbenhubpipetten, bei größeren, „runden" Volumina Vollpipetten. Um 90 oder 99 ml Verdünnungsmittel abzumessen, verwendet man zweckmäßigerweise einen 100-ml-Messzylinder aus Polymethylpenten (TPX) oder hochtransparentem Polypropylen. Da er nicht benetzbar ist, ist das in ihm abgemessene Volumen identisch mit dem beim Ausgießen abgegebenen Volumen („In" = „Ex"). Seine Toleranz beträgt ± 0,5 ml (Klasse A) bzw. ± 1,0 ml (Klasse B) (nach DIN-, EN- und ISO-Norm; vgl. S. 112). Der Messzylinder muss bei 121°C autoklavierbar sein, ohne dass es zu einer bleibenden Überschreitung der Fehlergrenze kommt.

Häufig ist es zweckmäßiger, mit kleinen Volumina zu arbeiten und z.B. 0,1 ml Probensuspension mit einer Kolbenhubpipette in ein Röhrchen mit 0,9 ml, 4,9 ml oder 9,9 ml Verdünnungslösung (je nach gewünschtem Verdünnungsgrad) zu übertragen. Das spart Verdünnungsmittel und erleichtert das Mischen, ohne Präzision und Richtigkeit der Zellzahlbestimmung zu beeinträchtigen. Die Serienabfüllung von Verdünnungsmittel wird erleichtert durch autoklavierbare Dosiergeräte (Dispenser).

Probensuspension und Verdünnungsmittel müssen gründlich miteinander vermischt werden, um eine **homogene Verteilung** der Zellen zu erreichen. Dies geschieht bei größeren Volumina durch mindestens 10 s langes schnelles, kräftiges Schütteln (bei Schraubverschlussflaschen) bzw. kreisförmiges Schwenken (bei Erlenmeyerkolben). Den Inhalt von Röhrchen mischt man vorzugsweise auf einem **Reagenzglasmischgerät** („Whirlimixer") mit exzentrischer Rotation. Die Geräte besitzen gewöhnlich eine Startautomatik: Beim Hineindrücken des Röhrchens in die Schüttelkappe schaltet sich das Gerät selbsttätig ein, beim Wegnehmen des Röhrchens wieder aus. Man mischt mindestens 10 s lang; die Rotationsgeschwindigkeit soll so eingestellt sein, dass die Suspension beim Mischen bis zu einer Höhe von 2–3 cm unterhalb des Röhrchenrandes aufsteigt. Verschluss bzw. Röhrchenrand dürfen nicht benetzt werden. Steht kein Reagenzglasmischgerät zur Verfügung, so mischt man durch mindestens 20 s langes schnelles, kräftiges Hin- und Herrollen des Röhrchens zwischen den Handflächen (s. S. 110). Bei Lebendzellzahlbestimmungen ist zu beachten, dass Zellen in stark verdünnten Suspensionen gegen kräftiges Mischen (und andere Stressfaktoren, s. S. 328) häufig empfindlicher sind als in dichter Suspension.

Das Anlegen der Verdünnungsreihe und die weitere Bearbeitung der verdünnten Suspensionen sollen insgesamt nicht mehr als 15–30 min in Anspruch nehmen; anderenfalls kann es bei Raumtemperatur zu einer merklichen Vermehrung der Zellen im Verdünnungsmittel kommen, selbst wenn dieses das Wachstum nicht unterstützt. Das gilt besonders für Proben aus exponentiell wachsenden Kulturen mit kurzer Generationszeit.

Serienverdünnungen über zahlreiche Stufen hinweg sind mit einem beträchtlichen Fehler behaftet, da sich die Fehler der einzelnen Verdünnungsschritte (z.B. Pipettierfehler, Verluste durch Adsorption der Zellen an Glasoberflächen) summieren. Man sollte deshalb die Zahl der Verdünnungsstufen möglichst gering halten, z.B. dadurch, dass man mit großen Verdünnungsschritten beginnt und erst in der Nähe der für die Bestimmung vermutlich benötigten Verdünnung kleinere Abstufungen wählt.

Anlegen einer Verdünnungsreihe für die Lebendzellzahlbestimmung
(Beispiel; s. Abb. 27, S. 334)

Gegeben ist eine Probensuspension, z.B. eine Flüssigkeitskultur, einzelliger Mikroorganismen mit einer vermuteten Konzentration von 10^8–10^{10} Zellen/ml. Für die Bestimmung benötigt man eine Suspension mit etwa 10^3 Zellen/ml (s. z.B. S. 361).

Material: – Probensuspension (z.B. Flüssigkeitskultur)
      – 250 ml sterile Verdünnungslösung (s. S. 357f.)
      – 2 sterile 250-ml-Erlenmeyerkolben mit Verschluss, leer und trocken[4]
      – 3 sterile Kulturröhrchen 16 mm × 160 mm mit Verschluss, leer und trocken[4]
      – steriler (autoklavierter) 100-ml-Messzylinder aus Kunststoff[4] (vgl. S. 332)
      – sterile 10-ml-Messpipette, wattegestopft
        oder: sterile (autoklavierte) Kolbenhubpipette oder Dispenser, einstellbar auf ein Volumen von 9 ml;
        sterile Pipettenspitze bzw. Spritze, passend dazu
      – 5 sterile 1-ml-Messpipetten (in einer Pipettenbüchse); Pipettierhilfe, passend dazu
        oder: sterile (autoklavierte) 1-ml-Kolbenhubpipette; sterile Pipettenspitzen, passend dazu
      – Reagenzglasständer
      – möglichst: Reagenzglasmischgerät („Whirlimixer", s. S. 332)

Möglichst in einer Sicherheitswerkbank arbeiten!

– Genau je 99 ml sterile Verdünnungslösung mit einem sterilen 100-ml-Messzylinder aus Kunststoff aseptisch in zwei leere, sterile 250-ml-Erlenmeyerkolben einfüllen. Auf den Kolben die jeweils vorgesehene Verdünnungsstufe (10^{-2} bzw. 10^{-4}, s.u.) oder den Exponenten des Verdünnungsfaktors (2 bzw. 4) notieren.

– Genau je 9,0 ml sterile Verdünnungslösung mit steriler, wattegestopfter 10-ml-Messpipette, wahlweise mit steriler Kolbenhubpipette oder sterilem Dispenser, aseptisch in drei leere, sterile Kulturröhrchen einfüllen. Auf den Röhrchen die jeweilige Verdünnungsstufe (10^{-5}, 10^{-6} bzw. 10^{-7}, s.u.) oder den Exponenten des Verdünnungsfaktors (5, 6 bzw. 7) notieren.

– Probensuspension gut durchmischen (s. S. 332). Dann mit steriler 1-ml-Messpipette und Pipettierhilfe (!), wahlweise mit steriler 1-ml-Kolbenhubpipette, genau 1,00 ml der Suspension in den Erlenmeyerkolben „10^{-2}" übertragen.

– Zellsuspension und Verdünnungsmittel mindestens 10 s lang durch schnelles, kräftiges, kreisförmiges Schwenken des Kolbens gut vermischen; dabei Verschluss bzw. Kolbenrand nicht benetzen.

---

[4] Sterilisation im doppelwandigen Autoklav mit Vakuumpumpe; Kolben und Röhrchen ohne Wattestopfen auch mit trockener Heißluft

- Mit frischer, steriler 1-ml-Messpipette (oder mit Kolbenhubpipette und frischer, steriler Pipettenspitze) genau 1,00 ml Suspension aus dem Erlenmeyerkolben „10^{-2}" entnehmen und in den zweiten Kolben („10^{-4}") pipettieren.
- Kolbeninhalt durch kreisförmiges Schwenken gründlich mischen (s.o.).
- Mit frischer Pipette bzw. Pipettenspitze 1,00 ml Suspension aus dem Erlenmeyerkolben „10^{-4}" in das Röhrchen „10^{-5}" übertragen.
- Röhrcheninhalt nach Möglichkeit auf einem Reagenzglasmischgerät mindestens 10 s lang gut vermischen (s. S. 332). Ersatzweise Röhrchen mindestens 20 s lang schnell und kräftig zwischen den Handflächen hin- und herrollen (s. S. 110).
- Mit frischer Pipette bzw. Pipettenspitze 1,00 ml Suspension aus dem Röhrchen „10^{-5}" in das Röhrchen „10^{-6}" übertragen. Röhrcheninhalt wie oben angegeben mischen.
- In derselben Weise die letzte Verdünnung 10^{-7} herstellen; gründlich mischen.

Die Zellzahl pro Milliliter oder Gramm unverdünnter Probe erhält man, indem man das Zählergebnis mit dem Verdünnungsfaktor (= dem reziproken Wert des Verdünnungsverhältnisses) multipliziert und durch das bei der Zählung eingesetzte Volumen (in ml) dividiert.

Bei Lebendzellzahlbestimmungen an **wachsenden Kulturen** kann es aus Gründen der Wirtschaftlichkeit und der Genauigkeit zweckmäßig sein, zunächst die ungefähre **Gesamtzellzahl** der Probe zu bestimmen, die in diesem Sonderfall nicht wesentlich von der Lebendzellzahl abweicht. Dies macht man z.B. mit Hilfe des Zählkammerverfahrens (s. S. 335ff.). Anschließend verdünnt man die Ausgangssuspension in maximal 2–3 großen Verdünnungsschritten auf die für die Lebendzellzahlbestimmung benötigte Konzentration.

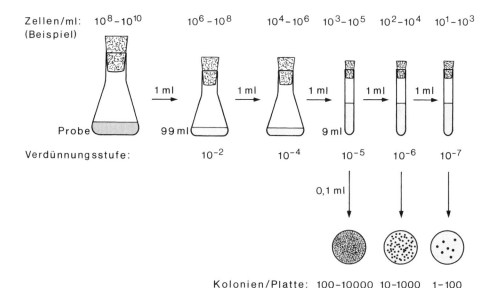

Abb. 27: Anlegen einer Verdünnungsreihe für die Lebendzellzahlbestimmung nach dem Spatelplattenverfahren (Erläuterungen siehe Text; zum Ausspateln siehe S. 361 ff.)

9.2.2 Bestimmung der Gesamtzellzahl

9.2.2.1 Mikroskopische Zellzählung in einer Zählkammer

Das gebräuchlichste Verfahren zur Bestimmung der Gesamtzellzahl bei relativ hoher Zellkonzentration, z.B. in Flüssigkeitskulturen, ist die direkte mikroskopische Auszählung der in dünner Flüssigkeitsschicht in einer Zählkammer verteilten Zellen. Die Methode erfordert wenig Zeit und nur einen geringen apparativen Aufwand. Sie liefert außerdem Informationen über Größe und Morphologie der gezählten Objekte. Das macht es z.B. möglich, bei der Zählung von Mikroorganismen, die Zellverbände bilden, gleichzeitig die durchschnittliche Zahl der Zellen pro Zellverband zu bestimmen.

Auf der anderen Seite ist das Auszählen von **Bakterien** mit erheblichen systematischen Fehlern behaftet (vgl. S. 325); die Abweichung vom Sollwert kann bis zu 50 % betragen. Das beruht in erster Linie auf Schwankungen der tatsächlichen Dicke der Flüssigkeitsschicht in der gefüllten Zählkammer aufgrund von Kapillarkräften, die den Abstand der Deckglasoberfläche vom Zählkammerboden verändern. Dadurch kann die Schichtdicke beträchtlich von der angegebenen Kammertiefe abweichen. Eine zweite Fehlerquelle ist die Adsorption von Bakterienzellen an Glasoberflächen, die zu Zellverlusten führt (vgl. S. 328f.). Die auf S. 336ff. beschriebene Methode versucht diese Fehler auf ein Minimum zu reduzieren. Bei der Zählung **größerer Mikroorganismen**, wie z.B. Hefen, spielen die genannten Fehler keine wesentliche Rolle.

Das Zählkammerverfahren setzt voraus, dass die Zellkonzentration relativ hoch ist ($> 10^7$ Zellen/ml), ferner, dass die Zellen homogen suspendiert sind und nicht verklumpen. Die Zellen müssen unbeweglich oder immobilisiert sein, und sie dürfen nicht zu klein sein, damit sie unter dem Mikroskop noch sicher zu erkennen sind.

Die Zählkammer

Die Zählkammer ist eine dicke, plangeschliffene Glasplatte von Objektträgergröße, in deren Mitte quer zur Längsrichtung drei parallele Stege eingeschliffen sind, die durch Rinnen getrennt und begrenzt werden (s. Abb. 28 A, S. 337). Die Oberfläche des mittleren, breiteren Steges liegt um einen geringen, genau festgelegten Betrag tiefer als die Oberfläche der beiden seitlichen Stege. Legt man ein plangeschliffenes, nicht zu dünnes Deckglas über die drei Stege, so ruht es nur auf den Seitenstegen, während über dem Mittelsteg ein seitlich offener Hohlraum (eine „Kammer") entsteht, der eine **bestimmte Tiefe** aufweist.

In die polierte Oberfläche des mittleren Stegs sind mit hoher Präzision ein oder (meist) zwei durch eine Querrinne getrennte, feine, quadratische Liniennetze eingraviert. Das **Netzquadrat** hat eine **festgelegte Fläche** und ist in untereinander gleich große Groß- oder Gruppenquadrate und diese wiederum in Kleinquadrate unterteilt; somit befindet sich über jedem Quadrat ein Raum mit einem bekannten Volumen. Füllt man diesen Raum mit einer Mikroorganismensuspension und zählt unter dem Mikroskop die in ihm enthaltenen Zellen aus, so lässt sich die Zellzahl pro Milliliter oder Liter Suspension leicht berechnen, indem man den Zählwert mit einem Umrechnungsfaktor multipliziert.

Für die Zählung von Bakterien verwendet man in der Regel Zählkammern mit einer Kammertiefe von 0,02 mm (Toleranz ± 5 %), für die Zählung größerer Mikroorganismen, wie Hefen, einzellige Algen oder Pilzsporen, Kammern mit einer Tiefe von 0,1 mm (Toleranz ± 2–1 %).

(Dieselbe Kammertiefe haben die früher im medizinischen Labor benutzten, hier auch Hämocytometer genannten Zählkammern zur mikroskopischen Auszählung von Blutzellen.)

Es sind verschiedene Netzteilungen in Gebrauch (nach Thoma, Neubauer, Bürker, Türk, Schilling u.a.); in der Mikrobiologie ist die Netzteilung nach R. Thoma (**„Thomakammer"**) am verbreitetsten. Bei ihr hat das gesamte Netzquadrat (auch a-Feld genannt) eine Fläche von 1 mm^2 und ist unterteilt in 20 × 20 = 400 Kleinquadrate (c-Felder) von jeweils $^1/_{400}$ mm^2 Fläche. In beiden Richtungen ist jede 5., 10., 15. und 20. Kleinquadratreihe mit einer zusätzlichen Zwischenlinie versehen; dadurch ergeben sich 4 × 4 = 16 durch dreifache Linien begrenzte Gruppenquadrate (Großquadrate, b-Felder) zu je 16 Kleinquadraten (s. Abb. 28 B, S. 337). Die Maße der „Zählquadrate" (die in Wirklichkeit Quader sind) entnehme man der Tabelle 32. Die Fläche eines Kleinquadrats sowie die Kammertiefe sind auf der Zählkammer angegeben.

Bei der Netzteilung „Thoma neu" fehlen die dreifachen Begrenzungslinien der Großquadrate, da sich die Zellen an diesen Linien leicht zusammenballen. Es sind auch hell-linige („Bright-Line"-)Zählkammern erhältlich, bei denen die Linien des Zählnetzes – umgekehrt wie bei der normalen Zählkammer – hell aus einer abgedunkelten, halbtransparenten Fläche hervortreten. Bei ihnen sind die Linien und die zu zählenden Objekte im Hellfeld deutlicher zu erkennen; allerdings ist die hauchdünne dunkle Beschichtung der Glasoberfläche, eine aufgedampfte Rhodiumschicht, äußerst empfindlich gegen mechanische Beschädigung. Für die Phasenkontrastmikroskopie sind hell-linige Zählkammern nicht erforderlich.

Tab. 32: Die Maße der „Zählquadrate" bei der Zählkammer nach Thoma

Zählquadrat	Seitenlänge (mm)	Fläche (mm^2)	nominelle Kammertiefe (mm)	Volumen (ml)	Umrechnungsfaktor für Zellzahl/ml
Großquadrat (Gruppenquadrat, b-Feld)	0,2	0,04	0,02[1] 0,1[2]	8 · 10^{-7} 4 · 10^{-6}	1,25 · 10^6 2,5 · 10^5
Kleinquadrat (c-Feld)	0,05	0,0025	0,02[1] 0,1[2]	5 · 10^{-8} 2,5 · 10^{-7}	2 · 10^7 4 · 10^6

[1] für Bakterien
[2] für Hefen u.ä.

Für die Zellzählung verwendet man gewöhnlich ein **besonderes Deckglas**, meist im Format 20 mm × 26 mm, das planparallel geschliffen und mit einer Dicke von etwa 0,4 mm erheblich dicker ist als ein normales Deckglas, damit es sich nicht so leicht verformt. Bei dieser Deckglasdicke lassen sich Ölimmersionsobjektive und Apochromate wegen ihres geringen Arbeitsabstands im Allgemeinen nicht verwenden. Man zählt zweckmäßigerweise unter einem achromatischen Trockenobjektiv 40:1, Bakterien vorzugsweise im Phasenkontrast.

In der Bundesrepublik Deutschland dürfen nur amtlich geeichte Zählkammern und Deckgläser für Zählkammern in den Handel gelangen.

Vorbereitung der Probe

Vor der eigentlichen Zählung muss man die Zellkonzentration der auszuzählenden Suspension grob abschätzen, z.B. durch eine orientierende Vorzählung. Für stark verdünnte Suspensionen, die keine oder nur eine ganz schwache Trübung aufweisen (bei Bakterien ≤ 10^7 Zellen/ml), ist das Zählkammerverfahren nicht geeignet; in solchen Fällen kann man die Zellen nach Filtration der Suspension auf einem Membranfilter auszählen (s. S. 340ff.).

Suspensionen mit mehr als 3 · 10^8 Zellen/ml müssen vor der Zählung verdünnt werden (s. S. 331ff.). Um die Verluste durch Adsorption von Zellen an Glasoberflächen zu verringern, verwendet man bei der Benutzung von Glasgeräten zur Herstellung und Verdünnung der Bakteriensuspensionen Lösungen mit hoher Ionenstärke, z.B. **physiologische Kochsalzlösung** (= 0,9%ige [w/v] Natriumchloridlösung). Man setzt der Lösung Dikaliumhydrogenphosphat sowie eine Spur eines anionischen Tensids zu, z.B. Natriumdodecylsulfat, bei beweglichen oder pathogenen Bakterien außerdem Formaldehyd. Das Tensid und K_2HPO_4 verringern die Adsorption an Oberflächen und verhindern das Verklumpen der Zellen; der Formaldehyd unterdrückt Wachstum und Beweglichkeit. Das Tensid kann allerdings bei manchen Bakterien zur Lysis führen. Beim letzten Verdünnungsschritt gibt man zu Bakteriensuspensionen 0,1-molare Salzsäure hinzu. Die Säure gibt der Zelloberfläche eine positive Nettoladung und fördert dadurch die Anlagerung der Zellen an die Glasoberflächen der Zählkammer (s. S. 339); zugleich wirkt auch sie der Verklumpung der Zellen entgegen.

Ansetzen der Suspensions- und Verdünnungslösung für das Zählkammerverfahren
(nach Norris und Powell, 1961)[5]

Material: – Natriumchlorid

– Natriumdodecylsulfat

– Dikaliumhydrogenphosphat

– pH-Spezialindikatorstäbchen, Messbereich ca. pH 6,5–8,0;
Genauigkeit 0,2–0,3 pH-Einheiten
oder: pH-Meter

bei beweglichen oder pathogenen Bakterien zusätzlich:

– 35- bis 37%ige Formaldehydlösung (Formalin)

– 9 g Natriumchlorid in 1 l Wasser lösen.

– Einige Milligramm Natriumdodecylsulfat zugeben, bis die Lösung bei kräftigem Rühren zu schäumen beginnt.

– Bei beweglichen oder pathogenen Bakterien:
5 ml Formaldehydlösung zusetzen. (Vorsicht: Formaldehyd ist giftig beim Einatmen und bei Berührung mit der Haut; er verursacht Verätzungen! Sicherheitsratschläge auf S. 22 beachten!)

– So viel festes Dikaliumhydrogenphosphat zugeben, bis der pH-Wert der Lösung 7,2–7,4 beträgt.

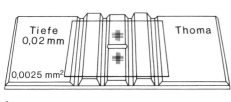

A

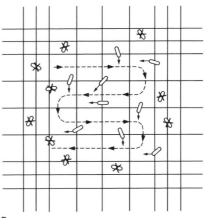

Abb. 28:
Zählkammer nach Thoma. **A** Gesamtansicht. **B** Ausschnitt aus dem Liniennetz mit einem Großquadrat, bestehend aus 16 Kleinquadraten. Die gestrichelte Linie zeigt den Weg der Durchmusterung des Großquadrats; zur Behandlung der auf den Grenzen liegenden Zellen siehe Text.

B

---

[5] Norris, K.P., Powell, E.O. (1961), J. R. Microsc. Soc. **80**, 107–119

Durchführung der Zellzählung

Mikroskopische Auszählung von Bakterienzellen in einer Zählkammer
(s. Abb. 28)

(Bei der Zählung größerer Mikroorganismen, z.B. von Hefen, in der 0,1-mm-Zählkammer entfallen die grau unterlegten Textabschnitte!)

Material: – zu zählende Zellsuspension mit $2 \cdot 10^7$ bis $3 \cdot 10^8$ Zellen/ml, gegebenenfalls vorher entsprechend verdünnt
        – Zählkammer nach Thoma mit 0,02 mm Kammertiefe
        – Deckglas 20 mm × 26 mm, ca. 0,4 mm dick, beiderseits plangeschliffen
        – weiche Kosmetikzellstofftücher (z.B. Kleenex)
        – Reinigungsbenzin
        – 0,1-molare Salzsäure
        – Pasteurpipette aus Polyethylen mit feiner Spitze
          oder: Kolbenhubpipette mit Spitze, Volumen $\geq 5\ \mu l$ (für die 0,1-mm-Zählkammer: $\geq 10\ \mu l$)
        – Phasenkontrastmikroskop mit achromatischen Trockenobjektiven bis 40:1 und Okular 10–15×
        – eventuell: 2 Handzählgeräte (Hand-Stückzähler)

Füllen der Zählkammer:

– Zählkammer und Deckglas mit einem weichen, benzingetränkten Zellstofftuch abwischen und an der Luft trocknen lassen. Zählkammer und Deckglas nur seitlich an den Kanten anfassen, auf keinen Fall mit den Fingern die Flächen berühren!

– Zählkammer auf die Arbeitsfläche legen. Das Deckglas in gleichem Abstand vom vorderen und hinteren Längsrand der Zählkammer in Längsrichtung über die drei Stege legen und mit einem Zellstofftuch an den Rändern fest auf die Seitenstege pressen.

Zur – falls erforderlich, bereits verdünnten – Zellsuspension mindestens im Volumenverhältnis 1:1 0,1-molare Salzsäure zugeben.

– Suspension gut durchmischen.

– Sofort anschließend mit einer Pasteurpipette aus Polyethylen mit feiner Spitze oder mit einer Kolbenhubpipette einen kleinen Tropfen Zellsuspension so dicht am Deckglasrand auf den mittleren Steg setzen, dass die Flüssigkeit kapillar zwischen Stegoberfläche und Deckglas gesaugt wird. Nur so viel Suspension zusetzen, dass der Raum zwischen Mittelsteg und Deckglas bis zur Querrinne gerade gefüllt ist (etwa $2\ \mu l$; bei der 0,1-mm-Zählkammer etwa $8\ \mu l$).

Einstellen des Zählnetzes:

– 1 – 2 min warten; dann Zählkammer unter das Phasenkontrastmikroskop legen. Mit dem schwächsten Objektiv im Hellfeld bei weitgehend geschlossener Kondensorblende das Liniennetz mit der Zellsuspension suchen und scharfstellen (s. S. 228 f.)
Die Zellen müssen zufällig und regellos über das Zählnetz verteilt sein; sie dürfen sich nicht an einer Seite oder in einer Ecke häufen, anderenfalls Zählkammer neu füllen!

– Auf ein stärkeres Trockenobjektiv, in der Regel 40:1, und auf Phasenkontrast umschalten (s. S. 245).

– Eine Anzahl von Großquadraten aus verschiedenen Bereichen des Liniennetzes nach einem bestimmten System für die Zählung auswählen, z.B. die vier Eckquadrate und die vier Quadrate, die auf den Diagonalen liegen. Dadurch verhindert man, dass man dasselbe Quadrat versehentlich zweimal zählt und gleicht eine möglicherweise ungleichmäßige Verteilung der Zellen in der Kammer aus.

– Erstes Großquadrat in die Mitte des Sehfeldes bringen.

Messen der tatsächlichen Kammertiefe[6]:

- Auf die am **Boden** der Zählkammer haftenden Bakterienzellen scharfstellen. An der Rundskala des Mikroskop-Feintriebs den der Strichmarkierung gegenüberliegenden Teilstrich ablesen (Zwischenwerte schätzen) und notieren.

- Auf die am **Deckglas** haftenden Zellen scharfstellen. Erneut den an der Skala des Feintriebs eingestellten Wert ablesen und notieren.

- Die Differenz zwischen den beiden Werten mit dem in der Bedienungsanleitung des Mikroskops angegebenen Faktor multiplizieren. (Faktor 2 bedeutet z.B.: Ein Intervall der Teilung des Feintriebs entspricht einem Hub des Objekttisches oder Tubus von 2 μm.) Zum Ergebnis addiert man den Zahlenwert eines Zelldurchmessers (in μm) der auszuzählenden Bakterien und erhält die tatsächliche Kammertiefe in μm.

- Über mehreren der ausgewählten Großquadrate an voneinander entfernt liegenden Stellen des Zählnetzes unmittelbar vor deren Auszählung die gemessene Kammertiefe überprüfen.

Auszählen der Zellen:

- Die im eingestellten Großquadrat liegenden Kleinquadrate gemäß Abbildung 28 B, links oben beginnend, in Richtung der gestrichelten Linie nacheinander durchmustern. Dabei zunächst die am Boden des Kleinquadrats (tatsächlich: -quaders) haftenden Zellen scharf einstellen und zählen; dann mit dem Feintrieb das Präparat von unten nach oben durchfokussieren, und die frei schwimmenden sowie die am Deckglas haftenden Zellen scharf einstellen und zählen. Die auf bzw. über der oberen und rechten Begrenzungslinie des Kleinquadrats liegenden Zellen mitzählen, nicht jedoch die auf der unteren und linken Linie liegenden Zellen und ebenfalls nicht die Zellen, die sich zwischen den Begrenzungslinien der Großquadrate befinden.

  Ob man alle Zellen einzeln zählt, auch wenn sie in **Zellverbänden** (z.B. Ketten oder Haufen) zusammenliegen, oder ob man jeden Zellverband als eine Zähleinheit wertet, hängt vom Zweck der Zellzahlbestimmung ab. Das letztere Verfahren ergibt gewöhnlich eine bessere Übereinstimmung mit den Ergebnissen der Lebendzellzahlbestimmung.

  Die Zellzahl pro Kleinquadrat notieren; sie sollte zwischen 2 und 12 Zellen liegen. Für Zellsuspensionen mit weniger als durchschnittlich einer Zelle pro Kleinquadrat ist das Zählkammerverfahren nicht geeignet; bei mehr als 15 Zellen je Kleinquadrat muss die Suspension verdünnt werden.

  Die Benutzung zweier **Handzählgeräte** (Hand-Stückzähler) erleichtert die Auszählung: Mit dem einen Gerät zählt man die Zellen in den Kleinquadraten, mit dem anderen hält man die Anzahl der ausgezählten Kleinquadrate fest.

- Durch Verschieben des Objektführers oder Kreuztisches das nächste der ausgewählten Großquadrate in die Mitte des Sehfeldes bringen, und die Zellen, wie oben beschrieben, auszählen.

  Insgesamt sollen wenigstens 400 Zellen gezählt werden, wenn nötig, unter erneuter Füllung der Zählkammer.

---

[6] nach: Koch, A.L. (1994), in: Gerhardt, P., Murray, R.G.E., Wood, W.A., Krieg, N.R. (Eds.), Methods for General and Molecular Bacteriology, pp. 248–277. American Society for Microbiology, Washington, D.C.

Berechnung des Zählergebnisses

Die Zellzahl pro ml unverdünnter Mikroorganismensuspension berechnet man nach folgender Formel:

$$\text{Zellzahl/ml} = \frac{\text{Gesamtzahl der gezählten Zellen} \times \text{Verdünnungsfaktor}^{7)} \times 4 \cdot 10^8}{\text{Zahl der ausgezählten Kleinquadrate} \times \text{gemessene Kammertiefe in } \mu m}$$

Beträgt die Kammertiefe genau 20 µm, so erhält man die Zellzahl pro ml der (gegebenenfalls verdünnten) Suspension durch Multiplikation der durchschnittlichen Zellzahl pro Kleinquadrat mit dem Umrechnungsfaktor der Tabelle 32 (s. S. 336), nämlich $2 \cdot 10^7$. Bei der Zählung von Hefezellen in einer 0,1-mm-Zählkammer multipliziert man mit dem Faktor $4 \cdot 10^6$.

Statistisch gesehen folgt die Häufigkeitsverteilung der ursprünglichen, noch nicht umgerechneten Zählwerte bei Vorliegen freier Einzelzellen und ausreichend starker Verdünnung der Zellsuspension (durchschnittlich ≤ 15 Zellen pro Kleinquadrat) gewöhnlich einer **Poissonverteilung** (s. S. 324f.). Um die Genauigkeit der Zellzählung zu ermitteln, kann man z.B. die 95%-Konfidenzgrenzen für die Gesamtzahl der ausgezählten Zellen (vor der Umrechnung!) mit Hilfe der Näherungsformeln auf S. 324f. bestimmen. Danach liegen bei einer Auszählung von 400 Zellen die 95%-Konfidenzgrenzen bei $\mu_u = 361{,}8$ und $\mu_o = 441{,}2$, d.h. der durch die Zählung ermittelte Wert weicht mit 95%iger Wahrscheinlichkeit um nicht mehr als etwa ±10 % vom Sollwert oder „wahren" Wert ab.

9.2.2.2 Mikroskopische Zellzählung auf einem Membranfilter

Bei Zellzählungen in flüssigen Proben mit **niedriger Mikroorganismenkonzentration** muss man die Zellen vor der Zählung konzentrieren. Dazu saugt man ein bestimmtes Probenvolumen durch ein Membranfilter, dessen Poren so eng sind, dass die Zellen an der Filteroberfläche zurückgehalten werden (vgl. S. 25ff.). Anschließend legt man das Filter entweder auf einen geeigneten, festen Nährboden, bebrütet und zählt die entstandenen Kolonien (= Lebendzellzahl, s. S. 366ff.), oder man zählt die auf dem Filter zurückgehaltenen Zellen, in der Regel nach Anfärbung, direkt unter dem Mikroskop.

Die mikroskopische Zählung hat gegenüber der Kolonienzählung folgende **Vorteile**:

- Man erhält sehr schnell das Ergebnis, bei der fluoreszenzmikroskopischen Zählung in weniger als 30 min, bei der Kolonienzählung dagegen frühestens nach etwa 24 Stunden, oft aber erst nach 2–3 Tagen Bebrütung.

- Durch die erhebliche Einsparung an Arbeitszeit und Verbrauchsmaterial ist die Methode sehr kostengünstig.

- Es werden auch solche Mikroorganismen erfasst, die auf den gebräuchlichen Nährböden oder unter den üblichen Kultivierungsbedingungen nicht wachsen, z.B. obligat chemolithotrophe oder oligotrophe Bakterien (s. S. 59), aber auch andere, in natürlichen Ökosystemen verbreitete Bakterien, die zwar lebend und häufig stoffwechselphysiologisch aktiv, aber dennoch nicht kultivierbar sind. Deshalb liegt insbesondere bei ökologischen Untersuchungen die Zellzahl bei der mikroskopischen Zählung immer erheblich (oft um mehrere Zehnerpotenzen!) höher als die durch Kolonienzählung ermittelte Zahl (vgl. S. 357).

- Man erhält zusätzlich Informationen zur Morphologie (Form, Größe, Anordnung) der gezählten Organismen, die unter Umständen deren Einordnung in bestimmte Gruppen ermöglichen.

- Die Methode eignet sich zur Automatisierung durch Kopplung mit einem Bildanalysesystem.

[7)] Gegebenenfalls auch Verdünnung durch Salzsäurezugabe berücksichtigen (s. S. 338)!

Die **Nachteile** sind:

- Man kann häufig nicht zwischen lebenden und „toten" Organismen unterscheiden (vgl. aber S. 349ff.).
- Bei Zählungen unter dem Hellfeldmikroskop ist es oft schwierig und erfordert viel Erfahrung, Zellen von abiotischen Partikeln zu unterscheiden.

Man färbt deshalb die Proben heute vorzugsweise mit fluoreszierenden Farbstoffen und spricht dann von **„direkter Epifluoreszenz-Filtertechnik" (DEFT)**. Die Methode ist vor allem bei ökologischen Untersuchungen gebräuchlich, besonders in der Gewässermikrobiologie, aber auch als Schnellmethode bei der mikrobiologischen Qualitätskontrolle von Lebensmitteln. Bei der Untersuchung von Sedimenten, Böden oder nichtflüssigen Lebensmitteln muss man zunächst die im untersuchten Material eingeschlossenen oder an ihm haftenden Mikroorganismen freisetzen. Dies geschieht meist durch die Kombination chemischer Dispergiermittel und mechanischer Dispergierverfahren (s. S. 328ff.).

Probenmenge, Filter

Die zu filtrierende Flüssigkeitsmenge richtet sich nach dem Mikroorganismengehalt der Probe und nach dem Durchmesser des Filters. Bei der mikroskopischen Auszählung soll die Dichte der Zellen auf dem Filter etwa zwischen 1000 und 12000 Zellen pro mm^2 Filterfläche liegen, damit einerseits das Ergebnis hinreichend genau ist und andererseits sich die Zellen nicht überlagern; das entspricht bei einem Membranfilter von 25 mm Durchmesser und 300 mm^2 wirksamer (= nutzbarer) Filtrationsfläche (s.u.) einer Gesamtzahl von $0,3 – 3,6 \cdot 10^6$ Zellen pro Filter. Daraus ergeben sich – bei Verwendung dieses Filters – z.B. für **Gewässerproben** je nach Trophiegrad folgende ungefähren Probenmengen:

- reine, nährstoffarme (oligotrophe) Gewässer   5 – 25 ml
(Gesamtzahl der mikroskopisch erfassbaren Bakterienzellen [Gesamtbakterienzahl] $\leq$ ca. $0,5 \cdot 10^6$/ml)
- mäßig verunreinigte (mesotrophe) Gewässer   1 – 7 ml
(Gesamtbakterienzahl ca. $0,5 – 1,5 \cdot 10^6$/ml)
- stärker verunreinigte, nährstoffreiche (eutrophe) Gewässer $0,2 – 2,5$ ml
(Gesamtbakterienzahl ca. $1,5 – 10 \cdot 10^6$/ml)

In Zweifelsfällen filtriere man mehrere, unterschiedliche Probenmengen.

Um eine Zufallsverteilung der Zellen auf dem Filter zu erreichen, sollte die Füllhöhe der Probe im Aufsatz des Filtrationsgeräts den nutzbaren Durchmesser des Filters um ein Mehrfaches übersteigen. Man verwendet deshalb (Vakuum-)Filtrationsgeräte mit kleiner Filterfläche (Filterdurchmesser $\leq$ 25 mm) und hohem, zylindrischem Aufsatz (Tubus). Am gebräuchlichsten ist ein Filterdurchmesser von 25 mm mit einer wirksamen Filtrationsfläche von gewöhnlich 280 – 320 mm^2 (nutzbarer Durchmesser ca. 20 mm). In diesem Fall sollte die zu filtrierende Flüssigkeitsmenge mindestens 10 ml betragen. Ist das Probenvolumen geringer, so fügt man eine entsprechende Menge partikelfreies (sterilfiltriertes) demineralisiertes Wasser hinzu.

Für die gleichzeitige Filtration mehrerer Proben sind Mehrfachabsaugvorrichtungen für drei oder sechs Filterhalter im Handel erhältlich. Zur Schnellfiltration im Gelände verwendet man in der Gewässermikrobiologie Spritzen mit Filtrationsvorsatz (Filterdurchmesser 13 mm).

Da viele Bakterien in Gewässern, Sedimenten und Böden mit einem Durchmesser von 0,3 – 0,7 µm ziemlich klein sind, verwendet man für Bakterienzählungen in der Regel Membranfilter mit einer **Porenweite von 0,2 µm**. Um auch sehr kleine „Ultramikrobakterien" mit einem Durchmesser von < 0,3 µm, z.B. von marinen Standorten, zu erfassen, benötigt man eine Porenweite von 0,1 µm (vgl. S. 59).

Membranfilter aus Celluloseestern sind wegen ihrer rauen Oberfläche, ihrer schwammartigen Struktur und ihrer Dicke von >100 μm für die Zählung weniger geeignet, da viele Zellen ins Innere des Filters eindringen, wo sie nicht erfasst werden, weil man sie nicht sehen kann. Man bevorzugt deshalb **Membranfilter aus Polycarbonat** (Nuclepore, Cyclopore, Fa. Whatman; Isopore, Fa. Millipore). Sie sind mechanisch sehr widerstandsfähig, jedoch nur 6–20 μm dick, haben eine glatte, glasähnliche Oberfläche und dicht nebeneinanderliegende Poren ($3 \cdot 10^8$ Poren/cm^2 [bei einer Porengröße v. 0,2 μm]) von sehr präzisem, nahezu gleichem Durchmesser. Die Zellen werden ausschließlich an der Oberfläche des Filters zurückgehalten und liegen alle in einer Ebene; dadurch wird das Fokussieren und Zählen erleichtert, und man erhält bis zu doppelt so hohe Werte wie mit Filtern aus Celluloseestern. Polycarbonatfilter binden die meisten Farbstoffe nicht, so dass sich beim Färben der Hintergrund nur geringfügig verändert. Sie trocknen rasch und sind bis 140 °C hitzebeständig.

Noch besser geeignet, besonders für die automatische Bildanalyse, aber auch für die Zählung von Bakterien in Böden und Sedimenten, sind anorganische Membranfilter aus **Aluminiumoxid** (Anopore). Diese Filter besitzen eine Wabenstruktur; sie haben eine starre, absolut plane Oberfläche, eine besonders gleichmäßige Porengröße und eine sehr hohe Porendichte ($3 \cdot 10^9$ Poren /cm^2 [bei einer Porengröße von 0,2 μm]). Ihre höhere Durchflussrate erlaubt die Anwendung eines niedrigeren Vakuums bei der Filtration, und das schont empfindliche Mikroorganismen. Aluminiumoxidfilter liefern besonders klare und scharfe Bilder mit minimaler Hintergrundfluoreszenz. Sie sind unter dem Namen „Anodisc" bei Whatman erhältlich.

Polycarbonat- und Aluminiumoxidfilter sind im feuchten Zustand nahezu transparent. Für die fluoreszenzmikroskopische Zellzählung müssen Polycarbonatfilter **schwarz gefärbt** sein, um die Autofluoreszenz auf ein Minimum zu reduzieren und einen hohen Kontrast zu erzielen. Schwarz gefärbte Polycarbonatfilter sind im Handel erhältlich, z.B. bei Whatman und Millipore. Ungefärbte Filter lassen sich aber auch leicht selbst anfärben; man verwendet dazu am häufigsten **Irgalanschwarz**.

Färbung von Polycarbonatfiltern mit Irgalanschwarz

Material: – ungefärbte Polycarbonatfilter (z.B. Nuclepore, Isopore), Durchmesser 25 mm, Porenweite 0,2 μm

– Irgalanschwarzlösung:
0,2 g Irgalanschwarz (= Acid Black No. 107, Ciba, Basel) in 100 ml 2%iger (v/v) Essigsäure lösen; die Lösung sterilfiltrieren.

– demineralisiertes Wasser, sterilfiltriert

– sterile Petrischale

– Flachpinzette (s. S. 345)

– eventuell:
steriles Filtrierpapier;
evakuierbarer Exsikkator mit getrocknetem (orange gefärbtem) Orangegel
(= Kieselgel in Perlform, mit Feuchtigkeitsindikator, vgl. S. 190);
Membranvakuumpumpe (für Grobvakuum, s. S. 345)

– Die Polycarbonatfilter für 5 min in die Irgalanschwarzlösung in einer sterilen Petrischale einlegen.

– Die angefärbten Filter gründlich mit demineralisiertem, sterilfiltriertem Wasser spülen.

Wenn man die Filter nicht sofort verwenden will:

– Die Filter auf steriles Filtrierpapier legen und bei Raumtemperatur in einem Vakuumexsikkator über Orangegel trocknen.

Aluminiumoxidfilter müssen nicht schwarz gefärbt werden, da sie eine extrem geringe Autofluoreszenz besitzen und einen hohen Kontrast liefern.

Alle Filter müssen sehr sorgsam behandelt werden, um sie nicht zu beschädigen. Sie dürfen auf keinen Fall mit den bloßen Fingern gefasst oder geknickt werden und sind gut vor Staub zu schützen.

Farbstoffe, Färbung und Auszählung

Enthält die Probensuspension relativ viele Fremdpartikel, so ist vor allem bei Bakterien die Unterscheidung zwischen Zellen und abiotischen Teilchen sehr schwierig. Man färbt deshalb mit einem Farbstoff, der nur oder vorzugsweise die Zellen, oder Zellen und Fremdpartikel unterschiedlich anfärbt. Für die Zählung unter dem normalen **Hellfeldmikroskop** verwendet man in erster Linie eine Färbung mit dem anionischen (sauren) Farbstoff **Erythrosin**, einem Tetraiodderivat des Fluoresceins. Erythrosin hat aufgrund seines Iodanteils Affinität zu den Plasmaproteinen, färbt jedoch kaum das Membranfilter. Als farbvertiefende Substanz setzt man der Färbelösung Phenol zu (vgl. S. 260).

Großzellige, frei liegende Bakterien lassen sich nach Anfärbung im Allgemeinen gut im Hellfeldmikroskop auszählen; dagegen sind kleine Bakterienzellen oder solche, die z.B. an Sediment- oder Bodenteilchen adsorbiert sind, oft schwer zu erkennen und von Fremdpartikeln zu unterscheiden, da die Partikel den Farbstoff unter Umständen ebenfalls aufnehmen. Es kann hilfreich sein, die Unterscheidung der verschiedenen Objekte mit Reinkulturen zu üben. Bakterienzellen haben gewöhnlich regelmäßige, glatte, abgerundete Konturen; abiotische Partikel sind dagegen meist unregelmäßig geformt oder faserig und haben Spitzen oder scharfe Kanten.

Die Zellzählung unter dem Hellfeldmikroskop ist in der 1. und 2. Auflage dieses Buches ausführlich beschrieben. Heute gilt jedoch die „direkte Epifluoreszenz-Filtertechnik" (DEFT) als die beste Methode zur Gesamtzellzahlbestimmung vor allem bei aquatischen Mikroorganismen, aber auch in der Lebensmittelmikrobiologie. Die Methode ist sehr viel empfindlicher als die Zählung unter dem Hellfeldmikroskop und weniger anfällig für Störungen durch abiotische Partikel.

Durch die Kombination der Epifluoreszenzmikroskopie mit der **Durchflusscytometrie** oder der automatischen Bildanalyse erreicht man einen hohen Probendurchsatz, Automation und die Möglichkeit zur Sortierung von Zellen.

Zur Durchflusscytometrie und Bildanalyse siehe z.B. Caldwell et al. (1992), Davey und Kell (1996), Veal et al. (2000), Vives-Rego et al. (2000) und Shapiro (2003).

Die beiden für die Zellzählung am häufigsten verwendeten Fluoreszenzfarbstoffe sind **Acridinorange** (s. S. 302) und **4′,6-Diamidino-2-phenylindol (DAPI)** (s. S. 303). Vor allem DAPI gilt heute als der Fluoreszenzfarbstoff der Wahl für die Anfärbung von Bakterien. Allerdings erfordert DAPI eine Erregerstrahlung im langwelligen UV-Bereich, und es empfiehlt sich deshalb, Objektive mit Fluoritlinsen zu verwenden (s. S. 221), während bei Acridinorange, das durch blaues Licht angeregt wird, Glaslinsen ausreichen. Beide Farbstoffe erlauben eine Unterscheidung zwischen Bakterien und abiotischen Partikeln: Mit Acridinorange gefärbte Bakterien fluoreszieren in der Regel blassgrün (ein kleiner Teil, normalerweise < 5 %, jedoch auch orange oder rötlich [vgl. S. 302]); Fremdpartikel erscheinen orange, rot oder gelb. Mit DAPI angefärbte Zellen fluoreszieren blassblau, abiotische Partikel gelblich.

DAPI zeigt eine wesentlich kräftigere Fluoreszenz als Acridinorange – die auch nicht so rasch nachlässt – und erleichtert so das Zählen in Proben, die mit wenig Fremdmaterial belastet sind. In Proben aus Böden oder Sedimenten erhält man dagegen oft eine hohe Hintergrund-fluoreszenz und eine unspezifische Anfärbung abiotischer Partikel. Für stark belastete Proben ist deshalb Acridinorange besser geeignet, da bei ihm die Unterscheidung zwischen Zellen und Fremdmaterial einfacher ist. Die Farben verblassen allerdings während der Zählung oft sehr schnell („fading", s. S. 307). Das Fading lässt sich dadurch reduzieren, dass man das mi-kroskopische Präparat in ein Antifade-Reagenz (s. S. 307ff.) einbettet, z.B. in Citifluor AF 87, ein nichtfluoreszierendes Immersionsöl, das ein Antifade-Reagenz enthält.

Man verwendet in der Regel eine Endkonzentration von etwa 100 µg/ml Acridinorange und eine Einwirkungszeit von 3–5 min, für stärker mit abiotischen Partikeln belastete Proben (Se-dimente und Böden) auch höhere Konzentrationen (z.B. eine Endkonzentration von 200 µg/ml) und längere Einwirkungszeiten. Bei DAPI benutzt man für relativ reine Gewässerproben eine Endkonzentration von 0,1 µg/ml bei einer Einwirkungszeit von 7–10 min, für stärker belastete Proben bis zu 10 µg/ml und 40 min Einwirkungszeit. Bei sehr schwacher Fluoreszenz erhöht man die Konzentration und/oder Einwirkungszeit, bei zu hoher Hintergrundfluores-zenz verringert man sie.

Eine **Doppelfluoreszenz** mit DAPI und Acridinorange (als Gegenfärbung) reduziert bei Zählungen in Sedimenten gegenüber den Einzelfärbungen die Hintergrundfluoreszenz, erhöht den Kontrast und erleichtert dadurch die Unterscheidung zwischen Bakterien und abiotischen Partikeln. Noch besser ist es, bei stark belasteten Proben einen der neuen grün fluoreszierenden Farbstoffe der Firma Molecular Probes, z.B. die SYTO-Farbstoffe, insbesondere SYTO 9 (s. S. 304), oder SYBR Green II (und Alumini-umoxidfilter [s. S. 342]) zu verwenden.

Man färbt die Zellen vorzugsweise – wie auch in der folgenden Versuchsdurchführung – vor der Filtration, am besten direkt im Tubus des Filtrationsgeräts, oder man färbt auf dem Mem-branfilter nach der Filtration. Nach Färbung und Filtration sollte man die Membranfilter so bald wie möglich auszählen, am besten noch am selben Tage und solange die Filter feucht sind, denn das Trocknen des Filters führt zu einer drastischen Reduktion der Zellzahl. Müssen die Filter gelagert werden, dann lichtgeschützt im Kühlschrank bei 4 °C.

Durchführung der Zellzahlbestimmung

Die Verwendung steriler Filter und Filtrationsgeräte ist nicht erforderlich, jedoch sollen die mit der Probe in Berührung kommenden Flächen des Filtrationsgeräts möglichst partikel-frei sein. Sie sind mit sterilfiltriertem Wasser gut abzuspülen und in staubarmer Umgebung (Trockenschrank ohne Belüftung) zu trocknen (nicht mit einem Tuch abtrocknen!) und auf-zubewahren.

Auch alle verwendeten Lösungen und Reagenzien müssen partikelfrei, d.h. durch 0,2-µm-Membranfilter sterilfiltriert sein und sollten im Kühlschrank aufbewahrt werden. Die Filtra-tion sollte man in einer möglichst staubfreien, abgedunkelten Umgebung, am besten in einer Reinen Werkbank, durchführen.

Fluoreszenzmikroskopische Direktzählung von Bakterien auf einem Membranfilter
(„direkte Epifluoreszenz-Filtertechnik", DEFT)

Material: – zu untersuchende Wasserprobe, oder Probensuspension in frisch sterilfiltriertem Wasser, in gasdicht verschlossener Glasflasche

– demineralisiertes Wasser, frisch sterilfiltriert

– Formaldehydlösung[8], z.B. 37%ig (Formalin, Formol), mit festem Dikaliumhydrogenphosphat auf pH 7,5–8,0 eingestellt, sterilfiltriert und eisgekühlt

– Fluorochrom-Stammlösung: 10 mg Acridinorange[9]/10 ml Wasser bzw.
  1 mg DAPI[9]/10 ml Wasser
  Fertige Lösung vewenden; Lösung bei 4 °C im Dunkeln lagern.

– Membranfilter aus Polycarbonat (z.B. Nuclepore, Isopore), schwarz gefärbt (s. S. 342f.), Durchmesser 25 mm, Porenweite 0,2 µm

– Membranfilter aus Celluloseester, Durchmesser 25 mm, Porenweite 0,45–1,0 µm (als Stützfilter)

– Pinzette mit abgeflachten und vorn abgerundeten, ungeriffelten Spitzen, ersatzweise Deckglas- oder Briefmarkenpinzette (zum Fassen der Membranfilter)

– kleine Schere

– Vakuumfiltrationsgerät aus Glas oder Edelstahl für Filterdurchmesser 25 mm, mit hohem, schmalem, zylindrischem Aufsatz (Tubus) und Fritte aus Sinterglas bzw. Edelstahlsinter (vgl. S. 341)

– Saugflasche (mit Kunststoffolive oder mit Tubus)[10], Rauminhalt 500 oder 1000 ml

– Gummistopfen mit einer Bohrung, passend auf die Saugflasche

– Woulfe'sche Flasche[11], Rauminhalt 500 ml, mit 2 oder 3 Hälsen mit durchbohrten Gummistopfen, 2 Verbindungsstücken für Vakuumschlauch und eventuell einem Hahn

– 2 Stücke Vakuumschlauch

– Membranvakuumpumpe (für Grobvakuum)

– 10-ml-Messpipette mit Pipettierhilfe

– 1-ml-Messpipette mit Pipettierhilfe

– geeignete (Kolbenhub-)Pipette zum Abmessen der Fluorochromstammlösung

– Epifluoreszenzmikroskop mit Quecksilberhöchstdrucklampe 50 W oder 100 W (S. 286ff.) (alternativ Metallhalogenidlampe [S. 287] oder LED [S. 289])
  oder mit Halogenniedervoltglühlampe 12 V 100 W (S. 224, S. 286) (nur für Acridinorange), mit schwachem und mittlerem Trockenobjektiv (z.B. 10:1 und 40:1) und Ölimmersionsobjektiv 100:1 (Objektive mit möglichst hoher numerischer Apertur und fluoreszenzarm [S. 285], für DAPI Fluoritobjektive [S. 221 , S. 285]),
  und mit Okular(en) 8x oder 6,3x (S. 286)

---

[8] Vorsicht: Formaldehyd ist giftig beim Einatmen und bei Berührung mit der Haut; es verursacht Verätzungen! Sicherheitsratschläge auf S. 22 beachten!

[9] Die Fluorochrome sind sehr giftig beim Einatmen und giftig beim Verschlucken und bei Berührung mit der Haut. Sie sind potentiell krebserzeugend. Hinweise und Sicherheitsregeln auf S. 301f. beachten!

[10] geringere Unfallgefahr als bei einer Glasolive!

[11] zur Regelung des Vakuums und als Schutz gegen ein Übertreten des Filtrats aus der Saugflasche in die Vakuumpumpe

- Lichtfilter: Empfehlungen des Herstellers beachten! (siehe auch S. 294)
  Beispiel:

	Acridinorange	DAPI
Anregungsfilter:	BP 420 – 480	BP 330 – 385
Strahlenteiler:	DM 500	DM 400
Emissionsfilter (Sperrfilter):	BA 420	BP 445/50

  (vgl. S. 293f.)
- Tropfflasche mit Immersionsöl, gut UV-durchlässig und fluoreszenzfrei
- mehrere Objektträger und Deckgläser, fluoreszenzfrei
- Objektmikrometer (s. S. 234f.)
- eventuell (besonders bei höherer Zelldichte): Okularnetzmikrometer (= rundes Glasplättchen mit Netzteilung, bestehend aus 5 × 5 oder 10 × 10 Kleinquadraten, zum Einlegen ins Okular)
- eventuell: 2 Handzählgeräte (Hand-Stückzähler) (s. S. 339)

Vorbereitung der Probe:

- Der zu untersuchenden (flüssigen) Probe möglichst sofort nach der Entnahme eiskalte, sterilfiltrierte Formaldehydlösung zu einer Endkonzentration von ~ 2 % (v/v) zusetzen, um eine weitere Vermehrung der Bakterien zu verhindern (s. S. 327). (Bei der Berechnung der Zellzahl die Verdünnung der Probe durch die Formaldehydlösung berücksichtigen!) Probe kühl (bei ca. 4 °C) und im Dunkeln aufbewahren. Kurz vor der Färbung Probe und Reagenzien auf Raumtemperatur bringen.
- Da die zu filtrierende Flüssigkeitsmenge mindestens 10 ml betragen soll, Probensuspensionen mit zu hoher Zellkonzentration mit sterilfiltriertem Wasser entsprechend verdünnen (s. S. 341).

Färbung und Filtration:
(vgl. Abb. 30, S. 370)

- Unterteil des Filtrationsgeräts mit Hilfe eines durchbohrten, auf das Auslaufrohr gezogenen Gummistopfens fest auf die Saugflasche setzen. (Die Filterunterstützung [Fritte] muss genau waagerecht liegen!) Saugflasche durch Vakuumschläuche über eine Woulfe'sche Flasche mit der Vakuumpumpe verbinden.
- Tubus auf das Unterteil aufsetzen und mit einer Federklammer oder einem Hebelverschluss fest mit ihm verbinden.
- Tubus mit sterilfiltriertem Wasser ausspülen; Wasser kurz absaugen.
- Tubus wieder abnehmen. Stützfilter aus Celluloseester mitsamt dem darüber liegenden farbigen Schutzblättchen mit der Flachpinzette am äußersten Rand fassen und mit der (glänzenden) Oberseite (des Filters in der Packung) nach oben auf die Filterunterstützung (Glassinter- bzw. Edelstahlfritte) des Unterteils legen. Schutzblättchen abnehmen und verwerfen.
- Stützfilter mit einigen Tropfen sterilfiltriertem Wasser anfeuchten.
- Schwarz gefärbtes Polycarbonatfilter in derselben Weise entnehmen und mit der glänzenden Seite nach oben auf das Stützfilter auflegen.
- Tubus wieder aufsetzen und verriegeln. Die Filter mit einigen ml sterilfiltriertem Wasser anfeuchten und unter leichtem Vakuum trocknen lassen, um einen guten Kontakt der Filter mit der Unterlage zu erhalten.
- Absperrhahn am Unterteil des Filtrationsgeräts schließen.
- Die Probensuspension gut durchschütteln und gegebenenfalls 3 – 4 min stehenlassen, damit sich gröbere Partikel absetzen können.
- Eine geeignete Probenmenge (mindestens 10 ml) in den Tubus pipettieren.

Die Färbung in einem abgedunkelten Raum direkt im Filtertubus durchführen:

- Die Fluorochromstammlösung zu einer Endkonzentration von etwa 100 µg /ml Acridinorange bzw. 0,1µg/ml DAPI zur Probensuspension hinzugeben; das sind z.B. bei 10 ml gegebenenfalls verdünnter Probensuspension 1,0 ml Acridinorangestammlösung bzw. 10 µl DAPI-Stammlösung.

- Sofort nach der Fluorochromzugabe Probe und Farbstoff durch leichtes, kreisförmiges Schwenken von Saugflasche und Filtrationsgerät gut miteinander vermischen.
- Acridinorange 3 min, DAPI 7 min einwirken lassen; währenddessen den Inhalt des Tubus gelegentlich durch Schwenken des Tubus mischen.
- Nach Ablauf der Färbezeit Absperrhahn öffnen, und Inhalt des Tubus unter leichtem Vakuum (ca. 0,1 bar [= 10 kPa] absoluter Druck) absaugen. (Ein höheres Vakuum kann empfindliche Zellen zerstören!)
- Innenwand des Tubus mit einer etwa der Probenmenge entsprechenden Menge an sterilfiltriertem Wasser spiralförmig von oben nach unten abspülen, und erneut absaugen. Anschließend Membranfilter noch 2x mit je 1 ml Wasser spülen, und absaugen, bis die Filteroberfläche frei von Wasser ist.

Auszählung unter dem Mikroskop (in einem abgedunkelten Raum):

- Tubus abnehmen, und Membranfilter mit der Pinzette vorsichtig vom Stützfilter abheben. Filter nur am äußersten Rand fassen! Das Stützfilter kann auf der Filterunterstützung verbleiben und wiederverwendet werden.
- Das noch feuchte Membranfilter in Stücke von ca. 0,5 – 1 cm^2 Fläche zerschneiden.
- Membranfilterstücke mit den Bakterien nach oben jeweils auf einen kleinen Tropfen Immersionsöl auf einem Objektträger legen. Auf die Oberseite des Filterstücks einen weiteren Tropfen Immersionsöl geben. Filterstück luftblasenfrei mit einem Deckglas bedecken; Deckglas vorsichtig andrücken.
- Objektträger mit einem Membranfilterstück unter das Mikroskop legen.
- Mit schwachem und mittlerem Trockenobjektiv das Filterstück einstellen, dann auf das Ölimmersionsobjektiv umschalten.
  Mit DAPI angefärbte Zellen fluoreszieren blassblau. Bei Färbung mit Acridinorange zählt man alle Zellen unabhängig von ihrer Farbe (grün, orange oder rötlich).

Zählung ohne Okularnetzmikrometer:
(**nur bei geringer Zelldichte**, d.h. bei ca. **25–50 Zellen pro Sehfeld**; bei weniger als 25 Zellen pro Sehfeld die zu filtrierende Probenmenge erhöhen!)

- Eine Anzahl zufällig ausgewählter, sich nicht überlappender Sehfelder von allen Membranfilterstücken auszählen, bis insgesamt mindestens 400 Zellen gezählt sind. Bei Verwendung eines Binokulartubus den Abstand zwischen den beiden Okularrohren nicht verändern (vgl. S. 235)! Die Benutzung zweier Handzählgeräte erleichtert die Zählung (s. S. 339).
- Präparat gegen ein Objektmikrometer austauschen, und mit diesem den Durchmesser d des Sehfeldes für das Ölimmersionsobjektiv 100:1 bestimmen (vgl. S. 235). Aus dem Durchmesser kann man die Fläche f_s des Sehfeldes berechnen:

$$f_s = \frac{\pi \cdot d^2}{4}$$

(Die Berechnung von Sehfelddurchmesser und -fläche mit Hilfe der Sehfeldzahl [s. S. 223] ist nicht genau genug!)

Zählung mit Okularnetzmikrometer:
(bessere Methode, besonders **bei höherer Zelldichte**, d.h. bei ca. **50–300 Zellen pro Sehfeld**; bei mehr als 300 Zellen pro Sehfeld die zu filtrierende Probenmenge verringern bzw. Probe mit sterilfiltriertem Wasser verdünnen!)

- Okular aus dem Okularrohr herausnehmen, Unterteil des Okulars abschrauben, und ein Okularnetzmikrometer (Teilung nach oben) auf die Lochblende legen. Okularunterteil wieder einschrauben; Okular wieder ins Okularrohr einsetzen.
- Durchs Okular blicken, und die Augenlinse so lange verstellen, bis die Netzteilung scharf erscheint. Falls die Augenlinse nicht verstellbar ist, schraubt man sie, wenn nötig, etwas heraus.

- Die Einstellung der Augenlinse – und bei Benutzung eines Binokulartubus den Abstand zwischen den beiden Okularrohren – nicht mehr verändern (vgl. S. 235)!
- In einer Anzahl zufällig ausgewählter, sich nicht überlappender Sehfelder (insgesamt mindestens sieben) von allen Membranfilterstücken jeweils eine Reihe von Kleinquadraten des Okularnetzes auszählen, z.B. die im mittleren Sehfeldbereich auf den Diagonalen liegenden Quadrate, bis insgesamt mindestens 400 Zellen gezählt sind. Die Benutzung zweier Handzählgeräte erleichtert die Zählung (s. S. 339).
- Präparat gegen ein Objektmikrometer austauschen; mit diesem an mehreren Kleinquadraten die Länge der Strecke im Präparat bestimmen, die der Seitenlänge des Kleinquadrats entspricht (vgl. S. 235), und aus dem Mittelwert die durchschnittliche Fläche f_q eines Kleinquadrats berechnen.

Ob man alle Zellen einzeln zählt, auch wenn sie in Zellverbänden zusammenliegen, oder ob man jeden Zellverband als eine Zähleinheit wertet, hängt vom Zweck der Zellzahlbestimmung ab (vgl. S. 339). Man erhöht die **Genauigkeit** der Zählung, wenn man eine große Anzahl von Sehfeldern mit jeweils relativ wenigen Zellen auszählt, statt nur wenige Sehfelder mit sehr großer Zellzahl. Noch besser ist es, statt nur eines Filters zwei oder drei Membranfilter auszuzählen, durch die man Parallelproben filtriert hat.

Berechnung des Zählergebnisses

Die Zellzahl pro ml Probensuspension berechnet man nach einer der folgenden Formeln:

- **Zählung ohne Okularnetzmikrometer:**

$$N = \frac{F \cdot n_S}{f_S \cdot v},$$

oder, da $F = \frac{\pi}{4} \cdot D^2$ und $f_S = \frac{\pi}{4} \cdot d^2$ sind,

$$N = \frac{n_S \cdot D^2}{v \cdot d^2}$$

N = Zellzahl pro ml Probensuspension
F = wirksame Filtrationsfläche in mm²
n_S = durchschnittliche Zellzahl pro Sehfeld
f_S = Fläche des Sehfeldes in mm²
v = Volumen der filtrierten (gegebenenfalls vorher verdünnten) Probe in ml
D = nutzbarer Filterdurchmesser in mm
d = Durchmesser des Sehfeldes in mm.

- **Zählung mit Okularnetzmikrometer:**

$$N = \frac{F \cdot n_q \cdot 10^6}{f_q \cdot v}$$

Symbole wie oben, ferner:
n_q = durchschnittliche Zellzahl pro Kleinquadrat des Okularnetzes
f_q = Fläche eines Kleinquadrats in µm²

(Der Faktor 10^6 im Zähler berücksichtigt die Tatsache, dass f_q in µm² in die Formel eingesetzt wird.).

Wenn die Probe vor der Filtration verdünnt worden ist (auch durch Zugabe von Formaldehydlösung!), muss man das Ergebnis noch mit dem **Verdünnungsfaktor** multiplizieren.

Die Häufigkeitsverteilung der ursprünglichen, noch nicht umgerechneten Zählwerte folgt bei Vorliegen freier Einzelzellen und nicht zu hoher Zelldichte gewöhnlich einer **Poissonverteilung** (s. S. 324f.). Die Konfidenzintervalle kann man mit Hilfe der Näherungsformeln auf S. 324 abschätzen. Bei 400 ausgezählten Zellen beträgt das 95%-Konfidenzintervall etwa ± 10 % (vgl. S. 340).

Es empfiehlt sich, nach exakt demselben Verfahren wie bei der Bearbeitung der Probe eine **Leerbestimmung** ohne Probe durchzuführen, um sicherzugehen, dass alle verwendeten Lösungen, Geräte und Materialien frei von Bakterien sind. Das Ergebnis dieser Leerbestimmung ist vom Ergebnis der Probenbestimmung abzuziehen; die Leerwertzellzahl soll weniger als 5 % der Zellzahl der Probe betragen.

Zur Zählung (und Identifizierung) einzelner Mikroorganismengruppen, -arten oder sogar -stämme in Mischpopulationen aus komplexen Lebensräumen kombiniert man die Epifluoreszenzmikroskopie mit immunologischen oder molekularbiologischen Methoden. Man bindet Fluoreszenzfarbstoffe an **Antikörper** (= Immunfluoreszenz) oder an **Nucleinsäuresonden** (Gensonden = einsträngige DNA- oder RNA-Sequenzen) und markiert auf diese Weise Antikörper oder Sonde. Gibt man den markierten Antikörper zu einer Probe, die diejenigen Mikroorganismen enthält, gegen die er hergestellt worden ist, so lagert er sich spezifisch nur an diese Organismen an, und man kann dann die Zellen aufgrund ihrer Fluoreszenz im Fluoreszenzmikroskop erkennen und zählen. Entsprechend paart sich (hybridisiert) die der Probe zugesetzte Nucleinsäuresonde mit der komplementären Sequenz der (vorher denaturierten und somit einsträngigen) Zielnucleinsäure nur desjenigen Organismus oder derjenigen Organismengruppe, für den oder die die Sonde hergestellt worden ist. Auch bei diesem Verfahren, das man als FISH-(fluoreszente In-situ-Hybridisierungs-)Technik bezeichnet, lassen sich die gesuchten Organismen an ihrer Fluoreszenz erkennen. Man kann in einer einzigen Probe sogar mehrere Mikroorganismenarten nebeneinander identifizieren und zählen, wenn man die Probe gleichzeitig mit verschiedenen Sonden behandelt, die mit verschiedenen, bei unterschiedlichen Wellenlängen fluoreszierenden Farbstoffen markiert sind.

„Vitalfärbungen"

Die gebräuchlichen Methoden der Zellzahlbestimmung geben bei ökologischen Untersuchungen keine Auskunft darüber, ob die erfassten Mikroorganismen am Ort ihres natürlichen Vorkommens **physiologisch aktiv** sind. Es besteht kein Zweifel, dass die Zahl der stoffwechselaktiven Mikroorganismen z.B. im Boden oder im Wasser erheblich höher liegt als die Zahl der mit den Standardmethoden der Lebendzellzahlbestimmung gefundenen Organismen. Auf der anderen Seite befindet sich oft ein beträchtlicher Teil der bei Zellzahlbestimmungen gezählten Zellen am natürlichen Standort in einem Ruhezustand und ist stoffwechselphysiologisch inaktiv. Aus diesem Grunde sind eine Reihe von Färbemethoden entwickelt worden, die es ermöglichen sollen, lebende, stoffwechselaktive Mikroorganismen unter dem Mikroskop direkt zu erfassen und sie von toten bzw. inaktiven Zellen zu unterscheiden (= „Vitalfärbungen"). Da fluoreszierende Zellen erheblich besser zu erkennen und zu zählen sind als nichtfluoreszierende, verwendet man auch für Vitalfärbungen bevorzugt Fluoreszenzfarbstoffe.

Den Färbungen liegen ganz unterschiedliche Lebensäußerungen der intakten und physiologisch aktiven Zelle zugrunde:

- Bei **atmenden Mikroorganismen** betrachtet man den Nachweis einer aktiven Elektronentransportkette und der mit ihr verbundenen Dehydrogenaseaktivität als Indikator für die Stoffwechselaktivität der Zellen.

Hefezellen färbt man nach der Filtration auf dem Membranfilter mit gepufferter **Methylenblaulösung** (1 ml Methylenblaustammlösung [s. S. 260ff.] [oder ca. 0,015 g Methylenblau] auf 100 ml Phosphatpuffer pH 7,2 [s. Tab. 19, S. 83]) und zählt sie unter dem Hellfeldmikroskop: Lebende, atmende Zellen reduzieren das in die Zelle aufgenommene Methylenblau mit Hilfe von Dehydrogenasen zur farblosen Leukoform (s. S. 135f.); sie sind blassblau gefärbt. Toten bzw. inaktiven Zellen fehlt die Dehydrogenaseaktivität; sie färben sich intensiv blau.[12]

Bei **Bakterien** lassen sich aufgrund der geringen Größe der Zellen solche Farbunterschiede mikroskopisch nicht erkennen. Bei ihnen verwendet man wasserlösliche **Tetrazoliumsalze**, die nach Aufnahme in die Zelle von atmenden Bakterien zu wasserunlöslichen, stark farbigen Formazanen reduziert werden. Diese sind unter dem Hellfeldmikroskop als dunkelfarbige, runde Granula in den auf dem Membranfilter zurückgehaltenen Zellen erkennbar; inaktive Bakterien enthalten keine Granula (Zimmermann et al., 1978)[13]. Allerdings sind nicht alle Bakterien in der Lage, eine gegebene Tetrazoliumverbindung in die Zelle aufzunehmen oder zu reduzieren. Außerdem versagt die Methode bei sehr kleinen Bakterienzellen, in denen intrazelluläre Ablagerungen nicht mehr zu erkennen sind. Schließlich löst das als Einbettungsmittel verwendete Immersionsöl (s. S. 347) den Formazanniederschlag während der mikroskopischen Zählung allmählich auf; dies lässt sich jedoch durch die Wahl eines anderen Einbettungsmittels verhindern (Fry, 1990).

In neuerer Zeit entwickelte (nichtfluoreszierende) Tetrazoliumfarbstoffe bilden bei ihrer Reduktion fluoreszierende Formazane. Diese sind im Epifluoreszenzmikroskop aufgrund ihrer kräftigen Fluoreszenz viel besser in den Zellen zu erkennen als nichtfluoreszierende Formazane im Hellfeld. Dies gilt besonders bei sehr kleinen Bakterien oder solchen mit geringer Elektronentransportaktivität sowie auf dunklen Membranfiltern oder anderen nicht transparenten Oberflächen, z.B. in Biofilmen (Rodriguez et al., 1992)[14]. Durch eine Gegenfärbung mit DAPI lassen sich gleichzeitig die Gesamtzellzahl und die Zahl der atmenden Zellen bestimmen.

* Eine andere Methode benutzt nichtfluoreszierende Ester des Fluoreszenzfarbstoffes **Fluorescein** und einiger Derivate, vor allem Fluoresceindiacetat (3′,6′-Diacetylfluorescein), um lebende, stoffwechselaktive Mikroorganismen nachzuweisen (vgl. S. 306).

Die unpolaren, hydrophoben Ester diffundieren passiv durch die Cytoplasmamembran in die Zelle und werden dort durch unspezifische Esterasen zum polaren, fluoreszierenden Farbstoff hydrolysiert; dieser wird in der intakten Zelle zurückgehalten, so dass die Organismen unter dem Fluoreszenzmikroskop leuchtend gelbgrün fluoreszieren. Inaktive Zellen haben keine Esteraseaktivität und keine intakte Membran und zeigen deshalb keine Fluoreszenz. Die fluorogenen Ester werden jedoch nicht von allen Bakterien, insbesondere gramnegativen, aufgenommen. Die Fluoreszenz tritt auch nicht unter allen Bedingungen auf, oder sie ist schwach und verschwindet rasch. Außerdem sagt eine Esteraseaktivität nicht notwendigerweise etwas aus über die Atmungsaktivität oder das Wachstumspotential von Bakterien.

* **Acridinorange** bindet in unterschiedlicher Weise an die beiden Nucleinsäuretypen der Zelle (vgl. S. 302).

Der Farbstoff zeigt in Bindung an (einsträngige) RNA aufgrund von Wechselwirkungen (Polymerisation) zwischen den zahlreich an die Nucleinsäure gebundenen Farbstoffmolekülen eine metachromatische (s. S. 301) orangerote Fluoreszenz, in Bindung an doppelsträngige DNA dagegen eine orthochromatische **grüne** Fluoreszenz (= Fluoreszenzfarbe des Farbstoffmonomers), weil hier zwischen den in größeren Abständen gebundenen Farbstoffmolekülen keine Wechselwirkungen möglich sind. Da ein hohes RNA/DNA-Verhältnis Vermehrung und aktiven Stoffwechsel anzeigt, ein niedriges RNA/DNA-Verhältnis dagegen Inaktivität, sollten aktive Zellen orangerot (vorherrschende RNA-Fluoreszenz!) und inaktive Zellen grün fluoreszieren. Es gibt jedoch noch eine ganze Reihe anderer Faktoren, z.B. Farbstoffkonzentration und pH-Wert der Farbstofflösung, die die vorherrschende Fluoreszenzfarbe beeinflussen; sie ist deshalb kein verlässlicher Indikator für die Vermehrungs- und Stoffwechselaktivität bzw. -inaktivität einer Zelle.

---

[12] Eine fluoreszenzmikroskopische Unterscheidung zwischen lebenden und toten Zellen bei Hefen (und anderen Pilzen) ermöglichen die Farbstoffe Anilinblau (C.I.-Nr. 42755) und „Viablue" (Koch, H.A., Bandler, R., Gibson, R.R. [1986], Appl. Environ. Microbiol. **52**, 599–601; Hutcheson, T.C., McKay, T., Farr, L., Seddon, B. [1988], Lett. Appl. Microbiol. **6**, 85–88).

[13] Zimmermann, R., Hurriaga, R., Becker-Birck, J. (1978), Appl. Environ. Microbiol. **36**, 926–935

[14] Rodriguez, G.G., Phipps, D., Ishiguro, K., Ridgway, H.F. (1992), Appl. Environ. Microbiol. **58**, 1801-1808

- Bei einer Reihe von Fluoreszenzfarbstoffen ist die Anfärbung der Zellen abhängig vom Zustand der **Cytoplasmamembran.**

Der polare Farbstoff **Propidiumiodid** (s. S. 302f.) kann nur in Zellen mit geschädigter Cytoplasmamembran eindringen; er reagiert dort mit den Nucleinsäuren und ruft eine rote Fluoreszenz hervor. Zellen mit intakter Membran fluoreszieren nicht. Dasselbe gilt für die **SYTOX-Farbstoffe** (Fa. Molecular Probes; s. S. 304), z.B. SYTOX Green, einen asymmetrischen Cyaninfarbstoff mit 3 positiven Ladungen, der Zellen mit geschädigter Membran leuchtend grün anfärbt, jedoch von lebenden Zellen mit intakter Membran völlig ausgeschlossen wird.

Bei anderen Fluorochromen entscheidet das elektrochemische **Membranpotential** über das Verhalten des Farbstoffs. Kationische Farbstoffe dieses Typs, wie die **Carbocyaninfarbstoffe** und **Rhodamin 123** (S. 305), können nur die Cytoplasmamembran stoffwechselaktiver Zellen mit ungestörtem Membranpotential und elektronegativer Innenseite durchdringen, nicht jedoch die Membran inaktiver oder toter Zellen, bei denen das Membranpotential verändert oder zusammengebrochen ist. Bei den anionischen **Oxonolfarbstoffen** (S. 305) ist es umgekehrt: Sie färben nur inaktive oder tote Zellen und vermögen nicht in lebende, physiologisch aktive Zellen einzudringen. In der Regel liefern Oxonole die schnellsten und zuverlässigsten Ergebnisse. Da der Farbstoff nicht in die lebenden Zellen gelangt, beeinträchtigt er nicht deren Stoffwechselaktivität oder Vermehrungsfähigkeit.

Häufig führt man auch eine **Doppelfärbung** mit zwei Fluoreszenzfarbstoffen durch, die lebende und physiologisch aktive bzw. tote oder inaktive Zellen unterschiedlich anfärben. Man kombiniert z.B. einen grün fluoreszierenden SYTO-Farbstoff, wie SYTO 9, mit einem zweiten, rot fluoreszierenden Nucleinsäurefarbstoff mit hoher Nucleinsäureaffinität, vor allem Propidiumiodid oder dem Ethidium-Homodimer-1 oder -2.

Vitalfärbung mit SYTO 9 und Propidiumiodid

Der SYTO-Farbstoff diffundiert leicht durch die Cytoplasmamembran, dringt in nahezu alle Zellen ein, sowohl lebende als auch tote, und bindet an die Nucleinsäuren, allerdings mit relativ geringer Affinität. Er färbt alle Zellen unabhängig von ihrer Membranintegrität mit grüner Fluoreszenz. Propidiumiodid (oder das Ethidium-Homodimer) kann dagegen die Cytoplasmamembran lebender Zellen nicht durchdringen. Es dringt nur in tote Zellen oder solche mit geschädigter Membran ein und lagert sich dort ebenfalls an die Nucleinsäuren an. Dabei verdrängt es aufgrund seiner höheren Affinität den SYTO-Farbstoff von dessen Bindungsstellen und löscht seine Fluoreszenz. Tote Zellen und Zellen mit geschädigter Zellmembran fluoreszieren daher rot, lebende Zellen mit intakter Membran fluoreszieren grün.

Die Färbung eignet sich nicht nur für (Eu-)Bakterien, sondern auch für Archaea – selbst bei extremen pH-Werten und hoher Ionenstärke –, und für eukaryotische Zellen, wie z.B. Hefen.

Vergleichsorganismen:

Bacillus subtilis oder *Escherichia coli* B oder K12.

Man verwende für die Färbung der Vergleichsorganismen Flüssigkeitskulturen in Nährbouillon in der späten logarithmischen Wachstumsphase. Da Bestandteile des Komplexnährbodens an SYTO 9 und Propidiumiodid binden und die Färbung in unvorhersehbarer Weise beeinflussen können, muss man die Vergleichsbakterien vor der Färbung mit einem Puffer oder physiologischer Kochsalzlösung waschen, um die Nährbodenreste zu entfernen. (Phosphatpuffer ist hierzu weniger geeignet, weil er die Intensität der Färbung anscheinend herabsetzt [vgl. S. 313]).

Herstellen von Zellsuspensionen der Vergleichsorganismen
(vgl. S. 388ff.)

– Die Bakterien in Nährbouillon (s. Tab. 9, S. 53) auf einer Schüttelmaschine (s. S. 128f.) bis zur späten logarithmischen Wachstumsphase (gewöhnlich $10^8 - 10^9$ Zellen/ml) kultivieren.

– Die Flüssigkeitskultur 10 – 15 min lang bei 6000 x g zentrifugieren.

– Überstand entfernen (s. S. 390), und Sediment in 2 ml Puffer oder 0,9%iger (w/v) Natriumchloridlösung resuspendieren.

– Jeweils 1 ml dieser Suspension zu 20 ml Puffer oder Kochsalzlösung (für lebende Bakterien) bzw. 20 ml 70%igem 2-Propanol (Isopropylalkohol; für tote Bakterien) in Zentrifugengefäßen mit 30 – 40 ml Fassungsvermögen geben.

– Beide Proben 1 Stunde bei Raumtemperatur stehenlassen, dabei alle 15 min mischen.

– Beide Proben erneut 10 – 15 min lang bei 6000 x g zentrifugieren.

– Überstand entfernen, die beiden Sedimente in je 20 ml Puffer oder 0,9%iger (w/v) Natriumchloridlösung resuspendieren und erneut zentrifugieren.

– Überstand entfernen, und die beiden Sedimente in je 10 ml Puffer oder Natriumchloridlösung resuspendieren.

Die Farbstoffe:

Die Farbstoffe sind bei den Firmen invitrogen – Molecular Probes und MoBiTec unter der Bezeichnung „LIVE/DEAD-*Bac*Light Bacterial Viability Kit" erhältlich, entweder als gebrauchsfertige Lösungen in Dimethylsulfoxid (DMSO) oder als feste, abgemessene Substanzen. Vor dem Öffnen der Gefäße muss man die Farbstoffe auf Raumtemperatur bringen. Man beachte die Sicherheitsregeln für den Umgang mit mutagenen Farbstoffen auf S. 302!

I. Lösungen:

Lösung **A**: 3,34 mmol/l SYTO 9 in wasserfreiem DMSO   300 µl

Lösung **B**: 20 mmol/l Propidiumiodid in wasserfreiem DMSO   300 µl

Gleiche Mengen von Lösung A und Lösung B in einem Mikrozentrifugenröhrchen gründlich mischen (= Farbstoffgemisch I). Die DMSO-Lösungen sind mit besonderer Vorsicht zu handhaben (s. S. 302, 312).

Die Stammlösungen muss man bei ≤ –20 °C, trocken und vor Licht geschützt aufbewahren; sie sind mindestens 1 Jahr lagerfähig.

Alternativ:

II. Feste Stoffe:

SYTO 9 (gelborange) und Propidiumiodid (rot) als feste Substanzen in getrennten, abgemessenen Portionen, eingeschweißt in Polyethylenpasteurpipetten.

Je eine Pipette mit SYTO 9 bzw. Propidiumiodid aufschneiden, und Inhalt beider Pipetten zusammen in 5 ml sterilfiltriertem, demineralisiertem Wasser lösen (= Farbstoffgemisch II). Die festen Farbstoffe kann man, geschützt vor Licht, bei Raumtemperatur aufbewahren. Die in Wasser gelösten Farbstoffe sind bei ≤–20 °C und vor Licht geschützt bis zu 1 Jahr haltbar.

Arbeitsgang:

- 3 µl des Farbstoffgemisches I zu je 1 ml Bakteriensuspension geben, bzw. eine Probe des Farbstoffgemisches II mit der gleichen Menge an Bakteriensuspension zusammengeben. (Die Farbstoffendkonzentrationen betragen 6 µmol/l SYTO 9 und 30 µmol/l Propidiumiodid.)
- Gründlich mischen, und das Gemisch 15 min bei Raumtemperatur im Dunkeln stehenlassen.
- Mit einer (unsterilen) Pasteurpipette einen kleinen Tropfen der Zellsuspension auf die Mitte eines sauberen Objektträgers bringen, und ein sauberes Deckglas auflegen.

Für quantitative Untersuchungen (DEFT; s. S. 345ff.):
- Die gefärbte Bakteriensuspension durch ein schwarz gefärbtes Membranfilter aus Polycarbonat oder ein Aluminiumoxidfilter, Porenweite 0,2 µm, filtrieren (s. S. 342f.). Ein Waschschritt nach der Färbung ist nicht erforderlich.
- Das Filter nach der Filtration zerschneiden, und die Stücke – mit den Bakterien nach oben – jeweils auf einen kleinen Tropfen des zusammen mit den Farbstoffen gelieferten Einschlussmittels („Bac-Light mounting oil") auf einem Objektträger legen. (Der Brechungsindex des Einschlussmittels beträgt bei 25 °C 1,517 ± 0,003. Das Einschlussmittel nicht als Immersionsöl verwenden!)
- Auf die Oberseite des Membranfilterstücks einen weiteren Tropfen Einschlussmittel geben. Das Filterstück luftblasenfrei mit einem sauberen Deckglas bedecken, Deckglas vorsichtig andrücken. Das Einschlussmittel soll sich ganz über das Filterstück verteilen, sich jedoch nicht über den Rand des Filterstücks ausbreiten.

- Mit einem Fluorescein-Langpassfilterset kann man beide Farbstoffe gleichzeitig betrachten. Die lebenden (grün fluoreszierenden) und die toten (rot fluoreszierenden) Zellen lassen sich auch getrennt mit einem Fluorescein-Bandpassfilterset bzw. einem Texasrot-Bandpassfilterset betrachten.

Auswertung:

Lebende Zellen mit intakter Zellmembran fluoreszieren hellgrün; tote Zellen und Zellen mit geschädigter Membran fluoreszieren leuchtend orangerot (siehe Foto der hinteren Umschlaginnenseite). In einer Mischpopulation kann man noch einen Anteil von 1 – 10 % lebender bzw. toter Zellen erkennen.

Unter bestimmten Bedingungen können Bakterien mit geschädigter Zellmembran ihre Vermehrungsfähigkeit wiedererlangen und auf festen oder flüssigen Nährmedien wachsen, obwohl sie bei dieser Färbung als „tot" eingestuft werden. Umgekehrt können bestimmte Bakterien mit intakter Membran unfähig sein, sich zu vermehren, obwohl sie durch diese Färbung als „lebend" charakterisiert wurden.

Eine schnelle, automatisierte Unterscheidung und Zählung aktiver und inaktiver Mikroorganismen erreicht man durch die Kombination von **Fluoreszenzfärbung** und **Durchflusscytometrie** (vgl. S. 356).

Fertige Färbesets für Vitalfärbungen sind bei den Firmen invitrogen–Molecular Probes und MoBiTec erhältlich. Methodische Details und weiterführende Literatur findet man z.B. bei Fry (1990), Hall et al. (1990) und Haugland (2010).

Insgesamt bleibt festzuhalten: Es gibt keinen universellen Vitalfarbstoff. Alle Vitalfärbungen sind mehr oder weniger selektiv. Ihre Ergebnisse können je nach den Färbebedingungen, der Herkunft und Vorbehandlung der Probe und nach der untersuchten Mikroorganismengruppe oder -art unterschiedlich ausfallen. Die Anwendungsmöglichkeiten der einzelnen Färbungen sind deshalb begrenzt und die Ergebnisse nicht immer zuverlässig.

9.2.2.3 Elektronische Zellzählung: der Coulter-Counter

Der nach seinem Erfinder W. H. Coulter (1953) benannte Coulter-Counter ist ein elektronisches Partikelzählgerät, das für die automatische Zählung von Blutzellen entwickelt worden ist. Es ist jedoch auch für die Zählung einzelliger Mikroorganismen geeignet, insbesondere von Hefen und Protozoen und – mit Einschränkungen (s. S. 355) – von Bakterien, nicht aber für die Zählung fädiger Organismen, z.B. myzelbildender Pilze. Eine Reihe weiterer auf dem Markt befindlicher Geräte arbeitet nach dem gleichen Messprinzip.

Messprinzip

Die zu zählenden Zellen werden in einer elektrisch leitenden wässrigen Lösung, einem Elektrolyten, suspendiert. Ein kleines, genau festgelegtes Volumen dieser Suspension durchfließt eine enge **Kapillaröffnung**, die zwei mit dem Elektrolyten gefüllte Räume miteinander verbindet. In jedem der beiden Räume taucht eine Elektrode in die Flüssigkeit. Zwischen den beiden Elektroden lässt man einen Strom fließen und misst den elektrischen Widerstand, der durch die enge Öffnung erzeugt wird. Wenn eine Zelle die Öffnung passiert, steigt der Widerstand kurzzeitig an, da die elektrische Leitfähigkeit der Zelle viel geringer ist als die des Elektrolyten. Der durch die Erhöhung des Widerstands erzeugte **Spannungsimpuls** (oder Abfall der Stromstärke) wird verstärkt und elektronisch registriert, und man erhält auf diese Weise die Zahl der die Öffnung passierenden Zellen. Sehr kleine Impulse („Grundrauschen", z.B. durch Turbulenzen in der die Öffnung durchströmenden Flüssigkeit oder Störungen durch benachbarte Elektrogeräte) und sehr große Impulse (z.B. durch die Passage von Schmutzpartikeln) werden automatisch ausgesondert.

Da die Amplitude (bzw. Fläche) des Spannungs- oder Stromimpulses im Prinzip der von der gezählten Zelle verdrängten Flüssigkeitsmenge und damit dem Zellvolumen proportional ist, kann man mit dem Coulter-Counter auch die **Größe** bzw. das Volumen **der Zellen** bestimmen, nachdem man das Gerät mit Latexkugeln definierten Durchmessers geeicht hat. Anspruchsvollere Modelle sortieren die Messimpulse nach Größenklassen in eine kleinere oder größere Anzahl von Kanälen ein und erlauben so eine Darstellung der Zellgrößenverteilung in der Suspension. Damit bietet sich auch die Möglichkeit, die einzelnen Komponenten gemischter Kulturen getrennt zu zählen, vor allem dann, wenn sie sich in der Zellgröße so stark unterscheiden, dass sich ihre Größenverteilungen nicht wesentlich überlappen (z.B. Mischkulturen aus Bakterien und Hefen oder Protozoen).

Tatsächlich besteht jedoch oft keine strenge Proportionalität zwischen Zellvolumen und Impulsamplitude, insbesondere bei Bakterien sowie bei hohen Feldstärken (1 – 10 kV/cm) des elektrischen Feldes in der Kapillaröffnung, wie sie zur Zählung und Größenbestimmung von Mikroorganismen durchaus verwendet werden. Bei solchen Feldstärken kommt es zur Ausrichtung der Dipolmoleküle der mikrobiellen Membranen im elektrischen Feld und dadurch zum dielektrischen Zusammenbruch der Membranen, der sich in einer Zunahme der Leitfähigkeit der Zelle äußert. Dies hat zur Folge, dass der Coulter-Counter das Zellvolumen zu gering misst.

Vorteile und Grenzen der Methode

Mit dem Coulter-Counter lassen sich Zellkonzentrationen (und Zellvolumina) erheblich schneller und genauer bestimmen als mit anderen Techniken. Das Gerät zählt und misst bis zu 5000 Zellen pro Sekunde – bei einer Dauer von 10–90 s pro Zählung bzw. Messung –, so dass man z.B. während des Wachstums selbst sehr schnell wachsender Kulturen fast kontinuierlich Konzentration und Volumen der Zellen erfassen kann. Dabei lässt sich – anders als z.B. bei der Trübungsmessung – zwischen Vermehrung und Größenzunahme der Zellen unterscheiden. Die relative Standardabweichung (s. S. 321) als Maß für die Genauigkeit der Zählung liegt bei 10 000 gezählten Zellen innerhalb von ±1 %.

Der Coulter-Counter erkennt keine Formen und unterscheidet im Allgemeinen weder zwischen lebenden und toten Zellen noch zwischen Mikroorganismen und abiotischen Teilchen derselben Größenklasse. Er ist deshalb ungeeignet für die Analyse von Suspensionen, die nennenswerte Mengen an Fremdpartikeln enthalten, z.B. Proben von Böden oder schwebstoffhaltigen Gewässern. Um Zählfehler durch Schmutzpartikel oder Zellverbände (s.u.) auszuschließen, sollte man die Proben auch mikroskopisch untersuchen. Eine gelegentliche Parallelzählung mit der Zählkammer (s. S. 335 ff.) hilft, grobe Fehler zu vermeiden.

Je nach Größe der zu zählenden Mikroorganismen stehen **verschieden große Kapillaröffnungen** zur Verfügung. Ihr Messbereich liegt jeweils zwischen 2 % (kleinstes messbares Partikel) und 60 % (größtes messbares Partikel) des Öffnungsdurchmessers. Für Hefen und Protozoen verwendet man gewöhnlich einen Öffnungsdurchmesser von 100 μm. **Bakterien** erfordern wegen ihrer geringen Größe eine extrem kleine Kapillaröffnung von 10–30 μm Durchmesser. Bei diesem Öffnungsdurchmesser arbeitet der Coulter-Counter an der Grenze seiner Auflösung, und die Zählung kann durch eine Reihe von Störungen erheblich beeinträchtigt werden:

- Die hohe Strömungsgeschwindigkeit innerhalb der Kapillaröffnung führt zu **Turbulenzen** und zur Bildung von Hohlräumen (**Blasen**) in der Flüssigkeit (= Kavitation). Außerdem treten in der Öffnung hohe Spannungs- und Stromstärkegradienten auf, die eine Erhitzung der Flüssigkeit und dadurch ebenfalls eine Blasenbildung verursachen können. Turbulenzen und Kavitation erhöhen den Rauschpegel und verringern die Empfindlichkeit der Zählung, insbesondere bei niedriger Zellkonzentration; kleine Bakterien und Endosporen werden nicht mehr erfasst, weil die von ihnen erzeugten Impulse im Grundrauschen untergehen. Die Grenze der Auflösung liegt für die 30-μm-Öffnung bei einem Zellvolumen von ca. 0,25 μm^3, was etwa einem Kokkus von 0,8 μm Durchmesser oder einem 0,6 μm × 1,0 μm großen Stäbchen entspricht. Durch „hydrodynamische Fokussierung" lässt sich die Auflösung deutlich erhöhen (Shuler et al., 1972)[15].

- Je kleiner die Kapillaröffnung, desto größer ist die Gefahr, dass Zellklumpen oder Schmutzpartikel sie **verstopfen**. Um ein allzu häufiges Verstopfen zu vermeiden, bevorzugt man für die Zählung von Bakterien einen Öffnungsdurchmesser von 30 μm mit einem Messbereich von 0,6–18 μm.

- Mit zunehmender Zellkonzentration und Zählgeschwindigkeit wächst die Wahrscheinlichkeit, dass zwei oder mehr Zellen gleichzeitig oder in sehr kurzem Abstand die Kapillaröffnung passieren und als nur eine große Einzelzelle registriert werden (**Koinzidenzfehler**). Durch Verdünnen der Zellsuspension, Herabsetzen der Zählrate und die Verwendung kurzer Kapillaröffnungen lässt sich die Häufigkeit von Koinzidenzfehlern verringern; der Restfehler kann mit einer Korrekturformel rechnerisch reduziert werden. Moderne Zählgeräte verfügen über eine automatische Koinzidenzkorrektur.

- Viele Bakterien neigen zur Bildung von Paaren, Ketten oder anderen **Zellverbänden**. Solche Verbände werden – ebenso wie sprossende Hefezellen – vom Coulter-Counter gleichfalls nur als Einzelzellen gezählt. Durch die Wahl entsprechender Wachstumsbedingungen und eines geeigneten Suspensionsmediums (s. S. 329, 357 f.), durch intensives Mischen in einem Homogenisator oder durch sanfte Ultraschallbehandlung (s. S. 330) kann man versuchen, die Bildung von Zellverbänden zu verhindern bzw. die Verbände wieder aufzutrennen (vgl. S. 171). Durch eine mikroskopische Untersuchung lässt sich das Vorliegen von Zellverbänden feststellen und ihre Häufigkeit abschätzen.

---

[15] Shuler, M.L., Aris, R., Tsuchiya, H.M. (1972), Appl. Microbiol. **24**, 384–388

Zähllösungen, Verdünnen der Zellsuspension

Bei Kulturen mit **niedriger Zellkonzentration** zählt man die Zellen vorzugsweise in der Nährlösung, in der sie gewachsen sind. Da Fremdpartikel die Richtigkeit der Zählung beeinträchtigen, filtriert man das Medium vor dem Beimpfen durch ein steriles Membranfilter mit 0,2 μm Porenweite, das vorher mit sterilfiltriertem Wasser gewaschen worden ist, um Tenside und andere wachstumshemmende Substanzen zu entfernen (vgl. S. 28). Man verwende für die Kultur keinen Verschluss, der Partikel an die Nährlösung abgibt, also z.B. keinen Watte- oder Zellstoffstopfen! Wird nicht sofort nach der Probenentnahme gezählt, so stoppt man das Wachstum der Kultur durch Zugabe gepufferter Formaldehydlösung (s. S. 327).

Die optimale Zellkonzentration für die Zählung von Bakterien mit der 30-μm-Kapillaröffnung liegt im Bereich von etwa $2 \cdot 10^4$ bis $2 \cdot 10^5$ Zellen pro ml. In diesem Konzentrationsbereich ist der Koinzidenzfehler niedrig und das Verhältnis von Messimpuls zu Hintergrundrauschen genügend groß.

Bei **höheren Zellkonzentrationen** muss man die Zellsuspension entsprechend verdünnen. Eine Verdünnung in 0,6- bis 0,9%iger **Kochsalzlösung** kann bei manchen Bakterien – vor allem in der stationären Wachstumsphase – aufgrund der Veränderung des osmotischen Drucks zu einer Änderung des Zellvolumens führen und dadurch Zellgrößenbestimmungen verfälschen. Dies verhindert man durch die Zugabe von Formaldehyd (s.o.).

Wenn Volumenänderungen ohne Bedeutung sind oder die Zellen gegen sie widerstandsfähig sind (z.B. Endosporen), verdünnt man am besten mit 0,1-molarer **Salzsäure**. Salzsäure ist flüchtig und verursacht keine Ausfällungen; sie bleibt steril, verhindert ein weiteres Wachstum der Organismen, und sie senkt aufgrund der großen Beweglichkeit der H^+-Ionen den Rauschpegel und erhöht dadurch die Empfindlichkeit der Zählung oder Größenbestimmung.

Alle verwendeten Lösungen und Zusätze müssen partikelfrei, d.h. sterilfiltriert sein. Man misst auch den **Leerwert** der Zähllösung und zieht ihn vom Zählergebnis der Probe ab.

Weitere Einzelheiten zur elektronischen Zellzählung findet man bei Kubitschek (1969) und in den Bedienungsanleitungen der Gerätehersteller.

Eine schnelle und exakte automatische Zählung einzelliger Mikroorganismen einschließlich Bakterien lässt sich auch mit einem **Durchflusscytometer** durch Messung der Lichtstreuung oder der Fluoreszenz der Zellen durchführen (vgl. S. 353).

9.2.3 Bestimmung der Lebendzellzahl (Keimzahl)

Die Methoden der Lebendzellzahl- oder Keimzahlbestimmung erfassen nur die lebenden oder, genauer gesagt, **vermehrungsfähigen Zellen** (= **Keime**), d.h. die Zellen, die in der Lage sind, sich durch Teilung zu vermehren. Solche Zellen erkennt man gewöhnlich daran, dass sie unter günstigen Wachstumsbedingungen in oder auf einem festen Nährboden **Kolonien** ausbilden. Nach dem Bebrüten zählt man die entstandenen Kolonien und schließt aus der Kolonienzahl auf die Zahl der vermehrungsfähigen Zellen.

Dem Verfahren liegt die Erwartung zugrunde, dass aus jeder vermehrungsfähigen Zelle eine – makroskopisch sichtbare – Kolonie entsteht. Diese Annahme trifft jedoch häufig nicht zu, was schwerwiegende **systematische Fehler** zur Folge hat:

- Viele Mikroorganismen kommen in Form von **Zellverbänden** vor, und jeder Zellverband bildet nur eine Kolonie, obwohl er aus zwei oder mehr vermehrungsfähigen Zellen besteht. Infolgedessen erhält man eine zu niedrige Lebendzellzahl. Um diese Tatsache zum Ausdruck zu bringen, spricht man beim Ergebnis der Lebendzellzahlbestimmung häufig nicht von der Zahl der vermehrungsfähigen Zellen, sondern von der Zahl der **koloniebildenden Einheiten** (KBE) (engl. „colony-forming units", CFU).

- Insbesondere bei der Zählung artverschiedener Mikroorganismen in Mischpopulationen, z.B. aus Boden oder Wasser, erfasst man nur einen Bruchteil (weniger als 1 %) der tatsächlich vorhandenen Keime, weil jeder Nährboden und jede Kombination von Bebrütungsbedingungen mehr oder weniger **selektiv** wirken und nur einem kleinen Teil der vermehrungsfähigen Organismen das Wachstum ermöglichen. Aus diesem Grund sind die üblichen Methoden der Lebendzellzahlbestimmung in erster Linie für Reinkulturen geeignet. Auf der anderen Seite lassen sich jedoch mit hochselektiven Nährböden gezielt einzelne physiologische Gruppen einer Mischpopulation zum Wachstum bringen und zählen (vgl. S. 157).

- Auch die **Bebrütungsdauer** hat Einfluss auf die Zahl der Kolonien: Da die Zellen nicht alle mit der gleichen Rate wachsen und sich teilen, ist bei zu kurzer Bebrütung ein Teil der Kolonien noch so klein, dass er bei der Zählung übersehen wird.
  Ein großer Teil der oligotrophen Boden- und Wasserbakterien (s. S. 59) bildet selbst bei sehr langer Bebrütung ausschließlich Mikrokolonien, die nur unter dem Mikroskop zu erkennen sind.

Die Standardmethoden der Lebendzellzahlbestimmung liefern meist erst nach 24 oder mehr Stunden Ergebnisse, weil man die Entwicklung makroskopisch sichtbarer Kolonien abwarten muss. Schnellere Ergebnisse erhält man bei der mikroskopischen Auszählung der Mikrokolonien von Objektträgerkulturen (s. S. 256f.).

Ein Vorteil dieser Methoden, insbesondere der Membranfiltertechnik, ist ihre hohe Empfindlichkeit. Die für Lebendzellzahlbestimmungen benötigten (und geeigneten) Zellkonzentrationen liegen meist erheblich niedriger als die für Gesamtzellzahlbestimmungen benötigten. Unter günstigen Bedingungen werden selbst noch einige wenige Zellen in einer Probe erfasst, z.B. Kontaminanten in einem Lebensmittel. Der methodische Fehler ist jedoch beträchtlich, da sich systematische Fehler (s.o.) und die zufälligen Fehler der zahlreichen Arbeitsschritte zu einem Gesamtfehler summieren (vgl. S. 321f.).

Zur Entnahme und Aufbewahrung der Proben s. S. 327f.

9.2.3.1 Dispersions- und Verdünnungsmittel

Reines Leitungswasser oder demineralisiertes **Wasser** sind als Dispersions- und Verdünnungsmittel für vermehrungsfähige Mikroorganismen in der Regel ungeeignet (Ausnahme: [Endo-]Sporen); sie verursachen einen osmotischen (Verdünnungs-)Stress und einen „Hunger"-Stress, die in kurzer Zeit zum Tod eines großen Teils der Zellen führen können. Das gilt besonders für gramnegative Bakterien. Leitungswasser enthält außerdem häufig wachstumshemmende Substanzen (s. S. 56).

Auch **physiologische Kochsalzlösung** (= 0,9%ige [w/v] Natriumchloridlösung), die in Bezug auf Mikroorganismen hypotonisch ist, kann die Zahl der vermehrungsfähigen Zellen stark herabsetzen und ist deshalb für Lebendzellzahlbestimmungen nicht zu empfehlen. Ähnliches gilt, wenn auch in geringerem Maße, für **Phosphatpuffer**. Besonders bei der Untersuchung von Boden- und Sedimentproben benutzt man als Dispersionsmittel häufig eine wässrige Lösung von **Natriumpyrophosphat** (Endkonzentration z.B. 2,8 g/l) oder von „Natriumpolyphosphat" (Endkonzentration z.B. 2,0 g/l; s. S. 329). Diese Mittel können jedoch ebenfalls eine schwach toxische Wirkung auf die Zellen haben.

Ein viel benutztes Dispersions- und Verdünnungsmittel, vor allem in der Lebensmittelmikrobiologie (z.B. bei Milchuntersuchungen), ist ¼ - **starke Ringerlösung**. Sie enthält in 1000 ml Wasser:

NaCl	2,25 g
KCl	0,105 g
$CaCl_2$, wasserfrei	0,12 g
$NaHCO_3$	0,05 g
pH 7,0	

Das fertige Salzgemisch ist in Tablettenform erhältlich. Auch in Ringerlösung muss man jedoch mit Zellverlusten rechnen.

Dagegen ist gepufferte **Pepton-Salz-Lösung** zum Dispergieren und Verdünnen von Bakterien universell verwendbar. In ihr treten für die Dauer von mindestens einer Stunde keine oder nur sehr geringe Zellverluste auf. Pepton-Salz-Lösung enthält in 1000 ml Wasser:

Pepton aus Fleisch, peptisch	1,0	g
NaCl	8,5	g
KH_2PO_4	0,3	g
$Na_2HPO_4 \cdot 2\,H_2O$	0,6	g
pH 7,0		

Der pH-Wert muss nach dem Dispergieren oder Verdünnen der Probe, falls erforderlich, auf etwa pH 7 nachgestellt werden. Die Lösung ist mit teilweise anderen Konzentrationen (nach DAB 10) als Trockennährboden unter der Bezeichnung „Natriumchlorid-Pepton-Bouillon, gepuffert" bei Merck erhältlich.

Die Bestandteile des Peptons binden wachstumshemmende Substanzen, wie Schwermetalle und Tenside; außerdem ist Pepton schwach grenzflächenaktiv und begünstigt deshalb den Zerfall von Zellklumpen und -verbänden. Falls nötig, kann man der Lösung auch ein nichttoxisches Tensid zusetzen, z.B. Polysorbat (Tween) 20 oder 80 (0,01–1 g oder ml pro l; vgl. S. 329). Die Zellsuspension soll innerhalb einer Stunde verarbeitet werden, weil sonst bei Raumtemperatur eine Vermehrung der Zellen stattfinden kann.

Die Lösungen dürfen nicht gekühlt verwendet werden (ausgenommen solche für psychrophile Mikroorganismen), um die Zellen keinem Kälteschock auszusetzen (vgl. S. 382).

Dispersions- und Verdünnungsmittel für strikt anaerobe Bakterien sollten eine **reduzierende Substanz** enthalten (s. S. 136f.) und vor der Verwendung von gelöstem Sauerstoff befreit werden (s. S. 134).

9.2.3.2 Plattenverfahren

In den meisten Fällen bestimmt man die Lebendzellzahl von Bakterien oder Hefen, indem man eine kleine, genau abgemessene Menge einer (gegebenenfalls verdünnten) Zellsuspension über einen Agarnährboden in einer Petrischale verteilt und nach der Bebrütung die auf oder in der Agarplatte entstandenen Kolonien zählt. Das Verfahren eignet sich in erster Linie zur Zählung (und Isolierung) aerober und fakultativ anaerober Mikroorganismen; es lässt sich aber auch bei nicht allzu extremen Anaerobiern anwenden, wenn man die Platten im Anaerobentopf bebrütet (s. S. 140ff.). Eine andere einfache Möglichkeit zur Lebendzellzahlbestimmung bei mäßig anaeroben Bakterien bietet die Schüttelagarkultur (s. S. 366). Extrem anaerobe Bakterien zählt man mit Hilfe der aufwendigeren „roll-tube"-Technik nach R. E. Hungate (Näheres siehe Herbert [1990]; vgl. S. 134f.).

Für die Zählung sind relativ **kleine Kolonien** vorteilhaft, besonders bei hoher Koloniendichte (vgl. S. 363). Der Koloniedurchmesser ist, außer von der Art des Mikroorganismus, von einer Reihe äußerer Faktoren abhängig, z.B. von der Zusammensetzung des Nährbodens, der Dicke der Agarschicht und der Dauer der Bebrütung. Deshalb darf

- der verwendete Nährboden nicht zu „fett", d.h. nicht zu nährstoffreich sein; er darf weder das „Schwärmen" (s. S. 172) noch die Bildung von Schleim begünstigen;

- die Agarschicht nicht zu dick sein;

- die Bebrütung nicht zu lange dauern (vgl. aber S. 357).

Gussplattenverfahren

Beim klassischen „Koch'schen Plattengussverfahren" (Robert Koch, 1881) vermischt man 0,1–1,0 ml Probensuspension mit 10–20 ml eines bei 45 °C flüssig gehaltenen Agarnährbodens, lässt das Gemisch in einer Petrischale erstarren und bebrütet.

Im einfachsten Fall pipettiert man die Zellsuspension direkt in eine leere, sterile Petrischale (vgl. S. 361f.), gießt, um die Hitzebelastung der Zellen möglichst gering zu halten, neben die Probe den flüssigen Agarnährboden und mischt und verteilt beides, indem man die Petrischale zehnmal in Form einer Acht vorsichtig über die Arbeitsfläche schiebt. Man verwende keine zu hohe Agarkonzentration (z.B. 10 g/l).

Eine bessere Verteilung der Zellen im Agar erreicht man, wenn man den flüssigen Nährboden zunächst portionsweise in Röhrchen abfüllt, in diese die Probensuspension einmischt und erst dann das Gemisch in Petrischalen ausgießt. Allerdings ist bei dieser Methode die Hitzebelastung der Organismen höher, und mit dem nach dem Ausgießen des Gemisches im Röhrchen verbleibenden Rest geht ein kleiner Teil der Zellen verloren. Dieser Verlust fällt jedoch im Allgemeinen nicht ins Gewicht.

Lebendzellzahlbestimmung nach dem Gussplattenverfahren

Material:
- zu zählende Zellsuspension mit 30–300 (optimal: 100–200) Zellen pro ml, gegebenenfalls vorher entsprechend verdünnt (s. S. 333f.; bei unbekannter Zellkonzentration siehe auch S. 361f.)

- Kulturröhrchen 16 mm × 160 mm mit je ~ 12 ml eines für die zu zählenden Mikroorganismen geeigneten, sterilen, flüssigen (frisch autoklavierten oder erhitzten) Agarnährbodens mit 10 g Agar/l (mindestens 3 Röhrchen pro Probe bzw. Verdünnungsstufe)

- leere, sterile Petrischalen (eine pro Kulturröhrchen)

- sterile 1-ml-Messpipetten, wattegestopft (eine pro Probe bzw. Verdünnungsstufe); Pipettierhilfe, passend dazu
  oder: sterile (autoklavierte) 1-ml-Kolbenhubpipette; sterile Pipettenspitze(n), passend dazu

- Wasserbad bei 45 °C mit Reagenzglaseinsatz

- möglichst: Reagenzglasmischgerät („Whirlimixer", s. S. 332)

- Den in Kulturröhrchen abgefüllten, sterilen, heißen Agarnährboden im Wasserbad auf 45 °C abkühlen lassen (dauert maximal 15 min) und bei dieser Temperatur flüssig halten.

- Leere, sterile Petrischalen auf der Oberseite beschriften, gegebenenfalls auch mit dem jeweiligen Verdünnungsfaktor (vgl. S. 332), und auf einer ebenen, waagerechten Unterlage nebeneinander aufstellen.
- Von der zu zählenden Zellsuspension bzw. einer geeigneten Verdünnung derselben (bei mehreren Verdünnungsstufen: von der stärksten Verdünnung) mit steriler 1-ml-Messpipette und Pipettierhilfe (oder mit steriler Kolbenhubpipette) jeweils genau 1,0 ml entnehmen und in ein Röhrchen mit dem flüssigen Agarnährboden pipettieren.
- Röhrcheninhalt sofort etwa 10 s lang (nicht länger, weil sonst der Agar fest wird!) gründlich mischen, entweder mit einem Reagenzglasmischgerät oder ersatzweise durch schnelles, kräftiges Rollen des Röhrchens zwischen den Handflächen (s. S. 110). Im Agar dürfen keine Luftblasen entstehen!
- Gemisch möglichst restlos in eine leere, sterile Petrischale ausgießen; dabei Deckel der Petrischale nur einseitig leicht anheben und ständig über die Unterschale und die Öffnung des Röhrchens halten. Nach dem Gießen Deckel sofort wieder auflegen.
- Gemisch durch vorsichtiges Kreisen der Petrischale auf der Unterlage gleichmäßig über den Schalenboden verteilen; dabei Schale nicht anheben. Das Gemisch darf nicht den Schalenrand oder -deckel benetzen!
- Petrischale vorsichtig zur Seite schieben.
- In derselben Weise mit der zuvor benutzten Pipette bzw. Pipettenspitze je 1,0 ml der gleichen Suspension in die weiteren Röhrchen der betreffenden Verdünnungsstufe pipettieren, mit dem Nährboden vermischen, und das Gemisch in eine Petrischale ausgießen.
- Gegebenenfalls mit neuer steriler Pipette bzw. Pipettenspitze die übrigen Verdünnungsstufen (in der Reihenfolge zunehmender Zellkonzentration) übertragen, mischen und ausgießen.
- Petrischalen ruhig stehenlassen, bis der Agar erstarrt ist (10–15 min).
- Platten mit der Unterseite nach oben bebrüten.

Das Gussplattenverfahren ist einfach durchzuführen, hat jedoch eine Reihe von **Nachteilen**, die seine Einsatzmöglichkeiten einschränken:

- Manche Mikroorganismen, besonders im Wasser lebende, werden durch die Temperatur des flüssigen Agars bzw. durch den plötzlichen Temperaturwechsel geschädigt oder abgetötet und deshalb nicht quantitativ erfasst. Bei ökologischen Untersuchungen sollte man daher Keimzahlbestimmungen nicht mit der Gussplatten-, sondern mit der Spatelplattenmethode (s.u.) durchführen. Im Übrigen sollte man das Gussplattenverfahren, bevor man es bei Mikroorganismen mit unbekannter Wärmeempfindlichkeit routinemäßig anwendet, mit anderen Methoden der Lebendzellzahlbestimmung vergleichen.

- Die Kolonien entwickeln sich in verschiedenen Ebenen der Gussplatte und damit unter unterschiedlichen Wachstumsbedingungen, teils an der Agaroberfläche, teils am Schalenboden, überwiegend jedoch im Innern des Agars. Als Folge davon

  - ist die Zählung der Kolonien erschwert;

  - sind Größe, Form (im Agarinneren oft Linsenform!) und sonstiges Aussehen der Kolonien unterschiedlich und häufig untypisch, und man kann deshalb die Koloniemorphologie nicht zur Überprüfung der Identität und Reinheit der Kultur heranziehen (vgl. S. 176f.);

  - können Farbreaktionen auf Differentialnährböden (s. S. 52) unterschiedlich ausfallen, z.B. durch verschieden starke Säureproduktion aufgrund unterschiedlicher Sauerstoffversorgung in den verschiedenen Ebenen der Agarplatte;

  - können gasbildende Mikroorganismen den Agar abheben oder zerreißen;

  - eignet sich das Verfahren am ehesten für fakultativ anaerobe und aerotolerante Mikroorganismen (und für mäßige Anaerobier bei Bebrütung im Anaerobentopf), weniger für strikte Aerobier, die in der Tiefe des Agars oft nur langsam oder überhaupt nicht wachsen. Für strikt aerobe Organismen verwende man das Spatelplattenverfahren.

Spatelplattenverfahren

Beim Spatelplattenverfahren pipettiert man eine kleine Menge der Zellsuspension, gewöhnlich 0,1 ml, auf die Oberfläche einer Agarplatte und verteilt die Suspension mit einem **Drigalskispatel** (s. S. 118) bei gleichzeitigem Drehen der Petrischale möglichst gleichmäßig über die gesamte Agaroberfläche („spatelt sie aus"). Ein **Drehtisch**, ohne oder mit elektrischem Antrieb (Fa. schuett-biotec), erleichtert das Drehen der Schale erheblich und begünstigt eine regellose (Zufalls-)Verteilung der Zellen. Das Verfahren eignet sich besonders für die Zählung (und Isolierung) **strikt aerober** Mikroorganismen.

Die Platten müssen gut vorgetrocknet sein (s. S. 96), damit die ausgespatelte Flüssigkeit schnell und restlos in den Agar einzieht und die Zellen räumlich fixiert werden. Ein auf der Agaroberfläche zurückbleibender Flüssigkeitsfilm begünstigt die Ausbreitung der Zellen und beeinträchtigt die Entwicklung isoliert liegender Einzelkolonien. Man sollte deshalb auch nicht mehr als 0,2 ml Zellsuspension auf eine Standardagarplatte auftragen. Für die Zählung stark beweglicher, „schwärmender" Bakterien ist das Verfahren nicht oder nur unter besonderen Vorsichtsmaßregeln anwendbar (s. S. 172).

Beim Ausspateln bleibt ein kleiner Teil der Zellen am Drigalskispatel haften; dies ist jedoch im Allgemeinen weniger als ein Prozent, vorausgesetzt, der Spatel ist absolut sauber.

Lebendzellzahlbestimmung durch Ausspateln von Zellsuspension auf Agarplatten
(s. Abb. 27, S. 334; Abb. 29, S. 362)   (Am besten zu zweit arbeiten!)

Material: – zu zählende Zellsuspension mit 300–3000 (optimal: 1000–2000) Zellen pro ml, gegebenenfalls vorher entsprechend verdünnt
 oder, wenn die Zellkonzentration in der Probe nicht näher bekannt, aber sehr viel höher ist als benötigt: die letzten 3–4 aufeinanderfolgenden Dezimalverdünnungsstufen einer Verdünnungsreihe, unter denen man die geeignete Zellkonzentration vermutet (s. S. 332 und Abb. 27)

 – sterile Agarplatten mit einem für die zu zählenden Mikroorganismen geeigneten Nährboden mit 15 g Agar/l, Durchmesser etwa 90 mm, Schichtdicke 2,5–3,5 mm (s. S. 96), vorgetrocknet und auf Raumtemperatur gebracht (mindestens 3 Platten pro Probe bzw. Verdünnungsstufe)

 – sterile 0,1-ml-Messpipetten (eine pro Probe bzw. Verdünnungsstufe); Pipettierhilfe, passend dazu
 oder (besser!): sterile (autoklavierte) 100-μl-Kolbenhubpipette; sterile Pipettenspitzen, passend dazu

 – 1 Drigalskispatel, unsteril; einige zusätzliche sterile Agarplatten (zum Abkühlen des Drigalskispatels)
 oder (besser!): sterile Drigalskispatel, mit trockener Heißluft sterilisiert (einer pro Probe bzw. Verdünnungsstufe)

 – Glaspetrischale mit 96%igem Ethanol

 – Bunsenbrenner

 – möglichst: Drehtisch

– Zu beimpfende Agarplatten auf der Oberseite beschriften, gegebenenfalls auch mit dem jeweiligen Verdünnungsfaktor (vgl. S. 332).

– Agarplatten auf einer ebenen, waagerechten Unterlage nebeneinander aufstellen. Wenn ein Drehtisch zur Verfügung steht: Stellschraube am Drehtisch so lange drehen, bis der Drehteller waagerecht steht. Erste Agarplatte auf den Drehteller setzen und zentrieren.

- Von der zu zählenden Zellsuspension bzw. von der stärksten Verdünnung der in Frage kommenden Dezimalverdünnungsstufen mit steriler 1-ml-Messpipette und Pipettierhilfe oder (besser!) mit steriler 100-μl-Kolbenhubpipette genau 100 μl entnehmen und in frei fallenden Tropfen etwas abseits vom Zentrum der Petrischale auf die Oberfläche der ersten Agarplatte auftropfen; dabei Pipettenspitze dicht über den Agar und mit der anderen Hand Deckel über die Unterschale halten. Gegebenenfalls einen an der Pipettenspitze hängenden, zum Messvolumen gehörenden Flüssigkeitsrest vorsichtig neben den Tropfen auf die Agaroberfläche tupfen. Aerosolbildung vermeiden!
- Mit derselben Pipette bzw. Pipettenspitze und in derselben Weise je 100 μl der gleichen Verdünnung auf die übrigen Agarplatten der betreffenden Verdünnungsstufe auftragen.
  Schnell weiterarbeiten, damit die Zellen nicht aus den Tropfen in den Agar einziehen, am besten zu zweit: Während der eine auf die nächste Agarplatte 100 μl Zellsuspension auftropft, spatelt der andere die Suspension auf der unmittelbar zuvor beimpften Platte aus (s.u.).
- Falls keine bereits sterilisierten Drigalskispatel zur Verfügung stehen, unteren Teil eines Drigalskispatels durch Eintauchen in Ethanol und Abbrennen des anhaftenden Alkohols behelfsmäßig sterilisieren (s. S. 118). Spatel abkühlen durch kurzes Auftupfen des Querschenkels auf eine nicht zum Ausspateln verwendete sterile Agarplatte; dabei den Spatel so halten, wie fürs Ausspateln angegeben.
- Den (abgekühlten) Drigalskispatel so halten, dass die Krümmung am unteren Ende des Schafts nach unten gerichtet ist. Die als erste beimpfte, möglichst auf einem Drehtisch stehende Petrischale öffnen, und Querschenkel des Drigalskispatels leicht auf die Agaroberfläche aufsetzen. Mit dem Spatel ohne Druck 20 – 30 s lang radial vor und zurück von Rand zu Rand über den Agar fahren, und die Suspension möglichst gleichmäßig über die ganze Platte verteilen; dabei Agaroberfläche nicht verletzen!
  Währenddessen mit der anderen Hand den Deckel über die Unterschale halten, und mit dem kleinen Finger die Schale (bzw. den Teller des Drehtisches) ununterbrochen drehen (s. Abb. 29).
- Petrischale schließen und zur Seite stellen.
- Auch auf den anderen Platten der betreffenden Verdünnungsstufe in der Reihenfolge ihrer Beimpfung die Zellsuspension mit dem zuvor benutzten (nicht wieder sterilisierten) Drigalskispatel verteilen, möglichst auf dem Drehtisch.
- Drigalskispatel nach Gebrauch (erneut) mit Alkohol sterilisieren und erst dann zur Seite legen.
- Gegebenenfalls die übrigen Verdünnungsstufen in der Reihenfolge zunehmender Zellkonzentration mit neuer steriler Pipette bzw. Pipettenspitze und neuem sterilem (oder erneut mit Alkohol sterilisiertem) Drigalskispatel in derselben Weise ausspateln.
- Platten mit der Unterseite nach oben bebrüten.

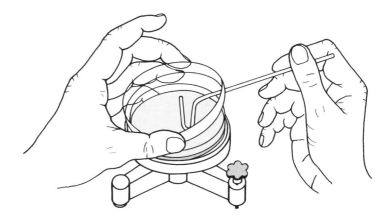

Abb. 29: Ausspateln von Mikroorganismensuspension auf einer Agarplatte mit Drigalskispatel und Drehtisch

Die **Vorteile** des Spatelplattenverfahrens gegenüber dem Gussplattenverfahren sind (vgl. S. 360):

- Die Zellen werden keinem Hitzestress ausgesetzt.
- Die Zellen lassen sich besser verteilen.
- Die Zählergebnisse liegen deutlich höher.
- Alle Kolonien sind Oberflächenkolonien und liegen in einer Ebene. Infolgedessen
  - sind die Kolonien leichter zu zählen;
  - sind alle Kolonien morphologisch gleichartig; die Koloniemorphologie lässt sich besser studieren und als Kriterium für die Reinheitskontrolle verwenden (vgl. S. 176f.);
  - entwickeln sich alle Kolonien unter demselben Sauerstoffpartialdruck; dies ist z.B. bei vielen Differentialnährböden (s. S. 52) die Voraussetzung für eine korrekte Farbreaktion.

Auszählung der Kolonien

Schon während der Bebrütung, bevor die Kolonien voll entwickelt sind, kontrolliere man die Platten regelmäßig. Stellt man dabei fest, dass sie zu dicht bewachsen sind (s.u.), so kann man unter Umständen die Kolonien unter einem Stereomikroskop auszählen, solange sie noch klein sind, und auf diese Weise einen größeren Koinzidenzfehler (s. S. 365) vermeiden. Nach der Bebrütung überprüfe man auch die regellose (Zufalls-)Verteilung der Kolonien im oder auf dem Agar – die besonders gut an (zu) dicht bewachsenen Platten zu erkennen ist – und verbessere gegebenenfalls die eigene Misch-, Guss- oder Ausspateltechnik.

Die Agarplatte soll zwischen 30 und 300 Kolonien enthalten (vgl. S. 364); bei sehr kleinen Kolonien dürfen es auch bis zu 500 sein. Optimal sind **100–200 Kolonien pro Platte**.

Zum Auszählen legt man transparente Agarplatten mit der Unterseite nach oben auf eine ruhige, neutrale Unterlage. Um einen möglichst **hohen Kontrast** zu erzielen, sollte der Untergrund im Falle farbloser oder heller Kolonien auf hellem Nährboden schwarz sein, und die Kolonien sollten nur von der Seite beleuchtet werden. Kräftig gefärbte Kolonien oder Kolonien auf einem dunklen oder starkfarbigen Nährboden erkennt man dagegen besser gegen einen weißen, möglichst von unten beleuchteten Hintergrund. Besonders kontrastreich sind häufig die Kolonien auf Differentialnährböden, auf denen sie durch eine spezifische Indikatorreaktion angefärbt werden (s. S. 52).

Wichtig ist eine gleichmäßige, blendfreie Beleuchtung der Agarplatte bzw. ihres Hintergrundes, zweckmäßig die Verwendung einer Lupe mit 3- bis 8facher Vergrößerung oder eines Stereomikroskops, damit man auch sehr kleine Kolonien noch erfassen kann. Die gezählten Kolonien markiert man in der Regel mit einem Farb- oder Filzstift auf der Unterseite der Petrischale, bei undurchsichtigen Nährböden auf dem Deckel. Die Benutzung verschiedenfarbiger Stifte ermöglicht ein differenzierendes Zählen. Ein Handzählgerät (Handstückzähler) vereinfacht die Auszählung.

Komfortabler und sicherer zählt man mit einem halbautomatischen **Kolonienzählgerät**. Seine geneigte oder verstellbare Frontplatte trägt eine kreisförmige, beleuchtete Vertiefung zur Aufnahme der Petrischale. Der Hintergrund kann schwarz oder weiß mit Auf-, Seiten- oder Unterlicht gewählt werden. Eine unter die Petrischale gelegte Netzteilung, z.B. das Gitternetz nach Wolffhügel, ferner eine fest angebrachte, verstellbare Lupe oder gegebenenfalls ein Stereomikroskop erleichtern das Auszählen.

Kolonienzählgeräte bieten, wenn auch nicht alle, drei verschiedene Möglichkeiten der Zählung:

- Zählen durch Druck

  Bei dieser gebräuchlichsten Methode berührt man die (geschlossene) Petrischale über der zu zählenden Kolonie leicht mit einem Farb- oder Filzstift. Dabei wird die Kolonie markiert und zugleich die Petrischale etwas niedergedrückt; der Druck überträgt sich auf eine hochempfindliche Druckplatte, und diese löst über einen elektrischen Kontakt den Zählimpuls aus.

- Zählen aufgrund elektrischer Leitfähigkeit

  Bei dieser Methode ist die Petrischale geöffnet. Beim Einstich einer nadelförmigen Elektrode in eine Kolonie fließt ein Strom durch den leitfähigen Nährboden zu einer am Rand der Petrischale in den Agar gesteckten Gegenelektrode und löst den Zählvorgang aus. Das Verfahren ist für (möglicherweise) pathogene Mikroorganismen ungeeignet und wegen der Kontaminations- und Infektionsgefahr auch sonst nicht zu empfehlen.

- Zählen von Hand

  Man zählt auf herkömmliche Weise, indem man mit der Hand einen im Gerät eingebauten Druckschalter betätigt.

Jeder Zählvorgang wird von einem akustischen Signal begleitet; das Zählergebnis erscheint gewöhnlich auf einer Digitalanzeige. An manche Zählgeräte kann auch ein Drucker oder Rechner angeschlossen werden.

Eine sehr schnelle, objektive Auswertung bewachsener Platten ermöglichen vollautomatische elektronische Kolonienzählgeräte, die mit Video- und Computertechnik nach dem **Scanningverfahren** arbeiten. Allerdings ist dieses Verfahren sehr anfällig gegen optische Störungen, wie Schmutzpartikel oder Unregelmäßigkeiten im Agar, die fälschlich als Kolonien registriert werden. Solche Fehler nehmen mit abnehmender Koloniegröße rasch zu; sie lassen sich reduzieren, indem man dem Nährboden einen Farbstoff zusetzt, der den Kontrast erhöht.

Berechnung des Zählergebnisses

Die Kolonienzahlen auf Parallelplatten ein und derselben Probe folgen einer **Poissonverteilung**, vorausgesetzt, die Keime sind zufällig im bzw. auf dem Agarnährboden verteilt und die Kolonien entwickeln sich unabhängig voneinander (vgl. S. 325).

Der üblicherweise ausgewertete Bereich der Koloniendichte von 30 bis 300 Kolonien pro Platte (s. S. 363) stellt einen Kompromiss dar zwischen statistischer Genauigkeit auf der einen und einem möglichst geringen systematischen Fehler auf der anderen Seite.

Die **Präzision** der Zählung nimmt mit der Anzahl der gezählten Kolonien zu:

Das 95%-Konfidenzintervall (s. S. 322f., 324f.) ist bei 30 auf einer Platte gezählten Kolonien mit $x - 33\%$ und $+ 43\%$ noch sehr breit; bei 100 Kolonien verkleinert es sich auf $x \pm \sim 20\%$, bei 200 Kolonien auf $\pm 14\%$ und bei 300 Kolonien auf $\pm 12\%$, und entsprechend verringert sich der statistische (Poisson-) Fehler. Dieselbe Präzisionssteigerung erreicht man, wenn man die Zahl der Kolonien dadurch erhöht, dass man mehrere Parallelplatten beimpft. Noch wirksamer lässt sich die Gesamtpräzision durch eine Erhöhung der Zahl der parallelen Proben steigern.

Während bei Zunahme der Koloniendichte auf der Platte der statistische Fehler abnimmt, wachsen die **systematischen Fehler** und führen unter Umständen dazu, dass die Häufigkeitsverteilung der Kolonienzahlen nicht mehr durch das Modell der Poissonverteilung beschrieben werden kann: In der dichten Suspension verklumpen die Zellen, die Kolonien hemmen sich gegenseitig in ihrer Entwicklung, z.B. durch Konkurrenz um die Nährstoffe oder durch die Ausscheidung von Stoffwechselprodukten, und beim manuellen Auszählen stark bewachsener Platten kommt es häufiger zu Zählfehlern. Je mehr Kolonien sich auf der Platte befinden und je größer der Durchmesser der einzelnen Kolonie ist, desto größer ist außerdem die Gefahr, dass dicht nebeneinanderliegende Kolonien sich überlappen, miteinander verschmelzen und als eine einzige Kolonie gezählt werden (Überlappungs- oder **Koinzidenzfehler**).

Dieser Fehler lässt sich bis zu einer gewissen Koloniendichte durch eine **Koinzidenzkorrektur** rechnerisch ausgleichen. Dabei geht man davon aus, dass zwei sich überlappende Kolonien noch als getrennte Zählobjekte zu erkennen sind, wenn der Abstand ihrer Zentren – d.h. der Abstand zwischen den zwei Zellen oder KBE, aus denen die Kolonien hervorgegangen sind – größer ist als der Radius der Kolonien.

Hat die Agarplatte den Radius R und die Kolonien auf der Platte einen mittleren Radius r und liegen nur Oberflächenkolonien vor, so ist die Wahrscheinlichkeit, dass sich zu Beginn der Bebrütung auf der Agaroberfläche innerhalb eines Kreises mit dem Radius r um eine vermehrungsfähige Zelle bzw. eine KBE herum noch eine zweite KBE befand, deren Kolonie mit der der ersten KBE zu einer einzigen Kolonie verschmolzen ist, $N_w \cdot \dfrac{\pi r^2}{\pi R^2}$. ($N_w$ ist die unbekannte „wahre" Zahl der Kolonien auf der Agarplatte.) Ist N_z die Anzahl der tatsächlich gezählten Kolonien, so beträgt die Zahl der Kolonien, die aufgrund der Überlappung (Koinzidenz) nicht erfasst werden, $N_z \cdot N_w \cdot \dfrac{r^2}{R^2}$; folglich ist

$$N_w = N_z + N_z \cdot N_w \cdot \frac{r^2}{R^2} \ .$$

Durch Umformung erhält man:

$$\frac{1}{N_w} = \frac{1}{N_z} - \frac{r^2}{R^2}$$

Bei Oberflächenkolonien kann man den Koinzidenzfehler im Allgemeinen bis zu einer Zahl von etwa 200 Kolonien pro Standardagarplatte vernachlässigen. Da nach der obigen Formel eine Verringerung des Koloniedurchmessers um den Faktor x den Koinzidenzfehler bei gegebener Kolonienzahl um den Faktor x^2 herabsetzt, sind Verfahren und Wachstumsbedingungen von Vorteil, die kleine Kolonien liefern (s. S. 359), auch wenn diese etwas schwieriger zu zählen sind.

Das **Zählergebnis** bezieht man gewöhnlich auf 1 ml (oder 1 g) der unverdünnten Probe. Dazu multipliziert man das arithmetische Mittel der Kolonienzahl pro Platte mit dem Verdünnungsfaktor und dividiert durch die pro Platte eingesetzte Menge (in ml) an (verdünnter) Zellsuspension (vgl. S. 334 und Abb. 27).

Manchmal liefern gleich zwei aufeinanderfolgende Dezimalverdünnungsstufen brauchbare Kolonienzahlen. In diesem Fall darf man die Ergebnisse nicht einfach gemeinsam verrechnen, da sie eine unterschiedliche Präzision aufweisen. Man berechnet deshalb einen **gewogenen Mittelwert**; dabei geht die Kolonienzahl der niedrigeren Verdünnungsstufe, die die größere Präzision besitzt, mit einem zehnfach höheren Gewicht in die Berechnung ein als die Kolonienzahl der höheren Verdünnungsstufe:

$$m = \frac{10^x}{v} \cdot \frac{\Sigma c_x + \Sigma c_{x+1}}{n_x + 0{,}1 n_{x+1}}$$

m = gewogener Mittelwert der Lebendzellzahl in 1 ml (oder 1 g) der unverdünnten Probe
10^x = Verdünnungsfaktor für die niedrigste ausgewertete Verdünnungsstufe 10^{-x}
v = pro Platte eingesetztes Volumen der (verdünnten) Zellsuspension in ml
Σc_x = Gesamtzahl der Kolonien auf allen (n_x) Platten der niedrigsten ausgewerteten Verdünnungsstufe 10^{-x}
Σc_{x+1} = Gesamtzahl der Kolonien auf allen (n_{x+1}) Platten der nächsthöheren ausgewerteten Verdünnungsstufe $10^{-(x+1)}$.

9.2.3.3 Schüttelagarkultur im Hochschichtröhrchen

Diese Methode eignet sich zur Zählung nicht allzu extremer Anaerobier, die die Temperatur des flüssigen Agars vertragen und kein oder wenig Gas bilden, z.B. sulfatreduzierende Bakterien und anoxygene phototrophe Bakterien (Purpur-, Grüne Bakterien). Das Verfahren ähnelt dem der Gewinnung einer Reinkultur im Schüttelagarröhrchen (s. S. 178ff.).

Zwei Varianten stehen zur Auswahl:

- Man legt von der zu untersuchenden Probensuspension mit einem geeigneten Verdünnungsmittel eine Dezimalverdünnungsreihe an (s. S. 333f.) und vermischt wie beim Gussplattenverfahren (s. S. 359f.) je 0,1 – 1,0 ml der in Frage kommenden Verdünnungsstufen mit 10 – 12 ml eines nach dem Autoklavieren rasch abgekühlten, im Wasserbad bei 45 °C flüssig gehaltenen Agarnährbodens (mit 8 – 10 g Agar/l) in einem Röhrchen. Man gießt das Gemisch jedoch nicht in eine Petrischale aus, sondern lässt es im Röhrchen erstarren.

- Man füllt den frisch autoklavierten oder verflüssigten Agarnährboden (mit 8 – 10 g Agar/l) rasch in Portionen von genau 9,0 ml in sterile Röhrchen (16 mm × 160 mm) und kühlt ihn schnell auf 45 °C ab. Anschließend beimpft man das erste Röhrchen mit genau 1,0 ml der zu untersuchenden Probensuspension, mischt durch Rollen des Röhrchens zwischen den Handflächen (s. S. 110) und überträgt mit steriler Pipette genau 1,0 ml des Gemisches in das zweite Röhrchen. Aus diesem überträgt man nach dem Mischen genau 1,0 ml in das dritte Röhrchen, und so fort (vgl. S. 333f.).

Bei beiden Varianten stellt man die Röhrchen nach dem Mischen bzw. Weiterimpfen sofort in kaltes Wasser und überschichtet die Agarsäule möglichst bald nach dem Erstarren 1 – 2 cm hoch mit einem geschmolzenen, sterilen Paraffin-Paraffinöl-Gemisch (s. S. 138). Statt mit einem Wattestopfen kann man die Röhrchen auch mit einem Stopfen aus (sauerstoffundurchlässigem) Butylgummi oder bei besonders O_2-empfindlichen Organismen mit einem Wright-Burri-Verschluss (s. S. 139f.) verschließen.

Je nach Keimgehalt der Probe sind 5 – 10 Verdünnungsstufen erforderlich; von jeder Verdünnungsstufe legt man wenigstens drei Röhrchen an. Die optimale Kolonienzahl pro Röhrchen liegt bei etwa 30 – 60 Kolonien (vgl. S. 363).

9.2.3.4 Membranfiltertechnik

In flüssigen (oder gasförmigen) Proben mit geringer Zelldichte bestimmt man die Lebendzellzahl gewöhnlich mit Hilfe der Membranfiltertechnik (vgl. S. 25ff., 340ff.). Man saugt eine bestimmte, meist relativ große Probenmenge durch ein Membranfilter, dessen Poren so eng sind, dass die Mikroorganismen an der Filteroberfläche zurückgehalten werden. Anschließend legt man das Filter mit den Zellen nach oben auf einen geeigneten, festen Nährboden und bebrütet. Während der Bebrütung diffundieren die Nährstoffe aus dem Nährboden durch die kapillar mit Wasser gefüllten Filterporen auf die Filteroberseite zu den abgetrennten Mikroorganismen (und gleichzeitig diffundieren Stoffwechselprodukte – die in zu hoher Konzentration wachstumshemmend wirken könnten – von der Oberseite in das Nährmedium); die Zellen vermehren sich und bilden auf dem Filter makroskopisch auszählbare Kolonien.

Die Lebendzellzahlbestimmung mit Hilfe von Membranfiltern ist genauer, einfacher und schneller als die MPN-(= Most-probable-number-)Methode (s. S. 376ff.). Man erhält das Ergebnis häufig in weniger als 24 Stunden. Die Membranfiltration ist auch einfacher, schneller und vor allem sehr viel empfindlicher als die Plattenverfahren (s. S. 358f.), weil man ein erheblich größeres Probenvolumen untersuchen kann. Durch die Filtration werden die Mikroorganismen auf dem Filter konzentriert, und man erfasst selbst noch einige wenige Zellen in einer Probe. Die Membranfiltertechnik ist deshalb die Methode der Wahl für die Untersuchung filtrierbarer Proben mit **niedriger Keimzahl**, z.B. für die Untersuchung keimarmer Gewässer, die bakteriologische Trinkwasseranalyse und die mikrobiologische Qualitätskontrolle von Lebensmitteln, besonders Getränken, sowie von kosmetischen und pharmazeutischen Produkten. Das Membranfilterverfahren ist die einzige brauchbare Methode zur **Sterilitätsprüfung** von Produkten, die antimikrobielle Wirkstoffe, z.B. Antibiotika oder Konservierungsmittel, enthalten, denn beim Filtrieren und Nachspülen werden diese Stoffe von den Zellen abgetrennt und aus dem Filter ausgewaschen und können deshalb die Entwicklung der Kolonien nicht beeinträchtigen.

Das Verfahren ermöglicht außerdem die schnelle und einfache **Direktisolierung** von Mikroorganismen, die nur in geringer Konzentration im Wasser vorkommen (siehe z.B. S. 168ff.). Für die weitere Kultivierung und Untersuchung der auf dem Filter gewachsenen Organismen kann man problemlos von den Kolonien abimpfen; man kann die Kolonien auf dem Filter anfärben, um ihren Kontrast zu erhöhen (s. S. 375f.) oder um zwischen verschiedenen Mikroorganismengruppen zu differenzieren, oder man kann zu diagnostischen Zwecken das bewachsene Filter sogar auf einen anderen (Differential-)Nährboden oder auf ein mit einer Reagenzlösung getränktes Filtrierpapier übertragen.

Für die Lebendzellzahlbestimmung in Proben mit **hoher Keimzahl** ist, sofern sie keine wachstumshemmenden Substanzen enthalten, das Spatelplattenverfahren (s. S. 361ff.) besser geeignet als die Membranfiltertechnik. Auch durch Stress geschädigte Zellen (vgl. S. 328) vermehren sich eher auf Agarplatten (oder in flüssigen Medien) als auf Membranfiltern, besonders wenn man sie auf Selektivnährböden mit Hemmstoffzusatz kultiviert (s. S. 157f.).

Filter

Für mikrobiologische Analysen verwendet man vorwiegend Membranfilter aus **Celluloseestern**: Cellulosenitrat, Celluloseacetat (bei Proben mit hohem Alkoholgehalt [> 12 %]) oder Cellulosemischester. Die Filter haben einen Durchmesser von 47 oder 50 mm, sind also größer als die zur mikroskopischen Zellzahlbestimmung verwendeten Membranfilter; ihre nominale Porenweite beträgt in der Regel 0,45 µm für die Filtration von Bakterien und 0,65–1,2 µm für Hefen und Schimmelpilze. Da viele der in natürlichen Gewässern vorkommenden Bakterien (z.B. manche Pseudomonaden) sehr klein sind, benutzt man in der Gewässermikrobiologie häufig auch Filter mit einem Porendurchmesser von 0,2 µm (vgl. S. 341).

Die besten Ergebnisse erhält man – besonders bei geschädigten oder unter Stressbedingungen wachsenden Bakterien – mit „anisotropen" Filtern, d.h. mit Filtern, deren Poren an der Filteroberseite etwas größer sind als der Durchmesser der zu untersuchenden Organismen und sich nach dem Inneren des Filters trichterförmig verengen. Bei einem solchen Filter können die Zellen ein Stück weit in die Poren eindringen, bevor sie zurückgehalten werden. Sie sind deshalb während der Bebrütung in die Filtermatrix eingebettet und völlig von Nährlösung umgeben; dadurch haben sie bessere Überlebenschancen als Bakterien, die bereits auf der Filteroberfläche zurückgehalten werden, wo sie leicht austrocknen oder unter Nährstoffmangel geraten. (Filter vom Nuclepore-/Isopore-Typ [s. S. 342] sind deshalb für Lebendzellzahlbestimmungen völlig ungeeignet!) Auch die Durchflusseigenschaften des Membranfilters werden durch die Trichterform der Poren verbessert (vgl. S. 28).

Als Folge ihrer Herstellungsbedingungen besitzen alle Membranfilter zwangsläufig eine gewisse Anisotropie, wobei die Oberseite mit den größeren Poren oft an der relativ glatten, glänzenden Oberfläche zu erkennen ist. Im Handel sind jedoch auch Filter mit besonders stark ausgeprägter Trichterform der Poren erhältlich, die insbesondere für den Nachweis coliformer Fäkalkeime (*Escherichia coli*) im Trinkwasser verwendet werden. Diese Filter haben an der Oberseite z.B. einen Porendurchmesser von 2,4 µm, der sich im Filterinneren auf 0,7 µm verringert (Millipore, Typ HC).

Auf ihrer Oberseite tragen die Membranfilter meist ein aufgedrucktes **Gitternetz**; es erleichtert die Auszählung der Kolonien, insbesondere bei höheren Kolonienzahlen und bei Mikrokolonien. Das Gitternetz hat keinen Einfluss auf Porenstruktur oder Filtrationseigenschaften des Filters und beeinträchtigt nicht die Entwicklung der Kolonien. Die Gitterlinien haben gewöhnlich einen Abstand von 3,1 mm (manchmal auch von 5 mm), die von ihnen begrenzten Quadrate also eine Fläche von je 0,096 cm^2 (bzw. 0,25 cm^2). Bei einer wirksamen Filtrationsfläche von 12,5 cm^2 (bei 47 bzw. 50 mm Filterdurchmesser der häufigste Fall) stellt ein Quadrat folglich $^1/_{130}$ ($^1/_{50}$) dieser Fläche dar.

Zum Zählen dunkler oder gefärbter Kolonien (z.B. auf Indikatornährböden) bevorzugt man weiße Membranfilter mit grünem oder schwarzem Gitternetz; bei hellen oder farblosen Bakterienkolonien geben grüne Filter (mit dunkelgrünem oder schwarzem Gitternetz) einen besseren Kontrast. Für Hefen und Schimmelpilze eignen sich am besten schwarze Filter mit weißem Netzaufdruck. Für die Auswertung in vollautomatischen Kolonienzählgeräten (s. S. 364) dürfen die Membranfilter keinen Gitternetzaufdruck tragen.

Zur Sterilitätsprüfung von Produkten, die Antibiotika oder andere antimikrobielle Substanzen enthalten, verwendet man Membranfilter mit einem 3–6 mm breiten, nicht benetzbaren **hydrophoben Rand**. Dieser verhindert, dass die Hemmstoffe während der Filtration in den vom Rand des Filtrationsaufsatzes bedeckten Teil des Filters einwandern, aus dem sie beim anschließenden Spülen nicht restlos entfernt werden könnten. Die Folge wäre eine Beeinträchtigung der Kolonienentwicklung durch die Hemmstoffreste im Filter.

Enthält die zu filtrierende Probe gröbere Partikel, so saugt man die Probensuspension vor der Membranfiltration durch ein **Papierfilter** (qualitatives Rundfilter mit erhöhter Nassfestigkeit), das man in eine Nutsche (Büchnertrichter) einlegt, oder man schaltet dem Bakterienfilter direkt ein grobporiges **Vorfilter** vor. Das kann ein Glasfaserfilter, aber auch ein Membranfilter aus Celluloseester sein; der Porendurchmesser beträgt gewöhnlich 8–12 µm. Zu manchen Filtrationsgeräten gibt es einen speziellen Zusatz zur Aufnahme des Vorfilters. Legt man dagegen das Vorfilter unmittelbar auf das bakteriendichte Filter, so darf der Durchmesser des Vorfilters nicht größer sein, als der lichten Weite des Dichtungsrandes des Filtrationsaufsatzes entspricht (z.B. 40 mm bei 47 oder 50 mm Durchmesser des Hauptfilters), so dass das Vorfilter nicht vom Dichtungsrand erfasst wird (vgl. S. 28).

Die Membranfilter müssen bei Verwendung **keimfrei** sein. Man kann sie selbst sterilisieren, indem man sie einzeln zwischen Filtrierpapier legt (um ein Verkleben zu verhindern) und in einer Glaspetrischale 20 min bei 121 °C – möglichst mit Nachvakuum – autoklaviert. Im Handel sind ferner „Autoklavenpackungen" erhältlich, in denen die (eventuell vorsterilisierten) Filter zu jeweils zehn Stück, gewöhnlich zusammen mit Kartonscheiben (s. S. 371f.), in wiederverschließbaren Beuteln autoklavierbereit verpackt sind. Man kann das Membranfilter aber auch nach dem Einlegen ins Filtrationsgerät zusammen mit diesem autoklavieren (s. S. 30). Ein trockenes Membranfilter darf nur in ein trockenes Filtrationsgerät eingelegt werden. Ist das Gerät noch feucht, so benetzt man das Filter vor dem Einlegen mit demineralisiertem Wasser; für Membranfilter aus Celluloseacetat oder Cellulosemischester ist dies in jedem Fall erforderlich. Das Filter darf während des Autoklavierens und Abkühlens nicht austrocknen (kein Vor- oder Nachvakuum!). Celluloseacetatfilter lassen sich auch mit Heißluft bis 180 °C sterilisieren. Am einfachsten ist es jedoch, die Filter steril und einzeln verpackt zu beziehen.

Man **lagere** die Membranfilter bei Raumtemperatur und einer relativen Luftfeuchtigkeit bis etwa 60 %, geschützt vor Sonnenlicht, UV-Strahlung, Staub und Labordämpfen. Die Filter sind in der ungeöffneten Orginalpackung in der Regel mehrere Jahre lagerfähig; angebrochene Packungen sollte man innerhalb eines Jahres aufbrauchen. Überalterte Filter werden spröde und können während der Filtration reißen. Außerdem verziehen und wellen sie sich und liegen dann dem Nährboden während der Bebrütung nicht mehr voll auf; dies hat zur Folge, dass sich an den Stellen ohne Kontakt mit dem Nährmedium keine Kolonien entwickeln.

Filtrationsgeräte

Man verwendet in der Regel **Vakuumfiltrationsgeräte** aus Edelstahl, Glas oder Polycarbonat für einen Filterdurchmesser von 47 oder 50 mm und mit 40–500 ml Fassungsvermögen. Bei Routineuntersuchungen mit einer großen Probenzahl bevorzugt man Edelstahlgeräte; sie lassen sich zwischen den einzelnen Filtrationen durch Abflammen mit der Bunsenbrennerflamme behelfsmäßig sterilisieren (s. S. 370). Den Aufbau eines Edelstahlfiltrationsgeräts zeigt Abb. 30 (S. 370):

Aufsatz und Unterteil bilden zusammen den **Filterhalter**. Der trichterförmige oder zylindrische **Aufsatz** (Aufgussraum) trägt zur Vermeidung von Kontaminationen einen Deckel aus Edelstahl mit Silicondichtungsring (bei Glasgeräten einen Deckel aus Silicongummi) mit einem Belüftungsstutzen, der vor der Sterilisation mit einem Wattepfropf (bzw. einem Filtrationsvorsatz mit PTFE-Membranfilter, s. S. 34f.) verschlossen wird. Als **Filterunterstützung** dient vorzugsweise eine Fritte, das ist eine Platte aus porösem Edelstahlsinter oder Sinterglas. Sie bewirkt eine gleichmäßigere Verteilung der Zellen auf der Filteroberfläche als ein PTFE-beschichtetes Lochblech. Auf das Auslaufrohr zieht man einen durchbohrten Gummistopfen, der auf die Saugflasche passt.

Für Routineuntersuchungen kann man drei oder sechs Filterhalter auf eine gemeinsame **Mehrfachabsaugvorrichtung** aufsetzen und so mehrere Proben gleichzeitig filtrieren. Für die Prüfung auf Sterilität gibt es komplette Sterilitätstestsysteme, für die schnelle Routinekontrolle und für Felduntersuchungen auch vorsterilisierte, sofort gebrauchsfertige Einwegfiltrationseinheiten.

Die Teile des Filtrationsgeräts, die mit der Probe in Berührung kommen, müssen steril sein. Zur **Sterilisation** packt man den zusammengesetzten und mit dem Deckel verschlossenen Filterhalter – ohne oder mit eingelegtem Membranfilter – in Pergamentpapier ein und autoklaviert 30 min bei 121 °C (vgl. S. 30f.). Beim Autoklavieren mit eingelegtem Membranfilter soll die Filterunterstützung teflonisiert oder von einem Teflonring eingefasst sein, damit das Filter nicht an der Unterstützung anklebt. Nach der Sterilisation lässt man den Autoklav langsam abkühlen und stellt den Druckausgleich nicht etwa durch vorzeitiges Öffnen des Strömungsventils her; auf diese Weise vermeidet man eine Beschädigung des Filters. Glas- oder Edelstahlgeräte ohne Filter oder mit Celluloseacetatfilter kann man auch mit Heißluft bis 180 °C sterilisieren.

Bei Felduntersuchungen und zwischen den einzelnen Filtrationen umfangreicher Routineuntersuchungen ist ein Autoklavieren des Filtrationsgeräts oft nicht möglich oder zu zeitraubend. In solchen Fällen sterilisiert man das (Edelstahl-)Gerät vor dem Einlegen des Membranfilters häufig behelfsmäßig durch Abflammen.

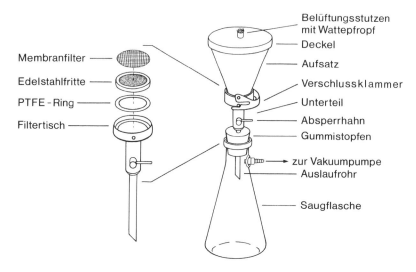

Abb. 30: Vakuumfiltrationsgerät aus Edelstahl zur Lebendzellzahlbestimmung mit Hilfe der Membran-filtertechnik

---

Abflammen eines Vakuumfiltrationsgeräts aus Edelstahl
(vgl. Abb. 30)

Material: vgl. S. 372f.

– Unterteil des Filtrationsgeräts mit Hilfe eines durchbohrten, auf das Auslaufrohr gezogenen Gummistopfens fest auf eine Saugflasche setzen, und die Saugflasche mit der Vakuumpumpe verbinden (s. S. 373).

– PTFE-Dichtungsring und Edelstahlfritte in den Filtertisch einlegen; Aufsatz (Aufgussraum) auf das Unterteil setzen und mit Hilfe der Verschlussklammer fest mit ihm verbinden.

– Absperrhahn des Unterteils öffnen; Vakuumpumpe einschalten, und einen schwachen Luftstrom durch die Fritte saugen.

– Innenwand des Aufsatzes und Filtertisch mit Fritte gründlich mit Wasser und anschließend mit 70%igem Ethanol abspülen.

– Aufsatz abnehmen. Filtertisch und Fritte etwa 20 s lang mit der Bunsenbrennerflamme abflam-men und zwar so, dass die Flamme auch in die Fritte gesaugt wird.

– Nach Verschwinden des Kondenswassers Hahn schließen.

– Aufsatz am oberen Rand fassen, auf der Unterseite abflammen, dann wieder auf das Unterteil aufsetzen und mit der Verschlussklammer verriegeln.

– Aufsatz innen spiralförmig von unten nach oben ausflammen.

– Wenn das Gerät anschließend sofort benutzt werden soll, zum Abkühlen etwas steriles demine-ralisiertes Wasser eingießen, Hahn öffnen, Wasser absaugen, und Hahn sofort wieder schließen.

– Deckel unterseits abflammen, und Aufsatz damit verschließen.

– Vakuumpumpe abschalten.

Das Verfahren ist jedoch nur ein **Notbehelf**; es garantiert keine Keimfreiheit der abgeflammten Oberflächen, da schwer zugängliche Stellen nicht genügend erhitzt werden und dort Mikroorga-nismen überleben können (vgl. S. 18). Erheblich sicherer und überdies einfacher und schneller ist die Verwendung vorsterilisierter Einwegaufsätze oder Einwegaufsatz-Filter-Einheiten.

Die Saugflasche zur Aufnahme des Filtrats braucht in jedem Falle nicht steril zu sein.

Probenmenge

Die für die Kolonienzählung auf Membranfiltern geeigneten Zellkonzentrationen liegen um mehrere Zehnerpotenzen niedriger als die für die mikroskopische Direktzählung (s. S. 340) geeigneten Konzentrationen. Durch ein Membranfilter von 47 bzw. 50 mm Durchmesser filtriert man so viel Flüssigkeit, dass auf der wirksamen Filtrationsfläche des Filters (abhängig vom Filterhalter, meist 12,5 cm^2) 20–200 Keime liegenbleiben (vgl. S. 374); das sind je nach Keimgehalt der Probe in der Regel zwischen 20 und 500 ml Flüssigkeit. Um eine Zufallsverteilung der Zellen auf der Filteroberfläche zu erreichen, sollte man eine Probenmenge von 20 ml nicht unterschreiten. Bei einem Probenvolumen unter 20 ml gibt man in das Filtrationsgerät unmittelbar vor der Filtration zunächst etwa 20 ml steriles Verdünnungsmittel und erst dann die Probe. Bei einer großen Probenmenge kann es je nach Partikelgehalt der filtrierten Flüssigkeit zum vorzeitigen Verstopfen des Filters durch Fremdpartikel kommen; dies lässt sich jedoch häufig durch ein Vorfilter verhindern (s. S. 368).

Bei gesetzlich vorgeschriebenen Untersuchungen muss eine bestimmte Mindestmenge der zu analysierenden Flüssigkeit filtriert werden, z.B. bei der Trinkwasseranalyse laut Trinkwasserverordnung mindestens 100 ml oder bei der Untersuchung von Mineralwässern gemäß Tafelwasserverordnung mindestens 250 ml Wasser.

Nährböden

Nach der Filtration bebrütet man das Membranfilter mit den Mikroorganismen auf einem festen Nährboden in einer Petrischale. Zweckmäßig ist eine Schale mit etwa 60 mm Bodendurchmesser. Hinsichtlich der Form des Nährbodens kann man zwischen drei Möglichkeiten wählen:

- herkömmlichen **Agarplatten**, auf deren Oberfläche man die Filter auflegt. Die Agarkonzentration soll nicht höher sein als 10 g/l, um die Diffusion der Nährstoffe in das Filter zu erleichtern.

- sterilen **Kartonscheiben**, die man in Petrischalen einlegt (bei Reihenuntersuchungen am besten mit Hilfe eines Handdispensers) und vor dem Auflegen des Membranfilters mit einer geeigneten Nährlösung tränkt. Die Kartonscheiben sind bei den Membranfilterherstellern sowohl zusammen mit den Filtern als auch separat erhältlich. Man kann sie entweder vorsterilisiert beziehen, auf Wunsch im Dispenser oder einzeln in sterilen Petrischalen, oder kann sie – in derselben Weise wie die Membranfilter – selbst sterilisieren (s. S. 368). Die Kartonscheiben bestehen aus besonders reiner Cellulose; sie sind 0,8–1,4 mm dick und hochsaugfähig. Auf eine Kartonscheibe von 50 mm Durchmesser lassen sich bis zu 3,5 ml Nährlösung pipettieren. Die Scheibe soll bis zum Rand mit der Nährlösung durchtränkt sein, ohne dass jedoch Lösung in die Petrischale fließt. Bei Nährlösungsüberschuss besteht die Gefahr, dass die Kolonien verlaufen oder Bakterien sich durch Schwärmen ausbreiten (vgl. S. 172).

- **Nährkartonscheiben**, das sind Kartonscheiben, die bereits vom Hersteller mit Nährlösung getränkt, getrocknet und sterilisiert worden sind. Sie werden – meist einzeln in sterile Petrischalen verpackt – zusammen mit den passenden Membranfiltern geliefert und sind nach dem Befeuchten mit 3–3,5 ml sterilem demineralisiertem Wasser sofort gebrauchsfertig. Nährkartonscheiben bieten eine besonders bequeme und zeitsparende Möglichkeit zur Kultivierung von Mikroorganismen auf Membranfiltern, vor allem auch für Labors ohne umfangreiche mikrobiologische Ausrüstung. Die Scheiben sind mit zahlreichen Standardnährböden für die Untersuchung von Wasser, Lebensmitteln und pharmazeutischen oder kosmetischen Produkten erhältlich. Sie lassen sich bei Raumtemperatur bis zu zwei Jahren lagern.

(Nähr-)Kartonscheiben verwendet man in erster Linie für Routineuntersuchungen; allerdings ist die Ausbeute auf ihnen oft geringer als auf Agarplatten. Das Befeuchten einer größeren Anzahl von Kartonscheiben mit sterilem Wasser oder Nährlösung geschieht am besten mit einer Dosier- oder Repetierspritze, eventuell mit aufgesetztem Filtrationsvorsatz zur Sterilfiltration (vgl. S. 29f.). Werden die befeuchteten Scheiben nicht sofort benötigt, so kann man sie, fest in Plastikbeutel verpackt, bis zu acht Stunden im Kühlschrank aufbewahren.

Für das Membranfilterverfahren benutzt man vorzugsweise **Differentialnährböden**, meist mit selektiv wirkenden Hemmstoffzusätzen (vgl. S. 52, 157). Manche Nährbodenbestandteile, insbesondere Hemmstoffe, werden am Membranfilter teilweise adsorbiert, so dass ihre Konzentration in der die Mikroorganismen umgebenden Lösung geringer ist als im Nährboden unter dem Filter. Man setzt deshalb die Nährböden häufig höher konzentriert an als normale Nährmedien. Die Nährbodenproduzenten und einige Membranfilterhersteller bieten eine Reihe gängiger Routinenährböden als Trocken- oder Fertignährböden speziell für die Membranfiltration an, letztere vorsterilisiert und gebrauchsfertig als Agarplatten oder, portioniert in Glas- oder Plastikampullen, als Nährlösung zum Tränken der Kartonscheiben (vgl. S. 85f.). Einige vielverwendete Differentialnährböden, z.B. Eosin-Methylenblau-Lactose-(EMB-)Agar, sind allerdings für die Membranfiltertechnik nicht geeignet.

Filtration

Keimzahlbestimmung mit Hilfe der Membranfiltration
(s. Abb. 30, S. 370)

Material: – zu untersuchende, flüssige Probe mit geringer Zellkonzentration

  – ca. 300 ml Pepton-Salz-Lösung, steril (s. S. 358) (als Spül- und Verdünnungslösung; bei Proben, die Fette oder fettartige Substanzen enthalten, mit Zusatz von 1 g Polysorbat [Tween] 80 pro Liter)

  – Petrischale(n), Durchmesser ca. 60 mm, mit festem Nährboden (s. S. 371f.)

  – Membranfilter aus Celluloseester, steril, Durchmesser 47 oder 50 mm, mit Gitternetz, Porenweite für Bakterien meist 0,45 μm (s. S. 367f.)

  – Vakuumfiltrationsgerät für Filterdurchmesser 47 oder 50 mm mit durchbohrtem Gummistopfen, Fritte, Aufsatz (für ≥ 100 ml) und Deckel (s. S. 369f.), steril (bei Edelstahlgerät als Notbehelf auch Abflammen möglich, s. S. 370)

  – Saugflasche (mit Kunststoffolive oder mit Tubus)[16], Rauminhalt 1 – 2 l

  – Woulfe'sche Flasche, Rauminhalt 500 ml, mit 2 oder 3 Hälsen mit durchbohrten Gummistopfen, 2 Verbindungsstücken für Vakuumschlauch und eventuell einem Hahn
    oder: Druckfiltrationsgerät für den Leitungseinbau aus Polycarbonat, für Filterdurchmesser 47 oder 50 mm, mit eingelegtem Membranfilter aus PTFE, Porenweite 0,45 μm, unsteril (vgl. S. 34f.)
    (zum Schutz gegen ein Übertreten des Filtrats aus der Saugflasche in die Vakuumpumpe)

  – 2 Stücke Vakuumschlauch

  – Membranvakuumpumpe (für Grobvakuum)

  – Pinzette(n) aus Edelstahl mit abgeflachten und vorn abgerundeten, ungeriffelten Spitzen, ersatzweise Deckglas- oder Briefmarkenpinzette, steril (mit trockener Heißluft steri-

---

[16] geringere Unfallgefahr als bei einer Glasolive!

lisiert; ersatzweise mit 96%igem Ethanol abgeflammt, vgl. S. 118) (zum Fassen der Membranfilter)

– Dosierspritze, steril (autoklaviert)
oder: 30- bis 100-ml-Pipette und eventuell 20-ml-Pipette, steril
(für Spül- und Verdünnungslösung, s. S. 374)

– Pipette mit Pipettierhilfe oder Messzylinder aus Kunststoff (vgl. S. 332), steril (zum Einfüllen der Probe in den Aufgussraum)

– Brutschrank

– eventuell:
70%iges Ethanol in einer Spritzflasche aus Polyethylen;
Glaspetrischale mit 96%igem Ethanol;
ca. 100 ml demineralisiertes Wasser, steril;
Bunsenbrenner
(zur behelfsmäßigen Sterilisation von Filtrationsgerät und Pinzette)

Einlegen und Entnahme des Membranfilters möglichst in einer Reinen Werkbank vornehmen!

Zusammenbau der Filtrationseinheit:

– Filtrationsgerät mit Hilfe des durchbohrten, auf das Auslaufrohr gezogenen Gummistopfens fest auf die Saugflasche setzen. Die Filterunterstützung (Fritte) muss genau waagerecht liegen!

Falls das Filtrationsgerät noch nicht sterilisiert ist:

– (Edelstahl-)Gerät durch Abflammen behelfsmäßig sterilisieren (s. S. 370).

Falls noch kein Membranfilter eingelegt ist:

– Verschlussklammer am Aufsatz lösen.

– Steriles Membranfilter mitsamt dem darüber liegenden farbigen Schutzblättchen mit steriler Flachpinzette am äußersten Rand fassen und aus der Packung nehmen.
(Bei Benutzung einer abgeflammten Pinzette ist darauf zu achten, dass der Alkohol völlig abgebrannt und die Pinzette nicht mehr zu heiß ist, wenn man das Membranfilter entnimmt.)

– Mit der freien Hand Aufsatz des Filtrationsgeräts (mit Deckel) abheben und mit der Unterseite nach unten über das Unterteil halten.

– Membranfilter mit dem Gitternetzaufdruck nach oben samt darüber liegendem Schutzblättchen zentrisch auf die Fritte auflegen. Schutzblättchen abnehmen und verwerfen.

– Aufsatz sofort wieder aufsetzen und mit der Verschlussklammer fest mit dem Unterteil verbinden.

– Saugflasche durch Vakuumschläuche über eine Woulfe'sche Flasche (oder ein Druckfiltrationsgerät für den Leitungseinbau mit PTFE-Filter) mit der Vakuumpumpe verbinden.

Filtration der Probe:

– Probe gut durchmischen.

– Deckel des Aufsatzes schräg etwas anheben, jedoch über den Aufgussraum halten; eine geeignete, genau abgemessene Probenmenge (s. S. 371) in den Aufsatz gießen oder pipettieren. Der Absperrhahn am Unterteil muss geschlossen sein!
(Werden mit einem Filtrationsgerät verschiedene Mengen und/oder mehrere Verdünnungsstufen derselben Probe filtriert, so beginnt man mit der kleinsten Menge der stärksten Verdünnung und endet mit der größten Menge der schwächsten Verdünnung oder der unverdünnten Probe.)

Bei einem Probenvolumen < 20 ml zuerst etwa 20 ml sterile Pepton-Salz-Lösung als Vorlage, dann die Probe in den Aufsatz pipettieren. Vorlage und Probe durch leichtes, kreisförmiges Schwenken von Saugflasche und Filtrationsgerät miteinander vermischen.

– Deckel wieder aufsetzen.

- Vakuumpumpe einschalten, und Absperrhahn am Filtrationsgerät öffnen.
- Probe unter leichtem Vakuum (ca. 0,1 bar [= 10 kPa] absoluter Druck) absaugen. (Ein höheres Vakuum kann empfindliche Zellen schädigen oder abtöten!) Danach Absperrhahn schließen.
- Innenwand des Aufgussraums 2- bis 3-mal mit 30 – 100 ml steriler Pepton-Salz-Lösung spiralförmig von oben nach unten abspülen (dabei Deckel über den Aufsatz halten; die Lösung darf nicht auf die Filterfläche spritzen!), und nach Schließen des Deckels und Öffnen des Absperrhahns erneut absaugen, beim letzten Mal so lange, bis keine Flüssigkeit mehr aus dem Auslaufrohr tropft; anschließend noch 5 – 10 s weitersaugen.
- Absperrhahn schließen, und Vakuumpumpe abschalten.

Entnahme und Inkubation des Membranfilters:

- Verschlussklammer lösen, und Filtrationsaufsatz abnehmen.
- Membranfilter mit steriler Pinzette am äußersten Rand fassen und vorsichtig von der Filterunterstützung abheben.
- Filter mit der Oberseite (Probenschichtseite) nach oben mit der Kante auf den Nährboden in einer Petrischale aufsetzen und langsam so auf der Nährbodenoberfläche abrollen lassen, dass zwischen Filter und Nährboden keine Luftblasen eingeschlossen werden. Das Filter muss dem Nährboden voll aufliegen!
- Petrischale schließen und in geeigneter Weise in einem Brutschrank bebrüten, bei Agarplatten mit der Unterseite, bei (Nähr-)Kartonscheiben mit dem Deckel nach oben.

Ein **Schäumen** während der Filtration vermeidet man, indem man einige Tropfen Siliconöl (s. S. 131) oder 1-Octanol oder einige ml Spiritus in die Saugflasche gibt.

Bei Routineuntersuchungen von Proben mit geringer und von Probe zu Probe etwa gleichbleibender Keimbelastung kann man dasselbe Filtrationsgerät ohne erneute Sterilisation für eine ganze Probenserie verwenden. Dagegen benötigt man bei Proben mit unbekannter oder sehr unterschiedlicher Keimzahl für jede Probe einen frisch sterilisierten Filterhalter.

Auswertung

Man begutachtet und zählt die auf den Membranfiltern entstandenen Kolonien in derselben Weise wie bei den klassischen Plattenverfahren (s. S. 363f.). Das Gleiche gilt für die Berechnung und statistische Beurteilung der Zählergebnisse (s. S. 364f.).

Beim Durchmustern der Quadrate des Gitternetzes verfährt man wie beim Zählen von Zellen in der Zählkammer unter dem Mikroskop (s. S. 338f. und Abb. 28 B, S. 337). Man zählt nach Möglichkeit das noch feuchte Filter aus; falls nötig, kann man die Auszählung aber auch am getrockneten Filter (s. S. 376) vornehmen. Wegen der im Vergleich zur Standardagarplatte kleineren Fläche des Membranfilters soll die **Zahl der Kolonien** auf einem Filter von 47 oder 50 mm Durchmesser **zwischen 20 und etwa 100** liegen; sie darf 200 Kolonien nicht überschreiten. Diese Höchstgrenze schließt auf Differentialnährböden auch uncharakteristische (z.B. ungefärbte) Hintergrundkolonien mit ein.

Eine **anormale Verteilung** der Kolonien auf dem Membranfilter kann verschiedene Ursachen haben:

- Die Kolonien sind auf einer Seite oder in einem Bereich des Filters konzentriert.

- Filter und Filterunterstützung lagen während der Filtration nicht genau waagerecht.

- Die Probe wurde bei geöffnetem Absperrhahn und laufender Vakuumpumpe eingegossen.

- Das Probenvolumen war zu gering, und die Probe wurde ohne Vorlage (Verdünnungslösung) filtriert.

- Die Probe wurde nicht genügend mit der Vorlage gemischt.

- Inmitten der Kolonien ist eine wachstumsfreie Stelle.
  - An dieser Stelle wurde zwischen Filter und Nährboden eine Luftblase eingeschlossen, so dass das Filter während der Bebrütung hier dem Nährboden nicht auflag.

- Die Kolonien sind auf dem Filter verlaufen und miteinander verschmolzen.
  - Die Flüssigkeit wurde nicht restlos abgesaugt und das noch feuchte Filter auf den Nährboden übertragen.
  - Die Agarplatte war zu feucht, oder zur (Nähr-)Kartonscheibe wurde zuviel Wasser bzw. Nährlösung gegeben.
  - Die Probe enthielt Fasern oder andere gröbere Partikel, an denen entlang sich die Kolonien ausbreiteten.

- Entlang des Filterrandes hat sich eine große Zahl von Kolonien entwickelt, die zum Teil ineinandergelaufen sind.
  - Der Filterhalter dichtete den Filterrand nicht genügend ab, so dass sich die Keime rings unter dem Dichtungsrand des Aufsatzes ausbreiten konnten.
  - Der untere Rand des Aufsatzes war nicht steril.

Die meisten der genannten Probleme lassen sich vermeiden, indem man die Filtrationsanleitung auf S. 372 ff. genau beachtet. Fasern und andere grobe Partikel entfernt man durch Vorfiltration (s.u.).

Getrübte Proben, die z.B. Sediment oder Algen enthalten, führen häufig zu einer bräunlichen, gelblichen oder grünlichen Verfärbung des (weißen) Membranfilters. Die auf dem Filter abgelagerten Partikel können die Entwicklung der Kolonien hemmen und ihre Erkennung beim Auszählen erschweren. Man klärt deshalb getrübte Proben durch eine Vorfiltration (s. S. 368) vor der eigentlichen Bakterienfiltration. Statt vorzufiltrieren, kann man bei nicht allzu starker Trübung (sowie bei einem starken Hintergrundwachstum auf Differentialnährböden) die Probe auch in zwei bis höchstens fünf Unterproben aufteilen, jede Unterprobe separat durch ein Bakterienfilter filtrieren und die Kolonienzahlen der einzelnen Filter anschließend wieder addieren.

Wenn nach der Bebrütung die Kolonien auf einem weißen Membranfilter zu wenig Kontrast besitzen, kann es, vor allem bei sehr kleinen Kolonien, nützlich sein, vor dem Auszählen entweder das **Filter** oder die **Kolonien anzufärben**.

Färbung des Filters mit Malachitgrün

- Filter in der Petrischale mit 2– 4 ml einer 0,01%igen Lösung (w/v) von Malachitgrün (Oxalat; vgl. Tab. 27, S. 261) in demineralisiertem Wasser übergießen.
- Farbstofflösung 8 – 10 s einwirken lassen, danach abgießen: Die Kolonien erscheinen ungefärbt auf einem grünen Untergrund.

Färbung der Kolonien mit Methylenblau

– Eine frische Kartonscheibe oder einige Lagen Filtrierpapier in einer Petrischale mit etwa 2 ml einer alkalischen Methylenblaulösung (s. S. 264) tränken.

– Membranfilter mit den Kolonien nach oben auf die Kartonscheibe oder das Filtrierpapier legen.

– Nach 1 min das Filter auf eine weitere, mit demineralisiertem Wasser getränkte Kartonscheibe (oder Filtrierpapierlagen) übertragen: Die Kolonien behalten ihre dunkelblaue Färbung, während sich das Membranfilter aufhellt.

Zellmaterial zum eventuellen Animpfen von Subkulturen muss man vor der Färbung entnehmen, da die Farbstoffe die Vermehrungsfähigkeit der Zellen beeinträchtigen.

Dokumentation

Die mit Kolonien bewachsenen Membranfilter kann man trocknen und als Untersuchungsbelege über viele Jahre aufbewahren. Man nimmt das Filter vom Nährboden ab, legt es auf einen trockenen Karton und lässt es 1 – 2 Stunden an der Luft oder 20 min im Trockenschrank bei 50 – 60 °C trocknen. Besteht der Verdacht, dass die Probe **Krankheitserreger** enthielt, so erhitzt man das Filter mit Heißluft 30 min auf 120 °C. (Diese Behandlung tötet allerdings nur die vegetativen Zellen sicher ab, nicht eventuell vorhandene Endosporen, vgl. Tab. 5, S. 15.) Anschließend klebt man die Filter mit einem lösungsmittelfreien Klebstoff auf einen Bogen Papier, den man in einer Klarsichthülle im Protokollbuch abheftet, oder man steckt sie, wenn auch die Filterrückseite sichtbar bleiben soll, einzeln in etwa 60 mm × 60 mm große Polyethylen- oder Cellophanbeutel und klebt oder heftet diese in das Protokollbuch ein.

9.2.3.5 Bestimmung der „wahrscheinlichsten Keimzahl" („most probable number")

Prinzip, Durchführung

Die Most-probable-number-(MPN-)Methode liefert auf statistischem Wege einen groben **Schätzwert** der Keimkonzentration in einer Probe, genauer gesagt, der Konzentration der Keime in der Probe, die in der Lage sind, in einem vorgegebenen, gewöhnlich flüssigen Nährmedium zu wachsen. Man verwendet diese Methode vor allem zur Bestimmung **sehr niedriger Zellkonzentrationen**, z.B. in Wasserproben, Lebensmitteln oder pharmazeutischen Produkten, und benutzt häufig hochselektive Nährmedien, um ganz bestimmte Gruppen von Mikroorganismen (z.B. coliforme Bakterien) zu erfassen. Üblicherweise verdünnt man – bei nicht näher bekannter Zellkonzentration in der Probe – die homogene Probensuspension in einer Reihe von Dezimalschritten (s. S. 332) und beimpft mit je 1 ml jeder Verdünnungsstufe mindestens drei, besser fünf oder sogar zehn Röhrchen mit 6 – 10 ml Nährlösung. Ein Satz Röhrchen wird als Kontrolle mit je 1 ml sterilem Verdünnungsmittel beimpft.

Bei entsprechend geringer Keimdichte in der Originalprobe enthalten auf einer bestimmten, niedrigen Verdünnungsstufe sämtliche Röhrchen nach der Beimpfung wenigstens eine oder auch mehrere Zellen des gesuchten Mikroorganismus – die sich bei der nachfolgenden Bebrütung erkennbar vermehren („positive" Röhrchen) –, während die Zellen auf einer höheren

Verdünnungsstufe „ausverdünnt" sind und mit hoher Wahrscheinlichkeit in keinem Röhrchen mehr vorkommen („negative" Röhrchen). Dazwischen liegen eine oder mehrere Verdünnungsstufen, die sowohl positive als auch negative Röhrchen aufweisen. Nach der Bebrütung registriert man auf jeder Verdünnungsstufe die **Zahl der positiven Röhrchen**. Positiv bedeutet bei klaren oder klar löslichen Proben gewöhnlich Trübung der Nährlösung infolge der Vermehrung der Zellen. Es kann sich aber auch um die Bildung eines sichtbaren oder nachweisbaren Stoffwechselprodukts o.ä. durch die zu zählenden Mikroorganismen handeln, z.B. um die Bildung von Gas oder von Säure bzw. Base (Letzteres erkennbar am Umschlag eines pH-Indikatorfarbstoffs); dies ermöglicht die Anwendung der MPN-Methode auch bei Proben mit einer hohen Belastung mit abiotischen Partikeln oder Fremdkeimen.

Tab. 33: Die „wahrscheinlichste Keimzahl" („most probable number", MPN) bei drei aufeinanderfolgenden Dezimalverdünnungsstufen und drei Parallelröhrchen pro Verdünnungsstufe (nach de Man, 1983)[1]

Zahl der positiven Röhrchen			MPN pro ml der Verdünnung 10^{-x}	Kategorie[2]	≥ 95%-Konfidenzgrenzen[3]	
Verdünnungsstufe					μ_u	μ_o
10^{-x}	$10^{-(x+1)}$	$10^{-(x+2)}$				
3	3	3	> 110			
3	3	2	110	1	20	400
3	3	1	46	1	9	198
3	3	0	24	1	4	99
3	2	2	21	2	3	40
3	2	1	15	1	3	38
3	2	0	9,3	1	1,8	36,0
3	1	1	7,5	1	1,7	19,9
3	1	0	4,3	1	0,9	18,1
3	0	1	3,8	1	0,9	10,4
3	0	0	2,3	1	0,5	9,4
2	2	0	2,1	1	0,5	4,0
2	1	1	2,0	2	0,5	3,8
2	1	0	1,5	1	0,4	3,8
2	0	1	1,4	2	0,4	3,5
2	0	0	0,9	1	0,2	3,5
1	2	0	1,1	2	0,4	3,5
1	1	0	0,74	1	0,13	2,00
1	0	1	0,72	2	0,12	1,70
1	0	0	0,36	1	0,02	1,70
0	1	0	0,30	2	0,01	1,00
0	0	0	< 0,30		0,00	0,94

Die Tabelle enthält die mit einer Gesamtwahrscheinlichkeit von 99 % vorkommenden Röhrchenkombinationen. Andere Kombinationen dürfen wegen ihrer geringen Wahrscheinlichkeit (zusammen nur 1 %) nicht benutzt werden. Eine hohe Zahl unwahrscheinlicher Kombinationen deutet auf methodische Fehler hin, z.B. auf eine Kontamination der stärker verdünnten Röhrchen oder ein Aufbrechen von Zellverbänden in Einzelzellen während des Verdünnens, oder auf eine mangelnde Eignung der MPN-Methode für den betreffenden Einsatzbereich.

Die angegebenen MPN-Werte beziehen sich auf die niedrigste der ausgewählten Verdünnungsstufen (10^{-x}); um die MPN pro ml oder g der unverdünnten Originalprobe zu erhalten, multipliziert man den Wert mit dem Verdünnungsfaktor 10^x (vgl. S. 332).
(weitere Erläuterungen siehe Text)

[1] de Man, J.C. (1983), Europ. J. Appl. Microbiol. Biotechnol. **17**, 301 – 305
[2] **Kategorie 1** umfasst die wahrscheinlichsten, in 95 % aller Fälle auftretenden Röhrchenkombinationen.
   Kategorie 2 enthält die weniger wahrscheinlichen, in nur 4 % der Fälle auftretenden Kombinationen; solche Ergebnisse sollte man nicht als Grundlage wichtiger Entscheidungen verwenden.
[3] s. S. 322f.

Zur Ermittlung der MPN verwendet man gewöhnlich drei aufeinanderfolgende Dezimalverdünnungsstufen, und zwar wählt man nach Möglichkeit die drei höchsten Verdünnungsstufen, die noch positive Röhrchen aufweisen. Aus der Anzahl der positiven Röhrchen auf jeder der drei Stufen ergibt sich eine Zahlenkombination, der man mit statistischen Methoden eine „wahrscheinlichste Keimzahl" (MPN) pro ml oder g Probe zuordnen kann. Die MPN-Werte für drei Parallelröhrchen pro Verdünnungsstufe entnehme man der Tabelle 33, S. 377.

Beispiel: Die Zahl der positiven Röhrchen in den Verdünnungsstufen 10^{-1}, 10^{-2} und 10^{-3} beträgt 3, 2 bzw. 1. Für diese Kombination findet man in Spalte 4 der Tabelle 33 den MPN-Wert 15. Dies ist die „wahrscheinlichste Keimzahl" pro ml der Verdünnung 10^{-1}. Durch Multiplikation mit dem Verdünnungsfaktor erhält man die MPN in der unverdünnten Probe: 150 Keime pro ml oder g Probe.

Tabellen für fünf oder zehn Röhrchen pro Verdünnungsstufe findet man z.B. bei de Man (1983)[17] und Haas (1989)[18] (5 Röhrchen) sowie de Man (1975[19], 1977[20]) (5 und 10 Röhrchen).

Ist in einem Röhrchen das als Trübung wahrnehmbare Wachstum **zweifelhaft**, so überimpft man eine kleine Menge der Suspension auf einen nichtselektiven Nährboden und bebrütet erneut. Lässt sich in Röhrchen mit selektiver Nährlösung bei hoher Partikel- oder Farbstoffbelastung durch die Probe die Bildung eines Stoffwechselprodukts nicht eindeutig erkennen oder nachweisen, so beimpft man mit einer kleinen Menge der Suspension weitere Röhrchen mit derselben Nährlösung und bebrütet; in solchen Subkulturen kann man die Stoffwechselreaktion in der Regel deutlicher erkennen, weil die Nährlösung nicht mehr durch die Probe getrübt oder gefärbt ist.

Verteilungstyp, Genauigkeit

Die MPN-Methode setzt voraus, dass

- die Mikroorganismen zufällig, d.h. regellos, in der Probe verteilt sind;
- selbst ein Inokulum von nur einer oder wenigen Zellen im Röhrchen immer zu einer Wachstumsreaktion führt.

Unter diesen Bedingungen entspricht die Verteilung der Keimzahlen pro Röhrchen gewöhnlich einer **Poissonverteilung** (s. S. 324f.). Da sich bei einem positiven Röhrchen nicht feststellen lässt, wie viele Keime zur Wachstumsreaktion beigetragen haben, stützt sich die Schätzung der MPN auf die Häufigkeit des Auftretens negativer, d.h. keimfreier Röhrchen. Die Wahrscheinlichkeit, dass ein Röhrchen einer bestimmten Verdünnungsstufe keine einzige Zelle des zu zählenden Mikroorganismus mehr enthält, beträgt

$$P_0 = e^{-\mu}$$

e = 2,71828 (Basis der natürlichen Logarithmen)
μ = mittlere Keimzahl pro ml der betreffenden Verdünnungsstufe.

P_0 kann geschätzt werden durch die relative Häufigkeit $\dfrac{x}{n}$ der negativen Röhrchen (= Anzahl x der negativen Röhrchen im Verhältnis zur Gesamtzahl n der Röhrchen der betrachteten Verdünnungsstufe). Dann ergibt sich als wahrscheinlichster Wert für μ und damit als „most probable number"

$$\text{MPN} = -\ln \frac{x}{n}.$$

Den **genauesten MPN-Wert** erhält man auf einer Verdünnungsstufe, auf der 20 % aller Röhrchen negativ sind. Das entspricht einer mittleren Keimzahl von 1,6 Keimen pro ml der betref-

[17] de Man, J.C. (1983), Europ. J. Appl. Microbiol. Biotechnol. **17**, 301–305
[18] Haas, C.N. (1989), Appl. Environ. Microbiol. **55**, 1934–1942
[19] de Man, J.C. (1975), Europ. J. Appl. Microbiol. **1**, 67–78
[20] de Man, J.C. (1977), Europ. J. Appl. Microbiol. **4**, 307–316

fenden Verdünnungsstufe. In einem Bereich von 8 bis etwa 40 % negativer Röhrchen (2,5–1 Keime/ml) ist der Fehler noch vergleichsweise gering. Außerhalb dieses Bereichs nimmt die Genauigkeit jedoch sehr schnell ab. Eine Verdünnung in Dezimalschritten ist deshalb im Grunde viel zu grob; wenn die Keimkonzentration annähernd bekannt ist, sollte man engere Verdünnungsschritte (z.B. ein Verdünnungsverhältnis 1:2) wählen, eventuell unter Benutzung eines Computerprogramms (vgl. S. 380), damit zumindest eine Verdünnung im geeigneten Bereich liegt. Allerdings liegt auch dann die Genauigkeit weit unter der des Plattenverfahrens oder der Membranfiltertechnik. In der Regel ist jedoch die Keimkonzentration in der Probe nicht bekannt, und man verwendet die oben beschriebene klassische Variante der MPN-Methode, die die Ergebnisse einer festen Zahl von Röhrchen von mehreren Dezimalverdünnungsstufen miteinander kombiniert.

Die enorme **Ungenauigkeit** dieses Verfahrens zeigt sich in den letzten beiden Spalten der Tabelle 33. Sie geben die $\geq 95\%$-Konfidenzgrenzen für die betreffende MPN an, also den Bereich um den geschätzten Mittelwert herum, der die (unbekannte) „wahre", d.h. in der Verdünnung 10^{-x} tatsächlich vorhandene Keimzahl mit mindestens 95%iger Wahrscheinlichkeit einschließt (vgl. S. 322f.). Diese Konfidenzintervalle – die wegen der zugrundeliegenden Poissonverteilung linksseitig asymmetrisch sind – sind außerordentlich breit.

In dem auf S. 378 angeführten Beispiel mit einer MPN von 15 Keimen pro ml der Verdünnung 10^{-1} liegt die „wahre" Keimkonzentration mit mindestens 95%iger Wahrscheinlichkeit irgendwo zwischen 3 und 38 Keimen/ml, kann also vom angegebenen Wert um 80 % nach unten und um 150 % nach oben abweichen (vgl. dagegen z.B. S. 364)!

Hinzu kommen weitere methodische Fehler, z.B. bei der Probenahme, beim Dispergieren und Verdünnen (s. S. 321 f.). Die Genauigkeit der Schätzung lässt sich etwas erhöhen, indem man die Zahl der Parallelröhrchen pro Verdünnungsstufe erhöht.

In manchen Fällen liegt als Verteilungsform keine Poissonverteilung vor, sondern eine „Klumpenverteilung", z.B. eine negative Binomialverteilung, mit einer im Vergleich zur Poissonverteilung größeren Streuung der Werte („Überdispersion"). Dies kann auf die Methode, aber auch auf die Mikroorganismen selbst zurückzuführen sein, z.B. wenn die Zellen in Verbänden vorkommen, die sich während der Bearbeitung der Probe teilweise zerteilen, oder wenn die Zellen subletal vorgeschädigt sind und sich nicht in allen Röhrchen vermehren. In solchen Fällen sind die MPN-Werte mit einem zusätzlichen systematischen Fehler behaftet. Es gibt jedoch MPN-Tabellen, die diesen Fehler zu korrigieren versuchen (siehe z.B. Haas, 1989)[21].

Verwendung und Nachteile der Methode

Der Hauptnachteil der MPN-Methode ist ihre außerordentlich hohe Ungenauigkeit (s.o.).

Weitere **Nachteile** sind:

- Das Verfahren ist sehr zeit- und materialaufwendig.
- Es lassen sich nur kleine Flüssigkeitsvolumina untersuchen; dadurch ist die Methode bei geringen Keimzahlen wenig empfindlich.
- Wenn die Probe toxische Substanzen, z.B. antimikrobielle Wirkstoffe, enthält, kann man die MPN-Methode – im Gegensatz zur Membranfiltertechnik – nicht anwenden.

Deshalb sind in den meisten Fällen die Plattenverfahren und vor allem die Membranfiltertechnik der MPN-Methode vorzuziehen.

---

[21] Haas, C.N. (1989), Appl. Environ. Microbiol. **55**, 1934–1942

Von **Vorteil** kann die MPN-Methode dann sein, wenn

- sich die zu zählenden Organismen nicht auf festen Nährböden kultivieren lassen;
- die Probe stark getrübt ist durch einen hohen Gehalt an abiotischen Partikeln, die sich nicht durch Vorfiltration entfernen lassen;
- die Probe eine große Zahl unerwünschter Begleitorganismen enthält, die nicht durch eine selektive Kulturmethode unterdrückt werden können;
- die Probe Begleitorganismen enthält, die sich auf festen Nährböden rasch ausbreiten und die Kolonien der zu zählenden Organismen überwachsen.

In den letzten drei Fällen ist die MPN-Methode allerdings nur dann anwendbar, wenn die zu zählenden Mikroorganismen ein sichtbares oder nachweisbares Stoffwechselprodukt o.ä. produzieren, das von eventuellen Begleitorganismen nicht gebildet wird.

Die MPN-Bestimmung lässt sich durch eine **Miniaturisierung** vereinfachen und beschleunigen, z.B. durch die Verwendung von Mikroröhrchen und Kolbenhubpipetten oder – noch wirkungsvoller – indem man die Röhrchen durch Mikrotitrationsplatten (s. S. 94) ersetzt, deren zahlreiche Vertiefungen („wells") man mit Mehrkanalpipetten oder automatisch arbeitenden Geräten schnell und rationell füllen und nach der Bebrütung mit einem mikroprozessorgesteuerten Photometer vollautomatisch auswerten kann. Dadurch ist es möglich, eine sehr viel größere Zahl von Kulturen einzusetzen als bei der klassischen Röhrchenmethode. Mit Hilfe eines Computerprogramms kann man dann aus einer optimal ausgewählten Reihe von Verdünnungsstufen, beliebigen Probenvolumina und einer beliebigen Anzahl von Kulturen pro Verdünnungsstufe die „wahrscheinlichste Keimzahl" (und ihre Konfidenzgrenzen) schnell und einfach bestimmen (siehe z.B. Koch, 1994[22]); ferner: MacDonell et al., 1984[23]); Nagel et al., 1989[24]).

9.3 Bestimmung der Zellmasse

Die Bestimmung der Zellmasse („Biomasse") spielt vor allem bei der Untersuchung von **Reinkulturen** in flüssigen Medien eine Rolle, z.B. beim Verfolgen des Wachstumsverlaufs in einer statischen Kultur, bei der Bestimmung von Zellerträgen und als Bezugsgröße für Stoffwechsel- und Enzymaktivitäten oder für einen morphologischen oder chemischen Zellbestandteil. Dagegen sind die meisten Methoden der Zellmassebestimmung nicht oder nur bedingt für ökologische Untersuchungen geeignet, bei denen die Proben gewöhnlich Mischpopulationen sowie totes organisches Material oder anorganische Partikel enthalten.

Bei der Bestimmung von Wachstumsparametern bezieht man die Zellmasse auf das Kulturvolumen und bezeichnet sie auch als **Zelldichte** (mg/ml oder g/l).

Während der exponentiellen Wachstumsphase zeigen viele Bakterien ein „ausgeglichenes" Wachstum: Zellzahl und Zellmasse sowie alle makromolekularen Zellbestandteile (z.B. Protein, RNA, DNA) nehmen mit derselben Rate zu, oder anders ausgedrückt, Größe (und damit Masse) und chemische Zusammensetzung der einzelnen Zellen bleiben konstant („Standardzellen"). Unter diesen Voraussetzungen kann man, um das Wachstum zu verfolgen, statt der Zellzahl auch die Zellmasse oder einen beliebigen makromolekularen Zellbestandteil bestimmen. In vielen anderen Fällen sind jedoch Größe bzw. Masse der Einzelzellen und ihre quantitative Zusammensetzung variabel und eine Zunahme der Zellmasse nicht immer gleichbedeutend mit Wachstum der Population, z.B. dann, wenn die Zellen Speicherstoffe anhäufen (vgl. S. 253f., 394).

[22]) Koch, A.L. (1994), in: Gerhardt, P., Murray, R.G.E., Wood, W.A., Krieg, N.R. (Eds.), Methods for General and Molecular Bacteriology, pp. 248–277. American Society for Microbiology, Washington, D.C.

[23]) MacDonell, M.T., Russek, E., Colwell, R.R. (1984), Microbiol. Methods **2**, 1–7

[24]) Nagel, M., Bluml, T., Stelzer, W., Schulze, E. (1989), Acta Hydrochimica Hydrobiologica **17**, 143–152

Zur Bestimmung der Zellmasse steht eine Reihe physikalischer und chemischer Methoden zur Verfügung. Die meisten Verfahren differenzieren nicht zwischen lebenden und toten Zellen, häufig nicht einmal zwischen Zellen und abiotischer Materie. Man unterscheidet

- **direkte** Methoden, die die gesamte Biomasse oder einen repräsentativen chemischen Zellbestandteil unmittelbar erfassen (z.B. die Trockenmasse- oder die Proteinbestimmung);

- **indirekte** Methoden, bei denen man einen von den Mikroorganismen hervorgerufenen Effekt, der zur Zellmasse in Beziehung steht, zu ihrer Bestimmung ausnutzt (z.B. die Trübungsmessung oder die Bestimmung von Stoffwechselgrößen, wie Sauerstoffaufnahme, Kohlendioxidabgabe oder Säurebildung).

  Die Ergebnisse indirekter Methoden lassen sich nur durch eine geeignete **Eichung** und bei Einhaltung ganz bestimmter Bedingungen in direkte Wachstumsgrößen umwandeln, z.B. in Zelltrockenmasse; die Beziehung zwischen indirekter und direkter Größe muss von Fall zu Fall neu ermittelt werden.

Die Auswahl der passenden Methode wird gewöhnlich dadurch bestimmt, in welchem Zusammenhang man auf die Zellmasse Bezug nehmen will. Indirekte Verfahren sind meist einfacher und schneller und häufig auch empfindlicher als die direkten Methoden und werden deshalb vor allem bei Routineuntersuchungen bevorzugt eingesetzt.

Man führt grundsätzlich mindestens zwei Parallelbestimmungen an getrennten Proben derselben Mikroorganismensuspension durch. Dasselbe gilt für eventuelle Leeransätze (zur Bestimmung des Reagenzienleerwerts) und Standardansätze (zur Eichung bzw. Aufstellung einer Eichkurve).

Zur Gewinnung und Aufbereitung der Proben vgl. S. 326 ff.

9.3.1 Bestimmung der Feuchtmasse

Die gravimetrische Bestimmung der Feuchtmasse (des Feucht- oder Frischgewichts) nach Zentrifugation oder Filtration der Zellsuspension liefert schnelle, aber – wegen des veränderlichen Wassergehalts des Zellmaterials – sehr unzuverlässige Ergebnisse. Das Verfahren entspricht weitgehend dem der Trockenmassebestimmung (s.u.); es entfällt lediglich das Trocknen, man wiegt also die Zellen bereits im feuchten Zustand.

Der intrazelluläre Wassergehalt von Bakterien macht 75 – 85 % der Gesamtmasse der Zelle aus; er variiert in Abhängigkeit vom Organismus, den Wachstumsbedingungen und der Anhäufung bestimmter hydrophiler (Polysaccharide) oder hydrophober (Lipide) Speicherstoffe. Hinzu kommt die in den Interstitial-(= Interzellular-)Räumen zurückgehaltene Suspensionsflüssigkeit, in der Regel demineralisiertes Wasser. Der Anteil dieser Flüssigkeit an der Gesamtfeuchtmasse der Zellen kann beträchtlich sein und macht z.B. bei abzentrifugierten, dichtgepackten Bakterienzellen 5 – 30 % aus, abhängig von der Zentrifugationszeit, der Zentrifugalkraft und von der Form (und dem Ausmaß der Deformation) der Zellen. Zentrifugation bzw. Filtration müssen deshalb sehr sorgfältig standardisiert werden, damit man immer denselben Anteil an Suspensionsflüssigkeit mitwiegt.

9.3.2 Bestimmung der Trockenmasse

Für die quantitative Erfassung der Biomasse ist die Zelltrockenmasse die eindeutigste und am häufigsten bestimmte Größe. Sie macht gewöhnlich 10 – 20 % der Feuchtmasse aus. Man verwendet die Trockenmasse vor allem bei der Bestimmung von Zellerträgen und Ertragskoeffizienten, als Bezugsgröße bei der Analyse einzelner Zellbestandteile sowie zur Eichung anderer, indirekter Bestimmungsmethoden. Die Trockenmassebestimmung ist die Methode der Wahl für

Mikroorganismen, die fädig (z.B. Pilze) oder in Zellverbänden (z.B. manche Bakterien) wachsen.

Allerdings weist diese Methode auch eine Reihe von **Nachteilen** auf:

- Sie ist sehr zeitaufwendig und langsam; die Ergebnisse liegen erst am nächsten Tage vor.
- Ihre Empfindlichkeit ist gering. Die Trockenmasse einer einzelnen Bakterienzelle liegt bei $\geq 10^{-13}$ g, das bedeutet: Eine gut gewachsene Flüssigkeitskultur mit 10^9–10^{10} Bakterienzellen pro ml ergibt eine Trockenmasse von 0,1 – > 1 mg/ml. Um die bakterielle Biomasse z.B. mit einem relativen Fehler von < ±2 % zu bestimmen, braucht man jedoch mindestens 50 mg Trockenmasse. Die Methode erfordert also eine relativ große Probenmenge (und eine empfindliche Waage).
- Die Methode ist mit einer Reihe systematischer Fehler behaftet. Diese werden auf S. 394 und bei den einzelnen Techniken besprochen.
- Die Methode lässt sich nicht anwenden, wenn die Organismen größere Mengen an Speicherstoffen anhäufen (vgl. S. 253f., 394) oder wenn die zu untersuchende Suspension neben den Zellen noch andere feste Bestandteile enthält.

Zur Trockenmassebestimmung müssen die Mikroorganismen vom flüssigen Medium abgetrennt und Reste der Nährlösung o.ä. durch Waschen entfernt werden. Geschieht dies bei Raumtemperatur und erstreckt sich über eine längere Zeit, so kann es währenddessen zu einer begrenzten Fortsetzung des Wachstums kommen, ferner durch endogenen Stoffwechsel zu einem teilweisen Abbau von Makromolekülen in der Zelle und zur Oxidation niedermolekularer Bestandteile des cytoplasmatischen „Pools".

Man hält deshalb die Bearbeitungszeit so kurz wie möglich und erntet und wäscht die Zellen gewöhnlich bei Temperaturen nahe 0 °C, um Wachstum und Stoffwechsel möglichst rasch zum Stillstand zu bringen. Das plötzliche Abkühlen kann jedoch bei manchen Bakterien einen **Kälteschock** auslösen, besonders dann, wenn die Zellen in der exponentiellen Wachstumsphase geerntet und in relativ geringer Zellkonzentration in Wasser oder stark verdünntem Puffer suspendiert wurden, wo sie einem zusätzlichen osmotischen Stress ausgesetzt sind. Der Kälteschock ist verbunden mit einem Phasenübergang der Membranlipide vom flüssigen in den festen Zustand; dabei nimmt die Permeabilität der Cytoplasmamembran zu, und es treten niedermolekulare Verbindungen aus der Zelle aus, z.B. Aminosäuren, Nucleinsäurevorstufen und ATP. Auf diese Weise kann es zu einem beträchtlichen Verlust an löslichen Zellbestandteilen kommen.

Bakterien und Hefen erntet man meist durch **Zentrifugation**, seltener durch Filtration, myzelbildende Pilze gewöhnlich durch **Filtration**.

9.3.2.1 Trockenmassebestimmung mit Abtrennung der Zellen durch Zentrifugation

Grundlagen der Zentrifugation

Bei der Abtrennung der Mikroorganismen durch Zentrifugation nutzt man die Zentrifugalkraft (Fliehkraft) aus, die in einem sich drehenden Rotor einer Zentrifuge auf die Zellen einwirkt und ihnen eine von der Rotorachse nach außen gerichtete Beschleunigung a verleiht, aufgrund derer sie sich am Boden des Zentrifugenröhrchens absetzen (sedimentieren). Der Betrag dieser Beschleunigung (in cm/s^2) und damit die Sedimentationsgeschwindigkeit der Zellen werden in erster Linie bestimmt durch die Winkelgeschwindigkeit ω des Rotors (in Winkelgraden pro Sekunde) und den Abstand r (in cm) der Zellen von der Rotorachse:

$$a = \omega^2 \cdot r$$

Zwischen der Zahl der Umdrehungen des Rotors pro Minute (U/min) und der Winkelgeschwindigkeit besteht die Beziehung

$$\omega = \frac{2\pi \cdot (\text{U/min})}{60};$$

daraus folgt

$$a = \frac{4\pi^2 \cdot (\text{U/min})^2 \cdot r}{3600}.$$

Man drückt die Beschleunigung als ein Vielfaches der Erdbeschleunigung ([Norm-]Fallbeschleunigung $g = 981$ cm/s^2) aus und bezeichnet sie als **relative Zentrifugalbeschleunigung** (RZB) (engl. RCF = „relative centrifugal force"):

$$\text{RZB} = \frac{4\pi^2 \cdot (\text{U/min})^2 \cdot r}{3600 \cdot 981} \qquad (\times g)$$

$$= 1{,}118 \cdot 10^{-5} \cdot (\text{U/min})^2 \cdot r \quad (\times g)$$

In einem Zentrifugenröhrchen, das im Becher oder in der Bohrung eines sich drehenden Rotors steckt, ist die relative Zentrifugalbeschleunigung also nicht überall gleich, sondern sie nimmt mit dem Abstand von der Rotorachse zu. Üblicherweise gibt man die **mittlere** RZB an, die für die Mitte der Flüssigkeitssäule im Zentrifugenröhrchen gilt und die sich als Durchschnitt aus den RZB-Werten beim kleinsten (r_{min}) und beim größten Abstand (r_{max}) der Flüssigkeitssäule von der Drehachse ergibt.

Möchte man die relative Zentrifugalbeschleunigung in Rotorumdrehungen pro Minute umrechnen, so verwendet man die Gleichung

$$\text{U/min} = 1000\sqrt{\frac{\text{RZB}}{11{,}18 \cdot r}}.$$

Außer von der Rotordrehzahl und dem Abstand von der Rotorachse hängt die Sedimentationsgeschwindigkeit der Zellen auch noch ab von der Größe, Form und Massendichte der Zellen und von der Massendichte und Viskosität der Suspensionsflüssigkeit.

Die Zentrifuge

Durch die vom Zentrifugenmotor abgegebene Wärme, die Lagerreibung und die Luftreibung am Rotor können sich die Proben während einer Zentrifugation ohne Kühlung deutlich über Raumtemperatur erwärmen. Man zentrifugiert deshalb meist in einer (mitteltourigen) **Kühlzentrifuge**, deren Rotorkammer man auf ca. 2–6 °C kühlt, um das Wachstum der Zellen zu stoppen (siehe aber S. 382). Der Deckel des gekühlten Rotorraums sollte nur so lange wie unbedingt nötig geöffnet bleiben, um den Ansatz von Reif und Eis an der Kammerwand, der die Kühlleistung herabsetzt, möglichst zu verhindern. Bildet sich dennoch eine Eisschicht, so sollte man sie einmal täglich abtauen, am besten dadurch, dass man den Zentrifugendeckel bei ausgeschalteter Kühlung über Nacht offenstehen lässt; am nächsten Morgen säubert man den Rotorraum mit einem neutralen Reinigungsmittel und wischt ihn trocken.

Ist die Rotorkammer mit **infektiösem Material** kontaminiert worden, z.B. durch Bruch eines Zentrifugengefäßes oder einen undichten Verschluss, so desinfiziert man sie mit 70%igem Ethanol oder einem neutralen bis schwach sauren (pH 5–7) Flächendesinfektionsmittel auf Alkohol- oder Aldehydbasis (vgl. S. 21f.). Anschließend spült man gründlich mit demineralisiertem Wasser nach und wischt die Kammer trocken.

Ein- bis zweimal im Jahr sollte man die Wärmetauscherrippen des Kühlaggregats mit einem Staubsauger vorsichtig entstauben.

Wegen der von einer laufenden Zentrifuge ausgehenden **Gefahren** müssen gemäß der Unfallverhütungsvorschrift „Zentrifugen" (VBG 7z, aufgegangen in der GUV-R-500-2.11) Laborzentrifugen mit einer kinetischen Energie > 10000 Nm[25] und einer Leistungsaufnahme > 500 W mindestens einmal jährlich im Betriebszustand und mindestens alle drei Jahre im zerlegten Zustand durch einen Sachkundigen auf ihre Arbeitssicherheit geprüft werden.

Rotoren

In Kühlzentrifugen lassen sich wahlweise verschiedene Festwinkel- und Ausschwing-(Schwenk-becher-)Rotoren einsetzen. Für die Zentrifugation kleiner und mittlerer Mengen an Mikroorganismensuspension verwendet man meist einen **Festwinkelrotor** mit Bohrungen zur Aufnahme der Zentrifugengefäße. Die Bohrungen sind in einem Winkel von ≥ 20° zur Rotorachse hin geneigt. In ihnen bewegen sich die Zellen der Probe während der Zentrifugation zunächst radial nach außen, treffen jedoch nach einer kurzen Wegstrecke auf die Wand des Zentrifugenröhrchens und gleiten an dieser zum Röhrchenboden hinab, und zwar schneller, als ihrer freien Sedimentation im Schwerefeld entspricht. Außerdem sorgen Konvektionsströmungen im Röhrchen zusätzlich für eine schnellere Sedimentation. Man benötigt deshalb erheblich kürzere Zentrifugationszeiten und erhält ein festeres Sediment („Pellet") als mit einem Ausschwingrotor.

Die Rotoren niedertouriger Zentrifugen können aus Stahl, Messing oder sogar Kunststoff bestehen. Höhertourige Rotoren werden dagegen aus Aluminium- oder Titanlegierungen hergestellt. Die höchste mechanische und chemische Widerstandskraft sowie die längste Lebensdauer bei zugleich geringer Massendichte besitzen Rotoren aus Titanlegierungen; sie werden deshalb bei der Ultrazentrifugation bevorzugt eingesetzt. Mikroorganismen zentrifugiert man gewöhnlich in einem Rotor aus einer **Aluminiumlegierung**. Er ist wesentlich preiswerter als ein Titanrotor, jedoch trotz eines dünnen, elektrolytisch erzeugten Schutzüberzugs aus Aluminiumoxid (Eloxierung) anfällig gegen **Korrosion**, besonders in Gegenwart von Säuren, alkalischen Lösungen (auch verdünnten), Lösungen mit hoher Salzkonzentration, vor allem Chloriden, oder mit Schwermetallionen (auch in Spuren) und von chlorierten Lösungsmitteln.

Der Rotor und insbesondere die Bohrungen für die Aufnahme der Röhrchen oder Becher sind deshalb immer sauber und trocken zu halten. Man reinige den Rotor in regelmäßigen Abständen, z.B. am Ende eines jeden Arbeitstags, zumindest jedoch einmal wöchentlich, im Falle einer Verschmutzung dagegen sofort nach dem Lauf. Auch vor **mechanischen Beschädigungen**, selbst geringfügigen Kratzern oder Kerben, ist die Rotoroberfläche unbedingt zu schützen. Bei der starken Zugbeanspruchung des Rotors während eines hochtourigen Laufs kann bereits von einem leichten Kratzer oder einem kaum sichtbaren Korrosionsansatz ein Spannungsriss ausgehen, der sich nach innen vergrößert und zum Bruch des Rotors führt (Spannungsrisskorrosion).

Reinigung und Aufbewahrung eines Aluminiumrotors
(vgl. S. 102ff.)

– Den Rotor in handwarmem Wasser spülen, dem ein neutrales Reinigungsmittel (pH 6,5 – 7,5) zugesetzt ist. (Auf keinen Fall alkalische Mittel, Seifenlauge oder Scheuerpulver verwenden!)

---

[25] 1 Nm (Newtonmeter) = 1 J (Joule) = 1 kg $\cdot$ m^2 $\cdot$ s^{-2}

- Hartnäckige Schmutzreste mit einer weichen Bürste (ohne freiliegende metallische Enden!) entfernen. Rotoroberfläche nicht verkratzen!
- Den Rotor innen und außen zuerst gründlich mit Leitungswasser, dann mit demineralisiertem Wasser nachspülen.
- Den Rotor mit einem weichen, saugfähigen, fusselfreien Tuch (z.B. Zellstofftuch) gut abtrocknen und mit den Öffnungen der Becherbohrungen nach unten auf einer Unterlage, die den Luftaustausch in den Bohrungen ermöglicht, z.B. einem kunststoffbeschichteten Gitterrost, bei Raumtemperatur nachtrocknen lassen, oder den Rotor mit der Oberseite nach unten im Trockenschrank bei maximal 50 °C trocknen.
- Den Rotor und insbesondere die Bohrungen vor der Lagerung mit einem dünnen Film Korrosionsschutzöl versehen; überschüssiges Öl mit einem weichen Tuch entfernen.
- Den Rotor offen und mit den Öffnungen der Bohrungen nach unten an einem sauberen, trockenen Ort aufbewahren, entweder im Kühlschrank oder Kühlraum (auf einem kunststoffbeschichteten Rost) oder in einem Schrank bei Raumtemperatur. Aggressive Gase und Dämpfe fernhalten.

Aluminiumrotoren dürfen nicht autoklaviert werden. Im Bedarfsfall, z.B. nach Austreten infektiösen Materials bei einem Röhrchenbruch, kann man sie lediglich desinfizieren, z.B. mit einem neutralen Desinfektionsmittel auf Aldehydbasis (vgl. S. 22f.).

Man sollte die Rotoroberfläche, insbesondere die Becherbohrungen, regelmäßig auf Beschädigungen und beginnende Korrosion prüfen. Beim Auftreten geringster, mit bloßem Auge kaum wahrnehmbarer Schäden darf der Rotor nicht weiterbenutzt, sondern muss zunächst durch einen Sachkundigen begutachtet werden.

Auch bei bester Pflege kommt es im Laufe der Zeit zur Alterung und Ermüdung des Rotormaterials. Man muss deshalb über den Einsatz des Rotors (Zahl der Läufe, Laufzeit, Drehzahl) genau Buch führen, sollte seine maximale Drehzahl nach etwa 1000 Läufen oder 2500 Betriebsstunden um 10 % und nach 5 Jahren Gebrauchszeit entsprechend der Herstellerempfehlung noch weiter reduzieren und sollte den Rotor schließlich – in der Regel spätestens nach 10 Jahren – ungeachtet seines äußeren Zustandes ganz aus dem Verkehr ziehen.

Zentrifugengefäße

Zentrifugengefäße (Röhrchen, Becher oder Flaschen) gibt es in Größen von etwa 0,2 ml bis 1 l Fassungsvermögen. Sie werden vorzugsweise aus Kunststoff hergestellt, seltener aus Glas oder Edelstahl.

- **Kunststoffgefäße**

  Die am häufigsten verwendeten Kunststoffe und einige ihrer physikalischen Eigenschaften zeigt Tab. 34. Zur Orientierung über die **Chemikalienbeständigkeit** ziehe man die speziellen Tabellen der Hersteller von Zentrifugenartikeln zu Rate. Allgemeine Beständigkeitstabellen (siehe z.B. Tab. 20, S. 93) gelten nicht oder nur mit Einschränkungen für Zentrifugengefäße, da die mechanische Belastung beim Zentrifugieren die chemische Widerstandsfähigkeit des Materials je nach Zentrifugalbeschleunigung und Betriebsdauer mehr oder weniger stark herabsetzt. In Zweifelsfällen führe man vor dem eigentlichen Lauf einen Vorversuch durch.

  Polycarbonat ist empfindlich gegenüber pH-Werten > 7; besonders ab pH 8–8,5 können Polycarbonatgefäße während des Zentrifugierens zerbrechen. Außerdem setzen konzentrierte Salzlösungen ihre Belastbarkeit und Lebensdauer erheblich herab. Gefäße aus **Polysulfon** dürfen nicht mit Polysorbat (Tween), z.B. in Nährlösungen, Dispersions- oder Reinigungsmitteln, in Berührung kommen, da dies zur Bildung von Spannungsrissen führt.

Tab. 34: Einige physikalische Eigenschaften der für Zentrifugengefäße am häufigsten verwendeten Werkstoffe

Werkstoff	Transparenz	(wieder-holt) auto-klavierbar[1] (121 °C, 20 min)	maximale RZB[2] bzw. Rotordrehzahl in Festwinkelrotoren[3]			
			Röhrchen mit Rund-boden (bis 100 ml Nenninhalt)	Flaschen mit einem Nenninhalt von		
				250 ml[4]	500 ml	1000 ml
Kunststoffe:						
Polyethylen	durchscheinend	nein	$50\,000 \times g$ [5]	$8000 \times g$ [6]	$-$ [7]	$-$
Polypropylen[8]	durchscheinend	ja	$50\,000 \times g$	$27\,500 \times g$ [9]	$13\,700 \times g$	$7100 \times g$
Propylen-Ethylen-Block-copolymer (Polyallomer)	durchschei-nend; bei Benetzung fast durchsichtig	ja	$50\,000 \times g$ [10]	$27\,500 \times g$	$13\,700 \times g$	$-$
Polycarbonat	glasklar	bedingt[11]	$50\,000 \times g$	$27\,500 \times g$	$13\,700 \times g$	$7100 \times g$
Polysulfon	glasklar	bedingt[11]	$50\,000 \times g$	$-$	$-$	$-$

Borosilicatglas[12]:			Röhrchen mit Rundboden und einem Nenninhalt	
			bis 30 ml	über 30 ml
Duran, Pyrex	klar	ja	5000 U/min (= ca. 2500 – 5000 × g [13])	3000 U/min (= ca. 1000 – 1500 × g)
Corex, Borex	klar	ja	10 000 U/min (= ca. 10 000 – 15 000 × g)	5000 U/min (= ca. 2500 – 5000 × g)
Edelstahl	undurchsichtig	ja	bis zur zulässigen Höchstdrehzahl des Rotors	

[1] Vor dem Autoklavieren Gefäße gründlich reinigen und gut mit demineralisiertem Wasser ausspülen; Verschlüsse abnehmen oder nur lose aufsetzen.

[2] RZB = relative Zentrifugalbeschleunigung (s. S. 383)

[3] Die bei den Kunststoffgefäßen genannten Werte gelten beispielhaft für Nalgene-Artikel (Nalge Nunc) mit einem dichten, auslaufsicheren (Schraub-)Verschluss, und zwar – soweit nicht anders vermerkt – für Temperaturen zwischen ca. 4 und 22 °C.

[4] Zusammen mit einem Adapter verwenden!

[5] LDPE, bei 4 °C; bei Raumtemperatur nur bis 7000 × g

[6] HDPE, bei 4 – 22 °C

[7] nicht lieferbar

[8] Nicht bei Temperaturen ≤4 °C verwenden!

[9] ohne auslaufsicheren Schraubverschluss nur bis 13 200 × g

[10] bei 4 °C; bei Raumtemperatur ohne auslaufsicheren Schraubverschluss nur bis 7000 × g

[11] Wiederholtes Autoklavieren verringert bei Polycarbonat – und weniger stark bei Polysulfon – die mechanische Festigkeit und beschleunigt die Bildung von Haarrissen (s. S. 387).

[12] Nur zusammen mit einem (Gummi-)Polster verwenden! Bei Ausschwingrotoren darf man die genannten Werte um 50 % überschreiten.

[13] abhängig vom Rotorradius

Die **mechanische Festigkeit** ist besonders hoch bei Zentrifugengefäßen aus Polypropylen, Polyallomer, Polycarbonat und Polysulfon. Diese Gefäße lassen sich bei guter Qualität (z.B. Nalgene-Artikel [Nalge Nunc]) in der Regel bis zu den in Tab. 34 angegebenen Höchstdreh-zahlen belasten. Allerdings müssen die Gefäße bei einem hochtourigen Lauf gewöhnlich bis zum Rand gefüllt, mit einem dichten, auslaufsicheren Schraubverschluss versehen und häufig auch auf ~ 4 °C gekühlt sein. Gefäße aus **Polypropylen** darf man hingegen bei Temperaturen nahe 0 °C nicht verwenden, da das Material dann bereits spröde und brüchig wird.

Die mechanische Festigkeit der Gefäße ist bei hohen Drehzahlen nur dann gewährleistet, wenn Zentrifugengefäße und Rotorbohrungen gut aufeinander abgestimmt sind und die Gefäße passgenau in den Bohrungen sitzen. Ist dies nicht der Fall oder will man Gefäße verwenden, die kleiner sind als die Bohrungen, so kann man in vielen Fällen mit geeigneten **Adaptern** oder Polstern aus Kunststoff oder Gummi (bei Zentrifugen- und Rotorherstellern erhältlich), die man in die Rotorbohrungen einsetzt, einen guten Sitz der Gefäße im Rotor erreichen. (Gummipolster lassen sich allerdings nach dem Zentrifugieren manchmal nur schwer von den Gefäßen trennen.) Bei Zentrifugenflaschen kann man mit einem auf die Schulter der Flasche gelegten Verstärkungsring (Kragenstützring) das Gefäß vor dem Kollabieren schützen.

Die Kunststoffgefäße lassen sich im Allgemeinen häufig wiederverwenden. Allerdings altert das Material allmählich, und seine physikalischen Eigenschaften verschlechtern sich. Dieser Vorgang wird durch die Einwirkung von Wärme oder Licht (besonders UV-Strahlung) beschleunigt. Bei der Mehrzahl der Kunststoffe treten im Laufe der Zeit feine Haarrisse auf (besonders schnell bei Polycarbonat), die sich bei fortgesetzter Verwendung der Gefäße vergrößern und schließlich zu Undichtigkeiten führen. Man sollte deshalb die Zentrifugengefäße vor jedem Gebrauch gründlich inspizieren, indem man sie vor einer hellen Lichtquelle betrachtet. Gefäße mit Haarrissen sollte man nicht mehr bei hohen Drehzahlen benutzen und solche mit größeren Rissen aussondern.

Nach Gebrauch **reinigt** man die Zentrifugengefäße (und gegebenenfalls ihre zerlegten Verschlüsse) mit einem milden, neutralen Reinigungsmittel (vgl. S. 102ff.). Man verwende keine Scheuermittel und vermeide Kratzer, da sie die Belastbarkeit der Gefäße, besonders solcher aus Polycarbonat, stark herabsetzen! Polycarbonat darf auf keinen Fall mit alkalischen Mitteln behandelt und sollte immer von Hand, nicht in der Spülmaschine, gereinigt werden. Nach gründlichem Spülen mit Leitungswasser und zuletzt mit demineralisiertem Wasser lässt man die Gefäße an der Luft trocknen.

Wenn Kunststoffe aus Gründen der chemischen Beständigkeit nicht verwendet werden können, benutzt man Glas- oder Edelstahlgefäße, die außerdem den Vorteil haben, dass man sie ohne Einschränkung autoklavieren oder mit trockener Heißluft sterilisieren kann.

- **Glasgefäße**

  Zentrifugengefäße aus Glas sind deutlich dickwandiger als andere Laborglasgefäße, um den beim Zentrifugieren auftretenden hohen Druckbeanspruchungen standhalten zu können. Dennoch sind sie mechanisch weitaus weniger belastbar als Kunststoffgefäße. Bruchfester als Becher und Röhrchen aus Natron-Kalk-Glas sind solche aus **Borosilicatglas** (vgl. S. 90), insbesondere aus den (gehärteten) Glassorten Corex und Borex (s. Tab. 34).
  Für Festwinkelrotoren sind nur zylindrische Gläser mit Rundboden geeignet. Sie müssen immer zusammen mit **Polstern** (oder Adaptern), vorzugsweise aus Gummi, benutzt werden (s.o.). Wegen des hohen seitlichen Anpressdrucks steckt man die Gläser am besten in rings geschlossene Gummihülsen („allseitige Gummipolster").

- **Edelstahlgefäße**

  Edelstahlgefäße sind sehr dünnwandig und haben deshalb bei gleichen Abmessungen ein größeres Fassungsvermögen als Glasgefäße. Sie sind absolut bruchfest und können auch bei hohen Drehzahlen teilgefüllt „gefahren" werden. Da Stahl eine hohe Massendichte besitzt, muss die maximale Rotordrehzahl unter Umständen jedoch reduziert werden, und zwar dann, wenn das Gesamtgewicht der Beladung des Rotors bzw. pro Bohrung – das sich aus den Einzelgewichten der Proben, Gefäße, Verschlüsse und (falls nötig) Adapter zusammensetzt – den vom Rotorhersteller angegebenen Höchstwert überschreitet.

Edelstahl ist hervorragend beständig gegen die meisten organischen Lösungsmittel, wird jedoch von Säuren und Halogensalzen angegriffen. Eine Innenbeschichtung mit Teflon erhöht die chemische Resistenz der Gefäße und macht sie verwendbar für metallempfindliches Zentrifugiergut.

Durchführung der Bestimmung

Bei jeder Zentrifugation können Aerosole entstehen; deshalb zentrifugiert man Mikroorganismensuspensionen nach Möglichkeit in bruchsicheren, dicht verschlossenen Zentrifugengefäßen und in einem Rotor mit hermetisch schließendem Deckel. Die Gefäßverschlüsse müssen in gutem Zustand und vom Hersteller ausdrücklich für den benutzten Gefäßtyp vorgesehen sein. Schraubverschlüsse oder Verschlüsse, die über die Gefäßöffnung gestülpt werden, sind kontaminationssicherer als Eindrückstopfen. Empfehlenswert – und für die Zentrifugation (möglicherweise) pathogener Mikroorganismen unbedingt erforderlich – sind auslaufsichere Dichtungsschraubverschlüsse. Die Dichtungsringe (O-Ringe) von Rotordeckel und Gefäßverschlüssen müssen regelmäßig überprüft und entsprechend den Angaben des Herstellers leicht eingefettet – oder nicht gefettet! – werden.

Trockenmassebestimmung mit Zentrifugation

Material: – Mikroorganismensuspension, möglichst ≥ 100 ml (für 2 Parallelproben), im Eisbad vorgekühlt

  – 2–6 °C kaltes demineralisiertes Wasser, etwa das 3- bis 5fache des Volumens der zu zentrifugierenden Suspension, je nach Anzahl der Waschschritte (zum Waschen des Zellmaterials)

  – Kühlschrank oder (besser!) Kühlraum bei 2–6 °C

  – Kühlzentrifuge, vorgekühlt auf 2–6 °C Rotorkammertemperatur

  – Festwinkelrotor aus Aluminiumlegierung mit geeignetem Fassungsvermögen, im Kühlschrank auf 2–6 °C vorgekühlt

  – Zentrifugengefäße aus geeignetem, zumindest paarweise gleichem Material (s. S. 385ff.) und mit geeignetem Fassungsvermögen, möglichst mit Schraubverschluss, im Kühlschrank auf 2–6 °C vorgekühlt

  – eventuell: Adapter oder Polster für die Zentrifugengefäße (s. S. 387; für Glasgefäße obligatorisch!)

  – Tarierwaage oder Präzisionswaage

  – 2 Volumenmessgeräte mit geeignetem Fassungsvermögen, z.B. Vollpipetten (mit Pipettierhilfe) oder Messzylinder aus Kunststoff (vgl. S. 332) (zum Abmessen der Zellsuspension und des Waschwassers)

  – eventuell:
  Pasteurpipette aus Glas;
  Saugflasche mit durchbohrtem Gummistopfen, in dem ein kurzes Glasrohr steckt;
  Woulfe'sche Flasche mit 2 oder 3 Hälsen mit durchbohrten Gummistopfen, 2 Verbindungsstücken für Vakuumschlauch und eventuell einem Hahn, oder Druckfiltrationsgerät für den Leitungseinbau mit PTFE-Membranfilter;
  3 Stücke Vakuumschlauch;
  Saugpumpe (z.B. Membranvakuumpumpe für Grobvakuum) (vgl. S. 372)

- eventuell: Mischgerät („Whirlimixer", s. S. 332)
- Wägebecher oder -schalen (ohne Deckel) aus dünnem Borosilicatglas oder (besser!) aus hitzeresistentem Kunststoff (z.B. Polypropylen) oder Aluminiumfolie (s. S. 391) (1 Wägegefäß pro Zentrifugengefäß)
  (Die Wägegefäße sollen nicht größer sein, als für die zu trocknende Menge an Zellsuspension erforderlich. Sie werden gekennzeichnet, einige Stunden im Trockenschrank bei 105 °C möglichst staubfrei getrocknet, 15 min im Exsikkator über Phosphorpentoxid abgekühlt und auf der Analysenwaage auf 0,1 mg genau gewogen.)
- Pinzette oder Tiegelzange (zum Fassen der Wägegefäße nach dem Trocknen)
- Trockenschrank ohne Umluft
- Exsikkator mit Phosphorpentoxid (auf inertem Trägermaterial, granuliert)[26] als Trocknungsmittel
- Analysenwaage mit einer Ablesegenauigkeit auf 0,1 mg (in einem Raum mit geringer relativer Luftfeuchtigkeit)

Beladen des Rotors:
(Benutzungsanleitung des Rotors beachten!)

Den gesamten Füll- und Beladevorgang am besten in einem Kühlraum durchführen, um Kondenswasserbildung am Rotor, insbesondere in den Bohrungen, und an den Zentrifugengefäßen zu vermeiden! Für die Zellmassebestimmung sind sterile Bedingungen nicht erforderlich.

- Mindestens zwei parallele Proben der Mikroorganismensuspension von gleichem, genau abgemessenem Volumen (jeweils möglichst ≥ 50 ml) in die Zentrifugengefäße füllen, ohne den Gefäßrand und -hals zu benetzen. Gefäße nur zu etwa $^2/_3$ ihres Fassungsvermögens füllen und möglichst verschließen, um während der Zentrifugation Aerosole zu vermeiden.
- Gefüllte Zentrifugengefäße (einschließlich der Verschlüsse und eventueller Polster oder Adapter) innerhalb der vom Zentrifugen- bzw. Rotorhersteller angegebenen Grenzen mit einer (Tarier-) Waage paarweise auf Gewichtsgleichheit überprüfen und gegebenenfalls mit einer kleinen, abgemessenen Menge an Zellsuspension austarieren, damit keine Unwucht entsteht und die Schwingungen des Rotors nicht die Antriebswelle der Zentrifuge schädigen.
  (Der Gewichtsunterschied zwischen den beiden Gefäßen darf je nach Rotor bzw. Zentrifuge maximal 1 – 5 g betragen. Eine möglichst hohe Gewichtsgleichheit erhöht jedoch die Laufruhe des Rotors und verbessert dadurch die Trennwirkung; sie schont die Lager des Zentrifugenmotors und verlängert dessen Lebensdauer.)
- Die paarweise austarierten, gleichartigen Zentrifugengefäße in jeweils einander gegenüberliegende Rotorbohrungen einsetzen. (Bei Glasgefäßen vorher Gummipolster in die Bohrungen einsetzen!) Die Bohrungen müssen sauber und völlig trocken sein und die Gefäße fest am Boden aufsitzen. Werden nicht alle Rotorplätze besetzt, so ist auf größtmögliche Symmetrie zu achten.
- Rotordeckel aufsetzen und festschrauben.

Zentrifugieren und Waschen der Proben:
(Bedienungsanleitung der Zentrifuge beachten!)

- Deckel der Rotorkammer öffnen.
- Falls nötig, Rotor und Rotorkammer sorgfältig trockenwischen.
- Antriebsspindel der Zentrifuge und Sockelbohrung des Rotors mit einem weichen Tuch reinigen, um ein Festbacken des Rotors zu verhindern.
- Rotor mit beiden Händen fassen und genau senkrecht von oben auf den Spindelkopf aufsetzen. (Bei manchen Zentrifugen bzw. Rotoren muss man darauf achten, dass ein Mitnehmerstift auf dem Spindelkopf in die dafür vorgesehene Aussparung in der Sockelbohrung des Rotors einrastet.)

---

[26] Vorsicht, stark ätzend! Staubbildung sowie direkten Kontakt mit Augen, Haut und Kleidung vermeiden; Staub nicht einatmen, Schutzbrille tragen!

- Rotor gegebenenfalls auf der Antriebsspindel festschrauben.
- Deckel der Rotorkammer schließen und verriegeln.
- Zentrifuge starten, und 10–15 min lang bei 4000–6000 $\times$ g (Bakterien[27]) bzw. 2000–3000 $\times$ g (Hefen) zentrifugieren.
- Nach Ablauf der Zentrifugationszeit Rotor nicht zu stark abbremsen, und die Zentrifuge sanft auslaufen lassen, um ein Wiederaufwirbeln des Sediments zu verhindern.
- Deckel der Rotorkammer erst dann entriegeln und öffnen, wenn der Rotor zum Stillstand gekommen ist. (Im Normalfall verhindert die automatische Deckelzuhaltung ein vorzeitiges Öffnen.)
- Rotor gegebenenfalls von der Antriebsspindel losschrauben.
- Rotor von unten mit beiden Händen fassen, und ihn senkrecht nach oben (niemals schräg!) vom Spindelkopf abziehen, ohne ihn zu verkanten, da sonst die Antriebswelle beschädigt wird. Rotor vorsichtig absetzen. Jede Erschütterung vermeiden, damit nichts vom Sediment resuspendiert wird!
- Rotordeckel abnehmen. Zentrifugengefäße vorsichtig aus den Bohrungen herausziehen und öffnen.
- Überstand vorsichtig über die Seite der Gefäßöffnung abgießen, die während der Zentrifugation der Rotorachse zugewandt war; dabei möglichst kein Sediment mitreißen. (Vorsicht, Gefahr von Aerosolen!)
  Oder (besser!): Überstand mit einer Pasteurpipette absaugen, die durch Vakuumschläuche über eine Saugflasche und ein Druckfiltrationsgerät für den Leitungseinbau mit PTFE-Filter an eine Saugpumpe angeschlossen ist.
  (Beim Zentrifugieren [möglicherweise] pathogener Mikroorganismen ist zu beachten, dass der Überstand noch Zellen enthält!)
- Zentrifugengefäße zu etwa $^2/_3$ ihres Fassungsvermögens mit kaltem demineralisiertem Wasser füllen; dabei Innenwand des Gefäßhalses abspülen.
- Gefäße verschließen, und sedimentiertes Zellmaterial durch kräftiges Schütteln oder (besser!) durch Mischen auf einem Mischgerät resuspendieren.
- Erneut zentrifugieren.
- Waschen mit demineralisiertem Wasser und Zentrifugation 1- bis 3-mal wiederholen, abhängig von der Zellmasse und der Zusammensetzung der Nährlösung.

Trocknen und Auswiegen der Proben:

- Nach dem Abgießen oder Absaugen des letzten Waschwassers die Zellen jeweils in einigen ml demineralisiertem Wasser resuspendieren (s.o.) und möglichst vollständig in gekennzeichnete, getrocknete und gewogene Wägebecher oder -schalen überführen.
- Zellmaterial in den Wägegefäßen über Nacht (12–18 Stunden) in einem Trockenschrank ohne Umluft bei 105 °C möglichst staubfrei trocknen.
- Wägegefäße mit den trockenen Proben im Exsikkator über Phosphorpentoxid 15 min abkühlen lassen.
  Gefäße nur mit Pinzette oder Tiegelzange fassen, auf keinen Fall mit den bloßen Fingern! (Fingerabdrücke verändern das Gewicht des Wägeguts.)
- Wägegefäße schnell und auf dem kürzesten Wege einzeln aus dem Exsikkator auf den Wägeteller der Analysenwaage bringen und sofort auf 0,1 mg genau auswiegen.

Berechnung der Trockenmasse:

- Vom ermittelten Gewicht zieht man das Gewicht des leeren, trockenen Wägegefäßes ab, dividiert die Differenz durch das Volumen der ursprünglich in das Zentrifugengefäß eingefüllten Mikroorganismensuspension (in ml) und erhält die Zelltrockenmasse pro ml Suspension.

---

[27] Gilt für die Mehrzahl der Bakterien in nichtviskosen Nährlösungen oder Suspensionsmitteln.

Wiederholtes Waschen mit demineralisiertem Wasser kann Bakterien- oder Hefesuspensionen **elektrostatisch stabilisieren** und die Abtrennung der Zellen durch Zentrifugation erschweren. In demineralisiertem Wasser suspendierte Zellen tragen aufgrund der zahlreichen bei neutralem pH-Wert negativ geladenen Gruppen (z.B. Carboxy- oder Phosphatgruppen) an ihrer Oberfläche im Allgemeinen eine negative Nettoladung und stoßen sich deshalb gegenseitig elektrisch ab; dies verhindert ihren Zusammentritt zu größeren Verbänden, und man erhält beim Zentrifugieren ein sehr lockeres Sediment, aus dem die Zellen leicht vorzeitig resuspendiert werden. Die Zugabe einer kleinen Menge eines **Elektrolyten** (z.B. von Natriumchlorid zu einer Endkonzentration von ~ 0,05 % [w/v]) beseitigt die elektrostatische Aufladung der Zellen und damit die Stabilität der Suspension; es kommt zur „Ausflockung", und man erhält ein festes Sediment. Das Gewicht des im Zellmaterial zurückbleibenden Salzes beeinflusst die Bestimmung nicht wesentlich.

Die **Wägebecher** oder **-schalen** müssen möglichst klein und leicht sein, insbesondere bei einem kleinen Volumen oder einer geringen Zelldichte der zur Bestimmung verwendeten Suspension, denn je größer die Masse des Wägegefäßes im Verhältnis zur Masse der getrockneten Probe, desto geringer ist die Genauigkeit der Wägung. Man verzichtet deshalb beim AusWiegen auch auf einen Deckel, obwohl das trockene Zellmaterial etwas hygroskopisch ist und aus der Raumluft Feuchtigkeit aufnimmt. Die dabei auftretende Massenzunahme ist jedoch, wenn man schnell arbeitet, vernachlässigbar gering im Vergleich zur Masse der Probe. Man kann sich aus quadratischen Stücken **Aluminiumfolie** geeignete Wägebecher leicht auch selbst herstellen.

9.3.2.2 Trockenmassebestimmung mit Abtrennung der Organismen durch Membranfiltration

Die Membranfiltration benutzt man in erster Linie zur Abtrennung von Pilzmyzelien; bei Bakterien und Hefen verwendet man sie vor allem dann, wenn die Zelldichte sehr gering oder das Flüssigkeitsvolumen, aus dem man abtrennen will, sehr groß ist oder wenn die Zellen sehr empfindlich sind. Das Verfahren ist schonender als die Zentrifugation und hat den Vorteil, dass die Filtermasse gering und dadurch die Genauigkeit der Wägung größer ist (s.o.).

Filter

Man verwendet weiße Membranfilter, gewöhnlich mit 47 oder 50 mm Durchmesser, die man in ein Vakuumfiltrationsgerät einlegt. Man bevorzugt Filter aus Cellulosemischester oder Cellulosenitrat; sie haben ein sehr niedriges Flächengewicht ($3-6$ mg/cm^2; das entspricht einem Gewicht von etwa $60-120$ mg für ein 50-mm-Filter), sind nach dem Trocknen gewichtskonstant und enthalten nur sehr geringe Mengen an durch Wasser auswaschbaren Substanzen (z.T. $\leq 0,3$ % vom Filtergewicht [s. Tab. 6, S. 27], das sind maximal etwa $0,1-0,2$ mg bei einem 50-mm-Filter mit 12,5 cm^2 wirksamer Filtrationsfläche). Der Durchmesser der Filterporen richtet sich nach der Größe der abzutrennenden Mikroorganismen; er beträgt in der Regel 0,45 µm für die Filtration von Bakterien und $0,65-1,2$ µm für Hefen und Schimmelpilze.

Pilzmyzelien lassen sich auch durch ein nassfestes Papierfilter (Rundfilter, für die quantitative Analyse) in einer Nutsche oder durch eine Filterplatte aus Sinterglas (Glasfritte; Porositätsklasse 4) vom Suspensionsmedium abtrennen.

Durchführung der Bestimmung

Trockenmassebestimmung mit Membranfiltration
(vgl. S. 372 ff.)

Sterile Geräte und sterile Arbeitsbedingungen sind nicht erforderlich.

Membranfilter immer nur mit der Flachpinzette (s.u.), niemals mit den bloßen Fingern, am äußersten Rand fassen! (Fingerabdrücke verändern die Filtermasse und beeinträchtigen die Benetzbarkeit des Filters.)

Material: – Mikroorganismensuspension, möglichst ≥ 100 ml (für 2 Parallelproben), im Eisbad vorgekühlt

– 2 – 6 °C kaltes demineralisiertes Wasser, ≥ 20 ml pro Probe (zum Waschen des Zellmaterials; Menge abhängig von Volumen und Zelldichte der Probe und von der Anzahl der Waschschritte)

– Membranfilter aus Cellulosemischester oder Cellulosenitrat, weiß, Durchmesser 47 oder 50 mm, Porenweite s.o. (1 Filter pro Probe)

– Vakuumfiltrationsgerät für Filterdurchmesser 47 oder 50 mm mit durchbohrtem Gummistopfen, Fritte und Aufsatz (für ≥ 100 ml; vgl. S. 369f.)

– Saugflasche (mit Kunststoffolive oder mit Tubus)[28], Rauminhalt 1 – 2 l

– Woulfe'sche Flasche, Rauminhalt 500 ml, mit 2 oder 3 Hälsen mit durchbohrten Gummistopfen, 2 Verbindungsstücken für Vakuumschlauch und eventuell einem Hahn
oder: Druckfiltrationsgerät für den Leitungseinbau aus Polycarbonat, für Filterdurchmesser 47 oder 50 mm, mit eingelegtem Membranfilter aus PTFE, Porenweite 0,45 μm
(zum Schutz gegen ein Übertreten des Filtrats aus der Saugflasche in die Vakuumpumpe)

– 2 Stücke Vakuumschlauch

– Membranvakuumpumpe (für Grobvakuum)

– Pinzette mit abgeflachten und vorn abgerundeten, ungerieffelten Spitzen, z.B. Deckglasoder Briefmarkenpinzette (zum Fassen des Membranfilters)

– Volumenmessgerät mit geeignetem Fassungsvermögen, z.B. Vollpipette (mit Pipettierhilfe) oder Messzylinder aus Kunststoff (vgl. S. 332) (zum Einfüllen der Probe in den Aufgussraum)

– ≥ 10-ml-Pipette (zum Waschen des Rückstands und Ausspülen des Aufgussraums)

– Glaspetrischalen, gekennzeichnet, mit einem Stück Aluminiumfolie darin (1 Petrischale pro Probe)

– Trockenschrank ohne Umluft

– Exsikkator mit Phosphorpentoxid (auf inertem Trägermaterial, granuliert)[29] als Trocknungsmittel

– Analysenwaage mit einer Ablesegenauigkeit auf 0,1 mg

Trocknen und Ausschwiegen des Membranfilters:

– Membranfilter mit der Flachpinzette am äußersten Rand fassen und mit der Oberseite (des Filters in der Packung) nach oben auf ein Stück Aluminiumfolie in einer gekennzeichneten Glaspetrischale legen.

– Filter in der offenen Petrischale in einem Trockenschrank ohne Umluft möglichst staubfrei 60 min bei 105 °C trocknen.

---

[28] geringere Unfallgefahr als bei einer Glasolive!

[29] Vorsicht, stark ätzend! Staubbildung sowie direkten Kontakt mit Augen, Haut und Kleidung vermeiden; Staub nicht einatmen, Schutzbrille tragen!

- Petrischale mit Filter im Exsikkator über Phosphorpentoxid 30 min abkühlen lassen.
- Unmittelbar nach Öffnen des Exsikkators Filter mit der Pinzette aus der Petrischale nehmen, schnell auf den Wägeteller der Analysenwaage bringen und sofort auf 0,1 mg genau auswiegen (zur elektrostatischen Aufladung des Membranfilters siehe unten).

Filtrieren und Waschen der Probe:
(vgl. S. 373f. und Abb. 30, S. 370)

- Vakuumfiltrationsgerät fest auf die Saugflasche setzen.
- Aufsatz des Filtrationsgeräts abnehmen, und Membranfilter mit der Oberseite nach oben zentrisch auf die Fritte auflegen.
- Aufsatz wieder aufs Unterteil aufsetzen. Saugflasche über eine Woulfe'sche Flasche (oder ein Druckfiltrationsgerät für den Leitungseinbau mit PTFE-Filter) mit der Vakuumpumpe verbinden.
- Eine genau abgemessene Menge der Mikroorganismensuspension (möglichst ≥ 50 ml) in den Aufsatz gießen oder pipettieren.
- Vakuumpumpe einschalten, Absperrhahn am Filtrationsgerät öffnen, und Probe unter leichtem Vakuum absaugen. Danach Absperrhahn schließen.
- Zum Waschen der Zellen 2- bis 3-mal eine kleine Menge demineralisiertes Wasser (≥ 10 ml, abhängig vom Volumen und der Zelldichte der Probe) in den Aufsatz pipettieren, dabei dessen Innenwand spiralförmig von oben nach unten abspülen; nach Öffnen des Absperrhahns erneut absaugen, beim letzten Mal so lange, bis keine Flüssigkeit mehr aus dem Auslaufrohr tropft. Anschließend noch 5 – 10 s weitersaugen.
- Absperrhahn schließen, und Vakuumpumpe abschalten.

Trocknen und Auswiegen der Probe:

- Filtrationsaufsatz abnehmen, und Membranfilter mit Rückstand von der Filterunterstützung abheben.
- Membranfilter wieder auf die Aluminiumfolie im Unterteil der Petrischale überführen und über Nacht (12 – 18 Stunden) in einem Trockenschrank ohne Umluft bei 105 °C möglichst staubfrei trocknen.
- Petrischale mit Filter im Exsikkator über Phosphorpentoxid 30 min abkühlen lassen.
- Membranfilter schnell und auf dem kürzesten Wege aus dem Exsikkator auf den Wägeteller der Analysenwaage bringen und sofort auf 0,1 mg genau auswiegen.

Berechnung der Trockenmasse:

- Vom ermittelten Gewicht zieht man das Gewicht des leeren, trockenen Filters (vor der Filtration, s.o.) ab, dividiert die Differenz durch das Volumen der filtrierten Mikroorganismensuspension (in ml) und erhält die Zelltrockenmasse pro ml Suspension.

Während der Handhabung können sich trockene Membranfilter **elektrostatisch aufladen**. Diese Aufladung verursacht signifikante Wägefehler. Sie lassen sich reduzieren durch den Einsatz eines Luftionisationsgeräts („air ionizer"), das man neben der Waage aufstellt oder an dem man das Membranfilter unmittelbar vor der Wägung in einem kurzen Abstand langsam vorbeiführt. Das Gerät ionisiert mit Hilfe eines starken elektrischen Feldes oder mit Hilfe von Alphastrahlung die umgebende Luft, macht sie leitend und bewirkt so eine Entladung des Filters. Unter diesen Bedingungen kann man ein Filter von 50 mm Durchmesser auf ± 0,2 mg genau auswiegen.

Eine noch höhere Genauigkeit (von ± 0,1 mg) erreicht man mit der **Kontrollfiltermethode**. Man legt zwei gewogene Membranfilter gleichen Typs direkt aufeinander in das Filtrationsgerät ein und saugt Probe und Waschwasser durch beide Filter hindurch. Anschließend werden die beiden Filter getrennt und in exakt derselben Weise getrocknet und gewogen. Sie sind also während des ganzen Arbeitsgangs den gleichen Einflüssen ausgesetzt und erfahren die gleichen Veränderungen. Einer Gewichtsveränderung des (unteren) Kontrollfilters entspricht deshalb eine gleich große Gewichtsveränderung des (oberen) Probenfilters, weshalb man deren Betrag je nach Vorzeichen zur ermittelten Zelltrockenmasse hinzufügen oder von ihr abziehen muss. Vorgewogene Membranfilterpaare mit einem maximalen Gewichtsunterschied von ± 0,1 mg sind im Handel erhältlich (Millipore).

9.3.2.3 Systematische Fehler

Die Abtrennung der Zellen ist bei der Zentrifugation weniger vollständig als bei der Filtration, weil sich beim Zentrifugieren gewöhnlich einige Zellen nicht absetzen, sondern im Überstand bleiben, und weil beim Abbremsen der Zentrifuge, beim Hantieren mit Rotor und Zentrifugengefäßen und beim Abgießen oder Absaugen des Überstands ein Teil des Sediments wieder aufgewirbelt wird und verlorengeht. Auch die Übertragung des Zellmaterials in die Wägegefäße ist mit Zellverlusten verbunden.

Beide Methoden **unterbewerten** die Zelltrockenmasse aber auch deshalb, weil während des Arbeitsgangs gelöste oder flüchtige Zellbestandteile verlorengehen können:

- Beim **Waschen** mit kaltem demineralisiertem Wasser erleiden manche Mikroorganismen, insbesondere gramnegative Bakterien, einen osmotischen und Kälteschock (s. S. 382), der zum Austreten löslicher Substanzen aus der Zelle oder sogar zur Lysis der Zelle führen kann. Dies geschieht vor allem bei exponentiell oder in geringer Zelldichte wachsenden Bakterien. Um dadurch bedingte Verluste an Biomasse zu verhindern oder wenigstens zu reduzieren, kann man für die erste(n) Waschung(en) z.B. physiologische Kochsalzlösung (= 0,9%ige [w/v] Natriumchloridlösung) verwenden – die allerdings in Bezug auf Mikroorganismen immer noch hypotonisch ist; nur für die letzte Waschung setzt man dann demineralisiertes Wasser oder aber 0,05 – 0,1%ige NaCl-Lösung ein. (Das Gewicht des im letzteren Falle im Zellmaterial zurückbleibenden Salzes hat keinen wesentlichen Einfluss auf die Bestimmung.) Wenn dagegen die Organismen osmotisch besonders empfindlich sind, wäscht man sie durchgehend mit einer geeigneten Salzlösung, bestimmt das Gewicht des im getrockneten Zellmaterial enthaltenen Salzes – z.B. kann man bei Verwendung von Kochsalzlösung das Chlorid bestimmen – und zieht es vom Gesamtgewicht der Probe ab.

  Bei **pathogenen** Mikroorganismen kann man der Waschflüssigkeit neutralisierten Formaldehyd zusetzen (Endkonzentration ca. 3,5 % [w/v]; vgl. S. 327), um die Zellen abzutöten. Bei dieser Behandlung muss man jedoch mit einem erhöhten Verlust an intrazellulär gelösten Stoffen rechnen.

- Beim **Trocknen** der Zellen im 105 °C-Trockenschrank können unter Umständen flüchtige Zellbestandteile entweichen; außerdem kann es zu einem teilweisen Abbau von Zellmaterial kommen, den man manchmal an einer Verfärbung erkennt. Schonender ist es, wenn man die Zellen bei 40 – 80 °C im Exsikkator über Phosphorpentoxid im Vakuum trocknet oder wenn man sie gefriertrocknet.

Eine Zunahme der Trockenmasse einer Population ist nicht immer mit Wachstum und Vermehrung der Zellen verbunden, sondern kann auch auf die intrazelluläre Anhäufung von **Speicherstoffen** zurückzuführen sein. Der Gehalt an organischen Speicherstoffen ist in aktiv wachsenden Zellen im Allgemeinen gering; er kann jedoch drastisch zunehmen und mehr als 80 % der Zelltrockenmasse erreichen, wenn die Zellen unter Mangelbedingungen geraten, aber noch eine Kohlenstoff- und Energiequelle im Überschuss zur Verfügung haben (vgl. S. 253). Ferner lagern viele Bakterien, die Sulfid oder Thiosulfat zu Sulfat oxidieren, vorübergehend große Mengen an elementarem **Schwefel** (bis über 30 % der Zelltrockenmasse) in der Zelle ab (z.B. die Mehrzahl der Schwefelpurpurbakterien [Familie Chromatiaceae]). Wenn nötig, muss man in solchen Fällen den Speicherstoffgehalt der Zellen mit chemischen Mitteln separat bestimmen und von der Gesamttrockenmasse abziehen.

9.3.3 Proteinbestimmung

Einzelne chemische Zellbestandteile lassen sich zur direkten Bestimmung der Biomasse heranziehen, wenn der Bestandteil einen genügend großen Teil der Zellmasse ausmacht und wenn er in einem einigermaßen gleichbleibenden Verhältnis zur Gesamtbiomasse steht. Solche Zellbestandteile sind z.B. Gesamtstickstoff, Protein und DNA. Von diesen wird routinemäßig meist der Zellproteingehalt bestimmt. Er dient vor allem als Bezugsgröße für Stoffwechsel- und Enzymaktivitäten.

Die beiden am häufigsten benutzten Verfahren zur Proteinbestimmung sind die **Biuretmethode** und die Bestimmung nach **Lowry et al.** mit dem Folin-Ciocalteu-Reagenz. Beide Methoden, vor allem aber die nach Lowry, sind erheblich empfindlicher als die Bestimmung der Trockenmasse, d.h. sie erfordern sehr viel weniger Zellmaterial. Vor ihrer Anwendung auf ganze Zellen müssen diese zunächst von der Nährlösung (oder einer anderen Suspensionsflüssigkeit) abgetrennt und gut gewaschen werden, um die Mikroorganismen zu konzentrieren und um alle Nährlösungsreste oder Reste anderer Substanzen zu entfernen, die die Bestimmung stören könnten. Durch Kochen in Natronlauge werden anschließend die Zellen aufgeschlossen und das gesamte Zellprotein in Lösung gebracht. Die meisten Bakterien werden durch diese Behandlung völlig aufgelöst; nur bei einigen grampositiven Bakterien sowie bei Hefen und Schimmelpilzen lösen sich die Zellwände nicht ganz auf. Der unlösliche Rest enthält jedoch kein Protein; bei der Biuretmethode wird er zusammen mit dem Kupferhydroxid abzentrifugiert, bei der Bestimmung nach Lowry ist er zu gering, um eine messbare Trübung zu verursachen.

Das gelöste Protein wird mit einem geeigneten Reagenz zu einer gefärbten Verbindung umgesetzt; die Farbintensität, d.h. die Lichtabsorption (Extinktion, vgl. S. 406f.), der Lösung – die der Proteinkonzentration in gewissen Grenzen proportional ist – wird mit einem Photometer gemessen und aus einer Eichkurve die Proteinkonzentration abgelesen oder berechnet.

Enthalten die Mikroorganismen **Farbstoffe**, z.B. Carotinoide oder (Bacterio-)Chlorophylle, die die Bestimmung stören, weil sie im selben Wellenlängenbereich absorbieren, so entfernt man diese, indem man das abgetrennte Zellmaterial vor dem Kochen in Natronlauge zwei- bis dreimal mit einigen ml eines geeigneten organischen Lösungsmittels wäscht (digeriert). Carotinoide extrahiert man z.B. mit Aceton, (Bacterio-)Chlorophylle mit 96%igem Ethanol.

Als Standardprotein zur Herstellung der **Eichkurve** dient ein kommerziell erhältliches, gereinigtes Protein, in der Regel **Rinderserumalbumin**. (Die reinste Form ist das kristallisierte Albumin, das jedoch immer noch bis zu 5 % Wasser enthalten kann.) Da unterschiedliche Proteine bei der Proteinbestimmung nicht immer die gleiche Farbreaktion ergeben, kann die Farbreaktion des Rinderserumalbumins von der des Mikroorganismenproteins mehr oder weniger stark abweichen. Das gilt besonders für die Methode nach Lowry et al. (s. S. 405). Zusätzliche Unterschiede können dadurch auftreten, dass der Zellaufschluss Substanzen enthält, die die Farbreaktion stören. Auch die Reagenziencharge und das Alter der Reagenzien beeinflussen die Reaktion. Aus diesen Gründen weichen bei ein und derselben Probe die Ergebnisse verschiedener Proteinbestimmungsmethoden oft beträchtlich (um $\geq$ 20 %) voneinander ab, und man erhält eher relative Werte als absolute Proteinmengen.

Man sollte zu jeder Bestimmungsreihe eine neue Eichkurve aufstellen und sich nicht auf eine irgendwann einmal erstellte „Standardkurve" oder einen in der Literatur angegebenen Umrechnungsfaktor verlassen. Die Eichkurve soll den gesamten Messbereich überdecken. Man darf eine Eichkurve nie über den höchsten Messpunkt hinaus extrapolieren. Liegt die Extinktion einer Probe außerhalb des Bereichs der Eichkurve, so verdünnt man die Probe vor der Bestimmung so weit, dass sie in den Bereich der Eichkurve fällt.

Bei **routinemäßigen Serienbestimmungen** genügt es jedoch in der Regel, pro Bestimmungsreihe zwei Konzentrationen des Standardproteins mitlaufen zu lassen und aus ihren Extinktionen die unbekannten Proteinmengen zu berechnen. Die beiden Konzentrationen müssen genügend weit auseinander liegen, jedoch noch in dem Extinktionsbereich, in dem exakt gemessen werden kann. Allerdings lassen sich etwaige Fehler bei der Bestimmung der Standardwerte, die zu falschen Ergebnissen führen, bei diesem Verfahren nicht erkennen; deshalb müssen die Extinktionen der beiden Standardproteinkonzentrationen sehr sorgfältig bestimmt werden.

Wenn genügend Zellmaterial zur Verfügung steht, ist die Biuretmethode die Methode der Wahl, weil sie schnell und einfach durchzuführen ist und verlässliche, gut reproduzierbare Ergebnisse liefert. Allerdings ist sie nicht sehr empfindlich. Wenn man nur wenig Zellmaterial zur Verfügung hat und deshalb eine hohe Empfindlichkeit benötigt, sollte man die Methode nach Lowry et al. anwenden.

9.3.3.1 Ernte der Zellen

Um die suspendierten Mikroorganismen zu konzentrieren und um störende Substanzen abzutrennen, zentrifugiert und wäscht man die Zellen vor der Proteinbestimmung und überführt sie dann in Zentrifugenröhrchen aus Glas, in denen man nach erneuter Zentrifugation den Proteingehalt des sedimentierten Probenmaterials bestimmt. Für die Biuretmethode soll das Sediment pro Röhrchen etwa 0,8 – 8 mg Protein enthalten; das entspricht ca. 1,6 – 16 mg Zelltrockenmasse. Für die Bestimmung nach Lowry et al. sind 10 – 200 µg Protein pro Röhrchen optimal, was etwa 20 – 400 µg Zelltrockenmasse entspricht.

Ernte der Zellen für die Proteinbestimmung
(Material und Einzelheiten der Durchführung s. S. 388 ff.)

– Geeignete, genau abgemessene Mengen der Mikroorganismensuspension (mindestens 2 Parallelproben) in einer Kühlzentrifuge abzentrifugieren, 2-mal mit kaltem demineralisiiertem Wasser waschen und erneut zentrifugieren.
  Nach dem zweiten Waschen (mit je ca. 4 ml demineralisiertem Wasser) Zellsuspensionen möglichst vollständig in Zentrifugenröhrchen aus Borosilicatglas (mit Rundboden, ca. 6 ml Nenninhalt; vgl. S. 387) überführen, und Zellen in einer Tischzentrifuge abzentrifugieren (Gummipolster!), bis ein festes Sediment entstanden ist. Dabei zulässige Höchstdrehzahl der Röhrchen beachten (s. Tab. 34, S. 386).
– Überstände vorsichtig abgießen oder absaugen (s. S. 390). Um die Flüssigkeitsreste zu entfernen, Röhrchen 5 min mit der Öffnung nach unten auf Filtrierpapier stellen.

9.3.3.2 Biuretmethode

Prinzip

Säureamide, wie z.B. Biuret (Carbamoylharnstoff), das der Reaktion den Namen gab, ferner Peptide (ab Tripeptide) und Proteine bilden mit Kupfer(II)-Salzen in alkalischer Lösung intensiv rotviolett gefärbte, anionische Chelatkomplexe mit Cu^{2+} als Zentralatom und einem Absorptionsmaximum zwischen 540 und 560 nm. Voraussetzung für diese Komplexbildung ist das Vorhandensein von mindestens zwei Säureamidgruppen oder Peptidbindungen. Zahlreiche andere Chelatbildner, wie mehrwertige Hydroxycarbonsäuren (z.B. Citrat, Tartrat) oder Alkohole (z.B. Glycerin) sowie freie Aminosäuren (vgl. S. 62), reagieren ebenfalls mit Cu^{2+}-Ionen, bilden aber blaue Komplexe, deren Farbqualität – abgesehen von einer Farbvertiefung – weitgehend der einer wässrigen Kupfer(II)-Salzlösung (mit dem hellblauen Komplexion $[Cu(H_2O)_4]^{2+}$) entspricht.

Durchführung

Für die Bestimmung des Gesamtproteins ganzer Zellen bevorzugt man die Biuretmethode nach Robinson und Hogden (1940)[30], modifiziert von Stickland (1951)[31]. Bei dieser Methode arbeitet man mit einem großen Kupfersulfatüberschuss und ohne Zusatz eines weiteren Chelatbildners. Letzteres hat den Vorteil, dass der Leeransatz fast farblos ist und die Farbintensität des gebildeten Kupfer-Protein-Komplexes über einen relativ weiten Bereich streng proportional ist zur Proteinkonzentration. (Dagegen färbt bei der Methode nach Gornall et al. [1949][32] das dem Biuretreagenz zur Stabilisierung zugesetzte Tartrat den Leeransatz stärker blau und konkurriert mit dem Protein um die verfügbaren Cu^{2+}-Ionen.)

Gesamtproteinbestimmung an ganzen Zellen mit der Biuretmethode nach Stickland

Material[33]: – Natronlauge, 3,0-molar[34]

– Kupfer(II)-sulfatlösung, 2,5%ig (2,5 g $CuSO_4 \cdot 5\,H_2O$ in 100 ml demineralisiertem Wasser)

– demineralisiertes Wasser

– 80 mg Rinderserumalbumin, kristallisiert und/oder lyophilisiert, $\geq 96\,\%$ Protein (bei +4 °C trocken lagern!)
(als Standardprotein für die Eichkurve)

– Zentrifugenröhrchen aus Borosilicatglas mit Rundboden, ca. 6 ml Nenninhalt (vgl. S. 387):
a) Röhrchen mit Sediment aus abzentrifugiertem und gewaschenem Zellmaterial (s. S. 396) (mindestens 2 Parallelproben mit jeweils etwa 0,8 – 8 mg Protein [= ca. 1,6 – 16 mg Zelltrockenmasse])
b) 12 [bzw. 8] leere Röhrchen (10 für die Eichkurve [bzw. 6 für 2 Standardproteinkonzentrationen], 2 für den Leerwert)

– ein 20-ml-Messkolben, Genauigkeitsklasse A (zum Ansetzen der Rinderserumalbumin-stammlösung)

– 4 [bzw. 3] 1-ml-Messpipetten (Genauigkeitsklasse AS); zwei 2-ml-Messpipetten
oder: 2 digitale Kolbenhubpipetten mit variabler Volumeneinstellung für den Bereich 0,2 – 1,0 ml bzw. 1,0 – 5,0 ml; Pipettenspitzen, passend zu den Kolbenhubpipetten

– Parafilm M-Verschlussfolie

– Glaskugeln, passend auf die Zentrifugenröhrchen (eine pro Röhrchen)

– Wasserbad bei 100 °C

– Reagenzglaseinsatz aus Edelstahl, ca. 70 mm hoch, passend in das Wasserbad

– Wanne o.ä. mit kaltem Wasser

– Tischzentrifuge mit Rotor (bzw. Adaptern) für 6-ml-Röhrchen

---

[30] Robinson, H.W., Hogden, C.G. (1940), J. Biol. Chem. **135**, 707 – 725

[31] Stickland, L.H. (1951), J. Gen. Microbiol. **5**, 698 – 703

[32] Gornall, A.G., Bardawill, C.J., David, M.M. (1949), J. Biol. Chem. **177**, 751 – 766

[33] Die Mengenangaben in eckigen Klammern bei Zentrifugenröhrchen und 1-ml-Messpipetten gelten bei Ersatz der Eichkurve durch zwei Standardproteinkonzentrationen (s. S. 399).

[34] Verursacht schwere Verätzungen. Kontakt mit Augen, Haut und Kleidung vermeiden; Schutzbrille und Schutzhandschuhe tragen!

- Gummipolster für Zentrifugenröhrchen (s. S. 387)
- Analysenwaage mit einer Ablesegenauigkeit auf 0,1 mg
- Spektralphotometer
  oder: Spektrallinienphotometer mit Quecksilberdampflampe und optischem Filter Hg 546 nm (s. S. 409)
- (Makro-)Rechteckküvetten mit 10 mm Schichtdicke (Standardküvetten) aus Optischem Glas (oder Optischem Spezialglas) oder aus Kunststoff (s. S. 413, Tab. 35; S. 414ff.)
- Millimeterpapier
- eventuell: Reagenzglasmischgerät („Whirlimixer", s. S. 332)

- Abzentrifugiertes Zellmaterial (Sediment) im Röhrchen mit genau 2,0 ml demineralisiertem Wasser versetzen. Röhrchen mit einem Stück Parafilm M verschließen, und Zellen durch kräftiges Schütteln oder (besser!) durch Mischen auf einem Reagenzglasmischgerät resuspendieren.
- In 2 leere Zentrifugenröhrchen ebenfalls je 2,0 ml demineralisiertes Wasser pipettieren (für den Reagenzienleerwert).
- In jedes Röhrchen genau 1,0 ml 3-molare Natronlauge pipettieren. Röhrchen mit Glaskugeln anstelle des Parafilms verschließen. (Parafilm wird oberhalb von 50 °C weich und klebrig.)
- Röhrchen für 5 min in ein kochendes Wasserbad stellen, anschließend in kaltem Wasser rasch abkühlen.
- In jedes Röhrchen genau 1,0 ml 2,5%ige Kupfersulfatlösung pipettieren. Sofort nach der Zugabe Röhrchen mit einem neuen Stück Parafilm verschließen und kräftig schütteln, oder Inhalt auf dem Reagenzglasmischgerät mischen (Endvolumen des Ansatzes: 4,0 ml).
- Ansätze 30 min bei Raumtemperatur stehenlassen. (Einwirkungszeit und -temperatur müssen für alle Ansätze gleich sein!)
- Ansätze in einer Tischzentrifuge 5 – 10 min bei 2000 – 3000 $\times$ g zentrifugieren, um das ausgefallene hellblaue, flockige Kupfer(II)-hydroxid und etwaige unlösliche Zellbestandteile zu entfernen.
- Die klaren Überstände vorsichtig in Küvetten gießen, ohne etwas vom Sediment aufzuwirbeln (vgl. S. 390).
- Die Extinktionen der Überstände in einem Spektralphotometer bei 555 nm oder in einem Spektrallinienphotometer mit Quecksilberdampflampe bei 546 nm entweder direkt gegen den Leeransatz (bei routinemäßigen Serienbestimmungen) oder (besser!) gegen Luft messen. Im letzteren Fall Extinktion des Leeransatzes von der des Probenansatzes abziehen. (Wenn man den Reagenzienleerwert nicht getrennt bestimmt, sondern die Proben direkt gegen den Leeransatz [als Extinktionswert 0] misst, bleibt man über die Höhe des Leerwerts im Unklaren.)
  Extinktionen möglichst bald messen, da die Farbintensität nur für relativ kurze Zeit (1 – 2 Stunden) stabil ist!
- Die der gemessenen Extinktion bzw. der Extinktionsdifferenz entsprechende Proteinmenge (in mg pro 4-ml-Probenansatz) aus einer **Eichkurve** (s.u.) ablesen.
  Oder: Extinktion bzw. Extinktionsdifferenz mit einem aus der Steigung der Eichkurve oder (bei Routinebestimmungen) aus den Extinktionen zweier Standardproteinkonzentrationen errechneten **Faktor** (s. S. 399) multiplizieren.
- Die so ermittelte Proteinmenge pro Probenansatz durch das Volumen der abzentrifugierten Mikroorganismensuspension (in ml) dividieren, um den Proteingehalt pro ml Ausgangssuspension zu erhalten.

Aufstellen einer Eichkurve:

– 80,0 mg Rinderserumalbumin in einem 20-ml-Messkolben in 20,0 ml demineralisiertem Wasser lösen. (Man kann auch ein Mehrfaches dieser Menge an Albuminstammlösung ansetzen, sie in Portionen einfrieren und diese bei Bedarf wieder auftauen.)

– Genau abgemessene Mengen der Albuminlösung gemäß dem folgenden Schema in leere 6-ml-Zentrifugenröhrchen pipettieren (jeweils 2 Röhrchen pro Proteinkonzentration) und mit demineralisiertem Wasser auf je 2,0 ml auffüllen:

Albuminlösung (ml)	0,2	0,5	1,0	1,5	2,0
demin. Wasser (ml)	1,8	1,5	1,0	0,5	0
mg Protein/2 ml	0,8	2,0	4,0	6,0	8,0

– Mit den Albuminansätzen in derselben Weise wie mit den Probenansätzen die Proteinbestimmung durchführen (einschließlich Kochen der Ansätze mit Natronlauge).

– Gemessene Extinktionen – gegebenenfalls abzüglich Leerwert – einzeln (nicht gemittelt, um „Ausreißer" zu erkennen) gegen die Albuminmenge pro Ansatz (in mg) auf Millimeterpapier in ein rechtwinkliges Koordinatensystem eintragen mit der Extinktion als vertikaler (Ordinaten-)Achse (y-Achse) und der Proteinmenge als horizontaler Achse (Abszisse, x-Achse). Durch die Messpunkte (einschließlich Nullpunkt) eine möglichst gut angepasste Gerade ziehen (oder nach der Methode der kleinsten Quadrate mit einem Taschenrechner die Regressionsgerade bestimmen; siehe Lehrbücher der Statistik).

– Eventuell aus der Steigung der Geraden den Faktor f zur Umrechnung von Extinktion in (unbekannte) Proteinmenge pro Probenansatz errechnen:

$$f = \frac{\Delta P}{\Delta E}$$

P = mg Rinderserumalbumin/Ansatz

E = Extinktion.

Bei Routinebestimmungen:

– Statt eine Eichkurve zu erstellen, bei jeder Bestimmungsreihe 2 Konzentrationen des Standardproteins (z.B. 2,0 und 8,0 mg Rinderserumalbumin pro Ansatz) in 3facher Ausführung mit bestimmen (s. S. 396).

– Aus den Extinktionen der beiden Albuminkonzentrationen den Faktor f zur Umrechnung von Extinktion in Proteinmenge pro Probenansatz berechnen:

$$f = \frac{P_2 - P_1}{E_2 - E_1}$$

P_1 bzw. E_1 ist die niedrige, P_2 bzw. E_2 die hohe Albuminkonzentration (in mg/Ansatz) bzw. deren Extinktion.

Störende Substanzen

Die Biuretreaktion ist ziemlich spezifisch. Die meisten anderen zellulären Makromoleküle sowie freie Aminosäuren stören nicht oder wenig. Dagegen stören eine Reihe häufig verwendeter **Nährbodenbestandteile**, wie Peptide (in Eiweißhydrolysaten, Peptonen und Extrakten enthalten) und größere Mengen an Ammoniumsalzen oder an Zuckern. Bei Ammoniaküberschuss bildet sich ein intensiv kornblumenblau gefärbter Tetraammin-Kupfer(II)-Komplex $[Cu(NH_3)_4]^{2+}$. Zucker karamelisieren beim Erhitzen mit Alkali und liefern stark reduzierend wirkende Zersetzungsprodukte, die Cu^{2+} zu Cu^+ reduzieren; dabei fällt gelb bis rot gefärbtes Kupfer(I)-oxid aus. Man muss deshalb das Zellmaterial vor der Proteinbestimmung gut waschen, besonders wenn es von einem Komplexnährboden stammt. Auch einige Puffer, vor allem Tris-Puffer, können die Biuretreaktion beeinträchtigen.

Bewertung der Methode

Bei der Biuretmethode reagieren die Cu^{2+}-Ionen mit der Peptidkette selbst und nicht mit bestimmten Seitengruppen der Aminosäuren; folglich hängt die Intensität der Färbung von der Zahl der Peptidbindungen ab und kaum von der Aminosäurenzusammensetzung der Proteine. Die Unterschiede in der Farbentwicklung sind deshalb zwischen den verschiedenen Proteinen viel geringer als bei der Methode nach Lowry et al.

Der Hauptnachteil der Biuretmethode ist ihre **geringe Empfindlichkeit**. Man benötigt ca. 0,2 mg Protein pro ml Bestimmungsansatz, also ca. 0,8 mg Protein pro 4-ml-Ansatz. Optimal sind etwa 5 mg Protein/Ansatz. Oberhalb von ca. 8 mg Protein/Ansatz ist die Farbintensität unter Umständen der Proteinmenge nicht mehr proportional. In einem solchen Fall verdünnt man die Probenlösung vor der Bestimmung mit demineralisiertem Wasser, nicht aber den Ansatz nach Durchführung der Biuretreaktion!

9.3.3.3   Methode nach Lowry et al.

Prinzip

Die Proteinbestimmung nach Lowry et al.[35] basiert auf dem „Phenolreagenz" nach Folin und Ciocalteu[36]. Das Reagenz enthält ein Gemisch der Heteropolysäuren 12-Molybdatophosphorsäure (Phosphormolybdänsäure) und 12-Wolframatophosphorsäure (Phosphorwolframsäure). Phenole und viele andere Substanzen reduzieren diese Säuren zu tiefblauem, (kolloidal) löslichem „Molybdänblau" bzw. „Wolframblau" mit einem Absorptionsmaximum bei 745–750 nm. Es handelt sich dabei um Mischoxide des fünf- und sechswertigen Molybdäns bzw. Wolframs. Die intensive Farbe beruht auf der gleichzeitigen Anwesenheit zweier Wertigkeitsstufen desselben Elements in ein und demselben komplexen Molekül („Charge-transfer-Komplex").

Die Blaufärbung lässt sich zur photometrischen Bestimmung von Proteinen verwenden, da auch Proteine das Folin-Ciocalteu-Reagenz reduzieren. Verantwortlich für die Reduktion und Farbentwicklung sind bestimmte Aminosäuren in den Proteinen, in erster Linie die aromatischen Aminosäuren Tyrosin und Tryptophan. Ein Zusatz von Kupfer(II)-sulfat erhöht die Farbintensität und damit die Empfindlichkeit der Reaktion. Cu^{2+}-Ionen bilden mit den Peptidbindungen des Proteins Chelatkomplexe (Biuretreaktion, s. S. 396f.) und erleichtern anscheinend in der komplexen Bindung den Elektronenübergang von den Seitenketten der aromatischen Aminosäuren zu den Heteropolysäuren.

[35] Lowry, O.H., Rosebrough, N.J., Farr, A.L., Randall, R.J. (1951), J. Biol. Chem. **193**, 265–275

[36] Folin, O., Ciocalteu, V. (1927), J. Biol. Chem. **73**, 627–650

Durchführung

Die durch Kochen in Natronlauge gelösten Zellproteine werden mit alkalischer Kupfer(II)-sulfatlösung behandelt und anschließend mit dem Folin-Ciocalteu-Reagenz versetzt.

Gesamtproteinbestimmung an ganzen Zellen mit der Methode nach Lowry et al.

Material: – Natronlauge, 1,0 - molar[37]

– **Reagenz A**

Lösung A: 5%ige (w/v) Na_2CO_3-Lösung

Lösung B: 0,5 g $CuSO_4 \cdot 5\ H_2O$, gelöst in 100 ml einer 1%igen (w/v) Lösung von Kalium-natriumtartrat-Tetrahydrat

Unmittelbar vor Gebrauch zu 50 ml Lösung A 2,0 ml Lösung B geben und mischen. Die Mischung ist 1 Tag lang verwendbar.

– **Reagenz B**

Folin-Ciocalteus Phenolreagenz[38], Gesamtacidität 2,0 - normal; als fertiges Reagenz im Handel erhältlich. Am Tage des Gebrauchs mit demineralisiertem Wasser im Volumenverhältnis 1:1 verdünnen.

– demineralisiertes Wasser

– 40 mg Rinderserumalbumin, kristalliert und/oder lyophilisiert, $\geq 96\ \%$ Protein (bei $+4\ °C$ trocken lagern!)
(als Standardprotein für die Eichkurve)

– Zentrifugenröhrchen aus Borosilicatglas mit Rundboden, ca. 6 ml Nenninhalt (vgl. S. 387):
a) Röhrchen mit Sediment aus abzentrifugiertem und gewaschenem Zellmaterial (s. S. 396) (mindestens 2 Parallelproben mit jeweils etwa 10 – 200 µg Protein [= ca. 20 – 400 µg Zelltrockenmasse])
b) 22 [bzw. 8] leere Röhrchen (20 für die Eichkurve [bzw. 6 für 2 Standardproteinkonzentrationen], 2 für den Leerwert)

– ein 100-ml-Messkolben (zum Ansetzen der Rinderserumalbuminstammlösung)

– drei 0,5-ml-Messpipetten;
eine 0,5-ml-Ausblasmesspipette;
eine 5-ml-Messpipette
(alle Genauigkeitsklasse AS);
möglichst: 1 digitale Kolbenhubpipette mit variabler Volumeneinstellung für den Bereich 50 – 200 (oder 250) µl und dazu passende Pipettenspitzen (kann bei Verzicht auf die Eichkurve entfallen)
oder:
2 digitale Kolbenhubpipetten mit variabler Volumeneinstellung für den Bereich 50 – 200 (oder 250) µl bzw. 200 – 500 (oder 1000) µl;
1 Kolbenhubpipette mit Festvolumen 2,5 ml (oder mit variabler Volumenwahl 0,5 – 2,5 ml oder 1,0 – 5,0 ml);
Pipettenspitzen, passend zu den Kolbenhubpipetten

– Parafilm M-Verschlussfolie

– Glaskugeln, passend auf die Zentrifugenröhrchen (eine pro Röhrchen)

– Wasserbad bei 100 °C

– Reagenzglaseinsatz aus Edelstahl, ca. 70 mm hoch, passend in das Wasserbad

– Wanne o.ä. mit kaltem Wasser

---

[37] Verursacht Verätzungen. Kontakt mit Augen, Haut und Kleidung vermeiden; Schutzbrille und Schutzhandschuhe tragen!

[38] Enthält Salzsäure und Phosphorsäure; reizt Augen, Haut und Atmungsorgane. Kontakt mit Augen, Haut und Kleidung vermeiden, Dämpfe nicht einatmen; Schutzbrille tragen!

- – Analysenwaage mit einer Ablesegenauigkeit auf 0,1 mg
- – Spektralphotometer
  oder: Spektrallinienphotometer mit Quecksilberdampflampe und optischem Filter Hg 772 nm (s. S. 409)
- – (Makro-)Rechteckküvetten mit 10 mm Schichtdicke (Standardküvetten) aus Optischem Glas (oder Optischem Spezialglas) oder aus Kunststoff (s. S. 413, Tab. 35; S. 414 ff.)
- – Millimeterpapier
- – eventuell: Reagenzglasmischgerät („Whirlimixer", s. S. 332)

- – Abzentrifugiertes Zellmaterial (Sediment) im Röhrchen mit genau 0,5 ml demineralisiertem Wasser versetzen. Zellen durch kräftiges Schütteln oder (besser!) durch Mischen auf einem Reagenzglasmischgerät resuspendieren.
- – In 2 leere Zentrifugenröhrchen ebenfalls je 0,5 ml demineralisiertes Wasser pipettieren (für den Reagenzienleerwert).
- – In jedes Röhrchen genau 0,5 ml 1-molare Natronlauge pipettieren. Röhrchen mit Glaskugeln verschließen, für 5 min in ein kochendes Wasserbad stellen und anschließend in kaltem Wasser rasch abkühlen.
- – In jedes Röhrchen genau 2,5 ml Reagenz A pipettieren. Röhrchen mit einem Stück Parafilm M verschließen und kräftig schütteln, oder Inhalt auf dem Reagenzglasmischgerät mischen.
- – Die mit Parafilm verschlossenen Ansätze mindestens 10 min bei Raumtemperatur stehenlassen.
- – In jedes Röhrchen schnell 0,5 ml Reagenz B pipettieren (mit einer 0,5-ml-Ausblaspipette oder einer Kolbenhubpipette) und **sofort** (innerhalb von 1–2 s) kräftig mischen (Endvolumen des Ansatzes: 4,0 ml).
- – Ansätze 30 min bei Raumtemperatur im Dunkeln stehenlassen.
- – Ansätze in Küvetten gießen, und Extinktionen in einem Spektralphotometer bei 750 nm (Absorptionsmaximum) oder in einem Spektrallinienphotometer mit Quecksilberdampflampe bei 772 nm entweder direkt gegen den Leeransatz (bei routinemäßigen Serienbestimmungen) oder (besser!) gegen Luft messen. Im letzteren Fall Extinktion des Leeransatzes von der des Probenansatzes abziehen.
  Extinktion der Proben- und der Standardproteinansätze (s. u.) möglichst kurz nacheinander messen, da die Farbintensität allmählich abnimmt.
- – Die der gemessenen Extinktion bzw. der Extinktionsdifferenz entsprechende Proteinmenge (in µg pro 4-ml-Probenansatz) direkt aus einer **Eichkurve** (s. u.) ablesen
  oder: mit Hilfe der Eichkurve und einer linearen Transformation der hyperbolischen Funktion berechnen (s. S. 403 f.)
  oder: aus den Extinktionen zweier Standardproteinkonzentrationen berechnen (s. S. 403, 404 f.; bei Routinebestimmungen).
- – Die so ermittelte Proteinmenge pro Probenansatz durch das Volumen der abzentrifugierten Mikroorganismensuspension (in ml) dividieren, um den Proteingehalt pro ml Ausgangssuspension zu erhalten.

Aufstellen einer Eichkurve:

- – 40,0 mg Rinderserumalbumin in einem 100-ml-Messkolben in 100,0 ml demineralisiertem Wasser lösen. (Den nicht sofort benötigten Teil der Albuminstammlösung kann man in Portionen einfrieren und diese bei Bedarf wieder auftauen.)
- – Genau abgemessene Mengen der Albuminlösung gemäß dem folgenden Schema in leere 6-ml-Zentrifugenröhrchen pipettieren (jeweils 2 Röhrchen pro Proteinkonzentration) und mit demineralisiertem Wasser auf je 500 µl auffüllen:

Albuminlösung (µl)	50	100	150	200	250	300	350	400	450	500
demin. Wasser (µl)	450	400	350	300	250	200	150	100	50	0
µg Protein/500 µl	20	40	60	80	100	120	140	160	180	200

(Wenn man die unbekannten Proteinkonzentrationen nicht direkt aus der Eichkurve abliest, sondern mit Hilfe der Gleichung (1) (s.u.) berechnet, genügt für die Eichkurve schon eine geringere Zahl von Standardproteinkonzentrationen.)

– Mit den Albuminansätzen in derselben Weise wie mit den Probenansätzen die Proteinbestimmung durchführen (einschließlich Kochen der Ansätze mit Natronlauge).

– Gemessene Extinktionen – gegebenenfalls abzüglich Leerwert – einzeln (nicht gemittelt, um „Ausreißer" zu erkennen) gegen die Albuminmenge pro Ansatz (in µg) auf Millimeterpapier in ein rechtwinkliges Koordinatensystem eintragen mit der Extinktion als vertikaler (Ordinaten-)Achse (y-Achse) und der Proteinmenge als horizontaler Achse (Abszisse, x-Achse). Die Messpunkte (einschließlich Nullpunkt) miteinander zu einer Kurve verbinden. (Man erhält eine Hyperbel, s.u.)

Bei Routinebestimmungen:

– Statt eine Eichkurve zu erstellen, bei jeder Bestimmungsreihe 2 Konzentrationen des Standardproteins (z.B. 40 und 200 µg Rinderserumalbumin pro Ansatz) in 3facher Ausführung mit bestimmen (s. S. 396).

Das Folin-Ciocalteu-Reagenz ist nur im sauren Milieu beständig; die Farbentwicklung durch Reduktion der Heteropolysäuren erfolgt dagegen nur in alkalischer Lösung, mit einem Optimum bei ~ pH 10. Bei diesem pH-Wert ist das Folin-Reagenz nur wenige Sekunden reaktiv, bevor es durch Abspaltung des Phosphats vom Molybdat bzw. Wolframat inaktiviert wird. Es kommt deshalb entscheidend darauf an, dass das Gemisch sofort nach Zugabe von Reagenz B kräftig geschüttelt wird. Die maximale Farbintensität entwickelt sich innerhalb von 20–30 min; danach nimmt sie bei 20 °C um etwa 1 % pro Stunde wieder ab.

Wenn kein Photometer mit einer Messstrahlung von 750 bzw. 772 nm zur Verfügung steht oder wenn die Proteinkonzentration zu hoch liegt, kann man auch bei kürzeren Wellenlängen bis hinab zu 500 nm messen, wobei mit der Wellenlänge auch die Empfindlichkeit abnimmt. Auf diese Weise hält man die Extinktion auch bei höherem Proteingehalt in einem geeigneten Bereich.

Berechnung des Proteingehalts

Bei der Methode nach Lowry ist es nicht ganz einfach, die Eichkurve graphisch exakt darzustellen, denn die Beziehung zwischen Extinktion und Proteinkonzentration ist nicht linear, sondern ergibt eine Hyperbel. Man erhält genauere Ergebnisse und benötigt eine geringere Zahl von Standardproteinwerten, wenn man unbekannte Proteinkonzentrationen nicht direkt aus der Eichkurve abliest, sondern mit Hilfe der folgenden Gleichung berechnet, die die hyperbolische Funktion bis zu einer Extinktion von mindestens 2 Einheiten (bei 750 nm) exakt beschreibt (Coakley und James, 1978)[39]:

$$P = \frac{b\,E}{1 - a\,E} \tag{1}$$

P = unbekannte Proteinkonzentration
E = Extinktion.

[39] Coakley, W.T., James, C.J. (1978), Anal. Biochem. **85**, 90–97

Die beiden **Konstanten** a und b lassen sich graphisch bestimmen. Dazu wird die obige, nichtlineare Funktion – in Analogie zur Auswertung enzymkinetischer Daten – in eine lineare umgeformt (transformiert), wobei sie in eine Geradengleichung der allgemeinen Form $y = mx + c$ übergeht. Man bildet z. B. auf beiden Seiten der Gleichung (1) die **reziproken Werte** (analog zum doppelt reziproken oder **Lineweaver-Burk-Diagramm** [H. Lineweaver und D. Burk, 1934]):

$$\frac{1}{P} = \frac{1 - aE}{bE} = \frac{1}{b} \cdot \frac{1}{E} - \frac{a}{b} \tag{2}$$

Trägt man die reziproken Wertepaare als Punkte in ein Koordinatensystem mit $\dfrac{1}{P}$ als Ordinate (y-Achse) und $\dfrac{1}{E}$ als Abszisse (x-Achse) ein, so erhält man eine Gerade, die die Abszisse bei a und in der Verlängerung die Ordinate bei $-\dfrac{a}{b}$ schneidet.

Nachteile dieser Auftragung sind, dass sich bei den höheren Proteinkonzentrationen die Messpunkte in der Nähe der Abszisse häufen und dass bei den niedrigen Proteinkonzentrationen mit ihren relativ ungenauen Extinktionswerten bereits kleine Messfehler bei E zu großen Fehlern bei $\dfrac{1}{E}$ führen.

Statistisch befriedigender ist die graphische Darstellung analog zum **Hanes-Diagramm** (C.S. Hanes, 1932), für die man Gleichung (2) mit E multipliziert:

$$\frac{E}{P} = \frac{1 - aE}{b} = \frac{1}{b} - \frac{a}{b} \cdot E \tag{3}$$

Trägt man in einem Koordinatensystem mit $\dfrac{E}{P}$ als Ordinate und E als Abszisse $\dfrac{E}{P}$ gegen E auf, so erhält man eine Gerade, die die Abszisse bei $\dfrac{1}{a}$ und die Ordinate bei $\dfrac{1}{b}$ schneidet.

Die linearen Transformationen haben den Vorteil, dass sich die Ergebnisse statistisch absichern lassen und Messfehler leicht zu erkennen sind.

Anstatt die Konstanten a und b graphisch zu ermitteln, kann man sie auch durch eine lineare Regressionsanalyse mit einem Taschenrechner bestimmen.

Bei Routineuntersuchungen lassen sich die Konstanten der Gleichung (1) (s. S. 403) auch aus den Extinktionen nur zweier Standardproteinkonzentrationen (s. S. 396, 403) berechnen, wobei man folgende Formeln verwendet (Coakley und James, 1978[40]; Peterson, 1983[41]):

$$b = \frac{E_1^{-1} - E_2^{-1}}{P_1^{-1} - P_2^{-1}} \quad \text{und} \quad a = E_2^{-1} - b \cdot P_2^{-1}$$

P_1^{-1} bzw. P_2^{-1} ist die reziproke niedrige bzw. hohe Konzentration des Standardproteins; E_1^{-1} und E_2^{-1} sind die reziproken Extinktionswerte für die niedrige bzw. die hohe Konzentration des Standardproteins.

Wählt man P_2 entsprechend hoch, so kann man mit diesen Gleichungen auch höhere Proteinkonzentrationen ausreichend genau berechnen. Dies ist z.B. nützlich, wenn man einen weiten Bereich von Prote-

[40] Coakley, W.T., James, C.J. (1978), Anal. Biochem. **85**, 90 – 97

[41] Peterson, G.L. (1983), in: Colowick, S.P., Kaplan, N.O. (Eds.), Methods in Enzymology, Vol. **91**, pp. 95 – 119. Academic Press, New York, London, Paris etc.

inkonzentrationen messen muss oder wenn der Proteingehalt einer Probe vor der Bestimmung schwer abzuschätzen ist. Die Berechnungen lassen sich mit einem programmierbaren Taschenrechner einfach und schnell durchführen. Das Verfahren erlaubt jedoch keine statistische Kontrolle bei der Bestimmung der Standardwerte; eventuelle Messfehler, die zu falschen Ergebnissen führen, lassen sich mit dieser Methode nicht erkennen (vgl. S. 396).

Störende Substanzen

Der Hauptnachteil der Lowry-Methode ist ihr **Mangel an Spezifität**. Zahlreiche Substanzen stören die Bestimmung, meist in der Weise, dass sie die Extinktion erhöhen (alle reduzierenden Verbindungen, z.B. Phenole, die aromatischen Aminosäuren, Verbindungen mit Thiolgruppen, Ascorbinsäure), zum Teil aber auch dadurch, dass sie die durch die Proteine hervorgerufene Farbintensität herabsetzen (z.B. Glycin; Ammoniumsulfat bei einer Endkonzentration > 0,15 %), oder indem sie beides bewirken (z.B. Saccharose, Glycerin, Tris-Puffer; EDTA und andere Chelatbildner). Einige Substanzen verursachen auch Ausfällungen, z.B. Lipide und Tenside. Eine umfangreiche Liste störender Substanzen und ihrer tolerierbaren Konzentrationen findet man bei Peterson (1979[42], 1983[43]).

Bewertung der Methode

Die Standardmethode nach Lowry et al. ist etwa hundertmal empfindlicher als die Biuretmethode. Sie ist jedoch viel anfälliger gegen Störungen (s.o.) und weniger reproduzierbar. Vor allem aber liefert die Lowry-Methode nur **relative**, keine absoluten Ergebnisse, denn die Farbintensität ist – bei gleicher Proteinmenge – für die verschiedenen Proteine unterschiedlich, weil sie fast ausschließlich von der Anzahl und Anordnung der aromatischen Aminosäuren im Protein abhängt (vgl. S. 400). Deshalb muss man bei der Angabe von Proteingehalten immer auch das für die Eichkurve verwendete Standardprotein angeben. Bei der Bestimmung von **Proteingemischen**, wie sie bei ganzen Zellen vorliegen, sind die Abweichungen allerdings geringer als bei reinen Proteinen.

Benötigt man **absolute** Ergebnisse, so eicht man, wenn das möglich ist (z.B. bei der Aufnahme einer Wachstumskurve), die Lowry-Methode mit einer anderen Proteinbestimmungsmethode, die eher absolute Werte liefert, z.B. mit der Biuretmethode. Dazu bestimmt man den Proteingehalt einer festgelegten Menge der zu untersuchenden Mikroorganismensuspension sowohl mit der Biuretmethode als auch eines Bruchteils (z.B. $^1/_{50}$) davon mit der Methode nach Lowry et al. Den aus den Ergebnissen der Biuretbestimmung errechneten Proteingehalt dieses Bruchteils dividiert man durch die Menge an Rinderserumalbumin, die bei der Bestimmung nach Lowry et al. dieselbe Extinktion ergibt wie der eingesetzte Bruchteil der Mikroorganismensuspension. Der Quotient ist der Korrekturfaktor, mit dem man die aus der Lowry-Eichkurve abgelesenen Werte multiplizieren muss, um den tatsächlichen Proteingehalt der Suspension zu erhalten.

9.3.4 Trübungsmessung

Eine Suspension von Mikroorganismen erscheint von einer bestimmten Zelldichte an trübe, weil die Zellen das in die Suspension einfallende Licht **streuen**, d.h. in verschiedene Richtungen ablenken. (Bei Bakterien beginnt die mit dem Auge wahrnehmbare Trübung bei einer

---

[42] Peterson, G.L. (1979), Anal. Biochem. **100**, 201–220
[43] s. S. 404, Fußnote [41]

Konzentration von etwa 10^7 Zellen/ml). Infolge der Streuung nimmt die Intensität (laut DIN: der Strahlungsfluss) einer gerichteten Lichtstrahlung beim Durchgang durch die Zellsuspension ab. Lichtstreuung bzw. Abnahme des Strahlungsflusses sind unter bestimmten Voraussetzungen der Zelldichte proportional und können zur Bestimmung der Zellmasse herangezogen werden. Meist misst man die Intensitätsabnahme der durch die Suspension hindurchlaufenden Primärstrahlung mit einem **Photometer** (Trübungsmessung oder Turbidimetrie im eigentlichen Sinne), seltener die Intensität des in einem bestimmten Winkel seitlich abgelenkten Streulichts mit einem **Nephelometer** oder einem Spektrofluorometer (Streulichtmessung, Nephelometrie).

Die Nephelometrie umspannt einen größeren Messbereich als die Trübungsmessung; ihre untere Erfassungsgrenze liegt bei etwa 10^6 Bakterienzellen pro ml Suspension und damit eine Zehnerpotenz unter der der Trübungsmessung. Die nephelometrische Messung erfordert jedoch ein spezielles, im Labor oft nicht vorhandenes (Zusatz-)Messgerät (s.o.) und wird hier nicht weiter behandelt.

Die Trübungsmessung lässt sich bei Bakterien, Hefen und Sporen anwenden; sie ist aber vor allem bei der Untersuchung von Suspensionen vegetativer Bakterienzellen gebräuchlich. Die Methode ist schnell, einfach und ohne Schädigung oder Abtötung der Zellen durchzuführen und wird insbesondere zur – gegebenenfalls auch kontinuierlichen – Kontrolle des Wachstumsverlaufs von Reinkulturen häufig verwendet. Sie wird aber auch eingesetzt u.a. zur Standardisierung von Bakteriensuspensionen, z.B. bei der Gewinnung von Impfkulturen, und zur Untersuchung der Wirkung von Wachstumsfaktoren oder wachstumshemmenden Stoffen. Bei unkritischer Anwendung kann die Trübungsmessung jedoch zu falschen Ergebnissen führen. Ungeeignet ist die Methode für myzelbildende Mikroorganismen sowie für Suspensionen, die außer den Zellen noch andere Partikel enthalten.

9.3.4.1 Grundlagen der Trübungsmessung

Der Strahlungsfluss Φ (früher: die Intensität I) der eine Zellsuspension durchlaufenden und dabei an den Zellen gestreuten Lichtstrahlung verringert sich unter bestimmten Bedingungen exponentiell gemäß dem für die Lichtabsorption geltenden **Lambert-Beer'schen Gesetz**:

$$\Phi_{ex} = \Phi_{in} \cdot e^{-s_n \cdot c \cdot d}$$

Φ_{ex} = Strahlungsfluss des austretenden Lichtes
Φ_{in} = Strahlungsfluss des eintretenden Lichtes
e = 2,71828 (Basis der natürlichen Logarithmen)
s_n = natürlicher Streukoeffizient (Proportionalitätsfaktor)
c = Partikelkonzentration (hier: Zelldichte)
d = Schichtdicke (Länge des Lichtweges durch die Suspension)

Die Abnahme des Strahlungsflusses infolge von **Absorption** beim Durchgang des Lichts durch eine Zellsuspension ist gering und wird hier nicht berücksichtigt.

Den Quotienten Φ_{ex}/Φ_{in} bezeichnet man als Durchlässigkeit oder **Transmission** τ (laut DIN: spektraler innerer [oder Rein-]Transmissionsgrad); sie hat die Einheit 1 oder wird in Prozent ausgedrückt. Da der Strahlungsfluss jedoch exponentiell mit der Zelldichte und mit der Schichtdicke abnimmt, ist die Transmission eine unhandliche Größe. Um die Auswertung photometrischer Messungen zu vereinfachen, verwendet man deshalb als Messgröße bevorzugt die **Extinktion** (= Auslöschung), die – unter bestimmten Bedingungen – sowohl der Zelldichte als auch der Schichtdicke der Suspension linear proportional ist.

Unter der (dekadischen) Extinktion E (laut DIN: spektrales dekadisches Absorptionsmaß A) versteht man den dekadischen Logarithmus der reziproken Transmission:

$$E = \lg \frac{1}{\tau} = \lg \frac{\Phi_{in}}{\Phi_{ex}} = s \cdot c \cdot d$$

s = dekadischer Streukoeffizient ($s = \dfrac{s_n}{2,303}$).

Die Extinktion besitzt keine Einheit und kann Werte zwischen 0 und ∞ annehmen.

Da man den Begriff Extinktion in erster Linie für die Absorption des Lichtes verwendet, diese aber bei der Trübungsmessung verglichen mit der Streuung keine große Rolle spielt, spricht man hier besser von **scheinbarer Extinktion**.

Die Menge des von einer Bakteriensuspension gestreuten Lichtes und damit die scheinbare Extinktion hängen außer von der Zelldichte und der Schichtdicke noch ab

- von der **Wellenlänge** der Messstrahlung

  Mit zunehmender Wellenlänge nimmt die Streuung ab, und zwar proportional zu λ^{-2} bis λ^{-3}: Bei kugelförmigen Bakterien und kurzen Stäbchen ist die Streuung näherungsweise dem Kehrwert des Quadrats, bei langen, dünnen, zufällig orientierten Stäbchen dem Kehrwert der dritten Potenz der Lichtwellenlänge proportional (Koch, 1961)[44]. Außerdem wird das Licht bei einer größeren Wellenlänge in größeren Winkeln vom Primärstrahl weggestreut als bei einer kleineren Wellenlänge. Die Wellenlängenabhängigkeit der Lichtstreuung einer Bakteriensuspension („Mie-Streuung")[45] ist jedoch geringer als bei der Streuung sehr viel kleinerer Partikel, deren Durchmesser weit unter der Lichtwellenlänge liegt („Rayleigh-Streuung"[46], mit λ^{-4}-Abhängigkeit), und sie ist viel geringer als die Wellenlängenabhängigkeit der Lichtabsorption durch gefärbte Verbindungen. Deshalb sind die Wahl der Wellenlänge und die spektrale Reinheit der Messstrahlung bei der Trübungsmessung von geringerer Bedeutung als bei der Absorptionsmessung.

- vom Unterschied zwischen den **Brechungsindizes** der Zellen und des Suspensionsmediums

  Je größer dieser Unterschied, desto stärker ist die Streuung. Deshalb sind bei Vergleichsmessungen oder beim Aufstellen einer Wachstumskurve eventuelle Änderungen des Brechungsindex von Zellen oder Medium zu beachten (s. S. 422).

- von der **Ausrichtung der Zellen** in der Küvette (bei stäbchenförmigen Bakterien).

  In der durch Schütteln, Rühren oder Wärmekonvektion erzeugten Strömung in der Küvette richten sich stäbchenförmige Zellen aufgrund der inneren Reibung vertikal aus; dadurch kommt es zu einer optischen Anisotropie (Strömungsdoppelbrechung), und die Streuung – und damit die scheinbare Extinktion – nimmt zu. Dieser Effekt ist um so stärker, je länger die Stäbchen sind.

Es hat sich gezeigt, dass die scheinbare Extinktion einer Bakteriensuspension der **Zelltrockenmasse** pro ml Suspension in guter Näherung direkt proportional ist. Diese Beziehung ist innerhalb gewisser Grenzen von der Größe und Form der Zellen weitgehend unabhängig. Dagegen besteht zwischen Extinktion und **Zellzahl** pro ml nur bei konstanter durchschnittlicher Zellgröße eine lineare Beziehung; da dieser Fall aber eher selten zutrifft und jedesmal erst nachgewiesen werden muss, ist die Trübungsmessung zur Bestimmung der Zellkonzentration im Allgemeinen nicht geeignet.

Die Proportionalität zwischen der scheinbaren Extinktion einer Bakteriensuspension und ihrer Trockenmassenkonzentration gilt allerdings nur unter bestimmten Voraussetzungen:

---

[44] Koch, A.L. (1961), Biochim. Biophys. Acta **51**, 429 – 441

[45] Als Mie-Streuung bezeichnet man die Lichtstreuung an Partikeln, deren Durchmesser in der Größenordnung der Lichtwellenlänge oder darüber liegt; sie ist benannt nach dem Physiker G. Mie, der 1908 eine mathematische Charakterisierung dieser Art von Streuung veröffentlichte.

[46] nach J.W. Strutt, 3. Baron Rayleigh, englischer Physiker, 1871

- Die Zelldichte der Suspension muss niedrig, die Extinktion also gering sein. Oberhalb einer scheinbaren Extinktion von etwa 0,3 (bei einer Messstrahlung mit einer Wellenlänge $\lambda \leq 500$ nm) weicht mit zunehmender Zelldichte der gemessene Wert mehr und mehr vom Lambert-Beer'schen Gesetz (s. S. 406) ab, und zwar ist die scheinbare Extinktion geringer, als nach der Lambert-Beer'schen Formel zu erwarten.

Dafür gibt es vor allem zwei Gründe:

  – Während Partikel, deren Durchmesser im Vergleich zur Lichtwellenlänge sehr klein ist, einfallendes Licht symmetrisch nach allen Seiten streuen (Rayleigh-Streuung), wird das Licht an Teilchen in der Größenordnung von Bakterien überwiegend vorwärts gestreut und nur um einige Grad aus der ursprünglichen Richtung abgelenkt (Mie-Streuung; vgl. S. 407). Das hat zur Folge, dass neben der geschwächten Primärstrahlung auch ein Teil des Streulichts in den Strahlungsdetektor des Photometers fällt. Mit zunehmender Zelldichte wächst auch dieser von der Photozelle erfasste Streulichtanteil und kompensiert einen Teil des Extinktionsanstiegs.

  – Je höher die Zelldichte, desto häufiger wird das von einer Zelle primär gestreute Licht von anderen Zellen erneut gestreut (sekundäre Streuung) und dadurch z.T. zurück in den Strahlungsdetektor gelenkt.

- Die Bakterien dürfen nicht zu klein und nicht zu groß sein; ihr Zellvolumen soll zwischen 0,1 und 5 μm^3 liegen.

- Die Zellen dürfen nicht als Filamente oder in Verbänden, z.B. in Haufen oder Ketten, vorliegen. (Ein kleiner Anteil aggregierter Zellen verursacht jedoch nur einen relativ geringen Fehler.)

- Die Zellen dürfen bei der für die Messstrahlung gewählten Wellenlänge kein Licht absorbieren (vgl. aber S. 418).

Auch wenn nicht alle dieser Bedingungen erfüllt sind, lassen sich mit Hilfe einer **Eichkurve** (s. S. 420f.) häufig dennoch brauchbare Messergebnisse erzielen.

9.3.4.2 Das Photometer

Obwohl es auch spezielle „Turbidimeter" mit einem Laser als Lichtquelle gibt, benutzt man für Trübungsmessungen meist die im Labor bereits vorhandenen, primär für die Absorptionsphotometrie konstruierten Photometer.

Ein Photometer ist ein Gerät zur photoelektrischen Messung mehr oder weniger monochromatischer Lichtströme. Es setzt sich aus folgenden Hauptbestandteilen zusammen (s. Abb. 31):

- einer Lichtquelle
- einem Monochromator oder einem Lichtfilter
- dem Probenraum
- einem Strahlungsdetektor
- einem elektronischen Verstärker
- einem Anzeigeinstrument
  und eventuell
- einem Registriergerät, z.B. einem Drucker oder Schreiber.

Lichtquellen

Zwei Arten von Lichtquellen sind gebräuchlich:

- **Kontinuumstrahler** geben in einem bestimmten, unter Umständen sehr weiten Spektralbereich Energie ab, die als lückenlos zusammenhängendes Band kontinuierlich über den ganzen Bereich verteilt ist. In diese Gruppe gehören für den sichtbaren (VIS-)Bereich z.B. die Wolframglühlampe bzw. Halogenlampe (nutzbarer Wellenlängenbereich etwa 320 bis 1000 nm), für den nahen UV-Bereich die Wasserstoff- oder Deuteriumentladungslampe (etwa 200 bis 350 nm) und für beide Bereiche die Xenonhochdrucklampe (280 bis 800 nm). Kontinuumstrahler werden in Spektralphotometern und in Filterphotometern als Strahlungsquelle verwendet.

- **Linienstrahler** senden nur an bestimmten Stellen des Spektrums Energie in Form scharf abgegrenzter Linien aus. (Tatsächlich handelt es sich meist um schmale Liniengruppen.) Die ausgestrahlten Wellenlängen sind durch das die Strahlung emittierende Atom mit der Präzision einer Naturkonstante festgelegt und daher exakt reproduzierbar. Da die der Lampe zugeführte Energie auf einzelne, schmale Bereiche des Spektrums konzentriert ist, ist die Strahlungsintensität in diesen Bereichen wesentlich höher als beim Kontinuumstrahler. Der gebräuchlichste Linienstrahler ist die Quecksilberdampflampe mit einer großen Anzahl von Linien vor allem im ultravioletten Bereich (vgl. S. 286f.). Ihr Spektrum wird im sichtbaren Gebiet zwischen 450 und 650 nm durch das der Cadmiumlampe ergänzt. Geräte mit Linienstrahler werden als Spektrallinienphotometer bezeichnet. Zu den Linienstrahlern im weiteren Sinne zählen auch die Laser.

Zum Umgang mit Gasentladungslampen vgl. S. 288f.

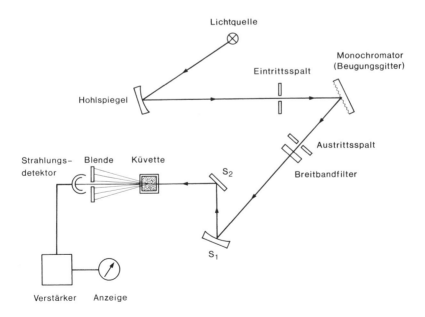

Abb. 31: Strahlengang bei der Trübungsmessung in einem Einstrahl-Spektralphotometer, schematisch (S_1, S_2 = Umlenkspiegel)

Monochromator

Durch Linsen und/oder Spiegel wird die von der Lichtquelle ausgesandte Strahlung gebündelt und umgelenkt; beim **Spektralphotometer** passiert sie anschließend einen (Eintritts-)-Spalt, der ein schmales Lichtbündel ausblendet (s. Abb. 31). Dieses trifft auf einen drehbaren Monochromator, der das weiße (polychromatische) Licht des Kontinuumstrahlers mit Hilfe eines Prismas oder (heute meist) durch Reflexion an einem **Beugungsgitter** in seine spektralen Bestandteile zerlegt und der durch den Ausgangsspalt im Idealfall monochromatisches Licht mit der gewünschten Wellenlänge austreten lässt, während alle anderen Wellenlängen zurückgehalten werden. Durch Drehen des Monochromators kann Licht unterschiedlicher Wellenlänge auf den Spalt gelenkt werden.

Der Monochromator liefert allerdings in Wirklichkeit nicht Strahlung nur einer Wellenlänge, sondern eine ganze Reihe sich überlappender Bereiche monochromatischen Lichtes. 75 % dieses Lichtes bestehen aus Spektrallinien erster Ordnung, 25 % aus solchen höherer Ordnungen (vgl. S. 217). Um die unerwünschten Linien höherer Ordnung auszuschalten – die zu Fehlern bei der Messung führen würden –, setzt man entweder vor das Beugungsgitter ein Prisma, das nur einen begrenzten Teil des Spektrums der Lichtquelle auf das Gitter lenkt, oder man baut am Ausgang des Monochromators ein Breitbandfilter (s. S. 291) ein, das die höheren Ordnungen des reflektierten Lichtes zurückhält.

Auch dann besitzt jedoch das vom Monochromator gelieferte Licht nicht nur eine Wellenlänge, sondern umfasst einen mehr oder weniger schmalen Wellenlängenbereich mit einem Intensitätsmaximum bei der gewünschten Wellenlänge. Auflösung und Breite dieses „Wellenbandes" bestimmen die spektrale Reinheit der Messstrahlung; sie hängen zum einen von der Dispersion, d.h. dem Abstand zwischen den einzelnen Spektrallinien, zum anderen von der Breite des Austrittsspalts des Monochromators ab. Je größer die Dispersion und je schmäler der Austrittsspalt, desto monochromatischer ist die Messstrahlung und desto genauer ist die Messung. Man sollte deshalb immer eine möglichst geringe Spaltbreite einstellen, darf aber den Austrittsspalt nicht beliebig weit schließen, denn dabei nimmt die Lichtintensität am Strahlungsdetektor ab, das elektronische „Hintergrundrauschen" macht sich stärker bemerkbar, und die Messgenauigkeit verringert sich wieder. Durch eine Lichtquelle mit hoher Strahlungsintensität lässt sich die Abnahme der Strahlungsenergie am Detektor in gewissen Grenzen ausgleichen.

Die Breite des gesamten durch den Spalt austretenden Wellenlängenbereichs nennt man die spektrale Spaltbreite. Als **spektrale Bandbreite** oder (volle) Halbwertsbreite bezeichnet man dagegen die Breite des Bereichs innerhalb der spektralen Spaltbreite, der alle Wellenlängen mit mindestens halbmaximaler Intensität umfasst, also alle die Wellenlängen, bei denen die Strahlungsintensität mindestens die Hälfte der Intensität der gewünschten Wellenlänge beträgt. Die spektrale Bandbreite dient als Maß für die monochromatische Reinheit der Messstrahlung. Bei Spektralphotometern liegt die spektrale Bandbreite je nach Qualität des Geräts zwischen etwa 20 und < 1 nm.

Lichtfilter

Für Routineuntersuchungen benutzt man häufig einfache **Filterphotometer** mit einer Glühlampe als Strahlungsquelle, aus deren kontinuierlichem Spektrum optische Filter (Lichtfilter; s. S. 224f., S. 290) jeweils einen bestimmten Wellenlängenbereich selektieren. Zwei Sorten von Filtern sind in Gebrauch: Absorptionsfilter (Glasfilter) lassen einen relativ breiten Spektralbereich hindurch (Halbwertsbreite bestenfalls 20 nm), während sich bei Interferenzfiltern eine Halbwertsbreite von < 10 nm erreichen lässt.

Auch in **Spektrallinienphotometern** verwendet man optische Filter, die die unerwünschten Spektrallinien des Linienstrahlers unterdrücken und nur die gewünschte Linie durchlassen (Linienfilter, vgl. S. 292). Wenn dies gewährleistet ist, hat die spektrale Bandbreite des Filters keinen Einfluss auf die monochromatische Reinheit der Messstrahlung; diese wird vielmehr durch die spektrale Breite der isolierten Linie bzw. Liniengruppe bestimmt.

Probenraum

Der Probenraum enthält den Küvettenhalter oder -wechsler, der zur Aufnahme und zur exakten Positionierung der Küvetten (Messzellen) mit der zu messenden Lösung bzw. Suspension im Strahlengang dient. Das die Küvette passierende Strahlenbündel muss genau durch die Mitte des Küvetteninnenraums laufen und schmäler sein als die lichte Weite der Küvette; das Licht darf die seitlichen Küvettenwände nicht berühren. Man prüft dies, indem man einen schmalen Papierstreifen in die leere, in den Küvettenhalter eingesetzte Küvette hält und die Messstrahlung auf ihm abbildet. Bei Verwendung eines Küvettenwechslers sollte man diese Kontrolle in allen Stellungen des Wechslers durchführen.

Für Messungen bei konstanter Temperatur benötigt man einen temperierbaren Küvettenhalter. Da sich die Probe durch die vom Photometer produzierte Wärme im Küvettenhalter aufheizt, ist unter Umständen eine Kühlung erforderlich, die man mit Leitungswasser, einem kleinen Kühlthermostat oder einem thermoelektrischen Kühlelement (Peltier-Element) vornehmen kann.

Strahlungsdetektor

Der Strahlungs- oder Photodetektor wandelt Lichtquanten in elektrische Energie um, die der einfallenden Lichtintensität proportional ist. Dieser „Photostrom" kann verstärkt, gemessen und registriert werden. Als Detektoren dienen **Photomultiplier** oder (in neuerer Zeit vorwiegend) **Halbleiter**-(meist **Silicium-**)**Photodioden**. Photomultiplier stellen eine Kombination aus Photozelle und Sekundärelektronenvervielfacher dar; sie sind viel empfindlicher als einfache Photozellen. In Photometern, die einen weiten Spektralbereich überdecken, benötigt man gewöhnlich zwei verschiedene Photomultiplier: einen für den Wellenlängenbereich zwischen 200 und etwa 600 nm und einen zweiten, rotempfindlichen für den Bereich zwischen 600 und 1000 nm.

Bei Photomultipliern beobachtet man häufig ein „Driften" der Messwertanzeige, verursacht durch eine allmähliche Veränderung des Photostroms bei längerer Belichtung des Detektors. Dieser Effekt tritt bei Halbleiterdioden weniger in Erscheinung.

Einstrahl-/Doppelstrahlphotometer

Für quantitative photometrische Bestimmungen der Absorption oder der Trübung von Lösungen bzw. Suspensionen ist in der Regel ein **Einstrahlphotometer** völlig ausreichend. Bei diesem Photometertyp bringt man die Probenküvette und die Referenz-(Leerwert-)Küvette zur Messung nacheinander in den Strahlengang.

Eine Verbesserung der Einstrahltechnik erreicht man dadurch, dass man die vom Monochromator kommende Messstrahlung mit Hilfe eines halbdurchlässigen Spiegels aufspaltet und einen Teil der Strahlung auf einen zweiten Strahlungsdetektor lenkt, ohne dass sie den Probenraum durchläuft. Das Signal des zweiten Detektors wird elektronisch mit dem Signal der durch die Probe gelaufenen Strahlung verglichen und kompensiert Schwankungen in der Strahlungsintensität der Lichtquelle (z.B. bei schwankender Netzspannung), indem es die Verstärkung des Messsignals verändert. Mit diesem Verfahren erhält man eine hohe Stabilität der Messung, auch über längere Zeiträume hinweg; außerdem verringert sich der Rauschpegel.

Beim **Doppelstrahl-** oder **Zweistrahlphotometer** sind zwischen Monochromator und Detektor zwei parallele Strahlengänge angeordnet. Die den Probenraum erreichende monochromatische Strahlung wird über einen schnell rotierenden Spiegel abwechselnd durch die Probenküvette und durch die Referenzküvette (mit dem reinen Lösungs- oder Suspensionsmittel) geschickt. Vor dem Auftreffen auf den Strahlungsdetektor werden die beiden Strahlengänge wieder vereinigt und liefern dem Detektor ein Wechsellichtsignal, das durch die nachgeschaltete Elektronik in ein dem Intensitätsunterschied zwischen den beiden Strahlenbündeln entsprechendes elektrisches Signal umgewandelt wird. Auf diese Weise erhält man unmittelbar die „echte" Absorption der Probe. Außerdem treten Schwankungen in der Helligkeit der Lichtquelle oder im Photostrom des Detektors nicht in Erscheinung. Doppelstrahlphotometer dienen vor allem zur Aufnahme von Absorptionsspektren.

Moderne Photometer werden meist durch einen Mikroprozessor gesteuert und sind an die elektronische Datenverarbeitung anschließbar.

Anforderungen an das Photometer bei Trübungsmessungen

Im Prinzip lässt sich jedes Photometer mit einem geeigneten Wellenlängenbereich (s. S. 418) für Trübungsmessungen an Mikroorganismensuspensionen verwenden. Einschränkungen ergeben sich jedoch aus der Tatsache, dass der größte Teil des an den Zellen gestreuten Lichtes nur um einige Grad aus der Richtung des Primärstrahls abgelenkt wird, also nahezu in derselben Richtung weiterläuft wie dieser (vgl. S. 408). Dadurch gelangt auch ein Teil des Streulichts in den Photodetektor, d.h. die Trübung bzw. scheinbare Extinktion wird zu gering gemessen, insbesondere bei höheren Zelldichten; Richtigkeit und Empfindlichkeit der Messung sind herabgesetzt. Eine photometrische Messung ist aber nur dann sinnvoll, wenn der vom Detektor erfasste Streulichtanteil klein ist im Vergleich zur Intensität des nicht gestreuten Primärlichts.

Ein für Trübungsmessungen benutztes Photometer sollte deshalb einen möglichst schmalen, scharf gebündelten Messstrahl und einen Strahlungsdetektor mit sehr kleinem Öffnungswinkel (Apertur; wenige Grad!) in möglichst großem Abstand von der Probenküvette haben, so dass der Detektor neben der nicht gestreuten Primärstrahlung nur sehr wenig Streulicht aufnimmt (Koch, 1970)[47]. Außerdem sollte das Gerät während der Messung elektronisch stabil sein, und die Küvetten sollten sich im Küvettenhalter exakt und reproduzierbar positionieren lassen. Diese Bedingungen werden eher von teuren Spektralphotometern als von einfachen Filterphotometern erfüllt. Die Anforderungen an die spektrale Reinheit der Messstrahlung sind bei Trübungsmessungen dagegen nicht so hoch wie bei Absorptionsmessungen (vgl. S. 407).

---

[47] Koch, A.L. (1970), Anal. Biochem. **38**, 252–259

Aus dem oben Gesagten geht hervor, dass die Extinktionswerte von Trübungsmessungen zu einem großen Teil von der Konstruktion des optischen Systems im verwendeten Photometer abhängen und sehr unterschiedlich ausfallen können, je nachdem an welchem Gerät man misst. Messergebnisse an dem einen Photometer lassen sich daher nicht ohne Weiteres mit den an einem anderen Gerät gemessenen Werten vergleichen.

Tab. 35: Gebräuchliche Küvettenmaterialien für Absorptions- und Trübungsmessungen

Material	Eigenschaften	spektraler Einsatzbereich[1] (Wellenlängen in nm)
Glas		
Duran, Pyrex	Borosilicatglas mit hoher chemischer Beständigkeit und niedrigem Wärmeausdehnungskoeffizienten (vgl. S. 90); optische Eigenschaften (Transmission, Homogenität) schlechter als bei den anderen optischen Gläsern	330 – 2500
Optisches Glas	farbloses, hochtransparentes Kronglas	360 – 2500
Optisches Spezialglas	Kronglas aus besonders reinen Rohstoffen; verbesserte Transmission im nahen UV-Bereich	320 – 2500
Quarzglas		
Herasil	aus Bergkristall erschmolzenes Quarzglas; starke Absorption im nahen IR-Bereich bei 2700 nm	230 – 2500
Spectrosil, Suprasil	synthetisches Quarzglas höchster Reinheit und Homogenität, optisch dem aus Bergkristall erschmolzenen Quarzglas weit überlegen; starke Absorption im nahen IR-Bereich bei 2700 nm	190 – 2500
Spectrosil WF, Suprasil 300	synthetisches Quarzglas; optische Eigenschaften schlechter als bei den anderen Spectrosil- bzw. Suprasilarten, jedoch keine Absorption im nahen IR-Bereich	190 – 3500
Infrasil	aus Bergkristall erschmolzenes Quarzglas; keine nennenswerte Absorption im nahen IR-Bereich	220 – 3500
Kunststoff		
Polymethylmethacrylat (PMMA; Plexiglas)	farblos, hochtransparent; hart, kratzfest, unzerbrechlich	300 – 900
Polystyrol (PS)	farblos, glasklar; hart, zerbrechlich	340 – 900

[1] Der Transmissionsgrad der leeren Küvetten beträgt im angegebenen Wellenlängenbereich > 80 %, die Extinktion also < 0,097. Sind die Küvetten mit Reinstwasser gefüllt und werden gegen Luft gemessen, so beträgt die Transmission ≥ 90 %, die Extinktion ≤ 0,046.

9.3.4.3 Küvetten

Zur photometrischen Messung füllt man die Lösung oder Suspension in eine optisch klare Messzelle (Küvette). Die Küvette gehört zu den wichtigsten optischen Teilen eines Photometers und muss deshalb sorgfältig ausgewählt und behandelt werden.

Küvettenmaterialien

Küvetten bestehen aus Glas, Quarzglas oder glasklarem Kunststoff. Diese Materialien unterscheiden sich vor allem in ihrer **spektralen Durchlässigkeit**, insbesondere im UV-Bereich. Tab. 35 zeigt die spektralen Einsatzbereiche und einige weitere Eigenschaften der verschiedenen, für Küvetten verwendeten Werkstoffe. Für Trübungsmessungen sind Küvetten aus Optischem Spezialglas oder aus Optischem Glas besonders geeignet. Quarzküvetten benötigt man für Absorptionsmessungen bei Wellenlängen unter 300 nm. Es gibt jedoch auch Einwegküvetten aus Kunststoff für den Spektralbereich zwischen 220 und 900 nm (Fa. Brand).

Innerhalb der in Tab. 35 angegebenen Spektralbereiche sind die Lichtverluste durch **Reflexion** der Lichtstrahlen an den polierten optischen Nutzflächen („Fenstern") der Küvetten erheblich größer als die – gewöhnlich zu vernachlässigende – Eigenabsorption des Küvettenmaterials. Die Größe der Reflexion hängt ab von der verwendeten Wellenlänge und von den Brechungsindizes der aneinandergrenzenden Phasen (z.B. Luft, Wasser und Glas; vgl. S. 216). Die Reflexion setzt die Lichtdurchlässigkeit einer mit Reinstwasser gefüllten Küvette bei senkrecht auftreffender Strahlung um durchschnittlich 9–10 % herab, bei einer leeren Küvette sogar um etwa 15 % (um durchschnittlich je 4 % an den vier Phasengrenzflächen). Durch eine Entspiegelung (= Aufdampfen dünner Interferenzschichten auf die Außenflächen der Küvettenfenster) lassen sich die Reflexionsverluste allerdings erheblich reduzieren.

Zusätzlich verringern Staub, Schmutz, Flecken oder Kratzer auf den Fensterflächen die Durchlässigkeit der Küvette in nicht kontrollierbarer Weise.

Wenn es – bei Absorptionsmessungen – auf hohe Genauigkeit ankommt, sollte man **spektral ausgemessene** Spezialglas- bzw. Quarzküvettensätze mit gleicher Durchlässigkeit verwenden. Die Küvetten jedes Satzes tragen die gleiche, aufgravierte Codenummer. Die zulässigen Transmissionsabweichungen innerhalb solcher Sätze betragen bei Optischem Spezialglas ≤ 1,0 % (bei 320 nm) und bei Quarzglas gewöhnlich ≤ 1,5 % (bei 200 bzw. 240 nm). Diese Toleranzen gelten jedoch nur für neue Küvetten.

Für Routinemessungen benutzt man häufig Einmalküvetten aus Kunststoff. Bei ihnen entfällt das zeitaufwendige Reinigen und Trocknen. Ihre dünnen Wände gewährleisten einen guten Wärmeaustausch beim Temperieren und Kühlen.

Kunststoffküvetten zeigen die höchstmögliche Übereinstimmung, wenn sie aus ein und derselben Spritzgussform („Nest") stammen (erkennbar an der „Nestnummer" am Boden der Küvette). Es empfiehlt sich deshalb, Sätze von Küvetten mit der gleichen Nestnummer zu verwenden. In der Regel tragen alle Küvetten aus einer Packung dieselbe Nummer.

Die Wände rechteckiger Glas- und Quarzküvetten sollten nicht verkittet, sondern homogen miteinander verschmolzen sein. Solche Küvetten sind resistent gegen Säuren (ausgenommen Flusssäure und – bei hohen Temperaturen – Phosphorsäure), schwache Laugen sowie gegen Tenside und alle organischen Lösungsmittel (vgl. S. 90). Küvetten aus Polystyrol und Polymethylmethacrylat (PMMA) sind gegen Laugen und schwache oder verdünnte Säuren ausreichend beständig, solche aus Polystyrol auch gegen aliphatische Alkohole; von den meisten organischen Lösungsmitteln werden sie jedoch mehr oder weniger stark angegriffen.

Form und Größe von Küvetten

Küvetten gibt es in vielen Formen und Größen. Am gebräuchlichsten sind oben offene, rechteckige Küvetten mit 45 mm äußerer Höhe und je 12,5 mm äußerer Breite und Tiefe und mit zwei optisch klaren, polierten Fenstern (Wandstärke 1,25 mm); diese **Standardküvetten** passen in den Küvettenhalter der meisten Photometer. Die Schichtdicke der Standardküvette, d.h. der innere Abstand zwischen den Küvettenfenstern und damit die Weglänge des die Probe durchlaufenden Lichtes, beträgt 10 mm mit einer Toleranz von ± 0,01 mm bei Präzisionsküvetten aus Quarzglas oder Optischem Spezialglas (die tatsächliche Schichtdicke ist bei manchen Herstellern auf die Küvette aufgraviert) und von ≤ ± 0,10 mm bei Küvetten für Routinemessungen aus Optischem Glas oder aus Kunststoff.

Die Standardküvetten sind für verschiedene Probenvolumina erhältlich: Bei den **Makroküvetten** beträgt die lichte Weite senkrecht zur Strahlungsrichtung ebenfalls 10 mm und das einsetzbare Probenvolumen etwa 2,5–3,5 ml[48]. Für das Arbeiten mit kleineren Probenvolumina gibt es **Halbmikroküvetten** mit einer verringerten inneren Weite von 4 mm und einem Arbeitsvolumen von ca. 1,0–1,4 ml[48] und **Mikroküvetten** mit 2 mm innerer Weite und 0,5– 0,7 ml[48] Probenvolumen. Die äußeren Maße und die Schichtdicke sind bei diesen Küvetten jedoch dieselben wie bei der Makroküvette.

Werden die Proben nach dem Einfüllen in die Küvetten nicht sofort gemessen, so kann man die Küvetten mit einem Falzdeckel aus PTFE (Teflon) lose verschließen. Sehr flüchtige oder aggressive Proben füllt man in Küvetten mit dicht schließendem PTFE-Stopfen; die Küvette darf nur so hoch gefüllt werden, dass über dem Flüssigkeitsspiegel eine genügend große Luftblase verbleibt, die geringfügige Druckschwankungen ausgleicht und ein Platzen der Küvette verhindert.

Neben den „normalen" Küvetten gibt es z.B. auch Küvetten mit einer Vertiefung zur Aufnahme eines Magnetrührstäbchens (vgl. S. 419), Thermoküvetten mit Temperiermantel, Küvetten für Messungen unter anaeroben Bedingungen und solche mit Absaugstutzen für kontinuierlichen Durchfluss.

Die Rechteckküvetten mit ihren planparallelen Wandflächen beeinflussen den optischen Strahlengang am wenigsten und haben eine gut definierte Schichtdicke. Dagegen wirken die manchmal ebenfalls verwendeten zylindrischen Küvetten (**Rundküvetten**) wie eine Zylinderlinse. Wenn die Messstrahlung die Rundküvette nicht genau radial durchläuft und der Austrittsspalt des Monochromators nicht in der Küvettenachse abgebildet wird, ist die Weglänge des die Probe durchsetzenden Strahlenbündels nicht korrekt, d.h. sie stimmt nicht mit dem Innendurchmesser der Küvette überein; außerdem nehmen die Reflexionsverluste zu. Rundküvetten bzw. ihre Halter müssen deshalb sehr exakt im Strahlengang positioniert sein. Bei Reihenmessungen sollte man Rundküvetten nicht nach jeder Messung aus dem Halter herausnehmen, sondern sie im Halter leersaugen und neu füllen. Für exakte Trübungsmessungen sind Rundküvetten auch deshalb ungeeignet, weil ein zusätzlicher Teil des Streulichts durch Reflexion an der Küvettenwand in den Photodetektor gelenkt wird und man zu niedrige Extinktionswerte erhält.

Rundküvetten haben allerdings den **Vorteil**, dass sie sich besser handhaben und reinigen lassen als Rechteckküvetten. Muss man bei vergleichenden Wachstumsuntersuchungen in regelmäßigen Abständen die Trübung einer größeren Zahl von Schüttelkulturen messen, so kann man Kulturkolben verwenden, an die in halber Höhe eine schräg nach unten gerichtete, zum Kolbeninneren hin geöffnete Rundküvette als Seitenarm angeschmolzen ist („Photometerkolben"; erhältlich z.B. bei Bellco, Ochs). Diese Kolben braucht man zur Messung nicht zu öffnen, um Kulturflüssigkeit zu entnehmen, sondern man neigt den Kolben lediglich so weit, dass etwas von der zu messenden Zellsuspension in die Küvette fließt und steckt dann die Küvette in den Halter eines geeigneten Photometers. Auf diese Weise vermeidet man den Verlust von Zellsuspension und das Risiko einer Kontamination der Kultur.

---

[48] bei Glas- und Quarzküvetten

Handhabung und Reinigung von Küvetten

Beim Umgang mit Küvetten sind folgende Regeln zu beachten:

- Man fasse die Küvetten nie an ihren polierten optischen Flächen (Fenstern) an.
- Man vermeide jede Berührung der Küvettenfenster mit Gegenständen aus Metall, Glas und anderen harten Materialien, denn schon kleine Kratzer an der Fensteroberfläche führen zu Reflexionen und damit zu falschen Messergebnissen.
- Man halte und trage Küvetten niemals mit einer Pinzette oder Tiegelzange aus Metall.
- Zum Füllen und bis zum Einsetzen ins Photometer stelle man die Küvetten in einen Küvettenständer aus Kunststoff.
- Beim Einfüllen einer Lösung oder Suspension in die Küvette mit Hilfe einer Glaspipette lege man die Pipettenspitze nur am Küvettenboden oder an einer nichtoptischen Wand an.
- Besteht der Küvettenhalter aus Metall, so sind die Küvetten besonders vorsichtig einzusetzen und herauszunehmen, damit keine Kratzer entstehen.
- Bei Glasküvetten vermeide man starke Temperaturunterschiede zwischen Küvette, Probe und Halter (z.B. beim Temperieren der Proben) und plötzliche Temperaturwechsel, weil sie im Glas zu Wärmespannungen und dadurch zu Brüchen führen können.
- Man bewahre die Küvetten in einer staubfreien Umgebung auf, zweckmäßigerweise in einem geschlossenen Behälter, Präzisionsküvetten aus Glas oder Quarzglas am besten in einem beim Küvettenhersteller erhältlichen, mit Samt ausgelegten Etui.

Nach Beendigung der Messungen sollte man die Küvetten sofort entleeren, reinigen und trocknen. Lässt man die Probenlösung oder -suspension längere Zeit in der Küvette, so kann die Oberfläche der Küvettenfenster durch Anätzung fleckig und die Küvette schließlich unbrauchbar werden.

Reinigung von Glas- und Quarzküvetten

Wenn die Küvette eine wässrige Lösung oder Suspension enthielt:

- Küvette mit einem kräftigen Strahl höchstens lauwarmem Leitungswasser mehrmals gut ausspülen und mit demineralisiertem Wasser, am besten Reinstwasser, nachspülen.
- Wurde die Küvette versehentlich nicht sofort gereinigt, Küvette eventuell vor dem Spülen mit Wasser bis zu mehreren Stunden in eine neutrale oder mild alkalische Reinigungslösung oder – bei anorganischen Rückständen – in verdünnte Salzsäure einlegen (vgl. S. 102 ff.). Bewegung und vorsichtiges Erwärmen der Reinigungslösung beschleunigen den Reinigungsvorgang (Glasküvetten: bis 35 °C, 30–40 min; Quarzküvetten: 50–60 °C, 10–15 min, oder 70–80 °C, 2–5 min). Ein plötzlicher, starker Temperaturwechsel ist jedoch unbedingt zu vermeiden; vor dem Einlegen in eine heiße Lösung müssen die Küvetten vorgewärmt werden!

Wenn die Küvette eine Proteinlösung enthielt:

- Küvette vor dem Spülen mit Wasser für mehrere Stunden (eventuell auch über Nacht) in eine Lösung von 1 % (w/v) Pepsin in 0,1-molarer Salzsäure einlegen.

Wenn die Küvette ein organisches Lösungsmittel enthielt:

- Küvette vor dem Spülen mit Wasser zunächst mit demselben Lösungsmittel ausspülen.

Ein spezielles Küvettenreinigungskonzentrat ist bei Hellma erhältlich.

Trocknen der Küvette:

– Küvette entweder an staubfreier Luft bei Raumtemperatur trocknen lassen
  oder mit sauberer Luft abblasen
  oder mit Ethanol spülen und den Alkohol anschließend verdunsten lassen.
– Küvette außen anhauchen und sofort anschließend mit einem weichen Kosmetikzellstofftuch
  (z.B. Kleenex) ohne Druck trockenwischen (vgl. S. 238).

Ein im Handel erhältlicher Mini-Küvettenspüler (schuett-biotec), den man auf eine normale Saugflasche aufsetzt und an eine Membranvakuumpumpe anschließt, ermöglicht eine schnelle Reinigung einzelner Küvetten direkt am Arbeitsplatz.

Eine Reinigung der Küvetten im **Ultraschallbad** ist nicht zu empfehlen, weil Ultraschall die polierten Flächen angreifen oder die Küvetten zerstören kann.

Bei einer sauberen und optisch einwandfreien Küvette, die mit Reinstwasser gefüllt ist und gegen Luft gemessen wird, soll der Transmissionsgrad nicht niedriger bzw. die Extinktion nicht höher sein als in Tab. 35, Fußnote [1] (S. 413) angegeben.

9.3.4.4 Durchführung der Trübungsmessung

Vorbereitung der Proben

Während der Vorbereitung und Messung der Proben darf sich deren Biomasse nicht verändern, z.B. darf in Proben aus wachsenden Kulturen keine Vermehrung mehr stattfinden. Die Proben sollen deshalb unmittelbar nach ihrer Entnahme und so zügig wie möglich bearbeitet und gemessen werden. Häufig kühlt man die Proben sofort nach der Entnahme – sowie etwaige Verdünnungen – in einem Eisbad, jedoch besteht dann die Gefahr, dass die Küvetten während der Messung beschlagen. Man kann den Proben auch ein Antibiotikum zusetzen, das die Proteinsynthese hemmt (bei Bakterien z.B. Chloramphenicol, Endkonzentration 10–50 µg/ml), oder die Zellen mit Formaldehyd[49] (Endkonzentration 1–2 % [v/v]) abtöten und fixieren (vgl. S. 327). Allerdings ist zu beachten, dass solche Zusätze den Brechungsindex der Zellen und damit die scheinbare Extinktion verändern können (vgl. S. 422) und dass z.B. tote Zellen unter Umständen eine geringere Extinktion ergeben als lebende. Daher müssen alle Proben einer Messreihe sowie der Leeransatz und ebenfalls die Ansätze für die Eichkurve (s. S. 420f.) den gleichen Zusatz enthalten; außerdem ist die Verdünnung der Proben durch den Zusatz zu berücksichtigen.

Will man die Zelldichte einer Suspension bestimmen, die neben lebenden zu einem beträchtlichen Teil auch tote Zellen enthält, so tötet man am besten vor der Messung die restlichen lebenden Zellen mit Formaldehyd ab, um eine einheitliche Extinktion für alle Zellen zu erhalten.

Ein Verklumpen der Zellen oder die Bildung von **Zellverbänden** erhöht die scheinbare Extinktion. Enthält die zu messende Suspension einen hohen Anteil an verklumpten Zellen oder an Zellverbänden, so müssen diese aufgetrennt werden. Dies kann z.B. durch sanfte Ultraschallbehandlung geschehen (s. S. 330) oder – vor allem bei Bakterien mit hydrophober Zelloberfläche, z.B. Mycobakterien – durch den Zusatz eines Tensids (s. S. 329). Ist dagegen die Zahl der aggregierten Zellen in der Probe gering, so verändern sie die Extinktion nur wenig.

---

[49] Vorsicht: Formaldehyd ist giftig beim Einatmen und bei Berührung mit der Haut; er verursacht Verätzungen! Sicherheitsratschläge auf S. 22 beachten!

Wahl der Wellenlänge

Die Wellenlänge der Messstrahlung spielt bei der Trübungsmessung eine weit geringere Rolle als bei der Absorptionsmessung. Grundsätzlich gilt:

- Je kleiner die Wellenlänge, desto größer ist die Streuung und damit die scheinbare Extinktion (vgl. S. 407).
- Das Suspensionsmittel und die Zellen dürfen bei der gewählten Wellenlänge kein Licht absorbieren (vgl. aber unten).

Man wählt deshalb bei geringer Zelldichte möglichst eine **kleine Wellenlänge**, z.B. 420 nm, weil dann die Empfindlichkeit der Messung höher ist. (Bei noch kürzeren Wellenlängen kommt es in der Regel zu einer merklichen Lichtabsorption durch das Suspensionsmittel und/oder die Organismen.) Allerdings nimmt mit abnehmender Wellenlänge auch die Linearität der Trübungsmessung ab, d.h. die Krümmung der Eichkurve nimmt zu.

Messungen im kurzwelligen sichtbaren Bereich setzen ein gutes Photometer mit schmalem Messstrahl und sehr kleinem Öffnungswinkel des Strahlungsdetektors voraus (vgl. S. 412), ferner ein farbloses Suspensionsmittel und ungefärbte Zellen. Benutzt man dagegen ein einfacheres „Weitwinkel"-Photometer mit großer Detektorapertur, so wählt man besser eine **größere Wellenlänge** im orangen bis roten Bereich zwischen 600 und 660 nm. Bei diesen Wellenlängen wird das Licht in größeren Winkeln vom Primärstrahl weggestreut als bei kleineren Wellenlängen und die sekundäre Streuung (s. S. 408) ist geringer; infolgedessen gelangt weniger Streulicht in den Photodetektor, die Extinktions- und Empfindlichkeitsabnahme mit zunehmender Wellenlänge wird weitgehend kompensiert, und die Eichkurve ist linearer.

Beim Arbeiten mit einem guten Photometer ist die geringere Empfindlichkeit bei größeren Wellenlängen manchmal durchaus erwünscht, weil sie es erlaubt, auch etwas dichtere Zellsuspensionen unverdünnt zu messen.

Das **Suspensionsmittel** darf bei der gewählten Wellenlänge keine Eigenextinktion besitzen. Deshalb ist die Verwendung einer Wellenlänge im roten Bereich (z.B. 660 nm) auch immer dann erforderlich, wenn das Suspensionsmedium, wie z.B. viele Komplexnährböden, gelblich oder bräunlich gefärbt ist, also im kurzwelligen blauen Bereich (bis 500 nm) selbst absorbiert. Chemische Veränderungen im Nährboden, z.B. durch das Autoklavieren, durch oxidative Prozesse oder aufgrund von Stoffwechselaktivitäten der Mikroorganismen, können die Extinktion der Nährlösung, vor allem bei kürzeren Wellenlängen, verändern. Man sollte deshalb die für den Leerwert verwendete Nährlösung genauso behandeln wie die zur Kultivierung der Organismen verwendete. Außerdem sollte man beim erstmaligen Einsatz eines neuen Nährbodens den klaren Überstand einer abzentrifugierten Kultur mit hoher Zelldichte am Photometer bei der gewählten Wellenlänge messen und seine Extinktion mit der der unbeimpften Nährlösung vergleichen, um eine etwaige Extinktionsänderung aufgrund des Wachstums der Mikroorganismen zu erkennen.

Suspensionen **gefärbter Mikroorganismen** misst man entweder bei einer Wellenlänge, bei der die Zellen nicht absorbieren, oder man misst in einem Absorptionsmaximum des mikrobiellen Farbstoffs und benutzt die Absorption als Maß für die Biomasse. Allerdings schwankt das Farbstoff-Biomasse-Verhältnis häufig in Abhängigkeit von den Wachstumsbedingungen; so wird z.B. bei phototrophen Mikroorganismen das Verhältnis zwischen photosynthetischen Farbstoffen und der übrigen Biomasse erheblich durch die Beleuchtungsstärke – und bei fakultativ anaeroben Arten durch den Sauerstoffpartialdruck – während der Bebrütung beeinflusst.

Messbereich

Bei Trübungsmessungen an Bakteriensuspensionen reicht der Messbereich von etwa 10^7 (bei einer Wellenlänge von 400 nm) bis über 10^9 Zellen/ml (bei > 600 nm). Zellkonzentrationen unter 10^7 Zellen/ml können turbidimetrisch zwar unter Umständen noch registriert, aber nicht mehr hinreichend genau gemessen werden.

Das Lambert-Beer'sche Gesetz gilt nur für Suspensionen mit einer scheinbaren Extinktion bis ca. 0,3 (bei $\leq$ 500 nm; vgl. S. 408); dennoch ist es in der Regel besser, dichtere Zellsuspensionen bis zu einer scheinbaren Extinktion von etwa 1,0 unverdünnt zu messen, denn bei niedrigen Extinktionen ist die photometrische Messung relativ ungenau, und das Verdünnen verursacht zusätzliche, oft beträchtliche Fehler. Suspensionen mit einer Extinktion deutlich über 1,0 sollte man jedoch vor der Messung mit dem Suspensionsmittel verdünnen (vgl. S. 331ff.).

Messung

Es empfiehlt sich, die Trübungsmessung nach einem festgelegten Verfahren mit festen Zeitabständen zwischen den einzelnen Messungen durchzuführen. Die zu messende Suspension muss homogen und frei von Luftblasen sein. Da suspendierte Mikroorganismen häufig dazu neigen, sich abzusetzen, schüttelt oder rührt man die Zellsuspension gewöhnlich kurz vor der Messung. Die dabei (oder beim Füllen der Küvette) entstehende Strömung kann **stäbchenförmige Bakterien** vertikal ausrichten; dadurch ändert sich die scheinbare Extinktion (s. S. 407). Man wartet deshalb in solchen Fällen nach dem Durchmischen bzw. dem Einfüllen der Suspension in die Küvette mit dem Ablesen der Extinktion, bis die Strömung nachgelassen hat und die Zellen sich wieder zufällig orientiert haben. Dies ist nach etwa 1 min der Fall und daran zu erkennen, dass die Messwertanzeige nicht mehr „wandert", sondern stabil bleibt. Viel länger als 1 min sollte man jedoch nicht warten, weil sich sonst die Probe im Küvettenhalter unter Umständen erwärmt und aufgrund von Wärmekonvektion erneut Strömungen in ihr auftreten.

Stabile und reproduzierbare Messwerte erhält man auch dann, wenn man die Probe in der Küvette während der Messung mit Hilfe eines winzigen Magnetrührers (Fa. Starna, Reichelt, Thermo-Scientific) kontinuierlich und mit konstanter Drehzahl rührt (vgl. S. 415); dies muss dann jedoch auch bei der Aufstellung der Eichkurve geschehen. Wenn ein temperierbarer Küvettenhalter zur Verfügung steht, kann man das Wachstum aerober und fakultativ anaerober Mikroorganismen auf diese Weise auch direkt in der Küvette kontinuierlich verfolgen.

Photometrische Trübungsmessung

Material: – Mikroorganismensuspension, gegebenenfalls mit Suspensionsmittel auf eine scheinbare Extinktion $\leq$ 1,0 verdünnt

- klares, partikelfreies Suspensionsmittel (für den Leerwert)
- (Einstrahl-)Photometer mit geeignetem Wellenlängenbereich
- (Makro-)Rechteckküvetten mit 10 mm Schichtdicke (Standardküvetten) aus Optischem Glas (oder Optischem Spezialglas) oder aus Kunststoff (s. S. 413, Tab. 35; S. 414ff.)
- (Kunststoff-)Pipetten (zum Füllen der Küvetten; eine je Probe, eine für den Leerwert)
- weiche Kosmetikzellstofftücher

– Photometer einschalten und gemäß Bedienungsanleitung anwärmen lassen.

– Gewünschte Wellenlänge (s. S. 418) der Messstrahlung einstellen, bzw. (bei Filter- und Spektrallinienphotometern) entsprechendes Filter in den Strahlengang bringen.

- Eine Küvette[50)] mit Hilfe einer Pipette mindestens so hoch mit klarem Suspensionsmittel (für den Leerwert) füllen, dass der Flüssigkeitsspiegel nach dem Einsetzen der Küvette in den Küvettenhalter des Photometers deutlich oberhalb des Messstrahls liegt. (Das Zentrum der Messstrahlung durchläuft die Küvette gewöhnlich in einer [äußeren] Küvettenhöhe von 15 mm [= „Z"-Abstand].) Etwaige Tropfen von den Küvettenaußenflächen mit einem Zellstofftuch ohne Druck abwischen. Die Küvettenfenster müssen absolut sauber und staubfrei, außen nicht beschlagen und innen frei von Luftblasen sein!
- Leerwert-(Referenz-)Küvette in den Küvettenhalter des Photometers einsetzen und in den Strahlengang bringen. Deckel des Probenraums schließen.
- Lichtweg sperren, und Anzeige auf Extinktion = ∞ (Transmission = 0 %) einstellen. Diese Justierung braucht in der Regel nur einmal täglich überprüft zu werden. Bei mikroprozessorgesteuerten Photometern wird sie beim Einschalten des Geräts automatisch durchgeführt.
- Lichtweg öffnen, und Anzeige mit dem Verstärkungsregler auf Extinktion = 0 (Transmission = 100 %) einstellen.
- Gegebenenfalls (bei Einstellung von Hand) die letzten beiden Schritte wiederholen, bis beide Anzeigen konstant sind.
- Die zu messende Zellsuspension gut durchmischen (s. S. 332) und mit Hilfe einer Pipette so hoch in eine zweite Küvette füllen, dass der Flüssigkeitsspiegel nach dem Einsetzen der Küvette in den Küvettenhalter deutlich oberhalb des Messstrahls liegt. Gegebenenfalls Küvettenaußenflächen abwischen (s.o.).
- Referenzküvette aus dem Küvettenhalter herausnehmen, und an derselben Stelle die Probenküvette mit der Zellsuspension einsetzen. Deckel des Probenraums schließen.
- Beim Messen stäbchenförmiger Bakterien so lange warten, bis die Messwertanzeige nicht mehr „wandert", sondern stabil bleibt (etwa 1 min, bei allen Messungen gleich lange; vgl. S. 419). Sofort anschließend Extinktion ablesen und gegebenenfalls ausdrucken lassen.

Zur Reinigung von Küvetten s. S. 416f.

Aufstellung einer Eichkurve

Die turbidimetrisch gemessenen scheinbaren Extinktionen sind zu einem großen Teil von der Art und Qualität des verwendeten Photometers abhängig und lassen sich nicht ohne Weiteres mit den an anderen Photometern gewonnenen Messwerten vergleichen (s. S. 412). Man darf deshalb die Ergebnisse von Trübungsmessungen nicht einfach als Extinktionswerte angeben, sondern muss sie mit Hilfe einer Eichkurve in Trockenmassenwerte pro ml Zellsuspension umwandeln; erst dann sind sie mit den Ergebnissen anderer Untersuchungen vergleichbar.

Die Eichkurve muss an dem Photometer erstellt werden, an dem gemessen werden soll. Bei einfacheren Geräten muss man die Eichkurve jedesmal erneuern, wenn man ein Teil des optischen Systems des Photometers ausgewechselt hat, z.B. die Lampe oder den Strahlungsdetektor; selbst der Austausch des Küvettenhalters kann die Extinktionswerte merklich verändern.

Aufstellen einer Eichkurve für die Trübungsmessung

Man benötigt eine dichte, stark getrübte Suspension ($\geq 10^9$ Zellen/ml) desselben Organismus, den man anschließend messen will. Die Zellen sollen unter denselben Bedingungen gewachsen sein, unter denen sie auch für die späteren Messungen kultiviert werden. Auch das Suspensions- und Verdünnungsmittel muss für Eichkurve und anschließende Messungen dasselbe sein.

[50)] zur Handhabung der Küvetten s. S. 416

- Ausgangssuspension in einer Reihe genau festgelegter Schritte mit dem Suspensionsmittel (z.B. Nährlösung) verdünnen (vgl. S. 331 ff.). Man mischt Zellsuspension und Suspensionsmittel z.B. in folgenden Abstufungen:

Zellsuspension (ml) (= % Zelldichte)	100	80	60	40	20	10	8	6	4	2	1
Suspensionsmittel (ml)	0	20	40	60	80	90	92	94	96	98	99

(Unter Umständen kann man auch größere Schritte, also eine geringere Zahl von Verdünnungsstufen, wählen.)
- Scheinbare Extinktionen der einzelnen Verdünnungsstufen am Photometer messen (s. S. 419f.). Man beginnt mit der stärksten Verdünnung, dann folgt jeweils die nächstschwächere Verdünnung und zum Schluss die unverdünnte Suspension.
- Jeden Extinktionswert sofort nach der Messung auf Millimeterpapier in ein rechtwinkliges Koordinatensystem eintragen mit der scheinbaren Extinktion als vertikaler (Ordinaten-)Achse (y-Achse) und der relativen Zelldichte in Prozent (bezogen auf die unverdünnte Suspension = 100 %; siehe Verdünnungsschema) als horizontaler Achse (Abszisse, x-Achse). Die Messpunkte (einschließlich Nullpunkt) miteinander zu einer Kurve verbinden. (Die Kurve verläuft nur bei sehr niedrigen Extinktionswerten linear; ihre Krümmung bei höheren Extinktionen nimmt mit abnehmender Wellenlänge zu [vgl. S. 408, 418]).

An der so gewonnenen Kurve lassen sich etwaige Verdünnungs- oder Messfehler gleich erkennen, so dass man zweifelhafte Messungen sofort wiederholen kann. Außerdem kann man für den stärker gekrümmten Bereich der Kurve zusätzliche Zwischenverdünnungen herstellen und messen.

Verfolgt man den Wachstumsverlauf in einer statischen Kultur, so reicht diese Eichkurve bereits aus, um wichtige Wachstumsparameter, wie exponentielle Wachstumsrate und Verdopplungszeit, zu bestimmen, da hierfür lediglich die **relative Zunahme** der Zelldichte pro Zeiteinheit bekannt sein muss.

In der Regel benötigt man jedoch die **absolute Biomassenkonzentration** der Zellsuspension. Dazu führt man an der unverdünnten Suspension eine Trockenmassebestimmung durch (s. S. 381ff.) und setzt die ermittelte Trockenmasse pro ml Suspension sowie die aus ihr errechneten Trockenmassenkonzentrationen der Verdünnungsstufen statt der prozentualen Zelldichten in die Abszisse des Koordinatensystems ein. Es ist ratsam, die Trockenmassebestimmung sehr gewissenhaft und mit einer genügend großen Zahl von Parallelansätzen vorzunehmen, da von ihr die Qualität aller anhand der Eichkurve gewonnenen Ergebnisse abhängt.

Wenn man an einem guten Photometer misst, das einen schmalen Messstrahl und einen Strahlungsdetektor mit sehr kleiner Apertur (wenige Grad) und großem Abstand zur Probenküvette besitzt (vgl. S. 412), wenn ferner die gemessenen Bakterien farblos sind und ihr Zellvolumen zwischen 0,4 und 2 μm³ liegt und wenn die scheinbare Extinktion nicht höher ist als 1,0, dann ist das Verhältnis von Extinktion zu Trockenmassenkonzentration – unabhängig vom verwendeten Photometer – für verschiedene Bakterien und unterschiedliche Wachstumsbedingungen nahezu identisch. In diesem Fall kann man bei Routineuntersuchungen die gemessenen scheinbaren Extinktionen (bis zu einem Wert von 1,0) mit Hilfe empirischer Gleichungen in Zelltrockenmasse pro ml Suspension umrechnen. Für die beiden häufig benutzten Wellenlängen 420 und 660 nm und eine Schichtdicke von 10 mm lauten diese Formeln (Koch, 1994[51]):

$$\beta = 461{,}81\left(1 - \sqrt{1 - 0{,}60881 \cdot E_{420\,\mathrm{nm}}}\right) \tag{1}$$

und

$$\beta = 9929\left(1 - \sqrt{1 - 0{,}07347 \cdot E_{660\,\mathrm{nm}}}\right) \tag{2}$$

β = Trockenmassenkonzentration in μg/ml Zellsuspension.

---

[51] Koch, A.L. (1994), in: Gerhardt, P., Murray, R.G.E., Wood, W.A., Krieg, N.R. (Eds.), Methods for General and Molecular Bacteriology, pp. 248–277. American Society for Microbiology, Washington, D.C.

Für 660 nm kann man ohne Verlust an Richtigkeit auch die folgende, „von Hand" leichter zu berechnende Ersatzfunktion verwenden, die man mit Hilfe einer Taylor-Entwicklung (nach B. Taylor) als gute Näherung zu Gleichung (2) erhält:

$$\beta = 364{,}74 \cdot E_{660\,nm} + 6{,}70 \cdot E^2_{660\,nm}$$

Die entsprechende Näherungsformel zu Gleichung (1) für 420 nm

$$\beta = 140{,}58 \cdot E_{420\,nm} + 21{,}40 \cdot E^2_{420\,nm}$$

besitzt dagegen nur bis zu einer scheinbaren Extinktion von etwa 0,5 eine hinreichend große Richtigkeit.

Einfluss des Brechungsindex auf die Trübungsmessung

Die Lichtstreuung in einer Zellsuspension ist u.a. abhängig vom Unterschied zwischen den Brechungsindizes der Zellen (n_Z) und des Suspensionsmittels (n_M) (s. S. 407). Dieser Unterschied ist normalerweise relativ gering; bei vegetativen Bakterienzellen, die in einer der gebräuchlichen Nährlösungen suspendiert sind, beträgt das durchschnittliche Verhältnis

$$\frac{n_Z}{n_M} = \frac{1{,}40}{1{,}34} = 1{,}045\,.$$

Jede Änderung dieses Verhältnisses beeinflusst die scheinbare Extinktion der Zellsuspension, ohne dass eine entsprechende Veränderung der eigentlichen Biomasse stattgefunden haben muss; dadurch kann es bei der Trübungsmessung zu falschen Ergebnissen kommen.

Während des Wachstums einer Bakterienkultur kann sich der **Brechungsindex der Zellen** verändern. Zu einer Erhöhung der Brechzahl kommt es z.B. durch die Anhäufung bestimmter organischer Speicherstoffe in den Zellen (s. S. 253f., 394). Bei den Schwefelpurpurbakterien der Familie Chromatiaceae wird die scheinbare Extinktion der Kultur bei photoautotrophem Wachstum mit Sulfid oder Thiosulfat weniger von der Zelldichte, als vielmehr vom Gehalt der Zellen an stark lichtbrechenden Schwefelkugeln bestimmt, die diese Organismen vorübergehend einlagern. Auch bei der Bildung der bakteriellen Endosporen ($n = 1{,}51 - 1{,}54$) nehmen Brechungsindex und scheinbare Extinktion deutlich zu, ohne dass eine Zunahme der Biomasse stattfindet. Eine Änderung des osmotischen Werts der Suspensionslösung verändert den Wassergehalt und Quellungszustand des Cytoplasmas und beeinflusst dadurch ebenfalls den Brechungsindex der Zellen. Dies kann z.B. geschehen, wenn man die Zellen vor der Messung wäscht und in ein anderes Suspensionsmittel überträgt. Der Effekt tritt nicht bei Zellen auf, die mit Formaldehyd abgetötet worden sind.

Auf der anderen Seite beeinflussen Änderungen in den Konzentrationen der im Suspensionsmedium gelösten Stoffe den **Brechungsindex des Suspensionsmittels** – z.B. wenn ein in hoher Anfangskonzentration vorliegendes Substrat während des Wachstums verbraucht wird – und haben dadurch unter Umständen ebenfalls Einfluss auf die scheinbare Extinktion der Suspension.

10 Weiterführende Literatur

10.1 Allgemeine und zusammenfassende Literatur

10.1.1   Lehrbücher

Allgemeine Mikrobiologie

Alexander, S.K., Strete, D. (2006), Mikrobiologisches Grundpraktikum. Ein Farbatlas. Pearson Studium, München

Cypionka, H. (2010), Grundlagen der Mikrobiologie, 4. Aufl. Springer, Heidelberg

Fuchs, G. (Hrsg.) (2007), Allgemeine Mikrobiologie, begr. von H. G. Schlegel, 8. Aufl. Georg Thieme Verlag, Stuttgart

Held, A. (2004), Prüfungstrainer Mikrobiologie. Spektrum Akademischer Verlag, Heidelberg

Lerntafel Mikrobiologie im Überblick (2009). Spektrum Akademischer Verlag, Heidelberg

Madigan, M.T., Martinko, J.M. (2009), Brock – Mikrobiologie, 11. Aufl. Pearson Studium, München

Munk, K. (Hrsg.) (2008), Taschenlehrbuch Biologie: Mikrobiologie. Georg Thieme Verlag, Stuttgart

Schaechter, M., Ingraham, J.L., Neidhardt, F.C. (2007), Microbe. Das Original mit Übersetzungshilfen. Spektrum Akademischer Verlag, Heidelberg

Slonczewski, J.L., Foster, J.W. (2012), Mikrobiologie. Eine Wissenschaft mit Zukunft, 2. Aufl. Springer Spektrum, Heidelberg

Steinbüchel, A., Oppermann-Sanio, F.B., Ewering, C., Pötter, M. (2013), Mikrobiologisches Praktikum. Versuche und Theorie, 2. Aufl. Springer-Verlag, Berlin, Heidelberg

Wöstemeyer, J. (2009), Mikrobiologie. UTB basics Uni-Taschenbücher Bd.3284. UTB/Ulmer, Stuttgart

Medizinische Mikrobiologie

Dülligen, M., Kirov, A., Unverricht, H. (2012), Hygiene und medizinische Mikrobiologie. Lehrbuch für Pflegeberufe (der neue „Klischies"), 6. Aufl. Schattauer, Stuttgart

Groß, U. (2009), Kurzlehrbuch Medizinische Mikrobiologie und Infektiologie, 2. Aufl. Georg Thieme Verlag, Stuttgart

Hof, H., Dörries, R. (2009), Medizinische Mikrobiologie, 4. Aufl. Georg Thieme Verlag, Stuttgart

Holtmann, H. (2012), BASICS Medizinische Mikrobiologie, Virologie und Hygiene, 2. Aufl. Elsevier, München

Kayser, F.H., Böttger, E.C., Zinkernagel, R.M., Haller, O., Eckert J., Deplazes, P. (2010), Taschenlehrbuch Medizinische Mikrobiologie, 12. Aufl. Georg Thieme Verlag, Stuttgart

Mims, C., Dockrell, H.M., Goering, R.V. , Roitt, I., Wakelin, D., Zuckerman, M. (Hrsg.) (2006), Medizinische Mikrobiologie – Infektiologie, 2. Aufl. Urban & Fischer/Elsevier, München

Neumeister, B., Geiss, H.K., Braun, R.W., Kimmig, P. (Hrsg.) (2009), Mikrobiologische Diagnostik, begr. von F. Burkhardt, 2. Aufl. Georg Thieme Verlag, Stuttgart

Selbitz, H.-J., Truyen, U., Valentin-Weigand, P. (Hrsg.) (2011), Tiermedizinische Mikrobiologie, Infektions- und Seuchenlehre (vorher M. Rolle und A. Mayr, Hrsg.), 9. Aufl. Enke Verlag, Stuttgart

Suerbaum, S., Hahn, H., Burchard, G.-D., Kaufmann, S.H.E., Schulz, T.F. (Hrsg.) (2012), Medizinische Mikrobiologie und Infektiologie, 7. Aufl. Springer-Verlag, Berlin, Heidelberg

Lebensmittelmikrobiologie

Back, W. (2008), Mikrobiologie der Lebensmittel, Bd. **5**: Getränke, 3. Aufl. Behr's Verlag, Hamburg

Busch, U. (Hrsg.) (2010), Molekularbiologische Methoden in der Lebensmittelanalytik. Springer, Berlin, Heidelberg

Jay, J. M., Loessner, M. J., Golden, D. A. (2004) Modern Food Microbiology, 7th edn. Springer, New York, corr. 2nd printing 2006

Krämer, J. (2011), Lebensmittel-Mikrobiologie, 6. Aufl. UTB/Ulmer, Stuttgart

Müller, G., Holzapfel, W., Weber, H. (Hrsg.) (2007), Mikrobiologie der Lebensmittel, Bd. **4**: Lebensmittel pflanzlicher Herkunft, 2. Aufl. Behr's Verlag, Hamburg

Weber, H. (Hrsg.) (2010), Mikrobiologie der Lebensmittel, Bd. **1**: Grundlagen, 9. Aufl. Behr's Verlag, Hamburg

Weber, H. (Hrsg.) (2006), Mikrobiologie der Lebensmittel, Bd. **2**: Milch und Milchprodukte, 2. Aufl. Behr's Verlag, Hamburg

Weber, H. (Hrsg.) (2003), Mikrobiologie der Lebensmittel, Bd. **3**: Fleisch – Fisch – Feinkost, 2. Aufl. Behr's Verlag, Hamburg

Industrielle Mikrobiologie, Biotechnologie

Antranikian, G. (Hrsg.) (2006), Angewandte Mikrobiologie. Springer-Verlag, Berlin, Heidelberg

Clark, D.P., Pazdernik, N.J. (2009), Molekulare Biotechnologie. Grundlagen und Anwendungen. Spektrum Akademischer Verlag, Heidelberg

Präve, P., Faust, U., Sittig, W., Sukatsch, D.A. (Hrsg.) (1994), Handbuch der Biotechnologie, 4. Aufl. Oldenbourg Industrieverlag, München

Renneberg, R., Berkling, V. (2012), Biotechnologie für Einsteiger, 4. Aufl. Spektrum Akademischer Verlag, Heidelberg

Sahm, H., Antranikian, G., Stahmann, K.-P., Takors, R. (Hrsg.) (2013), Industrielle Mikrobiologie. Springer Spektrum, Heidelberg

Schmid, R.D. (2006), Taschenatlas der Biotechnologie und Gentechnik, 2. Aufl. Wiley-VCH, Weinheim

Thieman, W.J., Palladino, M.A. (2007), Biotechnologie. Pearson Studium, München

Wink, M. (2011), Molekulare Biotechnologie. Konzepte, Methoden und Anwendungen, 2. Aufl. Wiley-VCH, Weinheim

Boden- und Umweltmikrobiologie

Ottow, J.C.G. (2011), Mikrobiologie von Böden. Biodiversität, Ökophysiologie und Metagenomik. Springer-Verlag, Berlin, Heidelberg

Reineke, W., Schlömann, M. (2007), Umweltmikrobiologie. Spektrum Akademischer Verlag, Heidelberg

10.1.2 Lexika, Wörterbücher

Deckwer, W.-D., Pühler, A., Schmid, R.D. (Hrsg.) (1999), Römpp Lexikon Biotechnologie und Gentechnik, 2. Aufl. Georg Thieme Verlag, Stuttgart

Cole, T.C.H. (2008), Wörterbuch Biotechnologie. Deutsch – Englisch/English – German. Spektrum Akademischer Verlag, Heidelberg

Holzapfel, W.H. (Hrsg.) (2004), Lexikon Lebensmittel-Mikrobiologie und -Hygiene, 3. Aufl. Behr's Verlag, Hamburg

Weidenbörner, M. (2000), Lexikon der Lebensmittelmykologie. Springer-Verlag, Berlin, Heidelberg

10.2 Spezielle Literatur

Kapitel 3: Sterilisation und Keimreduzierung

Brock, T.D. (1983), Membrane Filtration. A User's Guide and Reference Manual. Springer-Verlag, Berlin, Heidelberg, New York

Deutsche Veterinärmedizinische Gesellschaft (DVG) (2003), 8. Liste der nach den Richtlinien der DVG geprüften und als wirksam befundenen Desinfektionsmittel für den Lebensmittelbereich, Stand Mai 2013. DVG-Verlag, Gießen (bei der DVG-Geschäftsstelle erhältlich [Adresse s. S. 433]; auch online verfügbar)

DIN Deutsches Institut für Normung (1982–2000), DIN Norm 58 946 Sterilisation: Dampfsterilisatoren. Beuth Verlag, Berlin

DIN Deutsches Institut für Normung (1986/1990), DIN-Norm 58 947 Sterilisation: Heißluftsterilisatoren. Beuth Verlag, Berlin

Jornitz, M.W. (Ed.) (2006), Sterile Filtration (Advances in Biochemical Engineering/Biotechnology, Vol. **98**). Springer-Verlag, Berlin, Heidelberg

Jornitz, M.W., Meltzer, T.H. (2001), Sterile Filtration. A Practical Approach. Marcel Dekker, New York

Kramer, A., Assadian, O. (Hrsg.) (2008), Wallhäußers Praxis der Sterilisation, Desinfektion, Antiseptik und Konservierung: Qualitätssicherung der Hygiene in Industrie, Pharmazie und Medizin. Georg Thieme Verlag, Stuttgart, New York

Robert-Koch-Institut (RKI) (2007), Liste der vom Robert-Koch-Institut geprüften und anerkannten Desinfektionsmittel und -verfahren. 15. Ausgabe, Stand 31.5.2007. Bundesgesundheitsbl Gesundheitsforsch Gesundheitsschutz 2007–50: 1335–1356. Springer Medizin Verlag

Steuer, W., Schubert, F. (2007), Leitfaden der Desinfektion, Sterilisation und Entwesung. Behr's Verlag, Hamburg

Sykes, G. (1969), Methods and Equipment for Sterilization of Laboratory Apparatus and Media, in: Norris, J.R., Ribbons, D.W. (Eds.), Methods in Microbiology, Vol. **1**, pp. 77–121. Academic Press, London, New York

Verband der Technischen Überwachungsvereine (Hrsg.) (1997), Verordnung über Druckbehälter, Druckgasbehälter und Füllanlagen (Druckbehälterverordnung). Carl Heymanns Verlag, Köln

Verbund für Angewandte Hygiene (VAH) (2009), Liste der von der Desinfektionsmittel-Kommission im Verbund für Angewandte Hygiene (VAH) e.V. in Zusammenarbeit mit den Fachgesellschaften bzw. Berufsverbänden DGHM, DGKH, GHUP, DVG, BVÖGD und BDH auf der Basis der Standardmethoden der DGHM zur Prüfung chemischer Desinfektionsverfahren geprüften und als wirksam befundenen Verfahren für die prophylaktische Desinfektion und die hygienische Händewaschung. Stand: 1.9.2009 (Broschüre), 31.8.2010 (Online-Version), mhp-Verlag, Wiesbaden

Kapitel 4: Steriles Arbeiten – Sicherheit im Labor

Darlow, H.M. (1969), Safety in the Microbiological Laboratory, in: Norris, J.R., Ribbons, D.W. (Eds.), Methods in Microbiology, Vol. **1**, pp. 169–204. Academic Press, London, New York

DIN Deutsches Institut für Normung (2000), DIN-Norm EN 12 469 Biotechnik – Leistungskriterien für mikrobiologische Sicherheitswerkbänke. Beuth Verlag, Berlin

DIN Deutsches Institut für Normung (2008), DIN-Norm EN 1822-1 Schwebstofffilter (EPA, HEPA und ULPA) – Teil 1: Klassifikation, Leistungsprüfung, Kennzeichnung. Beuth Verlag, Berlin

DIN Deutsches Institut für Normung (1998), DIN-Norm EN 12 128 Biotechnik – Laboratorien für Forschung, Entwicklung und Analyse. Sicherheitsstufen mikrobiologischer Laboratorien, Gefahrenbereich, Räumlichkeiten und technische Sicherheitsanforderungen. Beuth Verlag, Berlin

DIN Deutsches Institut für Normung (1999), DIN-Norm EN ISO 14 644-1 Reinräume und zugehörige Reinraumbereiche – Teil 1: Klassifizierung der Luftreinheit. Beuth Verlag, Berlin

Gesetz zur Regelung der Gentechnik (Gentechnikgesetz – GenTG) in der Fassung vom 16. 12. 1993 (BGBl. I S. 2066), zuletzt geändert durch Artikel 12 des Gesetzes vom 29.7.2009 (BGBl. I S. 2542)

Gesetz zur Verhütung und Bekämpfung von Infektionskrankheiten beim Menschen (Infektionsschutzgesetz – IfSG) vom 20. 7. 2000 (BGBl. I S. 1045), zuletzt geändert durch Artikel 2a des Gesetzes vom 17.7.2009 (BGBl. I S. 2091) (http://www.gesetze-im-internet.de/bundesrecht/ifsg/gesamt.pdf)

Shapton, D.A., Board, R.G. (Eds.) (1972), Safety in Microbiology. Academic Press, London, New York

Tierseuchengesetz (TierSG) in der Fassung vom 22.6.2004 (BGBl. I S. 1260, 3588), zuletzt geändert durch Artikel 1 § 5 Absatz 3 des Gesetzes vom 13.12.2007 (BGBl. I S. 2930)

Verein Deutscher Ingenieure (VDI) (1995), VDI-Richtlinie 2083 Blatt 1 Reinraumtechnik: Grundlagen, Definitionen und Festlegungen der Reinheitsklassen. Beuth Verlag, Berlin

Verordnung über das Arbeiten mit Tierseuchenerregern (Tierseuchenerreger-Verordnung) in der Fassung vom 25. 11. 1985 (BGBl. I S. 2123), zuletzt geändert durch die Verordnung vom 2.11.1992 (BGBl. I S. 1845)

Verordnung über Sicherheit und Gesundheitsschutz bei Tätigkeiten mit biologischen Arbeitsstoffen (Biostoffverordnung – BioStoffV) vom 27. 1. 1999 (BGBl. I S. 50), zuletzt geändert durch Artikel 3 der Verordnung vom 15.7.2013 (BGBl. I S. 2514) (http://www.gesetze-im-internet.de/bundesrecht/biostoffv/gesamt.pdf)

Verordnung über die Sicherheitsstufen und Sicherheitsmaßnahmen bei gentechnischen Arbeiten in gentechnischen Anlagen (Gentechnik-Sicherheitsverordnung – GenTSV) in der Fassung vom 14. 3. 1995 (BGBl. I S. 297), zuletzt geändert durch Artikel 4 der Verordnung vom 18.12.2008 (BGBl. I S. 2768)

Kapitel 5: Kultivierung von Mikroorganismen

Atlas, R.M. (2005), Handbook of Media for Environmental Microbiology, 2nd edn. CRC Press, Boca Raton, Ann Arbor, London etc.

Atlas, R.M. (2006), Handbook of Microbiological Media for the Examination of Food, 2nd edn. CRC Press, Boca Raton, Ann Arbor, London etc.

Atlas, R.M. (2010), Handbook of Microbiological Media, 4th edn. CRC Press, Boca Raton, Ann Arbor, London etc.

Atlas, R.M., Snyder, J.W. (2006), Handbook of Media for Clinical Microbiology, 2nd edn. CRC Press, Boca Raton

Balows, A. Trüper, H.G., Dworkin, M., Harder, W., Schleifer, K.-H. (Eds.) (1992), The Prokaryotes. A Handbook on the Biology of Bacteria: Ecophysiology, Isolation, Identification, Application, 2nd edn., Vol. 1–4. Springer-Verlag, New York, Berlin, Heidelberg etc.

Barnett, J.A., Payne, R.W., Yarrow, D. (2000), Yeasts: Characteristics and Identification, 3rd edn. Cambridge University Press, Cambridge, London, New York etc.

Bendlin, H. (1995), Reinstwasser von A bis Z. Grundlagen und Lexikon. VCH, Weinheim, New York, Basel u.a.

Booth, C. (1971), Fungal Culture Media, in: Booth, C. (Ed.), Methods in Microbiology, Vol. 4, pp. 49 – 94. Academic Press, London, New York

Bridson, E.Y., Brecker, A. (1970), Design and Formulation of Microbial Culture Media, in: Norris, J.R., Ribbons, D.W. (Eds.), Methods in Microbiology, Vol. 3A, pp. 229 – 295. Academic Press, London, New York

Brock, T.D., Rose, A.H. (1969), Psychrophiles and Thermophiles, in: Norris, J.R., Ribbons, D.W. (Eds.), Methods in Microbiology, Vol. 3B, pp. 161 – 168. Academic Press, London, New York

Buchanan, R.E., Gibbons, N.E. (Eds.) (1974), Bergey's Manual of Determinative Bacteriology, 8th edn. Williams & Wilkins Company, Baltimore

Calam, C.T. (1969), The Culture of Micro-organisms in Liquid Medium, in: Norris, J.R., Ribbons, D.W. (Eds.), Methods in Microbiology, Vol. 1, pp. 255 – 326. Academic Press, London, New York

Costin, J.D., Fischer, W., Kappner, M., Schmidt, W., Schuchmann, H. (1982), Kultivierung von anaeroben Mikroorganismen: Eine neue Methode zur Erzeugung eines anaeroben Milieus. Forum Mikrobiologie 5, 246 – 248

Difco Laboratories (Ed.) (1999), Difco Manual. Dehydrated Culture Media and Reagents for Microbiology, 11th edn. Becton Dickinson, Sparks, Md.

DIN Deutsches Institut für Normung (2007), DIN-Norm EN ISO 835 Laborgeräte aus Glas – Messpipetten. Beuth Verlag, Berlin

Dworkin, M., Falkow, S., Rosenberg, E., Schleifer, K.-H., Stackebrandt, E. (Eds.) (2006), The Prokaryotes. A Handbook on the Biology of Bacteria, 3rd edn., Vol. 1–7. Springer-Verlag, New York, Berlin, Heidelberg etc.

Evans, C.G.T., Herbert, D., Tempest, D.W. (1970), The Continuous Cultivation of Micro-organisms. 2. Construction of a Chemostat, in: Norris, J.R., Ribbons, D.W. (Eds.), Methods in Microbiology, Vol. 2, pp. 277 – 327. Academic Press, London, New York

Garrity, G. (Ed.) (2001 – 2011), Bergey's Manual of Systematic Bacteriology, 2nd edn., Vol. 1 – 5. Springer-Verlag, New York, Berlin, Heidelberg etc.

Gomori, G. (1955), Preparation of Buffers for Use in Enzyme Studies, in: Colowick, S.P., Kaplan, N.O. (Eds.), Methods in Enzymology, Vol. 1, pp. 138 – 146. Academic Press, New York

Gottschal, J.C. (1990), Different Types of Continuous Culture in Ecological Studies, in: Grigorova, R., Norris, J.R. (Eds.), Methods in Microbiology, Vol. 22, pp. 87 – 124. Academic Press, London, San Diego, New York etc.

Holt, J.G. (Ed.) (1984 – 1989), Bergey's Manual of Systematic Bacteriology, Vol. 1 – 4. Williams & Wilkins, Baltimore, London etc.

Hungate, R.E. (1969), A Roll Tube Method for Cultivation of Strict Anaerobes, in: Norris, J.R., Ribbons, D.W. (Eds.), Methods in Microbiology, Vol. 3B, pp. 117 – 132. Academic Press, London, New York

Ingold Messtechnik AG (Hrsg.) (1989), Praxis und Theorie der pH-Meßtechnik. Ingold Messtechnik AG, Urdorf (Schweiz)

Jacob, H.-E. (1970), Redox Potential, in: Norris, J.R., Ribbons, D.W. (Eds.), Methods in Micro-biology, Vol. **2**, pp. 91–123. Academic Press, London, New York

Koser, S.A. (1968), Vitamin Requirements of Bacteria and Yeasts. Charles C. Thomas Pub-lisher, Springfield, Illinois

Málek, I., Fencl, Z. (1966), Theoretical and Methological Basis of Continuous Culture of Mi-croorganisms. Publishing House of the Czechoslovak Academy of Sciences, Prague – Aca-demic Press, New York, London

Merck KGaA (Hrsg.) (1996/97), Mikrobiologie-Handbuch. Merck KGaA, Darmstadt

Meyrath, J., Suchanek, G. (1972), Inoculation Techniques – Effects Due to Quality and Quan-tity of Inoculum, in: Norris, J.R., Ribbons, D.W. (Eds.), Methods in Microbiology, Vol. **7B**, pp. 159–209. Academic Press, London, New York

Millipore GmbH (Hrsg.) (1996), Wasser ≠ H_2O. Technologien und Konzepte für die moderne Reinstwasseraufbereitung; Leitfaden für Anwender und Planer, 2. Aufl. Millipore GmbH, Eschborn

Munro, A.L.S. (1970), Measurement and Control of pH Values, in: Norris, J.R., Ribbons, D.W. (Eds.), Methods in Microbiology, Vol. **2**, pp. 39–89. Academic Press, London, New York

Munson, R.J. (1970), Turbidostats, in: Norris, J.R., Ribbons, D.W. (Eds.), Methods in Microbi-ology, Vol. **2**, pp. 349–376. Academic Press, London, New York

Oxoid GmbH (Hrsg.) (1993), Oxoid-Handbuch, 5. Aufl. Oxoid GmbH, Wesel

Oxoid Ltd. (Ed.) (2006), The Oxoid Manual, 9th edn. Oxoid Ltd., Basingstoke, U.K.

Patching, J.W., Rose, A.H. (1970), The Effects and Control of Temperature, in: Norris, J.R., Ribbons, D.W. (Eds.), Methods in Microbiology, Vol. **2**, pp. 23–38. Academic Press, Lon-don, New York

Perrin, D.D., Dempsey, B. (1979), Buffers for pH and Metal Ion Control, 2nd edn. Chapman and Hall, London

Pirt, S.J. (1985), Principles of Microbe and Cell Cultivation, 2nd edn. Blackwell Scientific Pub-lications, Oxford, London, Edinburgh etc.

Tempest, D.W. (1970), The Continuous Cultivation of Micro-organisms. 1. Theory of the Chemostat, in: Norris, J.R., Ribbons, D.W. (Eds.), Methods in Microbiology, Vol. **2**, pp. 259–276. Academic Press, London, New York

Völkert, E. (1983), Volume Measurement, in: Bergmeyer, H.U. (Ed.), Methods of Enzymatic Analysis, 3rd edn., Vol. **1**, pp. 262–279. Verlag Chemie, Weinheim, Deerfield Beach, Fla., Basel

Kapitel 6: Anreicherung und Isolierung von Mikroorganismen

Aaronson, S. (1970), Experimental Microbial Ecology. Academic Press, New York, London

Balows, A., Trüper, H.G., Dworkin, M., Harder, W., Schleifer, K.-H. (Eds.) (1992), The Pro-karyotes. A Handbook on the Biology of Bacteria: Ecophysiology, Isolation, Identification, Applications, 2nd edn., Vol. **1–4**. Springer-Verlag, New York, Berlin, Heidelberg etc.

Beech, F.W., Davenport, R.R. (1971), Isolation, Purification and Maintenance of Yeasts, in: Booth, C. (Ed.), Methods in Microbiology, Vol. **4**, pp. 153–182. Academic Press, London, New York

Dworkin, M., Falkow, S., Rosenberg, E., Schleifer, K.-H., Stackebrandt, E. (Eds.) (2006), The Prokaryotes. A Handbook on the Biology of Bacteria, 3rd edn., Vol **1–7**. Springer-Verlag, New York, Berlin, Heidelberg etc.

Garrity, G. (Ed.) (2001 – 2011), Bergey's Manual of Systematic Bacteriology, 2nd edn., Vol. **1 – 5**. Springer-Verlag, New York, Berlin, Heidelberg etc.

Holt, J.G. (Ed.) (1984 – 1989), Bergey's Manual of Systematic Bacteriology, Vol. **1 – 4**. Williams & Wilkins, Baltimore, London etc.

Schlegel, H.G., Kröger, E. (Hrsg.) (1965), Anreicherungskultur und Mutantenauslese. Gustav Fischer Verlag, Stuttgart

Starr, M.P., Stolp, H., Trüper, H.G., Balows, A., Schlegel, H.G. (Eds.) (1981), The Prokaryotes. A Handbook on Habitats, Isolation, and Identification of Bacteria, Vol. **1 + 2**. Springer-Verlag, Berlin, Heidelberg, New York

van Niel, C.B. (1971), Techniques for the Enrichment, Isolation, and Maintenance of the Photosynthetic Bacteria, in: Colowick, S.P., Kaplan, N.O. (Eds.), Methods in Enzymology, Vol. **23**, pp. 3 – 28. Academic Press, New York, London

Veldkamp, H. (1970), Enrichment Cultures of Prokaryotic Organisms, in: Norris, J.R., Ribbons, D.W. (Eds.), Methods in Microbiology, Vol. **3A**, pp. 305 – 361. Academic Press, London, New York

Williams, S.T., Cross, T. (1971), Actinomycetes, in: Booth, C. (Ed.), Methods in Microbiology, Vol. **4**, pp. 295 – 334. Academic Press, London, New York

Kapitel 7: Aufbewahrung und Beschaffung von Reinkulturen

Balows, A., Trüper, H.G., Dworkin, M., Harder, W., Schleifer, K.-H. (Eds.) (1992), The Prokaryotes. A Handbook on the Biology of Bacteria: Ecophysiology, Isolation, Identification, Applications, 2nd edn., Vol. **1 – 4**. Springer-Verlag, New York, Berlin, Heidelberg etc.

Dworkin, M., Falkow, S., Rosenberg, E., Schleifer, K.-H., Stackebrandt, E. (Eds.) (2006), The Prokaryotes. A Handbook on the Biology of Bacteria, 3rd edn., Vol. **1–7**. Springer-Verlag, New York, Berlin, Heidelberg etc. (Probezugang: http://www.prokaryotes.com)

Garrity, G. (Ed.) (2001 – 2011), Bergey's Manual of Systematic Bacteriology, 2nd edn., Vol. **1 – 5**. Springer-Verlag, New York, Berlin, Heidelberg etc.

Heckly, R.J. (1961), Preservation of Bacteria by Lyophilization. Adv. Appl. Microbiol. **3**, 1 – 76

Heckly, R.J. (1978), Preservation of Microorganisms. Adv. Appl. Microbiol. **24**, 1 – 53

Holt, J.G. (Ed.) (1984 – 1989), Bergey's Manual of Systematic Bacteriology, Vol. **1 – 4**. Williams & Wilkins, Baltimore, London etc.

Kirsop, B.E., Doyle, A. (Eds.) (1991), Maintenance of Microorganisms and Cultured Cells. A Manual of Laboratory Methods, 2nd edn. Academic Press, London, San Diego, New York etc.

Lapage, S.P., Redway, K.F., Rudge, R. (1978), Preservation of Microorganisms, in: Laskin, A.I., Lechevalier, H.A. (Eds.), CRC Handbook of Microbiology, 2nd edn., Vol. **2**, pp. 743 – 758. CRC Press, Cleveland, O.

Lapage, S.P., Shelton, J.E., Mitchell, T.G. (1970a), Media for the Maintenance and Preservation of Bacteria, in: Norris, J.R., Ribbons, D.W. (Eds.), Methods in Microbiology, Vol. **3A**, pp. 1 – 133. Academic Press, London, New York

Lapage, S.P., Shelton, J.E., Mitchell, T.G., Mackenzie, A.R. (1970b), Culture Collections and the Preservation of Bacteria, in: Norris, J.R., Ribbons, D.W. (Eds.), Methods in Microbiology, Vol. **3A**, pp. 135 – 228. Academic Press, London, New York

Mazur, P. (1968), Survival of Fungi after Freezing and Desiccation, in: Ainsworth, G.C., Sussman, A.S. (Eds.), The Fungi. An Advanced Treatise, Vol. **3**, pp. 325 – 394. Academic Press, New York, London

Oetjen, G.-W., Haseley, P. (2004), Freeze-Drying, 2nd edn. Wiley-VCH, Weinheim

Onions, A.H.S. (1971), Preservation of Fungi, in: Booth, C. (Ed.), Methods in Microbiology, Vol. **4**, pp. 113 – 151. Academic Press, London, New York

Simione, F.P. (1992), Cryopreservation Manual. Nalge Company, Rochester, N.Y.

Starr, M.P., Stolp, H., Trüper, H.G., Balows, A., Schlegel, H.G. (Eds.) (1981), The Prokaryotes. A Handbook on Habitats, Isolation, and Identification of Bacteria, Vol. **1** + **2**. Springer-Verlag, Berlin, Heidelberg, New York

Kapitel 8: Lichtmikroskopische Untersuchung von Mikroorganismen

Becker, E. (1985), Fluoreszenzmikroskopie. Ernst Leitz Wetzlar GmbH, Wetzlar

Beyer, H., Riesenberg, H. (Hrsg.) (1988), Handbuch der Mikroskopie, 3. Aufl. Verlag Technik, Berlin (Ost)

Burkhardt, F. (1992), Färbeverfahren, in: Burkhardt, F. (Hrsg.), Mikrobiologische Diagnostik, S. 680 – 693. Georg Thieme Verlag, Stuttgart, New York

Determann, H., Lepusch, F. (1988), The Microscope and Its Application. Ernst Leitz Wetzlar GmbH, Wetzlar

DIN Deutsches Institut für Normung (2003), DIN-Norm ISO 8037-1 Optik und optische Instrumente: Mikroskope – Objektträger. Teil 1: Maße, optische Eigenschaften und Kennzeichnung. Beuth Verlag, Berlin

DIN Deutsches Institut für Normung (2003), DIN-Norm ISO 8255-1 Optik und optische Instrumente: Mikroskope – Deckgläser. Teil 1: Maßtoleranzen, Dicke und optische Eigenschaften. Beuth Verlag, Berlin

Gerlach, D. (1985), Das Lichtmikroskop. Eine Einführung in Funktion und Anwendung in Biologie und Medizin, 2. Aufl. Georg Thieme Verlag, Stuttgart, New York

Göke, G. (1988), Moderne Methoden der Lichtmikroskopie. Vom Durchlicht-Hellfeld- bis zum Lasermikroskop. Kosmos Gesellschaft der Naturfreunde, Franckh'sche Verlagshandlung, Stuttgart

Haugland, R.P. (2010), The Molecular Probes Handbook. A Guide to Fluorescent Probes and Labeling Technologies, 11th edn. Invitrogen Corp. http://probes.invitrogen.com/handbook

Herman, B. (1998), Fluorescence Microscopy, 2nd edn. (Royal Microscopical Society Microscopy Handbooks No. 40). Bios Scientific Publishers, Oxford

Iino, T., Enomoto, M. (1971), Motility, in: Norris, J.R., Ribbons, D.W. (Eds.), Methods in Microbiology, Vol. **5A**, pp. 145 – 163. Academic Press, London, New York

Kapitza, H.G. (1994), Mikroskopieren von Anfang an. Carl Zeiss, Oberkochen

Leifson, E. (1960), Atlas of Bacterial Flagellation. Academic Press, New York, London

Merck KGaA (Hrsg.) (1996/97), Färbung von Mikroorganismen, in: Mikrobiologie-Handbuch, S. 381 – 393. Merck KGaA, Darmstadt

Murphy, D.B. (2001), Fundamentals of Light Microscopy and Electronic Imaging. Wiley-Liss, John Wiley & Sons, New York, Chichester, Weinheim etc.

Norris, J.R., Swain, H. (1971), Staining Bacteria, in: Norris, J.R., Ribbons, D.W. (Eds.), Methods in Microbiology, Vol. **5A**, pp. 105 – 134. Academic Press, London, New York

Quesnel, L.B. (1971), Microscopy and Micrometry, in: Norris, J.R., Ribbons, D.W. (Eds.), Methods in Microbiology, Vol. **5A**, pp. 1 – 103. Academic Press, London, New York

Quesnel, L.B. (1969), Methods of Microculture, in: Norris, J.R., Ribbons, D.W. (Eds.), Methods in Microbiology, Vol. **1**, pp. 365 – 425. Academic Press, London, New York

Rost, F.W.D. (1992/1995), Fluorescence Microscopy, Vol. **1** + **2**. Cambridge University Press, Cambridge, New York, Port Chester etc.

Kapitel 9:   Bestimmung der Zellzahl und Zellmasse in Populationen einzelliger Mikroorganismen

Bärlocher, F. (2008), Biostatistik. Praktische Einführung in Konzepte und Methoden, 2. Aufl. Georg Thieme Verlag, Stuttgart, New York

Bock, J. (1998), Bestimmung des Stichprobenumfangs für biologische Experimente und kontrollierte klinische Studien. R. Oldenbourg Verlag, München, Wien

Brock, T.D. (1983), Membrane Filtration. A User's Guide and Reference Manual. Springer-Verlag, Berlin, Heidelberg, New York

Caldwell, D.E., Korber, D.R., Lawrence, J.R. (1992), Confocal Laser Microscopy and Digital Image Analysis in Microbial Ecology. Adv. Microb. Ecol. **12**, 1–24

Daubner, I., Peter, H. (1974), Membranfilter in der Mikrobiologie des Wassers. Walter de Gruyter, Berlin, New York

Davey, H.M., Kell, D.B. (1996), Flow Cytometry and Cell Sorting of Heterogeneous Microbial Populations: The Importance of Single-Cell Analyses. Microbial Rev. **60**, 641–696

Fry, J.C. (1990), Direct Methods and Biomass Estimation, in: Grigorova, R., Norris, J.R. (Eds.), Methods in Microbiology, Vol. **22**, pp. 41–85. Academic Press, London, San Diego, New York etc.

Hall, G.H., Jones, J.G., Pickup, R.W., Simon, B.M. (1990), Methods to Study the Bacterial Ecology of Freshwater Environments, in: Grigorova, R., Norris, J.R. (Eds.), Methods in Microbiology, Vol. **22**, pp. 181–209. Academic Press, London, San Diego, New York etc.

Haugland, R.P. (2010), The Molecular Probes Handbook. A Guide to Fluorescent Probes and Labeling Technologies, 11th edn. Invitrogen Corp. http://probes.invitrogen.com/handbook

Hauptverband der gewerblichen Berufsgenossenschaften (Hrsg.) (1997), Unfallverhütungsvorschrift Zentrifugen (VBG 7z). Carl Heymanns Verlag, Köln

Herbert, D., Phipps, P.J., Strange, R.E. (1971), Chemical Analysis of Microbial Cells, in: Norris, J.R., Ribbons, D.W. (Eds.), Methods in Microbiology, Vol. **5B**, pp. 209–344. Academic Press, London, New York

Herbert, R.A. (1990), Methods for Enumerating Microorganisms and Determining Biomass in Natural Environments, in: Grigorova, R., Norris, J.R. (Eds.), Methods in Microbiology, Vol. **22**, pp. 1–39. Academic Press, London, San Diego, New York etc.

Jarvis, B. (2008), Statistical Aspects of the Microbiological Examination of Foods, 2nd edn. Academic Press – Elsevier Science Publishers, Amsterdam, London, San Diego

Kepner, R.L., Pratt, J.R. (1994), Use of Fluorochromes for Direct Enumeration of Total Bacteria in Environmental Samples: Past and Present. Microbiol. Rev. **58**, 603–615

Köhler, W., Schachtel, G., Voleske, P. (2007), Biostatistik. Eine Einführung für Biologen und Agrarwissenschaftler, 4. Aufl. Springer, Berlin, Heidelberg, New York

Kubitschek, H.E. (1969), Counting and Sizing Micro-organisms with the Coulter Counter, in: Norris, J.R., Ribbons, D.W. (Eds.), Methods in Microbiology, Vol. **1**, pp. 593–610. Academic Press, London, New York

Layne, E. (1957), Spectrophotometric and Turbidimetric Methods for Measuring Proteins, in: Colowick, S.P., Kaplan, N.O. (Eds.), Methods in Enzymology, Vol. **3**, pp. 447–454. Academic Press, New York

Lorenz, R.J. (1996), Grundbegriffe der Biometrie, 4. Aufl. Gustav Fischer Verlag, Stuttgart, Jena, New York

Mallette, M.F. (1969), Evaluation of Growth by Physical and Chemical Means, in: Norris, J.R., Ribbons, D.W. (Eds.), Methods in Microbiology, Vol. **1**, pp. 521–566. Academic Press, London, New York

Mulvany, J.G. (1969), Membrane Filter Techniques in Microbiology, in: Norris, J.R., Ribbons, D.W. (Eds.), Methods in Microbiology, Vol. **1**, pp. 205–253. Academic Press, London, New York

Peterson, G.L. (1983), Determination of Total Protein, in: Colowick, S.P., Kaplan, N.O. (Eds.), Methods in Enzymology, Vol. **91**, pp. 95–119. Academic Press, New York, London, Paris etc.

Postgate, J.R. (1969), Viable Counts and Viability, in: Norris, J.R., Ribbons, D.W. (Eds.), Methods in Microbiology, Vol. **1**, pp. 611–628. Academic Press, London, New York

Reichardt, W. (1997), Einführung in die Methoden der Gewässermikrobiologie. Urban & Fischer Verlag, Stuttgart, New York

Rudolf, M., Kuhlisch, W. (2008), Biostatistik. Eine Einführung für Biowissenschaftler. Pearson Studium, München

Shapiro, H.M (2003), Practical Flow Cytometry, 4th edn. John Wiley & Sons, New York, Chichester, Weinheim etc.

Sharpe, A.N., Jackson, A.K. (1972), Stomaching: a New Concept in Bacteriological Sample Preparation. Appl. Microbiol. **24**, 175–178

Stahel, W.A. (2008), Statistische Datenanalyse. Eine Einführung für Naturwissenschaftler, 5. Aufl. Vieweg + Teubner Verlag, Braunschweig, Wiesbaden

Veal, D.A., Deere, D., Ferrari, B., Piper, J., Attfield, P.V. (2000), Fluorescence Staining and Flow Cytometry for Monitoring Microbial Cells. J. Immunolog. Methods **243**, 191–210

Vives-Rego, J., Lebaron, P., Nebe-von Caron, G. (2000), Current and Future Applications of Flow Cytometry in Aquatic Microbiology. FEMS Microbiol. Rev. **24**, 429–448

Die Texte von Gesetzen und Verordnungen (des Bundes) findet man im Buchhandel und im Internet (http://www.gesetze-im-internet.de/). Unfallverhütungsvorschriften und berufsgenossenschaftliche Richtlinien oder Merkblätter sind von der Deutschen Gesetzlichen Unfallversicherung zu beziehen. DIN-Normen und VDI-Richtlinien liefert der Beuth Verlag.

Beuth Verlag GmbH
10772 Berlin
Burggrafenstr. 6, 10787 Berlin
Tel. 0 30/26 01 22 60, Fax 0 30/26 01 12 60
E-Mail: info@beuth.de
Internet: http://www.beuth.de

Deutsche Gesetzliche Unfallversicherung (DGUV)
Mittelstr. 51, 10117 Berlin-Mitte
Tel. 030/288763800, Fax 030/288763808
E-Mail: info@dguv.de
Internet: http://www.dguv.de

Deutsche Veterinärmedizinische Gesellschaft e.V. (DVG),
Geschäftsstelle Friedrichstr. 17, 35392 Gießen
Tel. 06 41/2 44 66, Fax 06 41/2 53 75
E-Mail: info@dvg.net
Internet: http://www.dvg.net

Robert-Koch-Institut (RKI)
Postfach 650261, 13302 Berlin
Nordufer 20, 13353 Berlin
Tel. 030/18754-0, Fax 030/18754-2328
Internet: http://www.rki.de

11 Bezugsquellen

Produktgruppen und Firmenadressen findet man u.a. in den nachfolgend aufgeführten, regelmäßig aktualisierten Verzeichnissen, die vorwiegend im Internet verfügbar sind. Informationen über Firmen und Produkte liefern auch die Kataloge der Fachmessen und -ausstellungen, wie z.B. der alle zwei Jahre in München stattfindenden Analytica oder der in dreijährigem Turnus in Frankfurt/M. durchgeführten ACHEMA.

- Wer liefert was? (WLW)
  (Derzeit sind über 390.000 Unternehmen aus Deutschland, 75.000 aus Österreich und 64.000 aus der Schweiz mit Informationen und Kontaktdaten eingetragen.)

  > Wer liefert was? GmbH
  > Postfach 10 05 49, 20004 Hamburg
  > Normannenweg 16 – 20, 20537 Hamburg
  > Tel. 0 40/2 54 40-0, Fax 0 40/25 44 01 00
  > E-Mail: info@wlw.de
  > Internet: http://www.wlw.de

- ThomasNet
  (650.000 Vertriebs-, Hersteller- und Servicefirmen in mehr als 67.000 Industriekategorien)

  > Thomas Publishing Company
  > 5 Penn Plaza
  > New York, NY 10001
  > Tel. 001 800 699 9822
  > E-Mail: UserServices@ThomasNet.com
  > Internet: http://www.thomasnet.com

- PRO-4-PRO
  (Products for Professionals – eine branchenübergreifende, vertikale Produktsuchmaschine für den B2B-Bereich)

  > GIT VERLAG GmbH & Co. KG
  > Rößlerstr. 90
  > D-64293 Darmstadt
  > Tel. 06151 / 8090-0
  > E-Mail info@gitverlag.com
  > Internet: http://www.pro-4-pro.com

- LaborPraxis
  (Ein vielschichtiges, multimediales und interaktives Angebot an Fach- und Produktinformationen sowie Neuigkeiten aus der Labor, Analytik und LifeSciences)

  > Vogel Business Media GmbH & Co.KG
  > Max-Planck-Str. 7/9
  > D-97082 Würzburg
  > Tel. 0931 4180
  > E-Mail: redaktion@laborpraxis.de
  > Internet: http://www.laborpraxis.vogel.de

- Verband Biologie, Biowissenschaften und Biomedizin in Deutschland e.V. – VBIO (Datenbank mit über 8.000 Homepages von Firmen und Institutionen rund um die Biowissenschaften)

  VBIO
  Geschäftsstelle Berlin
  Luisenstr. 58/59
  D-10117 Berlin
  Tel. 030 278 919-16
  E-Mail: elbing@vbio.de
  Internet: http://www.vbio.de/informationen/biobusiness/biofirmendatenbank

Immer mehr Firmen bieten ihre Produkte und Dienstleistungen im Internet in einem **Onlineshop** (E-Shop) an, den man über die Homepage des betreffenden Anbieters erreicht. Einen Vergleich von Produkten und Preisen verschiedener Hersteller und Anbieter erlauben die **elektronischen Marktplätze**, wie z.B. labworld-online (www.labworld-online.com), bei denen man auch Anfragen aufgeben, Angebote anfordern und online bestellen kann. Einen Überblick über Onlineshops und Internetmarktplätze im Bereich der Chemie und Biowissenschaften erhält man z.B. unter www.laborshop.de.

Konzentrations- und Gehaltsangaben

(Chemische) Aktivität (Ionenaktivität)	Zahlenwert der Stoffmengenkonzentration (s.u.) eines gelösten und in Ionen dissoziierten Stoffes, multipliziert mit einem Proportionalitätsfaktor für den betreffenden Stoff, dem Aktivitätskoeffizienten; gibt die effektive, nach außen wirksame Konzentration des gelösten Stoffes an, die infolge der gegenseitigen Anziehung der Ionen geringer erscheint, als sie es tatsächlich ist (SI-Einheit: 1; vgl. S. 133)
Massengehalt (Massenanteil)	Masse des Stoffes i in einer Mischung, dividiert durch die Gesamtmasse der Mischphase (des Gemisches), z.B. Masse des Gelösten/Masse der Lösung (SI-Einheit: kg/kg; weitere Einheiten: g/kg = mg/g, ppm, Gew.-%)
Massenkonzentration (Partialdichte)	Masse des Stoffes i in einer Mischung, dividiert durch das Volumen der Mischphase, z.B. Masse des Gelösten/Volumen der Lösung (nicht des Lösungsmittels!) (SI-Einheit: kg/m^3; weitere Einheiten: g/l, mg/l usw.)
Massenverhältnis	Masse eines Stoffes i, dividiert durch die Masse eines anderen Stoffes k in einer Mischphase (SI-Einheit: kg/kg; weitere Einheiten: g/g usw.)
Stoffmengenkonzentration (Molarität)	Stoffmenge des Stoffes i in einer Mischung (z.B. Lösung, Gasgemisch), dividiert durch das Volumen der Mischphase (SI-Einheit: mol/m^3; weitere Einheiten: mol/l [„-molar"], mmol/l usw.)
Volumengehalt (Volumenanteil)	Volumen des Stoffes i in einer Mischung, dividiert durch das Gesamtvolumen der Bestandteile der Mischphase vor dem Mischvorgang (SI-Einheit: m^3/m^3; weitere Einheiten: l/l, ml/l usw., ppm, Vol.-%)
Volumenkonzentration	Volumen des Stoffes i in einer Mischung, dividiert durch das Volumen der Mischphase; identisch mit dem Volumengehalt, wenn die Mischung ohne Volumenänderung verläuft (Einheiten: siehe Volumengehalt)
Volumenverhältnis	Volumen eines Stoffes i, dividiert durch das Volumen eines anderen Stoffes k in einer Mischphase (SI-Einheit: m^3/m^3; weitere Einheiten: l/l usw.)

Verwendete Zeichen und Abkürzungen

Sehr geläufige Zeichen und Abkürzungen wurden nicht in die Liste aufgenommen. Nicht aufgeführt sind ferner: die chemischen Symbole von Elementen, Verbindungen und Ionen; die Kurzzeichen der Kunststoffe (siehe dazu Tab. 20, S. 92) und die Kurzbezeichnungen (Akronyme) der Kulturensammlungen (s. S. 211ff.), soweit sie nicht im Text verwendet werden; die Abkürzungen von Nährbodenbezeichnungen; die Abkürzungen der Titel von Zeitschriften und Reihen beim Zitieren der Literatur.

Die Zeichen aus dem griechischen Alphabet stehen am Ende der Liste. Die Seitenzahlen verweisen auf die Stelle im Text, an der der betreffende Begriff definiert oder ausführlicher behandelt ist. *Kursiv* gedruckte Seitenzahlen verweisen auf Tabellen.

A	numerische Apertur (S. 216)
a	Beschleunigung (S. 382 f.)
ASTM	American Society for Testing and Materials (amerikanische Zentralstelle für Normung)
at	technische Atmosphäre (veraltete Einheit des Druckes; S. *10*)
ATCC	American Type Culture Collection (S. 211)
atm	physikalische Atmosphäre (veraltete Einheit des Druckes; S. *10*)
ATP	Adenosin-5´-triphosphat
BGBl.	Bundesgesetzblatt
c	(Stoffmengen- oder Partikel-)Konzentration
CFU	„colony-forming unit(s)", koloniebildende Einheit(en) (S. 357)
C.I.	Colour Index (mehrbändiges englisches Nachschlagewerk, das Farbstoffe und Pigmente auflistet, charakterisiert und mit einer fünfstelligen Zahl [und/oder einer Wortfolge mit Zahl], der C.I.-Nummer, eindeutig kennzeichnet)
D, d	Durchmesser
$D_{x °C}$	dezimale Reduktionszeit bei einer Temperatur von x °C (S. 7)
d	Abstand, Strecke, Schichtdicke
°d (°dH)	deutscher Grad Härte (veraltete Einheit der Wasserhärte; 1 °d = 0,179 mmol/l Erdalkalimetallionen [Ca^{2+} und Mg^{2+}])
DAB	Deutsches Arzneibuch
DAPI	4´,6-Diamidino-2-phenylindol (Fluoreszenzfarbstoff; S. 303)
DEFT	Direkte Epifluoreszenz-Filtertechnik (S. 341, 345ff.)
DEHS	Diethylhexylsebacat (S. 48)
demin.	demineralisiertes (vollentsalztes) [Wasser] (S. 56)
DIN	Deutsches Institut für Normung
DMSO	Dimethylsulfoxid (Kryoschutzstoff; S. 205)
DNA	Desoxyribonucleinsäure(n)

DOP	Dioctylphthalat (S. 48)
DSM, DSMZ	Deutsche Sammlung von Mikroorganismen und Zellkulturen GmbH (S. 211)
DVG	Deutsche Veterinärmedizinische Gesellschaft (S. 433)
DVGW	Deutscher Verband des Gas- und Wasserfaches
E	(dekadische) Extinktion, spektrales (dekadisches) Absorptionsmaß (S. 406f.)
E_h	Redoxpotential (Oxidations-Reduktions-Potential) eines Redoxsystems (S. 133)
E_0	Normalpotential, Standardredoxpotential (Redoxpotential eines Redoxsystems unter Standardbedingungen bei pH 0; S. 133)
E'_0	Standardredoxpotential bei pH 7,0 (S. 133)
e	Euler'sche Zahl (Konstante, Basis der natürlichen Logarithmen [e = 2,71828...])
e_s	systematischer Fehler, systematische Messabweichung (S. 325)
e^-	Elektron(en)
Ed(s).	„editor(s)" (Herausgeber; bei Literaturzitaten)
edn.	„edition" (Auflage; bei Literaturzitaten)
EDTA	Ethylendiamintetraacetat (Chelatbildner; S. 63)
EHEC	enterohämorrhagische *Escherichia-coli*[-Stämme] (S. 39)
EN	Europäische Norm
et al.	„et alii" (und andere [Autoren]; bei Literaturzitaten)
F, f	Fläche
f	Faktor
f	Anzahl der Freiheitsgrade (Statistik; S. 320)
f., ff.	folgende [Seite(n)]
Fa.	Firma
g	Erdbeschleunigung, (Norm-)Fallbeschleunigung (S. 383)
Gew.-%	Gewichtsprozent (Massengehalt in Prozent; S. 437)
GS	„Geprüfte Sicherheit" (Sicherheitszeichen für typgeprüfte technische Geräte, die den Anforderungen des Gerätesicherheitsgesetzes entsprechen)
h	Stunde(n)
HDPE	Polyethylen hoher Dichte, Niederdruckpolyethylen (S. *92f.*)
HEPA	„high efficiency particulate air [filter]" (Hochleistungsschwebstoffluft[-filter]; S. 45)
Hrsg.	Herausgeber (bei Literaturzitaten)
IR-	Infrarot-[Strahlung]
ISO	International Organization for Standardization (Internationale Organisation für Normung)
J	Joule (SI-Einheit der Arbeit, Energie bzw. Wärme)

KBE	koloniebildende Einheit(en) (S. 357)
k.D.	(in Tabellen): keine Daten verfügbar
konz.	konzentriert
LDPE	Polyethylen niedriger Dichte, Hochdruckpolyethylen (S. *92f.*)
LF	Laminar-Flow[-Luftströmung] (S. 46)
lg	Logarithmus zur Basis 10 ($\log_{10}$), dekadischer oder Zehnerlogarithmus, auch als gewöhnlicher oder Brigg'scher Logarithmus bezeichnet
ln	Logarithmus zur Basis e ($\log_e$), natürlicher Logarithmus
log	Logarithmus (zu einer beliebigen Basis)
Lsg.	Lösung
lx	Lux (SI-Einheit der Beleuchtungsstärke)
M	-molar, mol/l (Stoffmengenkonzentration; S. 437)
M...	Mega... (10^6-fach; Vorsatz vor SI-Einheiten)
m	gewogener Mittelwert (Statistik; S. 365)
MAK	maximale Arbeitsplatzkonzentration (höchstzulässige Konzentration eines [gesundheitsschädlichen] Arbeitsstoffes als Gas, Dampf oder Schwebstoff in der Luft am Arbeitsplatz)
min	Minute(n)
mmHg	Millimeter Quecksilbersäule (veraltete Einheit des Druckes; S. *10*)
MPN	„most probable number", „wahrscheinlichste Keimzahl" (S. 376ff.)
N	Newton (SI-Einheit der Kraft)
N, n	Anzahl (z.B. von Zählobjekten pro Flächen- oder Volumeneinheit), Gesamtzahl
n	Anzahl der Beobachtungen, z.B. der Einzelwerte einer Messreihe; Umfang (= Zahl aller Werte oder Einzelproben) einer Stichprobe (Statistik; S. 320, 326)
n	Brechungsindex, Brechzahl (S. 216)
n_D	Brechungsindex für Licht von 589,3 nm, der Wellenlänge der Mitte der gelben Natriumdoppellinie (D-Linie)
n_e	Brechungsindex für Licht von 546,1 nm, der Wellenlänge der grünen Quecksilberlinie (e-Linie; S. 230); wird optischen Berechnungen als „Hauptbrechzahl" zugrunde gelegt.
n...	Nano... (10^{-9}-fach; Vorsatz vor SI-Einheiten)
NTA	Nitrilotriacetat (Chelatbildner; S. 63)
P	Proteinkonzentration
P	Wahrscheinlichkeit (Statistik)
p	Eintrittswahrscheinlichkeit eines bestimmten Ereignisses (Statistik)
p	Druck
p*K*	Dissoziations- oder Gleichgewichtsexponent, negativer dekadischer Logarithmus der Dissoziationskonstante

pK_a	Säureexponent, negativer dekadischer Logarithmus der Säuredissoziationskonstante K_a (S. 82)
p.a.	„pro analysi" (zur Analyse, analysenrein; hoher kommerzieller Reinheitsgrad einer chemischen Substanz)
Pa	Pascal (SI-Einheit des Druckes; S. *10*)
PCB	polychlorierte Biphenyle (S. 230)
PHB	Poly-3-hydroxybuttersäure (bakterieller Speicherstoff) (S. 254)
pp. ...	„paginae ..." (Seiten ...; bei Literaturzitaten)
ppm	„parts per million", $1:10^6$, 1 Massen- bzw. Volumenteil des Stoffes i in einer Mischung auf 10^6 Massen- bzw. Volumenteile der Mischphase (des Gemisches) (Einheiten: mg/kg, μl/l usw.)
psi	„pound per square inch" (lbf/in^2) (anglo-amerikanische Druckeinheit)
PTFE	Polytetrafluorethylen (S. *92f.*)
PVC	Polyvinylchlorid (S. *92f.*)
PVP	Polyvinylpyrrolidon
Q_x	Temperaturkoeffizient (relative Änderung einer Größe infolge Temperaturänderung um x °C)
R, r	Radius
RCF	„relative centrifugal force", relative Zentrifugalbeschleunigung (S. 383)
RKI	Robert-Koch-Institut
RNA	Ribonucleinsäure(n)
RZB	relative Zentrifugalbeschleunigung (S. 383)
S	Siemens (SI-Einheit des elektrischen Leitwerts)
s	Sekunde(n)
s	(empirische) Standardabweichung (Statistik; S. 320f.)
s	(dekadischer) Streukoeffizient (S. 407)
s_n	natürlicher Streukoeffizient (S. 406)
$s_{\bar{x}}$	(empirische) Standardabweichung (oder mittlerer Fehler) der Mittelwerte, Standardfehler (Statistik; S. 322)
s^2	(empirische) Varianz, mittleres Abweichungsquadrat (Statistik; S. 320)
SI	Système International d'Unités (Internationales Einheitensystem)
spp.	Species (Plural), (sämtliche) Arten einer Gattung
subsp.	Subspecies, Unterart
TPX	Polymethylpenten (S. *92f.*)
TRBA ...	Technische Regel für Biologische Arbeitsstoffe Nr. ... (S. 38)
TRGS ...	Technische Regel für Gefahrstoffe Nr. ...
Tris	Tris(hydroxymethyl)-aminomethan (Puffersubstanz; S. *83*)
U/min	Umdrehungen pro Minute
ULPA	„ultra low penetration air [filter]" (Luftfilter mit extrem geringer Durchdringung; S. 45)

v	Flüssigkeitsvolumen
VAH	Verbund für Angewandte Hygiene
VDI	Verein Deutscher Ingenieure
VE-	vollentsalztes [Wasser] (S. 56)
VIS-	„visible", sichtbare [Strahlung]; sichtbarer Bereich des elektromagnetischen Spektrums
Vk	(empirischer) Variationskoeffizient, relative Standardabweichung (Statistik; S. 321)
$Vk_{\bar{x}}$	Variationskoeffizient des Mittelwerts, relativer Standardfehler (Statistik; S. 322)
Vol.	„volume" (Band; bei Literaturzitaten)
Vol.	Volumen (Rauminhalt)
Vol.-%	Volumenprozent (Volumengehalt in Prozent; S. 437)
v/v	„volume per volume", „Volumen pro Volumen" (Volumengehalt [S. 437], meist in Prozent)
w/v	„weight per volume", „Masse pro Volumen" (Massenkonzentration [S. 437], meist in Prozent)
w/w	„weight per weight", „Masse pro Masse" (Massengehalt [S. 437], meist in Prozent)
$\bar{x}$	(gesprochen „x quer"): arithmetisches Mittel, (empirischer) Mittelwert (Statistik; S. 320)
x_i	Einzelwert einer Stichprobe (Statistik)
β	(kleines Beta): (Trocken-)Massenkonzentration
Δ	(großes Delta): Differenz
ϑ	(kleines Theta): Celsiustemperatur
λ	(kleines Lambda): Wellenlänge
μ...	(kleines My): Mikro... (10^{-6}-fach; Vorsatz vor SI-Einheiten)
μ	Erwartungswert (Statistik; S. 320)
μ_o	obere Konfidenz-(Vertrauens-)grenze (S. 322)
μ_u	untere Konfidenz-(Vertrauens-)grenze (S. 322)
μ_0	Sollwert, „wahrer" Wert einer Messgröße
v, v_e	(kleines Ny): Abbe'sche Zahl (Kennzahl für die [optische] Dispersion = unterschiedlich starke Lichtbrechung für die verschiedenen Wellenlängen)

$$v_e = \frac{n_e - 1}{n_{F'} - n_{C'}}$$

(F′ und C′ sind die Cadmiumlinien bei 480,0 nm bzw. 643,8 nm.)
Die Brechzahldifferenz $n_{F'} - n_{C'}$ bezeichnet man als Hauptdispersion.

π	(kleines Pi): Kreiszahl, Ludolf'sche Zahl (Konstante, die das Verhältnis von Umfang zu Durchmesser eines Kreises angibt [$\pi = 3{,}14159$...])

Σ (großes Sigma): Summenzeichen $\left(\sum\limits_{i=1}^{n} x_i \right.$ [gesprochen „Summe über x_i

von i gleich 1 bis n"] $= \left. x_1 + x_2 + \dots + x_n \right)$

σ (kleines Sigma): Standardabweichung einer Grundgesamtheit (Statistik)

σ^2 Varianz einer Grundgesamtheit (Statistik; S. 320)

τ (kleines Tau): Transmission, (spektraler innerer [oder Rein-]) Transmissionsgrad, (optische) Durchlässigkeit (S. 406)

Φ (großes Phi): Strahlungsfluss, Strahlungsintensität (S. 406)

ω (kleines Omega): Winkelgeschwindigkeit (S. 382f.)

Abbildungsnachweis

– Foto der vorderen Umschlaginnenseite: *Rhodospirillum rubrum*, Ausstrich auf Pepton-Succinat-Agar, nach 7-tägiger anaerober Bebrütung im Licht bei 30 °C. Fotografiert von Anna-Maria Wild, Rheinbach. Foto zur Verfügung gestellt von Prof. Dr. Jobst-Heinrich Klemme, Bonn.

– Foto der hinteren Umschlaginnenseite: Mischpopulation aus lebenden bzw. mit Isopropylalkohol getöteten Zellen von *Micrococcus luteus* und *Bacillus cereus*, gefärbt mit dem LIVE/DEAD *Bac*Light Bacterial Viability Kit. Fig. 15.17, aus: Haugland, R. P. (2005), The Handbook. A Guide to Fluorescent Probes and Labeling Technologies, 10th edn. Molecular Probes - invitrogen

– Abb. 4 B: Be- und Entlüftung eines sterilen Auffanggefäßes durch den Filtrationsvorsatz 16517E aus Polycarbonat. Foto der Sartorius AG, Göttingen.

– Abb. 5: Sicherheitszeichen W16 „Warnung vor Biogefährdung", Anhang A von DIN 58956-10 Ausgabe 01. 86. Wiedergegeben mit Erlaubnis des Deutschen Instituts für Normung e.V. Zu beziehen von der Beuth Verlag GmbH, 10772 Berlin.

– Abb. 19: Mikroskop mit Phasenkontrasteinrichtung. Foto der Carl Zeiss Jena GmbH, Jena.

– Abb. 20: Ölimmersionsobjektiv für Phasenkontrast. Foto der Carl Zeiss Jena GmbH, Jena.

– Abb. 22: Strahlengang bei positivem Phasenkontrast. Foto der Leica Microsystems Wetzlar GmbH, Wetzlar.

– Abb. 26: Spetralkurven von Fluoreszenzfiltern. Verändert nach Kapitza, H.G. (1994), Mikroskopieren von Anfang an. Carl Zeiss, Oberkochen.

– Zeichnungen: Anke Bast.

Sachverzeichnis

Bei der alphabetischen Anordnung der Stichwörter werden die Umlaute ä, ö, ü, äu wie die Vokale a, o, u, au behandelt. Einem Wort vorangestellte Ziffern bleiben bei der Einordnung unberücksichtigt, ebenso einzelne Buchstaben vor den Namen chemischer Verbindungen zur Kennzeichnung von Isomeren oder der Stellung von Substituenten.

Halbfett gedruckte Zahlen verweisen auf Seiten, auf denen das betreffende Stichwort ausführlicher behandelt wird. *Kursiv* gesetzte Seitenzahlen sind Verweise auf Abbildungen oder Tabellen. Ist ein Stichwort auf derselben Seite sowohl in einer Abbildung oder Tabelle als auch im Text vertreten, so wird nur auf den Text verwiesen.

Printing: Ten Brink, Meppel, The Netherlands
Binding: Stürtz, Würzburg, Germany